建设工程质量检测技术指南

——见证取样篇

主　编　许　洁
副主编　周均增　杜　沛　严晓新
主　审　李宗明

黄河水利出版社
·郑州·

图书在版编目(CIP)数据

建设工程质量检测技术指南. 见证取样篇/许洁主编.
郑州:黄河水利出版社,2012.8
ISBN 978 - 7 - 5509 - 0324 - 1

Ⅰ.① 建… Ⅱ.① 许… Ⅲ.① 建设工程 – 质量
检验 – 指南 Ⅳ.①TU712 – 62

中国版本图书馆 CIP 数据核字(2012)第 188805 号

出 版 社:黄河水利出版社
　　　　　地址:河南省郑州市顺河路黄委会综合楼 14 层　　邮政编码:450003
发行单位:黄河水利出版社
　　　　　发行部电话:0371-66026940、66020550、66028024、66022620(传真)
　　　　　E-mail:hhslcbs@ 126. com
承印单位:郑州海华印务有限公司
开本:787 mm × 1 092 mm　1/16
印张:35. 5
字数:864 千字　　　　　　　　　　　印数:1—3 100
版次:2012 年 8 月第 1 版　　　　　　印次:2012 年 8 月第 1 次印刷

定价:86. 00 元

编委会名单

编写单位

河南省建筑科学研究院有限公司

郑州市建设工程质量检测有限公司

河南豫美建设工程检测有限公司

郑州铁路豫鼎工程检测有限公司

河南黄科工程技术检测有限公司

河南省基本建设科学实验研究院有限公司

郑州市开源商品混凝土有限公司

河南建院建筑材料检测有限公司

河南省鼎盛建设工程检测有限公司

河南新蒲天圆混凝土有限公司

河南永盛环境检测工程有限公司

河南省第一建筑工程集团有限责任公司商品混凝土供应站

河南发展混凝土有限公司

序

  建设工程质量检测行业是对社会出具建设工程质量公正性监测数据,为政府、社会和企业提供全面服务的特定行业,检测活动直接涉及建设工程质量与安全,是做好工程质量安全工作的最重要、最基础的技术保证。2005 年,建设部令第 141 号《建设工程质量检测管理办法》颁布实施,工程质量监测机构逐步成为了工程建设的另一方责任主体。作为建筑行业的一个重要组成部分,随着经济社会的快速发展和工程建设规模的不断扩大,工程技术复杂程度的加深,工程质量检测愈发被人们所重视,检测领域由单一的工程材料及产品检测,不断拓展为地基基础工程、混凝土结构、砌体结构、钢结构、建筑节能、环境有害物质、建筑幕墙、建筑装饰装修、给排水及采暖工程、建筑电气、照明及智能工程、市政工程材料、道路工程、桥隧工程检测等诸多领域,实现了对施工全过程质量监督的检测控制。随着建筑技术的发展,需要运用现代的检测技术手段对工程质量进行准确、科学的分析和判断。为此,建立科学的管理体制,培育良好的市场环境,造就一支技术素质过硬,服务意识较高的检测队伍是建筑业发展的当务之急。

  工程质量检测是保证工程质量的基础和手段,地位重要,责任重大,要履行好检测职责,检测人员不仅要有良好的职业道德,还要有非常高的业务技术能力。要提高检测人员的业务素质,只有认真开展工程质量检测规范、标准、新技术、新工艺、质量管理等业务的学习,加强培训与考核,不断提高广大检测人员的业务技能和处理检测质量问题的技术水平。目前,我国的建设工程检测行业的从业人员素质参差不齐,并且我国大专院校也没有开设专门的专业,检测人才的培养成为整个检测行业发展的重点,因此,提高检测行业人员的技术水平,建立检测人员培训机制,做好人才的培养工作,已经称为当前的迫切任务。

  为适应当前工作的需要,我市建设工程质量检测行业的专家精心编写了此套适合于检测技术人员的培训教材,它凝聚了广大检测技术人员的实践和智慧,对检测工作的程序、抽样方法、检测技术要点、数据的处理与分析、结果的推定与判断进行全面的论证,对检测工作具有较强的指导作用,相信随着本书的出版我市工程建设检测人员的技术素质将提高一个新的水平。

陈新

2012 年 7 月

前　言

随着我国建设工程领域各项法律、法规的不断完善与工程质量意识的普遍提高,作为其中一个不可或缺的组成部分,建设工程质量检测受到了全社会日益广泛的关注。

《建设工程质量检测管理办法》(建设部第141号令)的颁布实施,为规范建设工程质量检测行为提供了法律依据;对工程质量检测人员的技术素质提出了明确要求。在此基础上,郑州市建设工程质量监督站组织编写了本套教材。

本套教材较全面系统地阐述了建设工程所使用的各种原材料、半成品、构配件及工程实体的检测要求、注意事项等。教材的编写以上述规范性文件为基本框架,依据相应的检测标准、规范、规程及相关的施工质量验收规范等,结合检测行业的特点,力求使读者通过本教材的学习,提高对工程质量检测特殊性的认识,掌握工程质量检测的基本理论、基本知识和基本方法。

本套教材以实用为原则,它既是工程质量检测人员的培训教材,也是建设、监理单位的工程质量见证人员、施工单位的技术人员和现场取样人员的工具书。此次出版的见证取样篇旨在为见证取样及商品混凝土实验室检测人员提供技术指导。

本书由许洁担任主编,由周均增、杜沛、严晓新担任副主编。全书由华北水利水电学院李宗明教授级高级工程师统稿并审阅。本套教材在编写过程中得到了广大同仁的支持,在此一并表示衷心的感谢。

限于作者水平,书中不妥和错漏之处在所难免,恳请读者批评指正。

编　者
2012 年 2 月

目　录

序 .... 陈新
前　言
第一章　测量不确定度评定 .... (1)
　　第一节　概　论 .... (1)
　　第二节　测试实验室中测量不确定度评定的要求 .... (2)
　　第三节　测试结果和测量不确定度 .... (3)
　　第四节　评定测量不确定度的基本方法 .... (14)
　　第五节　测量不确定度的评定实例 .... (27)
　　附录 A　板材伸长率测量结果不确定度的解释和说明 .... (29)
　　附录 B　板材抗拉强度测量不确定度的解释和说明 .... (32)
第二章　气硬性胶凝材料 .... (36)
　　第一节　石　灰 .... (36)
　　第二节　建筑石膏 .... (44)
第三章　水　泥 .... (51)
　　第一节　水泥的定义、强度等级及质量标准 .... (51)
　　第二节　水泥物理力学性能检验 .... (54)
第四章　掺合料 .... (79)
　　第一节　用于水泥和混凝土中的粉煤灰 .... (79)
　　第二节　用于水泥和混凝土中的粒化高炉矿渣粉 .... (83)
第五章　集　料 .... (89)
　　第一节　细集料(砂) .... (89)
　　第二节　粗集料 .... (115)
第六章　混凝土外加剂 .... (142)
　　第一节　概　述 .... (142)
　　第二节　技术要求 .... (145)
　　第三节　试验方法 .... (150)
第七章　混凝土 .... (179)
　　第一节　概　述 .... (179)
　　第二节　混凝土拌和物性能的检测 .... (180)
　　第三节　混凝土力学性能试验 .... (194)
　　第四节　普通混凝土配合比设计 .... (203)
　　第五节　普通混凝土长期性能和耐久性能 .... (219)
　　第六节　混凝土强度检验评定 .... (251)
　　第七节　混凝土质量控制 .... (256)

第八节　预拌混凝土 ……………………………………………………… (269)

第八章　建筑砂浆 ………………………………………………………… (277)

第一节　砌筑砂浆的配合比设计 ………………………………………… (277)

第二节　砂浆基本性能试验 ……………………………………………… (280)

第九章　砌墙砖 …………………………………………………………… (288)

第一节　烧结普通砖的质量标准及检验规则 …………………………… (288)

第二节　砌墙砖试验 ……………………………………………………… (294)

附录 A　随机数码求取方法(参考件) …………………………………… (303)

第十章　砌　块 …………………………………………………………… (307)

第一节　粉煤灰砌块 ……………………………………………………… (307)

第二节　蒸压加气混凝土砌块 …………………………………………… (316)

第十一章　建筑钢材 ……………………………………………………… (327)

第一节　常用建筑钢材及质量标准 ……………………………………… (327)

第二节　钢筋混凝土用钢材主要性能指标及检测方法 ………………… (332)

第三节　钢筋焊接接头试验方法 ………………………………………… (345)

第四节　钢筋机械连接接头试验方法 …………………………………… (355)

第十二章　防水材料 ……………………………………………………… (357)

第一节　石油沥青 ………………………………………………………… (357)

第二节　防水涂料 ………………………………………………………… (368)

第三节　防水卷材 ………………………………………………………… (373)

第四节　防水涂料性能检测 ……………………………………………… (392)

第五节　防水卷材性能检测 ……………………………………………… (405)

第十三章　建筑陶瓷 ……………………………………………………… (424)

第一节　建筑陶瓷的质量标准 …………………………………………… (424)

第二节　陶瓷砖的质量检验方法 ………………………………………… (430)

第三节　陶瓷马赛克的质量检验方法 …………………………………… (440)

附录 A　建筑卫生陶瓷分类及术语(GB 9195—2011)(节选) ………… (442)

第十四章　土工试验 ……………………………………………………… (444)

第一节　土样和试样制备 ………………………………………………… (444)

第二节　含水率测定 ……………………………………………………… (446)

第三节　密度测定 ………………………………………………………… (447)

第四节　击实试验 ………………………………………………………… (456)

第十五章　建筑节能检测 ………………………………………………… (460)

第一节　建筑节能及热工基本知识 ……………………………………… (460)

第二节　建筑节能标准要求 ……………………………………………… (461)

第三节　建筑节能材料检测——EPS/XPS 板材检测方法 …………… (472)

第四节　钢丝网架水泥聚苯乙烯夹心板 ………………………………… (497)

第五节　胶粘剂检测方法 ………………………………………………… (497)

第六节　抹面胶浆检测方法 ……………………………………………… (499)

第七节　耐碱网格布检测方法 ·· (501)

第八节　界面砂浆检测方法 ··· (504)

第九节　抗裂砂浆检测方法 ··· (505)

第十节　锚　栓 ··· (507)

第十一节　胶粉聚苯颗粒保温浆料 ··· (508)

第十二节　镀锌电焊网 ··· (512)

第十三节　中空玻璃和真空玻璃 ··· (514)

第十六章　民用建筑门窗 ··· (517)

第一节　概　述 ··· (517)

第二节　铝合金窗 ··· (520)

第三节　未增塑聚氯乙烯(PVC-U)塑料窗 ··································· (524)

第四节　试验方法 ··· (526)

附　录　建筑门窗主要参考标准 ··· (554)

参考文献 ··· (556)

第一章　测量不确定度评定

第一节　概　论

测量的目的在于确定被测量的量值,而由于被测量不完善的定义、环境条件、测量设备、测量方法和程序等方面的近似和假设,以及随机效应等都会在测试结果中引入不确定性。随着人类对测量的各个方面的认识和测量技术水平的进一步提高,有可能将这种不确定性降低到最低程度。然而,无论不确定性降低到何种程度,它总是存在的,也就是说,不确定性存在于一切科学试验与测量中。正确认识、量度和控制测量过程中的不确定性,是人类所面临的重要任务。表征这种不确定性的术语就是测量不确定度。

一、测试实验室中测量不确定度评定的意义

测试结果的准确性和可靠性是测试实验室赖以生存的基本条件之一,它与良好运行的质量体系一起使客户建立起对测试实验室工作的信心,也是法定机构和实验室认可机构评定实验室能力的重要依据。测量不确定度是衡量测试结果准确性和可靠性的重要参数,因此随着测量不确定度被越来越广泛地认识,越来越多的测试实验室要以利用测量不确定度来说明自身的能力和水平,以便赢得更多客户的信任和获得有关机构的认可。

测量不确定度的评定是实验室质量体系的重要组成部分,是测试实验室质量管理的重要内容。《检测和校准实验室能力的通用要求》(GB/T 27025—2008)中明确指出:"检测实验室应具有并应用评定测量不确定度的程序","当不确定度与检测结果的有效性或应用有关,或客户的指令中有要求,或不确定度影响到与规范限度的符合性时,则检测报告中还需要有关不确定度的信息。"同时,测试实验室所进行的合同评审、内部审核和管理评审等工作中也应考虑测量不确定度问题;测试实验室的人员、设备、环境条件、测试方法及方法确认、测量的溯源性等几乎所有要素中都涉及测量不确定度问题。因此,做好测量不确定度的评定工作是测试实验室不可推卸的责任。

二、测试实验室中测量不确定度评定的基本问题

测试实验室的主要工作是产生与所测试的产品特性有关的测试结果。产品的特性是产品本身所具有的特征,例如,钢材的抗拉强度、屈服强度、伸长率、钢铁中元素的含量等。这些测试结果可能被用于以下几个方面:

(1)说明产品的特性值,即说明所测试产品的特性处于什么样的水平;

(2)符合性评定,即产品的特性值是否符合标准或规范等的规定;

(3)测试结果准确性的评价,例如,通过对标准物质的测试结果与标准物质标准值的比较可以衡量测试结果是否处于正常的范围等;

(4)查找影响测试质量的原因,例如,通过对不同实验室、不同人员、不同设备或材料、

不同测试方法或程序、不同时间产生的测试结果的分析得出影响测试质量的主要因素;

(5)测试能力的评价,例如,通过比较测试结果与能力验证指定值的差异,评定实验室测试该项目的能力;

(6)测试体系可靠性和稳定性的分析和评定,例如,通过对较长时间内的测试结果或相对大量的测试结果的分析,可以判断测试体系是否出现异常等。

第二节　测试实验室中测量不确定度评定的要求

虽然测量不确定度可以应用于所有的测量领域,但没有必要对所有的测试结果都作出严格的测量不确定度评定。测试实验室有时仅需要对一类测试给出评定测量不确定度的一般程序,有时甚至可以不考虑测试不确定度问题。不同的测试领域可能包含不同的测量不确定度评定要求,本章给出测试实验室中测量不确定度评定的要求,旨在使测试实验室了解在什么情况下要进行测量不确定度的评定。

一、测试实验室中不确定度评定的通用要求

(一)ISO/IEC 17025:2002 的要求

作为测试实验室能力评价的规范,国际标准《检测和校准实验室能力的通用要求》(GB/T 27025—2008)中的许多要素与测量不确定度有关,其中与测试实验室相关的内容可以作为测试实验室中测量不确定度评定的通用要求。在该标准的技术要求中,明确地给出了测量不确定度评定的要求,而在管理要求中,也存在对测量不确定度评定和应用的要求。

(二)APLAC 的测量不确定度指南

APLAC(亚太实验室认可合作组织)在其测量不确定度指南中指出:测试实验室必须满足《检测和校准实验室能力的通用要求》(GB/T 27025—2008)中有关测量不确定度评定的要求,如果测试产生数字结果(定量结果),无论测试方法是理论的还是经验的,都应尝试对结果的不确定度进行合理的评定;如果测试结果为非数字结果(定性结果),则不需对其不确定度进行合理的评定;不确定度的评定方法和严密程度由实验室决定。为完成这项工作,实验室必须:

(1)确保了解了客户的要求。客户通常要测试某个项目但不知道需要如何测试该项目,此时,需要指定要测试项目的不确定度要求。

(2)确定使用的方法,包括评定不确定度的方法,这些方法能够满足客户的要求。

如果不确定度的评定水平不能被实验室的客户接受或不能达到符合规范报告的要求,则实验室需要识别不确定度的最大分量并要减小它的影响。

(三)CNAL 的测量不确定度政策

CNAL(中国实验室国家认可委员会)在其测量不确定度政策中指出:"认可委员会注意到测量不确定度概念应用的时间不长。认可委员会将按照'目标明确、重要先行、循序渐进'的原则,逐步展开测量不确定度的评定和应用。""认可委员会在认可实验室时就要求实验室组织检测的设计人员或熟练操作人员评定相关项目的测量不确定度,要求具体检测人员正确应用和报告测量不确定度,还应要求实验室建立维护评定测量不确定度有效性的机制。"

(四)客户的要求

简单地说,客户会要求检测实验室提供准确的测试结果。测量不确定度虽然要合理地

表征结果的分散度,但在实践中,这种合理的评定有时会使客户难以理解或不接受。在大多数情况下,客户不会怀疑测试结果会有一定的不确定性,而是怀疑测试结果的可靠性,进而不信任检测实验室的工作。例如,某些客户会对带有不确定度的测试结果提出这样的问题:"您的实验室做出的结果是正确的吗?"或者"您的测试结果带有不确定度,我如何判断产品是否合格?"这些问题的提出可能意味着客户对测量不确定度的理解尚未成熟,但不能不说测试实验室在进行合同评审时没有就客户的要求达成一致。因此,测试实验室应事先对客户的要求作出比较全面的考虑,包括涉及的测量不确定度问题。

测试实验室可以根据不同的情况采用不同方法对待客户对测量不确定度的明确的或潜在的要求。一是在合同评审阶段作出声明;二是在测试结果的报告阶段作出声明;三是在测试结果的报告中不给出测量不确定度,如果在这一阶段客户提出报告测量不确定度的要求,可以另外出具测量不确定度报告,满足客户的要求。

二、物理和机械测试中的基本要求

本书所指的物理和机械测试是除建筑材料外的所有材料和产品的物理和机械性能测试。

(1)在测量不确定度评定方面,APLAC(亚太实验室认可合作组织)在其测量不确定度指南中提出:所有定量试验结果必须进行测量不确定度评定,除非这些测试能够满足《检测和校准实验室能力的通用要求》(GB/T 27025—2008)中5.4.6.2的要求。在实验室评审时需要考核实验室评定测量不确定度的能力。

(2)在评定测量不确定度的严密程度方面,针对特殊客户,实验室根据《检测和校准实验室能力的通用要求》(GB/T 27025—2008)中5.4.6.2的要求确定不确定度的评定方法和严密程度。如果评定精度较低,不确定度的评定值要大于按照严格方法得到的评定值。因此,进行合同评审时,实验室要确保能够理解并满足客户对不确定度的要求。

(3)在测量不确定度的评定方法方面,所有有效的不确定度评定方法,包括《检测和校准实验室能力的通用要求》(GB/T 27025—2008)都是可以使用的。实验室必须向认可机构说明其使用的方法是有效的。在特殊情况下,对特殊试验所建立的数学模型需要通过实验室间比对试验来检查。对于仅有一个样品并且在测试过程中要毁坏样品的破坏性试验,不需要对取样进行 A 类不确定度评估,否则由测量系统导致的 A 类不确定度的贡献需要考虑。对于此类测试的不确定度评定的一种可行方法是测试一批有高重复性测试结果的均匀样品并计算结果的标准偏差。

(4)在测试结果的报告方面,要求基于置信概率95%报告不确定度的评定结果,包含因子一概使用是不可取的。不是所有的合成标准不确定度都服从正态分布,要报告在其特定分布下置信概率为95%的不确定度。

三、内部校准

测试实验室选择进行内部校准,则其校准程序应被确认,并按照 GUM 评定不确定度。

第三节　测试结果和测量不确定度

测量不确定度是与测试结果紧密相关的参数,因此在阐明测量不确定度的基本原理前,有必要对测试结果进行较详细的剖析。本章重新审视看似简单的测试结果,以统计学的观点阐明测试结果的特征,意在使读者更深刻地理解测量不确定度的基本含义。

一、测试结果的特征

测试结果是通过测试赋予被测量的量值。

测试结果可能是定量的,例如桌子的长度为 1.25 m;也可能是定性的,例如杯子中盛装的是食盐水;还可以是半定量的,例如水没有沸腾表示在标准大气压下水的温度小于 100 ℃等。本书根据测试实验室的具体情况和不确定度评定的相关要求,没有对定性和半定量的测试结果进行讨论。因此,本书中出现的测试结果为定量测试结果。

(一)被测量的分布

从测试实践的经验可知,一次测试一般得到一个测试结果,就是被测量的一个取值;当对同一被测量进行多次测量时,可能得到相同或不同的测试结果。

例:对液体的密度进行 10 次测量得到以下测试结果:

0.721 6 g/cm³、0.721 5 g/cm³、0.721 8 g/cm³、0.721 4 g/cm³、0.721 5 g/cm³、0.721 2 g/cm³、0.721 6 g/cm³、0.721 7 g/cm³、0.721 6 g/cm³、0.721 5 g/cm³。

虽然被测量——液体的密度实际上可能并没有发生变化,但被测量取值——测试结果却可能是不同的。在测量前,不能预知被测量取什么值,也就是说,被测量的取值带有随机性。一个量的取值随试验而不同,具有这种性质的量在统计学上称为随机变量。

将被测量的值作为横坐标,测试结果出现的次数或频率作为纵坐标,可以使用作图的方法更直观地反映这些规律,如图 1-1 所示。

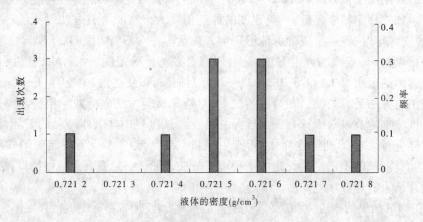

图 1-1　测试结果出现次数和频率

被测量的取值,即测试结果的这些规律称为被测量的分布。被测量的分布与被测量的性质和测量的实际操作有关,有时测试结果在一定范围内的各点上出现的可能性相同;有时在范围中心出现的可能性小于在范围两端出现的可能性。统计学家研究了大量的实际情况,总结出很多种不同的分布类型,其中常用分布类型的基本特点在本节"一、(二)被测量的分布类型"中讨论。

测试结果分散在一定的范围内,这种分散性不仅说明不可能确切地得知被测量的真实值(真值),同时说明了可以得知被测量可能的取值范围。显然,在一个合理的情况下,范围越大,被测量的真值落入该范围的可能性越大。在统计学上,可以使用频率或概率来量度事件发生的可能性大小。频率是指事件发生的次数占总试验次数的比例,图 1-1 给出了各测试结果出现的频率,而概率则是在无限多次试验中某个结果出现的频率。

　　另一个值得提出的问题是,被测量的取值可能是连续的。如果给出液体的密度值为 0.721 6 g/cm³,它可能是由 0.721 55 ~ 0.721 65 之间的任一值修约得来的,因此可以说被测量的取值是连续的;而在另一些测量中,被测量的取值也可能是不连续的。在统计学上称不连续的随机变量为离散型随机变量。离散的和连续的被测量的分布是不同的。如果将上例中的测试结果视为连续被测量的取值,则可以将图 1-1 修改成图 1-2 的形式。

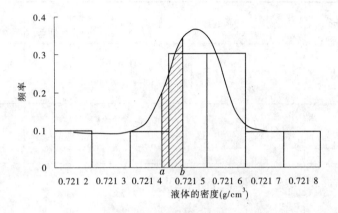

图 1-2　连续被测量的分布

　　在图 1-2 中,可以将任一点上测试结果出现的频率数据拟合成一条曲线,随着测量次数的增加,该曲线越来越平滑。在这条曲线上对应于测量结果在 a 和 b 之间的曲线下的面积,即图中的阴影部分代表了测试结果出现的可能性大小,即被测量在该范围内取值的概率;而曲线上的点表示相应的测试结果所对应的被测量取值的概率密度。

　　对于离散型被测量,不使用曲线或连续函数的形式表示测试结果出现的可能性,使用类似图 1-1 的图形表示,也可以列表表示,如表 1-1 所示。

表 1-1　离散型被测量的分布规律

测试结果	1	2	3	4	5	6	7	8	9
概率	0.01	0.10	0.19	0.20	0.24	0.15	0.07	0.02	0.01

或者,用分段函数的形式将表 1-1 写成

$$p\{X=k\} = \begin{cases} 0.01 & k=1 \\ 0.10 & k=2 \\ 0.19 & k=3 \\ 0.20 & k=4 \\ 0.25 & k=5 \\ 0.15 & k=6 \\ 0.07 & k=7 \\ 0.02 & k=8 \\ 0.01 & k=9 \end{cases}$$

式中　$P\{X=k\}$——被测量 X 的测试结果为 k 时的概率。

（二）被测量的分布类型

统计学家给出的随机变量的分布类型很多,但在实际测量中,经常无法确切地判断被测量到底服从哪种分布,而且,被测量分布类型的微小差别并不能导致测量不确定度评定中的显著差异。因此,对测试实验室来说,通常没必要了解全部的分布类型。测试实验室中常用被测量分布律形式,在表 1-2 中给出了这些分布的概率密度函数或分布律表达式。

表 1-2　常见分布的图形、函数和数字特征

分布名称	分布的图形	函数或分布律形式	数字期望	方差
0-1分布		$P\{X=k\}=\begin{cases}p, & k=0 \\ 1-p, & k=1\end{cases}$	p	$p(1-p)$
二项分布		$P\{X=x_k\}=C_n^k p^k(1-p)^{n-k},$ $k=0,1,2,\cdots,n$	np	$np(1-p)$
泊松分布		$P\{X=k\}=\dfrac{\lambda^k e^{-\lambda}}{k},\lambda>0,$ $k=0,1,2,\cdots$	λ	λ
正态分布		$f(x)=\dfrac{1}{\sqrt{2\pi}\,\sigma}e^{-\frac{(x-\mu)^2}{2\sigma^2}}$	μ	σ^2
均匀分布		$f(x)=\begin{cases}\dfrac{1}{b-a} & a<x<b \\ 0, & \text{其他}\end{cases}$	$\dfrac{a+b}{2}$	$\dfrac{(b-a)^2}{12}$
三角分布		$f(x)=\begin{cases}(x-a_-)/a^2, & a_-\leqslant x\leqslant(a_-+a_+)/2 \\ (a_+-x)/a^2, & (a_-+a_+)/2\leqslant x\leqslant a_+ \\ 0, & \text{其他}\end{cases}$	$\dfrac{a_-+a_+}{2}$	$\dfrac{a^2}{6}$
梯形分布		$f(x)=\begin{cases}(x-a_-)/a^2, & a_-\leqslant x\leqslant a_-+\beta a \\ \dfrac{1}{2\beta a} & a_-+\beta a\leqslant x\leqslant a_+-\beta a \\ (a_+-x)/a^2, & a_+-\beta a\leqslant x\leqslant a_+ \\ 0, & \text{其他}\end{cases}$	$\dfrac{a_-+a_+}{2}$	$\dfrac{a^2(1+\beta^2)}{6}$
U形分布		$f(x)=\begin{cases}\dfrac{1}{\pi}\dfrac{1}{\sqrt{a^2-x^2}}, & -a\leqslant x\leqslant a \\ 0, & \text{其他}\end{cases}$	0	$\dfrac{a}{\sqrt{2}}$
t分布		$f(t)=\dfrac{1}{\sqrt{n\pi}}\dfrac{\Gamma\left(\dfrac{n+1}{2}\right)}{\Gamma\left(\dfrac{n}{2}\right)}\left(1+\dfrac{t^2}{n}\right)^{-\frac{n+1}{2}}$	0	$\left(\dfrac{n}{n-2}\right)^2$

分布名称	分布的图形	函数或分布律形式	数字期望	方差
F 分布		$f(F) = \dfrac{\Gamma\left(\dfrac{n_1+n_2}{2}\right)}{\Gamma\left(\dfrac{n_1}{2}\right)\Gamma\left(\dfrac{n_2}{2}\right)}(n_1)^{\frac{n_1}{2}}(n_2)^{\frac{n_2}{2}} \cdot$ $\dfrac{F^{\frac{n_1}{2}-1}}{(n_1 F + n_2)^{\frac{n_1+n_2}{2}}}$	$\dfrac{n_2}{n_2-2}$	$\dfrac{2n_2^2(n_1+n_2-2)}{n_1(n_2-2)^2(n_2-4)}$
χ^2 分布		$f(x) = \begin{cases} \dfrac{x^{\frac{n}{2}-1}e^{-\frac{n}{2}}}{2^{\frac{n}{2}}\Gamma\left(\dfrac{n}{2}\right)}, & x \geqslant 0 \\ 0, & x < 0 \end{cases}$	n	$\sqrt{2n}$

(三) 被测量的数字特征

被测量就是被测量的物理量。

被测量的分布函数可以完整地描述被测量的统计特性,但在实际测量问题中,求出被测量的分布并不是一件简单的事,有时无法也没有必要全面地考察被测量的变化情况,因而不需要求出它的分布函数,而只需要知道它的某些特征。也就是说,了解被测量的特征比了解其分布更具有实际意义。这些特征可以用数值来表示,因此被称为数字特征。被测量的数字特征有很多,本节介绍最常用的几个特征量:最佳估计值(均值)、方差、标准偏差、协方差和相关系数。

1. 最佳估计值

每次测量可能会得到不同的测试结果,也就是说,测量是对被测量进行估计的一个过程,而测试结果是被测量的估计值。最佳估计是指测试结果与被测量真值的接近程度,即在一组测试结果中,与被测量真值最接近的最佳估计值。从这个意义上讲,最佳估计值与测试的条件有关,当仅进行一次测试时,所得到的单次测试结果也可以作为最佳估计值。最佳估计还表示了估计的可靠程度,这同样与测试条件有关,通俗地说,多次测量得到的结果总比单次测量所得到的结果要可靠一些。到底需要多少次测量才能得到比较可靠的最佳估计值,这与具体的测量问题有关,还与其他测量条件有关,需要根据实际的经验等作出判断。经常采用的最佳估计值有算术平均值、加权平均值、几何平均值、修剪平均值和中位数等。

平均值就是多个测量结果的和除以测量结果的个数,即

$$\bar{x} = \frac{\sum\limits_{i=1}^{n} x_i}{n} = \frac{x_1 + x_2 + \cdots + x_n}{n} \tag{1-1}$$

2. 方差和标准偏差

被测量的取值具有分散性,在一组测试结果中,每个测量值与平均值之间的差异称为残差,即

$$v_i = x_i - \bar{x} \tag{1-2}$$

式中　v_i——第 i 个测试结果的残差;

x_i——第 i 次测量值；

$\bar{x}$——n 次测量的平均值。

用每个测量值的残差无法直接表示全部测试结果的分散性，因为所有残差的代数和为0，所以人们采用方差表示一组测试结果的分散性。即

$$S^2 = \frac{\sum\limits_{i=1}^{n} (x_i - \bar{x})^2}{n-1} \tag{1-3}$$

由于方差与被测量具有不同的量纲，不便于比较，因此通常采用其正平方根来表示被测量的分散性，即标准偏差（用 S 表示）

$$S = \sqrt{S^2} = \sqrt{\frac{\sum\limits_{i=1}^{n} (x_i - \bar{x})^2}{n-1}} \tag{1-4}$$

3. 协方差和相关系数

在实际测量中，被测量之间的相关关系是经常存在的，这种相关性有时会导致协同效应。因此，当评估分散性时，不但要考虑被测量的最佳估计值和方差，还要考虑被测量之间的相关关系，协方差和相关系数就是表示这种相互关系的参数。在两个量的成对测量中，可以使用得到的测试结果计算协方差，即

$$Cov(X,Y) = \frac{\sum\limits_{i=1}^{n} (x_i - \bar{x})(y_i - \bar{y})}{n-1} \tag{1-5}$$

协方差通常具有不方便的量纲，在实际测量中，引入相关系数表示两个量之间的相关性更加方便和易于理解。相关系数 $r(X,Y)$ 被定义为两个量之间相互依赖的度量，它等于两个变量的协方差除以各自方差之积的正平方根，即

$$r(X,Y) = \frac{Cov(X,Y)}{\sqrt{S_X^2 S_Y^2}} = \frac{Cov(X,Y)}{S_X S_Y} = \frac{\sum\limits_{i=1}^{n} (x_i - \bar{x})(y_i - \bar{y})}{\sqrt{\sum\limits_{i=1}^{n} (x_i - \bar{x})^2 \sum\limits_{i=1}^{n} (y_i - \bar{y})^2}} \tag{1-6}$$

相关系数是一个无量纲的量，可以采用多种方法求得。

4. 大量测试结果的统计规律

被测量是随机变量，它符合统计规律。在测量中，特别是在测量不确定度的评定中，有几个统计规律起着十分重要的作用。它们是：契比雪夫定理的特殊情况、伯努利定理和中心极限定理等。

契比雪夫定理的特殊情况说明了试验次数很多时，随机变量的算术平均值接近于数学期望。也就是说，对于一次测量，其测试结果是随机的，而对于大量的测量，其测试结果的平均值几乎是常数。这一定理表明大量测试结果的平均值是具有可比性的，而且该平均值是被测量真值的最佳估计。

伯努利定理告诉人们，当试验次数很大时，事件发生的频率与概率有较大偏差的可能性很小，也就是说，测量次数很多时，可以使用频率来代替概率。

中心极限定理说明了在测量次数很多时，只要没有特别突出的测试结果（或叫做异常

值),则不论被测量原来属于何种分布,都将近似服从正态分布。这一点很重要,它是不确定度评定的基本根据之一。

二、不确定度的基本含义

给出相关概念是了解所研究内容的基本前提,然而,本书的目的是从实用的角度出发,着眼于使读者能够使用这些测量不确定度的评定方法,并不刻意地研究测量不确定度的理论问题。因此,本章仅涉及几个有关测量不确定度的基本概念。

(一) 测量不确定度

测量不确定度是表征合理地赋予被测量之值的分散性,与测量结果相关联的参数。

这是 ISO 给出的确切的测量不确定度定义,也是我国计量标准(JJF 1059—1999)所给出的定义。这里,所谓赋予被测量之值就是对被测量进行测量的结果,因为测量的准确度有好有坏,所以加上了合理这两个字,这是在告诉我们,对那些胡乱测量得到的结果没有必要进行不确定度的评定。

另外,考虑到对定义的理解和可操作性,这里同时给出两个非正式定义:

(1)"测量不确定度是围绕着测量结果的一个区间,该区间以高概率包含被测量的真值"。

这个定义实际上是我们以后要讲的扩展不确定度的定义。但是它从另一个角度告诉我们,测量不确定度是测量结果分散性的表示。所谓的高概率,并没有说明概率为多少叫高概率,一般理解这一概率起码不能比 50% 低,一般要超过 80% 才能使人相信这样的测量结果。概率的不同,表明测量结果的不确定度的可信程度不同。当不确定度相同时,如果概率不同,那么表示的测量结果的准确度是不同的。

(2)"测量不确定度是由测量结果给出的被测量估计值的可能误差的度量"。

总之,测量不确定度是测量结果准确度或分散性的定量表示,它是与测量结果紧密相联系的,我们不能笼统地讲测量不确定度是多少,而应该说某个测量结果的测量不确定度是多少。现在还在不断地听到"方法不确定度"、"仪器不确定度"等不规范的说法,这些都是不正确的,测量不确定度是仅与测量结果相联系的,它与产生测量结果的方法、仪器等有关系,但绝对不是这些测量方法、测量仪器具有不确定度。

有时,为了简便,将测量不确定度说成是不确定度,在不引起混淆的情况下,这样是可以的。

不确定度指测量结果的可疑程度,广义而言,测量不确定度指对测试结果准确性的怀疑程度。然而,测量不确定度并不意味着怀疑测量的准确性,相反,对不确定度的了解意味着对测试结果更加信任。或者说,测量不确定度是对测试结果信任程度的量度。

在进行不确定度评定时,可能需要找出每个测量不确定度来源对测量结果的贡献,该贡献被称为不确定度分量。也可以将某些分量合并。

测量不确定度可以用多种形式表示,以标准偏差表示的不确定度称为标准不确定度;当测试结果由若干其他量的值求得时,测试结果的标准不确定度称为合成不确定度,它等于这些值的方差与协方差之和的正平方根;以测试结果所在区间表示的不确定度称为扩展不确定度,该区间以高概率包含了被测量的真值。

(二) 影响测量结果准确度的主要因素

测量不确定度来自于测量和各个方面,下面所列举的来源可能导致不确定度,在某些测

量过程中这些因素中的一部分可能不存在,但是仍有某些来源对具体的测量过程具有重要意义:

(1)被测量的定义不完善;

(2)测量方法不理想;

(3)取样代表性不够;

(4)对环境影响的认识不足或控制不完善;

(5)模拟仪器读数的人为偏移;

(6)仪器设备性能的局限性;

(7)测量标准或标准物质的不确定度;

(8)引用数据或其他参量的不确定度;

(9)测量方法和测量程序的近似和假设;

(10)重复观测中的变动。

对于某些测量结果,这些因素中的某些是不存在的,有时某些因素还是相关的,在评定不确定度时,需要对相关的因素进行一定的处理。将这些影响因素画在一张图上,有利于不确定度的分析,图1-3叫做因果图,在很多的不确定度评定实践中,将后面的不确定度省略,而只将被测量的名称画在这张因果图上,这样做是为了简化,因为它不可能引起歧义。

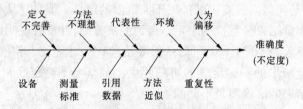

图1-3 影响因素之间的相互关系及因果图

举一个称量质量的例子,图1-4画出了一张用架盘天平和砝码称量一个方形物体的实例。

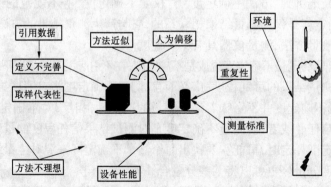

图1-4 架盘天平和砝码称量一个方形物体的实例图

(1)定义。空气中的质量还是真空中的质量,如果是真空中的质量,那么需要引用空气的密度,它也有不确定度。取样代表性:一个还是一批;方法近似:如果只称量到g,修约也带来不确定度;人为偏移:读刻度盘数时;环境:温湿度、震动、空气流动、电磁辐射等;测量标准:如果使用标准砝码;设备性能:这个架盘天平可能已经老化,显示的值有很大偏差;方法不理想:如果要称量到 mg;重复性:用刻度盘上的数值时,不用刻度盘上的数值而使用砝码时。

（2）这些因素之间的关系。方法不理想可能与各种因素有关。设备性能可能与重复性、环境等因素有关,相关的因素很多。

（3）主要因素。哪些因素是影响质量不确定度的主要因素,这与测量的要求、测量方法和测量条件都有关。比如,当测量要求称到 mg 时,除定义、引用数据和取样代表性外,可能所有因素的影响都是不能忽视的。当只要求称准到 10 g 时,如果使用的天平的感量为 0.2 g,可能重复性、测量标准的不确定度、定义的不完善、人为偏移等很多因素的影响是可以忽略不计的,只留下了方法近似中的修约带来的不确定度,只要称量的环境不是要求特别严,一般来说,在正常的操作下,环境的影响是很小的,但是有时我们要求热称量,这时的温度可能就成为主要的影响因素。应该说明的是,由于操作失误等明显的错误所导致的对测量结果准确度的影响不属于不确定度评定的范围。

在进行不确定度评定时,我们需要考虑主要因素,区别对待相关和不相关的因素,这在以后的不确定度评定方法中还要提到。如果将这些主要因素归纳起来,再考虑其他天平（比如电子天平）称量一个物体时可能需要称皮重和毛重,我们就得到了通常情况下影响质量不确定度的因果图（见图1-5）。

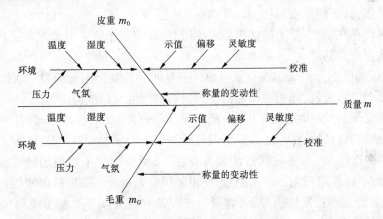

图 1-5　影响质量不确定度的因果图

（三）不确定度与有关准确度概念之间的关系

1. 平均值、真值和约定真值

平均值是多个测量结果的和除以测量结果的个数得到的值。它也可以说是测量结果,有时,我们也要评定平均值的不确定度。

真值是与给定的特定量定义一致的值,一般用 μ 表示。真值一般是无法准确获得的,测量就是对被测量真值的一种估计,测量的结果也就是被测量真值的估计值。比如说,桌子长度的真值为 1.22 m,我们用尺测量这个长度,得到了 1.224 m,1.224 m 就是被测量桌子长度的一次估计值。

约定真值是对于给定目的的具有适当不确定度的、赋予特定量的值,有时该值是约定采用的。既然真值是无法准确获得的,为了比较准确地表示被测量的量值,人们常常对某个量进行多次测量,得到的结果的平均值作为该量的约定真值,还可以通过许多方法来确定约定真值,例如能力验证(就是原来的水平测试),实验室间的协同试验。简要地说,约定真值就是通过大量试验所得到的在一定范围内得到承认的约定值。有时约定真值也用真值的符号 μ 表示,有时用 μ 的估计表示。

2.误差、系统误差和随机误差

(1)误差是测试结果与被测量真值之差,用符号 $\sigma = x - \mu$ 表示。因为真值 μ 是无法准确获得的,所以误差 σ 一般也是无法准确获得的。不确定度概念是在原有的误差理论的基础上提出的,误差的概念仍被广泛使用,而且,不确定度理论也不可能替代误差理论而成为该领域的唯一理论。因此,弄清误差与不确定度的区别对不确定度的应用来说十分重要。

误差是始终存在的。理论上可以使用已知的误差来修正被测量的量值。但是,误差毕竟是理想的概念,用误差修正过的被测量值的不确定度可能仍很大,因为测量者可能对这个修正过的值接近真值的程度是非常不能确信的。测量不确定度不能用于被测量值的修正,虽然经常使用与测试结果同量纲的参数,如用标准偏差来表示测量不确定度,但测量不确定度是被测量分散性的度量,它可以表征被测量值的合理范围,但不能与被测量值进行简单的运算。测试结果的不确定度始终不能解释为误差,也不能解释成修正后剩余的误差。例如,一支标准镍铬 – 镍硅热电偶在 500 ℃ 下的毫伏数的约定真值为 23.680 mV,检测的测量值为 23.675 mV 的误差为 – 0.005 mV,而其不确定度为 0.006 mV,即使使用修正值 – 0.005 来修正检测结果,其不确定度可能仍为 0.006 mV。

误差是客观存在的,不受人的认识程度的限制,而测量不确定度是与人们对被测量及其测量过程的认识有关的。

(2)随机误差是测量结果与在重复性条件下对同一被测量进行无限多次测量所得结果的平均值之差。也就是说,随机误差是由于测量的偶然性所造成的。

比如观测桌子的长度时,虽然用同一把尺子,但是每次观测的结果却可能不一样,这与人用眼睛读数时的偶然性有关,还跟测量时尺子与桌子所成的角度等其他因素有关。但是,如果进行无限多次的测量,这种偶然性就不存在了,所得到的平均值的随机误差为 0。但是,实际上我们不可能进行无限多次测量,所以随机误差也是不能准确得知的。

(3)系统误差是在重复性条件下,对同一被测量进行无限多次测量所得结果的平均值与被测量的真值之差。

例如,用尺子测量桌子的长度,如果尺子本身就不准,再多次的测量也会不准确。例如,这把尺子在 1.22 m 附近有 0.05 m 的误差,就是说,长了 0.05 m,即便我们用无限次的测量消除了随机误差,这 0.05 m 的误差仍然是存在的,这就是系统误差。由于真值是无法准确获得的,所以系统误差也是无法准确获得的。

误差的概念是从被测量的真值出发的,也就是从 μ 这个不能准确得到的值出发的,误差的概念始终与一个不可准确得知的值在一起,使得用误差表示的准确度总是令人怀疑的。而不确定度是从测量结果出发的,带有不确定度的结果表示了在一定的概率下测量真值所处的范围。例如:下面式(a)、式(b)、式(c)表示了在 95% 和 99% 的概率下质量值落在 5.20 ~ 5.30 g 或 5.19 ~ 5.31 g 范围内。因此,用测量不确定度表示测量结果的准确性就更加合理。

$$(5.25 \pm 0.05)\text{g}, \ p = 95\% \qquad\qquad (a)$$
$$(5.25 \pm 0.05)\text{g}, \ p = 99\% \qquad\qquad (b)$$

$$(5.25 \pm 0.06)\,\text{g}, \quad p = 99\% \qquad \text{(c)}$$

3. 偏差(偏倚)和精密度

(1)偏差(偏倚)是观测值或测试结果的期望与接受参考值的差。

为了弥补系统误差概念的不足,人们将系统误差概念中的真值换成了一种约定真值,这样系统误差就可以计算了,将这样得到的系统误差叫做偏差或者偏倚。这种约定真值就是接受参考值,它是在一定条件下各方接受的或公认的约定真值。例如,我们用标准砝码的约定质量作为接受参考值,以后的观测结果或平均值与这个约定质量的差值就是偏差。

(2)精密度是在规定的条件下,独立测试结果间的一致程度。

因为无限多次测量是无法办到的,所以在表示随机误差时,人们也采用了像偏差那样的方法,就是规定一定的条件,变无限为有限。这样得到的随机误差的表示方法就是精密度,只不过这种表示方法与随机误差相比复杂得多。

总的来说,测量不确定度是测量结果准确度的定量表示,既然是准确度的表示,也就是不准确性的一种表示,在测量领域,不准确性就是测量结果的分散性,所以说测量不确定度是测量结果分散性的定量表示。

4. 溯源性

测试结果之间应具有可比性,能够比较这些结果对于测量来说是非常重要的。测量的准确度首先取决于其结果与已知或公认的准确测试结果的比较。也就是说,得出同一被测量的量值(或量值范围)的所有测量必须使用同一参照值。大多情况下,这个参照值可以是国家基准、地区基准或国际基准。理想地,该参照值最终导向 SI(国际单位制)单位。

有时,测试结果无法溯源至 SI 单位。例如,由某些方法定义的测试结果可以溯源至适当的标准物质或指定值。

可以通过以下程序建立测试结果的溯源性:

(1)使用可溯源的标准校准测量仪器;

(2)使用或与一个标准方法比较;

(3)使用基准试剂(纯物质标准物质);

(4)使用具有适当基准的有证标准物质;

(5)使用可接受的、严格定义的测量程序。

三、不确定度表示方法

人们给用标准偏差的形式表示的不确定度起了个名称,叫做标准不确定度,并使用一个新的符号 $u(x)$ 表示,即

$$u(x) = S$$

标准不确定度的平方仍叫做方差。那么不确定度传播率就比较好理解了,它告诉我们分量的不确定度通过方差和的方式传播给测量结果的不确定度。

由此可得到平均值不确定度为

$$u(\bar{x}) = u(x)/\sqrt{n}$$

相对不确定度为

$$u_{\text{rel}}(x) = u(x)/x$$

第四节 评定测量不确定度的基本方法

一、不确定度评定采用的方法

在评定不确定度时,可以采用多种方法,根据所掌握的信息情况和测量方法的特点,选择适用的和方便的评定方法。按照不确定度的评定过程,可以将评定方法分为自上而下和自下而上两种方法。

(一)自下而上的方法

一般将测量过程分成几组操作,即步骤。分别考虑每个步骤中所涉及的不确定度分量。例如,力学性能试验过程可以一般地分成样品采取、样品制备、仪器校准、数据采集和引用、数据处理和结果报告等步骤。而对于仅对样品实施检验的测量过程,可不考虑上述步骤中的样品采取、样品制备步骤,但在某些情况下,应加上在实验室内对样品的制样步骤,即采取试料的步骤。这种分组的方法是十分重要的,因为相似的测量程序可能共有一致的步骤,并且每个步骤可能受到相同因素的影响,这样做可以减少不确定度评定的工作量。

(二)自上而下方法

正像我们在讲影响不确定度的因素中所讲到的,不确定度的影响因素在某些情况下可以合并起来考虑,自上而下的方法就是将测量中涉及测量方法的因素合并成为方法因素,或者将测量过程看做一个整体,然后使用方法的特性参数,例如精密度和偏倚,来评定测量结果的不确定度。

只要能够合理地列明所有影响量,这两种方法也可以同时使用。处理不确定度评定的具体问题时往往同时使用两种方法。实际上它们都是国际标准 GUM 的组成部分。

另一种分类方法把不确定度评定方法分为 A 类和 B 类。这是按照不确定度评定中不确定度信息的取得方式分类的。

A 类评定是通过对实际测量的结果统计计算来评定不确定度的方法,例如计算一组测量数据的标准偏差。

B 类评定是引用现成的信息来评定不确定度,比如引用校准证书中仪器设备的不确定度,引用测量方法的精密度数据等。

A、B 分类旨在指出评定方法的不同,并不意味着所评定分量之间有本质的区别,与上述的分别处理分量不确定度和由方法的特性参数等得出不确定度的方法没有任何内在的联系。同时,随机效应和系统效应所导致的测量不确定度均可以使用 A、B 类评定方法评定,也就是说,A、B 类评定方法的分类与产生不确定度的原因的分类也没有任何的联系。

二、不确定度评定的基本步骤

这些评定方法的分类对不确定度的评定过程有一些影响,但是并不是说要评定的测量结果的不确定度有本质的区别。所以,在实际评定不确定度时,经常将自上而下和自下而上方法、A 类和 B 类方法混合使用,只要能够合理地评定不确定度,使用哪种方法并不重要。但无论使用哪种方法,都将涉及以下基本步骤:

(1)确定测量过程的数学模型;

（2）鉴别和分析不确定度的来源；

（3）量化不确定度分量；

（4）合成和扩展不确定度；

（5）报告不确定度。

第一，必须给出被测量的数学模型，弄清被测量是什么及被测量与其影响量之间的关系，对已知的系统误差进行修正。测量方法或测量程序中或在与被测量有关的其他方法中一般给出上述信息。

第二，应鉴别并列明不确定度的每个来源，每个来源所给出的不确定度称为不确定度分量。当使用方法的特性参数进行不确定度评定时，这些参数中已包含了不确定度信息，但大多数情况下，这些信息是不全面的，或仅仅是某个分量的一部分。对来源所产生的不确定度进行详细的分析，有助于找到各不确定度分量以何种方式对不确定度产生贡献。

第三，将由不同来源得到的有关不确定度的信息全部转化为一致的信息形式，有时还要设计和实施附加的试验，用以确定没有给定信息的分量的不确定度。分析和量化不确定度的原则是不漏掉任何的不确定度来源，也不能重复计算某个分量的不确定度。

第四，按照不确定度传播规律计算合成标准不确定度。注意分量之间的相关性，它可能影响到不确定度的合成。将合成标准不确定度乘以一定的包含因子，得到扩展不确定度。该包含因子与合成标准不确定度的可靠程度等因素有关。

第五，将得出的不确定度评定结果与测试结果一起以正确的形式报告。测试结果的报告应能使该结果的使用者方便地使用其中的不确定度信息。

（一）测量过程数学模型的建立

在许多情况下，被测量 Y（输出量）不能直接测得，而是由若干个其他量（影响量或叫做输入量）通过函数关系 f 来确定，即 $Y = f(X_1, X_2, \cdots, X_n)$，这种函数关系称为测量过程的数学模型，有时称为测量模型或数学模型。它明确地说明了被测量是什么，定量地表示了被测量与其所依据的影响量之间的关系。测量过程的数学模型不是唯一的，对于同一被测量，所采用的测量方法或测量程序不同时可能产生不同的模型。

（二）不确定度来源的鉴别和分析

鉴别不确定度来源，是要弄清测量结果的影响量是什么；分析不确定度的来源，是要弄清这些影响量对测量不确定度的贡献主要来自于哪些方面以及这些影响量之间的关系，例如它们之间的相关性。

1. 鉴别不确定度来源

鉴别不确定度来源的目的是列明所有对被测量有影响的分量，可以从不同的角度考虑这一问题。

一种方法是将测量过程分成几组操作，即步骤。分别考虑每个步骤中所涉及的不确定度分量。另一种方法是将测量过程看做一个整体，然后使用方法的特性参数导出测量不确定度。

实践中，从被测量的基本表达式出发有可能是最方便的。该表达式中的所有参数都可能影响测量结果的不确定度，因此是不确定度的潜在来源。还可能有其他的参数不明显地或不可能明确地出现在被测量的表达式中（例如样品的均匀性），但它们会影响测试结果的分散性，这些也是不确定度的潜在来源。

理论上,鉴别了不确定度的来源后,可以重新给出测量过程的较完整模型,这一模型中,对测量结果表明的不确定度的影响与模型中的每个参数或变量有关,尽可能明确地写出被测量与影响量的函数关系。

2. 分析不确定度来源

对不确定度分量的分析实际上是建立不确定度分量与已有的或可评定的不确定度信息之间的联系。同时,分析不确定度来源的过程中有可能排除并不属于不确定度范畴的影响量。在特定的测量过程中,有些因素对被测量或计算被测量的分量的影响是很小的,这种情况下,可以忽略这种影响,在不确定度评定过程中不予考虑。有些影响因素之间是相关的(见图1-6),甚至一个影响因素包含在另一个因素之中,则应对这些因素进行必要的合并。

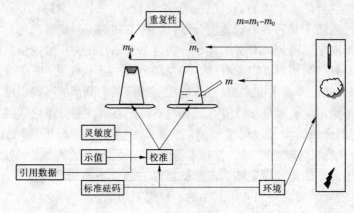

图 1-6

例如,称量的环境条件中的某些因素(如天平的水平性、振动水平和磁场等)与天平的校准过程相关,因为天平的校准过程也使用了与使用过程相近的环境条件。在其规定的范围内,这些因素的影响已包含在校准导致的不确定度中,不需要重复考虑。

当然,使用条件与校准条件之间必然存在着一定的差异。如果这种差异对被测量或计算被测量的分量的影响是显著的,那么应予以考虑,但实践中在校准程序中一般会有另外的规定校准项目来评价这种差异的影响,因此也不需要在使用中重复考虑。但在使用条件严重偏离校准条件时,则必须考虑这种偏离带来的影响。例如,称量干燥的样品时,如果称量所处环境的湿度很大(如95%),则应考虑湿度对质量的影响。建立不确定度分量与已有不确定度信息之间的联系是不确定度来源分析的首选目标。

当已有的不确定度信息恰当地表达了该来源的不确定度时,可以直接使用。例如,天平的校准证书中给出了在天平的全部量程范围内,质量的标准不确定度为 0.092 mg,那么可以直接得到使用该天平称出的质量的不确定度。遗憾的是,实践中能够得到这种信息的情况是少见的。经常能够获得的是间接的信息,如某仪器符合相应的规程规定(检定合格),或给出影响该分量的部分或全部不确定度信息。对于前一种情况,在规程中给出了符合性的判定准则,实际上已包含了相应的不确定度信息,这时需要查找有关规程,并将这些不确定度信息按照本节"二、(三)不确定度分量的量化"中的方法转化成需要的形式;对后一种情况,则需要对该不确定度分量进一步分解,当仅给出影响该分量的部分不确定度信息时,可能还需进一步分析,最终使不确定度信息适用于进一步分析得到的分量,或者通过试验得到这些分量的不确定度。已有的不确定度信息一般来自于各种相关的证书、国际或国内权威组织公布的带有不确定度的常数或常量、标准方法中给出的特性参数、协同试验或能力验证结果、历史数据和其他试验的结果等。当没有相应的不确定度信息或已有的不确定度信息不适合所分析的不确定度分量时,可以通过试验的方法得到分量的不确定度。用试验方法既可以评定被测量的不确定度,也可以评定分量的不确定度。例如,天平称量的变动性可以通过该天平的历史数据确定,也可以通过重复测量同一物质质量的试验方法确定。在不确定度来源鉴别和分析中,最容易出现的错误有 3 种:

(1)一种来源被重复鉴别两次或多次,导致对不确定度的过高估计;

(2)遗漏不确定度的来源,导致对不确定度的过低估计;

(3)对不确定度来源相互之间关系的错误理解,甚至张冠李戴,既可能导致对不确定度的过高估计,也可能导致过低估计。

使用因果图可以清晰地表示不确定度的各种来源及其相互关系,有可能避免上述 3 类错误。

为了便于鉴别和分析不确定度的来源,可以将某些领域的常见测量不确定度来源进一步分解,得到对不确定度来源的较详细的认识。但无限制地细化不确定度分量是没有必要的,当分量细化到其不确定度可以忽略时,就可以终止进一步的分析。

通过以上分析,可以将因果图 1-7 简化为图 1-8,如果校准导致的不确定度可以从校准证书上查到,则可以进一步简化因果图,得到图 1-9。

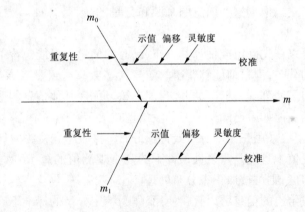

图 1-7　因果图

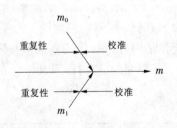

图 1-8　简化的因果图

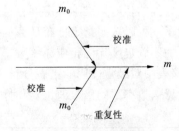

图 1-9　进一步简化的因果图

(三)不确定度分量的量化

不确定度分量的量化是指对每个不确定度分量大小的估计。一方面,一些分量的不确定度可以直接根据已有数据转变成统一的形式,如标准不确定度的形式;或者由实验室得出分量的不确定度。另一方面,可以通过估计影响较小的不确定度分量的大致范围,与对合成不确定度贡献最大的分量进行比较,并在不确定度的评定中忽略这些分量的影响。一般认为,在不确定度的评定要求不是很高,且所忽略的不确定度分量不是很多时,小于最大分量的1/3的分量是可以忽略的。

在测量过程中,所有被测量都可能产生异常值。这些异常值可能产生于操作过失、仪器设备的未校准或使用的方法差异等多种原因。在不确定度的评定中,应首先按照相关的统计标准判断和剔除这些异常值。

1. 利用已有的信息

利用已有信息评定不确定度分量或分量的组合是最方便的做法。一般包括:

(1)以前观测的数据;

(2)校准证书、检定证书或其他文件提供的数据、准确度的等级或级别;

(3)生产部门提供的技术说明文件;

(4)手册或某些资料给出的参考数据及不确定度;

(5)规定试验方法的标准或类似技术文件中给出的重复性限 r 或复现性 R;

(6)对有关技术资料和测量仪器特性的了解和经验。

这些信息的形式可能是多种多样的,例如,标准偏差或其倍数、相对标准偏差或其倍数、最大允许差、容许限等。为了进一步进行不确定度合成,必须将它们转化成一致的形式,例如标准不确定度的形式。根据这些信息的来源和分量的特性,各种形式的信息有着不同的处理方法。

考虑被测量时可以首先确定或估计其分布,已有的信息中可能包含了分布的内容,这时可以直接采用相应的分布,但目前能够获得的信息大多数没有或没有详细地给出分布的内容。许多规程中给出了处理这种情况的办法,即在缺乏任何其他信息的情况下,一般估计为矩形分布是较合理的。但如果已知所研究的量出现在给定区间的中心附近的概率大于接近区间边界的概率,则建议采用三角形分布或梯形分布。涉及三角变换时,建议考虑反正弦分布。如果所研究的量值本身就是重复性条件下的几个观测值的算术平均值,或给出了一定置信概率下的不确定度,则可按照正态分布处理。

以标准偏差形式给出的信息可以直接使用,作为特定分量的标准不确定度;以相对标准偏差形式给出的信息需要乘以所研究量的量值作为标准不确定度,但有时可以直接使用,作为特定分量的相对标准不确定度;以标准偏差或相对标准偏差的倍数形式给出的信息中,可能包含了或可以按照指定分布计算的倍数大小(这些倍数有时被称为包含因子),这时可以用给出的不确定度除以相应原倍数得到标准不确定度。常用分布对应的倍数值在表1-3中给出,该表中对最常使用的正态分布和均匀分布给出了较详细的信息,而对其他分布仅给出了单一置信概率下的倍数值,需要时可查统计分布资料。

表 1-3　常用分布对应的计算倍数

分布类型	置信概率(%)	倍 数	分布类型	置信概率(%)	倍数
正态分布	99.73	3	均匀分布	100	$\sqrt{3}$
正态分布	99	2.576	均匀分布	99	1.71
正态分布	95.45	2	均匀分布	95	1.67

分布类型	置信概率(%)	倍　数	分布类型	置信概率(%)	倍数
正态分布	95	1.960	三角分布	100	$\sqrt{6}$
正态分布	90	1.645	梯形分布($\beta=0.71$)	100	2
正态分布	82.7	1	反正弦分布	100	$\sqrt{2}$
正态分布	50	0.675	0-1分布	100	1

例如,常用的以最大允许差形式给出的不确定度一般服从矩形分布,可以将最大允许差除以$\sqrt{3}$得到标准不确定度。

虽然标准不确定度的形式是最通用的表示形式,但并不意味着没有其他形式的可以使用。只要可以正确地合成测试结果的不确定度,所采用的不确定度的表示形式并不是决定性的因素,许多评定方法中使用了方差、相对不确定度等形式使评定工作更加方便和实用。

应当指出,已有的信息不仅在给出的形式上是多种多样的,而且其所涉及的影响量的范围也可能是不同的。例如,检定证书中给出了所检定的仪器符合某检定规程的结论是指该仪器所得出的量值具有小于该规程规定的不确定度,但检定的条件和仪器使用条件之间存在着差别,在实际使用仪器时可能还需考虑这种差别所引起的不确定度。

2. 设计和实施试验

当没有可借鉴的信息时,应设计和实施试验以评定测试结果的不确定度。通过试验进行的不确定度评定就是通常所说的 A 类评定。

一个最简单的试验方法就是对某一被测量进行多次重复测定,求得其平均值作为被测量的最佳估计值,同时求出标准偏差作为其标准不确定度。

弄清所设计和实施的试验中包含了哪些因素是至关重要的,如果没有弄清这一点,可能会导致影响量的重复计算或遗漏。例如,在某个实验室中使用一台天平称量一块稳定的固体,由同一人在较短时间内完成了试验并求得标准偏差 S_i。这里所包含的因素中,所使用的天平、称量的环境没有发生变化,进行了称量操作的人员也没有改变。这样得到的标准不确定度中没有完全包含天平和称量环境的可能变化,如果环境发生重大变化,例如温度发生了很大变化,则不能使用 S_i。同样,换一个人进行称量时,原则上也不能用 S_i。如果想使用一个通用的标准偏差,则应采用不同的人员,不同的天平和/或不同的称量环境进行试验。

试验中,特别是复杂的试验中,所涉及的影响因素可能很多。理论上,可以改变所有的影响因素得出各因素的影响,但这样可能会导致大量的试验。这不仅是不经济的,也是没有必要的,因此要求使用合理的试验设计,重点考虑那些在试验中对被测量的影响较大的因素,哪些因素对被测量具有较大影响要通过相应的判断得出。

不必也不可能对每次测量都进行大量的重复试验。对按照特定的程序所进行了的测量来说,每次测量的不确定度影响因素一般是相同的。如果已经评定了按照该程序所得出的测量结果不确定度,则在以后的评定中一般可以参照这次评定的结果。在方法确认中进行这样的评定是较好的办法,因为在方法确认中一般要进行次数较多的试验。当测量程序中的某个重要影响条件发生显著变化时,则应重新评定该条件变化所导致的不确定度或重新进行全部的评定工作。可以通过核查试验等手段确定试验条件的变化是否显著影响不确定度。

当试验次数较少时,如果估计观测结果接近正态分布,则可使用最大残差法或极差法近似地评定单次测试结果表明的不确定度。但应指出的是,利用这两种方法所评定的标准不确定度的自由度很小,当试验次数减小到一定程度时,可能会影响到标准不确定度的可靠性,因此应慎重使用。

最大残差法是将观测结果中的最大残差乘以对应于观测次数的系数得到的标准偏差,见式(1-7);极差法是将观测结果的极差除以对应于观测次数的系数得到标准偏差,所谓极差,是指一系列测量值中最大值与最小值之差,见式(1-8)。最大残差法和极差法的系数列于表1-4中。

$$S(x_k) = C_n \max |x_k - \bar{x}| \tag{1-7}$$

$$S(x_k) = \frac{1}{d_n} (\max x_k - \min x_k) \tag{1-8}$$

表1-4 最大残差法和极差法系数

n	2	3	4	5	6	7	8	9	10	15	20
C_n	1.77	1.02	0.83	0.74	0.68	0.64	0.61	0.59	0.57	0.51	0.48
d_n	1.13	1.69	2.06	2.33	2.53	2.70	2.85	2.97	3.08	3.47	3.73

3. 估计不确定分量的范围

在许多情况下,既没有可以直接计算不确定度分量的已有信息,又很难通过试验来评定其不确定度,或者列出的不确定度分量很多,使不确定度分析和量化过程复杂得难以承受。这时,通过对这些分量的初步估计,决定不确定度分析的重点,略去那些影响很小的分量,可能是切合实际的做法。

可以采用两种方法来估计不确定度分量范围:一种方法是根据对测量过程的充分了解作出经验判断,另一种方法是通过统计分析找出各影响因素之间的关系。有时,通过统计方法可能找到每个分量对被测量的影响程度,而每个分量的影响在试验前均是未知的,通过方差分析等方法得到的也可能是分量的相对影响,但如果其中的某些分量导致的方差很大,相比之下,另一些分量的影响可以被忽略,而随后进行的不确定度分析重点应放在方差较大的分量上。但应指出,某些分量对被测量的影响有时与分量的取值范围(即水平范围)有关,此时试验应尽可能覆盖所研究的分量的所有可能水平。

不确定度分量的量化是不确定度评定中最关键的一步,能否量化或忽略不确定度分量,是决定能否最终计算出测试结果不确定度的前提条件。量化的好坏直接影响到随后计算的复杂程度。

(四)不确定度的合成和扩展

对不确定度分量或分量的组合逐一量化后,一般使用不确定度的形式表示这些分量的不确定度。如被测量的数学模型:

$$Y = f(X_1, X_2, \cdots, X_n) \tag{1-9}$$

那么所量化的分量或其组合的不确定度可以表示为$u(x_i)$,而不是$u_i(y)$。为了最终计算得到被测量测试结果Y的不确定度$u_c(y)$,需要将$u(x_i)$转变成$u_i(y)$,这需要依据被测量的模型,因为该模型表明了被测量Y与影响量X_i之间的关系。

1. 无关影响量

当被测量的数学模型是线性函数,且每个影响量 X_i 彼此无关时,被测量的测试结果的合成标准不确定度 $u_c(y)$ 可由式(1-10)得出:

$$u_c^2(y) = \sum_{i=1}^{n} \left(\frac{\partial f}{\partial x_i}\right)^2 u^2(x_i) \tag{1-10}$$

偏导数 $c_i = (\partial f / \partial x_i)$ 称为影响量 X_i 的灵敏系数,一般由被测量的数学模型得出,它表明分量的不确定度变化对被测量不确定度的影响程度,即

$$u_i(y) = |c_i| \cdot u(x_i) \tag{1-11}$$

式中,所加入的绝对值符号是为了保持不确定度的正值性质,当影响量对应于整个测量程序时,或影响量的不确定度直接使用被测量的不确定度形式 $u_i(y)$ 表示时,其灵敏系数为1。

灵敏系数 c_i 也可以由试验得出,即通过变化第 i 个影响量 X_i,而保持其余影响量不变来测定被测量 Y 的变化量。但在实践中,由于保持其余影响量不变的条件通常难以获得,所以只有在诸如不能得到可靠的数学模型等情况下才不得不采用试验的方法求灵敏系数,因而很少见诸报道。

合并式(1-10)和式(1-11),得到

$$u_c^2(y) = \sum_{i=1}^{n} u_i^2(y) = \sum_{i=1}^{n} c_i^2 u^2(x_i) = \sum_{i=1}^{n} \left(\frac{\partial f}{\partial x_i}\right)^2 u^2(x_i) \tag{1-12}$$

当被测量的数学模型已显示函数 f 不是线性函数,则应在式(1-12)中加入高阶项,当每个影响量 X_i 都对其平均值 $\overline{x_i}$ 对称分布时,所加入的高阶项主要是:

$$\sum_{i=1}^{n}\sum_{j=1}^{n}\left[\frac{1}{2}\left(\frac{\partial^2 f}{\partial x_i \partial x_j}\right)^2 + \frac{\partial f}{\partial x_i}\frac{\partial^3}{\partial x_i \partial x_j^2}\right]u^2(x_i)u^2(x_j) \tag{1-13}$$

由于高阶项的计算复杂,因此一般都是将非线性函数转变成线性函数,而避免进行复杂的计算。

当数学模型具有特定的形式时,可以使不确定度的合成更加简化,下面列出了几种特殊的情况:

(1)被测量是影响的代数和,例如 $Y = X_1 + X_2 + X_3 + X_4$,则其合成标准不确定度简化为:

$$u_c(y) = \sqrt{u^2(x_1) + u^2(x_2) + u^2(x_3) + u^2(x_4)} \tag{1-14}$$

(2)被测量是影响量的幂积,例如 $Y = CX_1^{p_1}X_2^{p_2}\cdots X_n^{p_n}$,这里 C 为常数,p_i 为影响量的幂次,则可以使用相对不确定度的合成方法,求得其相对标准不确定度 $u_{crel}(y)$:

$$u_{\text{crel}}(y) = \frac{u_c(y)}{y} = \sqrt{\sum_{i=1}^{n}\left[\frac{p_i \cdot u(x_i)}{x_i}\right]^2} = \sqrt{\sum_{i=1}^{n} p_i^2 \cdot u_{\text{rel}}^2(x_i)} \tag{1-15}$$

从而,有

$$u_c(y) = y \cdot u_{\text{crel}}(y) = y \cdot \sqrt{\sum_{i=1}^{n} p_i^2 \cdot u_{\text{rel}}^2(x_i)} \tag{1-16}$$

(3)可以转化成(1)和(2)两种情况时,例如,可以通过加减使原来不呈幂积关系的影响量变成幂积关系等。

但应强调的是,利用式(1-10)、式(1-12)、式(1-14)～式(1-16)的前提条件是这些影响

量是无关的。在特殊情况(3)中,更应该注意使运算后得到的影响量之间无关。

2. 相关影响量

影响量之间相关的现象是普遍的,由于相关的影响量经常产生协同效应,使得测试结果的分散性发生变化,这种协同效应可能增大也可能减小测试结果的分散性。

当影响量相关时,测试结果 y 的合成方差表示为

$$u_c^2(y) = \sum_{i=1}^{n} \sum_{j=1}^{n} \frac{\partial f}{x_i} \frac{\partial f}{x_j} u(x_i, x_j)$$

$$= \sum_{i=1}^{n} \left(\frac{\partial f}{\partial x_i} \right)^2 u^2(x_i) + 2 \sum_{i=1}^{N-1} \sum_{j=i+1}^{N} \frac{\partial f}{x_i} \frac{\partial f}{x_j} u^2(x_i, x_j) \qquad (1\text{-}17)$$

该式表明测试结果 y 的合成方差是各影响量的方差项与其协方差项之和。在协方差项中,可以使用相关系数表示为另一种形式,即令相关系数(估计值)为

$$r(x_i, x_j) = \frac{u(x_i, x_j)}{u(x_i) u(x_j)} \qquad (1\text{-}18)$$

使用灵敏系数表示偏导项,则式(1-17)中的协方差项可表示为

$$2 \sum_{i=1}^{N-1} \sum_{j=i+1}^{N} \frac{\partial f}{x_i} \frac{\partial f}{x_j} u^2(x_i, x_j) = 2 \sum_{i=1}^{N-1} \sum_{j=i+1}^{N} r(x_i, x_j) u(x_i) u(x_j)$$

$$= 2 \sum_{i=1}^{N-1} \sum_{j=i+1}^{N} c_i c_j u(x_i) u(x_j) \qquad (1\text{-}19)$$

最终可获得合成标准不确定度的简单形式:

$$u_c(y) = \sqrt{\sum_{i=1}^{N} c_i^2 u^3(x_i) + 2 \sum_{i=1}^{N-1} \sum_{j=i+1}^{N} r(x_i, x_j) u(x_i) u(x_j)} \qquad (1\text{-}20)$$

当被测量的数学模型显示为式(1-15)的形式时,可直接使用各自的相对标准不确定度合成,即在关系式(1-15)的右侧加一项:

$$2 \sum_{i=1}^{N-1} \sum_{j=i+1}^{N} p_i p_j r(x_i, x_j) u_{\text{rel}}(x_i) u_{\text{rel}}(x_j) \qquad (1\text{-}21)$$

则合成标准不确定度为

$$u_c(y) = y \sqrt{\sum_{i=1}^{N} p_i^2 u_{\text{rel}}^2(x_i) + 2 \sum_{i=1}^{N-1} \sum_{j=i+1}^{N} p_i p_j r(x_i, x_j) u_{\text{rel}}(x_i) u_{\text{rel}}(x_j)} \qquad (1\text{-}22)$$

相关系数表征了两个影响量之间的相关程度,它表示当其中的一个量变化时,另一个量随之相对变化的程度。相关系数取值范围为 $[-1, 1]$,当 $r > 0$ 时,称两量正相关;当 $r < 0$ 时,称两量负相关;当 $r = 0$ 时,称两量无关。

在实际测量中,影响量相关的情况是常见的。例如,当两个影响量的测量使用了同一台测试仪器,或使用了相同的实物标准或参考数据时,这两个量之间就会存在较大的相关性。即使是使用了不同的仪器得出的测试结果,只要测量的是同种影响量,例如使用两台不同的天平测量两个质量值,由于这些仪器都溯源到相同的国家基准或国际基准,也会使这些影响量相关,只不过这时的相关性较弱。

相关系数可以通过多种方法求得,理论上可以通过最小二乘法和协方差等计算,实践中可以通过一系列的试验求出,还可以根据经验进行近似的判断。为了避免进行大量的试验或者繁杂的理论计算,大多数情况下利用经验的判断来确定相关系数。在要求不是很高的情况下,利用经验近似估计相关系数并不影响不确定度评定的最终结果。本书并不刻意地

描述不确定度理论的复杂性,因此这里仅给出几种实践中常遇到的相关系数求法。

1)试验法

设计和实施多次试验,改变一个量 X_1 的取值,观测另一个量 X_2 的值,一种方法是按照相关系数的定义直接计算,即在相关图中,求出 X_1、X_2 各自的平均值也画在相关图中(见图 1-10),将数据点分割在两个平均值所形成的 Ⅰ、Ⅱ、Ⅲ、Ⅳ 象限中,数出每个象限中的点数 $n_i(i=1,2,3,4)$ 和线上的点数 n_0,用下式计算相关系数:

$$r(x_1,x_2) = -\cos\left(\frac{n_1+n_3}{N-n_0}\pi\right) \tag{1-23}$$

式中　N——总点数。

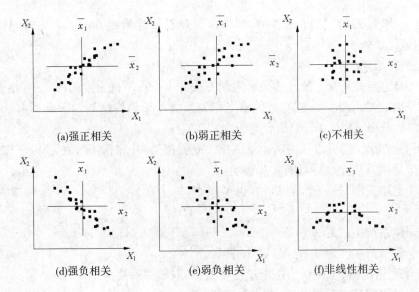

(a)强正相关　　　　(b)弱正相关　　　　(c)不相关

(d)强负相关　　　　(e)弱负相关　　　　(f)非线性相关

图 1-10　相关图

采用试验法确定相关系数应保证数据足够多,并应覆盖影响量的可能变化范围,如果数据点不够(一般小于 20),则利用相关计算的相关系数不可靠。

2)函数之间的相关系数

当两个影响量是几个独立量的线性函数时,可表示为

$$\left.\begin{array}{l}y_1 = c_1x_1 + c_2x_2 + \cdots + c_nx_n \\ y_2 = d_1x_1 + d_2x_2 + \cdots + d_nx_n\end{array}\right\} \tag{1-24}$$

则 y_1 和 y_2 之间的相关系数为

$$r(y_1,y_2) = \frac{c_1d_1 + c_2d_2 + \cdots + c_nd_n}{\sqrt{c_1^2+c_2^2+\cdots+c_n^2}\,\sqrt{d_1^2+d_2^2+\cdots+d_n^2}} \tag{1-25}$$

例如,在矿石水分测定中,通过称取空盘质量 m_0、空盘加样品质量 m_1、干燥后空盘加样品质量 m_2 来计算水分含量 W:

$$W = \frac{m_1-m_2}{m_1-m_0} \times 100\% \tag{1-26}$$

如果不考虑其他因素对不确定度的影响,则 m_0、m_1 和 m_2 三个质量值将成为水分测试的主要不确定度分量,这三个质量是相互独立的,可以通过求出灵敏系数的方法得到该被测

量测试结果的不确定度,但是如果将水分含量表示为

$$W = \frac{m_1 - m_2}{m_1 - m_0} = \frac{m_3}{m_4} \times 100\% \qquad (1-27)$$

则得出的新的变量 m_3 和 m_4 是相关的,按关系式(1-25)计算相关系数如下:

$$m_3 = m_1 - m_2 = 0 \times m_0 + m_1 - m_2 \qquad m_4 = m_1 - m_0 = -m_0 + m_1 + 0 \times m_2 \qquad (1-28)$$

$$r(m_3, m_4) = \frac{0 \times (-1) + 1 \times 1 - 1 \times 0}{\sqrt{0 + 1 + 1}\ \sqrt{1 + 1 + 0}} = \frac{1}{2} \qquad (1-29)$$

实际上,使用该方法计算相关系数时,一般不考虑具有弱相关的量之间的相关性,在上例中,所谓独立量 m_0、m_1 和 m_2 之间也存在着相关性,只是其相关性很弱,可认为它们是独立的。

当函数 y_1 和 y_2 的形式是非线性时,则可以通过求偏导数的方法按表达式(1-18)计算函数之间的相关系数。

3)经验判断法

实践中,确定相关系数一般使用经验判断方法。由于在不确定度的评定中,相关系数接近于 ±1 或 0 时,分别使用 ±1 或 0 近似给出相关系数对于最终结果的影响不大,因此在要求不是很高时,采用 ±1 或 0 近似是合理的。

当遇到下列情况时,可以认为两个量不相关或弱相关,并取相关系数为 0:

(1)两个量相互独立或不可能相互影响;

(2)一个量增大时,另一个量可增大也可减小,一个量减小时,另一个量可增大也可减小;

(3)不同体系产生的量;

(4)两个量虽然相互影响,但确认影响甚微。

当遇到下列情况时,可以认为两个量强相关,并取相关系数为 ±1:

(1)两个量之间存在明显的正(或负)相关关系;

(2)一个量增大时,另一量也增大(或减小),一个量减小时,另一量也减小(或增大),同体系产生的量,两量之间有近似正(或负)线性关系。

3. 自由度

在方差的计算中,自由度被定义为和的项数减去和的限制数。自由度是与不确定度的可靠程度有关的参数。当求出的方差或标准不确定度具有较高的自由度时,该方差或标准不确定度具有较高的可靠度。

在不确定度的 A 类评定中,通过 n 次等精度下的独立测量得到 n 个测试结果,求出标准偏差 S 作为标准不确定度,在 S 的计算中,残差平方和有一个限制条件,即残差和为 0,因此 S 的自由度为

$$\nu = n - 1 \qquad (1-30)$$

同样,S^2 的自由度也是 $n-1$。如果在重复性或复现性条件下进行 m 组测量,各组测量的次数为 n_i,则每组测量标准偏差 S_i 的自由度为 $n_i - 1$,而总平均值的标准偏差为

$$S_p = \sqrt{\frac{1}{\sum\limits_{i=1}^{m}(n_i - 1)} \sum\limits_{i=1}^{m}(n_i - 1)S_i^2} \qquad (1-31)$$

其自由度为

$$\nu = \sum_{i=1}^{m} (n_i - 1) \tag{1-32}$$

特别地,当每组测量的次数相等时,即 $n_1 = n_2 = \cdots = n_m = n$,则式(1-31)和式(1-32)转变为

$$S_p = \sqrt{\frac{1}{m} \sum_{i=1}^{m} S_i^2} \tag{1-33}$$

$$\nu = m(n-1) \tag{1-34}$$

实践中,确定 B 类不确定度的自由度只能依据信息来源的可靠程度凭经验判断。当认为所引用的信息 100% 可靠时,例如一些常数、权威的计量机构出具的法制计量检定证书等,这时可认为其自由度为∞;对于可靠程度高的证书值,经大量试验统计得出的量值等,可认为其可靠程度为 90%,即其标准不确定度的相对不确定度为 10%,则其自由度为 50;对于可靠程度一般的试验数据,可认为其可靠程度为 75%,即其标准不确定度的相对不确定度为 25%,则其自由度为 8;当可靠程度较低时,例如使用准确度较低的试验数据,可认为其可靠程度为 50%,即其标准不确定度的相对不确定度为 50%,则其自由度为 2。除非没有其他途径提高引用信息的可靠程度,建议不引用可靠程度只有 50% 的数据。表 1-5 给出了使用极差法和最大残差法评定标准不确定度的自由度,从表中可知,当试验次数很少时,自由度可能小于 2。当这些分量的标准不确定度成为测试结果的不确定度的主要分量时,则得到的合成标准不确定度的自由度也可能小于 2,其可靠程度较低,因此在使用这两种方法评定不确定度时也不宜使用很少的试验次数。有时,在所引用的信息中直接给出了自由度,可以直接使用。

表 1-5　最大残差法和极差法评定的不确定度的自由度

n	2	3	4	5	6	7	8	9	10	15	20
最大残差法	0.9	1.8	2.7	3.6	4.4	5.0	5.6	6.2	6.8	9.3	11.5
极差法	0.9	1.8	2.7	3.6	4.5	5.3	6.0	6.8	7.5	10.5	13.1

合成标准不确定度的自由度称为有效自由度 ν_{eff},一般可以使用 Welch – Satterthwaite 公式计算:

$$\nu_{eff} = \frac{u_c^4(y)}{\sum_{i=1}^{N} \dfrac{u_i^4(y)}{\nu_i}} \tag{1-35}$$

当按式(1-15)使用相对标准不确定度计算合成标准不确定度时,式(1-35)变为

$$\nu_{eff} = \frac{u_{crel}^4(y)}{\sum_{i=1}^{N} \dfrac{[p_i u_{rel}(x_i)]^4}{\nu_i}} \tag{1-36}$$

上述两式中对不确定度的评定既可以是 A 类的,也可以是 B 类的,在计算时并没有区分。

4. 扩展不确定度

在前面的不确定度评定过程中确定了合成标准不确定度,但是合成标准不确定度所表

示的测试结果的分散性具有较低的置信概率,例如,当测试结果服从或接近正态分布时,合成标准不确定度的置信概率只有约67% 。这就是说,合成标准不确定度一般不能满足合理表征测试结果分散性的要求。欲得到较高置信概率(例如95%或99%)下的分散性的表征,就需要将合成标准不确定度放大。将合成标准不确定度 $u_c(y)$ 乘以一个包含因子 k,即 $U = ku_c(y)$ 得到扩展不确定度。这样,可以期望在$[y - U, y + U]$的区间包含了测试结果可能值的较大部分。一般情况下,包含因子 k 取 2 ~ 3,在大多数情况下 $k = 2$。当取其他值时,应当说明来源。

包含因子与测试结果的分布及合成标准不确定度的有效自由度 ν_{eff} 有关。当测试结果的分布可以按照中心极限定理估计接近正态分布时,可以在给定的置信概率 p 下采用 t 分布临界值 $k_p = t_p(\nu_{eff})$ 作为包含因子乘以合成标准不确定度得到另一种形式的扩展不确定度 U_P,置信概率一般采用99%和95%,多数情况下采用 $p = 95\%$ 。当有效自由度充分大时,可以近似为 $k_{95} = 2,k_{99} = 3$。

如果可以确定测试结果的分布不是正态的,而是接近其他某种分布,则应按该分布计算包含因子 k_p。例如,测试结果近似为矩形分布,则在95%置信概率下的 $k_p = 1.65$,在99%置信概率下的 $k_p = 1.71$。

(五)不确定报告

当要求给出完整的测试结果时,一般应报告测量不确定度;当为了表明测量的溯源性时,必须报告不确定度;当用于符合性评定时,如果符合性要依据某种测量方法和/或规定的限值作出,这种要求暗示在该方法范围内所获得的测试结果的不确定度对实际用途来说是小到可以忽略的,这时可以仅报告测试结果和所使用的测量方法而不必报告不确定度;当评定不确定度的目的是改善测量方法或提高测量水平时,除非有特殊的要求,一般不需要报告不确定度。

不确定度的报告形式和内容应根据要求确定。对于要求较高或比较重要的测量,不确定度的报告一般应包括以下内容:

(1)有关影响量与被测量的函数关系;

(2)修正值和常数的来源及其不确定度;

(3)影响量 X_i 的试验观测数据及其估计值 x_i、标准不确定度的评定方法及其量值、自由度;

(4)对所有相关影响量给出其协方差或相关系数及其获得方法;

(5)测试结果的数据处理程序,该程序应易于重复,必要时报告结果的计算应能独立重复。

测量不确定度报告既可以使用扩展不确定度,也可以使用合成标准不确定度。当使用合成标准不确定度测试结果的不确定度时,如果要求很高,则除了上述报告的内容外,还应增加:

(1)明确说明被测量的定义;

(2)给出被测量的估计值 y、合成标准不确定度及其单位,必要时给出自由度;

(3)必要时可给出相对标准不确定度。

当使用扩展不确定度 U 或 U_P 报告测试结果的不确定度时,还应注意:

（1）明确说明被测量的定义；

（2）给出被测量的估计值 y、扩展不确定度及其单位，必要时给出自由度；

（3）必要时可给出相对扩展不确定度。

当使用 U 时，应给出 k 值；当使用 U_P 时，应给出 p 值，并推荐给出有效自由度。

在大多数情况下，只给出测试结果的表示，而不必给出上述详细内容。当只给出测试结果及其不确定度时，根据所报告的不确定度是扩展不确定度还是合成标准不确定度，可以采用如下形式（以测试结果 m = 10.037 21 g，合成标准不确定度 $u_c(m)$ = 0.33 mg，k = 2，p = 95%，ν_{eff} = 9 为例）：

（1）用合成标准不确定度报告时，可以采用以下 4 种形式之一：

——m = 10.037 21 g，合成标准不确定度 $u_c(m)$ = 0.33 mg；

——m = 10.037 21(33) g，

——m = 10.037 21(0.000 33) g，

——m = (10.037 21 ± 0.000 33) g，该形式应尽可能避免使用。

（2）用扩展不确定度报告时，可以采用以下 8 种形式之一：

——m = 10.037 21 g，U = 0.66 mg，k = 2；

——m = (10.037 21 ± 0.000 66) g，k = 2；

——m = 10.037 21 g，U_{95} = 0.75，ν_{eff} = 9；

——m = (10.037 21 ± 0.000 75) g，ν_{eff} = 9；

——m = 10.037 21(75) g，ν_{eff} = 9；

——m = 10.037 21(0.000 75) g，ν_{eff} = 9；

——m = 10.037 21(1 ± 7.2 × 10^{-5}) g，p = 95%

——m = 10.037 21 g，U_{95rel} = 7.2 × 10^{-5}。

上述表示形式中可以采用符号，也可以采用其名称，必要时应给出文字说明。

合成标准不确定度或扩展不确定度的有效位数可取 1～2 位，但不能取更多的位数，测试结果的有效位数应与不确定度的最后一位对齐。报告不确定度时，可以按照一般的修约规则修约，有时为了得到更加可靠的不确定度，可以采用只进不舍的方法修约。

第五节　测量不确定度的评定实例

一、概述

本例用电子万能试验机测量薄板试样的伸长率，通过对影响测量结果的不确定度分量的分析和量化，求出被测量（伸长率）的标准不确定度和扩展不确定度，给出各分量对测量结果不确定度的相对贡献，并对测量结果进行了表述（本章详见附件 A）。

二、测量步骤

按《金属薄板（带）拉伸试验方法》（GB/T 3076—1982），用电子万能试验机测量薄板的拉力并测量拉断后的标距，其过程如图 1-11 所示。

三、被测量的数学模型

伸长率等于试样断后标距 L_1 减去试样原始标距 L_0 与试样原始标距 L_0 之比,即

$$A_{50} = \left(\frac{L_1 - L_0}{L_0} \times 100\% \right) + A_\varepsilon + A_T \qquad (1\text{-}37)$$

式中　A_{50}——试样断后伸长率,%;

L_0——试样断后原始标距,mm;

L_1——试样断后标距,mm;

A_ε——应变对伸长率的影响;

A_T——试验温度对伸长率的影响。

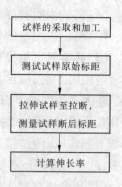

图 1-11　测量过程

四、不确定度的来源

(1)测量试样原始标距的不确定度分量 $u(L_0)$。

(2)电子万能试验机拉伸测量分量,包括:

①应变速率的不确定度分量 $u(\varepsilon)$;

②温度效应的不确定度分量 $u(T)$。

(3)测量试样断后标距的不确定度分量 $u(L_1)$。

板材伸长率测量不确定度的各相关不确定度分量如图 1-12 所示。

五、不确定度分量的量值及其相对贡献

板材伸长率的合成标准不确定度为 0.42%。表 1-6 中列出了各数值及其不确定度,图 1-13表示了各分量的相对贡献。

表 1-6　分量及其不确定度

符号	名称	数值 x	标准不确定度 $u(x)$	相对贡献 $u(y_i)/u_c(y)$
L_0	试样原始标距	50 mm	0.049 mm	33.3%
L_1	试样断后标距	72.12 mm	0.20 mm	94.3%
A_{50}	伸长率	44.2%	0.049%	100%

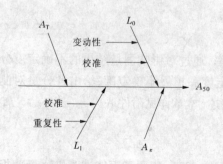

图 1-12　不确定度的分量构成

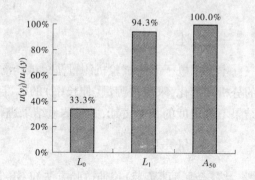

图 1-13　各分量的相对贡献

（六）板材伸长率测量结果报告

取 $k=2$，板材伸长率的扩展不确定度为 $U=0.8\%$。

板材的伸长率为：$A_{50}=(44.2\pm0.8)\%$，$k=2$。

附录 A　板材伸长率测量结果不确定度的解释和说明

5.1.7　测量过程的详细描述

5.1.7.1　用卡尺按标准要求的尺寸在试样上画出纵轴中心线及原始标距；

5.1.7.2　在常温下，调整电子万能试验机以一定的速率拉伸试样；

5.1.7.3　试样拉断后，测量断后标距；

5.1.7.4　计算伸长率。

5.1.8　分析和量化不确定度分量

5.1.8.1　试样制取、加工

被测样品的平行度是影响试样伸长率的因素，采取固定试样，移动铣刀分别加工试样的上下两面的方法，可以加工出平行段基本一致的试样，对伸长率的影响可以忽略，而且本例不对样品制备过程中产生的不确定度进行研究，而着重于样品测试结果的不确定度分析。因此，不考虑试样制取和加工的影响。

5.1.8.2　电子万能试验机拉伸测量

拉伸过程中对试样产生直接影响的是应变速率和试验温度。用电子万能试验机使试样在恒定的速率下拉断，这样克服了应变（或负荷）效应对试样产生的影响，由应变速率产生的不确定度很小，可以忽略不计。在室温下进行拉力试验时，金属材料的变化很小，由试验温度对伸长率的影响也可以忽略。

5.1.8.3　试样原始标距

按《金属薄板（带）拉伸试验方法》（GB/T 3076—1982）制取试样，标准规定原始标距为 $L_0=50$ mm，在试样上标出纵轴中心线，用电子数显卡尺按标定值 $L_0=50$ mm 在试样上标定，在平行段内标出多个原始标距标定值，用来测定断后标距的平均值。

制造商提供的电子数显卡尺技术指标中给出的直接读数测量误差为 ±0.03 mm，按均匀分布处理，其标准不确定度为

$$u_1(L_0)=0.03/\sqrt{3}=0.017(\text{mm})$$

在试样上画出标距时，按照以前的测量数据和经验，测量人员在试样上标定标距时产生的平均差一般在 ±0.12 mm 范围内。其标准不确定度为

$$u_2(L_0)=\{[0.12-(-0.12)]/3.08\}/\sqrt{3}=0.08/\sqrt{3}=0.046(\text{mm})$$

原始标距的不确定度为

$$u(L_0)=\sqrt{u_1^2(L_0)+u_2^2(L_0)}=\sqrt{0.017^2+0.046^2}=0.049(\text{mm})$$

5.1.8.4　试样断后标距

将拉断后的两段试样在拉断处紧密对接起来，使其轴线处于同一直线上，此时拉断处的缝隙计入试样拉断后的标距 L_1 内。试样拉断后，采用直测法，以断点为中心在标距内作出若干条相应的标距线段。分别测量与断点等距离的若干条断后标距（所测的断点到邻近标

距端点的距离大于 $1/3L_0$),测量结果列于表 1,求出其平均值,计算其伸长率。

表 1　断后标距的 10 次实测结果

测量次数	测量值 l_i(mm)	测量次数	测量值 l_i(mm)
1	71.29	6	71.67
2	72.04	7	71.49
3	71.58	8	72.79
4	72.68	9	72.94
5	72.86	10	71.86

计算断后标距的平均值和标准偏差,得到:

$$\bar{L}_1 = \bar{l} = \frac{1}{n}\sum_{i=1}^{10} l_i = 72.12(\text{mm})$$

$$s(L_1) = u(l_i) = \sqrt{\frac{1}{n-1}\sum_{i=1}^{10}(l-\bar{l}_i)^2} = 0.636(\text{mm})$$

平均值的标准不确定度为

$$u(\bar{L}_1) = u(\bar{l}) = \frac{u(l_i)}{\sqrt{10}} = 0.636/\sqrt{10} = 0.20(\text{mm})$$

电子数显卡尺直接读数的误差为 ± 0.03 mm,其标准不确定度为

$$u_1(L_1) = 0.03/\sqrt{3} = 0.017(\text{mm})$$

两者彼此相互独立,可求得合成标准不确定度:

$$u_2(L_1) = \sqrt{u_1^2(\bar{L}_1) + u_1^2(L_1)} = \sqrt{0.20^2 + 0.017^2} = 0.20(\text{mm})$$

根据式(1-37)求出伸长率为

$$A_{50} = \left(\frac{L_1 - L_0}{L_0} \times 100\%\right) = \frac{72.12 - 50}{50} \times 100\% = 44.2\%$$

虽然试样原始标距和试样断后标距都使用同一卡尺测量,但由于卡尺校准所产生的不确定度在两种标距的不确定度中比重很小,因此可以不考虑这两个量之间的相关性。

由此可得 A_{50} 的合成标准不确定度为

$$u(A_{50}) = \sqrt{\left(\frac{L_1}{L_1^2}\right)^2 u^2(L_0) + \frac{u^2(\bar{L}_1)}{L_0^2}} = \sqrt{\left(\frac{72.12}{50^2}\right)^2 \times 0.049^2 + \frac{0.20^2}{50^2}} = 0.42\%$$

5.1.9　各分量的相对贡献

使用电子表格计算方法计算各分量的标准不确定度占测量结果的合成标准不确定度的比例,用来表示各分量的相对贡献。图 1-13 使用直方图表示了各分量的相对贡献,从图中可以得知,断后标距是影响测量结果不确定度的主要因素。

5.1.10　测量结果的报告

取包含因子 $k = 2$,A_{50} 的扩展不确定度为

$$U = k \cdot u(A_{50}) = 2 \times 0.42\% \approx 0.8\%$$

测量结果报告为 $A_{50} = 44.2 \pm 0.8\%$,$k = 2$。

5.2 板材抗拉强度测量结果不确定度的评定

5.2.1 概述

本例用电子万能试验机测量板材试样的抗拉强度,通过对影响测量结果的不确定度分量的分析和量化,求出被测量(抗拉强度)的标准不确定度和扩展不确定度,给出保分量对测量结果不确定度的相对贡献,并对测量结果进行了表述。

5.2.2 测量步骤

按《金属薄板(带)拉伸试验方法》(GB/T 3076—1982)对板材的拉力试样用电子万能试验机进行抗拉强度测量,其过程如图1所示。

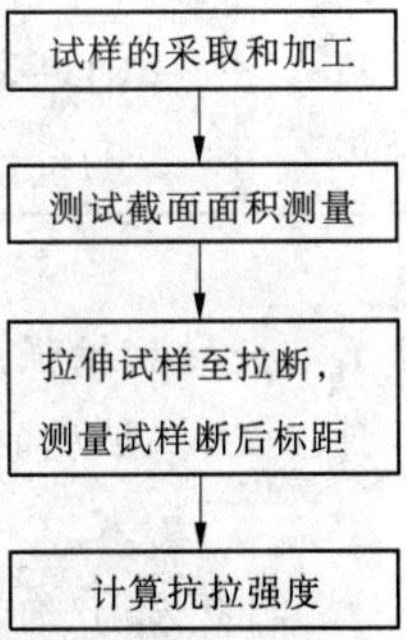

5.2.3 利用电子万能试验机以受控的速率施加拉力并测量拉断试样所需的最大作用力(负荷)。

抗拉强度 R_m 等于试验过程中的最大作用力 P_b 与试样原始截面面积 F_0 之比,即

$$R_m = \frac{P_b}{F_0} + R_T + R_\varepsilon \tag{1}$$

式中　R_m——抗拉强度,N/mm^2;

P_0——最大负荷,N;

F_0——试样原始横截面面积,mm^2;

R_T——试验温度对抗拉强度的影响;

R_ε——应变速率对抗拉强度的影响。

5.2.4 不确定度的来源

5.2.4.1 测量试样原始横截面面积的不确定度分量 $u(F_0)$,包括:

a)试样厚度的不确定度 $u_1(a)$,量具电子数显千分尺有不确定度 $u_2(a)$;

b)试样宽度的不确定度 $u_1(b)$,量具电子数显千分尺有不确定度 $u_2(b)$。

5.2.4.2 电子万能试验机准确度的不确定度分量 $u(P_b)$,包括:

a)电子拉力试验机校准(测力仪校准)不确定度分量 $u_1(P_b)$;

b)电子拉力试验机力值测量不确定度分量 $u_2(P_b)$, $u_3(P_b)$, $u_4(P_b)$;

5.2.4.3 温度效应的不确定度分量 $u(T)$。

5.2.4.4 应变效应的不确定度分量 $u(\varepsilon)$。

板材抗拉强度测量不确定度的各相关不确定度分量如图2所示。

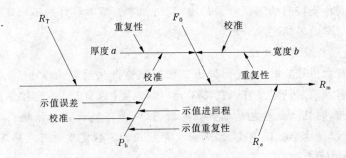

图2　不确定度的分量构成

5.2.5 不确定度分量的量值及其相对贡献

(图1 测量过程)

- 试样的采取和加工
- 测试截面面积测量
- 拉伸试样至拉断,测量试样断后标距
- 计算抗拉强度

图1　测量过程

· 31 ·

板材抗拉强度的合成标准不确定度为 1.27 N/mm^2。表 2 中列出了各数值及其不确定度,图 3 表示了各分量的相对贡献。

表 2　分量及其不确定度

符号	名称	数值 x	标准不确定度 $u(x)$	相对贡献 $u(y_i)/u_c(y)$
F_0	试样原始截面面积	5.633 mm^2	0.014 N/mm^2	55.7%
P_b	试样断裂最大负荷	1 605 N	5.94 N	83.1%
R_m	抗拉强度	285 N/mm^2	1.3 N/mm^2	100%

5.2.6　板材抗拉强度测量结果报告

板材抗拉强度的合成标准不确定度为

$$u(R_m) = 1.27 \text{ N/mm}^2$$

R_b 的扩展不确定度为合成材料标准不确定度与所选择的包含因子之积,$k = 2$

$$U = k \cdot u(R_m) = 2 \times 1.27 \approx 3 (\text{N/mm}^2)$$

板材的抗拉强度为

$$R_m = (285 \pm 3) \text{N/mm}^2, k = 2$$

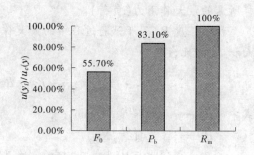

图 3　各分量的相对贡献

附录 B　板材抗拉强度测量不确定度的解释和说明

5.2.7　测量过程的详细描述

5.2.7.1　用千分尺和卡尺分别测量试样的厚度和宽度求出试样的原始截面面积。

5.2.7.2　调整电子万能试验机的零点,在试验机上下夹具间夹好试样。

5.2.7.3　在室温下,电子万能试验机以恒定的速率对试样进行拉伸直至拉断。

5.2.7.4　计算抗拉强度。

5.2.8　分析和量化不确定度分量

5.2.8.1　试样制取和加工

板材包括冷轧钢板、冷轧卷板、热浸镀锌钢板、热浸镀锌卷板、电镀锌板等各种类型。试验样品的选取和制备直接影响测试结果的准确性,但本例不对取样的不确定度进行研究,而着重于样品测试结果的不确定度分析。

5.2.8.2　温度效应与应变率效应

在室温下进行拉力试验时,温度的微小变化对试验产生的影响很小,与其他因素相比,温度效应及其所引入的不确定度可以忽略不计。如应变(或负荷)不能控制,即使在测温下试验,对于某些金属的抗拉强度也是相当敏感的,但电子万能试验机能较精确地控制应变,对板材的试验,可以使速率恒定不变,因而应变率效应的不确定度也可忽略不计。

5.2.8.3　试样横截面面积

根据《金属薄板(带)拉伸试验方法》(GB/T 3076—1982)制取试样,按标准要求:

试样的原始标距 $L_0 = 50$ mm,原板厚度 $a = 0.45$ mm,试样宽度 $b = 12.5$ mm。

由于试样横截面是长方形,其面积的计算公式为

$$F_0 = a \times b$$

由于试样的加工误差,原始标距段不同位置的厚度和宽度不严格相同,选用电子数显千分尺和电子数显卡尺分别测量试样的厚度和宽度,选择试样的不同位置测量厚度和宽度,并在重复测试 a 或 b 时采用测量器具的不同测量段测量。这样,不仅避免了 a 和 b 测量结果的相关性,也使被测试样形状不够理想带来的不确定度包含于 a 和 b 测量结果中。表3给出了实际测量结果。

表3 试样厚度和宽度的10次实测结果 （单位:mm）

测量序号	千分尺所测试样厚度值 a_i	卡尺所测试样宽度值 b_i
1	0.453	12.55
2	0.451	12.54
3	0.454	12.45
4	0.448	12.47
5	0.449	12.54
6	0.453	12.53
7	0.452	12.45
8	0.448	12.46
9	0.452	12.44
10	0.448	12.52
平均值	$\overline{a} = 0.4508$	$\overline{b} = 12.495$

$$F_0 = \overline{F_0} = \overline{a} \times \overline{b} = 5.633 \text{ mm}^2$$

按贝塞尔公式,输入量的标准差分别为

$$S_a = u_1(a_i) = \sqrt{\frac{1}{10-1} \sum_{i=1}^{10} (a_i - \overline{a})^2} = \sqrt{\frac{0.000053}{9}} = 0.0024 \text{(mm)}$$

$$S_b = u_1(b_i) = \sqrt{\frac{1}{10-1} \sum_{i=1}^{10} (b_i - \overline{b})^2} = \sqrt{\frac{0.018}{9}} = 0.045 \text{(mm)}$$

平均值的标准不确定度分别为

$$u_1(\overline{a}) = u_1(a_i)/\sqrt{10} = 0.0024/3.16 = 0.00076 \text{(mm)}$$

$$u_1(\overline{b}) = u_1(b_i)/\sqrt{10} = 0.045/3.16 = 0.014 \text{(mm)}$$

该电子数显千分尺和电子数显卡尺示值的最大允许误差分别为 ±0.001 mm 和 ±0.01 mm。按照矩形分布处理,其标准不确定度分别为

$$u_2(a) = 0.001 \text{ mm}/\sqrt{3} = 0.00058 \text{ mm}; u_2(b) = 0.01 \text{ mm}/\sqrt{3} = 0.0058 \text{ mm}$$

将 $u_1(\overline{a})$ 与 $u_2(a)$ 以及 $u_1(\overline{b})$ 与 $u_2(b)$ 分别先行合成,计算结果如下:

$$u(\overline{a}) = \sqrt{u_1^2(\overline{a}) + u_2^2(a)} = \sqrt{(0.00076)^2 + (0.00058)^2} = 0.00096 \text{(mm)}$$

$$u(\overline{b}) = \sqrt{u_1^2(\overline{b}) + u_2^2(b)} = \sqrt{(0.014)^2 + (0.005\ 8)^2} = 0.015(\text{mm})$$

由于试样的厚度和宽度测量不确定度分量是独立的,因此可以使用相对不确定度合成的方法合成原始截面面积的不确定度。

$$\left[\frac{u(\overline{F_0})}{F_0}\right]^2 = \left[\frac{u(\overline{a})}{a}\right]^2 + \left[\frac{u(\overline{b})}{b}\right]^2 = \left(\frac{0.000\ 96}{0.450\ 8}\right)^2 + \left(\frac{0.015}{12.495}\right)^2 = 0.002\ 5^2$$

$u(\overline{F_0}) = 0.002\ 5 \times \overline{F_0} = 0.014(\text{mm}^2)$ 为标准不确定度。

5.2.8.4 力值测量

5.2.8.4.1 测力仪校准

电子万能试验机是借助于 0.05 级标准测力仪进行校准的,该校准的不确定度为 0.05%,按正态分布其置信概率为 99%,其置信因子为 2.58,故由此引入的相对标准不确定度为

$$u_1(P_b) = 0.05\%/2.58 = 0.000\ 1\ 9$$

5.2.8.4.2 示值相对误差

所选用的电子万能试验机是 WDW – 100 型,精度为 0.5 级。试验机校准证书上标明的示值相对误差为 0.5% ,按均匀分布处理,其相对标准不确定度为

$$u_2(P_b) = 0.5\%/\sqrt{3} = 0.002\ 9$$

5.2.8.4.3 示值重复性相对误差

板材的薄板试样被夹持于电子万能试验机的上下夹头中进行拉力测量,根据电子万能试验机校准证书所标明,示值重复性相对误差为 0.38%,并指出其置信概率为 95%,按正态分布处理,其相对标准不确定度为

$$u_3(P_b) = 0.38\%/1.96 = 0.001\ 9$$

5.2.8.4.4 示值进回程相对误差

根据电子万能试验机校准证书所标明,示值进回程相对误差为 ±0.25%,并指出其置信概率为 95%,按正态分布处理,其相对标准不确定度计算为

$$u_4(P_b) = 0.25\%/1.96 = 0.001\ 3$$

5.2.8.4.5 力值不确定度的合成

鉴于电子万能试验机的上述四个不确定度分量彼此无关,所以力值测量相对标准不确定度可合成为

$$\frac{u(P_b)}{P_b} = \sqrt{u_1^2(P_b) + u_2^2(P_b) + u_3^2(P_b) + u_4^2(P_b)}$$

$$= \sqrt{0.000\ 19^2 + 0.002\ 9^2 + 0.001\ 9^2 + 0.001\ 3^2} = 0.003\ 7$$

本例中,由原始截面面积为 $F_0 = 5.633\ \text{mm}^2$ 的试样,测得拉力最大负荷为 $P_b = 1\ 605\ \text{N}$。从而求得标准不确定度为

$$u(P_b) = 0.003\ 7 \times P_b = 0.003\ 7 \times 1\ 605 = 5.94(\text{N})$$

5.2.9 合成标准不确定度分量计算

根据强度计算公式(1)求出抗拉强度为

$$R_m = \frac{P_b}{F_0} = \frac{1\ 605\ \text{N}}{5.633\ \text{mm}^2} = 285\ \text{N/mm}^2$$

考虑到截面面积测量不确定度和拉力测量不确定度这两个分量之间彼此独立，R_m 的相对合成标准不确定度为

$$\frac{u(R_m)}{R_m} = \sqrt{\left[\frac{u(P_b)}{P_b}\right]^2 + \left[\frac{u(\overline{F_0})}{\overline{F_0}}\right]^2} = \sqrt{0.003\,7^2 + 0.002\,5^2} = 0.004\,5$$

因此，抗拉强度的合成标准不确定度为

$$u(R_m) = 285 \times 0.004\,5 = 1.28\,(N/mm^2)$$

5.2.10 各分量的相对贡献

使用电子表格计算各分量的标准不确定度占测量结果的合成标准不确定度的比例，用来表示各分量的相对贡献。图3使用直方图表示了各分量的相对贡献，从图中可以得知，力值测量和面积测量的不确定度都是测量结果不确定度的主要分量，但力值测量不确定度对测量结果不确定度的贡献更大。

5.2.11 测量结果的报告

取包含因子 $k = 2$，R_m 的扩展不确定度为

$$U = k \cdot u(R_m) = 2 \times 1.27 = 2.54 \approx 3\,(N/mm^2)$$

测量结果报告为：$R_m = (285 \pm 3)\,N/mm^2$，$k = 2$。

第二章 气硬性胶凝材料

建筑上将能使砂、石子、砖、石块、砌块等散粒或块状材料黏结为一整体的材料,统称为胶凝材料。胶凝材料品种繁多,按化学成分可分为有机与无机两大类,按硬化条件可分为气硬性与水硬性胶凝材料两类。本章介绍常用的无机胶凝材料中的气硬性胶凝材料。这类材料只能在空气中凝结硬化,并在空气中保持或发展其强度。

第一节 石 灰

石灰是将以碳酸钙($CaCO_3$)为主要成分的石灰岩、白云石等天然材料经过适当温度(100～1 100 ℃)的煅烧,尽可能分解和排除二氧化碳(CO_2)而得到的主要含氧化钙(CaO)的胶凝材料。

一、分类

按现有规格,建筑石灰有以下三种方法。

(一)根据成品加工方法不同划分

(1)建筑生石灰:由原料在低于烧结温度下煅烧而得到的块状白色原成品。

(2)建筑生石灰粉:以建筑生石灰为原料,经研磨所制得的生石灰粉。

(3)建筑消石灰粉:以建筑生石灰为原料,经水化和加工所制得的消石灰粉。

(二)按化学成分划分

(1)镁质石灰:生石灰氧化镁含量大于5%;消石灰粉氧化镁含量大于4%且小于24%。氧化镁含量在24%～30%的称为白云石消石灰粉。

(2)钙质石灰:生石灰氧化镁含量不超过5%;消石灰粉氧化镁含量不超过4%。

(三)按熟化速度划分

(1)快熟石灰:熟化速度在10 min以内。

(2)中熟石灰:熟化速度在10～30 min。

(3)慢熟石灰:熟化速度在30 min以上。

二、主要技术指标

建筑用石灰按质量可分为优等品、一等品、合格品三等,具体指标应满足表2-1～表2-3的要求。

三、石灰检验方法

(一)取样

1. 建筑生石灰

建筑生石灰由生产厂的质检部门按批量进行出厂检验,受检批量根据日产量应满足下列要求:日产量在200 t以上的每批量不大于200 t,日产量不足200 t的每批量不大于100 t,日产量不足100 t的每批量不大于日产量。

表2-1 建筑生石灰的技术指标

项目	钙质生石灰粉			镁质生石灰粉		
	优等品	一等品	合格品	优等品	一等品	合格品
GaO + MgO 含量(%),不小于	90	85	80	85	80	75
未消化残渣含量(5 mm圆孔筛的筛余)(%),不大于	5	10	15	5	10	15
CO_2 含量(%),不大于	5	7	9	6	8	10
产浆量(L/kg),不小于	2.8	2.3	2.0	2.8	2.3	2.0

表2-2 建筑生石灰粉的技术指标

项目		钙质生石灰粉			镁质生石灰粉		
		优等品	一等品	合格品	优等品	一等品	合格品
GaO + MgO 含量(%),不小于		85	80	75	80	75	70
CO_2 含量(%),不大于		7	9	11	8	10	12
细度	0.9 mm 筛的筛余(%),不大于	0.2	0.5	1.5	0.2	0.5	1.5
	0.125 mm 筛的筛余(%),不大于	7.0	12.0	12.0	7.0	12.0	18.0

表2-3 建筑消石灰粉的技术指标

项目		钙质消石灰粉			镁质消石灰粉			白云石消石灰粉		
		优等品	一等品	合格品	优等品	一等品	合格品	优等品	一等品	合格品
CaO + MgO 含量(%),不小于		70	65	60	65	60	55	65	60	55
游离水(%)		0.4~2	0.4~2	0.4~2	0.4~2	0.4~2	0.4~2	0.4~2	0.4~2	0.4~2
体积安定性		合格	合格	—	合格	合格	—	合格	合格	—
细度	0.9 mm 筛的筛余(%),不大于	0	0	0.5	0	0	0.5	0	0	0.5
	0.125 mm 筛的筛余(%),不大于	3	10	15	3	10	15	3	10	15

取样应从整批物料的不同部位选取,取样点不少于25个,每个点的取样数量不少于2 kg,缩分至4 kg装入密封容器内。

2.建筑生石灰粉

对散装的生石灰粉应随机取样或使用自动取样品器取样;对袋装生石灰粉应从本批产品中随机抽取10袋,样品总量不少于3 kg。

试样在采集过程中应储存于密封容器中,在采样结束后立即用四分法将试样缩分至300 g,装于磨口广口瓶中。

3.建筑消石灰粉

建筑消石灰粉由生产厂家的质量检验部门按批量进行出厂检验,检验批量按生产规模划分,100 t 为一批量,小于 100 t 仍作一批量。

从每一批量的产品中抽取 10 袋样品,从每袋不同位置抽取 100 g 样品,总数量不少于 1 kg,混合均匀,用四分法缩取,最后取 250 g 样品。

(二)细度

1. 目的及适用范围

本方法的目的是检验石灰粉颗粒的粗细程度,本方法适用于建筑生石灰粉、消石灰粉细度检验,其他用途石灰亦可参照使用。

2. 采用标准

本办法采用的标准为《建筑石灰试验方法物理试验方法》(JC/T 478.1—92)。

3. 仪器设备

(1)试验筛:0.900 mm、0.125 mm 方孔筛一套。

(2)羊毛刷:4 号。

(3)天平:称量为 100 g,分度值 0.1 g。

4. 试验步骤

称取试样 50 g,倒入 0.9 mm、0.125 mm 方孔筛内进行筛分,筛分时一只手握住试验筛,并用手轻轻敲打,在有规律的间隔中,水平旋转试验筛,并在固定的基座上轻敲试验筛,用羊毛刷轻轻地从筛上面刷,直至 2 min 内通过量小于 0.1 g。分别称量筛余物质量 m_1、m_2。

5. 结果计算

筛余百分含量 X_1、X_2 按式(2-1)和式(2-2)计算。

$$X_1 = \frac{m_1}{m} \times 100\% \tag{2-1}$$

$$X_2 = \frac{m_1 + m_2}{m} \times 100\% \tag{2-2}$$

式中 X_1——0.9 mm 方孔筛筛余百分含量(%);

X_2——0.125 mm、0.9 mm 方孔筛两筛上的总筛余百分含量(%);

m_1——0.9 mm 方孔筛筛余物质量,g;

m_2——0.125 mm 方孔筛筛余物质量,g;

m——样品质量,g。

计算结果保留小数点后两位。

(三)生石灰消化速度

1. 目的及适用范围

通过测定消化速度判别石灰的熟化性能,本方法适用于建筑生石灰、生石灰粉,其他用途石灰亦可参照使用。

2. 采用标准

本办法采用的标准为《建筑石灰试验方法物理试验方法》(JC/T 478.1—92)。

3. 仪器设备

(1)保温瓶:瓶胆全长 162 mm;瓶身直径 61 mm;口内径 28 mm;容量 200 mL;上盖白色橡胶塞,在塞中心钻孔插温度计。

(2)长尾水银温度计:量程 150 ℃。

(3)秒表。

(4)天平:称量100 g,分度值0.1 g。

(5)玻璃量筒:50 mL。

4.试样制备

(1)将生石灰试样约300 g,全部粉碎通过5 mm圆孔筛,取50 g,在瓷钵体内研细至全部通过0.9 mm方孔筛,混匀装入磨口瓶内备用。

(2)将生石灰粉试样混匀,四分法缩取50 g,装入磨口瓶内备用。

5.试验步骤

(1)检查保温瓶上盖及温度计装置,温度计下端应保证能插入试样中间。

(2)在保温瓶中加入(20±1)℃蒸馏水20 mL;称取试样10 g,精确至0.2 g,倒入保温瓶的水中,立即启动秒表,同时盖上盖,轻轻摇动保温瓶数次,自试样倒入水中时算起,每隔30 s读一次温度,临近终点仔细观察,记录达到最高温度及温度开始下降的时间,以达到最高温度所需的时间为消化速度(以 min 计)。

6.结果计算

以两次测定结果的算术平均值为结果,计算结果保留小数点后两位。

7.结果评定

当消化速度在10 min以内时为快熟石灰,当消化速度在10~30 min时为中熟石灰,当消化速度在30 min以上时为慢熟石灰。

(四)生石灰产浆量及未消化残渣含量

1.目的及适用范围

在实际中一般都是通过淋灰池将生石灰制成石灰膏,然后在工程中使用。测定生石灰产浆量及未消化残渣含量可以判断生石灰制石灰膏的效率。本方法适用于建筑生石灰,其他用途的生石灰亦可参照使用。

2.采用标准

本方法采用的标准为《建筑石灰试验方法物理试验方法》(JC/T 478.1—92)。

3.仪器设备

(1)圆孔筛:孔径5 mm,20 mm。

(2)生石灰浆渣测定仪:见图2-1。

(3)玻璃量筒:500 mL。

(4)天平:称量1 000 g,分度值1 g。

(5)搪瓷盘:200 mm×300 mm。

(6)钢板尺:300 mm。

(7)烘箱:最高温度200 ℃。

(8)保温套。

4.试样制备

将4 kg试样破碎,全部通过20 mm的圆孔筛,其中小于5 mm粒度的试样量不大于30%,混均,备用。生石灰粉样混均即可。

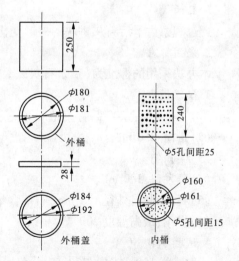

图 2-1　石灰浆渣测定仪

5. 试验步骤

称取已制备好的生石灰试样 1 kg 倒入装有 2 500 mL、(20 ± 5)℃清水的筛筒(筛筒置于外筒内)。盖上盖,静置消化 20 min,用圆木棒连续搅动 2 min,继续静置消化 40 min,再搅动 2 min。提起筛筒用清水冲洗筛内残渣,至水流不浑浊(冲洗用清水仍倒入筛筒内,水总体积控制在 3 000 mL),将渣移入搪瓷盘(或蒸发皿)内,在 100 ～ 105 ℃烘箱中烘干至恒重,冷却至室温后用 5 mm 圆孔筛筛分,称量筛余物质量。计算未消化残渣含量。浆体静置 24 h 后,用钢板尺量出浆体高度(外筒内总高度减去筒口至浆面的高度)。

6. 结果计算

(1)产浆量(X_3)按式(2-3)计算。

$$X_3 = \frac{R^2 \pi H}{1 \times 10^6} \tag{2-3}$$

式中 X_3——产浆量,L/kg;

π——取 3.14;

H——浆体高度,mm;

R——浆筒半径,mm。

(2)未消化残渣百分含量按式(2-4)计算。

$$X_4 = \frac{m_3}{m} \times 100\% \tag{2-4}$$

式中 X_4——未消化残渣含量(%);

m_3——未消化残渣质量,g;

m——样品质量,g。

以上计算结果保留小数点后两位。

(五)消石灰粉体积安定性

1. 目的

通过观察烘干后石灰饼块的外形变化判定消石灰粉的体积安定性。

2. 采用标准

本办法采用的标准为《建筑石灰试验方法物理试验方法》(JC/T 478.1—92)。

3. 仪器设备

(1)天平:称量 200 g,分度值 0.2 g。

(2)量筒:250 mL。

(3)牛角勺。

(4)蒸发皿:300 mL。

(5)石棉网板:外径 125 mm,石棉含量 72%。

(6)烘箱:最高温度 200 ℃。

4. 试验步骤

称取试样 100 g,倒入 300 mL 的蒸发皿内,加入(20 ± 2)℃清洁淡水约 120 mL,在 3 min 内拌和成稠浆。一次性浇注于两块石棉网板上,其饼块直径 50 ～ 70 mm,中心高 8 ～ 10 mm,成饼后在室温下放置 5 min 后,将饼块移至另两块干燥的石棉网板上,然后放入烘箱中加热到 100 ～ 105 ℃烘干 4 h 取出。

5. 结果评定

烘干后饼块用肉眼检查无溃散、裂纹、鼓包称为体积安定性合格,若出现三种现象之一者,表示体积安定性不合格。

(六)消石灰粉游离水

1. 适用范围

本方法适用于建筑消石灰粉游离水的测定,其他用途的消石灰粉亦可参照使用。

2. 采用标准

本办法采用的标准为《建筑石灰试验方法物理试验方法》(JC/T 478.1—92)。

3. 仪器设备

(1)天平:称量 200 g,分度值 0.2 g。

(2)烘箱:最高温度 200 ℃。

4. 试验步骤

称取试样 100 g,移入搪瓷盘内,在 100～105 ℃ 烘箱中,烘干至恒重,冷却至室温后称量。计算游离水。

5. 结果计算

消石灰粉游离水含量(X_5)按式(2-5)计算。

$$X_5 = \frac{m - m_1}{m} \times 100\% \qquad (2\text{-}5)$$

式中　X_5——消石灰粉游离水含量(%);

　　　m_1——烘干后样品质量,g;

　　　m——样品质量,g。

6. 结果评定

当消石灰粉游离水含量为 0.4%～2% 时为合格,否则为不合格。

(七)CaO、MgO 含量测定

1. 目的及适用范围

石灰中主要有效成分为 CaO 和 MgO;通过测定 CaO 和 MgO 可评价石灰质量品质。本方法适用于建筑生石灰、生石灰粉和消石灰粉的化学分析,其他用途石灰亦可参照使用。

2. 采用标准

本方法采用的标准为《建筑石灰试验方法化学分析方法》(JC/T 478.2—92)。

3. 仪器设备要求

(1)分析天平不应低于四级,最大称量 200 g,天平和砝码应定期进行检定。

(2)滴定管、容量瓶、移液管应进行校正,试剂为分析纯和优级纯。所用酸和氨水,未注明浓度但均为浓酸和浓氨水。

4. 试样制备

送检样品应具有代表性,数量不少于 100 g,装在磨口玻璃瓶口密封。检验时,将试样混均以四分法缩取 25 g,在玛瑙钵内研细全部通过 80 μm 方孔筛用磁铁除铁后,装入磨口瓶内供分析用,分析前,试样应于 100～105 ℃ 烘箱中干燥 2 h。

5. 方法提要

试样于银坩埚中,用 NaOH 经高温熔融,用热水浸出熔块,放在 300 mL 烧杯中,加盐酸分解,Ag^+ 与 Cl^- 在高浓度盐酸溶液中,生成银离子 $[AgCl_4]^-$,防止 AgCl 析出,得到澄清溶液。于同一份试样溶液中,经分取试样溶液,测钙、镁。

6. 试剂

(1)盐酸。

(2)盐酸(1+5)。

(3)氢氧化钠(固体)。

7. 试样溶液制备

准确称取石灰样 0.600 0 g,置于银坩埚中,加入 4~5 g 氢氧化钠,盖上盖,并留有缝隙放入高温炉中在 600~650 ℃的温度下熔融 20 min,取出冷却,将坩埚放入已盛有 100 mL 热水的烧杯中,盖上表面皿,待熔块完全浸出后,取出坩埚。先用水洗盖和坩埚。在搅拌同时,一次加入 25 mL 盐酸,再加 1 mL 硝酸,用热盐酸(1+5)洗净坩埚和盖。将溶液加热至沸,冷却后移入 250 mL 容量瓶中用水稀释至标线,摇匀,供钙、镁测定。

8. CaO 的测定

(1)方法提要。在 pH 值 >13 的强碱溶液中,以三乙醇胺掩蔽镁、铝,用 CMP 混合指示剂,以 EDTA 标准溶液直接滴定钙。

在不分离硅的条件下进行钙的滴定需预先在酸性溶液中加适量氟化钾,以抑制硅酸的干扰。

(2)试剂。

①氟化钾溶液(20 g/L):将 2 g 氟化钾($KF \cdot 2H_2O$)溶于 100 mL 水中,摇匀。

②三乙醇胺(1+2)。

③氢氧化钾溶液(200 g/L):将 20 g 氢氧化钾溶于 100 mL 水中,摇匀。

④EDTA 标准溶液(0.015 mol/L):将 5.6 g 乙二胺四乙酸二钠(简称 EDTA)置于烧杯中,加约 200 mL 水,加热溶解、过滤,用水稀释至 1 L。

CMP 混合指示剂:将 1 g 钙黄绿素(简称 C)、1 g 甲基百里香酚蓝(简称 M)、0.2 g 酚酞(简称 P)与 50 g 已在 100~105 ℃的温度下烘干 2 h 的硝酸钾混合研细,保存在磨口瓶中备用。

(3)分析步骤。吸取 10 mL 制备好的试样溶液,放入 400 mL 烧杯中,加入 4 mL 氟化钾(20 g/L),搅拌并放置 20 min,用水稀释至约 250 mL,加入 3 mL 三乙醇胺(1+2)及适量的 CMP 混合指示剂,在搅拌下加入氢氧化钾(200 g/L)溶液,至出现绿色荧光后,再过量 5~8 mL(此时溶液的 pH 值在 13 以上)。用(0.015 mol/L)EDTA 标准溶液滴定至绿色荧光消失,并呈现粉红色为终点。

(4)结果计算。

CaO 的百分含量 X_1,按式(2-6)计算

$$X_1 = \frac{T_{CaO} \times V \times 25}{m \times 1\,000} \times 100\% \tag{2-6}$$

式中 X_1—— CaO 的百分含量(%);

T_{CaO}——每毫升 EDTA 标准溶液相当于氧化钙的毫克数;

V——滴定时消耗 EDTA 标准溶液的体积,mL;

25——全部试样溶液与所取试样的体积比;

m——试样质量,g。

9. MgO 的测定

(1)方法提要。在 pH 值 = 10 的溶液中,以三乙醇胺、酒石酸钾钠掩蔽铁、铝,氟化钾消除二氧化硅对钙、镁的干扰,用酸性铬蓝 K⁻—萘酚绿 B 混合指示剂,以 EDTA 标准溶液滴定钙、镁总量,扣除钙量,计算氧化镁的含量。

(2)试剂。

①氟化钾溶液(20 g/L):见 CaO 的测定。

②三乙醇胺(1 + 2)。

③酒石酸钾钠溶液(100 g/L):将 10 g 酒石酸钾钠溶于 100 mL 水中。

④氨水(1 + 1)。

⑤EDTA 标准溶液(0.015 mol/L):同 CaO 的测定。

⑥酸性铬蓝 K⁻—萘酚绿 B(1:2.5)混合指示剂:称取 1 g 酸性铬蓝 K⁻—萘酚绿,2.5 g 萘酚绿 B 和 50 g 已在 100~105 ℃烘干 2 h 的硝酸钾混合研细,储存在磨口瓶中备用;

⑦氨水—氯化铵缓冲溶液(pH 值 = 10):称取 67.5 g 氯化铵溶于 200 mL 水中,加氨水 570 mL 用水稀释至 1 L。

(3)分析步骤。吸取 10 mL 试样溶液,放入 400 mL 烧杯中,加入 4 mL 氟化钾溶液(20 g/L),搅拌并放置 2 min,用水稀释至约 250 mL,加 3 mL 三乙醇胺(1 + 2)及 1 mL 酒石酸钾钠(100 g/L),然后加入 20 mL 氨水—氯化铵缓冲溶液(pH 值 = 10),及适量的酸性铬蓝 K⁻—萘酚绿 B(1:2.5)混和指示剂,以 EDTA 标准溶液(0.015 mol/L)滴定近终点时应缓慢滴定至纯蓝色。

(4)结果计算。

MgO 的百分含量(X_2)按式(2-7)计算

$$X_2 = \frac{T_{MgO} \times (V_2 - V_1) \times 25}{m \times 1\ 000} \times 100\% \qquad (2\text{-}7)$$

式中　X_2——MgO 的百分含量(%);

T_{MgO}——每毫升 EDTA 标准溶液相当于氧化镁的毫克数;

V_1——滴定 Ca 时消耗 EDTA 标准溶液的体积,mL;

V_2——滴定 Mg^{2+}、Ca^{2+} 总量所消耗 EDTA 标准溶液的体积,mL;

25——全部试样溶液与所取试样的体积比;

m——试样质量,g。

10. T_{CaO} 和 T_{MgO} 的测定

(1)$CaCO_3$ 标准溶液的配制:准确称取约 0.6 g 已在 100~105 ℃温度下烘干 2 h 的高纯碳酸钙,置于 400 mL 烧杯中,加入约 100 mL 水。盖上表面皿,沿杯口滴加盐酸(1 + 1)至 $CaCO_3$ 全部溶解后,加热煮沸数分钟将溶液冷至室温,移入 250 mL 容量瓶中,用水稀释至标线,摇匀。

(2)EDTA 标定:吸取 25 mL 碳酸钙标准溶液放入 400 mL 烧杯中,用水稀释至约 200 mL。加入适量 CMP 混合指示剂,在搅拌下滴加氢氧化钾溶液(200 g/L)至出现绿色荧光后,再过量 1~2 mL 以 EDTA 标准溶液(0.15 mol/L)滴定至绿色荧光消失,并呈现红色,记录 V。

（3）EDTA 标准溶液对 CaO、MgO 的滴定度按式(2-8)及式(2-9)计算

$$T_{CaO} = \frac{C \times V_1}{V} \times \frac{M_{CaO}}{M_{CaCO_3}} = \frac{C \times V_1}{V} \times 0.560\ 3 \qquad (2\text{-}8)$$

$$T_{MgO} = \frac{C \times V_1}{V} \times \frac{M_{MgO}}{M_{CaCO_3}} = \frac{C \times V_1}{V} \times 0.402\ 8 \qquad (2\text{-}9)$$

式中　T_{CaO}——每毫升 EDTA 标准溶液相当于氧化钙的毫克数；

　　　T_{MgO}——每毫升 EDTA 标准溶液相当于氧化镁的毫克数；

　　　C——每毫升 $CaCO_3$ 标准溶液含碳酸钙的毫克数；

　　　V_1——碳酸钙标准溶液的体积,mL;

　　　V——滴定时消耗 EDTA 标准溶液的体积,mL。

各项分析结果百分含量的数值,应保留小数点后两位。

四、石灰的质量评定

石灰每一检验批按本节所述的方法及表 2-1～表 2-3 中规定的项目进行检验。当各项技术指标都达到表中要求的指标时判为该等级,若有一项指标低于合格品要求,判为不合格品。

第二节　建筑石膏

石膏主要成分是硫酸钙。在自然界中硫酸钙以两种稳定形态存在:一种是未水化的,叫天然无水石膏($CaSO_4$);另一种是水化程度最高的,叫二水石膏($CaSO_4 \cdot 2H_2O$)。

生石膏即二水石膏($CaSO \cdot 2H_2O$),又称天然石膏。

熟石膏是将生石膏加热至 107～170 ℃时,部分结晶水脱出,即成半水石膏。若温度升高至 190 ℃以上,则可完全失水,变成硬石膏,即无水石膏($CaSO_4$)。半水石膏和无水石膏统称熟石膏。熟石膏品种很多,建筑上常用的有建筑石膏、模型石膏、地板石膏、高强石膏 4 种,本节主要介绍建筑石膏。

建筑石膏是将天然二水石膏等原料在一定温度下(一般 107～170 ℃)煅烧成熟石膏,再经磨细而成的白色粉状物,其主要成分是 β 型半水硫酸钙($CaSO_4 \cdot 1/2H_2O$)。

一、建筑石膏的技术指标

建筑石膏按技术要求分为优等品、一等品和合格品三个等级,各等级具体要求见表 2-4。

表 2-4　建筑石膏技术指标

指标		优等品	一等品	合格品
细度(孔径 0.2 mm 筛筛余量不超过),(%)		5.0	10.0	15.0
抗折强度(烘干至质量恒定后不小于),(MPa)		2.5	2.1	1.8
抗压强度(烘干至质量恒定后不小于),(MPa)		4.9	3.9	2.9
凝结时间(min)	初凝不早于	6		
	终凝不迟于	30		

注:指标中有一项不符合者,应予降级或报废。

二、石膏检验方法

(一)取样

1.检验批的确定

对于年产量小于 15×10^4 t 的生产厂,以不超过 65 t 同等级的建筑石膏为一批;对于年产量等于或大于 15×10^4 t 的生产厂,以不超过 200 t 同等级的建筑石膏为一批。

2.取样

从每批建筑石膏不同部位的 10 个袋中等量抽取总数至少 15 kg 的试样,将抽出的试样混合均匀,分为 3 等份,保存在密封容器中。其中 1 份做试验,其余 2 份在室温下保存 3 个月,必要时用它做仲裁试验。

(二)试验环境要求

实验室温度为 (20 ± 5)℃,空气相对湿度为 $65\% \pm 10\%$。建筑石膏试样、拌和水及试模等仪器的温度应与实验室室温相同。

(三)细度

1.目的

检验石膏的颗粒粗细程度。

2.采用标准

细度测定采用的标准为《建筑石膏》(GB 9776—2008)。

3.仪器设备

(1)标准筛:筛孔边长为 0.2 mm 的方孔筛,筛底有接收盘,顶部有筛盖盖严。

(2)烘干箱:控温器灵敏度 ±1 ℃。

(3)天平:准确度 ±0.1 g。

(4)黑纸。

4.试样制备

从密封容器内取出 500 g 试样,在 (40 ± 2)℃温度下烘干至恒重(烘干时间相隔 1 h 的质量差不超过 0.5 g 即为恒重),并在干燥器中冷却至室温。

5.试验步骤

(1)称取试样 (50 ± 0.1) g,倒入安上筛底的 0.2 mm 的方孔筛中,盖上筛盖。

(2)一只手拿住筛子略倾斜地摆动,使其撞击另一只手,撞击的速度为 125 次/min,摆动幅度为 20 cm,每摆动 25 次后筛子旋转 90°,继续摆动。试验中发现筛孔被试样堵塞,可用毛刷轻刷筛网底面,使筛网疏通,继续进行筛分。筛分至 4 min 时,去掉筛底,在黑纸上继续筛分 1 min。称量筛在纸上的试样,当其小于 0.1 g 时,认为筛分完成,否则继续筛分,直至达到要求。

6.结果计算

石膏细度以筛余百分数(W)表示。W 可按下式计算:

$$W = \frac{G}{50} \times 100\% \qquad (2\text{-}10)$$

式中　W——石膏细度(%);

　　　G——遗留在筛上的试样质量,g。

结果计算至0.1%。重复上述步骤,再做一次。

7. 结果评定

如两次测定结果的差值小于1%,则以其平均值作为试样细度;否则再次测定,至两次测定值之差小于1%,再取两者的平均值。

（四）松散容重

1. 目的及适用范围

测定石膏的松散容重,适用于建筑石膏,其他品种石膏亦可参照使用。

2. 采用标准

松散容重测定采用的标准为《建筑石膏》(GB 9776—2008)。

3. 仪器设备

(1)松散容重测定仪:仪器是一个支在三条支架上的铜质锥形漏斗,漏斗中部设有一边长为2 mm的方孔筛。仪器还附有1个容重桶,其容量为1 L,并配有1个套筒(见图2-2和图2-3)。

(2)毛刷。

(3)直尺。

(4)天平。

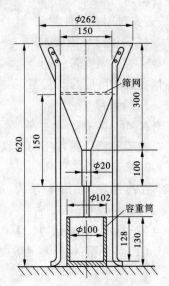

图 2-2　松散容重测定仪

4. 试验步骤

(1)从密封容器内取出2 000 g试样,充分拌匀,备用。

(2)称量不带套筒的容重桶,精确至5 g。在容重桶上装上套筒,并将其放在锥形漏斗下。

(3)将试样以100 g为1份倒入漏斗,用毛刷搅动试样,使其通过漏斗中部的筛网落入容重桶中。

(4)当装有延伸套筒的容重桶填满时,在避免振动的情况下移去套筒,用直尺刮平表面,使桶中的试样表面与容重桶上缘齐平。

(5)称量容重桶和试样的质量,精确至5 g。

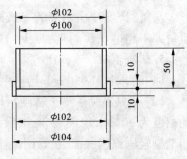

图 2-3　容重筒及套筒

5. 结果计算

石膏的松散密度按式(2-11)计算:

$$\rho = \frac{G_1 - G_0}{V} \qquad (2\text{-}11)$$

式中　ρ——石膏的松散密度,g/L;

　　　G_0——容重桶质量,g;

　　　G_1——容重桶和试样的质量,g;

　　　V——容重桶容积,L。

连续重复上述步骤,再测一次。

6. 结果评定

如果两次测定结果之差小于小值的5%,则以平均值作为试样的松散容重;否则应再次测定,至两次测定值之差小于小值的5%,再取二者的平均值。

（五）标准稠度用水量

1. 目的及适用范围

通过试验测定石膏达到标准稠度时的用水量,作为石膏凝结时间及强度试验用水量之标准。适用于建筑石膏,其他品种石膏亦可参照使用。

2. 采用标准

标准稠度用水量采用标准为《建筑石膏》(GB 9776—2008)。

3. 仪器设备。

(1)石膏稠度仪(见图2-4):由内径$\phi(50 \pm 0.1)$mm,高(100 ± 0.1)mm的铜质筒体,240 mm×240 mm的玻璃板,以及筒体提升机构组成,筒体上升速度为15 cm/s,并能下降复位。在玻璃板下面的纸上画一组同心圆,其直径从60~200 mm,直径小于140 mm的圆,每隔10 mm画一个,其余每隔20 mm画一个。

(2)天平:准确度±1 g。

(3)搅拌碗:用不锈钢制成,碗口内径ϕ160 mm,碗深60 mm。

(4)拌和棒:由3个不锈钢丝弯成的椭圆形套环所组成,钢丝$\phi(1 \sim 2)$mm,环长约100 mm,宽45 mm,具有一定弹性。

(5)刮刀。

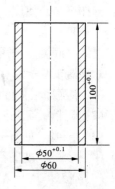

图2-4 石膏稠度测定仪

4. 试验步骤

(1)试验前,将稠度仪的筒体内部及玻璃板擦净,并保持湿润,将筒体垂直地放在玻璃板上,筒体中心与玻璃板下一组同心圆的中心重合。

(2)将估计为标准稠度用水量的水称量好倒入搅拌碗中。初次试拌石膏时的需水量可按式(2-12)进行计算:

$$B = \frac{\rho - \rho_0}{\rho} \times 100\% \qquad (2\text{-}12)$$

式中 ρ——石膏的实际密度,g/cm^3;

ρ_0——石膏的表观密度,g/cm^3。

(3)称取(300 ± 1)g石膏,在5 s内倒入水中,用拌和棒搅拌30 s,得到均匀的石膏浆,边搅拌边迅速注入稠度仪筒体,用刮刀刮去溢浆,使石膏表面与筒体上端面齐平。

(4)从试样与水接触至总时间为50 s时,启动仪器提升机构,待筒体提去后,测定料浆扩展成的试饼两垂直方向上的直径,计算其平均值。

(5)如果试饼的扩展直径为(180 ± 5)mm,则石膏浆的稠度即是标准稠度,此时用水量即为标准稠度用水量。否则,应调整加水量重做,直至达到标180±5 mm。

5. 结果计算

记录连续两次料浆扩展直径等于(180 ± 5)mm时的加水量,则标准稠度用水量按式(2-13)计算

$$B = \frac{拌和用水量}{石膏质量} \times 100\% \qquad (2\text{-}13)$$

式中 B——石膏的标准稠度用水量(精确至1%)。

如果试验中,在水量递增或递减的情况下,所测试饼直径呈反复无规律变化,则应将试

样在实验室条件下铺成厚 10 mm 以下的薄层,放置 3 d 以上再测定。

（六）凝结时间

1. 目的及适用范围

测定石膏初凝和终凝所需的时间,以评定石膏的质量,本方法适用于建筑石膏,其他品种石膏亦可参照使用。

2. 采用标准

凝结时间测定采用的标准为《建筑石膏》(GB 9776—2008)。

3. 仪器设备。

(1)水泥净浆稠度与凝结时间测定仪(参见第三章)。

(2)搅拌碗:见石膏标准稠度用水量。

(3)拌和棒:见石膏标准稠度用水量。

(4)天平:能准确称量至 1 g。

(5)刮刀。

4. 试验步骤

(1)检查仪器的活动杆能否自由落下,将圆模内侧稍涂一层机油,放在玻璃板上,调整凝结时间测定的试针接触玻璃板时指针应对准标准尺零点。

(2)称取试样(200 ±1)g,按标准稠度用水量量水,倒入搅拌碗中,在 5 s 内将试样倒入水中,并记录加水时间,搅拌 30 s,得到均匀的料浆,倒入环模中。为了排除料浆中的空气将玻璃底板抬高约 10 mm,上下振动 5 次,用刮刀刮去溢浆,使其与环模上端面齐平。

(3)将装满料浆的环模连同玻璃底板放在仪器的钢针下,使针尖与料浆的表面相接触,并离开环模边大于 10 mm,迅速放松杆上的固定螺丝,针即自由插入料浆中。针的插入和升起每隔 30 s 重复一次,每次都应改变插点,并将针擦净,校直。

5. 结果计算

(1)自试样与水接触开始,到钢针第一次碰不到玻璃底板所经历的时间,此即试样的初凝时间;自试样与水接触开始,到钢针插入料浆的深度不大于 1 mm 所经历的时间即为终凝时间。凝结时间以分(min)计,带有零数 30 s 时进作 1 min。

(2)重复上述步骤再做一次,取两次测定结果的平均值,作为该试样的初凝时间和终凝时间。

6. 结果评定

建筑石膏的初凝时间不应小于 6 min,终凝时间应不大于 30 min。

（七）强度

1. 目的及适用范围

通过测定石膏的抗折强度和抗压强度来评定石膏的质量等级。本方法适用于建筑石膏,其他品种的石膏亦可参照使用。

2. 采用标准

强度测定时采用的标准为《建筑石膏》(GB 9776—2008)。

3. 仪器设备

(1)搅拌锅:采用水泥胶砂搅拌锅,在锅外壁装有把手(参见图 3-15)。

(2)拌和棒。

（3）水泥胶砂三联试模（参看图3-18）。

（4）料勺。

（5）电动抗折机（参照图3-21）。

（6）抗压试验机：采用最大出力50 kN的抗压试验机，示值误差不大于±1.0%。

（7）刮平刀。

（8）水泥抗压夹具（参看图3-22）。

4.试样制备

从密封容器中取出1 100 g试样，充分拌匀，备用。

5.试验步骤

1）试件成型

（1）成型前将试模擦净，四周模板与底板接触面上应涂黄油，紧密装配，防止漏浆，内壁均匀刷一薄层机油。

（2）按标准稠度用水量量水，倒入搅拌锅中；称取试样(1 000±1)g，在30 s内将试样均匀地撒入水中，静置1 min，用拌和棒在30 s内搅拌30次，得到均匀的料浆。接着用料勺以3 r/min的速度搅拌，使料浆保持悬浮状态，直至开始稠化。

（3）当料浆从料勺上慢慢滴落在料浆表面能形成一个小圆锥时，用料勺将料浆灌入试模内。试模充满后，将模子的一端用手抬起约10 mm，使其突然落下，如此振动5次，以排除料浆中的气泡。当从溢出的料浆中看出已经初凝时，用刮平刀刮去溢浆，但不必抹光表面。

（4）待水与试样接触开始至1.5 h时，在试件表面编号并拆模，脱模后的试件存放在实验室条件下，至试样与水接触开始达2 h时，进行抗折强度的测定。

2）抗折强度测定

（1）采用杠杆做抗折试验时，试体放入前，应使杠杆成平衡状态，试样放入后调整夹具，使杠杆在试件破坏时尽可能地接近平衡位置。

（2）试件放在抗折试验机的2个支承辊上，试件的成型面（即用刮平刀刮平的表面）应侧立，试件各棱边与各辊垂直，并使加荷辊与2个支承辊保持等距。

（3）启动抗折试验机，使试件折断，记录3个试件的抗折强度R_f(MPa)，并计算其平均值，精确至0.1 MPa。

（4）抗折强度试验结果。如果测得的3个值与它们的平均值的差不大于10%，则用该平均值作为抗折强度；如果有1个值与平均值的差大于10%，应将此值舍去，以其余2值计算平均值；如果有1个以上的值与平均值之差大于10%，应重做试验。

3）抗压强度测定

（1）抗折试验后的2个断块立即进行抗压强度试验，抗压强度试验须用抗压夹具进行。试体受压面为40 mm×62.5 mm。试验前应清除试体受压面与压板间的杂物。试验时以试体的侧面作为受压面，试件的底面靠紧夹具定位销，并使夹具对准压力机压板中心。

（2）启动机器，使试件在加荷开始后20~40 s内破坏，记录每个试件的破坏荷载P。

（3）结果计算。石膏的抗压强度R_c可按式(2-14)计算：

$$R_c = \frac{P}{2\ 500} \tag{2-14}$$

式中 R_c——石膏的抗压强度，MPa；

P——破坏荷载,N。

（4）结果评定。计算 6 个试件抗压强度的平均值。如果测得的 6 个值与它们平均值的差不大于 10%,则用该平均值作为抗压强度;如果有某个值与平均值的差大于 10%,应将此值舍去,以其余的值计算平均值;如果有 2 个以上的值与平均值之差大于 10%,应重做试验。

6.结果评定

石膏抗折强度、抗压强度确定后,可与表 2-4 中数值进行比较以判断其质量等级。

三、石膏的质量评定

石膏每一检验批按本节所述的方法及项目进行检验,对检验结果,如果有一个以上指标不合格,则可用其他 2 份试样对不合格项目进行复检。重检结果,如 2 个试样均合格,则该批产品判为批合格;如仍有 1 个试样不合格,则该批产品判为批不合格。

第三章　水　泥

水泥属于无机的水硬性胶凝材料,它不仅能在空气中凝结硬化,也能在水中凝结硬化,并保持和发展其强度,因而广泛地应用于工业、农业、国防、交通、城市建设、水利以及海洋开发等工程建设中。

水泥作为重要的建筑材料之一,其品种日益增多。水泥按用途和性能分为通用水泥、专用水泥和特性水泥三大类;本章主要介绍常用的通用硅酸盐水泥的技术标准及其检验和评定的方法。

第一节　水泥的定义、强度等级及质量标准

一、通用硅酸盐水泥的定义、强度等级及质量标准

(一)定义与强度等级

通用硅酸盐水泥主要是指硅酸盐水泥、普通硅酸盐水泥、矿渣硅酸盐水泥、粉煤灰硅酸盐水泥、火山灰硅酸盐水泥和复合硅酸盐水泥六种,其定义及强度等级范围见表3-1。

表3-1　通用水泥的定义及强度等级

名称	代号	定义	强度等级
硅酸盐水泥	P·I P·II	凡由硅酸盐水泥熟料、0~5%石灰石或粒化高炉矿渣、适量石膏磨细制成的水硬性胶凝材料,称为硅酸盐水泥(国外称波特兰水泥)。硅酸盐水泥分为两种类型:不掺加混合材料的称I型硅酸盐水泥,代号P·I;在硅酸盐水泥粉磨时掺加不超过水泥质量5%的石灰石或粒化高炉矿渣混合材料的称II型硅酸盐水泥,代号P·II	42.5 42.5R 52.5 52.5R 62.5 62.5R
普通硅酸盐水泥	P·O	凡由硅酸盐水泥熟料、6%~20%混合材料、适量石膏磨细制成的水硬性胶凝材料,称为普通硅酸盐水泥,简称普通水泥;掺活性混合材料时,最大掺量不超过水泥质量的15%,其中允许用不超过水泥质量5%的窑灰或不超过水泥质量10%的非活性混合材料来代替。掺非活性混合材料时,最大掺量不超过水泥质量的10%	42.5 42.5R 52.5 52.5R
矿渣硅酸盐水泥	P·S	凡由硅酸盐水泥熟料和粒化高炉矿渣、适量石膏磨细制成的水硬性胶凝材料称为矿渣硅酸盐水泥,简称矿渣水泥。P·S·A水泥中粒化高炉矿渣掺加量按质量百分比计为20%~50%(P·S·B为20%~70%),允许用火山灰质混合材料、粉煤灰或石灰石、窑灰材料其中的一种材料来代替粒化高炉矿渣。代替数量不得超过水泥质量的8%,替代水泥中粒化高炉矿渣不得少于20%	32.5 32.5R 42.5 42.5R 52.5 52.5R

名称	代号	定义	强度等级
粉煤灰火山灰质硅酸盐水泥	P·P	凡由硅酸盐水泥熟料和火山灰质混合材料、适量石膏磨细制成的水硬性胶凝材料称为火山灰质硅酸盐水泥,简称火山灰水泥。水泥中火山灰质混合材料掺加量按质量百分比计为20%~40%	
硅酸盐水泥	P·F	凡由硅酸盐水泥熟料和粉煤灰、适量石膏磨细制成的水硬性胶凝材料称为粉煤灰硅酸盐水泥,简称粉煤灰水泥。水泥中粉煤灰掺量按质量百分比计为20%~40%	32.5 32.5R 42.5
复合硅酸盐水泥	P·C	凡由硅酸盐水泥熟料、两种或两种以上规定的混合材料、适量石膏磨细制成的水硬性胶凝材料称为复合硅酸盐水泥,简称复合水泥。水泥中混合材料掺加总量按质量百分比计应大于20%,但不超过50%。水泥中允许用不超过8%的窑灰代替部分混合材料;掺矿渣时混合材料掺量不得与矿渣硅酸盐水泥重复。混合材料总掺加量按质量百分比计大于20%~50%	42.5R 52.5 52.5R

注:强度等级中带 R 的为早强型水泥。

(二)质量标准

1. 物理性质和有害物含量

水泥的物理性能指标和有害杂物含量应满足表3-2 的要求。

表 3-2 化学指标和物理指标

项目		水泥品种						
		P·Ⅰ	P·Ⅱ	P·O	P·S	P·P	P·F	P·S
细度	比表面积(m²/kg)	>300			—			
	80 μm 或 45 μm 筛筛余(%)	—			≤10 或 ≤30			
凝结时间	初凝时间(min)	≥45						
	终凝时间(min)	≤390			≤600			
安定性		用沸煮法检验必须合格						
氧化镁含量(%)		水泥中≤5.0ª			水泥中≤6.0ᵇ			
水泥中三氧化硫含量(%)		≤3.5			≤4.0	≤3.5		
不溶物(%)		≤0.75	≤1.5	—				
烧失量(%)		≤3.0	≤3.5	≤5.0				
碱含量:按 Na₂O+0.658K₂O 计算值表示		要求低碱水泥时,≤0.6%或协商			协商			

注:a. 如果水泥压蒸试验合格,则水泥中氧化镁的含量(质量分数)允许放宽至6.0%;

b. 如果水泥中氧化镁的含量(质量分数)大于6.0%,需进行水泥压蒸安定性试验并合格。

2. 强度

水泥强度是水泥非常重要的技术指标。不同品种不同强度等级的通用硅酸盐水泥,其不同龄期的强度应符合表3-3的规定。

表3-3　不同品种不同强度等级的通用硅酸盐水泥不同龄期的强度值

品种	强度等级	抗压强度(MPa)		抗折强度(MPa)	
		3 d	28 d	3 d	28 d
硅酸盐水泥	42.5	≥17.0	≥42.5	≥3.5	≥6.5
	42.5R	≥22.0		≥4.0	
	52.5	≥23.0	≥52.5	≥4.0	≥7.0
	52.5R	≥27.0		≥5.0	
	62.5	≥28.0	≥62.5	≥5.0	≥8.0
	62.5R	≥32.0		≥5.5	
普通硅酸盐水泥	42.5	≥17.0	≥42.5	≥3.5	≥6.5
	42.5R	≥22.0		≥4.0	
	52.5	≥23.0	≥52.5	≥4.0	≥7.0
	52.5R	≥27.0		≥5.0	
矿渣硅酸盐水泥、火山灰质硅酸盐水泥、粉煤灰硅酸盐水泥、复合硅酸盐水泥	32.5	≥10.0	≥32.5	≥2.5	≥5.5
	32.5R	≥15.0		≥3.5	
	42.5	≥15.0	≥42.5	≥3.5	≥6.5
	42.5R	≥19.0		≥4.0	
	52.5	≥21.0	≥52.5	≥4.0	≥7.0
	52.5R	≥23.0		≥4.5	

二、白色硅酸盐水泥

(一)定义

由白色硅酸盐水泥熟料加入适量石膏,磨细制成的水硬性胶凝材料称为白色硅酸盐水泥(简称白水泥)。

(二)强度等级

白色硅酸盐水泥的强度等级分为32.5、42.5和52.5级,各强度等级各龄期强度不得低于表3-4的规定。

白水泥白度值不低于87。

(三)其他质量指标

(1)氧化镁含量:熟料中氧化镁含量不得超过4.5%。

(2)三氧化硫含量:水泥中三氧化硫的含量不得超过3.5%。

(3)细度:在0.08 mm方孔筛上筛余量不超过10%。

表 3-4　白水泥强度指标

强度等级	抗压强度（MPa）		抗折强度（MPa）	
	3 d	28 d	3 d	28 d
32.5	12.0	32.5	3.0	6.0
42.5	17.0	42.5	3.5	6.5
52.5	22.0	52.5	4.0	7.0

（4）凝结时间：初凝不得早于 45 min，终凝不得迟于 12 h。

（5）安定性：用沸煮法检验，必须合格。

第二节　水泥物理力学性能检验

一、一般规定

（一）取样

水泥出厂前按同品种、同强度等级编号和取样。袋装水泥和散装水泥应分别进行编号和取样。每一编号为一取样单位。水泥出厂编号按年生产能力规定为：

200×10^4 以上，不超过 4 000 t 为一编号；

$120 \times 10^4 \sim 200 \times 10^4$ t，不超过 2 400 t 为一编号；

$60 \times 10^4 \sim 120 \times 10^4$ t，不超过 1 000 t 为一编号；

$30 \times 10^4 \sim 60 \times 10^4$ t，不超过 600 t 为一编号；

$10 \times 10^4 \sim 30 \times 10^4$ t，不超过 400 t 为一编号：

10×10^4 t 以下，不超过 200 t 为一编号。

取样方法按《水泥取样方法》（GB 12573—2008）进行。可连续取，亦可从 20 个以上不同部位取等量样品，总量至少 12 kg。当散装水泥运输工具的容量超过该厂规定出厂编号吨数时，允许该编号的数量超过取样规定吨数。

（二）试样及用水

（1）水泥试样应充分拌匀，通过 0.9 mm 方孔筛并记录筛余物情况。

（2）试验用水应是洁净的淡水，如对水质有争议也可用蒸馏水。

（三）实验室温湿度

（1）实验室的温度为 17 ~ 25 ℃，相对湿度大于 50%；胶砂成型实验室的温度应保持在 (20 ± 2)℃，相对湿度不低于 50%。

（2）水泥试样、拌和水、仪器和用具的温度应与实验室一致。

二、水泥密度

（一）目的及适用范围

水泥的密度是进行混凝土配合比设计的必要材料之一，通过试验测定材料密度，计算材料孔隙率和密实度。

（二）采用标准

采用标准为《水泥密度测定方法》（GB/T 208—1994）。

（三）仪器设备

（1）李氏瓶：结构材料是优质玻璃，透明无条纹，有抗化学侵蚀性且热滞后性小，要有足够的厚度以确保较好的耐裂性。横截面形状为圆形，外形尺寸如图3-1所示，应严格遵守关于公差、符号、长度、间距以及均匀刻度的要求；最高刻度标记与磨口玻璃塞最低点之间的间距至少为 10 mm，见图3-1。瓶颈刻度由 0～24 mL，且 0～1 mL 和 18～24 mL 应以 0.1 mL 刻度，任何标明的容量误差都不大于 0.05 mL。

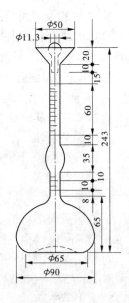

图 3-1　李氏瓶

（2）恒温水槽或其他保持恒温的盛水玻璃容器，恒温容器温度应能维持在 ±0.5 ℃。

（3）天平：感量为 0.01 g。

（4）温度计。

（5）烘箱。

（6）无水煤油。

（四）试样制备

检验用水泥试样，必须先在烘干箱中，以在（110±5）℃下干燥 1 h，然后放入干燥器中冷却至室温，备用。

（五）试验步骤

（1）将无水煤油注入李氏瓶中到 0～1 mL 刻度线后（以弯月面下部为准），盖上瓶塞放入恒温水槽内，使刻度部分浸入水中（水温应控制在李氏瓶刻度时的温度），恒温 30 min，记下初始（第一次）读数。

（2）从恒温水槽中取出李氏瓶，用滤纸将李氏瓶细长颈内没有煤油的部分仔细擦干净。

（3）称取水泥 60 g，称准至 0.01 g。用小匙将水泥样品一点点地装入李氏瓶中，反复摇动（亦可用超声波振动），至没有气泡排出，再次将李氏瓶静置于恒温水槽中，恒温 30 min，记下第二次读数。第一次读数和第二次读数时，恒温水槽的温度差不应大于 0.2 ℃。

（六）结果计算

（1）水泥体积应为第二次读数减去初始（第一次）读数，即水泥所排开的无水煤油的体积（mL）。

（2）水泥密度 ρ（g/cm³）按式（3-1）计算（精确至 0.001 g/cm³）。

$$\rho = m/(V_2 - V_1) \tag{3-1}$$

式中　m——试样质量，g；

　　　V_2——第二次读数，cm³ 或 mL；

　　　V_1——第一次读数，cm³ 或 mL。

（七）结果评定

以两个试样试验结果的算术平均值作为水泥密度的测定值，精确到 0.01 g/cm³。两个试样测定结果之差不得超过 0.02 g/cm³。

三、水泥细度(筛析法)

(一)目的及适用范围

检测水泥粉状物料的粗细程度。通过用 45 μm 方孔筛和 80 μm 方孔筛筛析法测定水泥的细度,为判定水泥质量提供依据。通常以标准筛的筛余百分数表示。

细度检验方法包括负压筛析法、水筛法、手工筛析法三种,适用于硅酸盐水泥、普通硅酸盐水泥、矿渣硅酸盐水泥、火山灰质硅酸盐水泥、粉煤灰硅酸盐水泥、复合硅酸盐水泥以及指定采用本标准的其他品种水泥和粉状物料。

(二)采用标准

采用标准为《水泥细度检验方法》(GB/T 1345—2005)。

(三)仪器设备

1.试验筛

试验筛由圆形筛框和筛网组成,其结构尺寸如图 3-2 和图 3-3 所示。网眼为 80 μm 和 45 μm 的筛网应紧绷在筛框上,筛网和筛框接触处应用防水胶密封,防止水泥嵌入。由于物料会对筛网产生磨损,试验筛每使用 100 次后需重新标定,标定方法按《水泥细度检验方法》(GB/T 1345—2005)附录 A 进行。

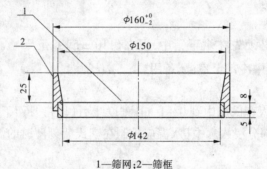

1—筛网;2—筛框

图 3-2　负压筛　(单位:mm)

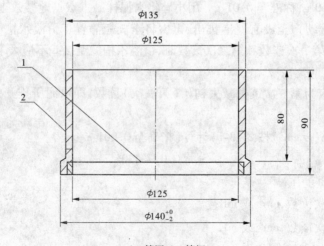

1—筛网;2—筛框

图 3-3　水筛　(单位:mm)

2．负压筛析仪

负压筛析仪由筛座、负压筛、负压源及收尘器组成,其中筛座由转速为(30±2)r/min的喷气嘴、负压表、控制板、微电机及壳体构成,见图3-4。筛析仪负压可调范围为 -6 000 ~ -4 000 Pa。喷气嘴上口平面与筛网之间的距离为 2 ~ 8 mm,喷气嘴的上开口尺寸见图3-5。负压源和收尘器,由功率≥600 W的工业吸尘器和小型旋风收尘筒组成或用其他具有相当功能的设备。

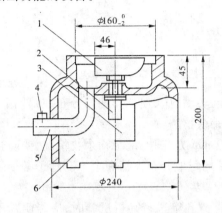 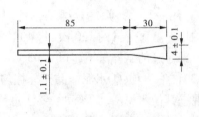

1—喷气嘴;2—微电机;3—控制板开口;
4—负压表接口;5—负压源及收尘器接口;6—壳体

图3-4　负压筛析仪筛座示意图　(单位:mm)　　图3-5　喷气嘴上开口　(单位:mm)

3．水筛架和喷头

水筛架和喷头的结构尺寸应符合(水泥标准筛筛析仪)(JC/T 728—2005)的规定,其中水筛架上筛座内径为 140_{-3}^{+0} mm。

4．天平

天平最小分度值不大于0.01 g。

(四)试验步骤

1．负压筛法

(1)筛析试验前应把负压筛放在筛座上,盖上筛盖,接通电源,检查控制系统,调节负压至 -6 000 ~ -4 000 Pa 范围内。

(2)称取试样精确至0.01 g,置于洁净的负压筛中,放在筛座上,盖上筛盖,接通电源,启动筛析仪连续筛析2 min,在此期间如有试样附着在筛盖上,可轻轻地敲击筛盖使试样落下。筛毕,用天平称量全部筛余物。

(3)注意事项:①负压筛析仪工作时,应保持水平,避免外界振动和冲击。②试验前要检查被测样品,不得受潮、结块或混有其他杂质。③每做完一次筛析试验,应用毛刷清理一次筛网,其方法是用毛刷在试验筛的正、反两面刷几下,清理余物,但每个试验后在试验筛的正反面刷的次数应相同,否则会影响筛析结果。④如连续使用时间过长时(一般10个样品后)应检查负压值是否正常,如不正常,可将吸尘器卸下,打开吸尘器将筒内灰尘和过滤布袋附着的灰尘等清理干净,使负压恢复正常。

2．水筛法

(1)筛析试验前,应检查水中无泥、砂,调整好水压及水筛架的位置,使其能正常运转,并控制喷头底面和筛网之间距离为35 ~ 75 mm。

（2）称取试样精确至 0.01 g，置于洁净的水筛中，立即用淡水冲洗至大部分细粉通过后，放在水筛架上，用水压为（0.05 ± 0.02）MPa 的喷头连续冲洗 3 min。筛毕，用少量水把筛余物冲至蒸发皿中，等水泥颗粒全部沉淀后，小心倒出清水，烘干并用天平称量全部筛余物。

（3）注意事项：①水泥样品充分拌匀，通过 0.9 mm 方孔筛，记录筛余物情况，要防止过筛时混进其他水泥。②冲洗压力必须保持在（0.05 ± 0.02）MPa，否则会使结果不准确。③水筛筛子应保持洁净，定期检查、校正。④要防止喷头孔堵塞。

3. 手工筛析法

（1）称取水泥试样精确至 0.01 g，倒入手工筛内。

（2）用一只手持筛往复摇动，另一只手轻轻拍打，往复摇动和拍打过程应保持近于水平。拍打速度每分钟约 120 次，每 40 次向同一方向转动 60°，使试样均匀分布在筛网上，直至每分钟通过的试样量不超过 0.03 g。称量全部筛余物。

（3）注意事项：①水泥样品充分拌匀，通过 0.9 mm 方孔筛，记录筛余物情况，要防止过筛时混进其他水泥。②干筛时，要注意使水泥样品均匀地分布在筛布上。③筛子必须经常保持干燥、洁净，定期检查、校正。

对其他粉状物料、或采用 45 ~ 80 μm 以外规格方孔筛进行筛析试验时，应指明筛子的规格、称样量、筛析时间等相关参数。

4. 试验筛的清洗

试验筛必须经常保持洁净，筛孔通畅，使用 10 次后要进行清洗。金属框筛、铜丝网筛清洗时应用专门的清洗济，不可用弱酸浸泡。

（五）结果计算

1. 水泥试样筛余百分数

水泥试样筛余百分数按下式计算

$$F = \frac{R_t}{W} \times 100\% \tag{3-2}$$

式中　F——水泥试样的筛余百分数（%）；

　　　R_t——水泥筛余物的质量，g；

　　　W——水泥试样的质量，g。

结果计算至 0.1%。

2. 筛余结果的修正

试验筛的筛网会在试验中磨损，因此筛析结果应进行修正。修正的方法是将检验的结果乘以该试验筛按规定的方法标定后得到的有效修正系数，即为最终结果。

例：用 A 号试验筛对某水泥样的筛余值为 5.0%，而 A 号试验筛的修正系数为 1.10，则该水泥样的最终结果为：5.0% × 1.10 = 5.5%。

合格评定时，每个样品应称取两个试样分别筛析，取筛余平均值为筛析结果。若两次筛余结果绝对误差大于 0.5%（筛余值大于 5.0% 时可放至 1.0%）应再做一次试验，取两次相近结果的算术平均值，作为最终结果。

3. 试验结果

负压筛析法、水筛法和手工筛析法测定的结果发生争议时，以负压筛析法为准。

四、水泥标准稠度用水量

(一)目的及适用范围

通过试验测定水泥净浆达到标准稠度时的用水量,作为水泥凝结时间、安定性试验用水量的标准。本方法适用于5种常用硅酸盐水泥及指定采用本方法的其他品种水泥。

(二)采用标准

采用的标准为《水泥标准稠度用水量、凝结时间、安定性检验方法》(GB/T 1346—2011)。

(三)仪器设备

1. 水泥净浆搅拌机

水泥净浆搅拌机应符合《水泥净浆搅拌机》(JC/T 729—2005)的要求。

注:通过减小搅拌翅和搅拌锅之间间隙,可以制备更加均匀的净浆。

水泥净浆搅拌机(见图3-6)主要由搅拌锅、搅拌叶片(见图3-7)、传动机构和控制系统组成。搅拌叶片在搅拌锅内作旋转方向相反的公转和自转,并可在竖直方向上调节。搅拌锅可以升降,传动结构保证搅拌叶片按规定的方向和速度运转,控制系统具有按程序自动控制与手动控制两种功能。

图3-6 水泥净浆搅拌机

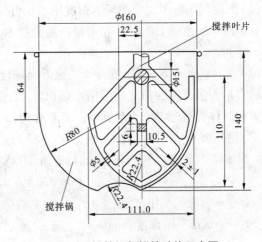

图3-7 搅拌锅与搅拌叶片示意图

2. 标准法维卡仪

图3-11为测定水泥标准稠度和凝结时间用维卡仪及配件中包括:

3. 代用法维卡仪

符合《水泥净浆标准稠度与凝结时间测定仪》(JC/T 727—2005)要求。

4. 量筒或滴定管

量筒精度 ±0.5 mL。

5. 天平

天平最大称量不小于1 000 g,分度值不大于1 g。

6. 材料

试验用水必须是洁净的饮用水,如有争议应以蒸馏水为准。

7.试验条件

实验室温度为(20 ± 2)℃,相对湿度不低于50%;水泥试样、拌和水、仪器和用具的温度应与实验室一致。湿气养护箱的温度为(20 ± 1)℃,相对湿度不低于90%。

（四）试验步骤

（1）维卡仪的滑动杆能自由滑动。试模和玻璃底板用湿布擦拭,将试模放在底板上。调整至试杆接触玻璃板时指针对准零点;搅拌机运行正常。

（2）用水泥净浆搅拌机搅拌,搅拌锅和搅拌叶片先用湿布擦过,将拌和水倒入搅拌锅内,然后在5~10 s内小心将称好的500 g水泥加入水中,防止水和水泥溅出;拌和时,先将锅放在搅拌机的锅座上,升至搅拌位置,启动搅拌机,低速搅拌120 s,停15 s,同时将叶片和锅壁上的水泥浆刮入锅中间,接着高速搅拌120 s停机。

（3）拌和结束后,立即将拌制好的水泥净浆装入锥模中,用宽约25 mm的直边刀在浆体表面轻轻插捣5次,再轻振5次,刮去多余的净浆;抹平后迅速放到试锥下面固定的位置上,将试锥降至净浆表面,拧紧螺丝1~2 s后,突然放松,让试锥垂直自由地沉入水泥净浆中。到试锥停止下沉或释放试锥30 s时记录试锥下沉深度。整个操作应在搅拌后1.5 min内完成。

（五）结果计算

（1）采用代用法测定水泥标准稠度用水量可用调整水量和不变水量两种方法的任一种测定。采用调整水量方法时拌和水量按经验加水,采用不变水量方法时拌和水量用142.5 mL。

（2）用调整水量方法测定时,以试锥下沉深度(30 ± 1)mm时的净浆为标准稠度净浆。其拌和水量为该水泥的标准稠度用水量（P）,按水泥质量的百分比计。如下沉深度超出范围需另称试样,调整水量,重新试验。直至达到(30 ± 1)mm。

（3）用不变水量方法测定时,根据式(3-3)（或仪器上对应标尺）计算得到标准稠度用水量P。当试锥下沉深度小于13 mm时,应改用调整水量法测定。

$$P = 33.4 - 0.185S \tag{3-3}$$

式中 P——标准稠度用水量(%);

　　　S——试锥下沉深度,mm。

五、凝结时间

（一）目的及适用范围

测定水泥达到初凝和终凝所需的时间,用以评定水泥的质量。本方法适用于常用五种硅酸盐水泥及指定采用本方法的其他品种水泥。

（二）采用标准

采用标准为《水泥标准稠度用水量、凝结时间、安定性检验方法》（GB/T 1346—2011）。

（三）仪器设备

（1）标准稠度与凝结时间测定仪。

（2）水泥净浆搅拌机。

（3）试模:采用圆模,试针（见图3-8）。

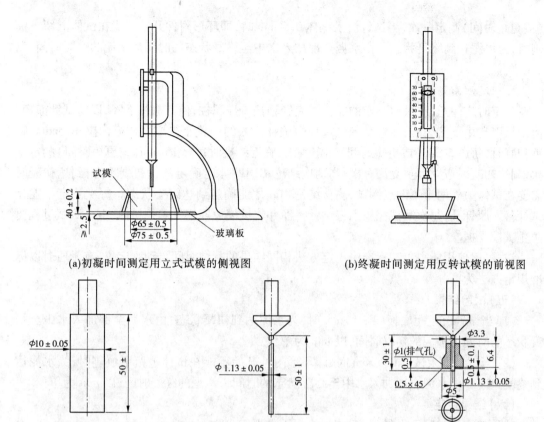

(a)初凝时间测定用立式试模的侧视图   (b)终凝时间测定用反转试模的前视图

(c)标准稠度试杆   (d)初凝用试针   (e)终凝用试针

图 3-8   测定水泥标准稠度和凝结时间用维卡仪及配件

(四)试验步骤

1.测定前准备工作

调整凝结时间测定仪的试针接触玻璃板时指针对准零点。

2.试件的制备

以标准稠度用水量制成标准稠度净浆,装模和刮平后,立即放入湿气养护箱中。记录水泥全部加入水中的时间作为凝结时间的起始时间。

3.初凝时间的测定

试件在湿气养护箱中养护至加水后 30 min 时进行第一次测定。测定时,从湿气养护箱中取出试模放到试针下,降低试针与水泥净浆表面接触。拧紧螺丝 1 ~ 2 s 后,突然放松,试针垂直自由地沉入水泥净浆。观察试针停止下沉或释放试针 30 s 时指针的读数。临近初凝时每隔 5 min(或更短时间)测定一次,当试针沉至距底板(4 ± 1)mm 时,为水泥达到初凝状态;由水泥全部加入水中至初凝状态的时间为水泥的初凝时间,以 min 为单位。

4.终凝时间的测定

为了准确观测试针沉入的状况,在终凝针上安装了一个环形附件(见图 3-8(e))。在完成初凝时间测定后,立即将试模连同浆体以平移的方式从玻璃板取下,翻转 180°,直径大端向上,小端向下放在玻璃板上,再放入湿气养护箱中继续养护,临近终凝时间时每隔 15 min

（或更短时间）测定一次，当试针沉入试体0.5 mm时，即环形附件开始不能在试体上留下痕迹时，为水泥达到终凝状态。由水泥全部加入水中至终凝状态的时间为水泥的终凝时间，以min单位。

5. 测定注意事项

测定时应注意，在最初测定的操作时应轻轻扶持金属柱，使其徐徐下降，以防试针撞弯，但结果以自由下落为准；在整个测试过程中试针沉入的位置至少要距试模内壁10 mm。临近初凝时，每隔5 min（或更短时间）测定一次，临近终凝时每隔15 min（或更短时间）测定一次，到达初凝时应立即重复测一次，当两次结论相同时才能确定到达初凝状态，到达初凝时需要在试体另外两个不同点测试，确认结论相同才能确定到达终凝状态。每次测定不能让试针落入原针孔，每次测试完毕须将试针擦净并将试模放回湿气养护箱内，整个测试过程要防止试模受振。

注：可以使用能得出与标准中规定方法相同结果的凝结时间自动测定仪，有矛盾时以标准规定方法为准。

（五）试验结果

（1）当试针沉至距底板(4±1) mm时，为水泥达到初凝状态；由水泥全部加入水中至初凝状态的时间为水泥的初凝时间，以min为单位。

（2）当试针沉入试体0.5 mm时，即环形附件开始不能在试体上留下痕迹时，为水泥达到终凝状态。由水泥全部加入水中至终凝状态的时间为水泥的终凝时间，以min为单位。

（六）结果评定

硅酸盐水泥初凝不得早于45 min，终凝不得迟于390 min。

普通水泥、矿渣水泥、火山灰水泥、粉煤灰水泥和复合硅酸盐水泥初凝不得早于45 min，终凝不得迟于10 h，其他品种水泥参阅相应技术标准。

六、水泥安定性

安定性的测定方法有雷氏法和试饼法，有争议时以雷氏法为准。

（一）雷氏法

1. 目的及适用范围

用雷氏法测定水泥净浆在雷氏夹中沸煮后的膨胀值，判断水泥安定性是否合格。适用于5种常用硅酸盐水泥及指定采用本方法的其他品种水泥。

2. 采用标准

采用的标准为《水泥标准稠度用水量、凝结时间、安定性检验方法》（GB/T 1346—2011）。

3. 仪器设备

（1）雷氏夹。由铜质材料制成，其结构如图3-9所示。当一根指针的根部先悬挂在一根金属丝或尼龙丝上，另一根指针的根部再挂上300 g的砝码时，两根指针针尖的距离增加应在(17.5±2.5) mm范围内，即$2x = (17.5±2.5)$ mm（见图3-10），当去掉砝码后针尖的距离能恢复至挂砝码前的状态。

（2）沸煮箱。符合JC/T 955的要求。

（3）雷氏夹膨胀测定仪。如图3-11所示，标尺最小刻度为0.5 mm。

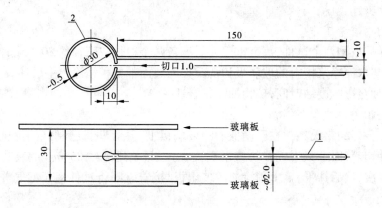

1—指针;2—环模

图 3-9　雷氏夹

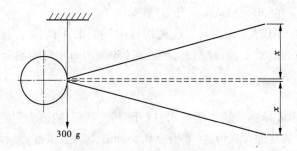

图 3-10　雷氏夹受力示意图

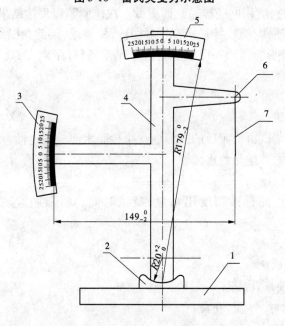

1—底座;2—模子座;3—测弹性标尺;4—立柱;

5—测膨胀值标尺;6—悬臂;7—悬丝

图 3-11　雷氏夹膨胀测定仪

4. 试验步骤

1）测定前的准备工作

每个试样需成型两个试件，每个雷氏夹需配备两个边长或直径约 80 mm、厚度 4~5 mm 的玻璃板，凡与水泥净浆接触的玻璃板和雷氏夹内表面都要稍稍涂上一层油。

注：有些油会影响凝结时间，矿物油比较合适。

2）雷氏夹试件的成型

将预先准备好的雷氏夹放在已稍擦油的玻璃板上，并立即将已制好的标准稠度净浆一次装满雷氏夹，装浆时一只手轻轻扶持雷氏夹，另一只手用宽约 25 mm 的直边刀在浆体表面轻轻插捣 3 次，然后抹平，盖上稍涂油的玻璃板，接着立即将试件移至湿气养护箱内养护 (24 ± 2) h。

3）沸煮

（1）调整好沸煮箱内的水位，使能保证在整个沸煮过程中都超过试件，不需中途添补试验用水，同时又能保证在 (30 ± 5) min 内升至沸腾。

（2）脱去玻璃板取下试件，先测量雷氏夹指针尖端间的距离 (A)，精确到 0.5 mm，接着将试件放入沸煮箱中的试架上，指针朝上，然后在 (30 ± 5) min 内加热至沸并恒沸 (180 ± 5) min。

5. 试验结果

沸煮结束后，立即放掉沸煮箱中的热水，打开箱盖，待箱体冷却至室温，取出试件进行判别。测量雷氏夹指针尖端的距离 (C)，准确至 0.5 mm，当两个试件煮后增加距离 $(C-A)$ 的平均值不大于 5.0 mm 时，即认为该水泥安定性合格，当两个试件煮后增加距离 $(C-A)$ 的平均值大于 5.0 mm 时，应用同一样品立即重做一次试验。以复检结果为准。

雷氏夹由于结构质薄，圈小针长，切对弹性有严格要求，因此在操作中应小心谨慎，勿施大力，以免造成损坏变形。雷氏夹使用前应检查弹性，只有距离在 30 mm，符合标准要求时才能使用。

（二）试饼法

1. 目的及适用范围

通过观察水泥净浆试饼沸煮后的外形变化来检验水泥的安定性。适用于通用硅酸盐水泥及指定采用本方法的其他品种水泥。

2. 采用标准

采用的标准为《水泥标准稠度用水量、凝结时间、安定性检验方法》（GB/T 1346—2011）。

3. 仪器设备

（1）沸煮箱：同雷氏法。

（2）湿气养护箱：同雷氏法。

（3）玻璃板：100 mm × 100 mm。

（4）量水器、天平等。

4. 试验步骤

（1）将制好的标准稠度净浆取出一部分分成两等份，使之成球形，放在预先准备好的玻璃板上，轻轻振动玻璃板并用湿布擦过的小刀由边缘向中央抹，做成直径 $(70~80)$ mm、中心厚约 10 mm、边缘渐薄、表面光滑的试饼,接着将试饼放入湿气养护箱内养护(24±2)h。

(2)沸煮。调整好沸煮箱内的水位,使能保证在整个沸煮过程中都超过试件,不需中途添补试验用水,同时又能保证在(30±5)min 内升至沸腾。

(3)脱去玻璃板取下试饼,在试饼无缺陷(有缺陷时应查找原因,注意火山灰水泥可能产生的干缩裂缝,矿渣水泥可能发生的起皮)的情况下将试饼放在沸煮箱水中的箅板上,在(30±5)min 内加热至沸并恒沸(180±5)min。

5. 结果判别

沸煮结束后,立即放掉沸煮箱中的热水,打开箱盖,待箱体冷却至室温,取出试件进行判别。目测试饼未发现裂缝,用钢直尺检查也没有弯曲(使钢直尺和试饼底部紧靠,以两者间不透光为不弯曲)的试饼为安定性合格,反之为不合格。当两个试饼判别结果有矛盾时,该水泥的安定性为不合格。

七、水泥胶砂强度

(一)目的及适用范围

检验水泥各龄期强度,以确定强度等级;或已知强度等级,检验强度是否满足规范要求。适用于通用硅酸盐水泥的抗折强度和抗压强度检验;凡指定采用本方法的其他品种水泥经试验确定水灰比后,亦可适用。

(二)采用标准

采用的标准为《水泥胶砂强度检验方法》(GB/T 17671—1999)。

(三)仪器设备

1. 胶砂搅拌机

胶砂搅拌机是行星式搅拌机(见图 3-12、图 3-13),应符合《行星式水泥胶砂搅拌机》(JC/T 681—2005)要求。

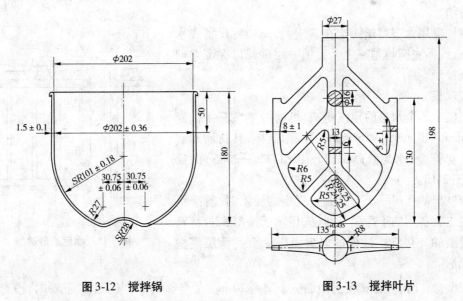

图 3-12　搅拌锅　　　　　　　图 3-13　搅拌叶片

用多台搅拌机工作时,搅拌锅和搅拌叶片应保持配对使用。叶片与锅之间的间隙,是指叶片与锅壁最近的距离,应每月检查一次。

2. 胶砂振实台

整机应符合《水泥胶砂试体成型振实台》(JC/T 682—2005)要求。典型的振实台见图3-14。

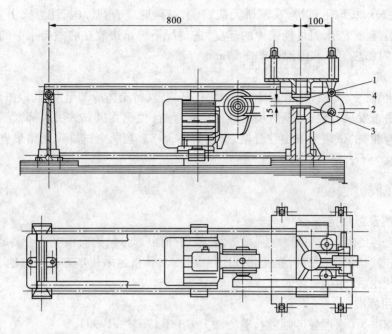

1—突头;2—凸轮;3—止动器;4—随动轮
图3-14 典型的振实台

振实台应安装在高度约 400 mm 的混凝土基座上。混凝土体积约为 0.25 m³, 重约 600 kg。需防外部振动影响振实效果时, 可在整个混凝土基座下放一层厚约 5 mm 的天然橡胶弹性衬垫。

将仪器用地脚螺丝固定在基座上, 安装后设备成水平状态, 仪器底座与基座之间要铺一层砂浆以保证它们的完全接触。

3. 试模

试模由 3 个水平的模槽组成, 可同时成型三条截面为 40 mm×40 mm, 长 160 mm 的棱形试体, 其材质和制造尺寸应符合《水泥胶砂试模》(JC/T 726—2005)的要求, 见图3-15。

当试模的任何一个公差超过规定的要求时, 就应更换。在组装备用的干净模型时, 应用黄干油等密封材料涂覆模型的外接缝。试模的内表面应涂上一薄层模型油或机油。

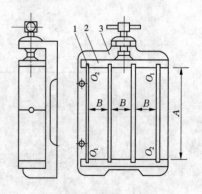

1—隔板;2—端板;3—底板
图3-15 水泥胶砂试模

成型操作时, 应在试模上面加一个壁高 20 mm 的金属模套, 当从上往下看时, 模套壁与模型内壁应该重叠, 超出内壁不应大于 1 mm。

为了控制料层厚度和刮平胶砂, 应备有如图3-16所示的两个播料器和一金属刮平直尺。

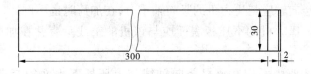

图 3-16 金属刮平尺

其材质和制造尺寸应符合《水泥胶砂试模》(JC/T 726—2005)的要求。

4. 播料器

播料器见图 3-17。

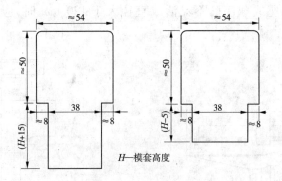

H—模套高度

图 3-17 播料器

5. 刮平尺

长度为 300 mm,宽度为 30 mm,厚为 2 mm 的金属尺(见图 3-15)。

6. 抗折试验机

抗折强度试验机应符合《水泥胶砂电动抗折试验机》(JC/T 724—2005)的要求。试件在夹具中受力状态如图 3-18 所示,通过三根圆柱轴的三个竖向平面应该平行,并在试验时继续保持平行和等距离垂直试体的方向,其中一根支撑圆柱和加荷圆柱能轻微地倾斜使圆柱与试体完全接触,以便荷载沿试体宽度方向均匀分布,同时不产生任何扭转应力。

7. 抗压夹具

当需要使用夹具时,应把它放在压力机的上下压板之间并与压力机处于同一轴线,以便将压力机的荷载传递至胶砂试件表面。夹具应符合《40 mm×40 mm 水泥抗压夹具》(JC/T 683—2005)的要求,受压面积为 40 mm×40 mm。夹具要保持清洁,球座应能转动以使其上压板能从一开始就适应试体的形状并在试验中保持不变。使用中夹具应满足《40 mm×40 mm 水泥抗压夹具》(JC/T 683—2005)的全部要求。

注:(1)可以润滑夹具的球座,但在加荷期间不会使压板发生位移。不能用高压下有效的润滑剂。

(2)试件破坏后,滑块能自动回复到原来的位置。

8. 抗压试验机

抗压强度试验机,在较大的 4/5 量程范围内使用时记录的荷载应有 ±1% 精度,并具有按(2 400±200)N/s 速率的加荷能力,应有一个能指示试件破坏时荷载并把它保持到试验机卸荷以后的指示器,可以用表盘里的峰值指针或显示器来达到。人工操纵的试验机应配有一个速度动态装置以便于控制荷载增加。

压力机的活塞竖向轴应与压力机的竖向轴重合,在加荷时也不例外,而且活塞作用的合力要通过试件中心。压力机的下压板表面应与该机的轴线垂直并在加荷过程中一直保持不变。

压力机上压板球座中心应在该机竖向轴线与上压板下表面相交点上,其公差为 ±1 mm。上压板在与试体接触时能自动调整,但在加荷期间上下压板的位置应固定不变。

试验机压板应由维氏硬度不低于 HV600 的硬质钢制成,最好为碳化钨,厚度不小于 10 mm,宽为(40 ± 0.1)mm,长不小于 40 mm。压板和试件接触的表面平面度公差应为 0.01 mm,表面粗糙度(R)应在 0.1 ~ 0.8。

当试验机没有球座或球座已不灵活或直径大于 120 mm 时,应采用规定的夹具(见图 3-19)。

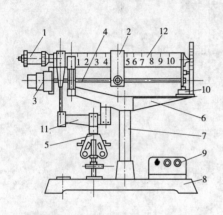

1—平衡锤;2—游动砝码;3—电动机;4—传动丝杆;
5—抗折夹具;6—机架;7—立柱;8—底座;
9—电器控制箱;10—启动开关;11—下杠杆;12—上杠杆

图 3-18 电动抗折试验机

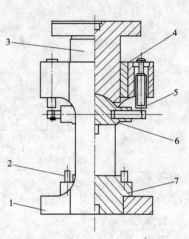

1—框架;2—定位销;3—传压柱;
4—衬套;5—吊簧;6—上压板;7—下压板

图 3-19 抗压夹具

注:(1)试验机的最大荷载以 200 ~ 300 kN 为佳,可以有两个以上的荷载范围,其中最低荷载范围的最高值大致为最高范围里的最大值的 1/5。

(2)采用具有加荷速度自动调节方法和具有记录结果装置的压力机是合适的。

(3)可以润滑球座以便使其与试件接触更好,但在加荷期间不致因此而发生压板的位移。在高压下有效的润滑剂不适宜使用,以免导致压板的移动。

(4)"竖向"、"上"、"下"等术语是对传统的试验机而言的。此外,轴线不呈竖向的压力机也可以使用(只要按规定和其他要求接受为代用试验方法)。

9.标准砂

中国 ISO 标准砂符合《水泥试验方法 强度的测定》(ISO 679—2009)中的要求。ISO 基准砂(Reference Sand)是由德国标准砂公司制备的 SiO_2 含量不低于 98% 的天然的圆形硅质砂组成,其颗粒分布在表 3-5 规定的范围内。

砂的筛析试验应用有代表性的样品来进行,每个筛的筛析试验应进行至每分钟通过量小于 0.5 g。砂的湿含量是在 105 ~ 110 ℃下用代表性砂样烘 2 h 的质量损失来测定,以干基的质量百分数表示,应小于0.2%。

中国 ISO 标准砂完全符合 ISO 基准砂颗粒分布和湿含量的规定。生产期间这种测定每天应至少进行一次。中国 ISO 标准砂可以单级分包装,也可以各级预配合以(1 350 ±5)g 的塑料袋混合包装,但所用塑料袋材料不得影响强度试验结果。

表 3-5　ISO 基准砂颗粒分布

方孔边长(mm)	累计筛余(%)
2.0	0
1.6	7 ± 5
1.0	33 ± 5
0.5	67 ± 5
0.16	87 ± 5
0.08	99 ± 1

(四)试体成型

(1)成型前将试模擦净,四周的模板与底板接触面上应涂黄油,紧密装配,防止漏浆,内壁均匀刷一薄层机油。

(2)胶砂的质量配合比应为水泥:准砂:水 = 1:3:0.5。火山灰质硅酸盐水泥、粉煤灰硅酸盐水泥、复合硅酸盐水泥和掺火山灰质混合材料的普通硅酸盐水泥在进行胶砂强度检验时,其用水量按水灰比 0.50 和胶砂流动度不小于 180 mm 来确定。当流动度小于 180 mm 时,应以 0.01 的整倍数递增的方法将水灰比调整至胶砂流动度不小于 180 mm。胶砂流动度试验按《水泥胶砂流动度测定方法》(GB/T 2419—2005)进行。

一锅胶砂成三条试体,每锅材料需要量见表 3-6。称量用天平精度应为 ±1 g。当用自动滴管加 225 mL 水时,滴管精度应达到 ±1 mL。

表 3-6　每锅胶砂的材料数量

水泥品种	材料量		
	水泥(g)	标准砂(g)	水(g)
硅酸盐水泥			
普通硅酸盐水泥			
矿渣硅酸盐水泥	450 ± 2	1 350 ± 5	225 ± 1
粉煤灰硅酸盐水泥			
复合硅酸盐水泥			
石灰石硅酸盐水泥			

(3)每锅胶砂用搅拌机进行机械搅拌。先使搅拌机处于待工作状态,然后按以下程序进行操作:

把水加入锅里,再加入水泥,把锅放在固定架上,上升至固定位置。

然后立即开动机器,低速搅拌 30 s 后,在第二个 30 s 开始的同时均匀地将砂子加入。

当各级砂是分装时,从最粗料级开始,依次将所需的每级砂量加完。把机器转至高速再拌30 s。停拌90 s,在第1个15 s内用一胶皮刮具将叶片和锅壁上的胶砂,刮入锅中间。在高速下继续搅拌60 s。各个搅拌阶段,时间误差应在±1 s以内。

(4)成型方法。

a. 标准法:振实台成型,胶砂制备后立即进行成型。将空试模和模套固定在振实台上,用一个适当的勺子直接从搅拌锅里将胶砂分两层装入试模,装第一层时,每个槽里约放300 g胶砂,用大播料器垂直架在模套顶部沿每个模槽来回一次将料层播平,接着振实60次。再装入第二层胶砂,用小播料器播平,再振实60次。移走模套,从振实台上取下试模,用一金属直尺以近似90°的角度架在试模模顶的一端,然后沿试模长度方向以横向锯割动作慢慢向另一端移动,一次将超过试模部分的胶砂刮去,并用同一直尺在近乎水平的情况下将试体表面抹平。

在试模上作标记或加字条标明试件编号和试件相对于振实台的位置。

b. 代用法:用振动台成型,在搅拌胶砂的同时将试模和下料漏斗卡紧在振动台的中心。将搅拌好的全部胶砂均匀地装入下料漏斗中,开动振动台,胶砂通过漏斗流入试模。振动(120 ±5)s停车。振动完毕,取下试模,用刮平尺只以规定的刮平手法刮去其高出试模的胶砂并抹平。接着在试模上作标记或用字条表明试件编号。

(五)试体的养护

1. 脱模前的处理和养护

去掉留在模子四周的胶砂。立即将做好标记的试模放入雾室或湿箱的水平架子上养护,湿空气应能与试模各边接触。养护时不应将试模放在其他试模上。一直养护到规定的脱模时间时取出脱模。脱模前,用防水墨汁或颜料笔对试体进行编号和做其他标记。两个龄期以上的试体,在编号时应将同一试模中的三条试体分在两个以上龄期内。

2. 脱模

脱模应非常小心,对于24 h龄期的,应在破型试验前20 min内脱模。对于24 h以上龄期的,应在成型后20~24 h脱模。

注:如经24 h养护,会因脱模对强度造成损害时,可以延迟到24 h以后脱模,但在试验报告中应予说明。

已确定作为24 h龄期试验(或其他不下水直接做试验)的已脱模试体,应用湿布覆盖至做试验时。

3. 水中养护

将做好标记的试件立即水平或竖直放在(20 ±1)℃水中养护,水平放置时刮平面应朝上。

试件放在不易腐烂的篦子上,并彼此间保持一定间距,以让水与试件的六个面接触。养护期间试件之间间隔或试体上表面的水深不得小于5 mm。

注:不宜用木篦子。

每个养护池只养护同类型的水泥试件。

最初用自来水装满养护池(或容器),随后随时加水保持适当的恒定水位,不允许在养护期间全部换水。

除24 h龄期或延迟至48 h脱模的试体外,任何到龄期的试体应在试验(破型)前15

min 从水中取出。揩去试体表面沉积物,并用湿布覆盖至试验时。

4. 强度试验试体的龄期

试体龄期是从水泥加水搅拌开始试验时算起。不同龄期强度试验在下列时间里进行:

(1)24 h±15 min;

(2)48 h±30 min;

(3)72 h±45 min;

(4)7 d±2 h;

(5)>28 d±8 h。

脱模时可用塑料锤或橡皮榔头或专门的脱模器。

对于胶砂搅拌或振实操作,或胶砂含气量试验的对比,建议称量每个模型中试体的重量。

(六)强度试验

试体按编号和龄期从水中取出后,必须与原始记录上编号、日期一致,在强度试验前应用湿布覆盖,并在规定时间内进行强度试验。

用规定的设备以中心加荷法测定抗折强度。

在折断后的棱柱体上进行抗压试验,受压面是试体成型时的两个侧面,面积为 40 mm × 40 mm。

当不需要抗折强度数值时,抗折强度试验可以省去。但抗压强度试验应在不使试件受有害应力情况下折断的两截棱柱体上进行。

1. 抗折强度试验

将试体一个侧面放在试验机支撑圆柱上,试体长轴垂直于支撑圆柱,通过加荷圆柱以(50±10)N/s 的速率均匀地将荷载垂直地加在棱柱体相对侧面上,直至折断。

保持两个半截棱柱体处于潮湿状态直至抗压试验开始。

抗折强度 R_f 以 N/mm^2(MPa)为单位,按式(3-4)进行计算:

$$R_f = \frac{1.5F_f L}{b^3} \qquad (3\text{-}4)$$

式中 F_f——折断时施加于棱柱体中部的荷载,N;

L——支撑圆柱之间的距离,mm;

b——棱柱体正方形截面的边长,mm。

2. 抗压强度试验

抗压强度试验通过规定的仪器,在半截棱柱体的侧面上进行。

半截棱柱体中心与压力机压板受压中心差应在 ±0.5 mm 内,棱柱体露在压板外的部分约有 10 mm。

在整个加荷过程中以(2 400±200)N/s 的速率均匀地加荷直至破坏。

抗压强度 R_c 以 N/mm^2(MPa)为单位,按式(3-5)进行计算:

$$R_c = \frac{F_c}{A} \qquad (3\text{-}5)$$

式中 F_c——破坏时的最大荷载,N;

A——受压部分面积,mm^2(40 mm × 40 mm = 1 600 mm^2)。

八、水泥胶砂流动度测定方法

(一)目的及适用范围

通过测量一定配比的水泥胶砂在规定振动状态下的扩展范围来衡量其流动性。本方法适用于通用硅酸盐水泥及指定采用本方法的其他品种水泥。

(二)采用标准

采用的标准为《水泥胶砂流动度测定方法》(GB/T 2419—2005)。

(三)仪器设备

(1)水泥胶砂流动度测定仪(简称跳桌)。

(2)水泥胶砂搅拌机。符合《行星式水泥胶砂搅拌机》(JC/T 681—2005)的要求。

(3)试模。由截锥圆模和模套组成。试模由金属材料制成,内表面加工光滑。圆模尺寸为:

高度(60±0.5)mm;

上口内径(70±0.5)mm;

下口内径(100±0.5)mm;

下口外径120 mm;

模壁厚大于5 mm。

(4)捣棒。由金属材料制成,直径为(20±0.5)mm,长度约200 mm。捣棒底面与侧面成直角,下部光滑,上部手柄滚花。

(5)卡尺。量程不小于300 mm,分度值不大于0.5 mm。

(6)小刀。刀口平直,长度大于80 mm。

(7)天平。量程不小于1 000 g,分度值不大于1 g。

(8)试验条件及材料。应符合《水泥胶砂强度检验方法》(GB/T 17671—1999)中第4条实验室和设备的有关规定。胶砂材料用量按相应标准要求或试验设计确定。

(四)试验步骤

(1)如跳桌在24 h内未被使用,先空跳一个周期,即25次。

(2)胶砂制备按《水泥胶砂强度检验方法》(GB/T 17671—1999)有关规定进行。在制备胶砂的同时,用潮湿棉布擦拭跳桌台面、试模内壁、捣棒以及与胶砂接触的用具,将试模放在跳桌台面中央并用潮湿棉布覆盖。

(3)将拌好的胶砂分两层迅速装入试模,第一层装至截锥圆模高度约2/3处,用小刀在相互垂直的两个方向各划5次,用捣棒由边缘至中心均匀捣压15次(见图3-20);随后,装第二层胶砂,装至高出截锥圆模约20 mm,用小刀在相互垂直两个方向各划5次,再用捣棒由边缘至中心均匀捣压10次(见图3-21)。捣压后胶砂应略高于试模。捣压深度,第一层捣至胶砂高度的1/2,第二层捣实不超过已捣实底层表面。装胶砂和捣压时,用手扶稳试模,不要使其移动。

(4)捣压完毕,取下模套,将小刀倾斜,从中间向边缘分两次以近水平的角度抹去高出截锥圆模的胶砂,并擦去落在桌面上的胶砂。将截锥圆模垂直向上轻轻提起。立刻开动跳桌,以每秒钟一次的频率,在(25±1)s内完成25次跳动。

(5)流动度试验,从胶砂加水开始到测量扩散直径结束,应在6 min内完成。

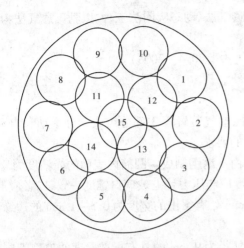

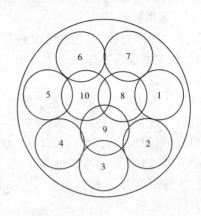

图 3-20　第一层捣压位置示意图　　　　　图 3-21　第二层捣压位置示意图

(五)结果与计算

跳动完毕,用卡尺测量胶砂底面互相垂直的两个方向的直径,计算平均值,取整数,单位为 mm,该平均值即为该水量的水泥胶砂流动度。

(六)影响胶砂流动度试验结果的主要因素

(1)跳桌跳动部分的总质量为(3.45±0.01)kg,由圆盘桌面、推杆、托轮组成。在使用中应严格控制。

(2)跳桌可跳动部分的落距为(10±0.1)mm。推杆与支承孔之间能自由滑动,推杆在上下滑动时,应处于垂直状态。

(3)跳桌安装基座为整体结构,由容重至少为 2 240 kg/m³ 的重混凝土浇筑而成,基部约为 400 mm×400 mm,高约 690 mm。跳桌应用膨胀螺栓固定在已硬化的水平混凝土基座上。

(4)新安装的跳桌在使用前应全面检查各参数,用流动度标样检查合格,否则应按国标中规定的参数调整,并合格。

(5)跳桌推杆、轴套、凸轮和圆盘底部与机架接触面,应保持清洁。凸轮、推杆、轴套和滚轮表面应涂上干净机油以减少操作时的磨损,促进润滑。圆盘底部与机架接触面不应接触油,以免影响试验结果。

(6)跳桌如有较长时间未用,在使用前应先空跳一个周期,即 25 次,如发现不正常应全面检查,查找原因及时调整。

九、水泥比表面积测定方法

(一)目的及适用范围

本方法主要是根据一定量的空气通过具有一定空隙率和固定厚度的水泥层时,所受阻力不同而引起流速的变化来测定水泥的比表面积。在一定空隙率的水泥层中,空隙的大小和数量是颗粒尺寸的函数,同时也决定了通过料层的气流速度。本方法适用于测定水泥的比表面积及比表面积在 2 000~6 000 cm²/g 范围的其他各种粉状物料,不适用于测定多孔材料及超细粉状物料。

比表面积的测定方法有勃氏透气法、低压透气法、动态吸附法三种,以勃氏透气法为准。

(二)采用标准

采用的标准为《水泥比表面积测定方法》(GB/T 8074—2008)。

(三)主要仪器设备

1. 透气仪

勃氏比表面积透气仪,由透气圆筒、压力计、抽气装置等3部分组成。分手动和自动两种,均应符合《勃式透气仪》(JC/T 956—2005)的要求。

(1)透气圆筒:内径为(12.70 ± 0.05)mm,由不锈钢制成。圆筒内表面的光洁度为▽6,圆筒的上口边应与圆筒主轴垂直,圆筒下部锥度应与压力计上玻璃口锥度一致,二者应严密连接。在圆筒内壁,距离圆筒上口边(55 ± 10)mm 处有突出的宽度为 0.5 ~ 1 mm 的边缘,以放置金属穿孔板。

(2)压力计:U 形压力计尺寸如图 3-22,由外径为 9 mm 的具有标准厚度的玻璃管制成。压力计一个臂的顶端有一锥形磨口与透气圆筒紧密连接,在连接透气圆筒的压力壁上刻有环行线。从压力计底部往上 280 ~ 300 mm 处有一个出口管,管上装有一个阀门,连接抽气装置。

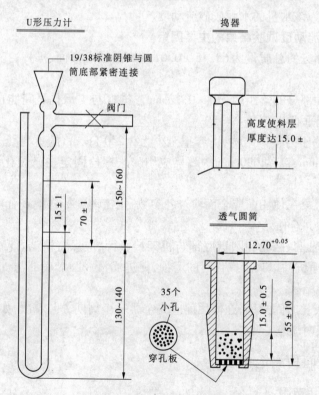

图 3-22 比表面积 U 形压力计示意图 (单位:mm)

(3)抽气装置:用小型电磁泵,也可用抽气球。

2. 穿孔板

穿孔板由不锈钢或其他不受腐蚀的金属制成,厚度为 1.0 ~ 0.1 mm。在其表面,等距离地打有 35 个直径 1 mm 的小孔,穿孔板应与圆筒内壁密合。穿孔板两平面应平行。

3. 捣器

捣器用不锈钢制成,插入圆筒时,其间隙不大于 0.1 mm。捣器的底面应于主轴垂直,侧面有一个扁平槽,宽度(3.0 ± 0.3)mm。捣器的顶部有一个支持环,当捣器放入圆筒时,支持环与圆筒上口边接触,这时捣器底面与穿孔圆板之间的距离为(15.0 ± 0.5)mm。

4. 分析天平

分析天平的分度值为 0.001 g。

5. 滤纸

采用符合国标的中速定量滤纸。

6. 秒表

秒表应精确至 0.5 s。

7. 烘干箱

控制温度灵敏度为 ± 1 ℃。

8. 压力计液体

采用带有颜色的蒸馏水或直接采用无色蒸馏水。

9. 基准材料

基本材料采用中国水泥质量监督检验中心制备的标准试样。

10. 汞

采用分析纯汞。

11. 水泥样品

水泥样品按《水泥取样方法》(GB 12573—2008)进行取样,先通过 0.9 mm 方孔筛,再在(110 ± 5)℃下烘干 1 h,并在干燥器中冷却至室温。

12. 实验室条件

相对湿度不大于 50%。

13. 仪器校准

至少每年进行一次。仪器设备使用频繁则应半年进行一次;仪器设备维修后也要重新标定。

(1)漏气检查:将透气圆筒上口用橡皮塞塞紧,接到压力计上。用抽气装置从压力计一臂中抽出部分气体,然后关闭阀门,观察是否漏气。如发现漏气,用活塞油脂加以密封。

(2)试料层体积的测定:用水银排代法将两片滤纸沿圆筒壁放入透气圆筒内,用一直径比透气圆筒略小的细长棒往下按,直到滤纸平整放在金属的穿孔板上。然后装满水银,用一小块玻璃板轻压水银表面,使水银面与圆筒口平齐,并须保证在玻璃和水银表面之间没有气泡或空洞存在。从圆筒中倒出水银,称量,精确至 0.05 g,重复几次测定,到数值基本不变。然后从圆筒中取出一片滤纸,使用约 3.3 g 的水泥,再把一片滤纸盖在上面,用捣棒压实试样层,压到规定厚度即支持环与圆筒边接触,再在圆筒上部空间注入水银,同上述方法除去气泡、压平、倒出水银称量,重复几次,直到水银称量值相差小于 50 mg。

注:应制备坚实的水泥层。如太松或水泥不能压到要求体积,应调整水泥的试用量。

圆筒内试料层体积 V 按下式计算。精确到 0.005 cm^3。

$$V = (P_1 - P_2)/\rho_{水银} \tag{3-6}$$

式中　V——试料层体积，cm^3；

　　　P_1——未装水泥时，充满圆筒的水银质量，g；

　　　P_2——装水泥后，充满圆筒的水银质量，g；

　　　$\rho_{水银}$——试验温度下水银的密度，g/cm^3。

　　试料层体积的测定，至少应进行两次。每次应单独压实，取两次数值相差不超过0.005 cm^3的平均值，并记录测定过程中圆筒附近的温度。每隔一季度至半年应重新校正试料层体积，以免由于圆筒磨损而造成试验误差。

　　（四）试验步骤

　　水泥试样，应先通过0.9 mm方孔筛，再将试样和标样在(110 ± 5)℃下烘干并在干燥器中冷却到室温。

　　1. 确定试样量

　　校正试验用的标准试样量和被测定水泥的质量，应达到在制备的试料层中P·Ⅰ、P·Ⅱ型水泥的孔隙率为0.500 ± 0.005，其他水泥或粉料的孔隙率选用0.530 ± 0.005，试样量按式(3-7)计算：

$$m = \rho V(1 - \varepsilon) \tag{3-7}$$

式中　m——需要的试样量，g；

　　　p——试样密度，g/cm^3；

　　　V——试料层体积，按《勃氏透气仪》（JC/T 956—2005）测定，cm^3；

　　　ε——试料层空隙率。

　　2. 试料层制备

　　将穿孔板放入透气圆筒的突缘上，用捣棒把一片滤纸放到穿孔板上，边缘放平并压紧。称取试样，精确到0.001 g，倒入圆筒。轻敲圆筒的边，使水泥层表面平坦。再放入一片滤纸，用捣器均匀捣实试料直至捣器的支持环与圆筒顶边接触，并旋转1~2圈，慢慢取出捣器。

　　注：穿孔板上的滤纸应与圆筒内径相同、边缘光滑。穿孔板上滤纸片如比圆筒内径小，会有部分试样粘在圆筒内壁，高出圆板上部；当滤纸直径大于圆筒内径时会引起滤纸片皱起使结果不准。每次测定需用新的滤纸片。

　　3. 透气试验

　　把装有试料层的透气圆筒下锥面涂一薄层活塞油脂，然后把它插入压力计顶端锥形磨口处，旋转1~2圈。要保证紧密连接不致漏气，并不振动所制备的试料层。

　　打开微型电磁泵慢慢从压力计一臂中抽出空气，直到压力计内液面上升到扩大部下端时关闭阀门。当压力计内液体的凹月面下降到第一条刻线时开始计时（参见图3-22），当液体的凹液面下降到第二条刻线时停止计时，记录液面从第一条刻度线到第二条刻度线所需的时间。以s记录，并记录试验时的温度（℃）。每次做透气试验，应重新制备试料层。

　　（五）结果计算

　　(1)当被测试样的密度、试料层中空隙率与标准样品相同，试验时的温度与校准温度之差≤3℃时，可按式(3-8)计算：

$$S = \frac{S_s\sqrt{T_t}}{\sqrt{T_s}} \tag{3-8}$$

如试验时的温度与校准温度之差 > 3 ℃,则按式(3-9)计算:

$$S = \frac{S_s \sqrt{\eta s} \sqrt{T_t}}{\sqrt{\eta} \sqrt{T_s}} \tag{3-9}$$

式中　S——被测试样的比表面积,cm^2/g;

　　　S_s——标准样品的比表面积,cm^2/g;

　　　T——被测试样试验时,压力计中液面降落测得的时间,s;

　　　T_s——标准样品试验时,压力计中液面降落测得的时间,s;

　　　η——被测试样试验温度下的空气黏度,$\mu Pa \cdot s$;

　　　η_s——标准样品试验温度下的空气黏度,$\mu Pa \cdot s$。

(2)当被测试样的试料层中空隙率与标准样品试料层中空隙率不同,试验时的温度与校准温度之差 ≤3 ℃时,可按式(3-10)计算:

$$S = \frac{S_s \sqrt{T}(1 - \varepsilon_s)\sqrt{\varepsilon^3}}{\sqrt{T_s}(1 - \varepsilon)\sqrt{\varepsilon_s^3}} \tag{3-10}$$

如试验时的温度与校准温度之差 >3 ℃,则按式(3-11)计算:

$$S = \frac{S_s \sqrt{\eta_s}\sqrt{T}(1 - \varepsilon_s)\sqrt{\varepsilon^3}}{\sqrt{\eta}\sqrt{T_s}(1 - \varepsilon)\sqrt{\varepsilon_s^3}} \tag{3-11}$$

式中　ε——被测试样试料层中的空隙率;

　　　ε_s——标准样品试料层中的空隙率。

(3)当被测试样的密度和空隙率均与标准样品不同,试验时的温度与校准温度之差 ≤3 ℃时,可按式(3-12)计算:

$$S = \frac{S_s \rho_s \sqrt{T}(1 - \varepsilon_s)\sqrt{\varepsilon^3}}{\rho \sqrt{T_s}(1 - \varepsilon)\sqrt{\varepsilon_s^3}} \tag{3-12}$$

如试验时的温度与校准温度之差大于 3 ℃,则按式(3-13)计算:

$$S = \frac{S_s \rho_s \sqrt{\eta_s}\sqrt{T}(1 - \varepsilon_s)\sqrt{\varepsilon^3}}{\rho \sqrt{\eta}\sqrt{T_s}(1 - \varepsilon)\sqrt{\varepsilon_s^3}} \tag{3-13}$$

式中　ρ——被测试样的密度,g/cm^3;

　　　ρ_s——标准样品的密度,g/cm^3。

(六)结果处理

水泥比表面积应由二次透气试验结果的平均值确定。如二次试验结果相差 2% 以上时,应重新试验。计算结果保留至 10 cm^2/g。

当同一水泥用手动勃氏透气仪测定的结果与自动勃氏透气仪测定的结果有争议时,以手动勃氏透气仪测定结果为准。

(七)影响比表面积测定的注意事项

(1)仪器各接口处漏气将导致试验结果偏低,应检查仪器的密封性,严防漏气。

(2)仪器的液面应保持在一定刻度上,不在时应及时调整。当液面高于正常高度时,气压计产生的压差减小,气体流速慢,通过水层的时间增加,测得的比表面积偏大;反之则偏小。

（3）置于圆筒中水泥层底面和表面的滤纸，应为直径与圆筒内径相同、边缘光滑的圆片。

（4）装入水泥层底层滤纸片时，应注意压紧纸片边缘，防止漏料，装入上层滤纸片时应精心操作，防止水泥外溢到纸片上面。

（5）捣实试样时，在试样放入圆筒后，按水平方向轻轻摇动，使试样均匀分布在筒中且表面水平，然后用捣器捣实。这样制备的水泥层，空隙分布就会比较均匀。

（6）用捣器捣实水泥层时，捣器支持环的边必须与圆筒口紧密接触，保证试料层厚度和孔隙率达到试验要求。

（7）孔隙率的大小会影响试验结果的可比性。

（8）水泥密度是决定水泥试样的称量和比表面积计算中不可缺少的参数，它直接影响水泥层孔隙率，透气时间和比表面积计算结果，所以密度的测定一定要力求准确。

第四章　掺合料

第一节　用于水泥和混凝土中的粉煤灰

一、粉煤灰的定义与分类

（一）定义
电厂粉煤炉烟道气体中收集的粉末称为粉煤灰。

（二）分类
1. 按煤种分为 F 类和 C 类

由无烟煤和烟煤煅烧收集的粉煤灰称为 F 类粉煤灰。

由褐煤和次烟煤煅烧收集的粉煤灰，其氧化钙含量一般大于 10%，称为 C 类粉煤灰。

2. 按用途分

按用途粉煤灰分为拌制混凝土及砂浆用粉煤灰和水泥活性混合材料用粉煤灰。

二、粉煤灰的等级和技术要求

（一）等级
拌制混凝土及砂浆用粉煤灰分为三个等级：Ⅰ级、Ⅱ级、Ⅲ级。

（二）技术要求
(1) 拌制混凝土和砂浆用粉煤灰应符合表 4-1 的技术要求。

表 4-1　拌制混凝土和砂浆时作掺合料的粉煤灰主要技术指标要求

项目		技术要求		
		Ⅰ级	Ⅱ级	Ⅲ级
细度（45 μm 方孔筛筛余）（%），不大于	F 类粉煤灰	12.0	25.0	45.0
	C 类粉煤灰			
需水量比（%），不大于	F 类粉煤灰	95	105	115
	C 类粉煤灰			
烧失量（%），不大于	F 类粉煤灰	5.0	8.0	15.0
	C 类粉煤灰			
含水量（%），不大于	F 类粉煤灰	1.0		
	C 类粉煤灰			
三氧化硫（%），不大于	F 类粉煤灰	3.0		
	C 类粉煤灰			
游离氧化钙（%），不大于	F 类粉煤灰	1.0		
	C 类粉煤灰	4.0		
安定性（雷氏夹沸煮后增加距离）（mm），不大于	C 类粉煤灰	5.0		

（2）水泥活性混合材料用粉煤灰应符合表 4-2 的技术要求。

表 4-2　水泥活性混合材料用粉煤灰主要技术指标

项目		技术要求
烧失量(%)，不大于	F 类粉煤灰	8.0
	C 类粉煤灰	
含水量(%)，不大于	F 类粉煤灰	1.0
	C 类粉煤灰	
三氧化硫(%)，不大于	F 类粉煤灰	3.5
	C 类粉煤灰	
游离氧化钙(%)，不大于	F 类粉煤灰	1.0
	C 类粉煤灰	4.0
安定性 雷氏夹沸煮后增加距离(mm)，不大于	C 类粉煤灰	5.0
强度活性指数(%)，不小于	F 类粉煤灰	70.0
	C 类粉煤灰	

（3）放射性。合格。

（4）碱含量。粉煤灰中的碱含量按 $Na_2O + 0.658K_2O$ 计算值表示，当粉煤灰用于活性集料混凝土，要限制掺合料的碱含量时，由买卖双方协商确定。

（5）均匀性。以细度（45 μm 筛筛余）为考核依据，单一样品的细度不应超过前 10 个样品细度平均值的最大偏差，最大偏差范围由买卖双方协商确定。

三、检验规则

（一）编号

以连续供应的 200 t 相同等级、相同种类的粉煤灰为一编号。不足 200 t 按一个编号论，粉煤灰的质量按干灰（含水率小于 1%）的质量计算。

（二）取样

取样应具有代表性，可连续取，也可从 10 个以上不同部位取等量样品，总量不少于 3 kg。取样方法按《水泥取样方法》（GB 12573—2008）进行。

拌制混凝土和砂浆时作掺合料用的粉煤灰，必要时，买方可对粉煤灰的技术要求进行随机抽样检测。

四、结果评定

（1）拌制混凝土和砂浆用粉煤灰，结果符合表 4-1 规定各级技术要求时为等级品。若其中任何一项不符合要求，允许在同一编号中重新加倍取样进行全部项目的检测，以复检结果判定，复检结果不合格可以降级处理。凡低于表 4-1 最低级别要求的为不合格品。

（2）水泥活性混合材料用粉煤灰出厂检验结果符合表 4-2 规定技术要求时判为出厂检验合格。若其中任何一项不符合要求，允许在同一编号中重新加倍取样进行全部项目复检，以复检结果判定。

五、包装、标志

（一）包装

粉煤灰可以袋装或散装。袋装每袋净含量为 25 kg 或 40 kg，每袋净含量不得少于标志质量的 98%。其他包装规格由买卖双方协商确定。

（二）标志

袋装粉煤灰的包装袋上应标明产品名称（F 类粉煤灰和 C 类粉煤灰）、等级、分选或磨细、净含量、批号、执行标准号、生产厂名称和地址、包装日期。

散装粉煤灰应提交与袋装标志相同内容的卡片。

六、运输和储存

（一）运输

粉煤灰运输时要注意防水，不得受潮和混入杂物。

（二）储存

不同种类、不同级别的粉煤灰应分别储存、不得混杂；同时，储存时不得混入杂物并应防止污染环境。

七、检验方法

（一）细度

1. 原理

粉煤灰细度实验室利用气流作为筛分的动力和介质，通过旋转的喷嘴喷出的气流作用使筛网里的待测粉状物呈流态化，并在整个系统负压的作用下将细颗粒通过筛网抽走，从而达到筛分的目的。

2. 仪器设备

(1)负压筛析仪。主要由筛座、筛子、真空源及收尘器等组成。

(2)天平。量程不小于 50 g，最小分度值不大于 0.01 g。

(3)烘箱。能使温度控制在 105~110 ℃。

3. 试验步骤

(1)称取在烘箱温度为 105~110 ℃时烘至恒重并在干燥器内冷却至室温的试样 10 g，精确至 0.01 g，倒入 45 μm 方孔筛筛网上，将筛子放置于筛座上，盖上筛盖。

(2)接通电源，将定时开关固定在 3 min，开始筛析。

(3)开始工作后，观察负压表，压力在 -6 000~-4 000 Pa 时表示工作正常，如果压力小于 -4 000 Pa，则应停机，清理收尘器中的积灰后再进行筛析。

(4)在筛析过程中，可用轻质木棒或硬橡胶棒轻轻敲击筛盖，以防吸附。

(5)3 min 后筛析自动停止，停机后观察筛余物，如果出现颗粒成球、粘筛或有细颗粒沉积在筛框边缘，用毛刷将细颗粒轻轻刷开，将定时开关固定在手动位置，再筛析 1~3 min 直至筛分彻底。将筛网内的筛余物收集称量，精确至 0.01 g。

4. 结果计算

筛余百分数（%）按下式计算：

$$F = G_1/G_0 \times 100\%$$

式中　F——45 μm 方孔筛筛余(%);

　　　G_1——筛余物的质量,g;

　　　G_0——称取试样的质量,g。

计算至 0.1%。

(二)需水量比

1. 原理

本测定方法是依据《水泥胶砂流动度测定方法》(GB/T 2419—2005)分别测定试样胶砂和对比胶砂达到同一流动度 130～140 mm 确定粉煤灰的需水量。

2. 样品

(1)试验胶砂:75 g 粉煤灰、175 g 硅酸盐水泥和 750 g 标准砂,加水量使胶砂流动度达到 130～140 mm。

(2)对比胶砂:250 g 硅酸盐水泥、750 g 标准砂、加水量 125 mL。

3. 仪器设备

(1)天平:量程不小于 1 000 g,最小分度值不大于 1 g。

(2)搅拌机:符合《水泥胶砂强度检验方法》(GB/T 17671—1999)规定的行星式水泥胶砂搅拌机。

(3)流动度跳桌:符合《水泥胶砂流动度测定方法》(GB/T 2419—2005)规定。

4. 试验步骤

按《水泥胶砂流动度测定方法》(GB/T 2419—2005)进行,分别测定试验胶砂和对比胶砂的流动度达到 130～140 mm 时的需水量。

5. 结果计算

粉煤灰需水量比(X)按下式计算:

$$X = L/125 \times 100\%$$

式中　X——需水量比(%);

　　　L——试验胶砂流动度达到 130～140 mm 时的加水量,mL;

　　　125——对比胶砂的加水量,mL。

计算结果取整数。

(三)活性指数

1. 原理

水泥胶砂抗压强度比按水泥胶砂强度试验方法《水泥胶砂强度检验方法》(GB/T 17671—2005)进行,分别测定试验胶砂的 28 d 抗压强度和对比胶砂的 28 d 抗压强度。

2. 试验材料

(1)水泥:GSB14‑1510 水泥标准样品。

(2)标准砂:符合《水泥胶砂强度检验方法》(GB/T 17671—2005)规定的中国 ISO 标准砂。

(3)水:洁净的饮用水。

(4)粉煤灰。

3. 仪器设备

天平、搅拌机、搅拌锅、试模、振实台、抗压强度试验机。以上设备均应符合《水泥胶砂强度检验方法》（GB/T 17671—2005）的规定。

4. 试验步骤

(1)按水泥胶砂强度试验方法,分别将对比胶砂和试验胶砂进行搅拌、成型和养护。

(2)分别测定对比胶砂和试验胶砂养护龄期 28 d 的抗压强度。

5. 结果计算

粉煤灰活性指数按下式计算:

$$H_{28} = R/R_0 \times 100\%$$

式中 H_{28}——活性指数(%);

R——试验胶砂 28 d 抗压强度,MPa;

R_0——对比胶砂 28 d 抗压强度,MPa。

计算结果取整数。

(四)含水量

1. 原理

将粉煤灰放入规定温度的烘干箱内烘至恒重,以烘干前的质量减去烘干后的质量除以烘干前的质量确定粉煤灰的含水量。

2. 仪器设备

(1)烘干箱:能使温度控制在 105 ~ 110 ℃,最小分度值不大于 2 ℃。

(2)天平:量程不小于 50 g,最小分度值不大于 0.01 g。

(3)蒸发皿和干燥器。

3. 试验步骤

(1)称取粉煤灰试样约 50 g,准确至 0.01 g,倒入蒸发皿中。

(2)将烘干箱温度调至 105 ~ 110 ℃。

(3)将粉煤灰试样放入烘干箱内烘至恒重,取出放在干燥器中冷却至室温后称量,准确至 0.01 g。

4. 结果计算

粉煤灰含水量按下式计算:

$$W = (w_i - w_0)/w_i \times 100\%$$

式中 W——含水量(%);

w_i——烘干前的质量,g;

w_0——烘干后的质量,g。

计算至 0.1%。

第二节   用于水泥和混凝土中的粒化高炉矿渣粉

一、粒化高炉矿渣粉的定义

以粒化高炉矿渣为主要原料,可掺加少量石膏磨制成一定细度的粉体,称为粒化高炉矿渣粉。

二、组分与材料

(1)矿渣:符合《用于水泥中的粒化高炉矿渣》(GB/T 203—2008)规定的粒化高炉矿渣。

(2)石膏:符合《天然石膏》(GB/T 5483—2008)规定的石膏或混合石膏。

(3)助磨剂:符合《水泥助磨剂》(JC/T 667—2004)的规定,其掺加量不应超过矿渣粉质量的0.5%。

三、级别

用于水泥和混凝土中的粒化高炉矿渣粉分 S105、S95 和 S75 三个级别。

四、技术要求

用于水泥和混凝土中的粒化高炉矿渣粉应符合表4-3的技术要求。

表4-3 用于水泥和混凝土中的粒化高炉矿渣粉主要技术指标

项目		级别		
		S105	S95	S75
密度(g/m³),≥		2.8		
比表面积(m²/kg),≥		500	400	300
活性指数(%),≥	7 d	95	75	55
	28 d	105	95	75
流动度比(%),≥		95		
含水量(质量分数)(%),≤		1.0		
三氧化硫(质量分数)(%),≤		4.0		
氯离子(质量分数)(%),≤		0.06		
烧失量(质量分数)(%),≤		3.0		
玻璃体含量(质量分数)(%),≥		85		
放射性		合格		

五、试验方法

(一)密度和比表面积

密度和比表面积分别按《水泥密度测定方法》(GB/T 208—1994)和《水泥比表面积测定方法》(GB/T 8074—2008)进行。

(二)氯离子

氯离子按《水泥原料中氯离子化学分析方法》(JC/T 420—2008)进行。

(三)烧失量和三氧化硫

烧失量和三氧化硫均按《玻璃纤维制品试验方法》(GB/T 176—1996)进行,其中烧失量灼烧时间为 15 ~ 20 min。矿渣粉在灼烧过程中由于硫化物的氧化引起的误差可通过以下两个式子进行修正。

$$w_{O_2} = 0.8 \times (w_{灼SO_3} - w_{未灼SO_3}) \tag{4-1}$$

式中　w_{O_2}——矿渣粉灼烧过程中吸收空气中氧的质量分数(%)；

　　　$w_{灼SO_3}$——矿渣灼烧后测得的 SO_3 质量分数(%)；

　　　$w_{未灼SO_3}$——矿渣未经灼烧时的 SO_3 质量分数(%)。

$$X_{修正} = X_{测} + w_{O_2} \tag{4-2}$$

式中　$X_{修正}$——矿渣粉校正后的烧失量(质量分数)(%)；

　　　$X_{测}$——矿渣粉试验测得的烧失量(质量分数)(%)。

(四)含水量

1. 原理

将矿渣粉放入规定温度的烘干箱内烘至恒重,以烘干前的质量与烘干后的质量差值除以烘干前的质量确定矿渣粉的含水量。

2. 仪器设备

(1)烘干箱:能使温度控制在 105 ~ 110 ℃,最小分度值不大于 2 ℃。

(2)天平:量程不小于 50 g,最小分度值不大于 0.01 g。

(3)蒸发皿和干燥器。

3. 试验步骤

(1)称取矿渣粉试样约 50 g,准确至 0.01 g,倒入蒸发皿中。

(2)将烘干箱温度调至 105 ~ 110 ℃。

(3)将矿渣粉试样放入烘干箱内烘至恒重,取出放在干燥器中冷却至室温后称量,准确至 0.01 g。

4. 结果计算

矿渣粉含水率按下式计算:

$$\omega = (w_1 - w_0)/w_1 \times 100\%$$

式中　ω——含水率(%)；

　　　w_1——烘干前的质量,g;

　　　w_0——烘干后的质量,g。

计算至 0.1%。

(五)活性指数及流动度比

1. 原理

(1)水泥胶砂抗压强度比按水泥胶砂强度试验方法《胶砂强度》(GB/T 17671—1999)进行,分别测定试验胶砂的 28 d 抗压强度和对比胶砂的 28 d 抗压强度。

(2)水泥胶砂流动度比按《水泥胶砂流动度测定方法》(GB/T 2419—2005)进行,分别测定试验样品和对比样品的流动度,以二者比值来评价矿渣粉流动度比。

2. 仪器设备

(1)搅拌机:属行星式,应符合《行星式水泥胶砂搅拌机》(JC/T 681—2005)要求。

(2)试模:由三个水平的模槽组成可同时成型三条截面为 40 mm × 40 mm、长 160 mm 的模形试体,其材质和制造尺寸应符合《水泥胶砂试模》(JC/T 726—2005)要求。

(3)抗折、抗压强度试验机。

(4)振实台。

(5)水泥胶砂流动度测定仪。

3. 样品

(1)对比水泥。符合《通用硅酸盐水泥》(GB 175—2007)规定的强度等级为42.5级的硅酸盐水泥或普通硅酸盐水泥,且7 d 抗压强度为35 ~ 45 MPa,28 d 抗压强度为50 ~ 60 MPa,比表面积为300 ~ 400 m^2/kg,SO$_3$ 含量(质量分数)为2.3% ~ 2.8%,碱含量(Na$_2$O + 0.658K$_2$O)(质量分数)为0.5% ~ 0.9%。

(2)试验样品。由水泥和矿渣粉按质量比1:1组成。

(3)标准砂。

(4)饮用水。

4. 试验方法

对比胶砂和试验胶砂配比如表4-4所示。

表4-4 对比胶砂和试验胶砂配比

胶砂种类	对比水泥(g)	矿渣粉(g)	标准砂(g)	水(mL)
对比胶砂	450	—	1 350	225
试验胶砂	225	225	1 350	225

(1)按水泥胶砂强度试验方法,分别将对比胶砂和试验胶砂进行搅拌、成型和养护。

(2)分别测定对比胶砂和试验胶砂养护龄期7 d 和28 d 的抗压强度。

(3)按水泥胶砂流动度测定方法,分别测定对比胶砂和试验胶砂的流动度。

5. 计算

(1)矿渣粉7 d 活性指数按式(4-3)计算:

$$A_7 = R_7/R_{07} \times 100\%$$
(4-3)

式中 A_7——矿渣粉7 d 活性指数(%);

R_7——试验胶砂7 d 抗压强度,MPa;

R_{07}——对比胶砂7 d 抗压强度 ,MPa。

计算结果取整数。

(2)矿渣粉28 d 活性指数按式(4-4)计算:

$$A_{28} = R_{28}/R_{028} \times 100\%$$
(4-4)

式中 A_{28}——矿渣粉28 d 活性指数(%);

R_{28}——试验胶砂28 d 抗压强度,MPa;

R_{028}——对比胶砂28 d 抗压强度 ,MPa。

计算结果取整数。

(3)矿渣粉的流动度比按式(4-5)计算:

$$F = L/L_m \times 100\%$$
(4-5)

式中 F——矿渣粉流动度比(%);

L——试验样品胶砂流动度,mm;

L_m——对比样品胶砂流动度,mm。

计算结果取整数。

(六)玻璃体含量

1. 原理

粒化高炉矿渣粉 X 射线衍射图中玻璃体部分的面积与面积之比为玻璃体含量。

2. 仪器设备

(1)X 射线衍射仪:功率大于 3 kW,管流≥40 mA,管压≥37.5 kV。

(2)电子天平:量程不小于 10 g,最小分度值不大于 0.001 g。

(3)电热干燥箱:温度控制范围(105 ±5)℃。

3. 试验步骤

(1)在烘箱中烘干矿渣粉样品 1 h,用玛瑙研钵研磨,使其全部通过 80 μm 方孔筛。以每分钟等于或小于 1°(2θ)的扫描速度扫描试样 0.237 ~0.404 nm 晶面区间(2θ = 22.0° ~38.0°)。

(2)衍射图谱曲线上 1°(2θ)衍射角的线性距离不小于 10 mm,0.237 ~0.404 nm 晶面间的空间(d – 空间)最强衍射峰的高度应大于 100 mm。

4. 图谱处理

在 0.237 ~0.404 nm 晶面间(2θ = 22.0° ~38.0°)的空间在峰底画一直线代表背底。计算中仅考虑线性底部上方空间区域的面积。

在 0.237 ~0.404 nm 范围内,在衍射强度曲线的振荡中点画一曲线,尖锐衍射峰代表晶体部分,其余为玻璃体部分。在纸上把衍射峰轮廓和玻璃体区域剪下并分别称重,精确至 0.001 g。

5. 计算

玻璃体含量按下式计算:

$$W_{glass} = W_{gp}/(W_{gp} + W_{cp}) \times 100\%$$

式中 W_{glass}——矿渣粉玻璃体含量(质量分数)(%);

W_{gp}——代表样品中玻璃体的纸含量,g;

W_{cp}——代表样品中晶体部分的纸含量,g。

结果取整数。

(七)质量评价

1. 合格

检验结果符合本节"四、技术要求"表中密度、比表面积、活性指数、流动度比、含水量、三氧化硫等技术要求的为合格品。

2. 不合格

检验结果不符合本节"四、技术要求"表中密度、比表面积、活性指数、流动度比、含水量、三氧化硫等技术要求的为不合格品。

3. 复验

若检验结果有任何一项不符合本节"四、技术要求"表中要求的,应加倍取样对不合格的项目进行复检,结果以复检结果为准。

(八)编号与取样

1. 编号

矿渣粉出厂前按同级别进行编号,每一编号为一个取样单位。出厂编号按矿渣粉单线年生产能力规定为:

(1)60×10^4 t 以上,不超过 2 000 t 为一编号;

(2)$30 \times 10^4 \sim 60 \times 10^4$ t,不超过 1 000 t 为一编号;

(3)$10 \times 10^4 \sim 30 \times 10^4$ t,不超过 600 t 为一编号;

(4)10×10^4 t 以下,不超过 200 t 为一编号。

当散装运输工具容量超过该厂规定出厂编号吨数时,允许该编号数量超过该厂规定出厂编号吨数。

2. 取样

粒化高炉矿渣粉取样应按《水泥取样方法》(GB 12573—2008)规定有代表性的进行,可连续取,也可在 20 个以上不同部位取等量样品然后混合均匀,按四分法缩取出比试验所需量大一倍的试样,总量不少于 20 kg。

(九)包装、运输与储存

1. 包装

包装可以袋装或散装。袋装每袋净含量 50 kg,包装袋上应标明生产厂家、产品名称、级别、日期与编号。散装时应提交与袋装标志相同内容的卡片。

2. 运输与储存

矿渣粉在运输时不得受潮和混入杂物。不同级别的矿渣粉应分别储存、不得混杂;同时,储存时不得混入杂物并应防止污染环境。

第五章 集 料

混凝土中的集料包括粗集料和细集料,砂浆中仅有细集料,石子称为粗集料,砂称为细集料。

第一节 细集料(砂)

一、砂的定义和分类

在自然条件作用下形成的(或经机械破碎筛分而成)并且粒径小于5.00 mm的岩石颗粒称为砂。砂按产源不同分为天然砂、人工砂和混合砂。

(1)天然砂:由自然条件作用而形成的岩石颗粒。

(2)人工砂:由人工开采、机械破碎、筛分而成的岩石颗粒。

(3)混合砂:由天然砂和人工砂按一定比例组合而成的砂。

二、质量要求

(1)砂按细度模数分为粗、中、细、特细四级,指标如下:

粗砂:$\mu_f = 3.7 \sim 3.1$;

中砂:$\mu_f = 3.0 \sim 2.3$;

细砂:$\mu_f = 2.2 \sim 1.6$;

特细砂:$\mu_f = 1.5 \sim 0.7$。

(2)颗粒级配:表示砂的大小颗粒搭配情况。砂的级配合理与否直接影响混凝土拌和物的稠度。合理的砂子级配,能够减少拌和物的用水量,得到流动性、均匀性及密实性较好的混凝土,同时达到节约水泥的效果,是一个重要的检测项目。

除特细砂外,砂的颗粒级配可按公称直径630 μm筛孔的累计筛余量(以质量百分数率计)分成三个级配区(见表5-1)且砂的颗粒级配应处于表中的某一区内。砂的实际颗粒级配与表中的累计筛余相比,除公称粒径为5.00 mm和630 μm的累计筛余外,其余公称粒径的累计筛余可稍有超出分界线,但总超出量不应大于5%。

当天然砂的实际颗粒级配不符合要求时,宜采取相应的技术措施,并经试验证明能确保混凝土质量后,方允许使用。

配置混凝土时宜优先选用Ⅱ区砂,当采用Ⅰ区砂时,应提高砂率,并保持足够的水泥用量,满足混凝土的和易性;当采用Ⅲ区砂时,宜适当降低砂率;当采用特细砂时,应符合相应的规定。

配置泵送混凝土,宜选用中砂。

(3)天然砂中含泥量应符合表5-2的规定。

表 5-1　砂颗粒级配区

公称粒径	不同级配区的累计筛余(%)		
	Ⅰ区	Ⅱ区	Ⅲ区
5.00 mm	10~0	10~0	10~0
2.50 mm	35~5	25~0	15~0
1.25 mm	65~35	50~10	25~0
630 μm	85~71	70~41	40~16
315 μm	95~80	92~70	85~55
160 μm	100~90	100~90	100~90

表 5-2　天然砂中含泥量

混凝土强度	≥C60	C55~C30	≤C25
含泥量(按质量计,%)	≤2.0	≤3.0	≤5.0

对于有抗冻、抗渗或其他特殊要求的小于或等于 C25 混凝土用砂,其含泥量不应大于 3.0%。

(4)砂中泥块含量应符合表 5-3 的规定。

表 5-3　砂中泥块含量

混凝土强度	≥C60	C55~C30	≤C25
泥块含量(按质量计,%)	≤0.5	≤1.0	≤2.0

对于有抗冻、抗渗或其他特殊要求的小于或等于 C25 混凝土用砂,其含泥块量不应大于 1.0%。

(5)人工砂或混合砂中石粉含量应符合表 5-4 的规定。

表 5-4　人工砂或混合砂中石粉含量

混凝土强度		≥C60	C55~C30	≤C25
石粉含量(%)	$MB<1.4$(合格)	≤5.0	≤7.0	≤10.0
	$MB≥1.4$(不合格)	≤2.0	≤3.0	≤5.0

(6)砂的坚固性采用硫酸钠溶液法检验,试样经 5 次循环后,其质量损失应符合表 5-5 的规定。

表 5-5　砂的坚固性指标

混凝土所处的环境条件及其性能要求	5 次循环后的质量损失(%)
在严寒及寒冷地区室外使用并经常处于潮湿或干湿交替状态下的混凝土。对于有抗疲劳、耐磨、抗冲击要求的混凝土。有腐蚀介质作用或经常处于水位变化区的地下结构的混凝土	≤8
其他条件下使用的混凝土	≤10

(7)人工砂的总压碎值指标应小于30%。

(8)当砂中含有云母、轻物质、有机物、硫化物及硫酸盐等有害物质时,其含量应符合表5-6的规定。

表5-6　砂中的有害物质含量

项目	质量指标
云母含量(按质量计,%)	≤2.0
轻物质含量(按质量计,%)	≤1.0
硫化物及硫酸盐含量(折算成SO_3质量计,%)	≤1.0
有机物含量(用比色法试验)	颜色不应深于标准色。当颜色深于标准色时,应按水泥胶砂强度试验方法进行强度对比试验,抗压强度比不应低于0.95

对于有抗冻、抗渗要求的混凝土用砂,其云母含量不应大于1.0%。

当砂中含有颗粒状的硫酸盐或硫化物杂质时,应进行专门检验,确认能满足混凝土耐久性要求后,方可采用。

(9)对于长期处于潮湿环境的重要混凝土结构用砂,应采用砂浆棒(快速法)或砂浆长度法进行集料的碱活性检验。经上述检验判断为有潜在危害时,应控制混凝土中的碱含量不超过3 kg/m³,或采取能抑制碱集料反应的有效措施。

(10)砂中氯离子含量应符合下列规定:

①对于钢筋混凝土用砂,其氯离子含量不得大于0.06%(以干砂质量百分率计)。

②对于预应力混凝土用砂,其氯离子含量不得大于0.02%(以干砂质量百分率计)。

(11)海砂中贝壳含量应符合表5-7的规定。

表5-7　海砂中贝壳含量

混凝土强度	≥C40	C35 ~ C30	≤C25 ~ C15
贝壳含量(按质量计%)	≤3	≤5	≤8

三、检验批的确定

使用单位应按砂或石的同产地同规格分批验收。采用大型工具(如火车、货船或汽车)运输的,应以400 m³或600 t为一验收批;采用小型工具(如拖拉机等)运输的,应以200 m³或300 t为一验收批。不足上述量者,应按一验收批进行验收。

当砂或石的质量比较稳定、进料量又较大时,可以1 000 t为一验收批。

四、取样

(1)从料堆山取样,取样部位应均匀分布。取样前应先将取样部位表层铲除,然后由各部位抽取大致相等的砂8份,组成一组样品。

(2)从皮带运输机上取样时,应在皮带运输机机头的出料处全断面随机抽取大致等量砂4份,组成一组样品。

（3）从火车、汽车、货船上取样时，应从不同部位和深度随机抽取大致相等的砂8份，组成一组样品。

（4）取样数量。

单项试验最少取样数量应符合表5-8的规定。当需要做几项检验时，如能保证样品经一项试验后不致影响另一项试验结果，用同一样品进行几项不同的试验。

表5-8　每一单项检验项目所需砂的最少取样质量

检验项目	最少取样质量（g）
筛分析	4 400
表观密度	2 600
吸水率	4 000
紧密密度和堆积密度	5 000
含水率	1 000
含泥量	4 400
泥块含量	20 000
石粉含量	1 600
人工砂压碎值指标	分成公称粒级5.00~2.50 mm；2.50~1.25 mm；1.25 mm~630 μm；630~315 μm；315~160 μm 每个粒级各需100 g
有机物含量	2 000
云母含量	600
轻物质含量	3 200
坚固性	分成公称粒级5.00~2.50 mm；2.50~1.25 mm；1.25 mm~630 μm；630~315 μm；315~160 μm 每个粒级各需100 g
硫化物及硫酸盐含量	50
氯离子含量	2 000
贝壳含量	10 000
碱活性	20 000

五、样品的缩分

（1）用分料器法缩分（见图5-1）：将样品在潮湿状态下拌和均匀，然后将其通过分料器，留下两个接料斗中的一份，并将另一份再次通过分料器。重复上述过程，直至把样品缩分到试验所需量。

（2）人工四分法缩分：将样品置于平板上，在潮湿状态下拌和均匀，并堆成厚度约为20 mm的"圆饼"状，然后沿互相垂直的两条直径把"圆饼"分成大致相等的四份，取其对角的两份重新拌匀，再堆成圆饼"状。重复上述过程，直至把样品缩分后的材料量略多于进行试验所需量。

六、砂的检验方法

(一)颗粒级配试验

1.目的与作用

用于评定砂料的品质,为生产混凝土产品使用的原材料控制质量。

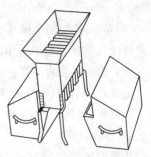

图 5-1　分料器

2.采用的标准

采用的标准为《普通混凝土用砂、石质量及检验方法标准》(JGJ 52—2006)。

3.仪器设备

(1)试验筛——公称直径分 10.0 mm,5.00 mm,2.50 mm,1.25 mm,630 μm,315 μm、160 μm 的方孔筛各一只,筛的底盘和盖各一只;筛框直径为 300 mm 或 200 mm。其产品质量要求应符合现行国家标准《金属丝编织网试验筛》(GB/T 6003.1)和《金属穿孔板试筛》(GB/T 6003.2)的要求;

(2)天平——称量 1 000 g,感量 1 g;

(3)摇筛机(见图 5-2);

(4)烘——温度控制范围为(105±5)℃。

(5)浅盘、硬、软毛刷等。

4.试样的制备

用于筛分析的试样,其颗粒的公称粒径不应大于 10.0 mm。试验前应先将来样通过公称直径 10.0 mm 的方孔筛,并计算筛余。称取经缩分后样品不少 550 g 两份,分别装入两个浅盘,在(105±5)℃的温度下烘干到恒重。冷却至室温备用。

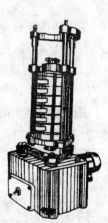

5.试验步骤

(1)准确称取烘干试样 500 g(特细砂可称 250 g),置于按筛孔大

图 5-2　摇筛机

小顺序排列(大孔在上,小孔在下)的套筛的最上一只筛(公称直径为 5.00 mm 的方孔筛)上;将套筛装入摇筛机内固紧,筛分 10 min;然后取出套筛,再按筛孔由大到小的顺序,在清洁的浅盘上逐一进行手筛,直至每分钟的筛出量不超过试样总量的 0.1%;通过的颗粒并入下一只筛子,并和下一只筛子中的试样一起进行手筛。按这样的顺序依次进行,直至所有的筛子全部筛完。

注:(1)当试样含泥量超过 5% 时,应先将试样水洗,然后烘干至恒重,再进行筛分。

(2)无摇筛机时,可改用人工筛。

(3)试样在各只筛子上的筛余量均不得超过按式(5-1)计算得出的剩留量,否则应将该筛余试样分成两份或数份,再次进行筛分,并以其筛余量之和作为该筛的筛余量。

$$m_r = \frac{A\sqrt{d}}{300} \tag{5-1}$$

式中　m_r——某一筛上的剩留量,g;

　　　d——筛孔边长,mm;

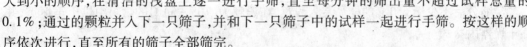

A——筛的面积,mm²。

(4)称取各筛筛余试样的质量(精确至1 g),所有各筛的分计筛余量和底盘中的剩余量之和与筛分前的试样总量相比,相差不得超过1%。

(5)试验结果的计算:

①计算分计筛余(各号筛的筛余量除以试样总量之比的百分率),计算精确至0.1%。

②算累计筛余(该筛的分计筛余与筛孔大于该筛的各筛的各筛的分计筛余之和)精确至0.1%。

③根据各筛两次试验累计筛余的平均值,评定该试样的颗粒级配分布情况,精确至1%。

④砂的细度模数就按式(5-2)计算,精确至0.01:

$$\mu_f = \frac{(\beta_2 + \beta_3 + \beta_4 + \beta_5 + \beta_6) - 5\beta_1}{100 - \beta_1} \tag{5-2}$$

式中　μ_f——砂的细度模数;

　　β_1、β_2、β_3、β_4、β_5、β_6——公称直径5.0 mm、2.50 mm、1.25 mm、630 μm、315 μm、160 μm方孔筛上的累计筛余。

⑤以两次试验结果的算术平均值作为测定值,精确至0.1当两次试验所得的细度模数之差大于0.20时,应重新取试样进行试验。

(二)砂的表观密度试验(标准法)

1.目的与作用

用于为混凝土配合比计算提供数据,为生产混凝土产品控制原材料的质量。

2.采用的标准

采用的标准为《普通混凝土用砂、石质量及检验方法标准》(JGJ 52—2006)。

3.仪器设备

(1)天平——称量1 000 g,感量1 g;

(2)容量瓶——容量500 mL;

(3)烘箱——温度控制范为(105±5)℃;

(4)干燥器、浅盘、铝制料勺、温度计等。

4.试样的制备

经缩分后不少于650 g的样品装入浅盘,在温度为(105±5)℃的烘箱中烘干至恒重,并在干燥器内冷却至室温。

5.试验步骤

(1)称取烘干的试样300 g(m_0),装入盛有半瓶冷开水的容量瓶中。

(2)摇转容量瓶,使试样在水中充分搅动以排除气泡,塞紧瓶塞,静置24 h,然后用滴管加水至与瓶颈刻度线平齐,再塞紧瓶塞,擦干容量瓶外壁的水分,称其质量(m_1)。

(3)倒出容量瓶中的水和试样,将瓶的内外壁洗净,再向瓶内加入与(2)中水温相差不超过2℃的冷开水至瓶颈刻度线。塞紧瓶塞,擦干容量瓶外壁水分称质量(m_2)。

注:在砂的表观密度试验过程中应测量并控制水的温度,试验的各项称量可在15~25℃的温度范围内进行。从试样加水静置的最后2 h起直至试验结束,其温度相差不应超过2℃。

6.表观密度(标准法)的计算

表观密度精确至 10 kg/m³。

$$\rho = \left(\frac{m_0}{m_0 + m_2 - m_1} - a_t \right) \times 1\,000 \tag{5-3}$$

式中　ρ——表观密度,kg/m³;

　　　m_0——试样的烘干质量,g;

　　　m_1——试样、水及容量瓶总质量,g;

　　　m_2——水及容量瓶总质量,g;

　　　a_t——水温对砂的表观密度影响的修正系数,见表5-9。

表 5-9　不同水温对砂的表观密度影响的修正系数

水温(℃)	15	16	17	18	19	20
a_t	0.002	0.003	0.003	0.004	0.004	0.005
水温(℃)	21	22	23	24	25	
a_t	0.005	0.006	0.006	0.007	0.008	

以两次试验结果的算术平均值作为测定值。当两次结果之差大于 20 kg/m³ 时,应重新取样进行试验。

(三)砂的表观密度试验(简易法)

1.目的与作用

为混凝土配合比计算提供数据,为生产混凝土产品控制原材料的质量。

2.采用的标准

采用的标准为《普通混凝土用砂、石质量及检验方法标准》(JGJ 52—2006)。

3.仪器设备

(1)天平——称量 1 000 g 感量 1 g;

(2)李氏瓶——容量 250 mL;

(3)烘箱——温度控制范围为(105 ±5)℃;

(4)干燥器、浅盘、铝制料勺、温度计等

4.试样制备

将样品缩分至不少于 120 g,在(105 ±5)℃的烘箱中烘干至恒重,并在干燥器中冷却至室温,分成大致相等的两份备用。

5.简易法表观密度试验步骤

(1)向李氏瓶中注入冷开水至一定刻度处,擦干瓶颈内部附着水,记录水的体积(V)。

(2)称取烘干试样 50 g (m_0),徐徐加入盛水的李氏瓶中。

(3)试样全部倒入瓶中后用瓶内的水将粘附在瓶颈和瓶壁的试样洗入水中,摇转李氏瓶以排除气泡,静置约 24 h 后,记录瓶中水面升高后的体积(V_2)。

注:在砂的表观密度试验过程中应测量并控制水的温度,允许在 15 ~ 25 ℃的温度范围内进行体积测定,但两次体积测定(指 V_1 和 V_2)的温差不得大于 2 ℃。从试样加水静置的最后 2 h 起,直至记录完瓶中水面高度时,其相差温度不应超过 2 ℃。

6.表观密度(简易法)计算

表观密度精确至 10 kg/m³：

$$\rho = \left(\frac{m_0}{V_2 - V_1} - a_t \right) \times 1\,000 \qquad (5\text{-}4)$$

式中　ρ——表观密度,kg/m³;

　　　m_0——试样的烘干质量,g;

　　　V_1——水的原有体积,mL;

　　　V_2——倒入试样后的水和试样的体积,mL;

　　　a_t——水温对砂的表观密度影响的修正系数,见表5-9。

以两次试验结果的算术平均值作为测定值,两次结果之差大于 20 kg/m³ 时,应重新取样进行试验。

(四)砂的吸水率试验

1.目的与作用

用于测定以烘干质量为基础的饱和面干吸水率,为生产混凝土产品控制原材料的质量。

2.采用的标准

采用的标准为《普通混凝土用砂、石质量及检验方法标准》(JGJ 52—2006)。

3.仪器设备

(1)天平——称量 1 000 g,感量 1 g;

(2)饱和面干试模及质量为(340 ±15)g 的钢制捣棒(见图5-3);

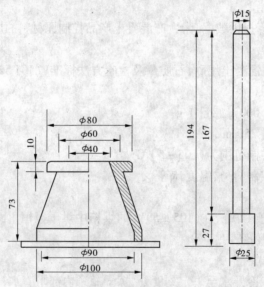

图5-3　饱和面干试模

(3)干燥器、吹风机(手提式)、浅盘、铝制料勺、玻璃棒、温度计等;

(4)烧杯——容量 500 mL;

(5)烘箱——温度控制范围为(105 ±5)℃。

4.试样制备

饱和面干试样的制备,是将样品在潮湿状态下用四分法缩分至 1 000 g,拌匀后分成两份,分别装入浅盘或其他合适的容器中,注入清水,使水面高出试样表面 20 mm 左右(水温控制在(20±5)℃)。用玻璃棒连续搅拌 5 min,以排除气泡。静置 24 h 以后,细心地倒去试样上的水,并用吸管吸去余水。再将试样在盘中摊开,用手提吹风机缓缓吹入暖风,并不断翻拌试样,使砂表面的水分在各部位均匀蒸发。然后将试样松散地一次装满饱和面干试模,捣 25 次(捣棒端面距试样表面不超过 10 mm,自由落下),捣完后留下的空隙不用再装满,从垂直方向徐徐提起试模。试样呈图 5-4(a)形状时,则说明砂中尚含有表面水,应继续按上述方法用暖风干燥,并按上述方法进行试验,直至试模提起后试样呈图 5-4(b)的形状。试模提起后,试样呈图 5-4(c)的形状时,则说明试样已干燥过分,此时应将试样洒水 5 mL,充分拌匀,并静置于加盖容器中 30 min 后,再按上述方法进行试验,直至试样达到图 5-4(b)的形状。

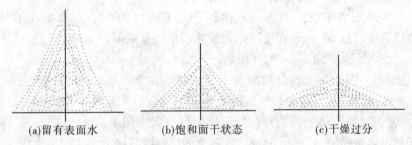

(a)留有表面水　　　　　(b)饱和面干状态　　　　　(c)干燥过分

图 5-4　试样的塌陷情况

5. 试验步骤

立即称取饱和面干试样 500 g,放入已知质量(m_1)的烧杯中,于温度为(105±5)℃的烘箱中烘干至恒重,并在干燥器内冷却至室温后,称取干样与烧杯的总质量(m_2)。

6. 吸水率计算

吸水率 ω_a 应按下式计算,精确至 0.1%:

$$\omega_a = \frac{500 - (m_2 - m_1)}{m_2 - m_1} \times 100\% \tag{5-5}$$

式中　ω_a——吸水率(%);

　　　m_1——烧杯质量,g;

　　　m_2——烘干的试样与烧杯的总质量,g。

以两次试验结果的算术平均值作为测定值,当两次结果之差大于 0.2% 时,应重新取样进行试验。

(五)砂的堆积密度和紧密密度试验

1. 目的与作用

本方法适用于测定砂的堆积密度、紧密密度及空隙率。

2. 采用的标准

采用的标准为《普通混凝土用砂、石质量及检验方法标准》(JGJ 52—2006)。

3. 仪器设备

(1)秤——称量 5 kg,感量 5 g;

(2)容量筒——金属制成,圆柱形,内径 108 mm,净高 109 mm,筒壁厚 2 mm,容积 1 L,筒底厚度为 5 mm;

（3）漏斗（见图5-5）或铝制料勺；

（4）烘箱——温度控制范围为（105±5）℃；

（5）直尺、浅盘等。

图5-5　标准漏斗　（单位:mm）

4.试样制备

先用公称直径5.00 mm的筛子过筛,然后取经缩分后的样品不少于3 L,装入浅盘,在温度为(105±5)℃烘箱中烘干至恒重,取出并冷却至室温,分成大致相等的两份备用。试样烘干后若有结块,应在试验前先予捏碎。

5.堆积密度和紧密密度试验

堆积密度和紧密密度试验应按下列步骤进行:

（1）堆积密度:取试样一份,用漏斗或铝制勺,将它徐徐装入容量筒(漏斗出料口或料勺距容量筒筒口不应超过50 mm)直至试样装满并超出容量筒筒口。然后用直尺将多余的试样沿筒口中心线向相反方向刮平,称其质量(m_2)。

（2）紧密密度:取试样一份,分两层装入容量筒。装完一层后,在筒底垫放一根直径为10 mm的钢筋,将筒按住;左右交替颠击地面各25下,然后再装入第二层;第二层装满后用同样方法颠实(但筒底所垫钢筋的方向应与第一层放置方向垂直);二层装完并颠实后,加料直至试样超出容量筒筒口,然后用直尺将多余的试样沿筒口中心线向两个相反方向刮平,称其质量(m_2)。

6.试验结果计算

（1）堆积密度(ρ_L)及紧密密度(ρ_c)按式(5-6)计算,精确至10 kg/m³:

$$\rho_L(\rho_c) = \frac{m_2 - m_1}{V} \times 1\,000 \tag{5-6}$$

式中　$\rho_L(\rho_c)$——堆积密度(紧密密度),kg/m³;

　　　m_1——容量筒的质量,kg;

　　　m_2——容量筒和砂总质量,kg;

　　　V——容量筒容积,L。

以两次试验结果的算术平均值作为测定值。

（2）空隙率的计算,精确至1%:

$$v_L = \left(1 - \frac{\rho_L}{\rho}\right) \times 100\% \tag{5-7}$$

$$v_c = \left(1 - \frac{\rho_c}{\rho}\right) \times 100\% \tag{5-8}$$

式中　v_L——堆积密度的空隙率(%);

　　　v_c——紧密密度的空隙率(%);

　　　ρ_L——砂的堆积密度,kg/m³;

　　　ρ——砂的表观密度,kg/m³;

　　　ρ_c——砂的紧密密度,kg/m³。

（六）容量筒容积的校正方法

以温度为(20±2)℃的饮用水装满容量筒,用玻璃板沿筒口滑移,使其紧贴水面。擦干

筒外壁水分,然后称其质量。用式(5-9)计算筒的容积:

$$V = m_2' - m_1' \qquad (5-9)$$

式中　V——容量筒容积,L;

　　m_1'——容量筒和玻璃板质量,kg;

　　m_2'——容量筒、玻璃板和水总质量,kg。

(七)砂的含水率试验(标准法)

1. 目的与作用

本方法适用于测定砂的含水率,为混凝土生产的调整提供依据。

2. 采用的标准

采用的标准为《普通混凝土用砂、石质量及检验方法标准》(JGJ 52—2006)。

3. 仪器设备

(1)烘箱——温度控制范围为(105 ±5)℃

(2)天平——称量 1 000 g,感量 1 g;

(3)容器——如浅盘等。

4. 含水率试验(标准法)步骤

由密封的样品中取重 500 g 的试样两份,分别放入已知质量的干燥容器(m_1)中称重,记下每盘试样与容器的总重(m_2)。将容器连同试样放入温度为(105 ±5)℃的烘箱中烘干至恒重,称量烘干后的试样与容器的总质量(m_3)。

5. 砂的含水率(标准法)

砂的含水率(标准法)按式(5-10)计算,精确至0.1%:

$$\omega_{wc} = \frac{m_2 - m_3}{m_3 - m_1} \times 100\% \qquad (5-10)$$

式中　ω_{wc}——砂的含水率,%;

　　m_1——容器质量,g;

　　m_2——未烘干的试样与容器的总质量,g;

　　m_3——烘干后的试样与容器的总质量,g。

以两次试验结果的算术平均值作为测定值。

(八)砂的含水率试验(快速法)

1. 目的与作用

本方法适用于测定砂的含水率,为混凝土生产的调整提供依据。

2. 采用的标准

采用的标准为《普通混凝土用砂、石质量及检验方法标准》(JGJ 52—2006)。

3. 仪器设备:

(1)电炉(或火炉);

(2)天平——称量 1 000 g,感量 1 g;

(3)炒盘(铁制或铝制);

(4)灰铲、毛刷等。

4. 含水率试验(快速法步骤)

(1)由密封样品中取 500 g 试样放入干净的炒盘(m_1)中,称取试样与炒盘的总质量

(m_2),用小铲不断地翻拌试样,到试样表面全部干燥后明断电。

(2)置炒盘于电炉(或火炉)上,用小铲不断地翻拌试样,到试样表面全部干燥后,切断电源(或移至火外),再继续翻拌 1 min,稍冷却(以免损坏天平)后,称干样与炒盘的总质量 (m_3)。

5. 砂的含水率(快速法)计算

砂的含水率精确至 0.1%:

$$\omega_{wc} = \frac{m_2 - m_3}{m_2 - m_1} \times 100\% \qquad (5\text{-}11)$$

式中 ω_{wc}——砂的含水率(%);

m_1——炒盘质量,g;

m_2——未烘干的试样与炒盘的总质量,g;

m_3——烘干后的试样与炒盘的总质量,g。

以两次试验结果的算术平均值作为测定值。

(九)砂中含泥量试验(标准法)

1. 目的与作用

本方法适用于测定粗砂、中砂和细砂的含泥量,为混凝土生产的质量控制提供依据。

2. 采用的标准

采用的标准为《普通混凝土用砂、石质量及检验方法标准》(JGJ 52—2006)。

3. 仪器设备

(1)天平——称量 1 000 g,感量 1 g;

(2)烘箱——温度控制范围为(105±5)℃;

(3)试验筛——筛孔公称直径为 80 μm 及 1.25 mm 的方孔筛各一个;

(4)洗砂用的容器及烘干用的浅盘等。

4. 试样制备

样品缩分至 1 100 g 置于温度为(105±5)℃的烘箱中烘干至恒重,冷却至室温后,称取各为 400 g(m_0)的试样两份备用。

5. 含泥量试验步骤

(1)取烘干的试样一份置于容器中,并注入饮用水,使水面高出砂面约 150 mm,充分拌匀后,浸泡 2 h,然后用手在水中淘洗试样,使尘屑、淤泥和黏土与砂粒分离,并使之悬浮或溶于水中。缓缓地将浑浊液倒入公称直径为 1.25 mm,80 μm 的方孔套筛(1.25 mm 筛放置于上面)上,滤去小于 80 μm 的颗粒。试验前筛子的两面应先用水润湿,在整个试验过程中应避免砂粒丢失。

(2)再次加水于容器中,重复上述过程,直到筒内洗出的水清澈。

(3)用水淋洗剩留在筛上的细粒,并将 80 μm 筛放在水中(使水面略高出筛中砂粒的上表面)来回摇动,以充分洗除小于 80 μm 的颗粒。然后将两只筛上剩留的颗粒和容器中已经洗净的试样一并装入浅盘,置于温度为(105±5)℃的烘箱中烘干至恒重。取出来冷却至室温后,称试样的质量(m_1)。

6. 砂中含泥量的计算

砂中含泥量精确至 0.1%。

$$W_c = \frac{m_0 - m_1}{m_0} \times 100\% \qquad (5\text{-}12)$$

式中 W_c——砂中含泥量(%);

m_0——试验前的烘干试样质量,g;

m_1——试验后的烘干试样质量,g。

以两个试样试验结果的算术平均值作为测定值。两次结果之差大于0.5%时,应重新取样进行试验。

(十) 砂中泥块含量试验

1.目的与作用

本方法适用于测定砂中泥块含量,为混凝土生产的质量控制提供依据。

2.采用的标准

采用的标准为《普通混凝土用砂、石质量及检验方法标准》(JGJ 52—2006)。

3.仪器设备

(1)天平——称量1 000 g,感量1 g;称量5 000 g,感量5 g;

(2)烘箱——温度控制范围为(105±5)℃;

(3)试验筛——筛孔公称直径为630 μm及1.25 mm的方孔筛各一只;

(4)洗砂用的容器及烘干用的浅盘等。

4.试样制备

将样品缩分至5 000 g,置于温度为(105±5)℃的烘箱中烘干至恒重,冷却至室温后,用公称直径1.25 mm的方孔筛筛分,取筛上的砂不少于400 g分为两份备用。特细砂按实际筛分量。

5.泥块含量试验步骤

泥块含量试验应按下列步骤进行:

(1)称取试样约200 g(m_1)置于容器中,并注入饮用水,使水面高出砂面150 mm。充分拌匀后,浸泡24 h,然后用手在水中碾碎泥块,再把试样放在公称直径630 μm的方孔筛上,用水淘洗,直至水清澈。

(2)保留下来的试样应小心地从筛里取出,装入水平浅盘后,置于温度为(105±5)℃的烘箱中烘干至恒重,冷却后称重(m_2)。

6.砂中泥块含量的计算

砂中泥块含量精确至0.1%:

$$W_{c,L} = \frac{m_1 - m_2}{m_1} \times 100\% \qquad (5\text{-}13)$$

式中 $W_{c,L}$——泥块含量(%);

m_1——试验前的干燥试样质量,g:

m_2——试验后的干燥试样质量,g。

以两次试样试验结果的算术平均值作为测定值。

(十一)人工砂及混合砂中石粉含量试验(亚甲蓝法)

1.目的与作用

本方法适用于测定人工砂和混合砂中石粉含量,为判定人工砂及混合砂中的小于75

μm 粒径是泥土,还是与砂成分相同的石粉。

2. 采用的标准

采用的标准为《普通混凝土用砂、石质量及检验方法标准》(JGJ 52—2006)。

3. 仪器设备

(1)烘箱——温度控制范围为(105±5)℃;

(2)天平——称量 1 000 g,感量 1 g;称量 100 g,感量 0.01 g;

(3)试验筛——筛孔公称直径为 80 μm 及 1.25 mm 的方孔筛各一只;

(4)容器——要求淘洗试样时,保持试样不溅出(深度大于 250 mm);

(5)移液管——5 mL、2 mL 移液管各一个;

(6)三片或四片式叶轮搅拌器——转速可调(最高达(600±60)r/min),直径(75±10)mm;

(7)定时装置——精度 1 s;

(8)玻璃容量瓶——容量 1 L;

(9)温度计——精度 10 ℃;

(10)玻璃棒——2 支,直径 8 mm,长 300 mm;

(11)滤纸——快速;

(12)搪瓷盘、毛刷、容量为 1 000 mL 的烧杯等。

4. 溶液的配制及试样制备

(1)亚甲蓝溶液的配制按下述方法:将亚甲蓝($C_{16}H_{18}ClN_3S \cdot 3H_2O$)粉末,粉末在(105±5)℃下烘干至恒重,称取烘干亚甲蓝粉末 10 g,精确至 0.01 g,倒入盛有约 600 mL 蒸馏水(水温加热至 35~40 ℃)的烧杯中,用玻璃棒持续搅拌 40 min,直至亚甲蓝溶液全部溶解,冷却至 20 ℃。将溶液倒入 1 L 容量瓶中,用蒸馏水淋洗烧杯等,使所有亚甲蓝溶液全部移入容量瓶,容量瓶和溶液的温度应保持在(20±1)℃,加蒸馏水至容量瓶 1 L 刻度。振荡容量瓶能保证亚甲蓝粉末完全溶解。将容量瓶中溶液移入深色储藏瓶中,标明制备日期、失效日期(亚甲蓝溶液保质期应不超过 28 d),并置于阴暗处保存。

(2)将样品缩分至 400 g,放在烘箱中于(105±5)℃下烘干至恒重,待冷却至室温后,筛除大于公称直径 5.0 mm 的颗粒备用。

5. 人工砂及混合砂中的石粉含量试验步骤

(1)亚甲蓝试验应按下述方法进行:

①称取试样 200 g,精确至 1 g。将试样倒入盛有(500±5)mL 蒸馏水的烧杯中,用叶轮搅拌机以(600±60)r/min 转速搅拌 5 min,形成悬浮液,然后以(400±40)r/min 转速持续搅拌,直至试验结束。

②悬浮液中加入 5 mL 亚甲蓝溶液,以(400±40)r/min 转速搅拌至少 1 min 后,用玻璃棒蘸取一滴悬浮液(所取悬浮液滴应使沉淀物直径在 8~12 mm 内),滴于滤纸(置于空烧杯或其他合适的支撑物上,以使滤纸表面不与任何固体或液体接触)上。若沉淀物周围未出现色晕,再加 5 mL 亚甲蓝溶液,继续搅拌 1 min,再用玻璃棒蘸取一滴悬浮液,滴于滤纸上,若沉淀物周围仍未出现色晕,重复上述步骤,直至沉淀物周围出现约 1 mm 宽的稳定浅蓝色色晕。此时,应继续搅拌,不加亚甲蓝溶液,每 1 min 进行一次蘸染试验。若色晕在 4 min 内消失,再加入 5 mL 亚甲蓝溶液;若色晕在第 5 min 消失,再加入 2 mL 亚甲蓝溶液。两种情

况下,均应继续进行搅拌和蘸染试验,直至色晕可持续 5 min。

(2)记录色晕持续 5 min 时所加入的亚甲蓝溶液总体积,精确至 1 mL。

6. 亚甲蓝 MB 值计算

亚甲蓝 MB 值按下式计算:

$$MB = V/G \times 10 \qquad (5\text{-}14)$$

式中　　MB——亚甲蓝值,g/kg,表示每千克 0 ~ 2.36 mm 粒级试样所消耗的亚甲蓝克数,精确至 0.01 g/kg;

G——试样质量,g;

V——所加入的亚甲蓝溶液的总量,mL。

7. 亚甲蓝试验结果评定

亚甲蓝试验结果评定应符合下列规定:

当 MB 值 < 1.4 时,则判定是以石粉为主的石粉;当 MB 值 ≥ 1.4 时,则判定为以泥粉为主的石粉。

亚甲蓝快速试验应按下述方法进行:

(1)应按本节"六、(十一)4.(1)亚甲蓝溶液的配制"的要求进行制样;

(2)一次性向烧杯中加入 30 mL 亚甲蓝溶液,以(400 ±40) r/min 转速持续搅拌 8 min,然后用玻璃棒蘸取一滴悬浊液,滴于滤纸上,观察沉淀物周围是否出现明显色晕,出现色晕的为合格,否则为不合格。

人工砂及混合砂中的含泥量或石粉含量试验步骤及计算按砂中含泥量试验(标准法)的规定进行。

(十二)人工砂压碎值指标试验

1. 目的与作用

本方法适用于测定粒级为 315 μm ~ 5.00 mm 的人工砂的压碎指标。为判定人工砂抵抗压碎的能力。

2. 采用的标准

采用的标准为《普通混凝土用砂、石质量及检验方法标准》(JGJ 52—2006)。

3. 仪器设备

(1)压力试验机,荷载 300 kN。

(2)受压钢模(见图 5-6)。

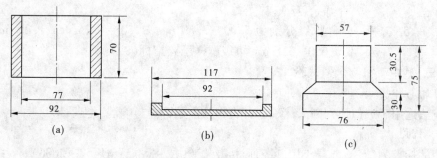

图 5-6　受压钢模示意图 （单位:mm）

(3)天平——称量为 1 000 g,感量 1 g;

（4）试验筛——筛孔公称直径分别为 5.00 mm、2.50 mm、1.25 mm、630 μm 、315 μm、160 μm、80 μm 的方孔筛各一只；

（5）烘箱——温度控制范围为（105±5）℃；

（6）其他——瓷盘 10 个，小勺 2 把。

4. 试样制备

将缩分后的样品置于（105±5）℃的烘箱内烘干至恒重，待冷却至室温后，筛分成 5.00～2.50 mm，2.50～1.25 mm，1.25 mm～630 μm，630～315 μm 四个粒级，每级试样质量不得少于 1 000 g。

5. 试验步骤

（1）置圆筒于底盘上，组成受压模，将一单级砂样约 300 g 装入模内，使试样距底盘约为 50 mm。

（2）平整试模内试样的表面，将加压块放入圆筒内，并转动一周使之与试样均匀接触。

（3）将装好砂样的受压钢模置于压力机的支承板上，对准压板中心后，开动机器，以 500 N/s 的速度加荷，加荷至 25 kN 时持荷 5 s，而后以同样速度卸荷。

（4）取下受压模，移去加压块，倒出压过的试样并称其质量（m_0），然后用该粒级的下限筛（如砂样为公称粒级 5.00～2.50 mm 时，其下限筛为筛孔公称直径 2.50 mm 的方孔筛）进行筛分，称出该粒级试样的筛余量（m_1）。

6. 人工砂的压碎指标

（1）第 i 单级砂样的压碎指标按式（5-15）计算，精确至 0.1%：

$$\delta_i = \frac{m_0 - m_1}{m_0} \times 100\%$$　　　　　　　　　　（5-15）

式中　δ_i——第 i 单级砂样压碎指标（%）；

　　　m_0——第 i 单级试样的质量，g；

　　　m_1——第 i 单级试样的压碎试验后筛余的试样质量，g。

以三份试样试验结果的算术平均值作为各单粒级试样的测定值。

（2）四级砂样总的压碎指标按式（5-16）计算：

$$\delta_{sa} = \frac{a_1\delta_1 + a_2\delta_2 + a_3\delta_3 + a_4\delta_4}{a_1 + a_2 + a_3 + a_4} \times 100\%$$　　　　（5-16）

式中　δ_{sa}——总的压碎指标（%），精确至 0.1%；

　　　a_1、a_2、a_3、a_4——公称直径分别为 2.50 mm、1.25 mm、630 μm、315 μm 各方孔筛的分
　　　　　　　　　　计筛余（%）；

　　　δ_1、δ_2、δ_3、δ_4——公称粒级分别为 5.00～2.50 mm、2.50～1.25 mm、1.25 mm～630
　　　　　　　　　　μm、630～315 μm 单级试样压碎指标（%）。

（十三）砂中有机物含量试验

1. 目的与作用

本方法适用于近似地判断天然砂中有机物含量是否会影响混凝土质量。

2. 采用的标准

采用的标准为《普通混凝土用砂、石质量及检验方法标准》（JGJ 52—2006）。

3. 仪器设备

（1）天平——称量 100 g，感量 0.1 g 和称量 1 000 g，感量 1 g 的天平各一台；

(2)量筒——容量为 250 mL、100 mL 和 10 mL；

(3)烧杯、玻璃棒和筛孔公称直径为 5.00 mm 的方孔筛；

(4)氢氧化钠溶液——氢氧化钠与蒸馏水的质量比为 3:97；

(5)鞣酸、酒精等。

4.试样的制备与标准溶液的配制

(1)筛除样品中的公称粒径 5.00 mm 以上颗粒，用四分法缩分 500 g，风干备用。

(2)称取鞣酸粉 2 g，溶解于 98 mL 10% 酒精溶液中，即配得所需的鞣酸溶液；然后取该溶液 2.5 mL，注入 97.5 mL 浓度为 3% 的氢氧化钠溶液中，加塞后剧烈摇动，静置 24 h，即配得标准溶液。

5.有机物含量试验步骤

(1)向 250 mL 量筒中倒入试样至 130 mL 刻度处，再注入浓度为 3% 氢氧化钠溶液 200 mL 刻度处，剧烈摇动后静置 24 h；

(2)比较试样上部溶液和新配制标准溶液的颜色，盛装标准溶液与盛装试样的量筒容积应一致。

6.结果评定

(1)当试样上部的溶液颜色浅于标准溶液的颜色时，则试样的有机物含量判定合格。

(2)当两种溶液的颜色接近时，则应将该试样(包括上部溶液)倒入烧杯中放在温度为 60 ~ 70 ℃ 的水浴锅中加热 2 ~ 3 h，然后再与标准溶液比色。

(3)当溶液颜色深于标准色时，则应按下列方法进一步试验：

取试样一份，用 3% 的氢氧化钠溶液洗除有机杂质，再用清水淘洗干净，直至试样上部溶液颜色浅于标准溶液的颜色，然后用洗除有机质和未洗除的试样分别按现行的国家标准《水泥胶砂强度检验方法(ISO 法)》(GB/T 17671—1999)配制两种水泥砂浆，测定 28 d 的抗压强度，当未经洗除有机杂质的砂的砂浆强度与经洗除有机物后的砂的砂浆强度比不低于 0.95 时，则此砂可以采用，否则不可采用。

(十四)砂中云母含量试验

1.目的与作用

本方法适用于测定砂中云母的近似百分含量，控制混凝土质量。

2.采用的标准

采用的标准为《普通混凝土用砂、石质量及检验方法标准》(JGJ 52—2006)。

3.仪器设备

(1)放大镜(5 倍)；

(2)钢针；

(3)试验筛——筛孔公称直径 5.00 mm 和 315 μm 的方孔筛各一只；

(4)天平——称量 100 g，感量 0.1 g。

4.试样制备

称取经缩分的试样 50 g，在温度(105 ±5)℃ 的烘箱中烘干至恒重，冷却至室温后备用。

5.云母含量试验步骤：

先筛出粒径大于公称粒径 5.00 mm 和小于公称粒径 315 μm 的颗粒，然后根据砂的粗细不同称取试样 10 ~ 20 g(m_0)，放在放大镜下观察，用钢针将砂中所有云母全部挑出，称取所挑出云母质量(m)。

6. 砂中云母含量计算

砂中云母含量 W_m 的计算,精确至 0.1%:

$$W_m = \frac{m}{m_1} \times 100\% \tag{5-17}$$

式中　W_m——砂中云母含量(%);

　　　　m_0——烘干试样质量,g;

　　　　m——云母质量,g。

(十五) 砂中轻物质含量试验

1. 目的与作用

本方法适用于测定砂中轻物质的近但含量,否会影响混凝土质量。

2. 采用的标准

采用的标准为《普通混凝土用砂、石质量及检验方法标准》(JGJ 52—2006)。

3. 仪器设备

(1)烘箱——温度控制范围为 (105 ± 5) ℃;

(2)天平——称量 1 000 g,感量 1 g;

(3)量具——量杯(容量 1 000 mL)、量筒(容量 250 mL)、烧杯(容量 150 mL)各一只;

(4)比重计——测定范围为 1.0~2.0;

(5)网篮——内径和高度均为 70 mm,网孔孔径不大于 150 μm(可用坚固性检验用的网篮,也可用孔径 150 μm 的筛);

(6)筛——筛孔公称直径为 5.00 mm 和 315 μm 的方孔筛各一只;

(7)氯化锌——化学纯。

4. 试样制备及重液配制

(1)取经缩分的试样约 800 g,在温度为 (105 ± 5) ℃的烘箱中烘干至恒重,冷却后将粒径大于公称粒径 5.00 mm 和小于公称粒径 315 μm 的颗粒筛去,然后称取每份为 200 g 的试样两份备用。

(2)密度为 1 950~2 000 kg/m³ 的重液:向 1 000 mL 的量杯中加水至 600 mL 刻度处,再加入 1 500 g 氯化锌,用玻璃棒搅拌使氯化锌全部溶解,待冷却至室温后,将部分溶液倒入 250 mL 量筒中测其密度。

(3)液密度小于要求值,则将它倒回量杯,再加入氯化锌,溶解并冷却后测其密度,直至溶液密度满足要求。

5. 轻物质含量试验步骤

(1)将上述试样一份(m_0)倒入盛有重液(约 500 mL)的量杯中,用玻璃棒充分搅拌,使试样中的轻物质与砂分离,静置 5 min 后,将浮起的轻物质连同部分重液倒入网篮中,轻物质留在网篮中,而重液通过网篮流入另一容器倾倒重液时应避免带出砂粒,一般当重液表面与砂表面相距 20~30 mm 时即停止倾倒,流出的重液倒回盛试样的量杯中,重复上述过程,直至无轻物质浮起。

(2)洗净留存于网篮中的物质,然后将它倒入烧杯,在 (105 ± 5) ℃的烘箱中烘干至恒重,称取轻物质与烧杯的总质量(m)。

6.轻物质的含量的计算

轻物质的含量计算精确到 0.1%：

$$W_1 = \frac{m_1 - m_2}{m_0} \times 100\%$$ (5-18)

式中　W_1——砂中轻物质含量(%)；

　　　m_1——烘干的轻物质与烧杯的总质量,g；

　　　m_2——烧杯的质量,g；

　　　m_0——试验前烘干的试样质量,g。

以两次试验结果的算术平均值作为测定值。

(十六)坚固性试验

1.目的与作用

本方法适用于测定硫酸钠饱和溶液渗入砂中形成结晶时的裂胀力对砂的破坏程度,来间接地判断其坚固性。

2.采用的标准

采用的标准为《普通混凝土用砂、石质量及检验方法标准》(JGJ 52—2006)。

3.仪器设备

(1)烘箱——温度控制范围为(105±5)℃；

(2)天平——称量 1 000 g,感量 1 g；

(3)筛——筛孔公称直径为 160 μm、315 μm、630 μm、1.2 mm、2.50 mm、5.00 mm 的方孔筛各一只；

(4)容器——搪瓷盆或瓷缸,容量不小于 10 L；

(5)网篮——内径及高均为 70 mm 由铜丝或镀锌铁丝制成,网孔的孔径不应大于所盛试样粒级下限尺寸的一半；

(6)试剂——无水硫酸钠；

(7)比重计；

(8)氯化钡——浓度为 10%。

4.溶液的配制及试样制备

(1)硫酸钠溶液的配制应按下述方法进行:

取一定数量的蒸馏水(取决于试样及容器大小,加温至 30~5 ℃),每 1 000 mL 蒸馏水加入无水硫酸钠(Na_2SO_4)300~350 g,用玻璃棒搅拌,使其溶解并饱和,然后冷却至 20~25 ℃,在此温度下静置两昼夜,其密度应为 1 151~1 174 kg/m³；

(2)将缩分后的样品用水冲洗干净,在(105±5)℃的温度下烘干冷却至室温备用。

5.坚固性试验步骤

(1)称取公称粒级分别为 315~630 μm、630 μm~1.25 mm、1.25~2.50 mm 和 2.50~5.00 mm 的试样各 100 g。若是特细砂,应筛去公称粒径 160 μm 以下和 2.50 mm 以上的颗粒,称取公称粒级分别为 160~315 μm、315~630 μm、630 μm~1.25 mm、1.25~2.50 mn 的试样各 100 g。分别装入网篮并浸入盛有硫酸钠溶液的容器中,溶液体积应不小于试样总体积的 5 倍,其温度应保持在 20~25 ℃。网篮浸入溶液时,应先上下升降 25 次以排除试样中的气泡,然后静置于该容器中。此时,网篮底面应距容器底面约 30 mm(由网篮脚高控制),网之间的间距应不小于 30 mm ,试样表面至少应在液面以下 30 mm。

(2)浸泡 20 h 后,从溶液中提出网篮,放在温度为(105 ± 5)℃的烘箱中烘烤 4 h,至此,完成了第一次循环。待试样冷却至 20 ~25 ℃后,即开始第二次循环,从第二次循环开始,浸泡及烘烤时间均为 4 h。

(3)第五次循环完成后,将试样置于 20 ~25 ℃的清水中洗净硫酸钠,再在(105 ± 5)℃的烘箱中烘干至恒重,取出并冷却至室温后,用孔径为试样粒级下限的筛,过筛并称量各粒级试样试验后的筛余量。

注:试样中硫酸钠是否洗净,可按下法检验:取冲洗过试样的水若干毫升,滴入少量 10% 的氯化钡(BaCl$_2$)溶液,如无白色沉淀,则说明硫酸钠已被洗净。

6. 结果计算

(1)试样中各粒级颗粒的分计质量损失百分率 δ_{ji} 应按式(5-19)计算:

$$\delta_{ji} = \frac{m_i - m_i'}{m_i} \times 100\% \qquad (5\text{-}19)$$

式中 δ_{ji}——各粒级颗粒的分计质量损失百分率(%);

m_i——每一粒级试样试验前的质量,g;

m_i'——经硫酸钠溶液试验后,每一粒级筛余颗粒的烘干质量,g。

(2)300 μm ~4.75 mm 粒级试样的总质量损失百分率 δ_j 应按式(5-20)计算,精确至 1%。

$$\delta_j = \frac{a_1\delta_{j1} + a_2\delta_{j2} + a_3\delta_{j3} + a_4\delta_{j4}}{a_1 + a_2 + a_3 + a_4} \times 100\% \qquad (5\text{-}20)$$

式中 δ_j——试样的总质量损失百分率(%);

a_1、a_2、a_3、a_4——公称粒级分别为 315 ~630 μm、630 μm ~1.25 mm、1.25 ~2.50 mm、1.25 ~2.50 mm、2.50 ~5.00 mm 粒级在筛除小于公称粒径 315 μm 及大于公称粒径 5.00 mm 颗粒后的原试祥中所占的百分率(%)。

δ_{j1}、δ_{j2}、δ_{j3}、δ_{j4}——公称粒级分别为 315 ~630 μm、630 μm ~1.25 mm、1.25 ~2.50 mm、250 ~5.00 mm 各粒级的分计质量损失百分率(%)。

(3)细砂按式(5-21)计算,精确至 1%:

$$\delta_j = \frac{a_0\delta_{j0} + a_1\delta_{j1} + a_2\delta_{j2} + a_3\delta_{j3}}{a_0 + a_1 + a_2 + a_3} \qquad (5\text{-}21)$$

式中 δ_j——试样的总质量损失百分率(%);

a_0、a_1、a_2、a_3——公称粒级分别为 160 ~315 μm、315 ~630 μm、630 μm ~1.25 mm、1.25 ~2.50 mm,粒级在筛除小于公称粒径 160 μm 及大于公称粒径 2.50 mm 颗粒后的原试祥中所占的百分率(%)。

δ_{j0}、δ_{j1}、δ_{j2}、δ_{j3}——公称粒级分别为 160 ~315 μm、315 ~630 μm、630 ~1.25 mm、1.25 ~2.50 mm 各粒级的分计质量损失百分率(%)。

(十七)硫酸盐及硫化物含量试验

1. 目的与作用

本方法适用于测定砂中的硫酸盐及硫化物含量(按 SO$_3$ 百分含量计算)

2. 采用的标准

采用的标准为《普通混凝土用砂、石质量及检验方法标准》(JGJ 52—2006)。

3. 仪器设备

(1)天平和分析天平——天平,称量 1 000 g,感量 1 g;分析天平,称量 100 g,感量 0.000 1 g;

(2)高温炉——最高温度 1 000 ℃;

(3)试验筛——筛孔公称直径为 80 μm 的方孔筛一只;

(4)瓷坩埚;

(5)仪器——烧瓶、烧杯等;

(6)10%(W/V)氯化钡溶液——10 g 氯化钡溶于 100 mL 蒸馏水中;

(7)盐酸(1 + 1)——浓盐酸溶于同体积的蒸馏水中;

(8)1%(W/V)硝酸银溶液——1 g 硝酸银溶于 100 mL 蒸馏水中,并加入 5 ~ 10 mL 硝酸,存于棕色瓶中。

4. 试样制备

样品经缩分至不少于 10 g,置于温度为(105 ± 5)℃烘箱烘干至恒重,冷却至室温后,研磨至全部通过筛孔公称直径为 80 μm 的方孔筛,备用。

5. 试验步骤

硫酸盐及硫化物含量试验应按下列步骤进行:

(1)用分析天平精确称取砂粉试样 1 g(m),放入 300 mL 的烧杯中,加入 30 ~ 40 mL 蒸馏水及 10 mL 的盐酸(1 + 1),加热至微沸,并保持微沸 5 min,试样充分分解后取下,以中速滤纸过滤,用温水洗涤 10 ~ 12 次。

(2)调整滤液体积至 200 mL,煮沸,搅拌同时滴加 10 mL 10% 氯化钡溶液,并将溶液煮沸数分钟,然后移至热处静置至少 4 h(此时溶液体积应保持在 200 mL),用慢速滤纸过滤,用温水洗到无氯根反应(用硝酸银溶液检验)。

(3)将沉淀及滤纸一并移入已灼烧至恒重的瓷坩埚(m_1)中,灰化后在 800 ℃的高温炉内灼烧 30 mim。取出坩埚,置于干燥器中冷却至室温,称量,如此反复灼烧,直至恒重(m_2)。

6. 硫化物及硫酸盐含量计算

硫化物及硫酸盐含量(以 SO_3 计)的计算,精确至 0.01:

$$W_{SO_3} = \frac{(m_2 - m_1) \times 0.343}{m} \times 100\% \qquad (5-22)$$

式中　W_{SO_3}——硫酸盐含量(%);

　　　m——试样质量,g;

　　　m_1——瓷坩埚的质量,g;

　　　m_2——瓷坩埚的质量和试样总质量,g;

　　　0.343——$BaSO_4$ 换算成 SO_3 的系数。

以两次试验的算术平均值作为测定值,当两次试验结果之差大于 0.15% 时,须重做试验。

（十八）砂中氯离子含量试验

1. 目的与作用

本方法适用于测定砂中的氯离子含量。

2. 采用的标准

采用的标准为《普通混凝土用砂、石质量及检验方法标准》(JGJ 52—2006)。

3. 仪器设备

(1)天平——称量 1 000 g,感量 1 g;

(2)带塞磨口瓶——容量 1 L;

(3)三角瓶——容量 300 mL;

(4)滴定管——容量 10 mL 或 25 mL;

(5)容量瓶——容量 500 mL;

(6)移液管——容量 50 mL 或 2 mL;

(7)5%(W/V)铬酸钾指示剂溶液;

(8)0.01 mol/L 的氯化钠标准溶液;

(9)0.01 mol/L 的硝酸银标准溶液。

4. 试样制备

取经缩分后样品 2 kg,在温度(105 ±5)℃的烘箱中烘干至恒重,经冷却至室温备用。

5. 氯离子含量试验步骤

(1)称取试样 500 g(m),装入带塞磨口瓶中,用容量瓶取 500 mL 蒸馏水,注入磨口瓶内,加上塞子,摇动一次,放置 2 h,然后每隔 5 min 摇动一次,共摇动 3 次,使氯盐充分溶解。将磨口瓶上部已澄清的溶液过滤,然后用移液管吸取 50 mL 滤液,注入三角瓶中,再加入浓度为 5%(W/V)的铬酸钾指示剂 1 mL,用 0.01 mol/L 硝酸银标准溶液滴定至呈现砖红色为终点,记录消耗的硝酸银标准溶液的毫升数(V_1)。

(2)空白试验:用移液管准确吸取 50 mL 蒸馏水到三角瓶内,加入 5% 铬酸钾指示剂 1 mL,并用 0.01 mol/L 的硝酸银标准溶液滴定至溶液呈砖红色,记录此点消耗的硝酸银标准溶液的毫升数(V_2)。

6. 砂中氯离子含量的计算

砂中氯离子含量的计算精确至 0.001%:

$$W_{cl} = \frac{C_{AgNO_3}(V_1 - V_2) \times 0.035\ 5 \times 10}{m} \times 100\% \tag{5-23}$$

式中 W_{cl}——砂中氯离子含量(%);

C_{AgNO_3}——硝酸银标准溶液的浓度,mol/L;

V_1——样品滴定时消耗的硝酸银标准溶液的体积,mL;

V_2——空白试验时消耗的硝酸银标准溶液的体积,mL;

m——试样质量,g。

（十九）海砂中贝壳含量试验（盐酸清洗法）

1. 目的与作用

本方法适用于检验海砂中的贝壳含量。

2. 采用的标准

采用的标准为《普通混凝土用砂、石质量及检验方法标准》(JGJ 52—2006)。

3. 仪器设备

(1)烘箱——温度控制范围为(105 ±5)℃;

(2)天平——称量 1 000 g、感量 1 g 和称量 5 000 g、感量 5 g 的天平各一台;

(3)试验筛——筛孔公称直径为 5.00 mm 的方孔筛一只;

(4)量筒——容量 1 000 mL;

(5)搪瓷盆——直径 200 mm 左右;

(6)玻璃棒;

(7)(1 +5)盐酸溶液——由浓盐酸(相对密度 1.18,浓度 26% ~38%)和蒸馏水按 1∶5 的比例配制而成;

(8)烧杯——容量 2 000 mL。

4. 试样制备

将样品缩分至不少于 2 400 g,置于温度为(105 ±5)℃烘箱中烘干至恒重,冷却至室温后,过筛孔公称直径为 5.00 mm 的方孔筛后,称取 500 g(m_1)试样两份,先测出砂的含泥量(W_c),再将试样放入烧杯中备用。

5. 海砂中贝壳含量测试步骤

在盛有试样的烧杯中加(1 ±5)盐酸溶液 900 mL,不断用玻璃棒搅拌,使反应完全。待溶液中不再有气体产生,再加少量上述盐酸溶液,若再无气体生成则表明反应已完全。否则应重复上一步骤,直至无气体产生。然后进行五次清洗,清洗过程中要避免砂粒丢失。洗净后,置于温度为(105 ±5)℃的烘箱中,取出冷却至室温,称重(m_2)。

6. 砂中贝壳含量 W_b 的计算,精确至 0.1%

计算公式如下:

$$W_b = \frac{m_1 - m_2}{m_1} \times 100\% - W_c \tag{5-24}$$

式中　W_b——砂中贝壳含量(%);

　　　m_1——试样总量,g;

　　　m_2——试样除去贝壳后的质量,g;

　　　W_c——含泥量(%)。

以两次试验结果的算术平均值作为测定值,当两次结果之差超过 0.5% 时,应重新取样进行试验。

(二十)砂的碱活性试验(快速法)

1. 目的与作用

本方法适用于在 1 mol/L 氢氧化钠溶液中浸泡试样 14 d 以检验硅质集料与混凝土中的碱产生潜在反应的危害性,不适用于碱碳酸盐反应活性集料检验。

2. 采用的标准

采用的标准为《普通混凝土用砂、石质量及检验方法标准》(JGJ 52—2006)。

3. 仪器设备

(1)烘箱——温度控制范围为(105 ±5)℃;

（2）天平——称量 1 000 g,感量 1 g;

（3）试验筛——筛孔公称直径为 5.00 mm、2.50 mm、1.25 mm、630 μm、315 μm、1 60 μm 的方孔筛各一只;

（4）测长仪——测量范围 280 ~ 300 mm,精度 0.01 mm;

（5）水泥胶砂搅拌机——应符合现行行业标准《行星式水泥胶砂搅拌机》(JC/T 681—2005)的规定;

（6）恒温养护箱或水浴——温度控制范围为(80 ±2)℃;

（7）养护筒——由耐碱耐高温的材料制成,不漏水,密封,防止容器内湿度下降,筒的容积可以保证试件全部浸没在水中。筒内设有试件架,试件垂直于试件架放置;

（8）试模——金属试模,尺寸为 25 mm ×25 mm ×280 mm,试模两端正中有小孔,装有不锈钢测头;

（9）镘刀、捣棒、量筒、干燥器等。

4.试件的制作

（1）将砂样缩分成约 5 kg,按表 5-10 中所示级配及比例组合成试验用料,并将试样洗净烘干或晾干备用。

表 5-10 砂级配

公称粒径	5.00 ~ 2.50 mm	2.50 ~ 1.25 mm	1.25 mm ~ 630 μm	630 ~ 315 μm	315 ~ 160 μm
分级质量(%)	10	25	25	25	15

注:对特细砂分级质量不作规定。

（2）水泥应采用符合现行国家标准《硅酸盐水泥、普通硅酸盐水泥》(GB 175—1999)要求的普通硅酸盐球泥。水泥与砂的质量比为 1:2.25,水灰比为 0.47。试件趣格 25 mm ×25 mm ×280 mm 每组三条,称取水泥 440 g,砂 990 g。

（3）成型前 24 h,将试验所用材料(水泥、砂、拌和用水等)放入(20 ±2)℃的垣温室中。

（4）将称好的水泥与砂倒入搅拌锅,应按现行国家标准《水泥胶砂强度检验方法(ISO 法)》(GB/T 17671—1999)的规定进行搅拌。

（5）搅拌完成后,将砂浆分两层装入试模内,每层捣 40 次,测头周围填实,浇捣完毕后用镘刀刮除多余砂浆,抹平表面,并标明测定方向及编号。

5.快速法试验步骤

（1）试件成型完毕后,将试件带模放入标准养护室,养护(24 ±4)h 后脱模。

（2）脱模后,将试件浸泡在装有自来水的养护筒中,并将养护筒放入温度(80 ±2)℃的烘箱或水浴箱中养护 24 h。同种集料制成的试件放在同一个养护筒中。

（3）然后将养护筒逐个取出。每次从养护筒中取出一个试件,用抹布擦干表面,立即用测长仪测试件的基长(L_0)。每个试件至少重复测试两次。取差值在仪器精度范围内的两个读数的平均值作为长度测定值(精确至 0.02 mm),每次每个试件的测量方向应一致,待测的试件须用湿布覆盖。全部试件测定基准长度后,把试件放入装有浓度为 1 mol/L 氢氧化钠溶液的养护筒中,并确保试件被完全浸泡。溶液温度应保持在(80 ±2)℃,将养护筒放回烘箱或水浴箱中。

注:用测长仪测定任一组试件的长度时,均应先调整测长仪的零点。

(4)自测定基准长度之日起,第 3 d、7 d、10 d、14 d 再分别测其长度(L_t)。测长方法与测基长方法相同。每次测量完毕后,应将试件调头放入原养护筒,盖好筒盖,放回(80 ± 2)℃的烘箱或水浴箱中,继续养护到下一个测试龄期。操作时防止氢氧化钠溶液溢溅,避免烧伤皮肤。

(5)在测量时应观察试件的变形、裂缝、渗出物等,特别应观察有无胶体物质,并作详细记录。

6.试件中的膨胀率

试件中的膨胀率的计算,精确至 0.01%:

$$\varepsilon_t = \frac{L_t - L_0}{L_0 - 2\Delta} \times 100\% \tag{5-25}$$

式中 ε_t——试件在 t 天龄期的膨胀率(%);

        L_t——试件在 t 天龄期的长度,mm;

        L_0——试件的基长,mm;

        Δ——测头长度,mm。

以三个试件膨胀率的平均值作为某一龄期膨胀率的测定值。任一试件膨胀率与平均值均应符合下列规定:

(1)当平均值小于或等于 0.05% 时,其差值均应小于 0.01%;

(2)当平均值大于 0.05% 时,单个测值与平均值的差值均应小于平均值的 20%;

(3)当三个试件的膨胀率均大于 0.01% 时,无精度要求;

(4)当不符合上述要求时,去掉膨胀率最小的,用其余两个试件的平均值作为该龄期的膨胀率。

7.结果评定

(1)当 14 d 膨胀率小于 0.10% 时,可判定为无潜在危害;

(2)当 14 d 膨胀率大于 0.20% 时,可判定为有潜在危害

(3)当 14 d 膨胀率在 0.10% ~0.20% 时,应按下文砂浆长度法再进行试验判定。

(二十一)砂的碱活性试验(砂浆长度法)

1.目的与作用

本方法适用于鉴定硅质骨料与水泥(混凝土)中的碱产生潜在反应的危害性,不适用于碱碳酸盐反应活性骨料检验。

2.采用的标准

采用的标准为《普通混凝土用砂、石质量及检验方法标准》(JGJ 52—2006)。

3.仪器设备

(1)试验筛——应符合本标准第 6.1.2 条的要求;

(2)水泥胶砂搅拌机——应符合现行行业标准《行星式水泥胶砂搅拌机》(JC/T 681—2005)规定;

(3)镘刀及截面为 14 mm × 13 mm、长 120 ~ 150 mm 的钢制捣棒;

(4)量筒、秒表;

(5)试模和测头——金属试模,规格为 25 mm × 25 mm × 280 mm,试模两端正中应有小

孔,测头在此固定埋入砂浆,测头用不锈钢金属制成;

(6)养护筒——用耐腐蚀材料制成,应不漏水,不透气,加盖后放在养护室中能确保筒内空气相对温度为95%以上,筒内设有试件架,架下盛有水,试件垂直立于架上并不与水接触;

(7)测长仪——测量范围280~300 mm,精度0.01 mm;

(8)室温为(40±2)℃的养护室;

(9)天平——称量2 000 g,感量2 g;

(10)跳桌——应符合现行行业标准《水泥胶砂流动度测定仪》(JC/T 958—2005)要求。

4.试件的制备

(1)制作试件的材料应符合下列规定:

①水泥——在做一般集料活性鉴定时,应使用高碱水泥,含碱量为1.2%;低于此值时,掺浓度为10%的氢氧化钠溶液,将碱含量调至水泥量的1.2%;对于具体工程,当该工程拟用水泥的含碱量高于此值,则应采用工程所使用的水泥。

注:水泥含碱量以氧化钠(Na_2O)计,氧化钾(K_2O)换算为氧化钠时乘以换算系数0.658。

②砂——将样品缩分成约5 kg,按表5-11中所示级配及比例组合成试验用料,并将试样洗净晾干。

表5-11 砂级配表

公称粒级	5.00~2.50 mm	2.50~1.25 mm	1.25 mm~630 μm	630~315 μm	315~160 μm
分级持量(%)	10	25	25	25	15

注:对特细砂分级质量不作规定。

(2)制作试件用的砂浆配合比应符合下列规定:

水泥与砂的质量比为1:2.25。每组3个试件,共需水泥440 g,砂料990 g,砂浆用水量应按现行国家标准《水泥胶砂流动度测定方法》(GB/T 2419—2005)确定,跳桌次数改为6 s跳动10次,以流动度在105~120 mm为准。

(3)砂浆长度法试验所用试件应按下列方法制作:

①成型前24 h,将试验所用材料(水泥、砂、拌和用水等)放入(20±2)℃的恒温室中;

②先将称好的水泥与砂倒入搅拌锅内,开动搅拌机,拌和5 s后徐徐加水,20~30 s加完,自动机器起搅拌(180±5)s停机,将粘在叶片上的砂浆刮下,取下搅拌锅。

③砂浆分两层装入试模内,每层捣40次;测头周围应填实,浇捣完毕后用镘刀刮除多余砂浆,抹平表面并标明测定方向和编号。

5.砂浆长度法试验步骤

(1)试件成型完毕后,带模放入标准养护室,养护(24±4)h后脱模(当试件强度较低时,可延至48 h脱模),脱模后立即测量试件的基长(L_0)。测长应在(20±2)℃的恒温室中进行,每个试件至少重复测试两次,取差值在仪器精度范围内的两个读数的平均值作为长度测定值(精确至0.02 mm)。待测的试件须用湿布覆盖,以防止水分蒸发。

(2)测量后将试件放入养护筒中,盖严后放入(40±2)℃养护室里养护(一个筒内的品种应相同)。

（3）自测基长之日起，14 d、1个月、2个月、3个月、6个月再分别测其长度（L_t），如有必要还可适当延长。在测长前一天，应把养护筒从（40±2）℃养护室中取出，放入（20±2）℃的恒温室。试件的测长方法与测基长相同，测量完毕后，应将试件调头放入养护筒中，盖好筒盖，放回（40±2）℃养护室继续养护到下一测龄期。

（4）在测量时应观察试件的变形、裂缝和渗出物，特别应观察有无胶体物质，并作详细记录。

6.试件的膨胀率的计算

试件的膨胀率的计算精确至0.001%：

$$\varepsilon_t = \frac{L_t - L_0}{L_0 - 2\Delta} \tag{5-26}$$

式中　ε_t——试件在 t 天龄期的膨胀率（%）；

　　　L_0——试件的基长，mm；

　　　L_t——试件在 t 天龄期长度，mm；

　　　Δ——测头长度，mm。

以三个试件膨胀率的平均值作为某一龄期膨胀率的测定能。任一试件膨胀率与平均值均应符合下列规定：

（1）当平均值小于或等于0.05%时，其差值均应小0.01%；

（2）当平均值大于0.05%时，其差值均应小于平均值的20%；

（3）当三个试件的膨胀率均超过0.01%时，无精度要求；

（4）当不符合上述要求时，去掉膨胀率最小的，用其余两个试件的平均值作为该龄期的膨胀率。

7.结果评定

当砂浆6个月膨胀率小于0.10%或3个月膨胀率小于0.05%（只有在缺少6个月膨胀率时才有效）时，则判为无潜在危害；否则，应判为有潜在危害。

第二节　粗集料

一、石子的定义及分类

（一）定义

由天然岩石或卵石经破碎筛分而得，并且公称粒径大于5.00 mm 的岩石颗粒，称为碎石。由自然条件形成的粒径大于5.00 mm 的岩石颗粒称为卵石。

（二）分类

1.按品种分

（1）碎石：指岩体或卵石经破碎筛分而成的粒径大于5.00 mm 的碎块。

（2）卵石：指在自然条件作用下形成的，粒径大于5.00 mm 的外形浑圆，少棱角的石子。

2.按粒径规格尺寸分

按粒径规格尺寸分为单粒级和连续粒级。

二、石子选用的原则

（1）最大粒径尽量选用得大些。

（2）石子中公称粒径的上限为石子的最大粒径。

（3）在选用石子时，要考虑结构形式、配筋疏密、运输和施工条件进行选用：

①石子最大粒径不得超过结构截面最小尺寸的1/4，同时不能大于钢筋间最小净距的2/3。

②对于素混凝土实心板，可允许采用最大粒径达1/2的集料，但最大粒径不得超过50 mm，对于少筋或无筋混凝土结构，应选用较大的粗集料。

③对于泵送混凝土，集料最大粒径与输送管内径之比，碎石不宜大于1：3，卵石不宜大于1：2.5。

④混凝土用石应采用连续粒级，当采用单粒级时，宜组合成满足要求的连续粒级；也可与连续粒级混合使用，以改善其级配或较大粒度的连续粒级。

三、石的质量要求

（一）颗粒级配

碎石或卵石的颗粒级配应符合表5-12的要求。

表5-12　碎石或卵石的颗粒级配范围

级配情况	公称粒径（mm）	累计筛余,按质量计(%)											
		方孔筛筛孔边长尺寸(mm)											
		2.36	4.75	9.5	16.0	19.0	26.5	31.5	37.5	53	63	75	90
连续粒级	5～10	95～100	80～100	0～15	0	—	—	—	—	—	—	—	—
	5～16	95～100	85～100	30～60	0～10	0	—	—	—	—	—	—	—
	5～20	95～100	90～100	40～80	—	0～10	0	—	—	—	—	—	—
	5～25	95～100	90～100	—	30～70	—	0～5	0	—0	—	—	—	—
	5～31.5	95～100	95～100	70～90	—	15～45	—	0～5	0～5	—	—	—	—
	5～40	—	95～100	70～90	—	30～60	—	—	0	—	—	—	—
单粒级	10～20	—	—	85～100	—	0～15	0	—	75～100	—	—	—	—
	16～31.5	—	—	—	85～100	—	—	0～10	—	—	—	—	—
	20～40	—	—	—	95～100	—	80～100	—	37.5	—	—	—	—
	31.5～63	—	—	—	—	95～100	—	75～100	—	—	0～10	0	—
	40～80	—	—	—	—	95～100	—	—	—	—	30～60	0～10	0

当卵石的颗粒级配不符合表5-12要求时，应采取措施并经试验证实能确保工程质量后，方允许使用。

（二）碎石或卵石中针、片状颗粒含量

碎石或卵石中针、片状颗粒含量应符合表5-13的规定。

表 5-13　针、片状颗粒含量

混凝土强度等级	≥C60	C55～C30	≤C25
针、片状颗粒含量(按质量计,%)	≤8	≤15	≤25

(三)碎石或卵石中含泥量

碎石或卵石中含泥量应符合表 5-14 的规定。

表 5-14　碎石或卵石中含泥量

混凝土强度等级	≥C60	C55～C30	≤C25
含泥量(按质量计,%)	≤0.5	≤1.0	≤2.0

对于有抗冻、抗渗或其他特殊要求的混凝土,其所用碎石或卵石中含泥量不应大于1.0%。当碎石或卵石的含泥是非勃土质的石粉时,其含泥量可由表 5-14 的 0.5%、1.0%、2.0%分别提高到 1.0%、1.5%、3.0%。

(四)碎石或卵石中泥块含量

碎石或卵石中泥块含量应符合表 5-15 的规定。

表 5-15　碎石或卵石中泥块含量

混凝土强度等级	≥C60	C55～C30	≤C25	≥C60
含泥量(按质量计,%)	≤8	≤15	≤25	≤8

对于有抗冻、抗渗或其他特殊要求强度等级小于 C30 的混凝土,所用碎石或卵石中泥块含量不应大于 0.5%。

(五)碎石的强度

碎石的强度可用岩石的抗压强度和压碎值指标表示。岩石的抗压强度应比所配制的混凝土强度至少高 20%。当混凝土强度等级大于或等于 C60 时,应进行岩石抗压强度检验。岩石强度首先应由生产单位提供,工程中可采用压碎值指标进行质量控制。碎石的压碎值指标宜符合表 5-16 的规定。

表 5-16　碎石的压碎值指标

岩石品种	混凝土强度等级	碎石的压碎值指标(%)
沉积岩	≤C35	≤10
	C60～C40	≤16
变质岩或深成的火成岩	≤C35	≤12
	C60～C40	≤20
喷出的火成岩	≤C35	≤13
	C60～C40	≤30

注:沉积岩包括石灰岩、砂岩等;变质岩包括片麻岩、石英岩等;深成的火成岩包括花岗凹面、正长岩、闪长岩和橄榄岩等;喷出的火成岩包括玄武岩和辉绿岩等。

卵石的强度可用压碎指标表示。其压碎值指标宜符合表 5-17 的规定。

表 5-17　卵石的压碎值指标

混凝土强度等级	C60 ~ C40	≤C35
压碎值指标(%)	≤12	≤16

(六)碎石或卵石的坚固性

碎石或卵石的坚固性应用硫酸钠溶液法检验,试样经 5 次循环后,其质量损失尖符合表 5-18 的规定。

表 5-18　碎石或卵石的坚固性指标

混凝土所处的环境条件及其性能要求	5 次循环后的质量损失(%)
在严寒及寒冷地区室外使用并经常处于潮湿或干湿交替状态下的混凝土 对于有抗疲劳、耐磨、抗冲击要求的混凝土有腐蚀介质作用或经常处于水位变化区的地下结构混凝土	≤8
其他条件下使用的混凝土	≤12

(七)硫化物和硫酸盐含量

碎石或卵石中的硫化物和硫酸盐含量以及卵石中有机物等有害物质含量,应符表 5-19 的规定。

表 5-19　碎石或卵石中的有害物质含量

项目	质量要求
硫化物及硫酸盐含量(折算成 SO_3,按质量计,%)	≤1.0
卵石中有机物含量(用比色法试验)	颜色应不深于标准色。当颜色深于标准色时,应配制成混凝土进行强度对比试验,抗压强度比应不低于 0.95

当碎石或卵石中含有颗粒状硫酸盐或硫化物杂质时,应进行专门检验.确认能满足混凝土耐久性要求后,方可采用。

(八)重要结构混凝土用碎石或卵石

对于长期处于潮湿环境的重要结构混凝土,它所使用的碎石或卵石应进行碱活性检验。

进行碱活性检验时,首先应采用岩相法检验碱活性集料的品种、类型和数量。当检验出集料中含有活性氧化硅时,应采用快速砂浆棒法和砂浆长度法进行碱活性检验;当检验出集料中含有活性碳酸盐时,应采用岩石柱法进行碱活性检验。

经上述检验,当判定集料存在潜在碱—碳酸盐反应危害时,不宜用做混凝土集料;否则,应通过专门的混凝土试验,作最后评定。

当判定集料存在潜在碱—硅反应危害时,应控制混凝土中的碱含量不超过 3 kg/m³,或采用能抑制碱集料反应的有效措施。

四、石的检验方法

(一)检验批的确定

使用单位应按砂或石的同产地同规格分批验收。采用大型工具(如火车、货船或汽车)运输的,应以 400 m³ 或 600 t 为一验收批;采用小型工具(如拖拉机等)运输的,应以 200 m³ 或 300 t 为一验收批。不足上述量者,应按一验收批进行验收。

当砂或石的质量比较稳定、进料量又较大时,可以 1 000 t 为一验收批。

(二)取样

(1)从料堆山取样,取样部位应均匀分布。取样前应先将取样部位表层铲除,然后由各部位抽取大致相等的砂 8 份,组成一组样品。

(2)从皮带运输机上取样时,应在皮带运输机机头的出料处全断面随机抽取大致等量砂 4 份,组成一组样品。

(3)从火车、汽车、货船上取样时,应从不同部位和深度随机抽取大致相等的砂 8 份,组成一组样品。

(4)取样数量。

单项试验最少取样数量应符合表 5-20 的规定。当需要做几项检验时,如能保证样品经一项试验后不致影响另一项试验结果,用同一样品进行几项不同的试验。

表 5-20　每一单项检验项目所需碎石或卵石的最小取样质量　　　　(单位:kg)

试验项目	最大公称粒径(mm)							
	10.0	16.0	20.0	25.0	31.5	40.0	63.0	80.0
筛分析	8	15	16	20	25	32	50	64
表观密度	8	8	8	8	12	16	24	24
含水率	2	2	2	2	3	3	4	6
吸水率	8	8	16	16	16	24	24	32
堆积密度、紧密密度	40	40	40	40	80	80	120	120
含泥量	8	8	24	24	40	40	80	80
泥块含量	8	8	24	24	40	40	80	80
针、片状含量	1.2	4	8	12	20	40	—	—
硫化物及硫酸盐	1.0							

(三)样品的处理

(1)碎石或卵石缩分时,应将样品置于平板上,在自然状态下拌均匀,并堆成锥体,然后沿互相垂直的两条直径把锥体分成大致相等的四份,取其对角的两份重新拌匀,再堆成锥体。重复上述过程,直至把样品缩分至试验所需量。

(2)砂、碎石或卵石的含水率、堆积密度、紧密密度检验所用的试样,可不经缩分,拌匀后直接进行试验。

(四)石子的筛分试验

1. 目的与作用

用于评定石料的品质,为生产混凝土产品使用的原材料控制质量。

2. 采用的标准

采用的标准为《普通混凝土用砂、石质量及检验方法标准》(JGJ 52—2006)。

3. 仪器设备

(1) 试验筛——筛孔公称直径为 100.0 mm、80.0 mm、63.0 mm、50.0 mm、40.0 mm、31.5 mm、25.0 mm、20.0 mm、16.0 mm、10.0 mm、5.00 mm 和 2.50 mm 的方孔筛以及筛的底盘和盖各一只,其规格和质量要求应符合现行国家标准《金属穿孔板试验筛》(GB/T 6003.2)的要求,筛框直径为 300 mm;

(2) 天平和秤——天平的称量 5 kg,感量 5 g;秤的称量:20 kg,感量 20 g;

(3) 烘箱——温度控制范围为(105 ±5)℃;

(4) 浅盘。

4. 试样的制备

试验前,应将样品缩分至表 5-21 所规定的试样最少质量,并烘干或风干后备用。

表 5-21　筛分析所需试样的最少质量

公称粒径(mm)	10.0	16.0	20.0	25.0	31.5	40.0	63.0	80.0
试样最少质量(kg)	2.0	3.2	4.0	5.0	6.3	8.0	12.6	16.0

5. 试验步骤

(1) 按表 5-10 的规定称取试样。

(2) 将试样按筛孔大小顺序过筛。当每只筛上的筛余层厚度大于试样的最大粒径值时,应将该筛上的筛余试样分成两份,再次进行筛分,直至各筛每分钟的通过量不超过试样总量的 0.1%。

注:当筛余试样的颗粒径比公称粒径大 20 mm 以上时,在筛分过程中,允许用用拨动颗粒。

(3) 称取各筛筛余的质量,精确至试样的总质量的 0.1%。各筛的分计筛余量和筛底剩余量的总和与筛分前测定的试样总量相比,其相差不得超过 1%。

6. 试验结果的计算

(1) 计算分计筛余(各筛上筛余量除以试样的百分率),精确至 0.1%;

(2) 计算累计筛余(该筛的分计筛余与筛孔大于该筛的各筛的分计筛余百分率之总和),精确至 1%;

(3) 根据各筛的累计筛余,评定该试样的颗粒级配。

(五) 碎石或卵石的表观密度试验(标准法)

1. 目的与作用

本方法适用于测定碎石的表观密度,为混凝土配合比设计提供数据'

2. 采用的标准

采用的标准为《是普通混凝土用砂、石质量及检验方法标准》(JGJ 52—2006)。

3. 仪器设备

(1) 液体天平——称量 5 kg,感量 5 g,其型号及尺寸应能允许在臂上悬挂盛试样的吊篮,并在水中称重(见图 5-7);

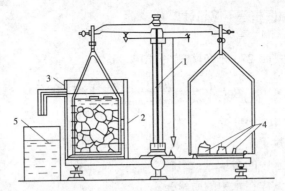

1—5 kg 天平;2—吊篮;3—带有溢流孔的金属容器;4—砝码;5—容器

图 5-7　液压天平

（2）吊篮——直径和高度均为 150 mm,由孔径为 1 ~ 2 mm 的筛网或钻有孔径为 2 ~ 3 mm 孔洞的耐锈蚀金属板制成。

（3）盛水容器——有溢流孔。

（4）烘箱——温度控制范围为（105 ±5）℃。

（5）试验筛——筛孔公称直径为 5.00 mm 的方孔筛一只。

（6）温度计——0 ~ 100 ℃。

（7）带盖容器、浅盘、刷子和毛巾等。

4. 试样的制备

试验前,将样品筛除公称粒径为 5.00 mm 以下的颗粒,并缩分至略大于两倍表 5-22 规定的最少质量,冲洗干净后分成两份备用。

表 5-22　表观密度试验所需的试样最少质量

最大公称粒径(mm)	10.0	16.0	20.0	25.0	31.5	40.0	63.0	80.0
试样最少质量(kg)	2.0	2.0	2.0	2.0	3.0	4.0	6.0	6.0

5. 试验

（1）按本标准表 5-22 规定称取试样。

（2）取试样一份装入吊篮,并浸入盛水的容器中,水面至少高出试样 50 mm。

（3）浸入 24 h 后,移放到称量用的盛水容器中,并用上下升降吊篮的方法排除汽泡(试样不得露出水面)。吊篮每升降一次约为 1 s,升降高度为 30 ~ 50 mm。

（4）测定水温(此时吊篮应全浸在水中),用天平称取吊篮及试样在水中的质量(m_2)。称量时盛水容器中水面的高度由容器的溢流孔控制。

（5）提起吊篮,将试样置于浅盘中,放入（105 ±5）℃ 的烘箱中烘干至恒重;取出来放在带盖的容器中冷却至室温后,称重(m_0)。

注:恒重是指相邻两次称量间隔时间不小于 3 h 的情况下,其前后两次称量之差小于该项试验所要求的称量精度,下同。

（6）称取吊篮在同样温度的水中质量(m_1),称量时盛水容器的水面高度仍应由溢流口控制。

注:试验的各项称重可以在 15 ~ 25 ℃ 的温度范围内进行,但从试样加水静置的最后 2 h

起直至试验结束,其温度相差不应超过 2 ℃。

6. 表观密度计算

表观密度 ρ 应按式(5-27)计算,精确至 10 kg/m³:

$$\rho = \left(\frac{m_0}{m_0 + m_1 - m_2} - a_t \right) \times 1\,000 \qquad (5\text{-}27)$$

式中　ρ——表观密度,m³;

　　　m_0——试样的烘干质量,g;

　　　m_1——吊篮在水中的质量,g;

　　　m_2——吊篮及试样在水中的质量,g;

　　　a_t——水温对表观密度影响的修正系数,见表 5-23。

表 5-23　不同水温下碎石或卵石的表观密度影响的修正系数

水温(℃)	15	16	17	18	19	20	21	22	23	24	25
a_t	0.002	0.003	0.003	0.004	0.004	0.005	0.005	0.006	0.006	0.007	0.008

以两次试验结果的算术平均值作为测定值。当两次结果之差大于 20 kg/m³ 时,应重新取样进行试验。对颗粒材质不均匀的试样,两次试验结果之差大于 20 kg/m³ 时,可取四次测定结果的算术平均值作为测定值。

(六)碎石或卵石的表观密度试验(简易法)

1. 目的与作用

本方法适用于测定碎石或卵石的表观密度,不宜用于测定最大公称粒径超过 40 mm 的碎石或卵石的表观密度,为混凝土配合比设计提供数据。

2. 采用的标准

采用的标准为《普通混凝土用砂、石质量及检验方法标准》(JGJ 52—2006)。

3. 仪器设备

(1)烘箱——温度控制范围为(105 ±5)℃;

(2)秤——称量 20 kg,感量 20 g;

(3)广口瓶——容量 1 000 mL,磨口,并带玻璃片;

(4)试验筛——筛孔公称直径为 5.00 mm 的方孔筛一只;

(5)毛巾、刷子等。

4. 试样的制备

试验前,筛除样品中公称粒径为 5.00 mm 以下的颗粒,缩分至略大于表 5-22 规定的量的两倍。洗刷干净后,分成两份备用。

5. 试验的步骤

(1)按表 5-22 规定的数量称取试样。

(2)将试样浸水饱和,然后装入广口瓶中。装试样时,广口瓶应倾斜放置,注入饮用水,用璃片覆盖瓶口,以上下左右摇晃的方法排除气泡。

(3)气泡排尽后,向瓶中添加饮用水直至水面凸出瓶口边缘。然后用玻璃片沿瓶口迅速滑行,使其紧贴瓶口水面。擦干瓶外水分后,称取试样、水、瓶和玻璃片总质最(m_1)。

（4）将瓶中的试样倒入浅盘中，放在（105±5）℃的烘箱中烘干至恒重；取出，放在带盖的容器中冷却至室温后称取质量（m_0）；

（5）将瓶洗净，重新注入饮用水，用玻璃片紧贴瓶口水面，擦干瓶外水分后称取质量（m_2）。

注：试验时各项称重可以在 15～25 ℃的温度范围内进行，但从试样加水静置的最后 2 h 起直至试验结束，其温度相差不应超过 2 ℃。

6. 试验结果计算

试验结果的计算精确至 10 kg/m³：

$$\rho = \left(\frac{m_0}{m_0 + m_2 - m_1} - a_t \right) \times 1\,000 \tag{5-28}$$

式中　ρ——表观密度，kg/m³；

　　　m_0——烘干后试样质量，g；

　　　m_1——试样、水、瓶和玻璃片的总质量，g；

　　　m_2——水、瓶和玻璃片总质量，g；

　　　a_t——水温对表观密度影响的修正系数，见表 5-23。

以两次试验结果的算术平均值作为测定值。当两次结果之差大于 20 kg/m³ 时，应重新取样进行试验。对颗粒材质不均匀的试样，如两次试验结果之差大于 20 kg/m³，可取四次测定结果的算术平均值作为测定值。

（七）碎石或卵石的含水率试验

1. 目的与作用

本方法适用于测定碎石或卵石的含水率，为混凝土生产的调整提供依据。

2. 采用的标准

采用的标准为《普通混凝土用砂、石质量及检验方法标准》（JGJ 52—2006）。

3. 仪器设备

（1）烘箱——温度控制范围为（105±5）℃；

（2）秤——称量 20 kg，感量 20 g；

（3）容器——如浅盘等。

4. 含水率试验步骤

（1）按相关规范要求称取试样，分成两份备用；

（2）将试样置于干净的容器中，称取试样和容器的总质量（m_2），并在（105±5）℃的烘箱中烘干至恒重；

（3）取出试样，冷却后称取试样与容器的总质量（m_2），并称取容器的质量（m_3）。

5. 含水率计算

含水率 ω_{wc} 应按下式计算，精确至 0.1%：

$$\omega_{wc} = \frac{m_1 - m_2}{m_2 - m_3} \times 100\% \tag{5-29}$$

式中　ω_{wc}——含水率（%）；

　　　m_1——烘干前试样与容器总质量，g；

　　　m_2——烘干后试样与容器总质量，g；

m_3——容器质量,g。

以两次试验结果的算术平均值作为测定值。

注:碎石或卵石含水率简易测定法可采用"烘干法"。

(八)碎石或卵石的吸水率试验

1.目的与作用

本方法适用于测定碎石或卵石的吸水率,即测定以烘干质量为基准的饱和面干吸水率,为混凝土生产的调整提供依据。

2.采用的标准

采用的标准为《普通混凝土用砂、石质量及检验方法标准》(JGJ 52—2006)。

3.仪器设备

(1)烘箱——温度控制范围为(105 ±5)℃;

(2)秤——称量20 kg,感量20 g;

(3)试验筛——筛孔公称直径为5.00 mm 的方孔筛一只;

(4)容器、浅盘、金属丝刷和毛巾等。

4.试样的制备

试验前,筛除样品中公称粒径5.00 mm 以下的颗粒,然后缩分至两倍于表5-24 所规定的质量,分成两份,用金属丝刷刷净后备用。

表5-24　吸水率试验所需的试样最少质量

最大公称粒径(mm)	10.0	16.0	20.0	25.0	31.5	40.0	63.0	80.0
试样最少质量(kg)	2	2	4	4	4	6	6	8

5.试验步骤

(1)取试样一份置于盛水的容器中,使水面高出试样表面5 mm 左右,24 h 后从水中取出试样,并用拧干的湿毛巾将颗料表面的水分拭干,即成为饱和面干试样。然后,立即将试样放在浅盘中称取质量(m_2),在整个试验过程中,水温必须保持在(20 ±5)℃。

(2)将饱和面干试样连同浅盘置于(105 ±5)℃的烘箱中烘干至恒重。然后取出,放入带盖的容器中冷却0.5 ~1 h,称取烘干试样与浅盘的总质量(m_1),称取浅盘的质量(m_3)。

6.试验结果计算

试验结果的计算精确至0.01%:

$$\omega_{wa} = \frac{m_2 - m_1}{m_1 - m_3} \times 100\% \tag{5-30}$$

式中　ω_{wa}——吸水率(%);

　　　m_1——烘干后试样与浅盘总质量,g;

　　　m_2——烘干前饱和面干试样与浅盘总质量,g;

　　　m_3——浅盘质量,g。

以两次试验结果的算术平均值作为测定值。

(九)碎石或卵石的堆积密度和紧密密度试验

1.目的与作用

本方法适用于测定碎石或卵石的堆积密度、紧密密度及空隙率,为混凝土生产的调整提供依据。

2. 采用的标准

采用的标准为《普通混凝土用砂、石质量及检验方法标准》(JGJ 52—2006)。

3. 仪器设备

(1)秤——称量 100 kg,感量 100 g;

(2)容量筒——金属制,其规格见表 5-25;

(3)平头铁锹;

(4)烘箱——温度控制范围为(105±5)℃。

表 5-25 容量筒的规格要求

碎石或卵石的最大公称粒径(mm)	容量筒容积(L)	容量筒规格(mm)		筒壁厚度(mm)
		内径	净高	
10.0、16.0、20.0、25	10	208	294	2
31.5、40.0	20	294	294	3
63.0、80.0	30	350	294	4

注:测定紧密密度时,对最大公称粒径为 31.5 mm、40.0 mm 的集料,可采用 10 L 的容量筒,对最大公称粒径为 63.0 mm、80.0 mm 的集料。可采用 20 L 容量筒。

4. 试样的制备

按相关规定称取试样,放入浅盘,在(105±5)℃的烘箱中烘干,也可摊在清洁的地面上风干,拌匀后分成两份备用。

5. 试验步骤

(1)堆积密度:取试样一份,置于平整干净的地板(或铁板)上,用平头铁锹铲起试样,使石子自由落入容量筒内。此时,从铁锹的齐口至容量筒上口的距离应保持为 50 mm 左右。装满容量筒除去凸出筒口表面的颗粒,并以合适的颗粒填入陷部分,使表面稍凸起部分和凹陷部分的体积大致相等,称取试样和容量筒总质量(m_2)。

(2)紧密密度:取试样一份,分三层装入容量筒。装完一层后,在筒底垫放一根直径为 25 mm 的钢筋,将筒按住并左右交替颠击地面各 25 下,然后装入第二层。第二层装满后,用同样方法颠实(但筒底所垫钢筋的方向应与第一层放置方向垂直),然后再装入第三层。如法颠实。待三层试样装填完毕后,加料直到试样超出容量筒筒口,用钢筋沿筒口边缘滚转,刮下高出筒口的颗粒,用合适的颗粒填平凹处,使表面稍凸起部分和凹陷部分的体积大致相等。称取试样和容量筒总质量(m_2)。

6. 试验结果的计算

(1)堆积密度(ρ_L)或紧密密度(ρ_c)按下式计算,精确至 10 kg/m³:

$$\rho_L(\rho_c) = \frac{m_2 - m_1}{V} \times 1\,000 \tag{5-31}$$

式中 ρ_L——堆积密度,kg/m³;

ρ_c——紧密密度,kg/m³;

m_1——容量筒的质量,kg;

m_2——容量筒和试样总质量,kg;

V——容量筒的体积,L。

以两次试验结果的算术平均值作为测定值。

（2）空隙率(v_{L}、v_{c}）按式（5-32）、式（5-33）计算,精确至1%：

$$v_{\mathrm{L}} = \left(1 - \frac{\rho_{\mathrm{L}}}{\rho}\right) \times 100\% \qquad (5\text{-}32)$$

$$v_{\mathrm{c}} = \left(1 - \frac{\rho_{\mathrm{c}}}{\rho}\right) \times 100\% \qquad (5\text{-}33)$$

式中　v_{L}、v_{c}——空隙率(%)；

　　　ρ_{L}——碎石或卵石的堆积密度,kg/m³；

　　　ρ_{c}——碎石或卵石的紧密密度,kg/m³；

　　　ρ——碎石或卵石的表观密度,kg/m³。

7. 容量筒的容积

容量筒容积的校正应以(20±5)℃的饮用水装满容量筒,用玻璃板沿筒口滑移,使其紧贴水面,擦干筒外壁水分后称取质量。用下式计算筒的容积：

$$V = m'_2 - m'_1 \qquad (5\text{-}34)$$

式中　V——容量筒的体积,L；

　　　m'_1——容量筒和玻璃板质量,kg；

　　　m'_2——容量筒、玻璃板和水总质量,kg。

（十）碎石或卵石中含泥量试验

1. 目的与作用

本方法适用于测定碎石或卵石中的含泥量,为混凝土生产的调整提供依据。

2. 采用的标准

采用的标准为《普通混凝土用砂、石质量及检验方法标准》(JGJ 52—2006)。

3. 仪器设备

（1）秤——称量20 kg,感量20 g；

（2）烘箱——温度控制范围为(105±5)℃；

（3）试验筛——筛孔公称直径为1.25 mm及80 μm的方孔筛各一只；

（4）容器——容积约10 L的瓷盘或金属盒；

（5）浅盘。

4. 试样的制备

将样品缩分至表5-26规定的量(注意防止细粉丢失),并置于温度为(105±5)℃的烘箱内烘干至恒重,冷却至室温后分成两份备用。

表5-26　含泥量试验所需的试样最少质量

最大公称粒径(mm)	10.0	16.0	20.0	25.0	31.5	40.0	63.0	80.0
试样量不少于(kg)	2	2	6	6	10	10	20	20

5. 试验步骤

（1）称取试样一份(m_0)装入容器中摊平,并注入饮用水,使水面高出石子表面150 mm；

浸泡 2 h 后,用手在水中淘洗颗粒,使尘屑、淤泥和黏土与较粗颗粒分离,并使之悬浮或溶解于水。缓缓地将浑浊液倒入公称直径为 1.25 mm 及 80 μm 的方孔套筛(1.25 mm 筛放置上面)上,滤去小于 80 μm 的颗粒。试验前筛子的两面应先用水湿润。在整个试验过程中应注意避免大于 80 μm 的颗粒丢失。

(2)再次加水于容器中,重复上述过程,直至洗出的水清澈。

(3)用水冲洗剩留在筛上的细粒,并将公称直径为 80 μm 的方孔筛放在水中(使水面略高出筛内颗粒)来回摇动,以充分洗除小于 80 μm 的颗粒。然后,将两只筛上剩留的颗粒和筒中已洗净的试样一并装入浅盘,置于温度为(105 ± 5)℃的烘箱中烘干至恒重。取出冷却至室温后,称取试样的质量(m_1)。

6. 试验结果计算

试验结果的计算精确至 0.01%:

$$W_c = \frac{m_0 - m_1}{m_0} \times 100\% \tag{5-35}$$

式中　W_c——含泥量(%);

m_0——试验前烘干试样的质量,g;

m_1——试验后烘干试样的质量,g。

以两个试样试验结果的算术平均值作为测定值。两次结果之差大于 0.2% 时,应重新取样进行试验。

(十一)碎石或卵石中泥块含量试验

1. 目的与作用

本方法适用于测定碎石或卵石中的泥块含量,为混凝土生产的调整提供依据。

2. 采用的标准

采用的标准为《普通混凝土用砂、石质量及检验方法标准》(JGJ 52—2006)。

3. 仪器设备

(1)秤——称量 20 kg,感量 20 g;

(2)试验筛——筛孔公称直径为 2.50 mm 及 5.00 mm 的方孔筛各一只;

(3)水筒及浅盘等;

(4)烘箱——温度控制范围为(105 ± 5)℃。

4. 试样的制备

将样品缩分至略大于表 5-26 所示的量,缩分时应防止所含黏土块被压碎。缩分后的试样在(105 ± 5)℃烘箱内烘至恒重,冷却至室温后分成两份备用。

5. 试验步骤

(1)筛去公称粒径 5.00 mm 以下颗粒,称取质量(m_1)。

(2)将试样在容器中摊平,加入饮用水使水面高出试样表面,24 h 后把水放出,用手碾压泥块,然后把试样放在公称直径为 2.50 mm 的方孔筛上摇动淘洗,直至洗出的水清澈。

(3)将筛上的试样小心地从筛里取出,置于温度为(105 ± 5)℃烘箱中烘干至恒重。取出冷却至室温后称取质量(m_2)。

6. 试验结果计算

试验结果的计算精确至 0.1%:

$$W_{c,L} = \frac{m_1 - m_2}{m_1} \times 100\% \qquad (5\text{-}36)$$

式中　$W_{c,L}$——泥块含量(%);

　　m_1——公称直径 5 mm 筛上筛余量,g;

　　m_2——试验后烘干试样的质量,g。

以两个试样试验结果的算术平均值作为测定值。

(十二)碎石或卵石中针状和片状颗粒的总含量试验

凡岩石颗粒的长度大于该颗粒所属粒级的平均粒径 2.4 倍者为针状颗粒;厚度小于平均粒径 0.4 倍者为片状颗粒。平均粒径指该粒级上、下限粒径的平均值。

1.目的与作用

本方法适用于测定碎石或卵石中针状和片状颗粒的总含量,为混凝土生产的调整提供依据。

2.采用的标准

采用的标准为《普通混凝土用砂、石质量及检验方法标准》(JGJ 52—2006)。

3.仪器设备

(1)针状规准仪(见图 5-8)和片状规准仪(见图 5-9),或游标卡尺;

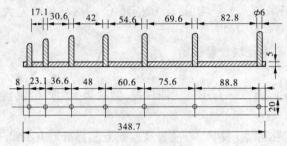

图 5-8　针状规准仪

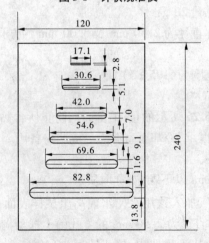

图 5-9　片状规准仪　(单位:mm)

(2)天平和秤——天平的称量 2 kg,感量 2 g;秤的称量 20 kg,感量 20 g;

(3)试验筛——筛孔公称直径分别为 5.0 mm、10.0 mm、20.0 mm、25.0 mm、31.5 mm、

40.0 mm、63.0 mm 和 80.0 mm 的方孔筛各一只,根据需要选用;

(4)卡尺。

4.试样的制备

将样品在室内风干至表面干燥,并缩分至表 5-27 规定的量,称量(m_0),然后筛分成表 5-28 所规定的粒级备用。

表 5-27　针状和片状颗粒的总含量度体制改革需的试样最少质量

最大公称粒径(mm)	10.0	16.0	20.0	25.0	31.5	≥40.0
试样最少质量(kg)	0.3	1	2	3	5	10

表 5-28　针状和片状颗粒的总含量试验的粒级划分及其相应的规准仪孔宽或间距

(单位:mm)

公称粒级	5.00~10.0	10.0~16.0	16.0~20.0	20.0~25.0	25.0~31.5	31.5~40.0
片状规准仪相对应的孔宽	2.8	5.1	7.0	9.1	11.6	13.8
针状规准仪上相对应的间距	17.1	30.6	42.0	54.6	69.6	82.8

5.试验步骤

(1)按表 5-28 规定的粒级用规准仪逐粒对试样进行鉴定,凡颗粒长度大于针状规准仪上相对应的间距的,为针状颗粒。厚度小于片状规准仪上相应孔宽的,为片状颗粒。

(2)公称粒径大于 40 mm 的可用卡尺鉴定其针片状颗粒,卡尺卡口的设定宽度应符合表 5-29 的规定。

表 5-29　公称粒径大于 40 mm 用卡尺卡口的设定宽度　　(单位:mm)

公称粒级	40.0~63.0	63.0~80.0
片状颗粒的卡口宽度	18.1	27.6
针状颗粒的卡口度	108.6	165.6

(3)称取由各粒级挑出的针状和片状颗粒的总质量

6.试验结果计算

试验结果的计算精确至 1%:

$$W_P = \frac{m_1}{m_0} \times 100\% \tag{5-37}$$

式中　W_P——针状和片状颗粒的总含量(%);

　　　m_1——试样中所含针状翻片状颗粒的总质量,g;

　　　m_2——试样总质量,g。

（十三）卵石中有机物含量试验

1. 目的与作用

本方法适用于测定碎石或卵石中的有机物含量是否达到影响混凝土质量的程度。

2. 采用的标准

采用的标准为《普通混凝土用砂、石质量及检验方法标准》（JGJ 52—2006）。

3. 仪器设备

（1）天平——称量 2 kg、感量 2 g 和称量 100 g、感量 0.1 g 的天平各 1 台；

（2）量筒——容量为 100 mL、250 mL 和 1 000 mL；

（3）烧杯、玻璃棒和筛孔公称直径为 20 mm 的试验筛；

（4）浓度为 3% 的氢氧化钠溶液——氢氧化钠与蒸馏水的质量比为 3∶97；

（5）鞣酸、酒精等。

4. 试样的制备和标准溶液配制

（1）试样制备：筛除样品中公称粒径 20 mm 以上的颗粒，缩分至约 1 kg，风干后备用；

（2）标准溶液的配制方法：称取 2 g 鞣酸粉，溶解于 98 mL 的 10% 酒精溶液中，即得所需的鞣酸溶液，然后取该溶液 2.5 mL，注入 97.5 mL 浓度为 3% 的氢氧化钠溶液中，加塞后剧烈摇动，静置 24 h 即得标准溶液。

5. 有机物含量试验步骤

（1）向 1 000 mL 量筒中，倒入干试样至 600 mL 刻度处，再注入浓度为 3% 的氢氧化钠溶液至 800 mL 刻度处，剧烈搅动后静置 24 h。

（2）比较试样上部溶液和新配制标准溶液的颜色。盛装标准溶液与盛装试样的量筒容积应一致。

6. 结果评定

（1）若试样上部的溶液颜色浅于标准溶液的颜色，则试样有机物含量鉴定合格。

（2）若两种溶液的颜色接近，则应将该试样（包括上部溶液）倒入烧杯中放在温度为 60~70 ℃ 的水浴锅中加热 2~3 h，然后与标准溶液比色；

（3）若试样上部的溶液的颜色深于标准色，则应配制成混凝土作进一步检验。其方法为：取试样一份，用浓度 3% 氢氧化钠溶液洗除有机物，再用清水淘洗干净，直至试样上部溶液的颜色浅于标准色；然后用洗除有机物的和未经清洗的试样用相同的水泥、砂配成配合比相同、坍落度基本相同的两种混凝土，测其 28 d 抗压强度。若未经洗除有机物的卵石混凝土强度与经洗除有机物的混凝土强度之比不低于 0.95，则此卵石可以使用。

（十四）碎石或卵石的坚固性试验

集料在气候、环境变化或其他物理因素作用下抵抗破裂的能力称为坚固性。

1. 目的与作用

本方法适用于以硫酸钠饱和溶液法间接地判断碎石或卵石的坚固性。

2. 采用的标准

采用的标准为《普通混凝土用砂、石质量及检验方法标准》（JGJ 52—2006）。

3. 仪器设备

（1）烘箱——温度控制范围为（105±5）℃。

（2）台秤——称量 5 kg，感量 5 g。

（3）试验筛——根据试样粒级，按表 5-30 选用。

（4）容器——搪瓷盆或瓷盆，容积不小于 50 L。

（5）网篮——网篮的外径为 100 mm，高为 150 mm，采用网孔公称直径不大于 2.50 mm 的网，由铜丝制成；检验公称粒径为 40.0 ~ 80.0 mm 的颗粒时，应采用外径和高度均为 150 mm 的网篮。

（6）试剂——无水硫酸钠。

表 5-30　坚固性试验所需的各粒级试样量

公称粒级（mm）	5.0 ~ 10.0	10.0 ~ 20.0	20.0 ~ 40.0	40.0 ~ 63.0	63.0 ~ 80.0
试样重（g）	500	1 000	1 500	3 000	3 000

注：1. 公称粒级为 10.0 ~ 20.0 mm 试样中，应含有 40% 的 10.0 ~ 16.0 mm 粒级颗粒、60% 的 16.0 ~ 20.0 mm 粒级颗粒；

　　2. 公称粒级为 20.0 ~ 40.0 mm 的试样中，应含有 40% 的 20.0 ~ 31.5 mm 粒级颗粒、60% 的 31.5 ~ 40.0 mm 粒级颗粒。

4. 硫酸钠溶液的配制及试样的制备

（1）硫酸钠溶液的配制：取一定数量的蒸馏水（取决于试样及容器的大小）。加温至 30 ~ 50 ℃，每 1 000 mL 蒸馏水加入无水硫酸钠（Na_2SO_4）300 ~ 350 g，用玻璃棒搅拌，使其溶解至饱和，然后冷却至 20 ~ 25 ℃。在此温度下静置两昼夜。其密度保持在 1 151 ~ 1 174 kg/m³ 范围内。

（2）试样的制备：将样品按表 5-30 的规定分级，并分别擦洗干净，放入 105 ~ 110 ℃ 烘箱内烘 24 h，取出并冷却至室温，然后按表 5-30 对各粒级规定的量称取试样（m_1）。

5. 坚固性试验步骤

（1）将所称取的不同粒级的试样分别装入网篮并浸入盛有硫酸钠溶液的容器中。溶液体积应不小于试样总体积的 5 倍，其温度保持在 20 ~ 25 ℃ 的范围内。网篮浸入溶液时应先上下升降 25 次以排除试样中的气泡，然后静置于该容器中。此时，网篮底面应距容器底面约 30 mm（由网篮脚控制），网篮之间的间距应不小于 30 mm，试样表面至少应在液面以下 30 mm。

（2）浸泡 20 h 后，从溶液中提出网篮，放在（105 ± 5）℃ 的烘箱中烘 4 h。至此，完成了第一个试验循环。待试样冷却至 20 ~ 25 ℃ 后，即开始第二次循环。从第二次循环开始，浸泡及烘烤时间均可为 4 h。

（3）第五次循环完后，将试样置于 25 ~ 30 ℃ 的清水中洗净硫酸钠，再在（105 ± 5）℃ 的烘烤箱中烘至恒重。取出冷却至室温后，用筛孔孔径为试样粒级下限的筛过筛，并称取各粒级试样试验后的筛余量（m_i'）。

注：试样中硫酸钠是否洗净，可按下法检验：取洗试样的水数毫升，滴入少量氯化钡（$BaCl_2$）溶液，如无白色沉淀，即说明硫酸钠已被洗净。

（4）对公称粒径大于 20.0 mm 的试样部分，应在试验前后记录其颗粒数量，并作外观检查描述颗粒的裂缝、开裂、剥落、掉边和掉角等情况所占颗粒数量，以作为分析其坚固性时的补充依据。

6. 各粒级颗粒的分计质量损失百分率

试样中各粒级颗粒的分计质量损失百分率 δ_{ji} 应按下式计算：

$$\delta_{ji} = \frac{m_i - m_i'}{m_i} \times 100\%$$ (5-38)

式中 δ_{ji}——各粒级颗粒的分计质量损失百分率(%);

　　m_i——各粒级试样试验前的烘干质量,g;

　　m_i'——经硫酸钠溶液法试验后,各粒级筛余颗粒的烘干质量,g。

试样的总质量损失百分率 δ_j 应按式(5-39)计算,精确至1%:

$$\delta_j = \frac{a_1\delta_{j1} + a_2\delta_{j2} + a_3\delta_{j3} + a_4\delta_{j4} + a_5\delta_{j5}}{a_1 + a_2 + a_3 + a_4 + a_5}$$ (5-39)

式中 δ_j——总质量损失百分率(%);

　　a_1、a_2、a_3、a_4、a_5——试样中分别为 5.00 ~ 10.0 mm、10.00 ~ 20.0 mm、20.00 ~ 40.00 mm、40.0 ~ 63.0 mm、63.0 ~ 80.0 mm 各公称粒级的分计百分含量(%);

　　δ_{j1}、δ_{j2}、δ_{j3}、δ_{j4}、δ_{j5}——各粒级的分计质量损失百分率(%)。

(十五)岩石的抗压强度试验

1.目的与作用

本方法适用于测定碎石的原始岩石在水饱和状态下的抗压强度。

2.采用的标准

采用的标准为《普通混凝土用砂、石质量及检验方法标准》(JGJ 52—2006)。

3.仪器设备

(1)压力试验机——荷载1 000 kN;

(2)石材切割机或钻石机;

(3)岩石磨光机;

(4)游标卡尺、角尺等。

4.试样制备

试验时,取有代表性的岩石样品用石材切割机切割成长为 50 mm 的立方体,或用钻石机钻取直径与高度均为 50 mm 的圆柱体。然后用磨光机把试件与压力机接触的两个面磨光并保持平行,试件形状须用角尺检查。

至少应制作6个试块。对有显著层理的岩石,应取两组试件(12块)分别测定其垂直和平行于层理的强度值。

5.岩石抗压强度试验步骤

(1)用游标卡尺量取试件的尺寸(精确至0.1 mm),对于立方体试件,在顶面和底面上各量取其边长,以各个面上相互平行的两个边长的算术平均值作为宽或高,由此计算面积。对于圆柱体试件,在顶面和底面上各量取相互垂直的两个直径,以其算术平均值计算面积。取顶面面积和底面面积的算术平均值作为计算抗压强度所用的截面面积。

(2)将试件置于水中浸泡48 h,水面应至少高出试件顶面20 mm。

(3)取出试件,擦干表面,放在有防护网的压力机上进行强度试验,防止岩石碎片伤人。试验时加压速度为0.5 ~ 1.0 MPa。

6.岩石的抗压强度

岩石的抗压强度应按下式计算,精确至1 MPa。

$$f = \frac{F}{A} \tag{5-40}$$

式中 f——岩石的抗压强度,MPa;

   F——破坏苘载,N;

   A——试件的截面面积,mm^2。

7. 结果评定

以六个试件试验结果的算术平均值作为抗压强度测定值;当其中两个试件的抗压强度与其他四个试件抗压强度的算术平均值相差 3 倍以上时,应以试验结果相接近的四个试件的抗压强发算术平均值作为抗压强度测定值。

对具有显著层理的岩石,应以垂直于层理及平行于层理的抗压强度的平均值作为其抗压强度。

(十六)碎石或卵石的压碎值指标试验

1. 目的与作用

本方法适用于测定碎石或卵石抵抗压碎的能力,以间接地推测其相应的强度。碎石或卵石抵抗压碎的能力,以间接地推测其相应的强度。

2. 采用的标准

采用的标准为《普通混凝土用砂、石质量及检验方法标准》(JGJ 52—2006)。

3. 仪器设备

(1)压力试验机——荷载 300 kN;

(2)压碎值指标测定仪(见图 5-10);

(3)秤——称量 5 kg,感量 5 g;

(4)试验筛——筛孔公称直径为 10.0 mm 和 20.0 mm 的方孔筛各一只。

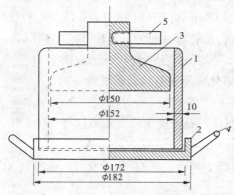

1—圆筒;2—底盘;3—加压头;4—手把;5—把手

图 5-10 压碎值指标测定仪

4. 试样制备

(1)标准试样一律采用公称粒级为 10.0 ~ 20.0 mm 的颗粒,并在风干状态下进行试验。

(2)对多种岩石组成的卵石,当其公称粒径大于 20.0 mm 颗粒的岩石矿物成分与 10.0 ~ 20.0 mm 粒级有显著差异时,应将大于 20.0 mm 的颗粒应经人工破碎后,筛取 10.0 ~ 20.0 mm 标准粒级另外进行压碎值指标试验。

(3)将缩分后的样品先筛除试样中公称粒径 10.0 mm 以下及 20.0 mm 以上的颗粒,再用针状和片状规准仪剔除针状和片状颗粒,然后称取每份 3 kg 的试样 3 份备用。

5. 压碎值指标试验步骤

(1)置圆筒于底盘上,取试样一份,分两层装入圆筒。每装完一层试样后,在底盘下面垫放一直径为 10 mm 的圆钢筋,将筒按住,左右交替颠击地面各 25 下。第二层颠实后,试样表面距盘底的高度应控制为 100 mm 左右。

(2)整平筒内试样表面,把加压头装好(注意应使加压头保持平正),放到试验机上在 160 ~ 300 s 内均匀地加荷到 200 kN,稳定 5 s,然后卸荷,取出测定筒。倒出筒中的试样并称其质量(m_0),用公称直径为 2.50 mm 的方孔筛筛除被压碎的细粒,称量剩留在筛上的试样质量(m_1)。

6. 试验结果的计算

试验结果的计算(精确至 0.1%):

$$\delta_a = \frac{m_0 - m_1}{m_0} \times 100\% \tag{5-41}$$

式中　δ_a——压碎值指标(%);

　　m_0——试样的质量,g;

　　m_1——压碎试验后筛余的试样质量,g。

多种岩石组成的卵石,应对公称粒径 20.0 mm 以下和 20.0 mm 以上的标准粒级(10.0 ~ 20.0 mm)分别进行检验,则其总的压碎值指标 δ_a 仅应按下式计算

$$\delta_a = \frac{\alpha_1 \delta_{a1} + \alpha_2 \delta_{a2}}{\alpha_1 + \alpha_2} \tag{5-42}$$

式中　δ_a——总的压碎值指标(%);

　　α_1、α_2——公称粒径 20.0 mm 以下和 20.0 mm 以上两粒级的颗粒含量百分率;

　　δ_{a1}、δ_{a2}——两粒级以标准粒级试验的分计压碎值指标(%)。

以三次试验结果的算术平均值作为压碎指标测定值。

(十七)碎石或卵石中硫化物及硫酸盐含量试验

1. 目的与作用

本方法适用于测定碎石或卵石中硫化物及硫酸盐含量(按 SO_3 百分含量计)。

2. 采用的标准

采用的标准为《普通混凝土用砂、石质量及检验方法标准》(JGJ 52—2006)。

3. 仪器设备

(1)天平——称量 1 000 g,感量 1 g;

(2)分析天平——称量 100 g,感量 0.000 1 g;

(3)高温炉——最高温度 1 000 ℃;

(4)试验筛——筛孔公称直径为 630 μm 的方孔筛一只;

(5)烧瓶、烧杯等;

(6)10% 氯化钡溶液——10 g 氯化钡溶于 100 mL 蒸馏水中;

(7)盐酸(1 + 1)——浓盐酸溶于同体积的蒸馏水中;

(8)1% 硝酸银溶液——1 g 硝酸银溶于 1 00 mL 蒸馏水中,加入 5 ~ 1 0 mL 硝酸,存于

棕色瓶中。

4.试样制作

试验前,取公称粒径40.0 mm以下的风干碎石或卵石约1 000 g,按四分法缩分至约200 g,磨细使全部通过公称直径为630 μm的方孔筛,仔细拌匀,烘干备用。

5.硫化物及硫酸盐含量试验步骤

(1)精确称取石粉试样约1 g(m)放入300 mL的烧杯中,加入30~40 mL蒸馏水及10 mL的盐酸(1+1),加热至微沸,并保持微沸5 min,使试样充分分解后取下,以中速滤纸过滤,用温水洗涤10~12次;

(2)调整滤液体积至200 mL,煮沸,边搅拌边滴加10 mL氯化钡溶液(10%),并将溶液煮沸数分钟,然后移至温热处至少静置4 h(此时溶液体积应保持在200 mL),用慢速滤纸过滤,用温水洗至无氯根反应(用硝酸银溶液检验)。

(3)将沉淀及滤纸一并移入已灼烧至恒重(m_1)的瓷坩埚中,灰化后在800 ℃的高温炉内灼烧30 min。取出坩埚,置于干燥器中冷却至室温,称重,如此反复灼烧,直至恒重(m_2)。

6.水溶性硫化物及硫酸盐含量

水溶性硫化物及硫酸盐含量(以SO_3计)(W_{SO_3})应按式(5-43)计算,精确至0.1%:

$$W_{SO_3} = \frac{(m_2 - m_1) \times 0.343}{m} \times 100\% \tag{5-43}$$

式中 W_{SO_3}——硫化物及硫酸盐含量(以SO_3计)(%);

m——试样质量,g;

m_2——沉淀物与坩埚共重,g;

m_1——坩埚质量 g;

0.343——$BaSO_4$换算成SO_3的系数。

以两次试验的算术平均值作为评定指标,当两次试验结果的差值大于0.15%时,应重做试验。

(十八)碎石或卵石的碱活性试验(岩相法)

1.目的与作用

本方法适用于鉴定碎石、卵石的岩石种类、成分,检验集料中活性成分的品种和含量。

2.采用的标准

采用的标准为《普通混凝土用砂、石质量及检验方法标准》(JGJ 52—2006)。

3.仪器设备

(1)试验筛——筛孔公称直径为80.0 mm、40.0 mm、20.0 mm、5.00 mm的方孔筛以及筛的底盘和盖各一只;

(2)秤——称量100 kg,感量100 g;

(3)天平——称量2 000 g,感量2 g;

(4)切片机、磨片机;

(5)实体显微镜、偏光显微镜。

4.试样制备

经缩分后将样品风干,并按表5-31的规定筛分、称取试样。

表 5-31　岩相试验样最少质量

公称粒级（mm）	40.0～80.0	20.0～40.0	5.00～20.0
试验最少质量（kg）	150	50	10

注:1. 大于 80.0 mm 的颗粒，按照 40.0～80.0 mm 一级进行试验；

　　2. 试样最少数量也可以以颗粒计，每级至少 300 颗。

5. 岩相试验步骤

（1）用肉眼逐粒观察试样，必要时将试样放在砧板上用地质锤击碎（应使岩石碎片损失最小）观察颗粒新鲜断面。将试样按岩石品种分类。

（2）每类岩石先确定其品种及外观品质，包括矿物质成分、风化程度、有无裂缝、坚硬性、有无包裹体及断口形状等。

（3）每类岩石均应制成若干薄片，在显微镜下鉴定矿物质组成、结构等，特别应测定其隐晶质、玻璃质成分的含量。测定结果填入表 5-32 中。

表 5-32　集科活性成分含量测定

委托单位			样品编号	
样品产地、名称			检测条件	
公称粒级（mm）		10.0～80.0	20.0～40.0	5.00～20.0
质量百分数（%）				
岩石名称及外观品质				
碱活性矿物	品种及占本级配试样的质量百分含量（%）			
	占试样的总重的百分含量（%）			
	合计			
	结论		说明	

注:1. 硅酸类活性硬度物质包括蛋白石、火山玻璃体、玉髓、玛瑙、蠕石英、磷石英、方石英、微晶石英、燧石、具有严重波状消光的石英；

　　2. 碳酸盐类活性矿物为具有细小菱形的白云石晶体。

6. 结果处理

根据岩相鉴定结果，对于不含活性矿物的岩石，可评定为非碱活性集料。

评定为碱活性集料或可疑时，应按本章第一节"二、质量要求（9）"的规定进行进一步鉴定。

（十九）碎石或卵石的碱活性试验（快速法）

1. 目的与作用

本方法适用于检验硅质集料与混凝土中的碱产生潜在反应的危害性，不适用于碳酸盐集料检验。

2. 采用的标准

采用的标准为《普通混凝土用砂、石质量及检验方法标准》（JGJ 52—2006）。

3. 仪器设备

（1）烘箱——温度控制范围为（105±5）℃。

（2）台秤——称量 5 000 g，感量 5 g。

（3）试验筛——筛孔公称直径为 5.00 mm、2.50 mm、1.25 mm、630 μm、160 μm 的方孔筛各一只。

（4）测长仪——测量范围 280～300 mm，精度 0.01 mm。

（5）水泥胶砂搅拌机应符合现行国家标准《行星式水泥胶砂搅拌机》（JC/T 681—2005）要求。

（6）恒温养护箱或水浴——温度控制范围为（80±2）℃。

（7）养护筒——由耐碱耐高温的材料制成，不漏水，密封，防止容器内温度下降，筒的容积可以保证试件全部浸没在水中；筒内设有试件架，试件垂直于试架放置。

（8）试模——金属试模尺寸为 25 mm×25 mm×280 mm，试模两端正中有小孔，可装入不锈钢测头。

（9）镘刀、捣棒、量筒、干燥器等。

（10）破碎机。

4. 试样的制备

（1）将试样缩分成约 5 kg，把试样破碎后筛分成按表 5-10 中所示级配及比例组合成试验用料，并将试样洗净烘干或晾干备用；

（2）水泥采用符合现行国家标准《硅酸盐水泥、普通硅酸盐水泥》（GB 175—1999）要求的普通硅酸盐水泥，水泥与砂的质量比为 1∶2.25，水灰比为 0.47；每组试件称取水泥 440 g，石料 990 g。

（3）将称好的水泥与砂倒入搅拌锅，应按现行国家标准《水泥胶砂强度检验方法（ISO法）》（GB/T 17671—1999）规定的方法进行。

（4）搅拌完成后，将砂浆分两层装入试模内，每层捣 40 次，测头周围应填实，浇捣完毕后用镘刀刮除多余砂浆，抹平表面，并标明测定方向。

5. 碎石或卵石快速法试验步骤

（1）将试件成型完毕后，带模放入标准养护室，养护（24±4）h 后脱模。

（2）脱模后，将试件浸泡在装有自来水的养护筒中，并将养护筒放入温度（80±2）℃的恒温养护箱或水浴箱中，养护 24 h，同种集料制成的试件放在同一个养护筒中。

（3）然后将养护筒逐个取出，每次从养护筒中取出一个试件，用抹布擦干表面，立即用测长仪测试件的基长（L_0）测长应在（20±2）℃恒温室中进行，每个试件至少重复测试两次，取差值在仪器精度范围内的两个读数的平均值作为长度测定值（精确至 0.02 mm），每次每个试件的测量方向应一致，待测的试件须用湿布覆盖，以防止水分蒸发；从取出试件擦干到读数完成应在（15±5）s 内结束，读完数后的试件用湿布覆盖。全部试件测完基长后，将试件放入装有浓度为 1 mol/L 时氢氧化钠溶液的养护筒中，确保试件被完全浸泡，且溶液温度应保持在（80±2）℃，将养护筒放回恒温养护箱或水浴箱中。

注：用测长仪测定任一组试件的长度时，均应先调整测长仪的零点。

（4）自测定基长之日起，第 3 d、7 d、14 d 再分别测长（L），测长方法与测基长方法一致。测量完毕后，应将试件调头放入原养护箱中，盖好筒盖放回（80±2）℃的恒温养护箱或水浴箱中,继续养护至下一测试龄期。操作时应防止氢氧化钠溶液溢溅烧伤皮肤。

(5)在测量时就观察试件的变形、裂缝和渗出物等,特别应观察有无胶体物质,并作详细记录。

6. 试件的膨胀率计算

试件的膨胀率的计算,精确至 0.01% :

$$\varepsilon_t = \frac{L_t - L_0}{L_0 - 2\Delta} \times 100\% \tag{5-44}$$

式中 ε_t——试件在 t d 龄期的膨胀率(%);

   L_0—— 试件的基长,mm;

   L_t——试件 t d 龄期的长度,mm;

   Δ——测头长度,mm。

以三个试件膨胀的平均值作为某一龄期膨胀率的测定值。任一试件膨胀率与平均值应符合下列规定:

(1)半平均值小于或等于 0.05% 时,单个测值与平均值的差值均应小于 0.01% ;

(2)半平均值大于 0.05% 时,单个测值与平均值的差值均应小于平均值的 20% ;

(3)当三个试件的膨胀率均大于 0.10% 时,无精度要求。

(4)当不符合上述要求时,去掉膨胀率最小的,用其余两个试件膨胀率的平均值作为该龄期的膨胀率。

7. 结果评定

(1)当 14 d 膨胀率小于 0.1% 时,可判定为无潜在危害;

(2)当 14 d 膨胀率大于 0.20% 时,可判定为有潜在危害;

(3)当 14 d 膨胀率在 0.10% ~0.20% 时,需按介绍的砂浆长度法再进行试验判定。

(二十)碎石或卵石的碱活性试验(砂浆长度法)

1. 目的与作用

本方法适用于鉴定硅质集料与水泥(混凝土)中的碱产生潜在反应的危险性,不适用于碱碳酸盐反应活性集料检验。

2. 采用的标准

采用的标准为《普通混凝土用砂、石质量及检验方法标准》(JGJ 52—2006)。

3. 仪器设备

(1)试验筛——筛孔公称直径为 160 μm、315 μm、630 μm、1.25 mm、2.50 mm、5.00 mm 方孔筛各一只;

(2)胶砂搅拌机——应符合现行国家标准《行星式水泥胶砂搅拌机》(JC/T 681—2005)的规定;

(3)镘刀及截面为 14 mm×13 mm、长 130~150 mm 的钢制捣棒;

(4)量筒、秒表;

(5)试模和测头(埋钉)——金属试模,规格为 25 mm×25 mm×280 mm,试模两端板正中有小洞,测头以耐锈蚀金属制成;

(6)养护筒——用耐腐材料(如塑料)制成,应不漏水、不透气,加盖后在养护室内能确保筒内空气相对温度为 95% 以上,筒内设有试件架,架下盛有水,试件垂直立于架上并不与

水接触;

(7)测长仪——测量范围 160～185 mm,精度 0.01 mm;

(8)恒温箱(室)——温度为(40±2)℃;

(9)台秤——称量 5 kg,感量 5 g;

(10)跳桌——应符合现行行业标准《水泥胶砂流动度测定仪》(JC/T 958—2005)的要求。

4. 试样制备

制备试样的材料应符合下列规定:

(1)水泥:水泥含碱量应为 1.2%,低于此值时,可掺浓度 10% 的氢氧化钠溶液,将碱含量调至水泥量的 1.2%。当具体工程所用水泥含碱量高于此值时,则应采用工程所使用的水泥。

注:水泥含碱量以氧化钠(Na_2O)计,氧化钾(K_2O)换算为氧化钠时乘以换算系数 0.658。

(2)石料:将试样缩分至约 5 kg,破碎筛分后,各粒级都应在筛上用水冲净粘附在骨料上的淤泥和细粉,然后烘干备用。石料按表 5-33 的级配配成试验用料。

表 5-33　石料级配

公称粒级	5.00～2.50 mm	2.50～1.25 mm	1.25 mm～630 μm	630 mm～315 μm	315 mm～160 μm
分级质量(%)	10	25	25	25	15

制作试件用的砂浆配合比应符合下列规定:

水泥与石料的质量比为 1:2.25。每组 3 个试件,共需水泥 440 g,石料 990 g,砂浆用水量按现行国家标准《水泥胶砂流动度测定方法》(GB/T 2419—2005)确定,跳桌跳动次数应为 6 s 跳动 10 次,流动度应为 105～120 mm。

砂浆长度法试验所用试件应按下列方法制作:

(1)成型前 24 h,将试验所用材料(水泥、集料、拌和用水等)放入(20±2)℃的恒温室中。

(2)石料水泥浆制备:先将称好的水泥、石料倒入搅拌锅内,开动搅拌机。拌和 5 s 后,徐徐加水,20～30 s 加完,自开动机器起搅拌 120 s。将粘在叶片上的料刮下,取下搅拌锅。

(3)砂浆分两层装入试模内,每层捣 40 次,测头周围应捣实,浇捣完毕后用镘刀刮除多余砂浆,抹平表面,并标明测定方向及编号。

5. 砂浆长度法试验步骤

(1)试件成型完毕后,带模放入标准养护室,养护 24 h 后,脱模(当试件强度较低时,可延至 48 h 脱模)。脱模后立即测量试件的基长(L_0),测长应在(20±2)℃的恒温室中进行,每个试件至少重复测试两次,取差值在仪器精度范围内的两个读数的平均值作为测定值。待测的试件须用湿布覆盖,防止水分蒸发。

(2)测量后将试件放入养护筒中,盖严筒盖放入(40±2)℃的养护室里养护(同一筒内的试件品种应相同)。

(3)自测量基长起,第 14 d、1 个月、2 个月、3 个月、6 个月再分别测长(L_t),需要时可以适当延长。在测长前一天,应把养护筒从(40 ± 2)℃的养护室取出,放入(20 ± 2)℃的恒温室。试件的测长方法与测基长相同,测量完毕后,应将试件调头放入养护筒中。盖好筒盖,放回(40 ± 2)℃的养护室继续养护至下一测试龄期。

(4)在测量时应观察试件的变形、裂缝和渗出物等,特别应观察有无胶体物质,并作详细记录。

6.试件的膨胀率

试件的膨胀率应按式(5-45)计算,精确至0.001%:

$$\xi_t = \frac{L_t - L_0}{L_0 - 2\Delta} \times 100\%$$ (5-45)

式中 ε_t——试件在 t d 龄期的膨胀率(%);

L_0—— 试件的基长,mm;

L_t——试件 t d 龄期的长度,mm;

Δ——测头长度,mm。

以三个试件膨胀的平均值作为某一龄期膨胀率的测定值。任一试件膨胀率与平均值应符合下列规定:

(1)当平均值小于或等于0.05%时,单个测值与平均值的差值均应小于0.01%;

(2)当平均值大于0.05%时,单个测值与平均值的差值均应小于平均值的20%;

(3)当三个试件的膨胀率均大于0.10%时,无精度要求;

(4)当不符合上述要求时,去掉膨胀率最小的,用其余两个试件膨胀率的平均值作为该龄期的膨胀率。

7.结果评定

当砂浆半年膨胀率低于0.10%时或3个月膨胀率低于0.05%时(只有在缺半年澎胀率资料时才有效),可判定为无潜在危害。否则,应判定为具有潜在危害。

(二十一)碳酸盐集料的碱活性试验(岩石柱法)

1.目的与作用

本方法适用于检验碳酸盐岩石是否具有碱活性。

2.采用的标准

采用的标准为《普通混凝土用砂、石质量及检验方法标准》(JGJ 52—2006)。

3.仪器设备

(1)钻机——配有小圆筒钻头;

(2)锯石机、磨片机;

(3)试件养护瓶——耐碱材料制成,能盖严以避免溶液变质和改变浓度;

(4)测长仪——量程25~50 mm,精度0.01 mm;

(5)1 mol/L氢氧化钠溶液——(40 ± 1)g 氢氧化钠(化学纯)溶于1 L蒸馏水中。

4.试样制备

(1)应在同块岩石的不同岩性方向取样;岩石层理不清时,应在三个相互垂直的方向上各取一个试样;

(2)钻取的圆柱体试件直径为(9 ± 1)mm,长度为(35 ± 5)mm,试件两端应磨光、互相平行且与试件的主轴线垂直,试件加工时应避免表面变质而影响溶液液渗入岩样的速度。

5. 岩石柱法试验步骤

(1)将试件编号后,放入盛有蒸馏水的瓶中,置于(20 ± 2)℃的恒温室内,每隔24 h取出擦干表面水分。进行测长,直至试件前后两次测得的长度变化不超过0.02%,以最后一次测得的试件长度为基长(L_0)。

(2)将测完基长的试件浸入盛有浓度为10 mol/L,氢氧化钠溶液的瓶中,液面应超过试件顶面至少10 mm,每个试件的平均液量至少应为50 mL。同一瓶中不得浸泡不同品种的试件,盖严瓶盖,置于(20 ± 2)℃的恒温室中。溶液每6个月更换一次。

(3)在(20 ± 2)℃的恒温室中进行测长(L_t)每个试件测长方向应始终保持一致。测量时,试件从瓶中取出,先用蒸馏水洗涤,将表面水擦干后再测量。测长龄期从试件泡入碱液时算起,在7 d、14 d、21 d、28 d、56 d、84 d时进行测量,如有需要,以后每一个月一次,一年后每3个月一次。

(4)试件在浸泡期间,应观测其形态的变化,如开裂、弯曲、断裂等,并作记录。

6. 试件长度变化

试件长度变化应按下式计算,精确至0.001%:

$$\xi_{st} = \frac{L_t - L_0}{L_0} \times 100\% \tag{5-46}$$

式中 ε_{st}——试件浸泡 t 天的长度变化率;

L_t——试件浸泡 t 天后的长度;

L_0——试件的基长,mm。

注:测量精度要求为同一试验人员、同一仪器测量同一试件,其误差不应超过$\pm 0.02\%$;不同试验人员,同一仪器测量同一试件,其误差不应超过$\pm 0.03\%$。

7. 结果的评定

(1)同块岩石所取的试样中以基膨胀率最大的一个测值作为分析该岩石碱活性的依据;

(2)试件浸泡84 d的膨胀率超过0.01%,应判定为具有潜在碱活性危害。

第六章　混凝土外加剂

第一节　概　述

一、定义

混凝土外加剂是一种在混凝土搅拌之前或拌制过程中加入的、用以改善新拌混凝土和（或）硬化混凝土性能的材料。

二、分类

混凝土外加剂按其主要使用功能分为四类：

(1)改善混凝土拌和物流变性能的外加剂，包括各种减水剂和泵送剂等。

(2)调节混凝土凝结时间、硬化性能的外加剂，包括缓凝剂、促凝剂和速凝剂等。

(3)改善混凝土耐久性的外加剂，包括引气剂、防水剂和矿物外加剂等。

(4)改善混凝土其他性能的外加剂，包括膨胀剂、防冻剂、着色剂等。

三、外加剂的种类、命名与特点

外加剂按其主要功能分类，每一类不同的外加剂均由某种主要化学成分组成。市售的外加剂可能都复合有不同的组成材料。

（一）高性能减水剂

高性能减水剂是国内外近年来开发的新型外加剂品种，目前主要为聚羧酸盐类产品。它具有"梳妆"的结构特点，由带有游离的羧酸阴离子团的主链和聚氧乙烯基侧链组成，用改变单体的种类、比例和反应条件可生产出各种不同性能和特性的高性能减水剂。早强型、标准型和缓凝型高性能减水剂可由分子设计引入不同功能团而生产，也可掺入不同组分复配而成。

高性能减水剂是指比高效减水剂具有更高减水率、更好坍落度保持性能、较小干燥收缩，且具有一定引气性能的减水剂。其主要特点为：

(1)掺量低(按照固体含量计算，一般为胶凝材料质量的0.15%～0.25%)，减水率高。

(2)混凝土拌和物工作性及工作性保持性较好。

(3)外加剂中氯离子和碱含量较低。

(4)用其配制的混凝土收缩率较小，可改善混凝土的体积稳定性和耐久性。

(5)对水泥的适应性较好。

(6)生产和使用过程中不污染环境，是环保型的外加剂。

（二）高效减水剂

高效减水剂是指在混凝土坍落度基本相同的条件下，能大幅度减少拌和用水量的外加剂。高效减水剂不同于普通减水剂,具有较高的减水率,较低的引气量,是我国使用量大、面广的外加剂品种。目前,我国使用的高效减水剂品种较多,主要有下列几种:

(1)萘系减水剂。

(2)氨基磺酸盐系减水剂。

(3)脂肪族(醛酮缩合物)减水剂。

(4)密胺系及改性密胺系减水剂。

(5)蒽系减水剂。

(6)洗油系减水剂。

缓凝型高效减水剂是指兼有缓凝功能和高效减水功能,以上述各种高效减水剂为主要组分,再复合各种适量的缓凝组分或其他功能性组分而成的外加剂。

(三)普通减水剂

普通减水剂是指在混凝土坍落度基本相同的条件下,能减少拌和用水量的外加剂。普通减水剂的主要成分为木质素磺酸盐,通常由亚硫酸盐法生产纸浆的副产品制得。常用的有木钙、木钠和木镁。它具有一定的缓凝、减水和引气作用。以其为原料,加入不同类型的调凝剂,可制得不同类型的减水剂,如早强型、标准型和缓凝型的减水剂。

(四)引气减水剂

引气减水剂是兼有引气和减水功能的外加剂。它是由引气剂与减水剂复合组成的,根据工程要求不同,性能有一定的差异。

(五)泵送剂

泵送剂是指能改善混凝土拌和物泵送性能的外加剂。它由减水剂、调凝剂、引气剂、润滑剂等多种组分复合而成。根据工程要求,其产品性能有所差异。

(六)早强剂

早强剂是能加速水泥水化和硬化,促进混凝土早期强度增长的外加剂。可缩短混凝土养护龄期,加快施工进度,提高模板和场地周转率。早强剂主要是无机盐类、有机物等,但现在使用越来越多的是各种复合型早强剂。

(七)缓凝剂

缓凝剂是可在较长时间内保持混凝土工作性能,延缓混凝土凝结和硬化时间的外加剂。缓凝剂的种类较多,可分为有机和无机两大类。主要有:

(1)糖类及碳水化合物,如淀粉、纤维素的衍生物等。

(2)羟基羧酸,如柠檬酸、酒石酸、葡萄糖酸及其盐类。

(3)可溶硼酸盐和磷酸盐等。

(八)引气剂

引气剂是一种在砂浆或混凝土搅拌过程中能引入大量均匀分布、稳定而封闭的微小气泡,而且在硬化后能保留在其中的外加剂。引气剂的种类较多,主要有:

(1)可溶性树脂酸盐(松香酸)。

(2)文沙尔树脂。

(3)皂化的吐尔油。

(4)十二烷基磺酸钠。

(5)十二烷基苯磺酸钠。

(6)磺化石油羟类的可溶性盐等。

(九)防水剂

防水剂是指能降低砂浆、混凝土在静水压力下的透水性的外加剂。其品种有：

(1)无机化合物类：氯化铁、硅灰粉末、锆化合物等。

(2)有机化合物类：脂肪族及其盐类、有机硅表面活性剂(甲基硅醇钠、乙基硅醇钠、聚乙基羟基硅氧烷)、石蜡、地沥青、橡胶及水溶性树脂乳液等。

(3)混合物类：无机类混合物、有机类混合物、无机类与有机类混合物。

(4)复合类：上述各类与引气剂、减水剂、调凝剂等外加剂复合的复合型防水剂。

(十)防冻剂

防冻剂是指能使混凝土在负温下硬化，并在规定养护条件下达到预期性能的外加剂。防冻剂按其成分可分为强电解质无机盐类(氯盐类、氯盐阻锈类、无氯盐类)、水溶性有机化合物类、有机化合物与无机盐复合类、复合型防冻剂。

(1)氯盐类：以氯盐(如氯化钠、氯化钙等)为防冻组分的外加剂。

(2)氯盐阻锈类：含有阻锈组分，并以氯盐为防冻组分的外加剂。

(3)无氯盐类：以亚硝酸盐、硝酸盐等无机盐为防冻组分的外加剂。

(4)有机化合物类：以某些醇类、尿素等有机化合物为防冻组分的外加剂。

(5)复合型防冻剂：以防冻组分复合早强、引气、减水等组分的外加剂。

(十一)膨胀剂

膨胀剂是指与水泥、水拌和后经水化反应生成钙矾石、氢氧化钙或钙矾石和氢氧化钙，使混凝土产生体积膨胀的外加剂。混凝土膨胀剂按水化产物分为硫铝酸钙类混凝土膨胀剂(代号 A)、氧化钙类混凝土膨胀剂(代号 C)和硫铝酸钙—氧化钙类混凝土膨胀剂(代号 AC)三类。

四、混凝土外加剂的主要功能

(1)改善混凝土或砂浆拌和物施工时的和易性。

(2)提高混凝土或砂浆的强度及其他物理力学性能。

(3)节约水泥或代替特种水泥。

(4)加速混凝土或砂浆的早期强度发展。

(5)调节混凝土或砂浆的凝结硬化速度。

(6)调节混凝土或砂浆的含气量。

(7)降低水泥初期水化热或延缓水化放热。

(8)改善拌和物的泌水性。

(9)提高混凝土或砂浆耐各种侵蚀性盐类的腐蚀性。

(10)减弱碱集料反应。

(11)改善混凝土或砂浆的毛细孔结构。

(12)改善混凝土的泵送性。

(13)提高钢筋的抗锈蚀能力。

（14）提高集料与砂浆界面的黏结力，提高钢筋与混凝土的握裹力。

（15）提高新老混凝土界面的黏结力等。

五、影响水泥和外加剂适应性的主要因素

水泥与外加剂的适应性是一个十分复杂的问题，至少受到下列因素的影响。

（1）水泥：矿物组成、细度、游离氧化钙含量、石膏加入量及形态、水泥熟料碱含量、碱的硫酸饱和度、混合材料种类及掺量、水泥助磨剂等。

（2）外加剂的种类和掺量：如萘系减水剂的分子结构，包括磺化度、平均分子量、分子量分布、聚合性能、平衡离子的种类等。

（3）混凝土配合比，尤其是水胶比、矿物外加剂的品种和掺量。

（4）混凝土搅拌时的加料程序、搅拌时的温度、搅拌机的类型等。

遇到水泥和外加剂不适应的问题，必须通过试验，对不适应因素逐个排除，找出其原因。

六、应用外加剂主要注意事项

外加剂的使用效果受到多种因素的影响，因此选用外加剂时应特别予以注意。

（1）外加剂的品种应根据工程设计和施工要求选择。应使用工程原材料，通过试验及技术经济比较后确定。

（2）几种外加剂复合使用时，应注意不同品种外加剂之间的相容性及对混凝土性能的影响。使用前应进行试验，满足要求后，方可使用。如聚羧酸系高性能减水剂与萘系减水剂不宜复合使用。

（3）严禁使用对人体产生危害，对环境产生污染的外加剂。用户应注意工厂提供的混凝土外加剂安全防护措施的有关资料，并遵照执行。

（4）对钢筋混凝土和有耐久性要求的混凝土，应按有关标准规定严格控制混凝土中氯离子的含量和碱的含量。混凝土中氯离子含量和总碱量是指其各种原材料所含氯离子和碱含量之和。

（5）由于聚羧酸系高性能减水剂的掺加量对其性能影响较大，用户应注意准确计量。

第二节　技术要求

外加剂的性能一般包括受检混凝土（按照标准规定的试验条件配制的掺有外加剂的混凝土）的性能和匀质性两部分。

一、高性能减水剂、高效减水剂、普通减水剂、引气减水剂、泵送剂、早强剂、缓凝剂、引气剂

（一）受检混凝土的性能指标
掺外加剂混凝土的性能应符合表6-1的要求。

（二）匀质性指标
匀质性指标应符合表6-2的要求。

表6-1　掺外加剂混凝土的性能指标

项目	外加剂品种												
	高性能减水剂 HPWR			高效减水剂 HWR		普通减水剂 WR			引气减水剂 AEWR	泵送剂 PA	早强剂 Ac	缓凝剂 Re	引气剂 AE
	早强型 HPWR-A	标准型 HPWR-S	缓凝型 HPWR-R	标准型 HWR-S	缓凝型 HWR-R	早强型 WR-A	标准型 WR-S	缓凝型 WR-R	AEWR	PA	Ac	Re	AE
减水率(%),不小于	25	25	25	14	14	8	8	8	10	12	—	—	6
泌水率比(%),不大于	50	60	70	90	100	95	100	100	70	70	100	100	70
含气量(%)	≤6.0	≤6.0	≤6.0	≤3.0	≤4.5	≤4.0	≤4.0	≤5.5	≥3.0	≤5.5	—	—	≥3.0
凝结时间之差(min) 初凝 / 终凝	−90~+90	−90~+120	>+90	−90~+120	>+90	−90~+90	−90~+120	>+90	−90~+120	—	−90~+90	>+90	−90~+120
1h经时变化量 坍落度(mm)	—	≤80	≤60	—	—	—	—	—	—	≤80	—	—	—
1h经时变化量 含气量(%)	—	—	—	—	—	—	—	—	−1.5~+1.5	—	—	—	−1.5~+1.5
抗压强度比(%),不小于 1d	180	170	—	140	—	135	—	—	—	—	135	—	—
抗压强度比(%),不小于 3d	170	160	—	130	—	130	115	—	115	—	130	—	95
抗压强度比(%),不小于 7d	145	150	140	125	125	110	115	110	110	115	110	100	95
抗压强度比(%),不小于 28d	130	140	130	120	120	100	110	110	100	110	110	100	90
收缩率比(%),不大于 28d	110	110	110	135	135	135	135	135	135	135	135	135	135
相对耐久性(200次)(%),不小于	—	—	—	—	—	—	—	—	80	—	—	—	80

注:1. 抗压强度比,收缩率比,相对耐久性为强制性指标,其余为推荐性指标。

2. 除含气量外,表中所列数据为掺外加剂混凝土与基准混凝土的差值或比值。

3. 凝结时间之差性能指标中的"−"号表示提前,"+"号表示延缓。

4. 相对耐久性(200次)性能指标中的"不小于80"表示将28d龄期的受检混凝土试件快速冻融循环200次后,动弹性模量保留值≥80%。

5. 1h含气量经时变化量指标中的"−"号表示含气量增加,"+"号表示含气量减少。

6. 其他品种的外加剂是否需要测定相对耐久性及指标,由供需双方协商确定。

7. 当用户对泵送剂等产品有特殊要求时,需要进行的补充试验项目,试验方法及指标,由供需双方协商确定。

表 6-2　匀质性指标

试验项目	指标
氯离子含量(%)	不超过生产厂控制值
总减量(%)	不超过生产厂控制值
含固量(%)	$S > 25\%$ 时,应控制在 $0.95\,S \sim 1.05\,S$; $S \leqslant 25\%$ 时,应控制在 $0.90\,S \sim 1.10\,S$
含水率(%)	$W > 5\%$ 时,应控制在 $0.90\,W \sim 1.10\,W$ $S \leqslant 5\%$ 时,应控制在 $0.80\,W \sim 1.20\,W$
密度(g/cm³)	$D > 1.1$ 时,应控制在 $D \pm 0.03$ $D \leqslant 1.1$ 时,应控制在 $D \pm 0.02$
细度	应在生产厂控制范围内
pH 值	应在生产厂控制值范围内
硫酸钠含量(%)	不超过生产厂控制值

注:1. 生产厂应在相关的技术资料中明示产品匀质性指标的控制值。
　2. 对相同和不同批次之间的匀质性和等效性的其他要求,可由供需双方商定。
　3. 表中的 S、W 和 D 分别为含固量、含水率和密度的生产厂控制值。

二、砂浆、混凝土防水剂

(一)受检砂浆的性能指标

受检砂浆的性能指标应符合表 6-3 的规定。

表 6-3　受检砂浆的性能指标

试验项目		性能指标	
		一等品	合格品
安定性		合格	合格
凝结时间	初凝(min),≥	45	45
	终凝(h),≤	10	10
抗压强度比(%),≥	7 d	100	85
	28 d	90	80
透水压力比(%),≥		300	200
吸水量比(48 h)(%),≤		65	75
收缩率比(28 d)(%),≤		125	135

注:安定性和凝结时间为受检净浆的试验结果,其他项目数据均为受检砂浆与基准砂浆的比值。

(二)受检混凝土的性能指标

受检混凝土的性能指标应符合表 6-4 的规定。

表 6-4 受检混凝土的性能指标

试验项目		性能指标	
		一等品	合格品
安定性		合格	合格
凝结时间(min),≥	初凝	−90[a]	−90
抗压强度比(%),≥	3 d	100	90
	7 d	110	100
	28 d	100	90
渗透高度比(%),≤		30	40
吸水量比(48 h)(%),≤		65	75
收缩率比(28 d)(%),≤		125	135

注:安定性为受检净浆的试验结果,凝结时间差为受检混凝土与基准混凝土的差值,表中其他数据为受检混凝土与基准混凝土的比值。

[a] "−"表示提前。

(三)匀质性指标

匀质性指标应符合表 6-5 的规定。

表 6-5　匀质性指标

试验项目	指标	
	液体	粉体
密度(g/cm³)	$D>1.1$ 时,要求为 $D \pm 0.03$ $D \leqslant 1.1$ 时,要求为 $D \pm 0.02$ D 是生产厂提供的密度值	—
氯离子含量(%)	应小于生产厂最大控制值	应小于生产厂最大控制值
总碱量(%)	应小于生产厂最大控制值	应小于生产厂最大控制值
细度(%)	—	0.315 mm 筛筛余应小于15%
含水率(%)	—	$W \geqslant 5\%$ 时,$0.90W \leqslant X < 1.10W$; $W < 5\%$ 时,$0.90W \leqslant X < 1.20W$; W 是生产厂提供的含水率(质量)(%) X 是测试的含水率(质量)(%)
固体含量(%)	$S \geqslant 20\%$,$0.95S \leqslant X < 1.05S$; $S < 20\%$,$0.90S \leqslant X < 1.10S$; S 是生产厂提供的固体含量(质量)(%) X 是测试的固体含量(质量)(%)	

注:生产厂应在产品说明书中明示产品匀质性指标的控制值。

三、混凝土防冻剂

(一)掺防冻剂混凝土性能

掺防冻剂混凝土性能应符合表 6-6 的要求。

表 6-6　掺防冻剂混凝土性能

序号	试验项目		性能指标					
			一等品			合格品		
1	减水率(%)，≥		10			—		
2	泌水率比(%)，≤		80			100		
3	含气量(%)，≥		2.5			2.0		
4	凝结时间差(min)	初凝	$-150 \sim +150$			$-210 \sim +210$		
		终凝						
5	抗压强度比(%)，≥	规定温度(℃)	-5	-10	-15	-5	-10	-15
		R_{-7}	20	12	10	20	10	8
		R_{28}	100		95	95		90
		R_{-7+28}	95	90	85	90	85	80
		R_{-7+56}	100			100		
6	28 d 收缩率比(%)，≤		135					
7	渗透高度比(%)，≤		100					
8	50 次冻融强度损失率比(%)，≤		100					
9	对钢筋锈蚀作用		应说明对钢筋有无锈蚀作用					

(二)防冻剂的匀质性

防冻剂的匀质性指标应符合表 6-7 的要求。

表 6-7　防冻剂的匀质性指标

序号	试验项目	指标
1	固体含量(%)	液体防冻剂： $S \geqslant 20\%$，$0.95S \leqslant X < 1.05S$ $S < 20\%$，$0.90S \leqslant X < 1.10S$ S 是生产厂提供的固体含量(质量)(%)，X 是测试的固体含量(质量)(%)
2	含水率(%)	粉状防冻剂： $W \geqslant 5\%$，$0.90W \leqslant X < 1.10W$ $W < 5\%$，$0.80W \leqslant X < 1.20W$ W 是生产厂提供的含水率(质量)(%) X 是测试的含水率(质量)(%)
3	密度	液体防冻剂： $D > 1.1$ 时，要求为 $D \pm 0.03$ $D \leqslant 1.1$ 时，要求为 $D \pm 0.02$ D 是生产厂提供的密度值
4	氯离子含量(%)	无氯盐防冻剂：$\leqslant 0.1\%$(质量百分比) 其他防冻剂:不超过生产厂控制值
5	碱含量(%)	不超过生产厂提供的最大值
6	水泥净浆流动度(mm)	应不小于生产厂控制值的 95%
7	细度(%)	粉状防冻剂细度应不超过生产厂提供的最大值

（三）释放氨量

含有氨或氨基类的防冻剂释放氨量应符合 GB 18588—2001 规定的限值。

四、混凝土膨胀剂

（一）化学成分

1. 氧化镁

混凝土膨胀剂中的氧化镁含量应不大于 5%。

2. 碱含量（选择性指标）

混凝土膨胀剂中的碱含量按 $Na_2O + 0.658K_2O$ 计算值表示。若使用活性集料，用户要求提供低碱混凝土膨胀剂时，混凝土膨胀剂中的碱含量应不大于 0.75%，或由供需双方协商确定。

（二）物理性能

混凝土膨胀剂的物理性能指标应符合表6-8 的规定。

表6-8　混凝土膨胀剂性能指标

项目		指标值	
		Ⅰ型	Ⅱ型
细度	比表面积（m^2/kg），≥	200	
	1.18 mm 筛筛余（%），≤	0.5	
凝结时间	初凝（min），≥	45	
	终凝（min），≤	600	
限制膨胀率（%）	水中7 d，≥	0.025	0.050
	空气中21 d，≥	−0.020	−0.010
抗压强度（MPa）	7 d，≥	20.0	
	28 d，≥	40.0	

注：本表中的限制膨胀率为强制性指标，其余为推荐性指标。

第三节　试验方法

一、高性能减水剂、高效减水剂、普通减水剂、引气减水剂、泵送剂、早强剂、缓凝剂、引气剂

（一）受检混凝土性能

1. 材料

1）水泥

混凝土外加剂性能检验应采用基准水泥。基准水泥是检验混凝土外加剂性能的专用水泥，是由符合下列品质指标的硅酸盐水泥熟料与二水石膏共同粉磨而成的强度等级为 42.5

级的 P·Ⅰ型硅酸盐水泥。基准水泥必须由经中国建材联合会混凝土外加剂分会与有关单位共同确认具备生产条件的工厂供给。

（1）品质指标（除满足强度等级为 42.5 级的硅酸盐水泥技术要求外）。

①熟料中铝酸三钙（C_3A）含量 6% ~ 8%。

②熟料中硅酸三钙（C_3S）含量 55% ~ 60%。

③熟料中游离氧化钙（fCaO）含量不得超过 1.2%。

④水泥中碱（$Na_2O + 0.658K_2O$）含量不得超过 1.0%。

⑤水泥比表面积（350 ± 10）m^2/kg。

（2）验收规则。

①基准水泥出厂 15 t 为一批号。每一批号应取三个有代表性的样品，分别测定比表面积，测定结果均须符合规定。

②凡不符合强度等级为 42.5 级的 P·Ⅰ型硅酸盐水泥及品质指标中任何一项规定时，均不得出厂。

（3）包装及储运。

采用结实牢固和密封良好的塑料桶包装。每桶净重（25 ± 0.5）kg，桶中须有合格证，注明生产日期、批号。有效储存期为自生产之日起半年。

2）砂

符合 GB/T 14684—2011 中Ⅱ区要求的中砂，但细度模数为 2.6 ~ 2.9，含泥量小于 1%。

3）石子

符合 GB/T 14685—2011 要求的公称粒径为 5 ~ 20 mm 的碎石或卵石，采用二级配，其中 5 ~ 10 mm 占 40%，10 ~ 20 mm 占 60%，满足连续级配要求，针片状物质含量小于 10%，空隙率小于 47%，含泥量小于 0.5%。如有争议，以碎石结果为准。

4）水

符合 JGJ 63—2006 混凝土拌和用水的技术要求。

5）外加剂

需要检测的外加剂。

2. 配合比

基准混凝土配合比按 JGJ 55—2011 进行设计。掺非引气型外加剂的受检混凝土和其对应的基准混凝土的水泥、砂、石的比例相同。配合比设计应符合以下规定：

（1）水泥用量。掺高性能减水剂或泵送剂的基准混凝土和受检混凝土的单位水泥用量为 360 kg/m^3，掺其他外加剂的基准混凝土和受检混凝土的单位水泥用量为 330 kg/m^3。

（2）砂率。掺高性能减水剂或泵送剂的基准混凝土和受检混凝土的砂率均为 43% ~ 47%，掺其他外加剂的基准混凝土和受检混凝土的砂率为 36% ~ 40%；但掺引气减水剂或引气剂的受检混凝土的砂率应比基准混凝土的砂率低 1% ~ 3%。

（3）外加剂掺量。按生产厂家指定掺量。

（4）用水量。掺高性能减水剂或泵送剂的基准混凝土和受检混凝土的坍落度控制在（210 ± 10）mm，用水量为坍落度在（210 ± 10）mm 时的最小用水量；掺其他外加剂的基准混凝土和受检混凝土的坍落度控制在（80 ± 10）mm。

用水量包括液体外加剂、砂、石材料中所含的水量。

3.混凝土搅拌

采用符合 JG 244—2009 要求的公称容量为 60 L 的单卧轴式强制搅拌机。搅拌机的拌和量应不小于 20 L,不宜大于 45 L。

外加剂为粉状时,将水泥、砂、石、外加剂一次投入搅拌机,干拌均匀,再加入拌和水,一起搅拌 2 min。外加剂为液体时,将水泥、砂、石一次投入搅拌机,干拌均匀,再加入掺有外加剂的拌和水一起搅拌 2 min。

出料后,在铁板上用人工翻拌至均匀,再进行试验。各种混凝土试验材料及环境温度均应保持在(20 ± 3)℃。

4.试件制作及试验所需试件数量

1)试件制作

混凝土试件制作及养护按 GB/T 50081—2002 进行,但混凝土预养温度为(20 ± 3)℃。

2)试验项目及数量

试验项目及数量详见表6-9。

表6-9　试验项目及数量

试验项目		外加剂类别	试验类别	试验所需数量			
				混凝土拌和批数	每批取样数目	基准混凝土总取样数目	基准混凝土总取样数目
减水率		除早强剂、缓凝剂外的各种外加剂	混凝土拌和物	3	1次	3次	3次
泌水率比		各种外加剂		3	1个	3个	3个
含气量				3	1个	3个	3个
凝结时间差				3	1个	3个	3个
1 h 经时变化量	坍落度	高性能减水剂、泵送剂		3	1个	3个	3个
	含气量	引气剂、引气减水剂		3	1个	3个	3个
抗压强度比		各种外加剂	硬化混凝土	3	6、9或12块	18、27或36块	18、27或36块
收缩率比				3	1条	3条	3条
相对耐久性		引气剂、引气减水剂	硬化混凝土	3	1条	3条	3条

注:1.试验时,检验同一种外加剂的三批混凝土的制作宜在开始试验一周内的不同日期完成,对比的基准混凝土和受检混凝土应同时成型。

2.试验龄期参考表6-1 的试验项目栏。

3.试验前后应仔细观察试样,对有明显缺陷的试样和试验结果都应舍除。

5.混凝土拌和物性能试验方法

1)坍落度和坍落度1 h 经时变化量测定

每批混凝土取一个试样。坍落度和坍落度1 h 经时变化量均以三次试验结果的平均值表示。三次试验的最大值和最小值与中间值之差有一个超过 10 mm 时,将最大值和最小值一并舍去,取中间值作为该批的试验结果;最大值和最小值与中间值之差均超过 10 mm 时,则应重做。

坍落度及坍落度1 h 经时变化量测定值以 mm 表示,结果修约到 5 mm。

(1)坍落度测定。

混凝土坍落度按照 GB/T 50080—2002 测定;但坍落度为 (210 ± 10) mm 的混凝土,分两层装料,每层装入高度为筒高的一半,每层用插捣棒插捣 15 次。

(2) 坍落度 1 h 经时变化量测定。

当要求测定此项时,应将按要求搅拌的混凝土留下足够一次混凝土坍落度的试验数量,并装入用湿布擦过的试样筒内,容器加盖,静置至 1 h(从加水搅拌时开始计算),然后倒出,在铁板上用铁锹翻拌至均匀后,再按照坍落度测定方法测定坍落度。计算出机时和 1 h 之后的坍落度的差值,即得到坍落度的经时变化量。

坍落度 1 h 经时变化量按下式计算:

$$\Delta Sl = Sl_0 - Sl_{1h} \tag{6-1}$$

式中 ΔSl——坍落度经时变化量,mm;

Sl_0——出机时测得的坍落度,mm;

Sl_{1h}——1 h 后测得的坍落度,mm。

2) 减水率测定

减水率为坍落度基本相同时,基准混凝土和受检混凝土单位用水量之差与基准混凝土单位用水量之比。减水率按式(6-2)计算,应精确到 0.1%。

$$W_R = \frac{W_0 - W_1}{W_0} \times 100\% \tag{6-2}$$

式中 W_R——减水率(%);

W_0——基准混凝土单位用水量,kg/m³;

W_1——受检混凝土单位用水量,kg/m³。

W_R 以三批试验的算术平均值计,精确到 1%。若三批试验的最大值或最小值中有一个与中间值之差超过中间值的 15%,则把最大值与最小值一并舍去,取中间值作为该组试验的减水率。若有两个测值与中间值之差均超过中间值的 15%,则该批试验结果无效,应该重做。

3) 泌水率比测定

泌水率比按式(6-3)计算,应精确到 1%。

$$R_B = \frac{B_t}{B_c} \times 100\% \tag{6-3}$$

式中 R_B——泌水率比(%);

B_t——受检混凝土泌水率(%);

B_c——基准混凝土泌水率(%)。

泌水率的测定和计算方法如下:

先用湿布湿润容积为 5 L 的带盖筒(内径为 185 mm,高 200 mm)将混凝土拌和物一次装入,在振动台上振动 20 s,然后用抹刀轻轻抹平,加盖以防水分蒸发。试样表面应比筒口边低约 20 mm,自抹面开始计算时间,在前 60 min,每隔 10 min 用吸液管吸出泌水一次,以后每隔 20 min 吸水一次,直至连续三次无泌水。每次吸水前 5 min,应将筒底一侧垫高约 20 mm,使筒倾斜,以便于吸水。吸水后,将筒轻轻放平盖好。将每次吸出的水都注入带塞量筒,最后计算出总的泌水量,精确至 1 g,并按式(6-4)计算泌水率:

$$B = \frac{V_{\mathrm{w}}}{(W/G)G_{\mathrm{w}}} \times 100\% \qquad (6\text{-}4)$$

$$G_{\mathrm{w}} = G_1 - G_0 \qquad (6\text{-}5)$$

式中　B——泌水率(%);

　　　V_{w}——泌水总质量,g;

　　　W——混凝土拌和物的用水量,g;

　　　G——混凝土拌和物的总质量,g;

　　　G_{w}——试样质量,g;

　　　G_1——筒及试样质量,g;

　　　G_0——筒质量,g。

试验时,从每批混凝土拌和物中取一个试样,泌水率取三个试样的算术平均值,精确到0.1%。若三个试样的最大值或最小值中有一个与中间值之差大于中间值的15%,则把最大值与最小值一并舍去,取中间值作为该组试验的泌水率,如果最大值和最小值与中间值之差均大于中间值的15%,则应重做。

4)含气量和含气量1 h经时变化量的测定

试验时,从每批混凝土拌和物中取一个试样,含气量以三个试样测值的算术平均值来表示。若三个试样中的最大值或最小值中有一个与中间值之差超过0.5%,将最大值与最小值一并舍去,取中间值作为该批的试验结果;如果最大值和最小值与中间值之差均超过0.5%,则应重做。含气量和含气量1 h经时变化量测定值精确到0.1%。

(1)含气量测定。

按GB/T 50080—2002用气水混合式含气量测定仪,并按仪器说明进行操作,但混凝土拌和物应一次装满并稍高于容器,用振动台振实15~20 s。

(2)含气量1 h经时变化量测定。

当要求测定此项时,将按要求搅拌的混凝土留下足够一次含气量试验的数量,并装入用湿布擦过的试样筒内,容器加盖,静置至1 h(从加水搅拌时开始计算),然后倒出,在铁板上用铁锹翻拌均匀后,再按照含气量测定方法测定含气量。计算出机时和1 h之后的含气量的差值,即得到含气量的经时变化量。

含气量1 h经时变化量按式(6-6)计算:

$$\Delta A = A_0 - A_{1\,\mathrm{h}} \qquad (6\text{-}6)$$

式中　ΔA——含气量经时变化量(%);

　　　A_0——出机后测得的含气量(%);

　　　$A_{1\,\mathrm{h}}$——1 h后测得的含气量(%)。

5)凝结时间差测定

凝结时间差按式(6-7)计算:

$$\Delta T = T_{\mathrm{t}} - T_{\mathrm{c}} \qquad (6\text{-}7)$$

式中　ΔT——凝结时间之差,min;

　　　T_{t}——受检混凝土的初凝或终凝时间,min;

　　　T_{c}——基准混凝土的初凝或终凝时间,min。

凝结时间采用贯入阻力仪测定,仪器精度为10 N,凝结时间测定方法如下:

将混凝土拌和物用5 mm(圆孔筛)振动筛筛出砂浆,拌匀后装入上口内径为160 mm,下口内径为150 mm,净高150 mm的刚性不渗水的金属圆筒,试样表面应略低于筒口约10 mm,用振动台振实,经过3~5 s,置于(20±2)℃的环境中,容器加盖。一般基准混凝土在成型后3~4 h,掺早强剂的在成型后1~2 h,掺缓凝剂的在成型后4~6 h开始测定,以后每0.5 h或1 h测定一次,但在临近初、终凝时,可以缩短测定间隔时间。每次测定应避开前一次测孔,其净距为试针直径的2倍,但至少不小于15 mm,试针与容器边缘的距离不小于25 mm。测定初凝时间用截面面积为100 mm² 的试针,测定终凝时间用截面面积为20 mm² 的试针。

测试时,将砂浆试样筒置于贯入阻力仪上,测针端部与砂浆表面接触,然后在(10±2)s内均匀地使测针贯入砂浆(25±2)mm深度。记录贯入阻力,精确至10 N,记录测量时间,精确至1 min。贯入阻力按式(6-8)计算,精确到0.1 MPa。

$$R = \frac{P}{A} \qquad (6-8)$$

式中 R——贯入阻力值,MPa;

P——贯入深度达25 mm时所需的净压力,N;

A——贯入阻力仪试针的截面面积,mm²。

根据计算结果,以贯入阻力值为纵坐标,测试时间为横坐标,绘制贯入阻力值与时间关系曲线,求出贯入阻力值达3.5 MPa时,对应的时间作为初凝时间;贯入阻力值达28 MPa时,对应的时间作为终凝时间。从水泥与水接触时开始计算凝结时间。

试验时,每批混凝土拌和物取一个试样,凝结时间取三个试样的平均值。若三批试验的最大值或最小值之中有一个与中间值之差超过30 min,把最大值与最小值一并舍去,取中间值作为该组试验的凝结时间。若两测值与中间值之差均超过30 min,该组试验结果无效,则应重做。凝结时间以min表示,并修约到5 min。

6. 硬化混凝土性能试验方法

1)抗压强度比测定

抗压强度比以掺外加剂混凝土与基准混凝土同龄期抗压强度之比表示,按式(6-9)计算,精确到1%。

$$R_f = \frac{f_t}{f_c} \times 100\% \qquad (6-9)$$

式中 R_f——抗压强度比(%);

f_t——受检混凝土的抗压强度,MPa;

f_c——基准混凝土的抗压强度,MPa。

受检混凝土与基准混凝土的抗压强度按GB/T 50081—2002进行试验和计算。试件制作时,用振动台振动15~20 s。试件预养温度为(20±3)℃。试验结果以三批试验测值的平均值表示,若三批试验中有一批的最大值或最小值与中间值的差值超过中间值的15%,则把最大值与最小值一并舍去,取中间值作为该批试验结果。如有两批测值与中间值的差均超过中间值的15%,则试验结果无效,应该重做。

2)收缩率比测定

收缩率比以28 d龄期时受检混凝土与基准混凝土的收缩率的比值表示,按式(6-10)计

算:

$$R_\varepsilon = \frac{\varepsilon_t}{\varepsilon_c} \times 100\% \tag{6-10}$$

式中　R_ε——收缩率比(%);

ε_t——受检混凝土的收缩率(%);

ε_c——基准混凝土的收缩率(%)。

受检混凝土及基准混凝土的收缩率按 GB/T 50082—2002 测定和计算。试验用振动台成型,振动 15~20 s。每批混凝土拌和物取一个试样,以三个试样收缩率比的算术平均值表示,计算精确到 1%。

3)相对耐久性试验

按 GB/T 50082—2002 进行,试件采用振动台成型,振动 15~20 s,标准养护 28 d 后进行冻融循环试验(快冻法)。

相对耐久性指标是以掺外加剂混凝土冻融 200 次后的动弹性模量是否不小于 80% 来评定外加剂的质量。每批混凝土拌和物取一个试样,相对动弹性模量以三个试件测值的算术平均值表示。

(二)匀质性试验方法

1.氯离子含量测定(电位滴定法)

1)方法提要

用电位滴定法,以银电极或氯电极为指示电极,其电势随 Ag^+ 浓度而变化。以甘汞电极为参比电极,用电位计或酸度计测定两电极在溶液中组成原电池的电势,银离子与氯离子反应生成溶解度很小的氯化银白色沉淀。在等当点前滴入硝酸银生成氯化银沉淀,两电极间电势变化缓慢,等当点时氯离子全部生成氯化银沉淀,这时滴入少量硝酸银即引起电势急剧变化,指示出滴定终点。

2)试剂

(1)硝酸(1+1)。

(2)硝酸银溶液(17 g/L):准确称取约 17 g 硝酸银($AgNO_3$),用水溶解,放入 1 L 棕色容量瓶中稀释至刻度,摇匀,用 0.100 0 mol/L 氯化钠(NaCl)标准溶液对硝酸银溶液进行标定。

(3)氯化钠标准溶液[$c(NaCl) = 0.100 0$ mol/L]:称取约 10 g 氯化钠(基准试剂),盛在称量瓶中,于 130~150 ℃烘干 2 h,在干燥器内冷却后精确称取 5.844 3 g,用水溶解并稀释至 1 L,摇匀。

标定硝酸银溶液(17 g/L):

用移液管吸取 10 mL 0.100 0 mol/L 的氯化钠标准溶液于烧杯中,加水稀释至 200 mL,加 4 mL 硝酸(1+1),在电磁搅拌下,用硝酸银溶液以电位滴定法测定终点,过等当点后,在同一溶液中再加入 0.100 0 mol/L 的氯化钠标准溶液 10 mL,继续用硝酸银溶液滴定至第二个终点,用二次微商法计算出硝酸银溶液消耗的体积 V_{01}、V_{02}。

体积 V_0 按式(6-11)计算:

$$V_0 = V_{02} - V_{01} \tag{6-11}$$

式中　V_0——10 mL 0.100 0 mol/L 氯化钠消耗硝酸银溶液的体积,mL;

V_{01}——空白试验中 200 mL 水,加 4 mL 硝酸(1 + 1),加 10 mL 0.100 0 mol/L 氯化钠标准溶液所消耗的硝酸银溶液的体积,mL;

V_{02}——空白试验中 200 mL 水,加 4 mL 硝酸(1 + 1),加 20 mL 0.100 0 mol/L 氯化钠标准溶液所消耗的硝酸银溶液的体积,mL。

浓度 c 按式(6-12)计算

$$c = \frac{c'V'}{V_0} \tag{6-12}$$

式中 c——硝酸银溶液的浓度,mol/L;

c'——氯化钠标准溶液的浓度,mol/L;

V'——氯化钠标准溶液的体积,mL;

其余符号含义同上。

3)仪器

(1)电位测定仪或酸度仪。

(2)银电极或氯电极。

(3)甘汞电极。

(4)电磁搅拌器。

(5)滴定管(25 mL)。

(6)移液管(10 mL)。

4)试验步骤

(1)准确称取外加剂试样 0.500 0 ~ 5.000 0 g,放入烧杯中,加 200 mL 水和 4 mL 硝酸(1 + 1),使溶液呈酸性,搅拌至完全溶解,如不能完全溶解,可用快速定性滤纸过滤,并用蒸馏水洗涤残渣至无氯离子。

(2)用移液管加入 10 mL 0.100 0 mol/L 的氯化钠标准溶液,烧杯内加入电磁搅拌子,将烧杯放在电磁搅拌器上,开动搅拌器并插入银电极(或氯电极)及甘汞电极,两电极与电位计或酸度计相连接,用硝酸银溶液缓慢滴定,记录电势和对应的滴定管读数。

由于接近等当点时,电势增加很快,此时要缓慢滴加硝酸银溶液,每次定量加入 0.1 mL,当电势发生突变时,表示等当点已过,此时继续滴入硝酸银溶液,直至电势变化趋向平稳,得到第一个终点时硝酸银溶液消耗的体积 V_1。

(3)在同一溶液中,用移液管再加入 10 mL 0.100 0 mol/L 氯化钠标准溶液(此时溶液电势降低),继续用硝酸银溶液滴定,直至第二个等当点出现,记录电势和对应的 0.1 mol/L 硝酸银溶液消耗的体积 V_2。

(4)空白试验。在干净的烧杯中加入 200 mL 水和 4 mL 硝酸(1 + 1)。用移液管加入 10 mL 0.100 0 mol/L 的氯化钠标准溶液,在不加入试样的情况下,在电磁搅拌下,缓慢滴加硝酸银溶液,记录电势和对应的滴定管读数,直至第一个终点出现。过等当点后,在同一溶液中,再用移液管加入 10 mL 0.100 0 mol/L 氯化钠标准溶液,继续用硝酸银溶液滴定至第二个终点,用二次微商法计算出硝酸银溶液消耗的体积 V_{01}、V_{02}。

5)结果表示

用二次微商法计算结果,通过电压对体积二次导数(即 $\Delta^2 E / \Delta V^2$)变成零的办法来求出滴定终点。假如在邻近等当点时,每次加入的硝酸银溶液是相等的,此函数($\Delta^2 E / \Delta V^2$)必定会在正负两个符号发生变化的体积之间的某一点变成零,对应这一点的体积即为终点体积,可用内插法求得。

外加剂中氯离子所消耗的硝酸银体积 V 按式(6-13)计算

$$V = \frac{(V_1 - V_{01}) + (V_2 - V_{02})}{2} \tag{6-13}$$

式中　V_1——试样溶液加 10 mL 0.100 0 mol/L 氯化钠标准溶液所消耗的硝酸银溶液体积,mL;

　　　V_2——试样溶液加 20 mL 0.100 0 mol/L 氯化钠标准溶液所消耗的硝酸银溶液体积,mL。

外加剂中氯离子含量 X_{Cl^-} 按式(6-14)计算

$$X_{Cl^-} = \frac{cV \times 35.45}{m \times 1\,000} \times 100\% \tag{6-14}$$

式中　X_{Cl^-}——外加剂氯离子含量(%);

　　　m——外加剂样品质量,g。

用 1.565 乘氯离子的含量,即获得无水氯化钙 X_{CaCl_2} 的含量,按式(6-15)计算

$$X_{CaCl_2} = 1.565 \times X_{Cl^-} \tag{6-15}$$

式中　X_{CaCl_2}——外加剂中无水氯化钙的含量(%)。

6)允许差

(1)室内允许差为 0.05%。

(2)室间允许差为 0.08%。

2. 含固量的测定

1)方法提要

在已恒量的称量瓶内放入被测试样于一定的温度下烘至恒量。

2)仪器

(1)天平:不应低于四级,精确至 0.000 1 g。

(2)鼓风电热恒温干燥箱:温度范围 0～200 ℃。

(3)带盖称量瓶:25 mm×65 mm。

(4)干燥器:内盛变色硅胶。

3)试验步骤

(1)将洁净带盖称量瓶放入烘箱内,于 100～105 ℃烘 30 min,取出置于干燥器内,冷却 30 min 后称量,重复上述步骤直至恒量,称其质量为 m_0。

(2)将被测试样装入已经恒量的称量瓶内,盖上盖称出试样及称量瓶的总质量为 m_1。

试样称量:固体产品 1.000 0～2.000 0 g,液体产品 3.000 0～5.000 0 g。

(3)将盛有试样的称量瓶放入烘箱内,开启瓶盖,升温至 100～105 ℃(特殊品种除外)烘干,盖上盖置于干燥器内冷却 30 min 后称量,重复上述步骤直至恒量,称其质量为 m_2。

4)结果表示

固体含量 $X_固$ 按式(6-16)计算

$$X_固 = \frac{m_2 - m_0}{m_1 - m_0} \times 100\% \tag{6-16}$$

式中 $X_{固}$——固体含量(%);

m_0——称量瓶的质量,g;

m_1——称量瓶加试样的质量,g;

m_2——称量瓶加烘干后试样的质量,g。

5)允许差

(1)室内允许差为0.30%。

(2)室间允许差为0.50%。

3.密度的测定(比重瓶法)

1)方法提要

将已校正容积(V值)的比重瓶灌满被测溶液,在(20±1)℃恒温,在天平上称出其质量。

2)测试条件

(1)液体样品直接测试。

(2)固体样品溶液的浓度为10 g/L。

(3)被测溶液的温度为(20±1)℃。

(4)被测溶液必须清澈,如有沉淀应滤去。

3)仪器

(1)比重瓶:25 mL 或 50 mL。

(2)天平:不应低于四级,精确至0.000 1 g。

(3)干燥器:内盛变色硅胶。

(4)超级恒温器或同等条件的恒温设备。

4)试验步骤

(1)比重瓶容积的校正。

比重瓶依次用水、乙醇、丙酮和乙醚洗涤并吹干,塞子连瓶一起放入干燥器内,取出、称量比重瓶的质量为 m_0,直至恒量。然后将预先煮沸并经冷却的水装入瓶内,塞上塞子,使多余的水分从塞子毛细管流出,用吸水纸吸干瓶外的水,注意不能让吸水纸吸出塞子毛细管里的水,水要保持与毛细管上口相平,立即在天平上称出比重瓶装满水后的质量 m_1。

容积 V 按式(6-17)计算

$$V = \frac{m_1 - m_0}{0.998\ 2} \tag{6-17}$$

式中 V——比重瓶在20 ℃时的容积,mL;

m_0——干燥的比重瓶质量,g;

m_1——比重瓶盛满20 ℃水后的质量,g;

0.998 2——20 ℃时纯水的密度,g/mL。

(2)外加剂溶液密度 ρ 的测定。

将已校正 V 值的比重瓶洗净、干燥、灌满被测溶液,塞上塞子后浸入(20±1)℃超级恒温器内,恒温20 min 后取出,,用吸水纸吸干瓶外的水及由毛细管溢出的溶液后,在天平上称出比重瓶装满外加剂溶液后的质量 m_2。

5)结果表示

外加剂溶液的密度 ρ 按式(6-18)计算

$$\rho = \frac{m_2 - m_0}{V} = \frac{m_2 - m_0}{m_1 - m_0} \times 0.998\ 2 \qquad (6-18)$$

式中　ρ——20 ℃时外加剂溶液的密度,g/mL;

　　　m_2——比重瓶装满20 ℃外加剂溶液后的质量,g;

　　　其他符号含义同前。

6)允许差

(1)室内允许差为0.001 g/mL。

(2)室间允许差为0.002 g/mL。

4.细度的测定

1)方法提要

采用孔径为0.315 mm的试验筛,称取烘干试样 m_0 倒入筛内,用人工筛样,称量筛余物质量 m_1,按式(6-19)计算出筛余物的百分含量。

2)仪器

(1)药物天平:称量100 g,分度值0.1 g。

(2)试验筛:采用孔径为0.315 mm的铜丝网筛布。筛框有效直径150 mm、高50 mm。筛布应紧绷在筛框上,接缝必须严密,并附有筛盖。

3)试验步骤

外加剂试样应充分拌匀并经100~105 ℃(特殊品种除外)烘干,称取烘干试样10 g倒入筛内,用人工筛样,将近筛完时,必须一手执筛往复摇动,一手拍打,摇动速度约120次/min。其间,筛子应向一定方向旋转数次,使试样分散在筛布上,直至每分钟通过质量不超过0.05 g时称量筛余物,称准至0.1 g。

4)结果表示

细度用筛余物的百分含量(%)表示,按式(6-19)计算

$$筛余物的百分含量 = \frac{m_1}{m_0} \times 100\% \qquad (6-19)$$

式中　m_1——筛余物质量,g;

　　　m_0——试样质量,g。

5)允许差

(1)室内允许差为0.40%。

(2)室间允许差为0.60%。

5.pH值的测定

1)方法提要

根据奈斯特方程 $E = E_0 + 0.059\ 15\lg[H^+]$,$E = E_0 - 0.059\ 15pH$,利用一对电极在不同pH值溶液中能产生不同电位差,这一对电极由测试电极(玻璃电极)和参比电极(饱和甘汞电极)组成,在25 ℃时每相差一个单位pH值产生59.15 mV的电位差,pH值可在仪器的刻度表上直接读出。

2）仪器

（1）酸度计。

（2）甘汞电极。

（3）玻璃电极。

（4）复合电极。

3）测试条件

（1）液体样品直接测试。

（2）固体样品溶液的浓度为 10 g/L。

（3）被测溶液的温度为(20±3) ℃。

4）测试步骤

（1）校正。按仪器的出厂说明书校正仪器。

（2）测量。当仪器校正好后，先用水，再用测试溶液冲洗电极，然后将电极浸入被测溶液中轻轻摇动试杯，使溶液摇匀。待到酸度计的读数稳定 1 min，记录读数。测量结束后，用水冲洗电极，以待下次测量。

5）结果表示

酸度计测出的结果即为溶液的 pH 值。

6）允许差

（1）室内允许差为 0.2。

（2）室间允许差为 0.5。

6. 硫酸钠含量测定

硫酸钠含量测定方法分为重量法和离子交换重量法。采用重量法测定，试样加入氯化铵溶液沉淀处理过程中，发现絮凝物而不易过滤时改用离子交换重量法。

1）方法提要

氯化钡溶液与外加剂试样中的硫酸盐生成溶解度极小的硫酸钡沉淀，称量经高温灼烧后的沉淀来计算硫酸钡的含量。

2）试剂

（1）盐酸(1+1)。

（2）氯化铵溶液(50 g/L)。

（3）氯化钡溶液(50 g/L)。

（4）硝酸银溶液(1 g/L)。

（5）预先经活化处理过的 717－OH 型阴离子交换树脂（注：采用离子交换重量法时，同前四种试剂并增加该种试剂）。

3）仪器

（1）电阻高温炉：最高使用温度不低于 900 ℃。

（2）天平：不应低于四级，精确至 0.000 1 g。

（3）电磁电热式搅拌器。

（4）瓷坩埚：18～30 mL。

（5）烧杯：400 mL。

（6）长颈漏斗。

(7)慢速定量滤纸,快速定性滤纸。

4)试验步骤

重量法的试验步骤如下:

(1)准确称取试样约0.5 g,于400 mL烧杯中,加入200 mL水搅拌溶解,再加入氯化铵溶液50 mL,加热煮沸后,用快速定性滤纸过滤,用水洗涤数次后,将滤液浓缩至200 mL左右,滴加盐酸(1+1)至浓缩滤液显示酸性,再多加5~10滴盐酸,煮沸后在不断搅拌下趁热滴加氯化钡溶液10 mL,继续煮沸15 min,取下烧杯,置于加热板上,保持50~60 ℃静置2~4 h或常温静置8 h。

(2)用两张慢速定量滤纸过滤,烧杯中的沉淀用70 ℃水洗净,使沉淀全部转移到滤纸上,用温热水洗涤沉淀至无氯离子为止(用硝酸银溶液检验)。

(3)将沉淀物从滤纸移入预先灼烧恒重的坩埚中,小火烘干、灰化。

(4)在800 ℃电阻高温炉中灼烧30 min,然后在干燥器里冷却至室温(约30 min),取出称量,再将坩埚放回高温炉中,灼烧20 min,取出冷却至室温称量,如此反复直至恒量(连续两次称量之差小于0.000 5 g)。

离子交换重量法的试验步骤如下:

(1)准确称取外加剂样品0.200 0~0.500 0 g,置于盛有6g 717 - OH型阴离子交换树脂的100 mL烧杯中,加入60 mL水和电磁搅拌棒,在电磁电热式搅拌器上加热至60~65 ℃,搅拌10 min,进行离子交换。

(2)将烧杯取下,用快速定性滤纸于三角漏斗上过滤,弃去滤液。

(3)用50~60 ℃氯化铵溶液洗涤树脂5次,再用温水洗涤5次,将洗液收集于另一干净的300 mL烧杯中,滴加盐酸(1+1)至溶液显示酸性,再多加5~10滴盐酸,煮沸后在不断搅拌下趁热滴加氯化钡溶液10 mL,继续煮沸15 min,取下烧杯,置于加热板上,保持50~60 ℃,静置2~4 h或常温静置8 h。

(4)重复重量法中(2)~(4)的步骤。

5)结果表示

硫酸钠含量$X_{Na_2SO_4}$按式(6-20)计算

$$X_{Na_2SO_4} = \frac{(m_2 - m_1) \times 0.608\ 6}{m} \times 100\% \qquad (6\text{-}20)$$

式中　　$X_{Na_2SO_4}$——外加剂中硫酸钠含量(%);

　　　　m——试样质量,g;

　　　　m_1——空坩埚质量,g;

　　　　m_2——灼烧后滤渣加坩埚质量,g;

　　　　0.608 6——硫酸钡换算成硫酸钠的系数。

6)允许差

(1)室内允许差为0.50%。

(2)室间允许差为0.80%。

7.碱含量的测定

1)方法提要

试样用约80 ℃的热水溶解,以氨水分离铁、铝,以碳酸钙分离钙、镁。滤液中的碱(钾和钠),采用相应的滤光片,用火焰光度计进行测定。

2)试剂与仪器

(1)盐酸(1+1)。

(2)氨水(1+1)。

(3)碳酸铵溶液(100 g/L)。

(4)氧化钾、氧化钠标准溶液:精确称取已在130～150 ℃烘过2 h的氯化钾(KCl 光谱纯)0.792 0 g及氯化钠(NaCl 光谱纯)0.943 0 g,置于烧杯中,加水溶解后,移入1 000 mL 容量瓶中,用水稀释至标线,摇匀,转移至干燥的带盖的塑料瓶中,此标准溶液每毫升相当于氧化钾及氧化钠0.5 mg。

(5)甲基红指示剂(2 g/L 乙醇溶液)。

(6)火焰光度计。

3)试验步骤

(1)工作曲线的绘制。分别向100 mL 容量瓶中注入0.00 mL、1.00 mL、2.00 mL、4.00 mL、8.00 mL、12.00 mL 的氧化钾、氧化钠标准溶液(分别相当于氧化钾、氧化钠各0.00 mg、0.50 mg、1.00 mg、2.00 mg、4.00 mg、6.00 mg),用水稀释至标线,摇匀,然后分别于火焰光度计上按仪器使用规程进行测定,根据测得的检流计读数与溶液的浓度关系,分别绘制氧化钾及氧化钠的工作曲线。

(2)准确称取一定量的试样置于150 mL 的瓷蒸发皿中,用80 ℃左右的热水湿润并稀释至30 mL,置于电热板上加热蒸发,保持微沸5 min 后取下,冷却,加1滴甲基红指示剂,滴加氨水(1+1),使溶液呈黄色;加入10 mL 碳酸铵溶液,搅拌,置于电热板上加热并保持微沸10 min,用中速滤纸过滤,以热水洗涤,滤液及洗液盛于容量瓶中,冷却至室温,以盐酸(1+1)中和至溶液呈红色,然后用水稀释至标线,摇匀,以火焰光度计按仪器使用规程进行测定。称样量及稀释倍数见表6-10。

表6-10　称样量及稀释倍数

总碱量(%)	称样量(g)	稀释体积(mL)	稀释倍数 n
1.00	0.2	100	1
1.00～5.00	0.1	250	2.5
5.00～10.00	0.05	250 或 500	2.5 或 5.0
大于10.00	0.05	500 或 1 000	5.0 或 10.0

4)结果表示

(1)氧化钾及氧化钠含量计算。

氧化钾含量 X_{K_2O} 按式(6-21)计算:

$$X_{K_2O} = \frac{c_1 n}{m \times 1\,000} \times 100\%$$　　　　　　(6-21)

式中　X_{K_2O}——外加剂中氧化钾含量(%);

　　　c_1——在工作曲线上查得每100 mL 被测定液中氧化钾的含量,mg;

　　　n——被测溶液的稀释倍数;

m——试样质量,g。

氧化钠含量 X_{Na_2O} 按式(6-22)计算:

$$X_{Na_2O} = \frac{c_2 n}{m \times 1\,000} \times 100\% \qquad (6\text{-}22)$$

式中　X_{K_2O}——外加剂中氧化钠含量(%);

　　　c_2——在工作曲线上查得每100 mL被测定液中氧化钠的含量,mg。

(2)$X_{总碱量}$ 按式(6-23)计算:

$$X_{总碱量} = 0.658 X_{K_2O} + X_{Na_2O} \qquad (6\text{-}23)$$

式中　$X_{总碱量}$——外加剂中的总碱量(%)。

(3)允许差。

总碱量的允许差见表6-11。

表6-11　总碱量的允许差

总碱量(%)	室内允许差(%)	室间允许差(%)
1.00	0.10	0.15
1.00~5.00	0.20	0.30
5.00~10.00	0.30	0.50
大于10.00	0.50	0.80

注:1.矿物质的混凝土外加剂,如膨胀剂等,不在此范围之内。

2.总碱量的测定亦可采用原子吸收光谱法,参见 GB/T 176—2008。

8.水泥净浆流动度的测定

1)方法提要

在水泥净浆搅拌机中,加入一定量的水泥、外加剂和水进行搅拌。将搅拌好的净浆注入截锥圆模内,提起截锥圆模,测定水泥净浆在玻璃平面上自由流淌的最大直径。

2)仪器

(1)水泥净浆搅拌机。

(2)截锥圆模:上口直径36 mm,下口直径60 mm,高度为60 mm,内壁光滑无接缝的金属制品。

(3)玻璃板。

(4)秒表。

(5)钢直尺:300 mm。

(6)刮刀。

(7)药物天平:称量100 g,分度值0.1 g。

(8)药物天平:称量1 000 g,分度值1 g。

3)试验步骤

(1)将玻璃板放置在水平位置,用湿布抹擦玻璃板、截锥圆模、搅拌器及搅拌锅,使其表面湿而不带水渍。将截锥圆模放在玻璃板的中央,并用湿布覆盖待用。

(2)称取水泥300 g,倒入搅拌锅内,加入推荐量的外加剂及87 g或105 g水,搅拌3 min。

(3)将拌好的净浆迅速注入截锥圆模内,用刮刀刮平,将截锥圆模按垂直方向提起,同时开启秒表计时,任水泥净浆在玻璃板上流淌,至 30 s,用直尺量取流淌部分互相垂直的两个方向的最大直径,取平均值作为水泥净浆流动度。

4)结果表示

表示净浆流动度时,需注明用水量,所用水泥的强度等级、名称、型号及生产厂和外加剂掺量。

5)允许差

(1)室内允许差为 5 mm。

(2)室间允许差为 10 mm。

(三)检验规则

1.取样及批号

1)点样和混合样

点样是在一次生产产品时所取得的一个试样。混合样是三个或更多的点样等量均匀混合而取得的试样。

2)批号

生产厂应根据产量和生产设备条件,将产品分批编号。掺量大于 1%(含 1%)同品种的外加剂每一批号为 100 t,掺量小于 1% 的外加剂每一批号为 50 t。不足 100 t 或 50 t 的也应按一个批量计,同一批号的产品必须混合均匀。

3)取样数量

每一批号取样量不少于 0.2 t 水泥所需用的外加剂量。

2.试样及留样

每一批号取样应充分混匀,分为两等份,其中一份按表 6-1 和表 6-2 规定的项目进行试验,另一份密封保存半年,以备有疑问时,提交国家指定的检验机关进行复验或仲裁。

3.检验分类

1)出厂检验

每批号外加剂的出厂检验项目,根据其品种不同按以下规定项目进行检验:

(1)含固量、密度:液体外加剂必测。

(2)含水率、细度:粉状外加剂必测。

(3)pH 值:每种外加剂均测。

(4)氯离子含量:每种外加剂每 3 个月至少一次。

(5)硫酸钠含量:高效减水剂、早强剂每 3 个月至少一次。

(6)总碱量:每种外加剂每年至少一次。

2)型式检验

型式检验项目包括表 6-1、表 6-2 全部性能指标。有下列情况之一者,应进行型式检验:

(1)新产品或老产品转厂生产的试制定型鉴定。

(2)正式生产后,如材料、工艺有较大改变,可能影响产品性能时。

(3)正常生产时,一年至少进行一次检验。

(4)产品长期停产后,恢复生产时。

(5)出厂检验结果与上次型式检验结果有较大差异时。

(6)国家质量监督机构提出进行型式试验要求时。

4. 判定规则

1) 出厂检验判定

型式检验报告在有效期内,且出厂检验结果符合表 6-2 的要求,可判定为该批产品检验合格。

2) 型式检验判定

产品经检验,匀质性检验结果符合表 6-2 的要求;各种类型外加剂受检混凝土性能指标中,高性能减水剂及泵送剂的减水率和坍落度的经时变化量,其他减水剂的减水率、缓凝型外加剂的凝结时间差、引气型外加剂的含气量及其经时变化量、硬化混凝土的各项性能符合表 6-1 的要求,则判定该批号外加剂合格。如不符合上述要求,则判该批外加剂不合格。其余项目可作为参考指标。

5. 复验

复验以封存样进行。如使用单位要求现场取样,应事先在供货合同中规定,并在生产和使用单位人员在场的情况下于现场取混合样,复验按照型式检验项目检验。

二、砂浆、混凝土防水剂

(一)受检砂浆的性能

1. 材料和配比

(1)水泥应为符合本节"一、(一)1.1)"规定的水泥,砂应为符合 GB 178 规定的标准砂。

(2)水泥与标准砂的质量比为 1:3,用水量根据各项试验要求确定。

(3)防水剂掺量采用生产厂家的推荐掺量。

2. 搅拌、成型和养护

(1)采用机械搅拌或人工搅拌。粉状防水剂掺入水泥中,液体或膏状防水剂掺入拌和水中。先将干物料干拌至均匀后,再加入拌和水搅拌均匀。

(2)在(20±3)℃环境温度下成型,采用混凝土振动台振动 15 s。然后静停(24±2)h 脱模。如果是缓凝型产品,需要时可适当延长脱模时间。随后将试件在(20±2)℃、相对湿度大于 95% 的条件下养护至龄期。

3. 试验项目和数量

试验项目和数量见表 6-12。

表 6-12　砂浆试验项目及数量

试验项目	试验类别	试验所需试件数量			
		砂浆(净浆)拌和次数	每拌取样数	基准砂浆取样数	基准砂浆取样数
安定性	净浆	3	1 次	0	1 个
凝结时间	净浆		1 次	0	1 个
抗压强度比	硬化砂浆	3	6 块	12 块	12 块
吸水量比(48 h)	硬化砂浆		6 块	6 块	6 块
透水压力比	硬化砂浆		2 块	6 块	6 块
收缩率比(28 d)	硬化砂浆		1 块	3 块	3 块

4. 净浆安定性和凝结时间

净浆安定性和凝结时间按照 GB/T 1346—2011 进行试验。

5. 抗压强度比

1)试验步骤

按照 GB/T 2419—2005 确定基准砂浆和受检砂浆的用水量,水泥和砂的比例为1:3,将二者流动度均控制在(140 ± 5) mm。试验共进行 3 次,每次用有底试模成型 70.7 mm × 70.7 mm × 70.7 mm 的基准和受检试件各两组,每组6块,两组试件分别养护至 7 d、28 d,测定抗压强度。

2)结果计算

砂浆试件的抗压强度按式(6-24)计算:

$$f_m = \frac{P_m}{A_m} \qquad (6\text{-}24)$$

式中　f_m——受检砂浆或基准砂浆 7 d 或 28 d 的抗压强度,MPa;

　　　P_m——破坏荷载,N;

　　　A_m——试件的受压面积,mm^2。

抗压强度比按式(6-25)计算:

$$R_{fm} = \frac{f_{tm}}{f_{rm}} \times 100\% \qquad (6\text{-}25)$$

式中　R_{fm}——砂浆的 7 d 或 28 d 抗压强度比(%);

　　　f_{tm}——不同龄期(7 d 或 28 d)的受检砂浆的抗压强度,MPa;

　　　f_{rm}——不同龄期(7 d 或 28 d)的基准砂浆的抗压强度,MPa。

6. 透水压力比

1)试验步骤

按 GB/T 2419—2005 确定基准砂浆和受检砂浆的用水量,二者保持相同的流动度,并以基准砂浆在 0.3 ~ 0.4 MPa 压力下透水为准,确定水灰比。用上口直径 70 mm、下口直径 80 mm、高 30 mm 的截头圆锥带底金属试模成型基准和受检试样,成型后用塑料布将试件盖好静停。脱模后放入(20 ± 2)℃的水中养护至 7 d,取出待表面干燥后,用密封材料密封装入渗透仪中进行透水试验。水压从 0.2 MPa 开始,恒压 2 h,增至 0.3 MPa,以后每隔 1 h 增加水压0.1 MPa。当 6 个试件中有 3 个试件端面呈现渗水现象时,即可停止试验,记下当时的水压值。若加压至 1.5 MPa,恒压 1 h 还未透水,应停止升压。砂浆透水压力为每组 6 个试件中 4 个未出现渗水时的最大水压力。

2)结果计算

透水压力比按式(6-26)计算,精确至 1%:

$$R_{pm} = \frac{p_{tm}}{p_{rm}} \times 100\% \qquad (6\text{-}26)$$

式中　R_{pm}——受检砂浆与基准砂浆透水压力比(%);

　　　p_{tm}——受检砂浆的透水压力,MPa;

　　　p_{rm}——基准砂浆的透水压力,MPa。

7. 吸水量比(48 h)

1)试验步骤

按照抗压强度试件的成型和养护方法成型基准试件和受检试件。养护28 d后,取出试件,在75～80 ℃温度下烘干(48±0.5)h后称量,然后将试件放入水槽。试件的成型面朝下放置,下部用两根Φ10的钢筋垫起,试件浸入水中的高度为35 mm。要经常加水,并在水槽上要求的水面高度处开溢水孔,以保持水面恒定。水槽应加盖,放在温度为(20±3)℃、相对湿度80%以上的恒温室中,试件表面不得有结露或水滴。然后在(48±0.5)h时取出,用挤干的湿布擦去表面的水,称量并记录。称量采用感量1 g、最大称量范围为1 000 g的天平。

2)结果计算

吸水量按照式(6-27)计算:

$$W_m = M_{m1} - M_{m0} \tag{6-27}$$

式中 W_m——砂浆试件的吸水量,g;

M_{m1}——砂浆试件吸水后质量,g;

M_{m0}——砂浆试件干燥后质量,g。

结果以6块试件的平均值表示,精确至1 g。吸水量比按照式(6-28)计算,精确至1%:

$$R_{wm} = \frac{W_{tm}}{W_{rm}} \times 100\% \tag{6-28}$$

式中 R_{wm}——受检砂浆与基准砂浆吸水量比(%);

W_{tm}——受检砂浆的吸水量,g;

W_{rm}——基准砂浆的吸水量,g。

8. 收缩率比(28 d)

1)试验步骤

按照本节"二、(一)、5.1)试验步骤"确定的配比,JGJ/T 70试验方法测定基准和受检砂浆试件的收缩值,测定龄期为28 d。

2)结果计算

收缩率比按照式(6-29)计算,精确至1%:

$$R_{tm} = \frac{\varepsilon_{tm}}{\varepsilon_{rm}} \times 100\% \tag{6-29}$$

式中 R_{tm}——受检砂浆与基准砂浆28 d收缩率比(%);

ε_{tm}——受检砂浆的收缩率(%);

ε_{rm}——基准砂浆的收缩率(%)。

(二)受检混凝土的性能

1. 材料和配比

试验用各种原材料应符合本节"一、(一)、1 材料"的规定。防水剂掺量为生产厂的推荐掺量。基准混凝土与受检混凝土的配合比设计、搅拌应符合本节"一、(一)2. 配合比"规定,但混凝土坍落度可以选择(80±10)mm或者(180±10)mm。当采用(180±10)mm坍落度的混凝土时,砂率宜为38%～42%。

2. 试验项目和数量

混凝土试验项目和数量见表6-13。

表 6-13　混凝土试验项目和数量

试验项目	试验类别	试验所需试件数量			
		混凝土拌和次数	每拌取样数	基准混凝土取样数	受检混凝土取样数
安定性	净浆	3	1 个	0	3 个
泌水率比	新拌混凝土		1 次	3 次	3 次
凝结时间差	新拌混凝土		1 次	3 次	3 次
抗压强度比	硬化混凝土	3	6 块	18 块	18 块
渗透高度比	硬化混凝土		2 块	6 块	6 块
吸水量比	硬化混凝土		1 块	3 块	3 块
收缩率比	硬化混凝土		1 块	3 块	3 块

3. 安定性

净浆安定性按照 GB/T 1346—2011 规定进行试验。

4. 泌水率比、凝结时间差、抗压强度比、收缩率比

分别按照本节"一、(一)5.3)泌水率比测定、5)凝结时间差测定和 6.1)抗压强度比测定、6.2)收缩率比测定"规定进行试验。

5. 渗透高度比

1)试验步骤

渗透高度比试验的混凝土一律采用坍落度为(180 ± 10)mm 的配合比。参照 GB/T 50082—2002 规定的抗渗透性能试验方法,但初始压力为 0.4 MPa,若基准混凝土在 1.2 MPa 以下的某个压力透水,则受检混凝土也加到这个压力,并保持相同时间,然后劈开,在底边均匀取 10 点,测定平均渗透高度。若基准混凝土和受检混凝土在 1.2 MPa 时都未透水,则停止升压,劈开,如上所述测定平均渗透高度。

2)结果计算

渗透高度比按照式(6-30)计算,精确至1%:

$$R_{hc} = \frac{H_{tc}}{H_{rc}} \times 100\% \tag{6-30}$$

式中　R_{hc}——受检混凝土与基准混凝土渗透高度之比(%);

　　　H_{tc}——受检混凝土的渗透高度,mm;

　　　H_{rc}——基准混凝土的渗透高度,mm。

6. 吸水量比

1)试验步骤

按照抗压强度试件的成型和养护方法成型基准试件和受检试件。养护 28 d 后取出在 75 ~ 80 ℃温度下烘(48 ± 0.5)h 后称量,然后将试件放入水槽中。试件的成型面朝下放置,下部用两根Φ10 的钢筋垫起,试件浸入水中的高度为 50 mm。要经常加水,并在水槽上要求的水面高度处开溢水孔,以保持水面恒定。水槽应加盖,放在温度为(20 ± 3)℃、相对湿度80%以上的恒温室中,试件表面不得有结露或水滴。在(48 ± 0.5)h 时取出,用挤干的湿布擦去表面的水,称量并记录。称量采用感量 1 g、最大称量范围为 5 000 g 的天平。

2)结果计算

混凝土试件的吸水量按照式(6-31)计算

$$W_c = M_{c1} - M_{c0} \tag{6-31}$$

式中　W_c——混凝土试件的吸水量,g;

　　　M_{c1}——混凝土试件吸水后质量,g;

　　　M_{c0}——混凝土试件干燥后质量,g。

结果以 3 块试件的平均值表示,精确至 1 g。吸水量比按照式(6-32)计算,精确至1%:

$$R_{wc} = \frac{W_{tc}}{W_{rc}} \times 100\% \tag{6-32}$$

式中　R_{wc}——受检混凝土与基准混凝土吸水量比(%);

　　　W_{tc}——受检混凝土的吸水量,g;

　　　W_{rc}——基准混凝土的吸水量,g。

(三)匀质性

(1)含水率按照本节"三、(二)防冻剂匀质性"中含水率的测定方法进行。

(2)矿物膨胀型防水剂的碱含量按 GB/T 176—2008 进行测定。

(3)其他性能按照本章第三节"一、(二)匀质性试验方法"规定的方法进行试验。

(四)检验规则

1.检验分类

(1)检验分出厂检验和型式检验两种。

(2)出厂检验项目包括表6-5 规定的项目。

(3)型式检验项目包括表6-3 ~ 表6-5 全部性能指标。有下列情况之一时,应进行型式检验:

①新产品或老产品转产生产的试制定型鉴定。

②正式生产后,如材料、工艺有较大改变,可能影响产品性能时。

③正常生产时,一年至少进行一次检验。

④产品长期停产后,恢复生产时。

⑤出厂检验结果与上次型式检验有较大差异时。

⑥国家质量监督机构提出进行型式检验要求时。

2.组批与抽样

(1)试样分点样和混合样。点样是在一次生产产品时所取得的一个试样。混合样是三个或更多的点样等量均匀混合而取得的试样。

(2)生产厂应根据产量和生产设备条件,将产品分批编号。年产不小于 500 t 的每 50 t 为一批;年产 500 t 以下的每 30 t 为一批;不足 50 t 或者 30 t 的,也按照一个批量计。同一批号的产品必须混合均匀。

(3)每一批号取样量不少于 0.2 t 水泥所需用的外加剂量。

(4)每一批取样应充分混匀,分为两等份,其中一份按表6-3 ~ 表6-5 规定的项目进行试验,另一份密封保存半年,以备有疑问时,提交国家指定的检验机关进行复验或仲裁。

3.判定规则

(1)出厂检验判定。型式检验报告在有效期内,且出厂检验结果符合表6-5 的要求,可判定出厂检验合格。

（2）型式检验判定。砂浆防水剂各项性能指标符合表6-3和表6-5的技术要求，可判定为相应等级的产品。混凝土防水剂各项性能指标符合表6-4和表6-5的技术要求，可判定为相应等级的产品。如不符合上述要求，则判该批号产品不合格。

三、混凝土防冻剂

（一）掺防冻剂混凝土性能

1.材料、配合比及搅拌

按本节"一、（一）1.材料 2.配合比 3.混凝土搅拌"的规定进行，混凝土的坍落度控制为（80±10）mm。

2.试验项目及试件数量

掺防冻剂混凝土的试验项目及试件数量按表6-14规定。

表6-14 掺防冻剂混凝土的试验项目及试件数量

试验项目	试验类别	试验所需试件数量			
		拌和批数	每批取样数目	受检混凝土取样总数目	基准混凝土取样总数目
减水率	混凝土拌和物	3	1次	3次	3次
泌水率比	混凝土拌和物	3	1次	3次	3次
含气量	混凝土拌和物	3	1次	3次	3次
凝结时间差	混凝土拌和物	3	1次	3次	3次
抗压强度比	硬化混凝土	3	12/3块[a]	36块	9块
收缩率比	硬化混凝土	3	1块	3块	3块
抗渗高度比	硬化混凝土	3	2块	6块	6块
50次冻融强度损失率比	硬化混凝土	3	6块	6块	6块
钢筋锈蚀	新拌或硬化砂浆	3	1块	3块	—

注：a 表示受检混凝土12块，基准混凝土3块。

3.混凝土拌和物性能

减水率、泌水率比、含气量和凝结时间差按照本节"一、（一）5.2）减水率测定、3）泌水率比测定、4）含气量和含气量1 h经时变化量的测定、5）凝结时间差的测定"进行测定和计算。坍落度试验应在混凝土出机后5 min内完成。

4.硬化混凝土性能

1）试件制作

基准混凝土试件和受检混凝土试件应同时制作。混凝土试件制作及养护参照GB/T 50081—2002进行，但掺与不掺防冻剂混凝土坍落度为（80±10）mm，试件制作采用振动台振实，振动时间为10～15 s。掺防冻剂的受检混凝土试件在（20±3）℃环境温度下按照表6-15规定的时间预养后移入冰箱（或冰室）内并用塑料布覆盖试件，其环境温度应于3～4 h内均匀地降至规定温度，养护7 d后（从成型加水时间算起）脱模，放置在（20±3）℃环境温度下解冻,解冻时间按表6-15的规定。解冻后进行抗压强度试验或转标准养护。

表6-15 不同规定温度下混凝土试件的预养和解冻时间

防冻剂的规定温度(℃)	预养时间(h)	$M(℃ \cdot h)$	解冻时间(h)
-5	6	180	6
-10	5	150	5
-15	4	120	4

注:试件预养时间也可按 $M = \sum (T + 10) \Delta t$ 来控制,式中,M 为度时积,T 为温度,Δt 为温度 T 的持续时间。

2)抗压强度比

受检标养混凝土、受检负温混凝土与基准混凝土在不同条件下的抗压强度之比表示如下

$$R_{28} = \frac{f_{cA}}{f_c} \times 100\% \tag{6-33}$$

$$R_{-7} = \frac{f_{AT}}{f_c} \times 100\% \tag{6-34}$$

$$R_{-7+28} = \frac{f_{AT}}{f_c} \times 100\% \tag{6-35}$$

$$R_{-7+56} = \frac{f_{AT}}{f_c} \times 100\% \tag{6-36}$$

式中　R_{28}——受检混凝土与基准混凝土标养28 d的抗压强度之比(%);

f_{cA}——受检混凝土标准养护28 d的抗压强度,MPa;

f_c——基准混凝土标准养护28 d的抗压强度,MPa;

R_{-7}——受检负温混凝土负温养护7 d的抗压强度与基准混凝土标养28 d的抗压强度之比(%);

f_{AT}——不同龄期(R_{-7},R_{-7+28},R_{-7+56})的受检混凝土的抗压强度,MPa;

R_{-7+28}——受检负温混凝土在规定温度下负温养护7 d再转标准养护28 d的抗压强度与基准混凝土标准养护28 d的抗压强度之比(%);

R_{-7+56}——受检负温混凝土在规定温度下负温养护7 d再转标准养护56 d的抗压强度与基准混凝土标准养护28 d的抗压强度之比(%)。

受检混凝土和基准混凝土每组3块试件,强度数据取值原则同GB/T 50081—2002规定。受检混凝土和基准混凝土以三组试验结果强度的平均值计算抗压强度比,结果精确到1%。

3)收缩率比

收缩率参照GB/T 50082—2002,基准混凝土试件应在3 d(从搅拌混凝土加水时算起)从标准养护室取出移入恒温恒湿室内3~4 h测定初始长度,再经28 d后测量其长度。受检负温混凝土,在规定温度下养护7 d,拆模后先标准养护3 d,从标准养护室取出后移入恒温恒湿室内3~4 h测定初始长度,再经28 d后测量其长度。

以3个试件测值的算术平均值作为该混凝土的收缩率,按式(6-37)计算收缩率比,精确至1%

$$S_r = \frac{\varepsilon_{AT}}{\varepsilon_c} \times 100\%$$ (6-37)

式中 S_r——收缩率之比(%);

ε_{AT}——受检负温混凝土的收缩率(%);

ε_c——基准混凝土的收缩率(%)。

4)渗透高度比

基准混凝土标准养护龄期为 28 d,受检负温混凝土龄期为 $(-7+56)$ d 时分别参照 GB/T 50082—2002 进行抗渗性能试验,但按 0.2 MPa、0.4 MPa、0.6 MPa、0.8 MPa、1.0 MPa 加压,每级恒压 8 h,加压到 1.0 MPa 为止。取下试件,将其劈开,测试试件 10 个等分点渗透高度的平均值,以一组 6 个试件测值的平均值作为试验结果,按式(6-38)计算渗透高度比,精确至 1%

$$H_r = \frac{H_{AT}}{H_c} \times 100\%$$ (6-38)

式中 H_r——渗透高度比(%);

H_{AT}——受检负温混凝土 6 个试件测试值的平均值,mm;

H_c——基准混凝土 6 个试件测试值的平均值,mm。

5)50 次冻融强度损失率比

参照 GB/T 50082—2002 进行试验并计算强度损失率。基准混凝土在标养 28 d 后进行冻融试验。受检负温混凝土在龄期为 $(-7+28)$ d 进行冻融试验。根据计算出的强度损失率再按式(6-39)计算受检负温混凝土与基准混凝土强度损失率之比,计算精确至 1%

$$D_r = \frac{\Delta f_{AT}}{\Delta f_c} \times 100\%$$ (6-39)

式中 D_r——50 次冻融强度损失率比(%);

Δf_{AT}——受检负温混凝土 50 次冻融强度损失率(%);

Δf_c——基准混凝土 50 次冻融强度损失率(%)。

6)钢筋锈蚀

钢筋锈蚀采用新拌和硬化砂浆中阳极极化曲线来测试,测试方法见 GB 8076—1997 附录 B 和附录 C。

(二)防冻剂匀质性

按表6-7 规定的项目,生产厂根据不同产品按照"本节一、(二)匀质性试验方法"规定的方法进行匀质性项目试验。含水率的测定方法如下。

1.仪器

(1)分析天平(称量 200 g,分度值 0.1 mg)。

(2)鼓风电热恒温干燥箱。

(3)带盖称量瓶($\phi 25$ mm $\times 65$ mm)。

(4)干燥器(内盛变色硅胶)。

2.试验步骤

(1)将洁净带盖的称量瓶放入烘箱内,于 105~110 ℃烘 30 min。取出置于干燥器内,冷却 30 min 后称量,重复上述步骤至恒量,称其质量为 m_2。

（2）称取防冻剂试样（10±0.2）g，装入已烘干至恒量的称量瓶内，盖上盖，称出试样及称量瓶总质量为 m_1。

（3）将盛有试样的称量瓶放入烘箱中，开启瓶盖升温至 105~110 ℃，恒温 2 h 取出，盖上盖，置于干燥器内，冷却 30 min 后称量，重复上述步骤至恒量（两次称量的质量差小于 0.3 mg），称其质量为 m_0。

3. 结果计算与评定

含水率按式（6-40）计算

$$X_{H_2O} = \frac{m_1 - m_2}{m_2 - m_0} \times 100\% \tag{6-40}$$

式中　X_{H_2O}——含水率（%）；

　　　m_0——称量瓶的质量，g；

　　　m_1——称量瓶加干燥前试样质量，g；

　　　m_2——称量瓶加干燥后试样质量，g。

含水率试验结果以 3 个试样测试数据的算术平均值表示，计算精确至 0.1%。

（三）释放氨量

按照 GB 18588—2001 规定的方法测试。

（四）检验规则

1. 检验分类

1）出厂检验

出厂检验项目包括表 6-7 规定的匀质性试验项目（碱含量除外）。

2）型式检验

型式检验项目包括表 6-7 规定的匀质性试验项目和表 6-6 规定的掺防冻剂混凝土性能试验项目。有下列情况之一者，应进行型式检验：

（1）新产品或老产品转产生产的试制定型鉴定。

（2）正式生产后，如成分、材料、工艺有较大改变，可能影响产品性能时。

（3）正常生产时，一年至少进行一次检验。

（4）产品长期停产后，恢复生产时。

（5）出厂检验结果与上次型式检验有较大差异时。

（6）国家质量监督机构提出进行型式检验要求时。

2. 批量

同一品种的防冻剂，每 50 t 为一批，不足 50 t 也可作为一批。

3. 抽样及留样

取样应具有代表性，可连续取，也可以从 20 个以上不同部位取等量样品。液体防冻剂取样时应注意从容器上、中、下三层分别取样。每批取样量不少于 0.15 t 水泥所需用的防冻剂量（以其最大掺量计）。

每批取得的试样应充分混匀，分为两等份。一份按标准规定的方法项目进行试验，另一份密封保存半年，以备有争议时交国家指定的检验机构进行复验或仲裁。

4. 判定规则

产品经检验，混凝土拌和物的含气量、硬化混凝土性能（抗压强度比、收缩率比、抗渗高度比、50次冻融强度损失率比)、钢筋锈蚀全部符合表6-6、表6-7的要求,出厂检验结果符合表6-7的要求,则可判定为相应等级的产品。否则判为不合格品。

5. 复验

复验以封存样进行。如果使用单位要求用现场样,则可在生产单位和使用单位人员在场的情况下现场取平均样,但应事先在供货合同中规定。复验按照型式检验项目检验。

四、混凝土膨胀剂

(一)化学成分

氧化镁、碱含量按 GB/T 176—2008 进行。

(二)物理性能

1. 试验材料

1)水泥

采用符合本节"一、(一)1.1)水泥"规定的基准水泥。当得不到基准水泥时,允许采用由熟料与二水石膏共同粉磨而成的强度等级为42.5级的硅酸盐水泥,且熟料中 C_3A 含量为 6% ~8% ,C_3S 含量为 55% ~60% ,游离氧化钙含量不超过 1.2% ,碱含量不超过 0.7% ,水泥的比表面积为(350±10)m^2/kg。

2)标准砂

符合 GB/T 17671—2005 要求。

3)水

水符合 JGJ 63—2006 要求。

2. 细度

比表面积测定按 GB/T 8074—2008 的规定进行。1.18 mm 筛筛余测定采用 GB/T 6003.1—1997 规定的金属筛,参照 GB/T 1345—2005 中手工干筛法进行。

3. 凝结时间

凝结时间按 GB/T 1346—2011 进行,膨胀剂内掺10%。

4. 限制膨胀率

1)仪器

(1)搅拌机、振动台、试模及下料漏斗按 GB/T 17671—2005 规定。

(2)测量仪。

测量仪由千分表、支架和标准杆组成(见图6-1),千分表的分辨率为 0.001 mm。

(3)纵向限制器。

①纵向限制器由纵向钢丝与钢板焊接制成(见图6-2)。

②钢丝采用 GB 4357—89 规定的 D 级弹簧钢丝,铜焊处拉脱强度不低于785 MPa。

③纵向限制器不应变形,生产检验使用次数不应超过5次,仲裁检验不应超过1次。

2)温度、湿度

(1)实验室、养护箱、养护水的温度、湿度应符合 GB/T 17671—2005 的规定。

(2)恒温恒湿(箱)室温度为(20±2)℃,湿度为 (60±5)% 。

(3)每日应检查并记录温度、湿度变化情况。

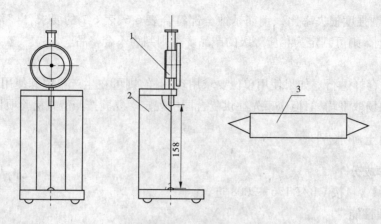

1—电子千分表;2—支架;3—标准杆

图 6-1 测量仪

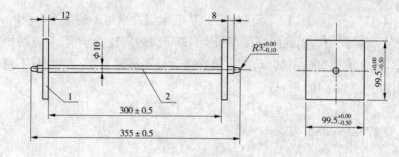

1—端板;2—钢筋

图 6-2 纵向限制器

3）试体制备

（1）试验材料。

试验材料见本节"四、（二）1.试验材料"。

（2）水泥胶砂配合比。

每成型 3 条试体需称量的材料和用量如表 6-16 所示。

表 6-16 限制膨胀率材料用量

材料	代号	材料质量
水泥（g）	C	607.5 ± 2.0
膨胀剂（g）	E	67.5 ± 0.2
标准砂（g）	S	1 350.0 ± 5.0
拌和水（g）	W	270.0 ± 1.0

注：$\dfrac{E}{C+E}=0.10$，$\dfrac{S}{C+E}=2.00$，$\dfrac{W}{C+E}=0.40$。

（3）水泥胶砂搅拌、试体成型。

水泥胶砂搅拌、试体成型按 GB/T 17671—2005 规定进行。同一条件下有 3 条试体供测长用，试体全长 158 mm，其中胶砂部分尺寸为 40 mm×40 mm×140 mm。

（4）试体脱模。

脱模时间以本节"四、（二）4.3）（2）水泥胶砂配合比"规定配合比试体的抗压强度达到

(10 ± 2) MPa 时的时间确定。

4）试体测长

测量前 3 h,将测量仪、标准杆放在标准实验室内,用标准杆校正测量仪并调整千分表零点。测量前,将试体及测量仪侧头擦净。每次测量时,试体记有标志的一面与测量仪的相对位置必须一致,纵向限制器测头与测量仪测头应正确接触,读数应精确至 0.001 mm。不同龄期的试体应在规定时间 ± 1 h 内测量。

试体脱模后在 1 h 内测量初始长度。

测量完初始长度的试体立即放入水中养护,测量水中第 7 d 的长度,然后放入恒温恒湿（箱）室养护,测量第 21 d 的长度。

养护时,应注意不损伤试体测头。试体之间应保持 15 mm 以上间隔,试体支点距限制钢板两端约 30 mm。

5）结果计算

各龄期限制膨胀率按式(6-41)计算

$$\varepsilon = \frac{L_1 - L}{L_0} \times 100\% \tag{6-41}$$

式中　ε——限制膨胀率(%)；

　　　L_1——所测龄期的限制试体长度,mm;

　　　L——限制试体初始长度,mm;

　　　L_0——限制试体的基长,140 mm。

取相近的两条试体测量值的平均值作为限制膨胀率测量结果,计算应精确至 0.001%。

5. 抗压强度

抗压强度按 GB/T 17671—2005 进行。

每成型 3 条试体需称量的材料及用量如表 6-17 所示。

表 6-17　抗压强度材料用量

材料	代号	材料质量
水泥(g)	C	405.0 ±2.0
膨胀剂(g)	E	45.0 ±0.1
标准砂(g)	S	1 350.0 ±5.0
拌和水(g)	W	225.0 ±1.0

注: $\frac{E}{C+E} = 0.10$, $\frac{S}{C+E} = 3.00$, $\frac{W}{C+E} = 0.50$。

（三）检验规则

1. 检验分类

1）出厂检验

出厂检验项目为细度、凝结时间、水中 7 d 的限制膨胀率、抗压强度。

2）型式检验

型式检验项目包括本章第二节"四、(一)化学成分及(二)物理性能"规定的全部项目。有下列情况之一者,应进行型式检验：

(1)正常生产时,每半年至少进行一次检验。

(2)新产品或老产品转厂生产的试制定型鉴定。

（3）正式生产后，如材料、工艺有较大改变，可能影响产品性能时。

（4）产品长期停产后，恢复生产时。

（5）出厂检验结果与上次型式检验有较大差异时。

2. 编号及取样

膨胀剂按同类型编号和取样。袋装和散装膨胀剂应分别进行编号和取样。膨胀剂出厂编号按生产能力规定：当日产量超过 200 t 时，以不超过 200 t 为一编号；当不足 200 t 时，应以日产量为一编号。

每一编号为一取样单位，取样方法按 GB/T 12573—2008 进行。取样应具有代表性，可连续取，也可从 20 个以上不同部位取等量样品，总量不小于 10 kg。

每一编号取得的试样应充分混匀，分为两等份：一份为检验样，一份为封存样，密封保存 180 d。

3. 判定规则

试验结果符合本章第二节"四、（一）化学成分及（二）物理性能"全部规定指标时，判该批产品合格；否则为不合格，不合格品不得出厂。

4. 出厂检验报告

试验报告内容应包括出厂检验项目以及合同约定的其他技术要求。

生产厂应在产品发出之日起 12 d 内寄发除 28 d 抗压强度检验结果以外的各项检验结果，32 d 内补报 28 d 强度检验结果。

第七章 混凝土

第一节 概　述

一、定义

混凝土是由胶凝材料、水、粗细集料,必要时掺入一定数量的化学外加剂和矿物质混合材料,按适当比例配合,经均匀搅拌、密实成型和养护硬化而成的人造石材。

二、混凝土的特点

(一)混凝土的优点

(1)原材料丰富、能耗低、成本低,适应性强,可就地取材。

(2)抗压强度高,耐久性好,施工方便,且能消纳大量的工业废料等。

(3)有较好的可塑性,可浇筑成各种形状和尺寸的构件与结构。

(4)根据不同的要求,配置不同性能的混凝土,具有良好的耐久性及经济性。

(5)与钢筋具有较强的锚固性能。

(二)混凝土的缺点

(1)自重大、抗拉强度小、比强度小。

(2)脆性大、易开裂、隔热保温性能差。

(3)施工周期长、影响质量因素多。

三、混凝土的分类

(一)按表观密度分

(1)普通混凝土 $\rho_0 = 2\,000 \sim 2\,800 \text{ kg/m}^3$。

(2)轻混凝土 $\rho_0 < 1\,950 \text{ kg/m}^3$。

(3)重混凝土 $\rho_0 > 2\,800 \text{ kg/m}^3$。

(二)按胶凝材料分

(1)水泥混凝土(普通混凝土)。

(2)石膏混凝土。

(3)沥青混凝土。

(4)树脂混凝土。

(5)聚合物水泥混凝土。

(三)按混凝土强度等级分

(1)低强度等级混凝土:强度等级≤C30。

(2)一般混凝土(即常用混凝土):强度等级大于 C30 或小于 C60。

（3）高强混凝土：强度等级≥C60。

（4）超高强混凝土：强度等级≥C100。

（四）按施工工艺分

（1）普通浇筑混凝土。

（2）离心成型混凝土。

（3）喷射混凝土。

（4）泵送混凝土。

（5）碾压混凝土。

四、混凝土拌和物及其性质

混凝土各组成材料按一定比例，经搅拌均匀后，尚未凝结硬化的材料称为混凝土拌和物，又称混凝土混合物或新拌混凝土。

混凝土拌和物的各项性质将直接影响硬化混凝土的质量。

混凝土拌和物主要性质为和易性。和易性是指混凝土拌和物的施工操作难易程度和抵抗离析作用程度的性质。混凝土拌和物应具有良好的和易性。和易性是一个综合性的技术指标，它包括流动性、黏聚性、保水性等三个主要方面。

（一）流动性（稠度）

流动性（稠度）反映混凝土拌和物的稀稠。流动性是指混凝土拌和物在本身自重或施工机械振捣作用下，能产生流动并均匀密实地填满模板中各个角落的性能。混凝土拌和物流动性好，操作方便，易于捣实、成型。

（二）黏聚性

黏聚性反映混凝土拌和物的均匀性。黏聚性是指混凝土拌和物在施工过程中相互间有一定黏聚力，不分层，能保持整体均匀的性能。在外力作用下，混凝土拌和物各组成材料的沉降各不相同，如果配合比例不当，黏聚性差，则施工中易发生分层（即混凝土拌和物各组分出现层状分离现象）、离析（即混凝土拌和物内某些组分分离、析出现象）、泌水等情况，致使混凝土硬化后产生"蜂窝"、"麻面"等缺陷，影响混凝土强度和耐久性。

（三）保水性

保水性反映混凝土拌和物的稳定性。保水性是指混凝土拌和物保持水分不易析出的能力。保水性差的混凝土拌和物，在运输与浇捣中，在凝结硬化前很易泌水（又称析水，从水泥浆中泌出部分拌和水的现象），并聚集到混凝土表面，引起表面疏松，或积聚在集料或钢筋的下表面形成孔隙，从而削弱了集料或钢筋与水泥石的黏结力，影响混凝土的质量。

第二节　混凝土拌和物性能的检测

一、目的及作用

为进一步规范混凝土试验方法，提高混凝土试验精度和试验水平，并在检验或控制混凝土工程或预制混凝土构件的质量时，有一个统一的混凝土拌和物性能试验方法。

二、适用范围

适用于建筑工程中的普通混凝土拌和物性能试验。

三、采用标准

《普通混凝土拌合物性能试验方法标准》(GB/T 50080—2002)。

四、取样

(1)同一组混凝土拌和物的取样应从同一盘混凝土或同一车混凝土中取样。取样量应多于试验所需量的1.5倍,且宜不小于20 L。

(2)混凝土拌和物的取样应具有代表性,宜采用多次取样的方法。一般在同一盘混凝土或同一车混凝土中的约1/4处、1/2处和3/4处之间分别取样,从第一次取样到最后一次取样不宜超过15 min,然后人工搅拌均匀。

(3)从取样完毕到开始做各项性能试验不宜超过5 min。

五、试样的制备

(1)在实验室制备混凝土拌和物时,拌和时实验室的温度应保持在(20±5)℃,所用材料的温度应与实验室温度保持一致。

注:需要模拟施工条件下所用的混凝土时,所用原材料的温度宜与施工现场保持一致。

(2)实验室拌和混凝土时,材料用量应以质量计。称量精度:集料为±1%;水、水泥、掺合料、外加剂均为±0.5%。

(3)混凝土拌和物的制备应符合《普通混凝土配合比设计规程》(JGJ 55—2011)中的有关规定。

(4)从试样制备完毕到开始做各项性能试验不宜超过5 min。

六、稠度试验

(一)坍落度和坍落扩展度试验

1. 适用范围

本方法适用于集料最大粒径不大于40 mm、坍落度不小于10 mm的混凝土拌和物稠度测定。

2. 采用标准

采用的标准为《普通混凝土拌合物性能试验方法标准》(GB/T 50080—2002)。

3. 仪器设备

(1)坍落度筒:底部直径200 mm、顶部直径100 mm、高度300 mm、壁厚≥1.5 mm。

(2)捣棒:直径16 mm、长600 mm,端部应磨圆。

(3)小铲、钢直尺等。

4. 试验步骤

(1)湿润坍落度筒及底板,在坍落度筒内壁和底板上应无明水。底板应放置在坚实水平面上,并把筒放在底板中心,然后用脚踩住两边的脚踏板,坍落度筒在装料时应保持固定的位置。

(2)把按要求取得的混凝土试样用小铲分三层均匀地装入筒内,使捣实后每层高度为筒高的1/3左右。每层用捣棒插捣25次。插捣应沿螺旋方向由外向中心进行,各次插捣应在截面上均匀分布。插捣筒边混凝土时,捣棒可以稍稍倾斜。插捣底层混凝土时,捣棒应贯穿整个深度,插捣第二层混凝土和顶层混凝土时,捣棒应插透本层混凝土至下一层混凝土的表面;浇灌顶层混凝土时,混凝土应灌到高出筒口。插捣过程中,如混凝土沉落到低于筒口,则应随时添加。顶层混凝土插捣完后,刮去多余的混凝土,并用抹刀抹平。

(3)清除筒边底板上的混凝土后,垂直平稳地提起坍落度筒。坍落度筒的提离过程应在5~10 s内完成;从开始装料到提坍落度筒的整个过程应不间断地进行,并应在150 s内完成。

5. 试验结果的评定

(1)提起坍落度筒后,测量筒高与坍落后混凝土试体最高点之间的高度差,即为该混凝土拌和物的坍落度值;坍落度筒提离后,如混凝土发生崩坍或一边剪坏现象,则应重新取样另行测定;如第二次试验仍出现上述现象,则表示该混凝土和易性不好,应予记录备查。

(2)观察坍落后的混凝土试体的黏聚性及保水性。黏聚性的检查方法是用捣棒在已坍落的混凝土锥体侧面轻轻敲打,此时如果锥体逐渐下沉,则表示黏聚性良好,如果锥体倒塌、部分崩裂或出现离析现象,则表示黏聚性不好。保水性以混凝土拌和物稀浆析出的程度来评定,坍落度筒提起后如有较多的稀浆从底部析出,锥体部分的混凝土也因失浆而集料外露,则表明此混凝土拌和物的保水性能不好;如坍落度筒提起后无稀浆或仅有少量稀浆自底部析出,则表明此混凝土拌和物保水性良好。

(3)当混凝土拌和物的坍落度大于220 mm时,用钢尺测量混凝土扩展后最终的最大直径和最小直径,在这两个直径之差小于50 mm的条件下,用其算术平均值作为坍落扩展度值;否则,此次试验无效。

如果发现粗集料在中央挤堆或边缘有水泥浆析出,表示此混凝土拌和物抗离析性不好,应予记录。

(4)混凝土拌和物坍落度和坍落扩展度值以mm为单位,测量精确至1 mm,结果表达修约至5 mm。

(二)维勃稠度试验

1. 适用范围

本方法适用于集料最大粒径不大于40 mm,维勃稠度为5~30 s的混凝土拌和物稠度测定。

2. 采用标准

采用标准为《普通混凝土拌合物性能试验方法标准》(GB/T 50080—2002)。

3. 仪器设备

(1)维勃稠度仪:应符合《维勃稠度仪》(JG 3043—1997)的技术要求。

(2)捣棒:直径16 mm、长600 mm的钢棒端部应磨圆。

4. 试验步骤

(1)维勃稠度仪应放置在坚实水平面上,用湿布把容器、坍落度筒、喂料斗内壁及其他用具润湿。

（2）将喂料斗提到坍落度筒上方扣紧，校正容器位置，使其中心与喂料中心重合，然后拧紧固定螺丝。

（3）把按要求取样或制作的混凝土拌和物试样用小铲分三层经喂料斗均匀地装入筒内，装料及插捣的方法应符合本节"六、（一）4（2）"的规定。

（4）把喂料斗转离，垂直提起坍落度筒，此时应注意不使混凝土试体产生横向的扭动。

（5）把透明圆盘转到混凝土圆台体顶面，放松测杆螺钉，降下圆盘，使其轻轻接触到混凝土顶面。

（6）拧紧定位螺钉，并检查测杆螺钉是否已经完全放松。

（7）在开启振动台的同时用秒表计时，振动到透明圆盘的底面被水泥浆布满的瞬间停止计时，并关闭振动台。

5. 试验结果的评定

由秒表读出时间即为该混凝土拌和物的维勃稠度值，精确至 1 s。

（三）凝结时间试验

1. 适用范围

适用于从混凝土拌和物中筛出的砂浆用贯入阻力法来确定坍落度值不为零的混凝土拌和物凝结时间的测定。

2. 采用标准

《普通混凝土拌合物性能试验方法标准》（GB/T 50080—2002）。

3. 仪器设备

贯入阻力仪应有加荷装置、测针、砂浆试样筒和标准筛组成，可以是手动的，也可以是自动的。贯入阻力仪应符合下列要求：

（1）加荷装置：最大测量值应不小于 1 000 N，精度为 ±10 N。

（2）测针：长为 100 mm，承压面积为 100 mm^2、50 mm^2 和 20 mm^2 三种测针，在距贯入端 25 mm 处刻有一圈标记。

（3）砂浆试样筒：上口径为 160 mm、下口径为 150 mm、净高为 150 mm 刚性不透水的金属圆筒，并配有盖子。

（4）标准筛：筛孔为 5 mm 的符合现行国家标准《试验筛》（GB/T 6005—2005）规定的金属圆孔筛。

4. 试验步骤

（1）应从按本节"四、取样五、试样的制备"制备或现场取样的混凝土拌和物试样中，用 5 mm 标准筛筛出砂浆，每次应筛净，然后将其拌和均匀。将砂浆一次分别装入三个试样筒中，做三个试验。取样混凝土坍落度不大于 70 mm 的混凝土宜用振动台振实砂浆；取样混凝土坍落度大于 70 mm 的宜用捣棒人工捣实。用振动台振实砂浆时，振动应持续到表面出浆，不得过振；用捣棒人工捣实时，应沿螺旋方向由外向中心均匀插捣 25 次，然后用橡皮锤轻轻敲打筒壁，直至插捣孔消失。振实或插捣后，砂浆表面应低于砂浆试样筒口约 10 mm，砂浆试样筒应立即加盖。

（2）砂浆试样制备完毕，编号后应置于温度为（20±2）℃的环境中或现场同条件下待试，并在以后的整个测试过程中，环境温度应始终保持（20±2）℃，现场同条件测试时，应与现场条件保持一致。在整个测试过程中，除在吸取泌水或进行贯入试验外，试样筒应始终加盖。

（3）凝结时间测定从水泥与水接触瞬间开始计时。根据混凝土拌和物的性能，确定测针试验时间，以后每隔 0.5 h 测试一次，在临近初凝、终凝时可增加测定次数。

（4）在每次测试前 2 min，将一片 20 mm 厚的垫块垫入筒底一侧使其倾斜，用吸管吸去表面的泌水，吸水后平稳地复原。

（5）测试时将砂浆试样筒置于贯入阻力仪上，测针端部与砂浆表面接触，然后在（10 ± 2）s 内均匀地使测针贯入砂浆（25 ± 2）mm 深度，记录贯入压力，精确至 10 N；记录测试时间，精确至 1 min；记录环境温度，精确至 0.5 ℃。

（6）各测点的间距应大于测针直径的 2 倍且不小于 15 mm，测点与试样筒壁的距离应不小于 25 mm。

（7）贯入阻力测试在 0.2 ~ 28 MPa 之间应至少进行 6 次，直至贯入阻力大于 28 MPa。

（8）在测试过程中应根据砂浆凝结状况，适时更换测针，更换测针宜按表 7-1 选用。

表 7-1　测针选用规定

贯入阻力（MPa）	0.2 ~ 3.5	3.5 ~ 20	20 ~ 28
测针面积（mm²）	100	50	20

5. 结果计算及凝结时间的确定

（1）贯入阻力应按下式计算：

$$f_{PR} = \frac{P}{A} \tag{7-1}$$

式中　f_{PR}——贯入阻力，MPa；

　　　P——贯入压力，N；

　　　A——测针面积，mm²。

计算精确至 0.1 MPa。

（2）凝结时间宜通过线性回归方法确定，是将贯入阻力 f_{PR} 和时间 t 分别取自然对数 $\ln f_{PR}$ 和 $\ln t$，然后把 $\ln f_{PR}$ 当做自变量，$\ln t$ 当做因变量作线性回归得到回归方程式

$$\ln t = A + B \ln f_{PR} \tag{7-2}$$

式中　t——时间，min；

　　　f_{PR}——贯入阻力，MPa；

　　　A、B——线性回归系数。

根据下式求得当贯入阻力为 3.5 MPa 时为初凝时间 t_s，贯入阻力为 28 MPa 时为终凝时间 t_e：

$$t_s = e^{A+B\ln 3.5} \tag{7-3}$$

$$t_e = e^{A+B\ln 28} \tag{7-4}$$

式中　t_s——初凝时间，min；

　　　t_e——终凝时间，min；

　　　A、B——线性回归系数。

凝结时间也可用绘图拟合方法确定，是以贯入阻力为纵坐标，经过的时间为横坐标（精

确至 1 min),绘制出贯入阻力与时间之间的关系曲线,以 3.5 MPa 和 28 MPa 画两条平行于横坐标的直线,分别与曲线相交的两个交点的横坐标即为混凝土拌和物的初凝时间和终凝时间。

(3)用三个试验结果的初凝时间和终凝时间的算术平均值作为此次试验的初凝时间和终凝时间。如果三个测值的最大值或最小值中有一个与中间值之差超过中间值的 10%,则以中间值为试验结果;如果最大值和最小值与中间值之差均超过中间值的 10%,则此次试验无效。

凝结时间用 h:min 表示,并修约至 5 min。

(四)泌水试验

1. 适用范围

适用于集料最大粒径不大于 40 mm 的混凝土拌和物泌水测定。

2. 采用标准

《普通混凝土拌合物性能试验方法标准》(GB/T 50080—2002)。

3. 仪器设备

(1)试样筒:符合本节"六、(六)3(1)"容积为 5 L 的容量筒并配有盖子。

(2)台秤:称量为 50 kg、感量为 50 g。

(3)量筒:容量为 10 mL、50 mL、100 mL 的量筒及吸管。

(4)振动台:应符合《混凝土试验用振动台》(JG/T 245—2009)中技术要求的规定。

(5)捣棒:应符合《混凝土坍落度仪》(JG/T 248—2009)的要求。

4. 试验步骤

(1)应用湿布湿润试样筒内壁后立即称量,记录试样筒的质量。再将混凝土试样装入试样筒,混凝土的装料及捣实方法有两种。

①方法 A:用振动台振实。将试样一次装入试样筒内,开启振动台,振动应持续到表面出浆,且应避免过振;并使混凝土拌和物表面低于试样筒筒口(30 ± 3)mm,用抹刀抹平。抹平后立即计时并称量,记录试样筒与试样的总质量。

②方法 B:用捣棒捣实。采用捣棒捣实时,混凝土拌和物应分两层装入,每层的插捣次数应为 25 次;捣棒由边缘向中心均匀地插捣,插捣底层时捣棒应贯穿整个深度,插捣第二层时,捣棒应插透本层至下一层的表面;每一层捣完后用橡皮锤轻轻沿容器外壁敲打 5 ~ 10 次,进行捣实,直至拌和物表面插捣孔消失且不见大气泡;并使混凝土拌和物表面低于试样筒筒口(30 ± 3)mm,用抹刀抹平、不受振动;抹平后立即计时并称量,记录试样筒与试样的总质量。

(2)在以下吸取混凝土拌和物表面泌水的整个过程中,应使试样筒保持水平、不受振动,除吸水操作外,应始终盖好盖子;室温应保持在(20 ± 2)℃。

(3)从计时开始后 60 min 内,每隔 10 min 吸取 1 次试样表面渗出的水。60 min 后,每隔 30 min 吸 1 次水,直至认为不再泌水。为了便于吸水,每次吸水前 2 min,将一片 35 mm 厚的垫块垫入筒底一侧使其倾斜,吸水后平稳地复原。吸出的水放入量筒中,记录每次吸水的水量并计算累计水量,精确至 1 mL。

5. 结果计算及评定

(1)泌水量应按下式计算:

$$B_a = \frac{V}{A} \qquad (7\text{-}5)$$

式中　B_a——泌水量,mL/mm^2;

　　V——最后一次吸水后累计的泌水量,mL;

　　A——试样外露的表面面积,mm^2。

计算应精确至0.01以mL/mm^2。泌水量取三个试样测值的平均值。三个测值中的最大值或最小值,如果有一个与中间值之差超过中间值的15%,则以中间值为试验结果;如果最大值和最小值与中间值之差均超过中间值的15%,则此次试验无效。

(2)泌水率应按下式计算:

$$B = \frac{V_w}{(W/G)G_w} \times 100\% \qquad (7\text{-}6)$$

$$G_w = G_1 - G_0 \qquad (7\text{-}7)$$

式中　B——泌水率(%);

　　V_w——泌水总量,mL;

　　G_w——试样质量,g;

　　W——混凝土拌和物总用水量,mL;

　　G——混凝土拌和物总质量,g;

　　G_1——试样筒及试样总质量,g;

　　G_0——试样筒质量,g。

计算应精确至1%。泌水率取三个试样测值的平均值。三个测值中的最大值或最小值,如果有一个与中间值之差超过中间值的15%,则以中间值为试验结果;如果最大值和最小值与中间值之差均超过中间值的15%,则此次试验无效。

(五)压力泌水试验

1. 适用范围

适用于集料最大粒径不大于40 mm的混凝土拌和物压力泌水测定。

2. 采用标准

采用的标准为《普通混凝土拌合物性能试验方法标准》(GB/T 50080—2002)。

3. 仪器设备

(1)压力泌水仪(见图7-1):其主要部件包括压力表、缸体、工作活塞、筛网等。压力表最大量程6 MPa,最小分度值不大于0.1 MPa,缸体内径(125±0.02) mm,内高(200±0.2) mm;工作活塞压强为3.2 MPa,公称直径为125 mm;筛网孔径为0.315 mm。

(2)捣棒:应符合《混凝土坍落度仪》(JG/T 248—2009)的要求。

(3)量筒:200 mL量筒。

4. 试验步骤

(1)混凝土拌和物应分两层装入压力泌水仪的缸体容器内,每层的插捣次数应为20次。捣棒由边缘向中心均匀地插捣,插捣底层时捣棒应贯穿整个深度,插捣第二层时,捣棒应插透本层至下一层的表面;每一层捣完后用橡皮锤轻轻沿容器外壁敲打5~10次,进行振实,直至拌和物表面插捣孔消失并不见大气泡;并使拌和物表面低于容器口以下约30 mm处,用抹刀将表面抹平。

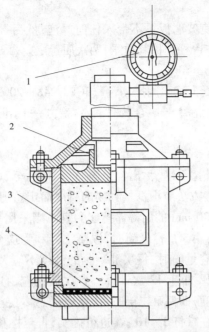

1—压力表；2—工作活塞；3—缸体；4—筛网

图 7-1 压力泌水仪

（2）将容器外表面擦干净，压力泌水仪按规定安装完毕后应立即给混凝土试样施加压力至 3.2 MPa，并打开泌水阀门同时开始计时，保持恒压，泌出的水接入 200 mL 量筒里；加压至 10 s 时读取泌水量 V_{10}，加压至 140 s 时读取泌水量 V_{140}。

5. 试验结果的计算

$$B_{\mathrm{V}} = \frac{V_{10}}{V_{140}} \times 100\% \tag{7-8}$$

式中 B_{V}——压力泌水率（%）；

V_{10}——加压至 10 s 时的泌水量，mL；

V_{140}——加压至 140 s 时的泌水量，mL。

压力泌水率的计算应精确至 1%。

（六）表观密度试验

1. 适用范围

适用于测定混凝土拌和物捣实后的单位体积质量（即表观密度）。

2. 采用标准

采用标准为《普通混凝土拌合物性能试验方法标准》（GB/T 50080—2002）。

3. 仪器设备

（1）容量筒：金属制成的圆筒，两旁装有提手。对集料最大粒径不大于 40 mm 的拌和物采用容积为 5 L 的容量筒，其内径与内高均为（186±2）mm，筒壁厚为 3 mm；当集料最大粒径大于 40 mm 时，容量筒的内径与内高均应大于集料最大粒径的 4 倍。容量筒上缘及内壁应光滑平整，顶面与底面应平行并与圆柱体的轴垂直。

容量筒容积应予以标定，标定方法可采用一块能盖住容量筒顶面的玻璃板，先称出玻璃板和空筒的质量，然后向容器中灌入清水，当水接近上口时，一边不断加水，一边把玻璃板沿筒口徐徐推入盖严,应注意使玻璃板下不带入任何气泡;然后擦净玻璃板面及筒壁外的水分,将容量筒连同玻璃板放在台秤上称其质量;两次质量之差(kg)即为容量筒的容积(L)。

（2）台秤:称量 50 kg,感量 50 g。

（3）振动台:应符合《混凝土试验用振动台》(JG/T 248—2009)中技术要求的规定。

（4）捣棒:应符合《普通混凝土拌合物性能试验方法标准》(GB/T 50080—2002)第3.1.2 条的规定。

4. 试验步骤

（1）用湿布把容量筒内外擦干净,称出容量筒质量,精确至 50 g。

（2）混凝土的装料及捣实方法应根据拌和物的稠度而定。坍落度不大于 70 mm 的混凝土,用振动台振实为宜;大于 70 mm 的用捣棒捣实为宜。当采用捣棒捣实时,应根据容量筒的大小决定分层与插捣次数;用 5 L 容量筒时,混凝土拌和物应分两层装入,每层的插捣次数应为 25 次;用大于 5 L 的容量筒时,每层混凝土的高度不应大于 100 mm,每层插捣次数应按每 10 000 mm² 截面面积不小于 12 次计算。各次插捣应由边缘向中心均匀地插捣,插捣底层时捣棒应贯穿整个深度,插捣第二层时,捣棒应插透本层至下一层的表面;每一层捣完后用橡皮锤轻轻沿容器外壁敲打 5~10 次,进行捣实,直至拌和物表面插捣孔消失并不见大气泡。

采用振动台振实时,应一次将混凝土拌和物灌到高出容量筒筒口。装料时可用捣棒稍加插捣,振动过程中如混凝土低于筒口,应随时添加混凝土,振动直至表面出浆。

（3）刮尺将筒口多余的混凝土拌和物刮去,表面如有凹陷应填平;将容量筒外壁擦净,称出混凝土试样与容量筒总质量,精确至 50 g。

5. 试验结果计算

$$\gamma_h = \frac{W_2 - W_1}{V} \times 100\% \tag{7-9}$$

式中　γ_h——表观密度,kg/m³;

　　　W_1——容量筒质量,kg;

　　　W_2——容量筒和试样总质量,kg;

　　　V——容量筒容积,L。

试验结果的计算精确至 10 kg/m³。

（七）含气量试验

1. 适用范围

适用于集料最大粒径不大于 40 mm 的混凝土拌和物含气量测定。

2. 采用标准

《普通混凝土拌合物性能试验方法标准》(GB/T 50080—2002)。

3. 仪器设备

（1）含气量测定仪(见图 7-2):由容器及盖体两部分组成。容器:应由硬质、不易被水泥浆腐蚀的金属制成,其内表面粗糙度不应大于 3.2 μm,内径应与深度相等,容积为 7 L。盖体应用与容器相同的材料制成。盖体部分应包括有气室、水找平室、加水阀、排水阀、操作阀、进气阀、排气阀及压力表。压力表的量程为 0~0.25 MPa,精度为 0.01 MPa。容器及盖体之间应设置密封垫圈,用螺栓连接,连接处不得有空气存留,并保证密封。

（2）捣棒：应符合《普通混凝土拌合物性能试验方法标准》（GB/T 50080—2002）第3.1.2条的规定。

（3）振动台：应符合《混凝土试验用振动台》（JG/T 248—2009）中技术要求的规定。

（4）台秤：称量50 kg，感量50 g。

（5）橡皮锤：应带有质量约250 g的橡皮锤头。

4. 先测定拌和物所用集料的含气量

（1）应按下式计算每个试样中粗、细集料的质量

$$m_g = \frac{V}{1\,000} \times m'_g \qquad (7\text{-}10)$$

$$m_s = \frac{V}{1\,000} \times m'_s \qquad (7\text{-}11)$$

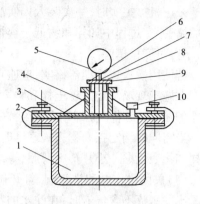

1—容器；2—盖体；3—水找平室；4—气室；
5—压力表；6—排气阀；7—操作阀；
8—排水阀；9—排气阀；10—加水阀

图7-2 含气量测定仪

式中　m_g、m_s——每个试样中的粗、细集料质量，kg；

　　　m'_g、m'_s——每立方米混凝土拌和物中粗、细集料质量，kg；

　　　V——含气量测定仪容器容积，L。

（2）在容器中先注入1/3高度的水，然后把通过40 mm网筛的质量为m_g、m_s的粗、细集料称好、拌匀，慢慢倒入容器。水面每升高25 mm左右，轻轻插捣10次，并略予搅动，以排除夹杂进去的空气，加料过程中应始终保持水面高出集料的顶面；集料全部加入后，应浸泡约5 min，再用橡皮锤轻敲容器外壁，排净气泡，除去水面泡沫，加水至满，擦净容器上口边缘；装好密封圈，加盖拧紧螺栓。

（3）关闭操作阀和排气阀，打开排水阀和加水阀，通过加水阀，向容器内注入水；当排水阀流出的水流不含气泡时，在注水的状态下，同时关闭加水阀和排水阀。

（4）开启进气阀，用气泵向气室内注入空气，使气室内的压力略大于0.1 MPa，待压力表显示值稳定；微开排气阀。调整压力至0.1 MPa，然后关闭排气阀。

（5）开启操作阀，使气室里的压缩空气进入容器，待压力表显示值稳定后记录示值P_{g1}，然后开启排气阀，压力表示值应回零。

（6）重复步骤（4）、（5），对容器内的试样再检测一次记录示值P_{g2}。

（7）当P_{g1}和P_{g2}的相对误差小于0.2%时，则取P_{g1}和P_{g2}的算术平均值，按压力与含气量关系曲线本节（七）、7.2）查得集料的含气量（精确0.1%）；若不满足，则应进行第三次试验，测得压力值P_{g3}。当P_{g3}与P_{g1}、P_{g2}中较接近一个值的相对误差不大于0.2%时，则取此二值的算术平均值。当相对误差仍大于0.2%时，则此次试验无效，应重做。

5. 混凝土拌和物含气量试验步骤

（1）用湿布擦净容器和盖的内表面，装入混凝土拌和物试样。

（2）捣实可采用手工或机械方法。当拌和物坍落度大于70 mm时，宜采用手工插捣；当拌和物坍落度不大于70 mm时，宜采用机械振捣，如振动台或插入式振动器等。

用捣棒捣实时，应将混凝土拌和物分3层装入，每层捣实后高度约为1/3容器高度；每层装料后由边缘向中心均匀地插捣25次，捣棒应插透本层高度，再用木锤沿容器外壁重击10~15次，使插捣留下的插孔填满。最后一层装料应避免过满。

采用机械捣实时，一次装入捣实后体积为容器容量的混凝土拌和物，装料时可用捣棒稍加插捣，振实过程中如拌和物低于容器口，应随时添加；振动至混凝土表面平整、表面出浆即止，不得过度振捣。

若使用插入式振动器捣实，应避免振动器触及容器内壁和底面。

在施工现场测定混凝土拌和物含气量时，应采用与施工振动频率相同的机械方法捣实。

（3）捣实完毕后立即用刮尺刮平，表面如有凹陷应予填平抹光。

当需同时测定拌和物表观密度时，可在此时称量和计算。然后在正对操作阀孔的混凝土拌和物表面贴一小片塑料薄膜，擦净容器上口边缘，装好密封垫圈，加盖并拧紧螺栓。

（4）关闭操作阀和排气阀，打开排水阀和加水阀，通过加水阀，向容器内注入水；当排水阀流出的水流不含气泡时，在注水的状态下，同时关闭加水阀和排水阀。

（5）开启进气阀，用气泵注入空气至气室压力略大于 0.1 MPa，待压力示值仪表示值稳定后，微微开启排气阀，调整压力至 0.1 MPa，关闭排气阀。

（6）开启操作阀，待压力表示值稳定后，测得压力值 P_{01}（MPa）。

（7）开启排气阀，压力表示值回零；重复上述步骤（5）、（6），对容器内试样再测一次压力值 P_{02}（MPa）。

（8）当 P_{01} 和 P_{02} 的相对误差小于 0.2% 时，取 P_{01}、P_{02} 的算术平均值，按压力与含气量关系曲线查得含气量 A_0（精确至 0.1%）；若不满足，则应进行第三次试验，测得压力值 P_{03}（MPa）。当 P_{03} 与 P_{01}、P_{02} 中较接近一个值的相对误差不大于 0.2% 时，则取此二值的算术平均值查得 A_0；当仍大于 0.2% ，此次试验无效。

6. 试验结果计算

$$A = A_0 - A_g \tag{7-12}$$

式中　A——混凝土拌和物含气量（%）；

　　　A_0——两次含气量测定的平均值（%）；

　　　A_g——集料含气量（%）。

计算精确至 0.1%。

7. 含气量测定仪容器容积的标定及率定

1）容器容积的标定

（1）擦净容器，并将含气量测定仪全部安装好，测定含气量仪的总质量，测量精确至 50 g。

（2）往容器内注水至上缘，然后将盖体安装好，关闭操作阀和排气阀，打开排水阀和加水阀，通过加水阀，向容器内注入水；当排水阀流出的水流不含气泡时，在注水的状态下，同时关闭加水阀和排水阀，再测定其总质量；测量精确至 50 g。

（3）容器的容积应按下式计算

$$V = \frac{m_2 - m_1}{\rho_w} \times 1\,000 \tag{7-13}$$

式中　V——含气量测定仪的容积，L；

　　　m_1——干燥含气量测定仪的总质量，kg；

　　　m_2——水、含气量测定仪的总质量，kg；

　　　ρ_w——容器内水的密度，kg/m³。

计算应精确至 0.01 L。

2）含气量测定仪的率定

（1）按本节"（七）5（5）至（8）"的操作步骤测得含气量为 0 时的压力值。

（2）开启排气阀，压力示值器示值回零；关闭操作阀和排气阀，在排水阀口用量筒接水；用气泵缓缓地向气室内打气，当排出的水恰好是含气量仪体积的 1% 时，按上述步骤测得含气量为 1% 时的压力值。

（3）如此继续测取含气量分别为 2%、3%、4%、5%、6%、7%、8% 时的压力值。

（4）以上试验均应进行两次，各次所测压力值均应精确至 0.01 MPa。

（5）对以上的各次试验均应进行检验，其相对误差均应小于 0.2%；否则应重新率定。

（6）据此检验以上含气量 0,1%,…,8% 共 9 次的测量结果，绘制含气量与气体压力之间的关系曲线。

（八）配合比分析试验

1. 适用范围

适用于用水洗分析法测定普通混凝土拌和物中四大组分（水泥、水、砂、石）的含量，但不适用于集料含泥量波动较大以及用特细砂、山砂和机制砂配制的混凝土。

2. 采用标准

采用的标准为《普通混凝土拌合物性能试验方法标准》（GB/T 50080—2002）。

3. 仪器设备

（1）广口瓶：容积为 2 000 mL 的玻璃瓶，并配有玻璃盖板。

（2）台秤：称量 50 kg、感量 50 g 和称量 10 kg、感量 5 g 各一台。

（3）托盘天平：称量 5 kg，感量 5 g。

（4）试样筒：符合《普通混凝土拌合物性能试验方法标准》（GB/T 50080—2002）第 6.0.2 条中第 1 款要求的容积为 5 L 和 10 L 的容量筒并配有玻璃盖板。

（5）标准筛：孔径为 5 mm 和 0.160 mm 标准筛各一个。

4. 混凝土原材料进行测定

在进行本试验前，应对下列混凝土原材料进行有关试验项目的测定：

（1）水泥表观密度试验，按《水泥密度测定方法》（GB/T 208—1994）进行。

（2）粗集料、细集料饱和面干状态的表观密度试验，按《普通混凝土用砂、石质量及检验方法标准》（JGJ 52—2006）。

（3）细集料修正系数应按下述方法测定：

向广口瓶中注水至筒口，再一边加水一边徐徐推进玻璃板，注意玻璃板下不带有任何气泡，盖严后擦净板面和广口瓶壁的余水，如玻璃板下有气泡，必须排除。测定广口瓶、玻璃板和水的总质量后，取具有代表性的两个细集料试样，每个试样的质量为 2 kg，精确至 5 g。分别倒入盛水的广口瓶中，充分搅拌、排气后浸泡约 0.5 h；然后向广口瓶中注水至筒口，再一边加水一边徐徐推进玻璃板，注意玻璃板下不得带有任何气泡，盖严后擦净板面和瓶壁的余水，称得广口瓶、玻璃板、水和粗细集料的总质量，则细集料在水中的质量为

$$m_{ys} = m_{ks} - m_p \qquad (7-14)$$

式中 m_{ys}——细集料在水中的质量，g；

　　　　m_{ks}——细集料和广口瓶、水及玻璃板的总质量，g；

m_p——广口瓶、玻璃板和水的总质量,g。

应以两个试样试验结果的算术平均值作为测定值,计算应精确至 1 g。

然后用 0.160 mm 的标准筛将细集料过筛,用以上同样的方法测得大于 0.160 mm 细集料在水中的质量

$$m_{ys1} = m_{ks1} - m_p \tag{7-15}$$

式中 m_{ys1}——大于 0.160 mm 的细集料在水中的质量,g;

m_{ks1}——大于 0.160 mm 的细集料和广口瓶、水及玻璃板的总质量,g;

m_p——广口瓶、玻璃板和水的总质量,g。

应以两个试样试验结果的算术平均值作为测定值,计算应精确至 1 g。

细集料修正系数为

$$C_s = \frac{m_{ys}}{m_{ys1}} \tag{7-16}$$

式中 C_s——细集料修正系数;

m_{ys}——细集料在水中的质量,g;

m_{ys1}——大于 0.160 mm 的细集料在水中的质量,g。

计算应精确至 0.01。

5. 混凝土拌和物取样的规定

混凝土拌和物的取样应符合下列规定:

(1)混凝土拌和物的取样应按本节"四、取样"的规定进行。

(2)当混凝土中粗集料的最大粒径≤40 mm 时,混凝土拌和物的取样量≥20 L,混凝土中粗集料最大粒径>40 mm 时,混凝土拌和物的取样量≥40 L。

(3)当进行混凝土配合比分析时,当混凝土中粗集料最大粒径≤40 mm 时,每份取 12 kg 试样;当混凝土中粗集料的最大粒径>40 mm 时,每份取 15 kg 试样。剩余的混凝土拌和物试样,按表观密度试验的规定,进行拌和物表观密度的测定。

6. 水洗法分析混凝土配合比试验

水洗法分析混凝土配合比试验应按下列步骤进行:

(1)整个试验过程的环境温度应为 15 ~ 25 ℃。从最后加水至试验结束,温差不应超过 2 ℃。

(2)称取质量为 m_0 的混凝土拌和物试样,精确至 50 g,并应符合 GB/T 50080—2002 8.0.4 条中的有关规定,然后按下式计算混凝土拌和物试样的体积

$$V = \frac{m_0}{\rho} \tag{7-17}$$

式中 V——试样的体积,L;

m_0——试样的质量,g;

ρ——混凝土拌和物的表观密度,g/cm³。

计算应精确至 1 g/cm³。

(3)把试样全部移到 5 mm 筛上水洗过筛,水洗时,要用水将筛上粗集料仔细冲洗干净,粗集料上不得粘有砂浆,筛下应备有不透水的底盘,以收集全部冲洗过筛的砂浆与水的混合物;称量洗净的粗集料试样在饱和面干状态下的质量 m_g,粗集料饱和面干状态表观密度符

号为 ρ_g，单位 g/cm^3。

（4）将全部冲洗过筛的砂浆与水的混合物全部移到试样筒中，加水至试样筒 2/3 高度，用棒搅拌，以排除其中的空气；如水面上有不能破裂的气泡，可以加入少量的异丙醇试剂以消除气泡；让试样静止 10 min 以使固体物质沉积于容器底部。加水至满，再一边加水一边徐徐推进玻璃板，注意玻璃板下不得带有任何气泡，盖严后应擦净板面和筒壁的余水。称出砂浆与水的混合物和试样筒、水及玻璃板的总质量。应按下式计算砂浆与水的混合物的质量

$$m'_m = m_k - m_D \tag{7-18}$$

式中　m'_m——砂浆与水的混合物的质量，g；

　　　m_k——砂浆与水的混合物和试样筒、水及玻璃板的总质量，g；

　　　m_D——试样筒、玻璃板和水的总质量，g。

计算应精确至 1 g。

（5）将试样筒中的砂浆与水的混合物在 0.160 mm 筛上冲洗，然后将在 0.16 mm 筛上洗净的细集料全部移至广口瓶中，加水至满，再一边加水一边徐徐推进玻璃板，注意玻璃板下不得带有任何气泡，盖严后应擦净板面和瓶壁的余水；称出细集料试样、试样筒、水及玻璃板总质量，应按下式计算细集料在水中的质量

$$m'_s = C_s(m_{cs} - m_p) \tag{7-19}$$

式中　m'_s——细集料在水中的质量，g；

　　　C_s——细集料修正系数；

　　　m_{cs}——细集料试样、广口瓶、水及玻璃板的总质量，g；

　　　m_p——广口瓶、玻璃板和水的的总质量，g。

计算应精确至 1 g。

（6）混凝土拌和物中四种组分的结果计算及确定应按下述方法进行：

①混凝土拌和物试样中四种组分的质量的计算。

试样中的水泥质量应按下式计算

$$m_c = (m'_m - m'_s) \times \frac{\rho_c}{\rho_c - 1} \tag{7-20}$$

式中　m_c——试样中的水泥质量，g；

　　　m'_m——砂浆在水中的质量，g；

　　　m'_s——细集料在水中的质量，g；

　　　ρ_c——水泥的表观密度，g/cm^3。

计算应精确至 1 g。

试样中细集料的质量应按下式计算

$$m_s = m'_s \times \frac{\rho_s}{\rho_s - 1} \tag{7-21}$$

式中　m_s——试样中的水的质量，g；

　　　m'_s——细集料在水中的质量，g；

　　　ρ_s——处于饱和面干状态下的细集料的表观密度，g/cm^3。

计算应精确至 1 g。

试样中的水的质量应按下式计算

$$m_w = m_0 - (m_g + m_s + m_c) \qquad\qquad (7\text{-}22)$$

式中　m_w——试样中水的质量,g;

　　　m_0——拌和物试样质量,g;

　　　m_g、m_s、m_c——试样中粗集料、细集料和水泥的质量,g。

计算应精确至 1 g。

混凝土拌和物试样中粗集料的质量应按 GB/T 50080—2002 8.0.5 条中第 3 款得出的粗集料饱和面干质量 m_g,单位 g。

②混凝土拌和物中水泥、水、粗集料、细集料的单位用量,应分别按下式计算

$$C = \frac{m_c}{V} \times 1\,000 \qquad\qquad (7\text{-}23)$$

$$W = \frac{m_w}{V} \times 1\,000 \qquad\qquad (7\text{-}24)$$

$$G = \frac{m_g}{V} \times 1\,000 \qquad\qquad (7\text{-}25)$$

$$S = \frac{m_s}{V} \times 1\,000 \qquad\qquad (7\text{-}26)$$

式中　C、W、G、S——水泥、水、粗集料、细集料的单位用量,kg/m³;

　　　m_c、m_w、m_g、m_s——试样中水泥、水、粗集料、细集料的质量,g;

　　　V——试样体积,L。

以上计算应精确至 1 kg/m³。

③以两个试样试验结果的算术平均值作为测定值,两此试验结果差值的绝对值应符合下列规定:水泥≤6 kg/m³,水≤4 kg/m³,砂≤20 kg/m³,石≤30 kg/m³,否则此次试验无效。

第三节　混凝土力学性能试验

混凝土的力学性能主要包括抗压强度、抗拉强度、抗折强度、静力受压弹性模量、疲劳强度、握裹强度、收缩及徐变等性能。

(1)适用范围:混凝土力学性能试验方法适用于用水工业与民用建筑以及一般构筑物中的普通混凝土学性能试验,包括抗压强度试验、轴心抗压强度试验、静力受压弹性模量试验、劈裂抗拉强度试验和抗折强度试验。

(2)采用标准为《普通混凝土力学性能试验方法标准》(GB/T 50081—2002)。

一、取样

(1)混凝土的取样应符合《普通混凝土拌合物性能试验方法标准》(GB/T 50080—2002)第 2 章中的有关规定。

(2)普通混凝土力学性能试验应以三个试件为一组,每组试件所用的拌和物应从同一盘混凝土或同一车混凝土中取样。

二、试件的尺寸、形状和公差

（一）试件的尺寸

试件的尺寸应根据混凝土中集料的最大粒径按表 7-2 选定。

表 7-2　混凝土试件尺寸选用

试件横截面尺寸	集料最大粒径(mm)	
	劈裂抗拉强度试验	其他试验
100 mm × 100 mm	20	31.5
150 mm × 150 mm	40	40
200 mm × 200 mm	—	63

注：集料最大粒径指的是符合《普通混凝土用碎石或卵石质量标准及检验方法》(JGJ 53—92)中规定的圆孔筛的孔径。

（二）试件的形状

抗压强度和劈裂抗拉强度试件应符合下列规定：

（1）边长为 150 mm 的立方体试件是标准试件。

（2）边长为 100 mm 和 200 mm 的立方体试件是非标准试件。

（3）在特殊情况下，可采用 ϕ 150 mm × 300 mm 的圆柱体标准试件或 ϕ 100 mm × 200 mm 和 ϕ 200 mm × 400 mm 的圆柱体非标准试件。

轴心抗压强度和静力受压弹性模量试件应符合下列规定：

（1）边长为 150 mm × 150 mm × 300 mm 的棱柱体试件是标准试件。

（2）边长为 100 mm × 100 mm × 300 mm 和 200 mm × 200 mm × 400 mm 的棱柱体试件是非标准试件。

（3）在特殊情况下，可采用 ϕ 150 mm × 300 mm 的圆柱体标准试件或 ϕ 100 mm × 200 mm 和 ϕ 2 00mm × 400 mm 的圆柱体非标准试件。

抗折强度试件应符合下列规定：

（1）边长为 150 mm × 150 mm × 600 mm（或 550 mm）的棱柱体试件是标准试件。

（2）边长为 100 mm × 100 mm × 400 mm 的棱柱体试件是非标准试件。

三、设备

（一）试模

（1）试模应符合《混凝土试模》(JG 237—2008)中技术要求的规定。

（2）应定期对试模进行自检，自检周期宜为 3 个月。

（二）振动台

（1）振动台应符合《混凝土试验用振动台》(JG/T 245—2009)中技术要求的规定。

（2）应具有有效期内的计量检定证书。

（三）压力试验机

（1）压力试验机除应符合《液压式压力试验机》(GB/T 3722—1992)及《试验机通用技术要求》(GB/T 2611—2007)中技术要求外，其测量精度为 ±1%，试件破坏荷载应大于压力机全量程的 20% 且小于压力机全量程的 80%。

（2）应具有加荷速度指示装置或加荷速度控制装置，并应能均匀、连续地加荷。

（3）应具有有效期内的计量检定证书。

（四）微变形测量仪

（1）微变形测量仪的测量精度不得低于 0.001 mm。

（2）微变形测量固定架的标距应为 150 mm。

（3）应具有有效期内的计量检定证书。

（五）垫块、垫条与支架

（1）劈裂抗拉强度试验应采用半径为 75 mm 的钢质弧形垫块，其横截面尺寸如图 7-3 所示，垫块的长度与试件相同。

（2）垫条为三层胶合板制成，宽度为 20 mm，厚度为 3～4 mm，长度不小于试件长度，垫条不得重复使用。

（3）支架为钢支架，如 7-4 所示。

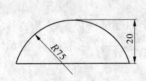

图 7-3　垫块

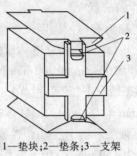

1—垫块；2—垫条；3—支架

图 7-4　支架示意

（六）钢垫板

（1）钢垫板的平面尺寸应不小于试件的承压面积，厚度应小于 25 mm。

（2）钢垫板应机械加工，承压面的平面度公差为 0.04 mm，表面硬度不小于 55HRC，硬化层厚度约为 5 mm。

（七）其他量具及器具

（1）量程大于 600 mm、分度值为 1 mm 的钢板尺。

（2）量程大于 200 mm、分度值为 0.02 mm 的卡尺。

（3）符合《混凝土坍落度仪》（JG/T 248—2009）中规定的直径 16 mm、长 600 mm，端部呈半球形的捣棒。

四、试件的制作和养护

（一）试件的制作

1. 混凝土试件的制作应符合的规定

混凝土试件的制作应符合下列规定：

（1）成型前，应检查试模尺寸并符合《混凝土试模》（JG 237—2008）的有关规定，试模内表面应涂一薄层矿物油或其他不与混凝土发生反应的脱模剂。

（2）在实验室拌制混凝土时，其材料用量应以质量计，称量的精度：水泥、掺合料、水和外加剂为 ±0.5%，集料为 ±1%。

（3）取样或实验室拌制的混凝土应在拌制后最短的时间内成型，一般不宜超过 15 min。

（4）根据混凝土拌和物的稠度确定混凝土成型方法，坍落度不大于 70 mm 的混凝土宜用振动振实；大于 70 mm 的宜用捣棒人工捣实；检验现浇混凝土或预制构件的混凝土，试件成型方法宜与实际采用的方法相同。

2.混凝土试件制作

（1）取样或拌制好的混凝土拌和物应至少用铁锨再来回拌和三次。

（2）按本章第三节四、（一）、（4）的规定，选择成型方法成型。

用振动台振实制作试件应按下述方法进行：

①将混凝土拌和物一次装入试模，装料时应用抹刀沿各试模壁插捣，并使混凝土拌和物高出试模口。

②试模应附着或固定在符合《混凝土试验用振动台》（JG/T 245—2009）要求的振动台上，振动时试模不得有任何跳动，振动应持续到表面出浆为止；不得过振。

用人工插捣制作试件应按下述方法进行：

①混凝土拌和物应分两层装入模内，每层的装料厚度大致相等。

②插捣应按螺旋方向从边缘向中心均匀进行。在插捣底层混凝土时，捣棒应达到试模底部；插捣上层时，捣棒应贯穿上层后插入下层 20～30 mm；插捣时捣棒应保持垂直，不得倾斜。然后应用抹刀沿试模内壁插拔数次。

③每层插捣次数按在 10 000 mm² 截面面积内不得少于 12 次。

④插捣后应用橡皮锤轻轻敲击试模四周，直至插捣棒留下的空洞消失。

用插入式振捣棒振实制作试件应按下述方法进行：

①将混凝土拌和物一次装入试模，装料时应用抹刀沿各试模壁插捣，并使混凝土拌和物高出试模口。

②宜用直径为 25 mm 的插入式振捣棒。插入试模振捣时，振捣棒距试模底板 10～20 mm 且不得触及试模底板，振动应持续到表面出浆为止，且应避免过振，以防止混凝土离析；一般振捣时间为 20 s。振捣棒拔出时要缓慢，拔出后不得留有孔洞。

（3）刮除试模上口多余的混凝土，待混凝土临近初凝时，用抹刀抹平。

（二）试件的养护

（1）试件成型后应立即用不透水的薄膜覆盖表面。

（2）采用标准养护的试件，应在温度为（20±5）℃的环境中静置一昼夜至二昼夜，然后编号、拆模。拆模后应立即放入温度为（20±2）℃，相对湿度为95%以上的标准养护室中养护，或在温度为（20±2）℃的不流动的 Ca(OH)₂ 饱和溶液中养护。标准养护室内的试件应放在支架上，彼此间隔 10～20 mm，试件表面应保持潮湿，并不得被水直接冲淋。

（3）同条件养护试件的拆模时间可与实际构件的拆模时间相同，拆模后，试件仍需保持同条件养护。

（4）标准养护龄期为 28 d（从搅拌加水开始计时）。

五、抗压强度试验

混凝土立方体抗压强度是混凝土结构设计的重要指标，也是混凝土配合比设计的重要参数，同时也是评定混凝土生产企业质量管理水平和验收的一个重要指标。

（1）适用范围：测定混凝土立方体试件的抗压强度。

(2)采用标准:《普通混凝土力学性能试验方法标准》(GB/T 50081—2002)。

(一)试验设备

(1)混凝土立方体抗压强度试验所采用压力试验机应符合 GB/T 50081—2002 本节"三、(三)"的规定。

(2)混凝土强度等级≥C60 时,试件周围应设防崩裂网罩。当压力试验机上、下压板不符合 GB/T 50081—2002 本节"三、(六)"规定时,压力试验机上、下压板与试件之间应各垫以符合本节"(六)钢垫板"要求的钢垫板。

(二)试验步骤

(1)试件从养护地点取出后应及时进行试验,将试件表面与上下承压板面擦干净。

(2)将试件安放在试验机的下压板或垫板上,试件的承压面应与成型时的顶面垂直。试件的中心应与试验机下压板中心对准,开动试验机,当上压板与试件或钢垫板接近时,调整球座,使接触均衡。

(3)在试验过程中应连续均匀地加荷,混凝土强度等级 < C30 时,加荷速度为 0.3 ~ 0.5 MPa/s;混凝土强度等级≥C30 且 < C60 时,取 0.5 ~ 0.8 MPa/s;当混凝土强度等级≥C60 时,取 0.8 ~ 1.0 MPa。

(4)当试件接近破坏开始急剧变形时,应停止调整试验机油门,直至破坏,然后记录破坏荷载。

(三)试验结果计算

(1)混凝土立方体抗压强度应按下式计算

$$f_{cc} = \frac{F}{A} \tag{7-27}$$

式中　f_{cc}——混凝土立方体试件抗压强度,MPa;

　　　F——试件破坏荷载,N;

　　　A——试件承压面积,mm²。

混凝土立方体抗压强度计算应精确至 0.1 MPa。

(2)强度值的确定应符合下列规定:

①三个试件测值的算术平均值作为该组试件的强度值(精确至 0.1 MPa)。

②三个测值中的最大值或最小值中当有一个与中间值的差值超过中间值的 15% 时,则把最大值及最小值一并舍除,取中间值作为该组试件的抗压强度值。

③如最大值和最小值与中间值的差均超过中间值的 15%,则该组试件的试验结果无效。

(3)混凝土强度等级 < C60 时,用非标准试件测得的强度值均应乘以尺寸换算系数,其值对 200 mm × 200 mm × 200 mm 试件为 1.05,对 100 mm × 100 mm × 100 mm 试件为 0.95。当混凝土强度等级≥C60 时,宜采用标准试件;当使用非标准试件时,尺寸换算系数应由试验确定。

六、轴心抗压强度试验

(1)适用范围:本试验方法适用于测定棱柱体混凝土试件的轴心抗压强度。

(2)采用标准:《普通混凝土力学性能试验方法标准》(GB/T 50081—2002)。

（一）试验设备

（1）轴心抗压强度试验所采用压力试验机的精度应符合本节"三、（三）试验机"的要求。

（2）当混凝土强度等级≥C60时，试件周围应设防崩裂网罩。当压力试验机上、下压板不符合本节"（六）"规定时，压力试验机上、下压板与试件之间应各垫以符合本节"（六）"要求的钢垫板。

（二）试验步骤

（1）试件从养护地点取出后应及时进行试验，用干毛巾将试件表面与上、下承压板面擦干净。

（2）将试件直立放置在试验机的下压板或钢垫板上，并使试件轴心与下压板中心对准。

（3）开动试验机，当上压板与试件或钢垫板接近时，调整球座，使接触均衡。

（4）应连续均匀地加荷，不得有冲击。所用加荷速度应符合本节"五、（二）（3）"的规定。

（5）试件接近破坏而开始急剧变形时，应停止调整试验机油门，直至破坏，然后记录破坏荷载。

（三）试验结果计算及确定

（1）混凝土试件轴心抗压强度应按下式计算

$$f_{cp} = \frac{F}{A} \tag{7-28}$$

式中　f_{cp}——混凝土轴心抗压强度，MPa；

　　　F——试件破坏荷载，N；

　　　A——试件承压面积，mm²。

混凝土轴心抗压强度计算值应精确至0.1 MPa。

（2）混凝土轴心抗压强度值的确定应符合GB/T 50081—2002中6.0.5条第2款的规定。

（3）混凝土强度等级＜C60时，用非标准试件测得的强度值均应乘以尺寸换算系数，其值对200 mm×200 mm×400 mm试件为1.05；对100 mm×100 mm×300 mm试件为0.95。当混凝土强度等级≥C60时，宜采用标准试件；当使用非标准试件时，尺寸换算系数应由试验确定。

七、静力受压弹性模量试验

（1）适用范围：本方法适用于测定棱性体试件的混凝土静力受压弹性模量（以下简称弹性模量）。

（2）采用标准：《普通混凝土力学性能试验方法标准》（GB/T 50081—2002）。

（一）试验设备

（1）压力试验机，应符合本节"三、（三）压力试验机"的规定。

（2）微变形测量仪，应符合本节"三、（四）微变形测量仪"中的规定。

（二）试验步骤

（1）试件从养护地点取出后先将试件表面与上下承压板面擦干净。

（2）取3个试件按GB/T 50081—2002第7章的规定，测定混凝土的轴心抗压强度

(f_{cp})。另 3 个试件用于测定混凝土的弹性模量。

（3）在测定混凝土弹性模量时,变形测量仪应安装在试件两侧的中线上并对称于试件的两端。

（4）应仔细调整试件在压力试验机上的位置,使其轴心与下压板的中心线对准。开动压力试验机,当上压板与试件接近时调整球座,使其接触匀衡。

（5）加荷至基准应力为 0.5 MPa 的初始荷载值 F_0,保持恒载 60 s 并在以后的 30 s 内记录每测点的变形读数 ε_0,应立即连续均匀地加荷至应力为轴心抗压强度 f_{cp} 的 1/3 的荷载值 F_a,保持恒载 60 s 并在以后的 30 s 内记录每一测点的变形读数 ε_a。所用加荷速度应符合 GB/T 50081—2002 中 6.0.4 条第 3 款的规定。

（6）当以上这些变形值之差与它们平均值之比大于 20% 时,应重新对中试件后重复本条第 5 款的试验。如果无法使其减小到低于 20%,则此次试验无效。

（7）在确认试件对中符合上述（6）规定后,以与加荷速度相同的速度卸荷至基准应力 0.5 MPa(F_0),恒载 60 s;然后用同样的加荷和卸荷速度以及 60 s 的保持恒载(F_0 及 F_a)至少进行两次反复预压。在最后一次预压完成后,在基准应力 0.5 MPa(F_0)持荷 60 s 并在以后的 30 s 内记录每一测点的变形读数 ε_0;再用同样的加荷速度加荷至 F_a,持荷 60 s 并在以后的 30 s 内记录每一测点的变形读数 ε_a(见图 7-5)。

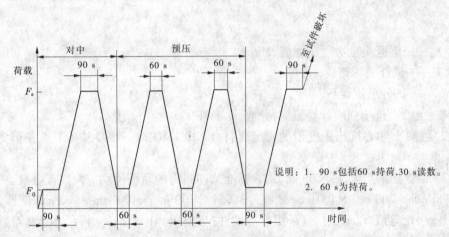

图 7-5　弹性模量加荷方法示意图

（8）卸除变形测量仪,以同样的速度加荷至破坏,记录破坏荷载;如果试件的抗压强度与 f_{cp} 之差超过 f_{cp} 的 20%,则应在报告中注明。

（三）试验结果计算

（1）混凝土弹性模量值应按下式计算

$$E_c = \frac{F_a - F_0}{A} \times \frac{L}{\Delta n} \tag{7-29}$$

$$\Delta n = \varepsilon_a - \varepsilon_0 \tag{7-30}$$

式中　E_c——混凝土弹性模量,MPa;

　　　F_a——应力为 1/3 轴心抗压强度时的荷载,N;

　　　F_0——应力为 0.5 MPa 时的初始荷载,N;

A——试件承压面积,mm^2;

L——测量标距,mm;

Δn——最后一次从 F_0 加荷至 F_a 时试件两侧变形的平均值,mm,$\Delta n = \varepsilon_a - \varepsilon_0$;

ε_a——F_a 时试件两侧变形的平均值,mm;

ε_0——F_0 时试件两侧变形的平均值,mm。·

混凝土受压弹性模量计算精确至 100 MPa。

(2)弹性模量按 3 个试件测值的算术平均值计算。当其中有一个试件的轴心抗压强度值与用以确定检验控制荷载的轴心抗压强度值相差超过后者的 20% 时,则弹性模量值按另两个试件测值的算术平均值计算;当两个试件超过上述规定时,则此次试验无效。

八、劈裂抗拉强度试验

(1)适用范围:本方法适用于测定混凝土立方体试件的劈裂抗拉强度。

(2)采用标准:《普通混凝土力学性能试验方法标准》(GB/T 50081—2002)。

(一)试验设备

(1)压力试验机应符合《液压式压力计》(GB/T 3722—1992)的规定。

(2)垫块、垫条及支架应符合本节"三、(五)垫块、垫条与支架"的规定。

(二)试验步骤

(1)试件从养护地点取出后应及时进行试验,将试件表面与上下承压板面擦干净。

(2)将试件放在试验机下压板的中心位置,劈裂承压面和劈裂面应与试件成型时的顶面垂直;在上、下压板与试件之间垫以圆弧形垫块及垫条各一条,垫块与垫条应与试件上、下面的中心线对准并与成型时的顶面垂直。宜把垫条及试件安装在定位架上使用(如图 7-4 所示)。

(3)开动试验机,当上压板与圆弧形垫块接近时,调整球座,使接触均衡。加荷应连续均匀,当混凝土强度等级 < C30 时,加荷速度取 0.02 ~ 0.05 MPa/s;当混凝土强度等级 ≥ C30 且 < C60 时,取 0.05 ~ 0.08 MPa/s;当混凝土强度等级 ≥ C60 时,取 0.08 ~ 0.10 MPa/s,至试件接近破坏时,应停止调整试验机油门,直至试件破坏,然后记录破坏荷载。

(三)试验结果计算

混凝土劈裂抗拉强度应按下式计算

$$f_{ts} = \frac{2F}{\pi A} = 0.637 \frac{F}{A} \tag{7-31}$$

式中 f_{ts}——混凝土劈裂抗拉强度,MPa;

F——试件破坏荷载,N;

A——试件劈裂面面积,mm^2。

劈裂抗拉强度计算精确到 0.01 MPa。

强度值的确定应符合下列规定:

(1)三个试件测值的算术平均值作为该组试件的强度值(精确至 0.01 MPa)。

(2)三个测值中的最大值或最小值中如有一个与中间值的差值超过中间值的 15%,则把最大值及最小值一并舍除,取中间值作为该组试件的抗压强度值。

(3)如最大值与最小值与中间值的差均超过中间值的 15%,则该组试件的试验结果无效。

采用 100 mm × 100 mm × 100 mm 非标准试件测得的劈裂抗拉强度值,应乘以尺寸换算系数 0.85。当混凝土强度等级≥C60 时,宜采用标准试件;当使用非标准试件时,尺寸换算系数应由试验确定。

九、抗折强度试验

(1)适用范围:本方法适用于测定混凝土的抗折强度。

(2)采用标准:《普通混凝土力学性能试验方法标准》(GB/T 50081—2002)。

(一)试验设备

(1)试验机应符合 GB/T 50081—2002 第 4.3 节的有关规定。

(2)试验机应能施加均匀、连续、速度可控的荷载,并带有能使两个相等荷载同时作用在试件跨度 3 分点处的抗折试验装置,如图 7-6 所示。

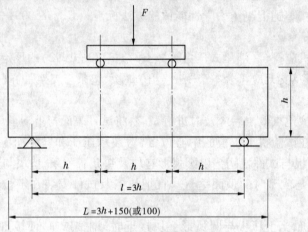

图 7-6　抗折试验装置

(3)试件的支座和加荷头应采用直径为 20 ~ 40 mm、长度不小于 $b + 10$ mm 的硬钢圆柱,支座立脚点固定铰支,其他应为滚动支点。

(二)试验步骤

(1)试件从养护地取出后应及时进行试验,将试件表面擦干净。

(2)按图 7-6 装置试件,安装尺寸偏差不得大于 1 mm。试件的承压面应为试件成型时的侧面。支座及承压面与圆柱的接触面应平稳、均匀,否则应垫平。

(3)施加荷载应保持均匀、连续。当混凝土强度等级 < C30 时,加荷速度取 0.02 ~ 0.05 MPa/s;当混凝土强度等级≥C30 且 < C60 时,加荷速度取 0.05 ~ 0.08 MPa/s;当混凝土强度等级≥C60 时,加荷速度取 0.08 ~ 0.10 MPa/s,至试件接近破坏时,应停止调整试验机油门,直至试件破坏,然后记录破坏荷载。

(4)记录试件破坏荷载的试验机示值及试件下边缘断裂位置。

(三)试验结果计算

(1)若试件下边缘断裂位置处于两个集中荷载作用线之间,则试件的抗折强度 f_f 按下式计算

$$f_\mathrm{f} = \frac{Fl}{bh^2} \tag{7-32}$$

式中 f_f——混凝土抗折强度,MPa;

$\quad\quad F$——试件破坏荷载,N;

$\quad\quad l$——支座间跨度,mm;

$\quad\quad h$——试件截面高度,mm;

$\quad\quad b$——试件截面宽度,mm。

抗折强度计算应精确至0.1 MPa。

(2)抗折强度值的确定应符合 GB/T 50081—2002 中6.0.5 条第2款的规定。

(3)三个试件中若有一个折断面位于两个集中荷载之外,则混凝土抗折强度值按另两个试件的试验结果计算。若这两个测值的差值不大于这两个测值中较小值的15%,则该组试件的抗折强度值按这两个测值的平均值计算,否则该组试件的试验无效。若有两个试件的下边缘断裂位置位于两个集中荷载作用线,则该组试件试验无效。

(4)当试件尺寸为 100 mm × 100 mm × 400 mm 非标准试件时,应乘以尺寸换算系数0.85。当混凝土强度等级≥C60 时,宜采用标准试件;当使用非标准试件时,尺寸换算系数应由试验确定。

第四节　普通混凝土配合比设计

混凝土配合比设计是将混凝土中各种组成的材料,经过计算、试配、调整最后确定各种材料用量之间的比例关系,达到满足强度和耐久性的要求和施工进度的要求,做到经济合理。

一、混凝土配合比设计前资料的收集

(一)混凝土技术要求

(1)混凝土的耐久性和强度的要求。

(2)混凝土施工稠度的要求。

(二)原材料的要求

(1)使用集料的质量状况,如集料的种类、最大粒径、颗粒级配、含泥量、细度模数等。

(2)使用的水泥品种、安定性、强度等。

(3)使用的外加剂和掺合料的要求和技术资料。

(4)拌和水应符合标准要求。

(三)环境条件

(1)施工条件,如搅拌方式、运输距离、振捣方法、钢筋的布置等。

(2)施工和使用的环境条件,如春、夏、秋、冬及雨、雪、潮湿侵蚀介质等。

(3)养护方法:自然养护、蒸汽养护、压蒸养护等。

二、混凝土配合比设计的主要技术参数

(一)水胶比

水胶比指单位混凝土拌和物中,水与胶凝材料的质量之比。其对混凝土的强度和耐久

性起着决定性的作用。

(二)砂率

砂率指砂在砂和石中所占比例,即砂的质量与砂石总质量之比。合理的砂率既能保证混凝土达到最大的密实度,又能使水泥用量最少。

(三)单位用水量

单位用水量指每立方米混凝土中用水量的多少。其直接影响混凝土的流动性、黏聚性、保水性、密实度和强度。

三、普通混凝土配合比的设计方法

(一)目的

满足设计和施工要求,保证混凝土工程质量,并且达到经济合理。

(二)采用的标准

采用的标准为《普通混凝土配合比设计规程》(JGJ 55—2011)。

(三)基本规定

(1)混凝土配合比设计应满足混凝土配制强度、拌和物性能、力学性能和耐久性能的设计要求。混凝土拌和物性能、力学性能和耐久性能的试验方法应分别符合现行国家标准《普通混凝土拌合物性能试验方法标准》(GB/T 50080—2002)、《普通混凝土力学性能试验方法标准》(GB/T 50081—2002)和《普通混凝土长期性能和耐久性能试验方法标准》(GB/T 50082—2002)的规定。

(2)混凝土配合比设计应采用工程实际使用的原材料,并应满足国家现行标准的有关要求;配合比设计应以干燥状态集料为基准,细集料含水率应小于0.5%,粗集料含水率应小于0.2%。

(3)混凝土的最大水胶比应符合《混凝土结构设计规范》(GB 50010—2010)的规定。

(4)除配制C15及其以下强度等级的混凝土外,混凝土的最小胶凝材料用量应符合表7-3的规定。

表7-3　混凝土的最小胶凝材料用量

最大水胶比	最小胶凝材料用量（kg/m³）		
	素混凝土	钢筋混凝土	预应力混凝土
0.60	250	280	300
0.55	280	300	300
0.50	320		
≤0.45	330		

(5)矿物掺合料在混凝土中的掺量应通过试验确定。采用硅酸盐水泥或普通水泥时,钢筋混凝土中矿物掺合料最大掺量宜符合表7-4的规定,预应力钢筋混凝土中矿物掺合料最大掺量宜符合表7-5的规定。对基础大体积混凝土,粉煤灰、粒化高炉矿渣粉和复合掺合料的最大掺量可增加5%。采用掺量大于30%的C类粉煤灰的混凝土应以实际使用的水泥和粉煤灰掺量进行安定性检验。

表 7-4 钢筋混凝土中矿物掺合料最大掺量

矿物掺合料种类	水胶比	最大掺量(%)	
		硅酸盐水泥	普通硅酸盐水泥
粉煤灰	≤0.40	≤45	≤35
	>0.40	≤40	≤30
粒化高炉矿渣粉	≤0.40	≤65	≤55
	>0.40	≤55	≤45
钢渣粉	—	≤30	≤20
磷渣粉	—	≤30	≤20
硅灰	—	≤10	≤10
复合掺合料	≤0.40	≤60	≤50
	>0.40	≤50	≤40

注:1.采用其他通用硅酸盐水泥时,宜将水泥混合材掺量20%以上的混合材量计入矿物掺合料。

2.复合掺合料各组分的掺量不宜超过单掺时的最大掺量。

3.在混合使用两种或两种以上矿物掺合料时,矿物掺合料总掺量应符合表中复合掺合料的规定。

表 7-5 预应力钢筋混凝土中矿物掺合料的最大掺量

矿物掺合料种类	水胶比	最大掺量(%)	
		硅酸盐水泥	普通硅酸盐水泥
粉煤灰	≤0.40	≤35	≤30
	>0.40	≤25	≤20
粒化高炉矿渣粉	≤0.40	≤55	≤45
	>0.40	≤45	≤35
钢渣粉	—	≤20	≤10
磷渣粉	—	≤20	≤10
硅灰	—	≤10	≤10
复合掺合料	≤0.40	≤50	≤40
	>0.40	≤40	≤30

注:1.采用其他通用硅酸盐水泥时,宜将水泥混合材掺量20%以上的混合材量计入矿物掺合料。

2.复合掺合料各组分的掺量不宜超过单掺时的最大掺量。

3.在混合使用两种或两种以上矿物掺合料时,矿物掺合料总掺量应符合表中复合掺合料的规定。

(6)混凝土拌和物中水溶性氯离子最大含量应符合表 7-6 的规定,其测试方法应符合现行行业标准《水运工程混凝土试验规程》(JTJ 270—1998)中混凝土拌和物中氯离子含量的快速测定法的规定。

(7)长期处于潮湿或水位变动的寒冷和严寒环境,以及盐冻环境的混凝土应掺用引气剂。引气剂掺量应根据混凝土含气量要求经试验确定;掺用引气剂的混凝土最小含气量应符合表 7-7 的规定,最大不宜超过 7.0%。

（8）对于有预防混凝土碱集料反应设计要求的工程，宜掺用适量粉煤灰或其他矿物掺合料；混凝土中最大碱含量不应大于 $3.0~kg/m^3$，对于矿物掺合料碱含量，粉煤灰碱含量可取实测值的 1/6，粒化高炉矿渣粉碱含量可取实测值的 1/2。

表7-6　混凝土拌和物中水溶性氯离子最大含量

环境条件	水溶性氯离子最大含量(%，水泥用量的质量百分比)		
	钢筋混凝土	预应力混凝土	素混凝土
干燥环境	0.30	0.06	1.00
潮湿但不含氯离子的环境	0.20		
潮湿而含有氯离子的环境、盐渍土环境	0.10		
除冰盐等侵蚀性物质的腐蚀环境	0.06		

表7-7　掺用引气剂的混凝土最小含气量

粗集料最大公称粒径(mm)	混凝土最小含气量(%)	
	潮湿或水位变动的寒冷和严寒环境	盐冻环境
40.0	4.5	5.0
25.0	5.0	5.5
20.0	5.5	6.0

注：含气量为气体占混凝土体积的百分比。

（四）混凝土配制强度的确定

混凝土配制强度应按下列规定确定：

（1）当混凝土的设计强度等级小于 C60 时，配制强度应按下式计算：

$$f_{cu,0} \geqslant f_{cu,k} + 1.645\sigma \qquad (7-33)$$

式中　$f_{cu,0}$——混凝土配制强度，MPa；

　　　$f_{cu,k}$——混凝土立方体抗压强度标准值，这里取设计混凝土强度等级值，MPa；

　　　σ——混凝土强度标准差，MPa。

（2）当设计强度等级大于或等于 C60 时，配制强度应按下式计算：

$$f_{cu,0} \geqslant 1.15 f_{cu,k} \qquad (7-34)$$

混凝土强度标准差应按照下列规定确定：

（1）当具有近 1~3 个月的同一品种、同一强度等级混凝土的强度资料时，且试件组数不小于 30 组时，其混凝土强度标准差 σ 应按下式计算：

$$\sigma = \sqrt{\dfrac{\sum\limits_{i=1}^{n} f_{cu,i}^2 - n m_{fcu}^2}{n-1}} \qquad (7-35)$$

式中　σ——混凝土强度标准差；

　　　$f_{cu,i}$——第 i 组的试件强度，MPa；

　　　m_{fcu}——n 组试件的强度平均值，MPa；

　　　n——试件组数，n 值应大于或者等于 30。

对于强度等级不大于 C30 的混凝土:当 σ 计算值不小于 3.0 MPa 时,应按式(7-35)计算结果取值;当 σ 计算值小于 3.0 MPa 时,σ 应取 3.0 MPa。

对于强度等级大于 C30 且小于 C60 的混凝土:当 σ 计算值不小于 4.0 MPa 时,应按式(7-35)计算结果取值;当 σ 计算值小于 4.0 MPa 时,σ 应取 4.0 MPa。

(2)当没有近期的同一品种、同一强度等级混凝土强度资料时,其强度标准差 σ 可按表 7-8 取值。

表7-8　标准差 σ 值　　　　　　　　　　　　　　　　　　　　　　　　（单位:MPa）

混凝土强度标准值	≤C20	C25 ~ C45	C50 ~ C55
σ	4.0	5.0	6.0

(五)混凝土配合比计算

1. 水胶比

(1)混凝土强度等级不大于 C60 时,混凝土水胶比宜按下式计算:

$$W/B = \frac{\alpha_a f_b}{f_{cu,0} + \alpha_a \alpha_b f_b}$$ (7-36)

式中　W/B——混凝土水胶比;

　　　α_a、α_b——回归系数,取值应符合 JGJ 55—2011 5.1.2 条的规定;

　　　f_b——胶凝材料(水泥与矿物掺合料按使用比例混合)28 d 胶砂强度,MPa,试验方法应按现行国家标准《水泥胶砂强度检验方法(ISO 法)》(GB/T 17671—2005)执行,当无实测值时,可按 JGJ 55—2011 5.1.3 条确定。

(2)回归系数 α_a 和 α_b 宜按下列规定确定:

①根据工程所使用的原材料,通过试验建立的水胶比与混凝土强度关系式来确定。

②当不具备上述试验统计资料时,可按表 7-9 采用。

表7-9　回归系数 α_a、α_b 选用

系数	碎石	卵石
α_a	0.53	0.49
α_b	0.20	0.13

(3)当胶凝材料 28 d 胶砂抗压强度值 f_b 无实测值时,可按下式计算:

$$f_b = \gamma_f \gamma_s f_{ce}$$ (7-37)

式中　γ_f、γ_s——粉煤灰影响系数和粒化高炉矿渣粉影响系数,可按表 7-10 选用;

　　　f_{ce}——水泥 28 d 胶砂抗压强度,MPa,可实测,也可按 JGJ 55—2011 第 5.1.4 条规定表 7-11 选用。

(4)当水泥 28 d 胶砂抗压强度 f_{ce} 无实测值时,可按下式计算:

$$f_{ce} = \gamma_c f_{ce,g}$$ (7-38)

式中　γ_c——水泥强度等级值的富余系数,可按实际统计资料确定,当缺乏实际统计资料时,也可按表 7-11 选用;

　　　$f_{ce,g}$——水泥强度等级值,MPa。

表 7-10 粉煤灰影响系数 γ_f 和粒化高炉矿渣粉影响系数 γ_s

掺量(%)	粉煤灰影响系数 γ_f	粒化高炉矿渣粉影响系数 γ_s
0	1.00	1.00
10	0.90 ~ 0.95	1.00
20	0.80 ~ 0.85	0.95 ~ 1.00
30	0.70 ~ 0.75	0.90 ~ 1.00
40	0.60 ~ 0.65	0.80 ~ 0.90
50	—	0.70 ~ 0.85

注:1. 采用 I 级、II 级粉煤灰宜取上限值。

2. 采用 S75 级粒化高炉矿渣粉宜取下限值,采用 S95 级粒化高炉矿渣粉宜取上限值,采用 S105 级粒化高炉矿渣粉可取上限值加 0.05。

3. 当超出表 7-10 的掺量时,粉煤灰和粒化高炉矿渣粉影响系数应经试验确定。

表 7-11 水泥强度等级值的富余系数 γ_c

水泥强度等级值	32.5	42.5	52.5
富余系数	1.12	1.16	1.10

2. 用水量和外加剂用量

(1)每立方米干硬性或塑性混凝土的用水量 m_{wo} 应符合下列规定:

①混凝土水胶比为 0.40 ~ 0.80 时,可按表 7-12 和表 7-13 选取。

②混凝土水胶比小于 0.40 时,可通过试验确定。

表 7-12 干硬性混凝土的用水量 （单位:kg/m³）

拌和物稠度		卵石最大公称粒径(mm)			碎石最大粒径(mm)		
项目	指标	10.0	20.0	40.0	16.0	20.0	40.0
维勃稠度(s)	16 ~ 20	175	160	145	180	170	155
	11 ~ 15	180	165	150	185	175	160
	5 ~ 10	185	170	155	190	180	165

表 7-13 塑性混凝土的用水量 （单位:kg/m³）

拌和物稠度		卵石最大粒径(mm)				碎石最大粒径(mm)			
项目	指标	10.0	20.0	31.5	40.0	16.0	20.0	31.5	40.0
坍落度 (mm)	10 ~ 30	190	170	160	150	200	185	175	165
	35 ~ 50	200	180	170	160	210	195	185	175
	55 ~ 70	210	190	180	170	220	105	195	185
	75 ~ 90	215	195	185	175	230	215	205	195

注:1. 本表用水量是采用中砂时的取值。采用细砂时,每立方米混凝土用水量可增加 5 ~ 10 kg;采用粗砂时,可减少 5 ~ 10 kg。

2. 掺用矿物掺合料和外加剂时,用水量应相应调整。

(2)掺外加剂时,每立方米流动性或大流动性混凝土的用水量 m_{w0} 可按下式计算

$$m_{w0} = m'_{w0}(1 - \beta) \tag{7-39}$$

式中　m_{w0}——满足实际坍落度要求的每立方米混凝土用水量,kg/m³;

　　　　m'_{w0}——未掺外加剂时推定的满足实际坍落度要求的每立方米混凝土用水量,kg/m³,以表 7-13 中 90 mm 坍落度的用水量为基础,按每增大 20 mm 坍落度相应增加 5 kg/m³ 用水量来计算,当坍落度增大到 180 mm 以上时,随坍落度相应增加的用水量可减少;

　　　　β——外加剂的减水率(%),应经混凝土试验确定。

(3)每立方米混凝土中外加剂用量 m_{a0} 应按下式计算

$$m_{a0} = m_{b0}\beta_a \tag{7-40}$$

式中　m_{a0}——每立方米混凝土中外加剂用量,kg/m³;

　　　　m_{b0}——计算配合比每立方米混凝土中胶凝材料用量,kg/m³,计算应符合相关规程的规定;

　　　　β_a——外加剂掺量(%),应经混凝土试验确定。

3. 胶凝材料、矿物掺合料和水泥用量

(1)每立方米混凝土的胶凝材料用量 m_{b0} 应按下式计算

$$m_{b0} = \frac{m_{w0}}{W/B} \tag{7-41}$$

式中　m_{b0}——计算配合比每立方米混凝土中胶凝材料用量,kg/m³;

　　　　m_{w0}——计算配合比每立方米混凝土的用水量,kg/m³;

　　　　W/B——混凝土水胶比。

(2)每立方米混凝土的矿物掺合料用量 m_{f0} 应按下式计算

$$m_{f0} = m_{b0}\beta_f \tag{7-42}$$

式中　m_{f0}——计算配合比每立方米混凝土中矿物掺合料用量,kg/m³;

　　　　β_f——矿物掺合料掺量(%),可结合 JGJ 55—2011 3.0.5 条和 5.1.1 条的规定确定。

(3)每立方米混凝土的水泥用量 m_{c0} 应按下式计算

$$m_{c0} = m_{b0} - m_{fo} \tag{7-43}$$

式中　m_{c0}——计算配合比每立方米混凝土中水泥用量,kg/m³。

4. 砂率

(1)砂率 β_s 应根据集料的技术指标、混凝土拌和物性能和施工要求,参考既有历史资料确定。

(2)当缺乏砂率的历史资料时,混凝土砂率的确定应符合下列规定:

①坍落度小于 10 mm 的混凝土,其砂率应经试验确定。

②坍落度为 10 ~ 60 mm 的混凝土砂率,可根据粗集料品种、最大公称粒径及水灰比按表 7-14 选取。

③坍落度大于 60 mm 的混凝土砂率,可经试验确定,也可在表 7-14 的基础上,按坍落度每增大 20 mm 砂率增大 1% 的幅度予以调整。

表 7-14　混凝土的砂率　　　　　　　　（%）

水胶比 W/B	卵石最大公称粒径（mm）			碎石最大粒径（mm）		
	10.0	20.0	40.0	16.0	20.0	40.0
0.40	26 ~ 32	25 ~ 31	24 ~ 30	30 ~ 35	29 ~ 34	27 ~ 32
0.50	30 ~ 35	29 ~ 34	28 ~ 33	33 ~ 38	32 ~ 37	30 ~ 35
0.60	33 ~ 38	32 ~ 37	31 ~ 36	36 ~ 41	35 ~ 40	33 ~ 38
0.70	36 ~ 41	35 ~ 40	34 ~ 39	39 ~ 44	38 ~ 43	36 ~ 41

注:1. 本表数值系中砂的选用砂率,对细砂或粗砂,可相应地减小或增大砂率。

　　2. 采用人工砂配制混凝土时,砂率可适当增大。

　　3. 只用一个单粒级粗集料配制混凝土时,砂率应适当增大。

5. 粗、细集料用量

（1）采用质量法计算粗、细集料用量时,应按下列公式计算

$$m_{f0} + m_{c0} + m_{g0} + m_{s0} + m_{w0} = m_{cp} \tag{7-44}$$

$$\beta_s = \frac{m_{s0}}{m_{g0} + m_{s0}} \times 100\% \tag{7-45}$$

式中　m_{g0}——每立方米混凝土的粗集料用量,kg/m^3;

　　　　m_{s0}——每立方米混凝土的细集料用量,kg/m^3;

　　　　m_{w0}——每立方米混凝土的用水量,kg/m^3;

　　　　β_s——砂率(%);

　　　　m_{cp}——每立方米混凝土拌和物的假定质量,kg/m^3,可取 2 350 ~ 2 450 kg/m^3。

（2）当采用体积法计算混凝土配比时,砂率应按式（7-45）计算,粗、细集料用量应按式（7-46）计算

$$\frac{m_{c0}}{\rho_c} + \frac{m_{f0}}{\rho_f} + \frac{m_{g0}}{\rho_g} + \frac{m_{s0}}{\rho_s} + \frac{m_{w0}}{\rho_w} + 0.01\alpha = 1 \tag{7-46}$$

式中　ρ_c——水泥密度,kg/m^3,应按《水泥密度测定方法》（GB/T 208—1994）测定,也可取 2 900 ~ 3 100 kg/m^3;

　　　　ρ_f——矿物掺合料密度,kg/m^3,可按《水泥密度测定方法》（GB/T 208—1994）测定;

　　　　ρ_g——粗集料的表观密度,kg/m^3,应按现行行业标准《普通混凝土用砂、石质量及检验方法标准》（JGJ 52—2006）测定;

　　　　ρ_s——细集料的表观密度,kg/m^3,应按现行行业标准《普通混凝土用砂、石质量及检验方法标准》（JGJ 52—2006）测定;

　　　　ρ_w——水的密度,kg/m^3,可取 1 000 kg/m^3;

　　　　α——混凝土的含气量百分数,在不使用引气型外加剂时,α 可取为 1。

（六）混凝土配合比的试配、调整与确定

1. 试配

（1）混凝土试配应采用强制式搅拌机,搅拌机应符合现行行业标准《混凝土试验用搅拌机》（JG 244—2009）的规定,搅拌方法宜与施工采用的方法相同。

（2）实验室成型条件应符合现行国家标准《普通混凝土拌合物性能试验方法标准》

（GB/T 50080—2002）的规定。

（3）每盘混凝土试配的最小搅拌量应符合表 7-15 的规定，并不应小于搅拌机公称容量的 1/4 且不应大于搅拌机公称容量。

表 7-15　每盘混凝土试配的最小搅拌量

粗集料最大公称粒径（mm）	最小搅拌的拌和物量（L）
≤31.5	20
40.0	25

（4）在计算配合比的基础上进行试拌。计算水胶比宜保持不变，并应通过调整配合比其他参数使混凝土拌和物性能符合设计和施工要求，然后修正计算配合比，提出试拌配合比。

（5）应在试拌配合比的基础上，进行混凝土强度试验，并应符合下列规定：

①应至少采用三个不同的配合比。当采用三个不同的配合比时，其中一个应为步骤（4）确定的试拌配合比，另外两个配合比的水胶比宜较试拌配合比分别增加或减少 0.05，用水量应与试拌配合比相同，砂率可分别增加或减少 1%。

②进行混凝土强度试验时，应继续保持拌和物性能符合设计和施工要求。

③进行混凝土强度试验时，每个配合比至少应制作一组试件，标准养护到 28 d 或设计规定龄期时试压。

2. 配合比的调整与确定

（1）配合比调整应符合下述规定：

①根据本节"三、（六）（5）"混凝土强度试验结果，宜绘制强度和胶水比的线性关系图或插值法确定略大于配制强度的强度对应的胶水比。

②在试拌配合比的基础上，用水量 m_w 和外加剂用量 m_a 应根据确定的水胶比作调整。

③胶凝材料用量 m_b 应以用水量乘以确定的胶水比计算得出。

④粗集料用量 m_g 和细集料用量 m_s 应在用水量和胶凝材料用量的基础上进行调整。

（2）混凝土拌和物表观密度和配合比校正系数的计算应符合下列规定：

①配合比调整后的混凝土拌和物的表观密度应按下式计算

$$\rho_{c,c} = m_c + m_f + m_g + m_s + m_w \tag{7-47}$$

②混凝土配合比校正系数按下式计算

$$\delta = \frac{\rho_{c,t}}{\rho_{c,c}} \tag{7-48}$$

式中　δ——混凝土配合比校正系数；

　　　$\rho_{c,t}$——混凝土拌和物表观密度实测值，kg/m^3；

　　　$\rho_{c,c}$——混凝土拌和物表观密度计算值，kg/m^3。

（3）当混凝土拌和物表观密度实测值与计算值之差的绝对值不超过计算值的 2% 时，按本节"三、（六）2. 配合比的调整与计算"调整的配合比可维持不变；当二者之差超过 2% 时，应将配合比中每项材料用量均乘以校正系数 δ。

（4）配合比调整后，应测定拌和物水溶性氯离子含量，试验结果应符合表 7-6 的规定。

（5）对耐久性有设计要求的混凝土应进行相关耐久性试验验证。

（6）生产单位可根据常用材料设计出常用的混凝土配合比备用,并应在使用过程中予以验证或调整。遇有下列情况之一时,应重新进行配合比设计:

①对混凝土性能有特殊要求时。

②水泥外加剂或矿物掺合料品种质量有显著变化时。

（七）普通混凝土配合比设计例题

原材料:水泥 P·I 强度等级为 42.5 级,$\rho_c = 3\,100\ \text{kg/m}^3$;中砂细度模数 $\mu_f = 2.6$,$\rho_s = 2\,620\ \text{kg/m}^3$;碎石 $D_{\max} = 20\ \text{mm}$,$\rho_g = 2\,700\ \text{kg/m}^3$,连续粒径;减水剂为 SF,减水率为 20%,掺量 0.8%;掺 I 级粉煤灰,$\rho_f = 2\,200\ \text{kg/m}^3$,掺量 30%。

要求:设计强度等级为 C40,坍落度为 180 mm 的混凝土。

解:（1）计算混凝土配制强度 $f_{cu,0}$。

由题意已知,设计要求的混凝土强度 $f_{cu,k} = 40\ \text{MPa}$,无混凝土强度统计资料,标准差查表 7-8,$\sigma = 5.0\ \text{MPa}$,则混凝土配制强度

$$f_{cu,0} = f_{cu,k} + 1.645\sigma = 40 + 1.645 \times 5.0 = 48.2(\text{MPa})$$

（2）计算水胶比。

混凝土强度等级 C40,小于 C60,按下式计算混凝土的水胶比

$$W/B = \frac{\alpha_a f_b}{f_{cu,0} + \alpha_a \alpha_b f_b}$$

$$f_b = \gamma_f \gamma_s f_{ce} \qquad\qquad 其中 f_{ce} = \gamma_c f_{ce,g}$$

式中　　W/B——水胶比;

α_a、α_b——回归系数,见表 7-9;

f_b——胶凝材料 28 d 胶砂抗压强度,MPa,可按 GB/T 17671—2005 执行,也可按 JGJ 55—2011 第 5.13 条确定;

γ_f、γ_s——粉煤灰影响系数和粒化高炉矿渣粉影响系数,可按表 7-10 选用;

γ_c——水泥强度等级值的富余系数,可按统计资料确定,无统计资料时,按表 7-11 选用,$\gamma_c = 1.16$(42.5 级);

$f_{ce,g}$——水泥强度等级值,MPa。

$$f_{ce} = \gamma_c f_{ce,g} = 1.16 \times 42.5 = 49.3(\text{MPa})$$

粉煤灰掺量为 30%,$\gamma_f = 0.75$(查表 7-10,为 I 级粉煤灰取上限)。

矿渣粉掺量为 0%,$\gamma_s = 1.00$,则

$$f_b = \gamma_f \gamma_s f_{ce} = 0.75 \times 1.00 \times 49.3 = 37.0(\text{MPa})$$

则水胶比为

$$W/B = \frac{\alpha_a f_b}{f_{cu,0} + \alpha_a \alpha_b f_b} = \frac{0.53 \times 37.0}{48.2 + 0.53 \times 0.20 \times 37.0} = 0.38$$

（3）确定每立方米混凝土用水量 m_{w0}。

根据混凝土坍落度、石子种类和最大粒径,查表 7-13 选用水量,当 $D_{\max} = 20.0\ \text{mm}$ 时,碎石用水量为 215 kg/m³,由于设计的坍落度为 180 mm,在此基础上,坍落度每增大 20 mm,用水量增加 5 kg/m³ 计算,则 $(180 - 90)/20 = 4.5$。

用水量为 $m_{w0} = 215 + 4.5 \times 5 = 237.5(\text{kg/m}^3)$。

（4）掺外加剂时每立方米混凝土用水量 m_{w0}。

按式（7-39）计算

$$m_{w0} = m'_{w0} \times (1 - \beta) = 237.5 \times (1 - 20\%) = 190(\text{kg/m}^3)$$

（5）每立方米混凝土胶凝材料用量 m_{b0}

$$m_{b0} = m_{w0}/(W/B) = 190/0.38 = 500(\text{kg/m}^3)$$

（6）每立方米混凝土外加剂的掺量 m_{a0}

$$m_{a0} = m_{b0} \times \beta_a = 500 \times 0.8\% = 4.0(\text{kg/m}^3)$$

（7）每立方米混凝土的矿物掺合料用量 m_{f0}

$$m_{f0} = m_{b0}\beta_f$$

$$m_{f0} = 500 \times 30\% = 150(\text{kg/m}^3)$$

（8）每立方米混凝土的水泥用量 m_{c0}

$$m_{c0} = m_{b0} - m_{f0} = 500 - 150 = 350(\text{kg/m}^3)$$

（9）确定砂率 β_s。

根据水胶比、集料的品种及最大粒径按表7-14选用，当坍落度大于60 mm时，按坍落度每增大20 mm，砂率增大1%进行调整，则

$$(180 - 60)/20 \times 1\% = 6\%$$

在水胶比为0.38时，坍落度为60 mm，砂率 $\beta_s = 32\%$，则砂率为

$$\beta_s = 32\% + 6\% = 38\%$$

（10）砂石用量的计算。

采用重量法计算

$$m_{f0} + m_{c0} + m_{g0} + m_{s0} + m_{w0} = m_{cp}$$

$$\beta_s = \frac{m_{s0}}{m_{g0} + m_{s0}} \times 100\%$$

将以上计算的各种材料的用量代入上式：

$$150 + 350 + m_{g0} + m_{s0} + 190 = 2\,400(\text{kg/m}^3)$$

$$38\% = m_{s0}/(m_{g0} + m_{s0})$$

解上式得：$m_{s0} = 650 \text{ kg/m}^3$，$m_{g0} = 1\,060 \text{ kg/m}^3$

则基准混凝土配合比为

$$m_{f0}:m_{c0}:m_{g0}:m_{s0}:m_{w0} = 150:350:1\,060:650:190$$

（11）混凝土拌和物的测定：

坍落度实测值为190 mm（允许值 ±30 mm），观察黏聚性和保水性良好，满足要求。

（12）混凝土拌和物试配用量：（$D_{\max} = 20 \text{ mm} < 31.5 \text{ mm}$，拌和量为20 L）

$$m_{f0} = 150 \times 0.02 = 3.00(\text{kg})（粉煤灰）$$

$$m_{c0} = 350 \times 0.02 = 7.00(\text{kg})（水泥）$$

$$m_{g0} = 1\,060 \times 0.02 = 21.20(\text{kg})（石子）$$

$$m_{s0} = 650 \times 0.02 = 13.00(\text{kg})（砂）$$

$$m_{w0} = 190 \times 0.02 = 3.80(\text{kg})（水）$$

$$m_{a0} = 4.0 \times 0.02 = 0.08(\text{kg})（外加剂）$$

（13）强度检验。

采用三个不同的水胶比,其中一个为基准混凝土配合比,另外两个配合比的水胶比较基准混凝土配合比增加或减少 0.05,用水量不变,砂率可分别增加或减少 1%。

混凝土配合比组成的材料拌和量的用量见表 7-16。

表 7-16　实验室混凝土配合比组成的材料拌和量用量

水胶比		水(kg)	水泥(kg)	石(kg)	砂(kg)	掺合料(kg)	外加剂(g)	28 d 抗压强度(MPa)
基准	38% 0.38	3.80	7.00	21.20	13.00	3.00	80.00	47.0
+1% +0.05	39% 0.43	3.80	6.19	20.86	13.34	2.65	70.70	43.0
-1% -0.05	37% 0.33	3.80	8.07	21.55	12.65	3.45	92.16	53.2

用标养 28 d 混凝土试块测得的强度用作图法求出混凝土配制强度与之相对应的胶水比,如图 7-7 所示。

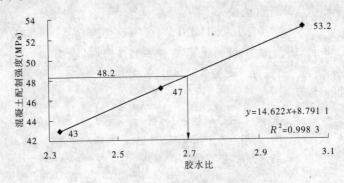

图 7-7　混凝土配制强度与胶水比的关系

已知 $f_{cu,0} = 48.2$ MPa,代入 $y = 14.622x + 8.7911$,解得 $x = 2.70$,即水胶比为 0.37。

(14)确定实验室配合比。

确定每立方米混凝土材料用量:

①用水量:$m_{w0} = 190$ kg/m^3

②胶凝材料用量:$m_{b0} = 190 \times 2.70 = 513 (kg/m^3)$

③粉煤灰用量:$m_{f0} = 513 \times 0.3 = 154 (kg/m^3)$

④水泥用量:$m_{c0} = 513 - 154 = 359 (kg/m^3)$

⑤外加剂用量:$m_{a0} = 513 \times 0.8\% = 4.10 (kg/m^3)$

(15)用体积法计算砂、石用量

$$\frac{m_{c0}}{\rho_c} + \frac{m_{f0}}{\rho_f} + \frac{m_{g0}}{\rho_g} + \frac{m_{s0}}{\rho_s} + \frac{m_{w0}}{\rho_w} + 0.01\alpha = 1$$

$$\beta_s = \frac{m_{s0}}{m_{g0} + m_{s0}} \times 100\%$$

将数据代入上式得

$$\frac{350}{3\,100} + \frac{150}{2\,200} + \frac{m_{g0}}{2\,700} + \frac{m_{s0}}{2\,620} + \frac{190}{1\,000} + 0.01 \times 1 = 1$$

$$38\% = \frac{m_{s0}}{m_{s0} + m_{g0}}$$

解得:$m_{s0} = 628 \text{ kg/m}^3$,$m_{g0} = 1\,026 \text{ kg/m}^3$

用体积法计算所得的混凝土配合比为

$$m_{f0} : m_{c0} : m_{g0} : m_{s0} : m_{w0} = 150 : 350 : 1\,026 : 628 : 190$$

(16)经强度检验后,计算混凝土的表观密度和校正系数。

混凝土表观密度的计算值

$\rho_{c,c} = m_c + m_f + m_g + m_s + m_w = 350 + 150 + 1\,060 + 650 + 190 = 2\,400\,(\text{kg/m}^3)$

经拌和后测定拌和物的表观密度为 $2\,450 \text{ kg/m}^3$。

计算校正系数 δ

$\delta = \rho_{c,t} / \rho_{c,c} = 2\,450/2\,400 = 1.021$,超过 2% 应进行调整:

①水泥用量:$350 \times 1.021 = 357$(kg/m^3)

②水用量:$190 \times 1.021 = 194$(kg/m^3)

③砂用量:$650 \times 1.021 = 664$(kg/m^3)

④石子用量:$1\,060 \times 1.021 = 1\,082$($\text{kg/m}^3$)

⑤粉煤灰用量:$150 \times 1.021 = 153$(kg/m^3)

⑥外加剂用量:$4.0 \times 1.021 = 4.08$(kg/m^3)

最后的混凝土配合比为

$$m_{f0} : m_{c0} : m_{g0} : m_{s0} : m_{w0} : m_{a0} = 153 : 357 : 1\,082 : 664 : 194 : 4.08$$

(17)施工配合比的计算。

根据施工现场每日测定的砂、石含水率,把混凝土设计配合比换算调整为施工配合比。

如施工现场测定的砂含水率为 $a\%$,石子的含水率为 $b\%$,则施工配合比为:

①水泥:$m_{c0}' = m_{c0}$

②砂:$m_{s0}' = m_{s0} \times (1 + a\%)$

③石子:$m_{g0}' = m_{g0} \times (1 + b\%)$

④水:$m_{w0}' = m_{w0} - m_{s0} \times a\% - m_{g0} \times b\%$

如施工现场测定的砂含水率为 3%,石子的含水率为 0.5%,则施工配合比为:

①水泥:$m_{c0}' = 150 \text{ kg/m}^3$

②砂:$m_{s0}' = 650 \times (1 + 3\%) = 670$($\text{kg/m}^3$)

③石子:$m_{g0}' = 1\,060 \times (1 + 0.5\%) = 1\,065$($\text{kg/m}^3$)

④水:$m_{w0}' = 190 - 650 \times 3\% - 1\,060 \times 0.5\% = 165$($\text{kg/m}^3$)

(八)有特殊要求的混凝土配合比

1.抗渗混凝土

抗渗等级不低于 P6 的混凝土称为抗渗混凝土。

抗渗混凝土的原材料应符合下列规定:

(1)水泥宜采用普通硅酸盐水泥。

(2)粗集料宜采用连续级配,其最大公称粒径不宜大于 40.0 mm,含泥量不得大于 1.0% ,泥块含量不得大于 0.5% 。

(3)细集料宜采用中砂,含泥量不得大于 3.0% ,泥块含量不得大于 1.0% 。

(4)抗渗混凝土宜掺用外加剂和矿物掺合料;粉煤灰应采用 F 类,并不应低于 II 级。

抗渗混凝土配合比应符合下列规定:

(1)最大水胶比应符合表 7-17 的规定。

(2)每立方米混凝土中的胶凝材料用量不宜小于 320 kg。

(3)砂率宜为 35% ~45% 。

表 7-17 抗渗混凝土最大水胶比

设计抗渗等级	最大水胶比	
	C20 ~ C30	C30 以上混凝土
P6	0.60	0.55
P8 ~ P12	0.55	0.50
> P12	0.50	0.45

配合比设计中混凝土抗渗技术要求应符合下列规定:

(1)配制抗渗混凝土要求的抗渗水压值应比设计值提高 0.2 MPa。

(2)抗渗试验结果应符合下式要求

$$P_t \geq \frac{P}{10} + 0.2 \tag{7-49}$$

式中 P_t——6 个试件中不少于 4 个未出现渗水时的最大水压值,MPa;

P——设计要求的抗渗等级值。

掺用引气剂或引气型外加剂的抗渗混凝土,应进行含气量试验,含气量宜控制在 3.0% ~5.0% 。

2. 抗冻混凝土

抗冻等级不低于 F50 的混凝土称为抗冻混凝土。

抗冻混凝土的原材料应符合下列规定:

(1)应采用硅酸盐水泥或普通硅酸盐水泥。

(2)宜选用连续级配的粗集料,其含泥量不得大于 1.0% ,泥块含量不得大于 0.5% 。

(3)细集料含泥量不得大于 3.0% ,泥块含量不得大于 1.0% 。

(4)粗、细集料均应进行坚固性试验,并应符合现行行业标准《普通混凝土用砂、石质量及检验方法标准》(JGJ 52—2006)的规定。

(5)抗冻等级不小于 F100 的抗冻混凝土宜掺用引气剂。

(6)在钢筋混凝土和预应力混凝土中不得掺用含有氯盐的防冻剂,在预应力混凝土中不得掺用含有亚硝酸盐或碳酸盐的防冻剂。

抗冻混凝土配合比应符合下列规定:

(1)最大水胶比和最小胶凝材料用量应符合表 7-18 的规定。

(2)复合矿物掺合料最大掺量宜符合表 7-19 的规定,其他矿物掺合料掺量应符合表 7-4

的规定。

（3）掺用引气剂的混凝土最小含气量应符合 JGJ 55—2011 3.0.7 条的规定。

表 7-18　最大水胶比和最小胶凝材料用量

设计抗冻等级	最大水胶比		最小胶凝材料用量（kg/m³）
	无引气剂时	掺引气剂时	
F50	0.55	0.60	300
F100	0.50	0.55	320
不低于 F150	—	0.50	350

表 7-19　复合矿物掺合料最大掺量

水胶比	最大掺量（%）	
	采用硅酸盐水泥时	采用普通硅酸盐水泥时
≤0.40	60	50
>0.40	50	40

注：1. 采用其他通用硅酸盐水泥时，可将水泥混合材掺量的 20% 以上的混合材计入矿物掺合料。

2. 矿物掺合料中各矿物掺合料组分的掺量不宜超过表 7-4 中单掺时的限量。

3. 高强混凝土

强度等级大于或等于 C60 以上的混凝土称为高强混凝土。

（1）高强混凝土的原材料应符合下列规定：

①应选用硅酸盐水泥或普通硅酸盐水泥。

②粗集料宜采用连续级配，其最大公称粒径不宜大于 25.0 mm，针片状颗粒含量不宜大于 5.0%；含泥量不应大于 0.5%，泥块含量不应大于 0.2%。

③细集料的细度模数宜为 2.6～3.0，含泥量不应大于 2.0%，泥块含量不应大于 0.5%。

④宜采用减水率不小于 25% 的高性能减水剂。

⑤宜复合掺用粒化高炉矿渣粉、粉煤灰和硅灰等矿物掺合料，粉煤灰等级不应低于 Ⅱ 级，对强度等级不低于 C80 的高强混凝土宜掺用硅灰。

（2）高强混凝土配合比应经试验确定。在缺乏试验依据的情况下，高强混凝土配合比设计宜符合下列要求：

①水胶比、胶凝材料用量和砂率可按表 7-20 选取，并应经试配确定。

表 7-20　高强混凝土水胶比、胶凝材料用量和砂率

强度等级	水胶比	胶凝材料用量（kg/m³）	砂率（%）
>C60，<C80	0.28～0.33	480～560	
≥C80，<C100	0.26～0.28	520～580	35～42
C100	0.24～0.26	550～600	

②外加剂和矿物掺合料的品种、掺量应通过试配确定,矿物掺合料掺量宜为 25% ~ 40%,硅灰掺量不宜大于 10%。

③水泥用量不宜大于 500 kg/m³。

(3)在试配过程中,应采用三个不同的配合比进行混凝土强度试验,其中一个可为依据表 7-20 计算后调整拌和物的试拌配合比,另外两个配合比的水胶比,宜较试拌配合比分别增加或减少 0.02。

(4)高强混凝土设计配合比确定后,尚应用该配合比进行不少于三盘混凝土的重复试验,每盘混凝土应至少成型一组试件,每组混凝土的抗压强度不应低于配制强度。

(5)高强混凝土抗压强度宜采用标准试件;使用非标准尺寸试件时,尺寸折算系数应经试验确定。

4. 泵送混凝土

泵送混凝土指可在施工现场通过压力泵及输送管道进行浇筑的混凝土。

(1)泵送混凝土所采用的原材料应符合下列规定:

①泵送混凝土宜选用硅酸盐水泥、普通硅酸盐水泥、矿渣硅酸盐水泥和粉煤灰硅酸盐水泥。

②粗集料宜采用连续级配,其针片状颗粒含量不宜大于 10%;粗集料的最大公称粒径与输送管径之比宜符合表 7-21 的规定。

表 7-21　粗集料的最大公称粒径与输送管径之比

粗集料品种	泵送高度(m)	粗集料最大公称粒径与输送管径之比
碎石	<50	≤1:3.0
	50 ~ 100	≤1:4.0
	>100	≤1:5.0
卵石	<50	≤1:2.5
	50 ~ 100	≤1:3.0
	>100	≤1:4.0

③细集料宜采用中砂,其通过公称直径 315 μm 筛孔的颗粒含量不宜少于 15%。

④泵送混凝土应掺用泵送剂或减水剂,并宜掺用矿物掺合料。

(2)泵送混凝土配合比应符合下列规定:

①泵送混凝土的胶凝材料用量不宜小于 300 kg/m³。

②泵送混凝土的砂率宜为 35% ~ 45%。

(3)泵送混凝土试配时应考虑坍落度经时损失。

5. 大体积混凝土

(1)大体积混凝土所用的原材料应符合下列规定:

①水泥宜采用中、低热硅酸盐水泥或低热矿渣硅酸盐水泥,水泥的 3 d 和 7 d 水化热应符合现行国家标准《中热硅酸盐水泥　低热硅酸盐水泥　低热矿渣硅酸盐水泥》(GB 200—2003)规定。当采用硅酸盐水泥或普通硅酸盐水泥时,应掺加矿物掺合料,胶凝材料的 3 d 和 7 d 水化热分别不宜大于 240 kJ/kg 和 270 kJ/kg。水化热试验方法应按现行国家标准

《水泥水化热测定方法》(GB/T 12959—2008)执行。

②粗集料宜为连续级配,最大公称粒径不宜小于31.5 mm,含泥量不应大于1.0%。

③细集料宜采用中砂,含泥量不应大于3.0%。

④宜掺用矿物掺合料和缓凝型减水剂。

(2)当设计采用混凝土60 d或90 d龄期强度时,宜采用标准尺寸试件进行抗压强度试验。

(3)大体积混凝土配合比应符合下列规定:

①水胶比不宜大于0.55,用水量不宜大于175 kg/m³。

②在保证混凝土性能要求的前提下,宜提高每立方米混凝土中的粗集料用量,砂率宜为38%~42%。

③在保证混凝土性能要求的前提下,应减少胶凝材料中的水泥用量,提高矿物掺合料掺量,混凝土中矿物掺合料掺量应符合JGJ 55—2011 3.0.5条的规定。

(4)在配合比试配和调整时,控制混凝土绝热温升不宜大于50 ℃。

(5)大体积混凝土配合比应满足施工对混凝土凝结时间的要求。

第五节　普通混凝土长期性能和耐久性能

一、目的及适用范围

(一)目的

为了规范和统一混凝土长期性能和耐久性能试验方法,提高混凝土试验和检测水平,制定本标准。

(二)适用范围

本标准适用于工程建设活动中对普通混凝土进行的长期性能和耐久性能试验。

二、采用标准

采用的标准为《普通混凝土长期性能和耐久性能试验方法标准》(GB/T 50082—2009)。

三、一般要求

(一)混凝土取样

(1)混凝土取样应符合现行国家标准《普通混凝土拌合物性能试验方法标准》(GB/T 50080—2002)中的规定。

(2)每组试件所用的拌和物应从同一盘混凝土或同一车混凝土中取样。

(二)试件的横截面尺寸

(1)试件的最小横截面尺寸宜按表7-22的规定选用。

(2)集料最大公称粒径应符合现行行业标准《普通混凝土用砂、石质量及检验方法标准》(JGJ 52—2006)的规定。

(3)试件应采用符合现行行业标准《混凝土试模》(JG 237—2008)规定的试模制作。

表 7-22　试件的最小横截面尺寸

集料最大公称粒径(mm)	试件最小横截面尺寸(mm)
31.5	100×100 或$100
40.0	150×150 或$150
63.0	200×200 或$200

(三)试件的制作和养护

(1)试件的制作和养护应符合现行国家标准《普通混凝土力学性能试验方法标准》(GB/T 50081—2002)中的规定。

(2)在制作混凝土长期性能和耐久性能试验用试件时,不应采用憎水性脱模剂。

(3)在制作混凝土长期性能和耐久性能试验用试件时,宜同时制作与相应耐久性能试验龄期对应的混凝土立方体抗压强度用试件。

(4)在制作混凝土长期性能和耐久性能试验用试件时,所采用的振动台和搅拌机应分别符合现行行业标准《混凝土试验用振动台》(JG/T 245—2009)和《混凝土试验用搅拌机》(JG 244—2009)的规定。

四、抗冻试验

(一)适用范围

抗冻试验适用于测定混凝土试件在气冻水融条件下,以经受的冻融循环次数来表示的混凝土抗冻性能。

(二)采用标准

采用的标准为《普通混凝土长期性能和耐久性能试验方法标准》(GB/T 50082—2009)。

(三)慢冻法

慢冻法抗冻试验所采用的试件应符合下列规定:

(1)试验应采用尺寸为 100 mm×100 mm×100mm 的立方体试件。

(2)慢冻法试验所需要的试件组数应符合表 7-23 的规定,每组试件应为 3 块。

表 7-23　慢冻法试验所需要的试件组数

设计抗冻标号	D25	D50	D100	D150	D200	D250	D300	D300 以上
检查强度所需冻融次数	25	50	50 及 100	100 及 150	150 及 200	200 及 250	250 及 300	300 及设计次数
签定 28 d 强度所需试件组数	1	1	1	1	1	1	1	1
冻融试件组数	1	1	2	2	2	2	2	2
对比试件组数	1	1	2	2	2	2	2	2
总计试件组数	3	3	5	5	5	5	5	5

试验设备应符合下列规定：

（1）冻融试验箱应能使试件静止不动，并应通过气冻水融进行冻融循环。在满载运转的条件下，冷冻期间冻融试验箱内空气的温度应能保持在 $-20 \sim -18$ ℃范围内，融化期间冻融试验箱内浸泡混凝土试件的水温应能保持在 $18 \sim 20$ ℃范围内，满载时冻融试验箱内各点温度极差不应超过 2 ℃。

（2）采用自动冻融设备时，控制系统还应具有自动控制、数据曲线实时动态显示、断电记忆和试验数据自动存储等功能。

（3）试件架应采用不锈钢或者其他耐腐蚀的材料制作，其尺寸应与冻融试验箱和所装的试件相适应。

（4）称量设备的最大量程应为 20 kg，感量不应超过 5 g。

（5）压力试验机应符合现行国家标准《普通混凝土力学性能试验方法标准》（GB/T 50081—2002）的相关要求。

（6）温度传感器的温度检测范围不应超过 $-26 \sim 20$ ℃，测量精度应为 ± 0.5 ℃。

试验步骤如下：

（1）在标准养护室内或同条件养护的冻融试验的试件应在养护龄期为 24 d 时提前将试件从养护地点取出，随后应将试件放在（20 ± 2）℃水中浸泡，浸泡时水面应高出试件顶面 $20 \sim 30$ mm，在水中浸泡的时间应为 4 d，试件应在 28 d 龄期时开始进行冻融试验。始终在水中养护的冻融试验的试件，当试件养护龄期达到 28 d 时，可直接进行后续试验，对此种情况，应在试验报告中予以说明。

（2）当试件养护龄期达到 28 d 时应及时取出冻融试验的试件，用湿布擦除表面水分后应对外观尺寸进行测量，试件的外观尺寸应满足 GB/T 50082—2009 3.3 的要求，并应分别编号、称重，然后按编号置入试件架内，且试件架与试件的接触面积不宜超过试件底面的 1/5。试件与箱体内壁之间应至少留有 20 mm 的空隙。试件架中各试件之间应至少保持 30 mm 的空隙。

（3）冷冻时间应在冻融箱内温度降至 -18 ℃时开始计算。每次从装完试件到温度降至 -18 ℃所需的时间应在 $1.5 \sim 2.0$ h 内。冻融箱内温度在冷冻时应保持 $-20 \sim -18$ ℃。

（4）每次冻融循环中试件的冷冻时间不应小于 4 h。

（5）冷冻结束后，应立即加入温度为 $18 \sim 20$ ℃的水，使试件转入融化状态，加水时间不应超过 10 min。控制系统应确保在 30 min 内，水温不低于 10 ℃，且在 30 min 后水温能保持在 $18 \sim 20$ ℃。冻融箱内的水面应至少高出试件表面 20 mm，融化时间不应小于 4 h。融化完毕视为该次冻融循环结束，可进入下一次冻融循环。

（6）每 25 次循环宜对冻融试件进行一次外观检查。当出现严重破坏时，应立即进行称重。当一组试件的平均质量损失率超过 5%，可停止其冻融循环试验。

（7）试件在达到表 7-23 规定的冻融循环次数后，试件应称重并进行外观检查，应详细记录试件表面破损、裂缝及边角缺损情况。当试件表面破损严重时，应先用高强石膏找平，然后应进行抗压强度试验。抗压强度试验应符合现行国家标准《普通混凝土力学性能试验方法标准》（GB/T 50081—2009）的相关规定。

（8）当冻融循环因故中断且试件处于冷冻状态时，试件应继续保持冷冻状态，直至恢复冻融试验，并应将故障原因及暂停时间在试验结果中注明。当试件处在融化状态下因故中断时,中断时间不应超过两个冻融循环的时间。在整个试验过程中,超过两个冻融循环时间的中断故障次数不得超过两次。

(9)当部分试件由于失效破坏或者停止试验被取出时,应用空白试件填充空位。

(10)对比试件应继续保持原有的养护条件,直到完成冻融循环后,与冻融试验的试件同时进行抗压强度试验。

当冻融循环出现下列三种情况之一时,可停止试验:

(1)已达到规定的循环次数;

(2)抗压强度损失率已达到25%;

(3)质量损失率已达到5%。

试验结果计算及处理应符合下列规定:

(1)强度损失率应按下式进行计算

$$\Delta f_c = \frac{f_{c0} - f_{cn}}{f_{cn}} \times 100\%$$ (7-50)

式中　Δf_c——N 次冻融循环后的混凝土抗压强度损失率(%),精确至 0.1;

f_{c0}——对比用的一组混凝土试件的抗压强度测定值,MPa,精确至 0.1 MPa;

f_{cn}——经 N 次冻融循环后的一组混凝土试件抗压强度测定值,MPa,精确至 0.1 MPa。

(2)f_{c0} 和 f_{cn} 应以三个试件抗压强度试验结果的算术平均值作为测定值。当三个试件抗压强度最大值或最小值与中间值之差超过中间值的 15% 时,应剔除此值,再取其余两值的算术平均值作为测定值;当最大值和最小值均超过中间值的 15% 时,应取中间值作为测定值。

(3)单个试件的质量损失率应按下式计算

$$\Delta W_{ni} = \frac{W_{0i} - W_{ni}}{W_{ci}} \times 100\%$$ (7-51)

式中　ΔW_{ni}——N 次冻融循环后第 i 个混凝土试件的质量损失率(%),精确至 0.01;

W_{0i}——冻融循环试验前第 i 个混凝土试件的质量,g;

W_{ni}——N 次冻融循环后第 i 个混凝土试件的质量,g。

(4)一组试件的平均质量损失率应按下式计算

$$\Delta W_n = \frac{\sum_{i=1}^{3} \Delta W_{ni}}{3} \times 100\%$$ (7-52)

式中　ΔW_n——N 次冻融循环后一组混凝土试件的平均质量损失率(%),精确至 0.1。

(5)每组试件的平均质量损失率应以三个试件的质量损失率试验结果的算术平均值作为测定值。当某个试验结果出现负值时,应取 0,再取三个试件的算术平均值。当三个值中的最大值或最小值与中间值之差超过 1% 时,应剔除此值,再取其余两值的算术平均值作为测定值;当最大值和最小值与中间值之差均超过 1% 时,应取中间值作为测定值。

(6)抗冻等级应以抗压强度损失率不超过 25% 或者质量损失率不超过 5% 时的最大冻融循环次数按 GB/T 50082—2009 表 7-23 确定。

(四)快冻法

(1)试验设备。

①试件盒(见图7-8)宜采用具有弹性的橡胶材料制作,其内表面底部应有半径为3 mm橡胶突起部分。盒内加水后水面应至少高出试件顶面5 mm。试件盒横截面尺寸宜为115 mm×115 mm,试件盒长度宜为500 mm。

②快速冻融装置应符合现行行业标准《混凝土抗冻试验设备》(JG/T 243—2009)的规定。除应在测温试件中埋设温度传感器外,尚应在冻融箱内防冻液中心、中心与任何一个对角线的两端分别设有温度传感器。运转时冻融箱内防冻液各点温度的极差不得超过2 ℃。

③称量设备的最大量程应为20 kg,感量不应超过5 g。

④混凝土动弹性模量测定仪应符合本标准第5章的规定。

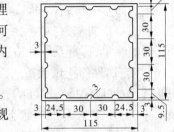

图7-8 橡胶试件盒横截面示意图

⑤温度传感器(包括热电偶、电位差计等)应在-20 ~ 20 ℃范围内测定试件中心温度,且测量精度应为±0.5 ℃。

(2)快冻法抗冻试验所采用的试件应符合如下规定:

①快冻法抗冻试验应采用尺寸为100 mm×100 mm×400 mm的棱柱体试件,每组试件应为3块。

②成型试件时,不得采用憎水性脱模剂。

③除制作冻融试验的试件外,尚应制作同样形状、尺寸且中心埋有温度传感器的测温试件,测温试件应采用防冻液作为冻融介质。测温试件所用混凝土的抗冻性能应高于冻融试件。测温试件的温度传感器应埋设在试件中心。温度传感器不应采用钻孔后插入的方式埋设。

(3)快冻法试验步骤如下:

①在标准养护室内或同条件养护的试件应在养护龄期为24 d时提前将冻融试验的试件从养护地点取出,随后应将冻融试件放在(20±2)℃水中浸泡,浸泡时水面应高出试件顶面20 ~ 30 mm。在水中浸泡时间应为4 d,试件应在28 d龄期时开始进行冻融试验。始终在水中养护的试件,当试件养护龄期达到28 d时,可直接进行后续试验。对此种情况,应在试验报告中予以说明。

②当试件养护龄期达到28 d时应及时取出试件,用湿布擦除表面水分后应对外观尺寸进行测量,试件的外观尺寸应满足本标准第3.3节的要求,并应编号、称量试件初始质量W_{0i}然后应按"本节五"的规定测定其横向基频的初始值f_{0i}。

③将试件放入试件盒内,试件应位于试件盒中心,然后将试件盒放入冻融箱内的试件架中,并向试件盒中注入清水。在整个试验过程中,盒内水位高度应始终保持至少高出试件顶面5 mm。

④测温试件盒应放在冻融箱的中心位置。

(4)冻融循环过程应符合下列规定:

①每次冻融循环应在2 ~ 4 h内完成,且用于融化的时间不得少于整个冻融循环时间的1/4。

②在冷冻和融化过程中,试件中心最低和最高温度应分别控制在(-18±2)℃和(5±2)℃内。在任意时刻,试件中心温度不得高于7 ℃,且不得低于-20 ℃。

③每块试件从 3 ℃降至 – 16 ℃所用的时间不得少于冷冻时间的 1/2;每块试件从 – 16 ℃升至 3 ℃所用时间不得少于整个融化时间的 1/2,试件内外的温差不宜超过 28 ℃。

④冷冻和融化之间的转换时间不宜超过 10 min。

(5)每隔 25 次冻融循环宜测量试件的横向基频。测量前应先将试件表面浮渣清洗干净并擦干表面水分,然后应检查其外部损伤并称量试件的质量 W_r。随后应按"本节五、"规定的方法测量横向基频。测完后,应迅速将试件调头重新装入试件盒内并加入清水,继续试验。试件的测量、称量及外观检查应迅速,待测试件应用湿布覆盖。

(6)当有试件停止试验被取出时,应另用其他试件填充空位。当试件在冷冻状态下因故中断时,试件应保持在冷冻状态,直至恢复冻融试验,并应将故障原因及暂停时间在试验结果中注明。试件在非冷冻状态下发生故障的时间不宜超过两个冻融循环的时间。在整个试验过程中,超过两个冻融循环时间的中断故障次数不得超过两次。

(7)当冻融循环出现下列情况之一时,可停止试验:

①达到规定的冻融循环次数。

②试件的相对动弹性模量下降到 60%。

③试件的质量损失率达 5%。

(8)试验结果计算及处理应符合下列规定:

①相对动弹性模量应按下式计算

$$P_i = \frac{f_{ni}^2}{f_{0i}^2} \times 100\% \tag{7-53}$$

式中　P_i——经 N 次冻融循环后第 i 个混凝土试件的相对动弹性模量(%),精确至 0.1;

　　f_{ni}——经 N 次冻融循环后第 i 个混凝土试件的横向基频,Hz;

　　f_{0i}——冻融循环试验前第 i 个混凝土试件横向基频初始值,Hz。

$$P = \frac{1}{3}\sum_{i=1}^{3} P_i \tag{7-54}$$

式中　P——经 N 次冻融循环后一组混凝土试件的相对动弹性模量(%),精确至 0.1,相对动弹性模量应以三个试件试验结果的算术平均值作为测定值,当最大值或最小值与中间值之差超过中间值的 15% 时,应剔除此值,并应取其余两值的算术平均值作为测定值,当最大值和最小值与中间值之差均超过中间值的 15% 时,应取中间值作为测定值。

②单个试件的质量损失率应按下式计算

$$\Delta W_{ni} = \frac{W_{0i} - W_{ni}}{W_{0i}} \times 100\% \tag{7-55}$$

式中　ΔW_{ni}——N 次冻融循环后第 i 个混凝土试件的质量损失率(%),精确至 0.01;

　　W_{0i}——冻融循环试验前第 i 个混凝土试件的质量,g;

　　W_{ni}——N 次冻融循环后第 i 个混凝土试件的质量,g。

③一组试件的平均质量损失率应按式(7-52)计算。

④每组试件的平均质量损失率应以三个试件的质量损失率试验结果的算术平均值作为测定值。当某个试验结果出现负值时,应取 0,再取三个试件的平均值。当三个值中的最大值或最小值与中间值之差超过 1% 时,应剔除此值,并应取其余两值的算术平均值作为测定

值;当最大值和最小值与中间值之差均超过 1% 时,应取中间值作为测定值。

⑤混凝土抗冻等级应以相对动弹性模量下降至不低于 60% 或者质量损失率不超过 5% 时的最大冻融循环次数来确定,并用符号 F 表示。

五、动弹性模量试验

(一)适用范围
适用于采用共振法测定混凝土的动弹性模量。

(二)采用标准
采用的标准为《普通混凝土长期性能和耐久性能试验方法标准》(GB/T 50082—2009)。

(三)试件
采用尺寸为 100 mm × 100 mm × 400 mm 的棱柱体试件。

(四)试验设备
(1)共振法混凝土动弹性模量测定仪(又称共振仪)的输出频率可调范围应为 100 ~ 20 000 Hz,输出功率应能使试件产生受迫振动。

(2)试件支承体应采用厚度约为 20 mm 的泡沫塑料垫,宜采用表观密度为 16 ~ 18 kg/m³ 的聚苯板。

(3)称量设备的最大量程应为 20 kg,感量不应超过 5 g。

(五)试验步骤
(1)首先应测定试件的质量和尺寸。试件质量的测量应精确至 0.01 kg,尺寸的测量应精确至 1 mm。

(2)测量完试件的质量和尺寸后,应将试件放置在支撑体中心位置,成型面应向上,并应将激振换能器的测杆轻轻地压在试件长边侧面中线的 1/2 处,接收换能器的测杆轻轻地压在试件长边侧面中线距端面 5 mm 处。在测杆接触试件前,宜在测杆与试件接触面涂一薄层黄油或凡士林作为耦合介质,测杆压力的大小应以不出现噪声为准。采用的动弹性模量测定仪各部件连接和相对位置应符合图 7-9 的规定。

(3)放置好测杆后,应先调整共振仪的激振功率和接收增益旋钮至适当位置,然后变换激振频率,并应注意观察指示电表的指针偏转。当指针偏转为最大时,表示试件达到共振状态,应以这时所显示的共振频率作为试件的基频振动频率。每一测量应重复测读两次以上,当两次连续测值之差不超过两个测值的算术平均值的 0.5% 时,应取这两个测值的算术平均值作为该试件的基频振动频率。

(4)当用示波器做显示仪器时,示波器的图形调成一个正圆时的频率应为共振频率。在测试过程中,当发现两个以上峰值时,应将接收换能器移至距试件端部 0.224 倍试件长处,当指示电表示值为零时,应将其作为真实的共振峰值。

(六)试验结果计算及处理
(1)动弹性模量应按下式计算

$$E_d = 13.244 \times 10^{-4} WL^3 f^2 / a^4 \tag{7-56}$$

式中　E_d——混凝土动弹性模量,MPa;

　　　a——正方形截面试件的边长,mm;

　　　L——试件的长度,mm;

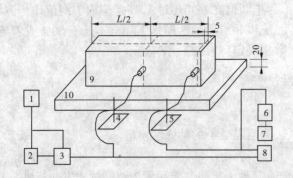

1—振荡器；2—频率计；3—放大器；4—激振换能器；5—接收换能器；

6—放大器；7—电表；8—示波器；9—试件；10—试件支承体

图 7-9　各部件连接和相对位置示意图

W——试件的质量，kg，精确到 0.01 kg；

f——试件横向振动时的基频振动频率，Hz。

（2）每组应以 3 个试件动弹性模量的试验结果的算术平均值作为测定值，计算应精确至 100 MPa。

六、抗水渗透试验

（一）渗水高度法

1. 使用范围

渗水高度法适用于以测定硬化混凝土在恒定水压力下的平均渗水高度来表示的混凝土抗水渗透性能。

2. 采用标准

采用的标准为《普通混凝土长期性能和耐久性能试验方法标准》（GB/T 50082—2009）。

3. 试验设备

（1）混凝土抗渗仪应符合现行行业标准《混凝土抗渗仪》（JG/T 249—2009）的规定，并应能使水压按规定的制度稳定地作用在试件上。抗渗仪施加水压力范围应为 0.1 ~ 2.0 MPa。

（2）试模应采用上口内部直径为 175 mm、下口内部直径为 185 mm 和高度为 150 mm 的圆台体。

（3）密封材料宜用石蜡加松香或水泥加黄油等材料，也可采用橡胶套等其他有效密封材料。

（4）梯形板（见图 7-10）应采用尺寸为 200 mm × 200 mm 透明材料制成，并应画有十条等间距、垂直于梯形底线的直线。

（5）钢尺的分度值应为 1 mm。

（6）钟表的分度值应为 1 min。

（7）辅助设备应包括螺旋加压器、烘箱、电炉、浅盘、铁锅和钢丝刷等。

（8）安装试件的加压设备可为螺旋加压或其他加压型式，其压力应能保证将试件压入试件套内。

4.试验步骤

（1）应先按 GB/T 50082—2009 第 3 章规定的方法进行试件的制作和养护。抗水渗透试验应以 6 个试件为一组。

（2）试件拆模后，应用钢丝刷刷去两端面的水泥浆膜，并应立即将试件送入标准养护室进行养护。

（3）抗水渗透试验的龄期宜为 28 d。应在到达试验龄期的前一天，从养护室取出试件，并擦拭干净。待试件表面晾干后，应按下列方法进行试件密封：

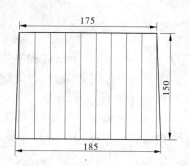

图 7-10　梯形板示意图

①当用石蜡密封时，应在试件侧面裹涂一层熔化的内加少量松香的石蜡。然后应用螺旋加压器将试件压入经过烘箱或电炉预热过的试模中，使试件与试模底平齐，并应在试模变冷后解除压力。试模的预热温度，应以石蜡接触试模，即缓慢熔化，但不流淌为准。

②用水泥加黄油密封时，其质量比应为 $(2.5 \sim 3):1$。应用三角刀将密封材料均匀地刮涂在试件侧面上，厚度应为 $1 \sim 2$ mm。应套上试模并将试件压入，应使试件与试模底齐平。

③试件密封也可以采用其他更可靠的密封方式。

（4）试件准备好之后，启动抗渗仪，并开通 6 个试位下的阀门，使水从 6 个孔中渗出，水应充满试位坑，在关闭 6 个试位下的阀门后应将密封好的试件安装在抗渗仪上。

（5）试件安装好以后，应立即开通 6 个试位下的阀门，使水压在 24 h 内恒定控制在 (1.2 ± 0.05) MPa，且加压过程不应大于 5 min，应以达到稳定压力的时间作为试验记录起始时间（精确至 1 min）。在稳压过程中随时观察试件端面的渗水情况，当有某一个试件端面出现渗水时，应停止该试件的试验并应记录时间，并以试件的高度作为该试件的渗水高度。对于试件端面未出现渗水的情况，应在试验 24 h 后停止试验，并及时取出试件。在试验过程中，当发现水从试件周边渗出时，应重新按抗水渗透试验的规定进行密封。

（6）将从抗渗仪上取出来的试件放在压力机上，并应在试件上、下两端面中心处沿直径方向各放一根直径为 6 mm 的钢垫条，并应确保它们在同一竖直平面内。然后开动压力机，将试件沿纵断面劈裂为两半。试件劈开后，应用防水笔描出水痕。

（7）应将梯形板放在试件劈裂面上，并用钢尺沿水痕等间距量测 10 个测点的渗水高度值，读数应精确至 1 mm。当读数时若遇到某测点被集料阻挡，可以靠近集料两端的渗水高度算术平均值来作为该测点的渗水高度。

5.试验结果计算及处理

（1）试件渗水高度应按下式进行计算

$$\overline{h}_i = \frac{1}{10} \sum_{j=1}^{m} h_j \tag{7-57}$$

式中　h_j——第 i 个试件第 j 个测点处的渗水高度，mm；

$\overline{h}_i$——第 i 个试件的平均渗水高度，mm，应以 10 个测点渗水高度的平均值作为该试件渗水高度的测定值。

（2）一组试件的平均渗水高度应按下式进行计算

$$\bar{h} = \frac{1}{6} \sum_{i=1}^{6} \bar{h}_i \tag{7-58}$$

式中 $\bar{h}$——一组 6 个试件的平均渗水高度,mm,应以一组 6 个试件渗水高度的算术平均值作为该组试件渗水高度的测定值。

(二)逐级加压法

1. 使用范围

逐级加压法适用于通过逐级施加水压力来测定以抗渗等级来表示的混凝土的抗水渗透性能。

2. 采用标准

采用的标准为《普通混凝土长期性能和耐久性能试验方法标准》(GB/T 50082—2009)。

3. 试验设备

应符合本标准渗水高度法的规定。

4. 试验步骤

(1)首先应按本节"六(一)4. 试验步骤"的规定进行试件的密封和安装。

(2)试验时,水压应从 0.1 MPa 开始,以后应每隔 8 h 增加 0.1 MPa 水压,并应随时观察试件端面渗水情况。当 6 个试件中有 3 个试件表面出现渗水时,或加至规定压力(设计抗渗等级)在 8 h 内 6 个试件中表面渗水试件少于 3 个时,可停止试验,并记下此时的水压力。在试验过程中,当发现水从试件周边渗出时,应按本节"六(一)4. 试验步骤"的规定重新进行密封。

混凝土的抗渗等级应以每组 6 个试件中有 4 个试件未出现渗水时的最大水压力乘以 10 来确定。混凝土的抗渗等级应按下式计算

$$P = 10H - 1 \tag{7-59}$$

式中 P——混凝土抗渗等级;

H——6 个试件中有 3 个试件渗水时的水压力,MPa。

七、抗氯离子渗透试验

(一)快速氮离子迁移系数法(或称 RCM 法)

1. 适用范围

快速氮离子迁移系数法适用于以测定氯离子在混凝土中非稳态迁移的迁移系数来确定混凝土氯离子抗渗透性能。

2. 采用标准

采用的标准为《普通混凝土长期性能和耐久性能试验方法标准》(GB/T 50082—2009)。

3. 试验设备

(1)试剂应符合下列规定:

①溶剂应采用蒸馏水或去离子水。

②氢氧化钠应为化学纯。

③氯化钠应为化学纯。

④硝酸银应为化学纯。

⑤氢氧化钙应为化学纯。

（2）仪器设备应符合下列规定：

①切割试件的设备应采用水冷式金刚石锯或碳化硅锯。

②真空容器应至少能够容纳 3 个试件。

③真空泵应能保持容器内的气压处于 1 ~ 5 kPa。

④RCM 试验装置（见图 7-11）采用的有机硅橡胶套的内径和外径应分别为 100 mm 和 115 mm，长度应为 150 mm。夹具应采用不锈钢环箍，其直径范围应为 105 ~ 115 mm、宽度应为 20 mm。阴极试验槽可采用尺寸为 370 mm × 270 mm × 280 mm 的塑料箱。阴极板应采用厚度为（0.5 ± 0.1）mm、直径不小于 100 mm 的不锈钢板。阳极板应采用厚度为 0.5 mm、直径为（98 ± 1）mm 的不锈钢网或带孔的不锈钢板。支架应由硬塑料板制成。处于试件和阴极板之间的支架头高度应为 15 ~ 20 mm。RCM 试验装置还应符合现

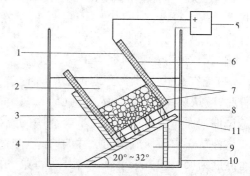

1—阳极板；2—阳极溶液；3—试件；4—阴极溶液；
5—直流稳压电源；6—有机硅橡胶套；7—环箍；8—阴极板；
9—支架；10—阴极试验槽；11—支撑头

图 7-11　RCM 试验装置示意图

行行业标准《混凝土氯离子扩散系数测定仪》（JG/T 262—2009）的有关规定。

⑤电源应能稳定提供 0 ~ 60 V 的可调直流电，精度应为 ±0.1 V，电流应为 0 ~ 10 A。

⑥电表的精度应为 ±0.1 mA。

⑦温度计或热电偶的精度应为 ±0.2 ℃。

⑧喷雾器应适合喷洒硝酸银溶液。

⑨游标卡尺的精度应为 ±0.1 mm。

⑩尺子的最小刻度应为 1 mm。

⑪水砂纸的规格应为 200 ~ 600 号。

⑫细锉刀可为备用工具。

⑬扭矩扳手的扭矩范围应为 20 ~ 100 N·m，测量允许误差为 ±5%。

⑭电吹风的功率应为 1 000 ~ 2 000 W。

⑮黄铜刷可为备用工具。

⑯真空表或压力计的精度应为 ±665 Pa（5 mmHg 柱），量程应为 0 ~ 13 300 Pa（0 ~ 100 mmHg 柱）。

⑰抽真空设备可由体积在 1 000 mL 以上的烧杯、真空干燥器、真空泵、分液装置、真空表等组合而成。

（3）溶液和指示剂应符合下列规定：

①阴极溶液应为 10% 质量浓度的 NaCl 溶液，阳极溶液应为 0.3 mol/L 的 NaOH 溶液。溶液应至少提前 24 h 配制，并应密封保存在温度为 20 ~ 25 ℃ 的环境中。

②显色指示剂应为 0.1 mol/L 浓度的 $AgNO_3$ 溶液。

4. 试验温度

RCM 试验所处的实验室温度应控制在 20 ~ 25 ℃。

5. 试件制作

试件制作应符合下列规定：

（1）RCM 试验用试件应采用直径为（100±1）mm、高度为（50±2）mm 的圆柱体试件。

（2）在实验室制作试件时，宜使用 φ100 mm×100 mm 或 φ100 mm×200 mm 试模。集料最大公称粒径不宜大于 25 mm。试件成型后应立即用塑料薄膜覆盖并移至标准养护室。试件应在（24±2）h 内拆模，然后应浸没于标准养护室的水池中。

（3）试件的养护龄期宜为 28 d，也可根据设计要求选用 56 d 或 84 d 养护龄期。

（4）应在抗氯离子渗透试验前 7 d 加工成标准尺寸的试件。当使用 φ100 mm×100 mm 试件时，应从试件中部切取高度为（50±2）mm 的圆柱体作为试验用试件，并应将靠近浇筑面的试件端面作为暴露于氯离子溶液中的测试面。当使用 φ100 mm×200 mm 试件时，应先将试件从正中间切成相同尺寸的两部分（φ100 mm×100 mm），然后应从两部分中各切取一个高度为（50±2）mm 的试件，并应将第一次的切口面作为暴露于氯离子溶液中的测试面。

（5）试件加工后应采用水砂纸和细锉刀打磨光滑。

（6）加工好的试件应继续浸没于水中养护至试验龄期。

6. 试验步骤

RCM 法试验应按下列步骤进行：

（1）首先应将试件从养护池中取出来，并将试件表面的碎屑刷洗干净，擦干试件表面多余的水分。然后应采用游标卡尺测量试件的直径和高度，测量应精确到 0.1 mm。将试件在饱和面干状态下置于真空容器中进行真空处理，应在 5 min 内将真空容器中的气压减小至 1~5 kPa，并应保持该真空度 3 h，然后在真空泵仍然运转的情况下，将用蒸馏水配制的饱和氢氧化钙溶液注入容器，溶液高度应保证将试件浸没。在试件浸没 1 h 后恢复常压，并应继续浸泡（18±2）h。

（2）试件安装在 RCM 试验装置前应采用电吹风冷风挡吹干，表面应干净，无油污、灰砂和水珠。

（3）RCM 试验装置的试验槽在试验前应用室温凉开水冲洗干净。

（4）试件和 RCM 试验装置准备好以后，应将试件装入橡胶套内的底部，应在与试件齐高的橡胶套外侧安装两个不锈钢环箍（见图 7-12），每个箍高度应为 20 mm，并应拧紧环箍上的螺栓至扭矩（30±2）N·m，使试件的圆柱侧面处于密封状态。当试件的圆柱曲面可能有造成液体渗漏的缺陷时，应以密封剂保持其密封性。

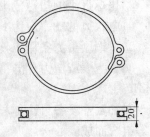

图 7-12　不锈钢环箍

（5）应将装有试件的橡胶套安装到试验槽中，并安装好阳极板。然后应在橡胶套中注入约 300 mL 浓度为 0.3 mol/L 的 NaOH 溶液，并应使阳极板和试件表面均浸没于溶液中。应在阴极试验槽中注入 12 L 质量浓度为 10% 的 NaCl 溶液，并应使其液面与橡胶套中的 NaOH 溶液的液面齐平。

（6）试件安装完成后，应将电源的阳极（又称正极）用导线连至橡胶筒中阳极板，并将阴极（又称负极）用导线连至试验槽中的阴极板。

7. 电迁移试验步骤

（1）首先应打开电源,将电压调整到(30 ±0.2)V,并应记录通过每个试件的初始电流。

（2）后续试验应施加的电压(见表7-24 第 2 列)应根据施加 30 V 电压时测量得到的初始电流值所处的范围(见表7-24 第 1 列)决定。应根据实际施加的电压,记录新的初始电流。应按照新的初始电流值所处的范围(见表7-24 第 3 列),确定试验应持续的时间(见表7-24第 4 列)。

（3）应按照温度计或者电热偶的显示读数记录每一个试件的阳极溶液的初始温度。

表 7-24　初始电流、电压与试验时间的关系

初始电流 I_{30V} (用 30 V 电压)(mA)	施加的电压(调整后) (V)	可能的新初始电流 I_0 (mA)	试验持续时间 t (h)
$I_0 < 5$	60	$I_0 < 10$	96
$5 \leqslant I_0 < 10$	60	$10 \leqslant I_0 < 20$	48
$10 \leqslant I_0 < 15$	60	$20 \leqslant I_0 < 30$	24
$15 \leqslant I_0 < 20$	50	$25 \leqslant I_0 < 35$	24
$20 \leqslant I_0 < 30$	40	$25 \leqslant I_0 < 40$	24
$30 \leqslant I_0 < 40$	35	$35 \leqslant I_0 < 50$	24
$40 \leqslant I_0 < 60$	30	$40 \leqslant I_0 < 60$	24
$60 \leqslant I_0 < 90$	25	$50 \leqslant I_0 < 75$	24
$90 \leqslant I_0 < 120$	20	$60 \leqslant I_0 < 80$	24
$120 \leqslant I_0 < 180$	15	$60 \leqslant I_0 < 90$	24
$180 \leqslant I_0 < 360$	10	$60 \leqslant I_0 < 120$	24
$I_0 \geqslant 360$	10	$I_0 \geqslant 120$	6

（4）试验结束时,应测定阳极溶液的最终温度和最终电流。

（5）试验结束后应及时排除试验溶液。应用黄铜刷清除试验槽的结垢或沉淀物,并应用饮用水和洗涤剂将试验槽和橡胶套冲洗干净,然后用电吹风的冷风挡吹干。

8. 氯离子渗透深度测定步骤

（1）试验结束后,应及时断开电源。

（2）断开电源后,应将试件从橡胶套中取出,并应立即用自来水将试件表面冲洗干净,然后应擦去试件表面多余水分。

（3）试件表面冲洗干净后,应在压力试验机上沿轴向劈成两个半圆柱体,并应在劈开的试件断面立即喷涂浓度为 0.1 mol/L 的 $AgNO_3$ 溶液显色指示剂。

（4）指示剂喷洒约 15 min 后,应沿试件直径断面将其分成 10 等份,并应用防水笔描出渗透轮廓线。

（5）根据观察到的明显的颜色变化，测量显色分界线（见图7-13）离试件底面的距离，精确至0.1 mm。

（6）当某一测点被集料阻挡，可将此测点位置移动到最近未被集料阻挡的位置进行测量，当某测点数据不能得到时，只要总测点数多于5个，可忽略此测点。

（7）当某测点位置有一个明显的缺陷，使该点测量值远大于各测点的平均值时，可忽略此测点数据，但应将这种情况在试验记录和报告中注明。

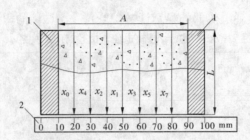

1—试件边缘部分；2—尺子；A—测量范围；L—试件高度

图7-13 显色分界线位置编号

9. 试验结果计算及处理

（1）混凝土的非稳态氯离子迁移系数应按下式进行计算

$$D_{RCM} = \frac{0.023\ 9 \times (273 + T)L}{(U - 2)t}\left[X_d - 0.023\ 8\sqrt{\frac{(273 + T)LX_d}{U - 2}}\right] \quad (7\text{-}60)$$

式中　D_{RCM}——混凝土的非稳态氯离子迁移系数，精确到 0.1×10^{-12} m²/s；

　　　U——所用电压的绝对值，V；

　　　T——阳极溶液的初始温度和结束温度的平均值，℃；

　　　L——试件厚度，mm，精确到0.1 mm；

　　　X_d——氯离子渗透深度的平均值，mm，精确到0.1 mm；

　　　t——试验持续时间，h。

（2）每组应以3个试样的氯离子迁移系数的算术平均值作为该组试件的氯离子迁移系数测定值。当最大值或最小值与中间值之差超过中间值的15%时，应剔除此值，再取其余两值的平均值作为测定值；当最大值和最小值与中间值之差均超过中间值的15%时，应取中间值作为测定值。

（二）电通量法

1. 适用范围

电通量法用于测定以通过混凝土试件的电通量为指标来确定混凝土抗氯离子渗透性能。本方法不适用于掺有亚硝酸盐和钢纤维等良导电材料的混凝土抗氯离子渗透试验。

2. 采用标准

采用的标准为《普通混凝土长期性能和耐久性能试验方法标准》（GB/T 50082—2009）。

3. 试验设备

（1）电通量试验装置应符合图7-14的要求，并应满足现行行业标准《混凝土氯离子电通量测定仪》（JG/T 261—2009）的有关规定。

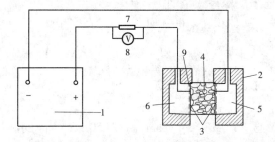

1—直流稳压电源;2—试验槽;3—铜电极;4—混凝土试件;5—3.0% NaCl 溶液;6—0.3 mol/LNaOH 溶液;

7—标准电阻;8—直流数字式电压表;9—试件垫圈(硫化橡胶垫或硅橡胶垫)

图 7-14　电通量试验装置示意图

(2)仪器设备和化学试剂应符合下列要求:

①直流稳压电源的电压范围应为 0 ~ 80 V,电流范围应为 0 ~ 10 A,并应能稳定输出 60 V 直流电压,精度应为 ±0.1 V。

②耐热塑料或耐热有机玻璃试验槽(见图 7-15)的边长应为 150 mm,总厚度不应小于 51 mm。试验槽中心的两个槽的直径应分别为 89 mm 和 112 mm。两个槽的深度应分别为 41 mm 和 6.4 mm。在试验槽的一边应开有直径为 10 mm 的注液孔。

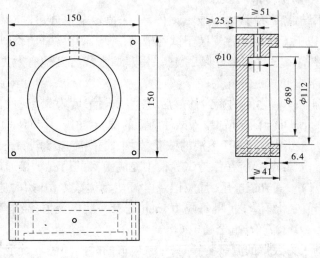

图 7-15　试验槽示意图

③紫铜垫板宽度应为(12 ± 2) mm,厚度应为(0.50 ± 0.05) mm。铜网孔径应为 0.95 mm(64 孔/cm^2)或者 20 目。

④标准电阻精度应为 ±0.1%;直流数字电流表量程应为 0 ~ 20 A,精度应为 ±0.1%。

⑤真空泵和真空表应符合本标准 7.1.2 条的规定的要求。

⑥真空容器的内径不应小于 250 mm,并应能至少容纳 3 个试件。

⑦阴极溶液应用化学纯试剂配制的质量浓度为 3.0% 的 NaCl 溶液。

⑧阳极溶液应用化学纯试剂配制的摩尔浓度为 0.3 mol/L 的 NaOH 溶液。

⑨密封材料应采用硅胶或树脂等密封材料。

⑩硫化橡胶垫或硅橡胶垫的外径应为 100 mm,内径应为 75 mm,厚度应为 6 mm。

⑪切割试件的设备应采用水冷式金刚锯或碳化硅锯。

⑫抽真空设备可由烧杯(体积在1 000 mL以上)、真空干燥器、真空泵、分液装置、真空表等组合而成。

⑬温度计的量程应为0~120 ℃,精度应为±0.1 ℃。

⑭电吹风的功率应为1 000~2 000 W。

4.电通量试验步骤

(1)电通量试验应采用直径(100±1)mm、高度(50±2)mm的圆柱体试件。试件的制作、养护应符合GB/T 50082—2009 7.1.3条的规定。当试件表面有涂料等附加材料时,应预先去除,且试样内不得含有钢筋等良导电材料。在试件移送实验室前,应避免冻伤或其他物理伤害。

(2)电通量试验宜在试件养护到28 d龄期进行。对于掺有大量矿物掺合料的混凝土,可在56 d龄期进行试验。应先将养护到规定龄期的试件暴露于空气中至表面干燥,并应以硅胶或树脂密封材料涂刷试件圆柱侧面,还应填补涂层中的孔洞。

(3)电通量试验前应将试件进行真空饱水。应先将试件放入真空容器中,然后启动真空泵,并应在5 min内将真空容器中的绝对压强减小至1~5 kPa,应保持该真空度3 h,然后在真空泵仍然运转的情况下,注入足够的蒸馏水或者去离子水,直至淹没试件,应在试件浸没1 h后恢复常压,并继续浸泡(18±2)h。

(4)在真空饱水结束后,应从水中取出试件,并抹掉多余水分,且应保持试件所处环境的相对湿度在95%以上。应将试件安装于试验槽内,并应采用螺杆将两试验槽和端面装有硫化橡胶垫的试件夹紧。试件安装好以后,应采用蒸馏水或者其他有效方式检查试件和试验槽之间的密封性能。

(5)检查试件和试件槽之间的密封性能后,应将质量浓度为3.0%的NaCl溶液和摩尔浓度为0.3 mol/L的NaOH溶液分别注入试件两侧的试验槽中,注入NaCl溶液的试验槽内的铜网应连接电源负极,注入NaOH溶液的试验槽中的铜网应连接电源正极。

(6)在正确连接电源线后,应在保持试验槽中充满溶液的情况下接通电源,并应对上述两铜网施加(60±0.1)V直流恒电压,且应记录电流初始读数I_0,开始时应每隔5 min记录一次电流值,当电流值变化不大时,可每隔10 min记录一次电流值;当电流值变化很小时,应每隔30 min记录一次电流值,直至通电6 h。

(7)当采用自动采集数据的测试装置时,记录电流的时间间隔可设定为5~10 min。电流测量值应精确至±0.5 mA。试验过程中宜同时监测试验槽中溶液的温度。

(8)试验结束后,应及时排出试验溶液,并应用凉开水和洗涤剂冲洗试验槽60 s以上,然后用蒸馏水洗净并用电吹风冷风挡吹干。

(9)试验应在20~25 ℃的室内进行。

5.试验结果计算及处理

(1)试验过程中或试验结束后,应绘制电流与时间的关系图。应通过将各点数据以光滑曲线连接起来,对曲线作面积积分,或按梯形法进行面积积分,得到试验6 h通过的电通量。

(2)每个试件的总电通量可采用下列简化公式计算

$$Q = 900(I_0 + 2I_{20} + 2I_{60} + \cdots + 2I_t + \cdots + 2I_{300} + 2I_{330} + I_{360}) \tag{7-61}$$

式中　Q——通过试件的总电通量,C;

　　I_0——初始电流,A,精确到 0.001 A;

　　I_t——在时间 t 的电流,A,精确到 0.001 A。

(3)计算得到的通过试件的总电通量应换算成直径为 95 mm 试件的电通量值。应通过将计算的总电通量乘以一个直径为 95 mm 的试件和实际试件横截面面积的比值来换算,换算可按下式进行

$$Q_s = Q_x \times (95/x)^2 \tag{7-62}$$

式中　Q_s——通过直径为 95 mm 的试件的电通量,C;

　　Q_x——通过直径为 x(mm)的试件的电通量,C;

　　x——试件的实际直径,mm。

(4)每组应取 3 个试件电通量的算术平均值作为该组试件的电通量测定值。当某一个电通量值与中间值的差值超过中间值的 15% 时,应取其余两个试件的电通量的算术平均值作为该组试件的试验结果测定值。当有两个测值与中间值的差值都超过中间值的 15% 时,应取中间值作为该组试件的电通量试验结果测定值。

八、收缩试验

(一)非接触法

1. 使用范围

非接触法适用于测定早龄期混凝土的自由收缩变形,也可用于无约束状态下混凝土自收缩变形的测定。

2. 采用标准

采用的标准为《普通混凝土长期性能和耐久性能试验方法标准》(GB/T 50082—2009)。

3. 试验设备

(1)试件尺寸为:100 mm × 100 mm × 515 mm 的棱柱体试件,每组应为 3 个试件。

(2)非接触法混凝土收缩变形测定仪(见图 7-16)应设计成整机一体化装置,并应具备自动采集和处理数据、能设定采样时间间隔等功能。整个测试装置(含试件、传感器等)应固定于具有避振功能的固定式试验台面上。

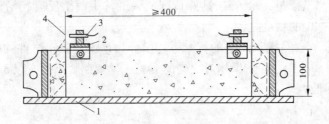

1—试模;2—固定架;3—传感器探头;4—反射靶

图 7-16　非接触法混凝土收缩变形测定仪原理示意图

(3)应有可靠方式将反射靶固定于试模上,使反射靶在试件成型浇筑振动过程中不会移位偏斜,且在成型完成后应能保证反射靶与试模之间的摩擦力尽可能小。试模应采用具有足够刚度的钢模,且本身的收缩变形应小。试模的长度应能保证混凝土试件的测量标距

不小于 400 mm。

(4)传感器的测试量程不应小于试件测量标距长度的 0.5% 或量程不应小于 1 mm,测试精度不应低于 0.002 mm,且应采用可靠方式将传感器测头固定,并应能使测头在测量整个过程中与试模相对位置保持固定不变。试验过程中应能保证反射靶能够随着混凝土收缩而同步移动。

4.非接触法收缩试验步骤

(1)试验应在温度为(20±2)℃、相对湿度为(60±5)% 的恒温恒湿条件下进行。非接触法收缩试验应带模进行测试。

(2)试模准备后,应在试模内涂刷润滑油,然后应在试模内铺设两层塑料薄膜或者放置一片聚四氟乙烯(PTFE)片,且应在薄膜或者聚四氟乙烯片与试模接触的面上均匀涂抹一层润滑油。应将反射靶固定在试模两端。

(3)将混凝土拌和物浇筑入试模后,应振动成型并抹平,然后应立即带模移入恒温恒湿室。成型试件的同时,应测定混凝土的初凝时间。混凝土初凝试验和早龄期收缩试验的环境应相同。当混凝土初凝时,应开始测读试件左右两侧的初始读数,此后应至少每隔 1 h 或按设定的时间间隔测定试件两侧的变形读数。

(4)在整个测试过程中,试件在变形测定仪上放置的位置、方向均应始终保持固定不变。

(5)需要测定混凝土自收缩值的试件,应在浇筑振捣后立即采用塑料薄膜作密封处理。

5.非接触法收缩试验结果的计算和处理

(1)混凝土收缩率应按照下式计算

$$\varepsilon_{st} = \frac{(L_{10} - L_{1t}) + (L_{20} - L_{2t})}{L_0} \tag{7-63}$$

式中 ε_{st}——测试期为 t h 的混凝土收缩率,t 从初始读数时算起;

L_{10}——左侧非接触法位移传感器初始读数,mm;

L_{1t}——左侧非接触法位移传感器测试期为 t h 的读数,mm;

L_{20}——右侧非接触法位移传感器初始读数,mm;

L_{2t}——右侧非接触法位移传感器测试期为 t h 的读数,mm;

L_0——试件测量标距,mm,等于试件长度减去试件中两个反射靶沿试件长度方向埋入试件中的长度之和。

(2)每组应取 3 个试件测试结果的算术平均值作为该组混凝土试件的早龄期收缩测定值,计算应精确到 1.0×10^{-6}。作为相对比较的混凝土早龄期收缩值应以 3 d 龄期测试得到的混凝土收缩值为准。

(二)接触法

1.使用范围

接触法适用于测定在无约束和规定的温度湿度条件下硬化混凝土试件的收缩变形性能。

2 采用标准

采用的标准为《普通混凝土长期性能和耐久性能试验方法标准》(GB/T 50082—2009)。

3.试验设备

(1)试件尺寸为 100 mm×100 mm×515 mm 的棱柱体试件,每组应为 3 个试件。

（2）采用卧式混凝土收缩仪时，试件两端应预埋测头或留有埋设测头的凹槽。卧式收缩试验用测头（见图7-17）应由不锈钢或其他不锈材料制成。

（3）采用立式混凝土收缩仪时，试件一端中心应预埋测头（见图7-18）。立式收缩试验用测头的另外一端宜采用 M20 mm × 35 mm 的螺栓（螺纹通长），并应与立式混凝土收缩仪底座固定。螺栓和测头都应预埋进去。

（4）采用接触法引伸仪时，所用试件的长度应至少比仪器的测量标距长出一个截面边长。测头应粘贴在试件两侧面的轴线上。

（5）使用混凝土收缩仪时，制作试件的试模应具有能固定测头或预留凹槽的端板。使用接触法引伸仪时，可用一般棱柱体试模制作试件。

（6）收缩试件成型时不得使用机油等憎水性脱模剂。试件成型后应带模养护 1 ~ 2 d，并保证拆模时不损伤试件。对于事先没有埋设测头的试件，拆模后应立即粘贴或埋设测头。试件拆模后，应立即送至温度为（20 ± 2）℃、相对湿度为95%以上的标准养护室养护。

（7）测量混凝土收缩变形的装置应具有硬钢或石英玻璃制作的标准杆，并应在测量前及测量过程中及时校核仪表的读数。

（8）收缩测量装置可采用下列形式之一：

①卧式混凝土收缩仪的测量标距应为 540 mm，并应装有精度为 ±0.001 mm 的千分表或测微器。

②立式混凝土收缩仪的测量标距和测微器同卧式混凝土收缩仪。

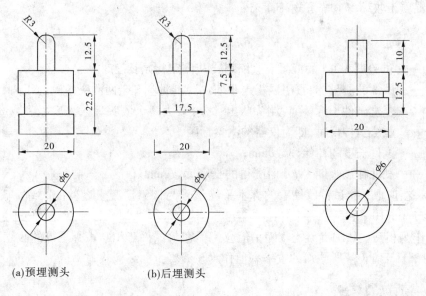

(a)预埋测头　　(b)后埋测头

图 7-17　卧式收缩试验用测头　　图 7-18　立式收缩试验用测头

③其他形式的变形测量仪表的测量标距不应小于 100 mm 及集料最大粒径的 3 倍，并至少能达到 ±0.001 mm 的测量精度。

4. 试验步骤

（1）收缩试验应在恒温恒湿环境中进行，室温应保持在（20 ± 2）℃，相对湿度应保持在（60 ± 5）%。试件应放置在不吸水的搁架上，底面应架空，每个试件之间的间隙应大于 30 mm。

（2）测定代表某一混凝土收缩性能的特征值时，试件应在 3 d 龄期时（从混凝土搅拌加水时算起）从标准养护室取出，并应立即移入恒温恒湿室测定其初始长度，此后应至少按下列规定的时间间隔测量其变形读数：1 d、3 d、7 d、14 d、28 d、45 d、60 d、90 d、120 d、150 d、180 d、360 d（从移入恒温恒湿室内计时）。

（3）测定混凝土在某一具体条件下的相对收缩值时（包括在徐变试验时的混凝土收缩变形测定）应按要求的条件进行试验。对非标准养护试件，当需要移入恒温恒湿室进行试验时，应先在该室内预置 4 h，再测其初始值。测量时应记下试件的初始干湿状态。

（4）收缩测量前应先用标准杆校正仪表的零点，并应在测定过程中至少再复核 1～2 次，其中一次应在全部试件测读完后进行。当复核时发现零点与原值的偏差超过 ±0.001 mm 时，应调零后重新测量。

（5）试件每次在卧式收缩仪上放置的位置和方向均应保持一致。试件上应标明相应的方向记号。试件在放置及取出时应轻稳仔细，不得碰撞表架及表杆。当发生碰撞时，应取下试件，并应重新以标准杆复核零点。

（6）采用立式混凝土收缩仪时，整套测试装置应放在不易受外部振动影响的地方。读数时宜轻敲仪表或者上下轻轻滑动测头。安装立式混凝土收缩仪的测试台应有减振装置。

（7）用接触法引伸仪测量时，应使每次测量时试件与仪表保持相对固定的位置和方向。每次读数应重复 3 次。

5. 混凝土收缩试验结果计算和处理

（1）混凝土收缩率应按下式计算

$$\varepsilon_{st} = \frac{L_0 - L_1}{L_b} \tag{7-64}$$

式中　ε_{st}——试验期为 t d 的混凝土收缩率，t 从测定初始长度时算起；

　　　L_b——试件的测量标距，用混凝土收缩仪测量时应等于两测头内侧的距离，即等于混凝土试件长度（不计测头凸出部分）减去两个测头埋入深度之和，mm，采用接触法引伸仪时，即为仪器的测量标距；

　　　L_0——试件长度的初始读数，mm；

　　　L_1——试件在试验期为 t d 时测得的长度读数，mm。

（2）每组应取 3 个试件收缩率的算术平均值作为该组混凝土试件的收缩率测定值，计算精确至 1.0×10^{-6}。

（3）作为相互比较的混凝土收缩率值应为不密封试件于 180 d 所测得的收缩率值。可将不密封试件于 360 d 所测得的收缩率值作为该混凝土的终极收缩率值。

九、早期抗裂试验

（一）适用范围
早期抗裂试验适用于测试混凝土试件在约束条件下的早期抗裂性能。

（二）采用标准
采用的标准为《普通混凝土长期性能和耐久性能试验方法标准》（GB/T 50082—2009）。

（三）仪器设备
（1）试件尺寸为：800 mm×600 mm×100 mm 的平面薄板型试件，每组应至少 2 个试件。

混凝土集料最大公称粒径不应超过31.5 mm。

（2）混凝土早期抗裂试验装置（见图7-19）应采用钢质模具,模具的四边（包括长侧板和短侧板）宜采用槽钢或者角钢焊接而成,侧板厚度不应小于5 mm,模具四边与底板宜通过螺栓固定在一起。模具内应设有7根裂缝诱导器,裂缝诱导器可分别用50 mm×50 mm、40 mm×40 mm角钢与5 mm×50 mm钢板焊接组成,并应平行于模具短边。底板应采用不小于5 mm厚的钢板,并应在底板表面铺设聚乙烯薄膜或者聚四氟乙烯片做隔离层。模具应作为测试装置的一个部分,测试时应与试件连在一起。

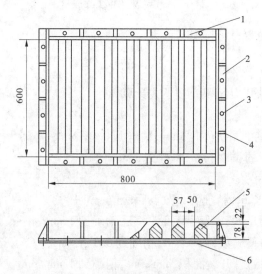

1—长侧板;2—短侧板;3—螺栓;4—加强肋;5—裂缝诱导器;6—底板

图7-19　混凝土早期抗裂试验装置示意图

（3）风扇的风速应可调,并且应能够保证试件表面中心处的风速不小于5m/s。

（4）温度计精度不应低于±0.5 ℃,相对湿度计精度不应低于±1%,风速计精度不应低于±0.5 m/s。

（5）刻度放大镜的放大倍数不应小于40倍,分度值不应大于0.01 mm。

（6）照明装置可采用手电筒或者其他简易照明装置。

（7）钢直尺的最小刻度应为1 mm。

（四）试验步骤

（1）试验宜在温度为(20±2)℃,相对湿度为(60±5)%的恒温恒湿室中进行。

（2）将混凝土浇筑至模具内以后,应立即将混凝土摊平,且表面应比模具边框略高。可使用平板表面式振捣器或者采用振捣棒插捣,应控制好振捣时间,并应防止过振和欠振。

（3）在振捣后,应用抹子整平表面,并应使集料不外露,且应使表面平实。

（4）应在试件成型30 min后,立即调节风扇位置和风速,使试件表面中心正上方100 mm处风速为(5±0.5)m/s,并应使风向平行于试件表面和裂缝诱导器。

（5）试验时间应从混凝土搅拌加水开始计算,应在(24±0.5)h测读裂缝。裂缝长度应用钢直尺测量,并应取裂缝两端直线距离为裂缝长度。当一个刀口上有两条裂缝时,可将两条裂缝的长度相加,折算成一条裂缝。

(6)裂缝宽度应采用放大倍数至少 40 倍的读数显微镜进行测量,并应测量每条裂缝的最大宽度。

(7)平均开裂面积、单位面积的裂缝数目和单位面积上的总开裂面积应根据混凝土浇筑 24 h 测量得到裂缝数据来计算。

(五)试验结果计算

(1)每条裂缝的平均开裂面积应按下式计算

$$a = \frac{1}{2N} \sum_{i=1}^{N} (W_i L_i) \tag{7-65}$$

(2)单位面积的裂缝数目应按下式计算

$$b = \frac{N}{A} \tag{7-66}$$

(3)单位面积上的总开裂面积应按下式计算

$$c = ab \tag{7-67}$$

式中 W_i——第 i 条裂缝的最大宽度,mm,精确到 0.01 mm;

L_i——第 i 条裂缝的长度,mm,精确到 1 mm;

N——总裂缝数目,条;

A——平板的面积,m²,精确到小数点后两位;

a——每条裂缝的平均开裂面积,mm²/条,精确到 1 mm²/条;

b——单位面积的裂缝数目,条/m²,精确到 0.1 条/m²;

c——单位面积上的总开裂面积,mm²/m²,精确到 1 mm²/m²。

(4)每组应分别以 2 个或多个试件的平均开裂面积(单位面积上的裂缝数目或单位面积上的总开裂面积)的算术平均值作为该组试件的平均开裂面积(单位面积上的裂缝数目或单位面积上的总开裂面积)的测定值。

十、受压徐变试验

(一)适用范围

受压徐变试验适用于测定混凝土试件在长期恒定轴向压力作用下的变形性能。

(二)采用标准

采用的标准为《普通混凝土长期性能和耐久性能试验方法标准》(GB/T 50082—2009)。

(三)仪器设备

1. 徐变仪

徐变仪应符合下列规定:

(1)徐变仪应在要求时间范围内(至少 1 年)把所要求的压缩荷载加到试件上并应能保持该荷载不变。

(2)常用徐变仪可选用弹簧式或液压式,其工作荷载范围应为 180 ~ 500 kN。

(3)弹簧式压缩徐变仪(见图 7-20)应包括上下压板、球座或球铰及其配套垫板、弹簧持荷装置以及 2 ~ 3 根承力丝杆。压板与垫板应具有足够的刚度。压板的受压面的平整度偏差不应大于 0.1 mm/100 mm,并应能保证对试件均匀加荷。弹簧及丝杆的尺寸应按徐变仪所要求的试验吨位而定。在试验荷载下,丝杆的拉应力不应大于材料屈服点的 30%,弹簧的工作压力不应超过允许极限荷载的80%，且工作时弹簧的压缩变形不得小于 20 mm。

（4）当使用液压式持荷部件时，可通过一套中央液压调节单元同时加荷几个徐变架，该单元应由储液器、调节器、显示仪表和一个高压源（如高压氮气瓶或高压泵）等组成。

（5）有条件时可采用几个试件串叠受荷，上下压板之间的总距离不得超过 1 600 mm。

2. 加荷装置

加荷装置应符合下列规定：

（1）加荷架应由接长杆及顶板组成。加荷时加荷架应与徐变仪丝杆顶部相连。

（2）油压千斤顶可采用一般的起重千斤顶，其吨位应大于所要求的试验荷载。

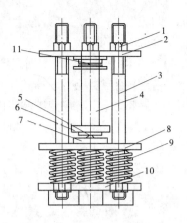

1—螺母；2—上压板；3—丝杆；4—试件；
5—球铰；6—垫板；7—定心；8—下压板；
9—弹簧；10—底盘；11—球铰

图 7-20　弹簧式压缩徐变仪示意图

（3）测力装置可采用钢环测力计、荷载传感器或其他形式的压力测定装置。其测量精度应达到所加荷载的 ±2%，试件破坏荷载不应小于测力装置全量程的 20% 且不应大于测力装置全量程的 80%。

3. 变形量测装置

变形量测装置应符合下列规定：

（1）变形量测装置可采用外装式、内埋式或便携式，其测量的应变值精度不应低于 0.001 mm/m。

（2）采用外装式变形量测装置时，应至少测量不少于两个均匀地布置在试件周边的基线的应变。测点应精确地布置在试件的纵向表面的纵轴上，且应与试件端头等距，与相邻试件端头的距离不应小于一个截面边长。

（3）采用差动式应变计或钢弦式应变计等内埋式变形测量装置时，应在试件成型时可靠地固定该装置，应使其量测基线位于试件中部并应与试件纵轴重合。

（4）采用接触法引伸仪等便携式变形量测装置时，测头应牢固附置在试件上。

（5）量测标距应大于混凝土集料最大粒径的 3 倍，且不少于 100 mm。

（四）试件

（1）试件的形状与尺寸应符合下列规定：

①徐变试验应采用棱柱体试件。试件的尺寸应根据混凝土中集料的最大粒径按表7-25选用，长度应为截面边长尺寸的 3～4 倍。

表 7-25　徐变试验试件尺寸选用表

集料最大公称粒径（mm）	试件最小边长（mm）	试件长度（mm）
31.5	100	400
40	150	≥450

②当试件叠放时，应在每叠试件端头的试件和压板之间加装一个未安装应变量测仪表

的辅助性混凝土垫块,其截面边长尺寸应与被测试件的相同,且长度应至少等于其截面尺寸的一半。

(2)试件数量应符合下列规定:

①制作徐变试件时,应同时制作相应的棱柱体抗压试件及收缩试件。

②收缩试件应与徐变试件相同,并应装有与徐变试件相同的变形测量装置。

③每组抗压、收缩和徐变试件的数量宜各为 3 个,其中每个加荷龄期的每组徐变试件应至少为 2 个。

(3)试件制备应符合下列规定:

①当要叠放试件时,宜磨平其端头。

②徐变试件的受压面与相邻的纵向表面之间的角度与直角的偏差不应超过 1 mm/100 mm。

③采用外装式应变量测装置时,徐变试件两侧面应有安装量测装置的测头,测头宜采用埋入式,试模的侧壁应具有能在成型时使测头定位的装置。在对黏结的工艺及材料确有把握时,可采用胶粘。

(4)试件的养护与存放方式应符合下列规定:

①抗压试件及收缩试件应随徐变试件一并同条件养护。

②对于标准环境中的徐变,试件应在成型后不少于 24 h 且不多于 48 h 时拆模,且在拆模之前,应覆盖试件表面。随后应立即将试件送入标准养护室养护到 7 d 龄期(自混凝土搅拌加水开始计时),其中 3 d 加载的徐变试验应养护 3 d。养护期间试件不应浸泡于水中。试件养护完成后应移入温度为 (20±2)℃、相对湿度为 (60±5)% 的恒湿室进行徐变试验,直至试验完成。

③对于适用于大体积混凝土内部情况的绝湿徐变,试件在制作或脱模后应密封在保湿外套中(包括橡皮套、金属套筒等),且在整个试件存放和测试期间也应保持密封。

④对于需要考虑温度对混凝土弹性和非弹性性质的影响等特定温度下的徐变,应控制好试件存放的试验环境温度,应使其符合期望的温度历史。

⑤对于需确定在具体使用条件下的混凝土徐变值等其他存放条件,应根据具体情况确定试件的养护及试验制度。

(五)试验规定

(1)对比或检验混凝土的徐变性能时,试件应在 28 d 龄期时加荷。当研究某一混凝土的徐变特性时,应至少制备 5 组徐变试件并应分别在龄期为 3 d、7 d、14 d、28 d 和 90 d 时加荷。

(2)徐变试验应按下列步骤进行:

①测头或测点应在试验前 1 d 粘好,仪表安装好后应仔细检查,不得有任何松动或异常现象。加荷装置、测力计等也应予以检查。

②在即将加荷徐变试件前,应测试同条件养护试件的棱柱体抗压强度。

③测头和仪表准备好以后,应将徐变试件放在徐变仪的下压板后,应使试件、加荷装置、测力计及徐变仪的轴线重合,并应再次检查变形测量仪表的调零情况,且应记下初始读数。当采用未密封的徐变试件时,应在将其放在徐变仪上的同时,覆盖参比用收缩试件的端部。

④试件放好后,应及时开始加荷。当无特殊要求时,应取徐变应力为所测得的棱柱体抗

压强度的 40%。当采用外装仪表或者接触法引伸仪时,应用千斤顶先加压至徐变应力的 20% 进行对中。两侧的变形差应小于其平均值的 10%,当超出此值时,应松开千斤顶卸荷,进行重新调整后,再加荷到徐变应力的 20%,并再次检查对中的情况。对中完毕后,应立即继续加荷直到徐变应力,应及时读出两边的变形值,并将此时两边变形的平均值作为在徐变荷载下的初始变形值。从对中完毕到测初始变形值之间的加荷及测量时间不得超过 1 min。随后应拧紧承力丝杆上端的螺母,并应松开千斤顶卸荷,且应观察两边变形值的变化情况。此时,试件两侧的读数相差不应超过平均值的 10%,否则应予以调整,调整应在试件持荷的情况下进行,调整过程中所产生的变形增值应计入徐变变形之中。然后应加荷到徐变应力,并应检查两侧变形读数,其总和与加荷前读数相比,误差不应超过 2%,否则应予以补足。

⑤应在加荷后的 1 d、3 d、7 d、14 d、28 d、45 d、60 d、90 d、120 d、150 d、180 d、270 d 和 360 d 测读试件的变形值。

⑥在测读徐变试件的变形读数的同时,应测量同条件放置参比用收缩试件的收缩值。

⑦试件加荷后应定期检查荷载的保持情况,应在加荷后 7 d、28 d、60 d、90 d 各校核一次,如荷载变化大于 2%,应予以补足。在使用弹簧式加载架时,可通过施加正确的荷载并拧紧丝杆上的螺母来进行调整。

(六)试验结果计算及其处理

(1)徐变应变应按下式计算

$$\varepsilon_{st} = \frac{\Delta L_t - \Delta L_0}{L_b} - \varepsilon_t \tag{7-68}$$

式中 ε_{st}——加荷 t d 后的徐变应变,mm/m,精确至 0.001 mm/m;

ΔL_t——加荷 t d 后的总变形值,mm,精确至 0.001 mm;

ΔL_0——加荷时测得的初始变形值,mm,精确至 0.001 mm;

L_b——测量标距,mm,精确到 1 mm;

ε_t——同龄期的收缩值,mm/m,精确至 0.001 mm/m。

(2)徐变度应按下式计算

$$C_t = \frac{\varepsilon_{ct}}{\delta} \tag{7-69}$$

式中 C_t——加荷 t d 的混凝土徐变度,1/MPa,计算精确至 1.0×10^{-6}/MPa;

δ——徐变应力,MPa。

(3)徐变系数应按下列公式计算

$$\varphi_t = \frac{\varepsilon_{ct}}{\varepsilon_0} \tag{7-70}$$

$$\varepsilon_0 = \frac{\Delta L_0}{L_b} \tag{7-71}$$

式中 φ_t——加荷 t d 的徐变系数;

ε_0——在加荷时测得的初始应变值,mm/m,精确至 0.001 mm/m。

(4)每组应分别以 3 个试件徐变应变(徐变度或徐变系数)试验结果的算术平均值作为该组混凝土试件徐变应变(徐变度或徐变系数)的测定值。

(5)作为供对比用的混凝土徐变值,应采用经过标准养护的混凝土试件,在 28 d 龄期时经受 0.4 倍棱柱体抗压强度恒定荷载持续作用 360 d 的徐变值。可用测得的 3 年徐变值作为终极徐变值。

十一、碳化试验

(一)适用范围
碳化试验适用于测定在一定浓度的二氧化碳气体介质中混凝土试件的碳化程度。

(二)采用标准
采用的标准为《普通混凝土长期性能和耐久性能试验方法标准》(GB/T 50082—2009)。

(三)试件
(1)试件采用棱柱体混凝土试件,应以 3 块为一组。棱柱体的长宽比不宜小于 3。

(2)无棱柱体试件时,也可用立方体试件,其数量应相应增加。

(3)试件宜在 28 d 龄期进行碳化试验,掺有掺合料的混凝土可以根据其特性决定碳化前的养护龄期。碳化试验的试件宜采用标准养护,试件应在试验前 2 d 从标准养护室取出,然后应在 60 ℃下烘 48 h。

(4)经烘干处理后的试件,除应留下一个或相对的两个侧面外,其余表面应采用加热的石蜡予以密封。然后应在暴露侧面上沿长度方向用铅笔以 10 mm 间距画出平行线,作为预定碳化深度的测量点。

(四)试验设备
(1)碳化箱应符合现行行业标准《混凝土碳化试验箱》(JG/T 247—2009)的规定,并应采用带有密封盖的密闭容器,容器的容积应至少为预定进行试验的试件体积的两倍。碳化箱内应有架空试件的支架、二氧化碳引入口、分析取样用的气体导出口、箱内气体对流循环装置、为保持箱内恒温恒湿所需的设施以及温湿度监测装置。宜在碳化箱上设玻璃观察口对箱内的温度进行读数。

(2)气体分析仪应能分析箱内二氧化碳浓度,并应精确至 ±1%。

(3)二氧化碳供气装置应包括气瓶、压力表和流量计。

(五)试验步骤
(1)首先应将经过处理的试件放入碳化箱内的支架上。各试件之间的间距不应小于 50 mm。

(2)试件放入碳化箱后,应将碳化箱密封。密封可采用机械办法或油封,但不得采用水封。应开动箱内气体对流装置,徐徐充入二氧化碳,并测定箱内的二氧化碳浓度。应逐步调节二氧化碳的流量,使箱内的二氧化碳浓度保持在(20 ± 3)%。在整个试验期间应采取去湿措施,使箱内的相对湿度控制在(70 ± 5)%,温度应控制在(20 ± 2)℃的范围内。

(3)碳化试验开始后应每隔一定时期对箱内的二氧化碳浓度、温度及湿度作一次测定。宜在前 2 d 每隔 2 h 测定一次;以后每隔 4 h 测定一次。试验中应根据所测得的二氧化碳浓度、温度及湿度随时调节这些参数,去湿用的硅胶应经常更换,也可采用其他更有效的去湿方法。

(4)应在碳化到 3 d、7 d、14 d 和 28 d 时,分别取出试件,破型测定碳化深度。棱柱体试件应通过在压力试验机上的劈裂法或者用干锯法从一端开始破型。每次切除的厚度应为试件宽度的一半,切后应用石蜡将破型后试件的切断面封好,再放入箱内继续碳化,直到下一个试验期。当采用立方体试件时,应在试件中部劈开,立方体试件应只作一次检验,劈开测试碳化深度后不得再重复使用。

(5)随后应将切除所得的试件部分刷去断面上残存的粉末,然后应喷上(或滴上)浓度为1%的酚酞酒精溶液(酒精溶液含20%的蒸馏水)。约经30 s后,应按原先标划的每10 mm一个测量点用钢板尺测出各点碳化深度。当测点处的碳化分界线上刚好嵌有粗集料颗粒,叮取该颗粒两侧处碳化深度的算术平均值作为该点的深度值。碳化深度测量应精确至0.5 mm。

(六)混凝土碳化试验结果计算和处理

(1)混凝土在各试验龄期时的平均碳化深度应按下式计算

$$\overline{d_t} = \frac{1}{n}\sum_{i=1}^{n} d_i \tag{7-72}$$

式中　$\overline{d_t}$——试件碳化 t d后的平均碳化深度,mm,精确至0.1 mm;

d_i——各测点的碳化深度,mm;

n——测点总数。

(2)每组应以在二氧化碳浓度为 (20 ± 3)% 、温度为 (20 ± 2)℃ 、湿度为 (70 ± 5)% 的条件下3个试件碳化28 d的碳化深度算术平均值作为该组混凝土试件碳化测定值。

(3)碳化结果处理时宜绘制碳化时间与碳化深度的关系曲线。

十二、混凝土中钢筋锈蚀试验

(一)适用范围

混凝土中钢筋锈蚀试验适用于测定在给定条件下混凝土中钢筋的锈蚀程度,不适用于在侵蚀性介质中混凝土内的钢筋锈蚀试验。

(二)采用标准

采用的标准为《普通混凝土长期性能和耐久性能试验方法标准》(GB/T 50082—2009)。

(三)试件的制作与处理

(1)尺寸为100 mm×100 mm×300 mm的棱柱体试件,每组应为3块。

(2)试件中埋置的钢筋应采用直径为6.5 mm的Q235普通低碳钢热轧盘条调直截断制成,其表面不得有锈坑及其他严重缺陷。每根钢筋长应为 (299 ± 1) mm,应用砂轮将其一端磨出长约30 mm的平面,并用钢字打上标记。钢筋应采用12%盐酸溶液进行酸洗,并经清水漂净后,用石灰水中和,再用清水冲洗干净,擦干后应在干燥器中至少存放4 h,然后应用天平称取每根钢筋的初重(精确至0.001 g)。钢筋应存放在干燥器中备用。

(3)试件成型前应将套有定位板的钢筋放入试模,定位板应紧贴试模的两个端板,安放完毕后应使用丙酮擦净钢筋表面。

(4)试件成型后,应在 (20 ± 2)℃的温度下盖湿布养护24 h后编号拆模,并应拆除定位板。然后应用钢丝刷将试件两端部混凝土刷毛,并应用水灰比小于试件用混凝土水灰比、水泥和砂子比例为1:2的水泥砂浆抹上不小于20 mm厚的保护层,并应确保钢筋端部密封质量。试件应在就地潮湿养护(或用塑料薄膜盖好)24 h后,移入标准养护室养护至28 d。

(四)试验设备

(1)混凝土碳化试验设备应包括碳化箱、供气装置及气体分析仪。碳化设备应符合本节"十一、(四)试验设备"的规定。

(2)钢筋定位板(见图7-21)宜采用木质五合板或薄木板等材料制作,尺寸应为 100 mm×100 mm,板上应钻有穿插钢筋的圆孔。

(3)称量设备的最大量程应为 1 kg,感量应为 0.001 g。

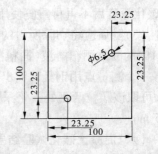

图7-21　钢筋定位板示意图

(五)试验步骤

(1)钢筋锈蚀试验的试件应先进行碳化,碳化应在 28 d 龄期时开始。碳化应在二氧化碳浓度为(20±3)℃、相对湿度为(70±5)%和温度为(20±2)℃的条件下进行,碳化时间应为 28 d。对于有特殊要求的混凝土中钢筋锈蚀试验,碳化时间可再延长 14 d 或者 28 d。

(2)试件碳化处理后应立即移入标准养护室放置。在养护室中,相邻试件间的距离不应小于 50 mm,并应避免试件直接淋水。应在潮湿条件下存放 56 d 后将试件取出,然后破型,破型时不得损伤钢筋。应先测出碳化深度,然后进行钢筋锈蚀程度的测定。

(3)试件破型后,应取出试件中的钢筋,并应刮去钢筋上沾附的混凝土。应用 12% 盐酸溶液对钢筋进行酸洗,经清水漂净后,再用石灰水中和,最后应以清水冲洗干净。应将钢筋擦干后在干燥器中至少存放 4 h,然后应对每根钢筋称重(精确至 0.001 g),并应计算钢筋锈蚀失重率。酸洗钢筋时,应在洗液中放入两根尺寸相同的同类无锈钢筋作为基准校正。

(六)钢筋锈蚀试验结果计算和处理

(1)钢筋锈蚀失重率应按下式计算

$$L_w = \frac{w_0 - w - \dfrac{(w_{01} - w_1) + (w_{02} - w_2)}{2}}{w_0} \times 100\% \qquad (7\text{-}73)$$

式中　L_w——钢筋锈蚀失重率(%),精确至 0.01;

w_0——钢筋未锈前质量,g;

w——锈蚀钢筋经过酸洗处理后的质量,g;

w_{01}、w_{02}——基准校正用的两根钢筋的初始质量,g;

w_1、w_2——基准校正用的两根钢筋酸洗后的质量,g。

(2)每组应取 3 个混凝土试件中钢筋锈蚀失重率的平均值作为该组混凝土试件中钢筋锈蚀失重率测定值。

十三、抗压疲劳变形试验

(一)适用范围

抗压疲劳变形试验适用于在自然条件下,通过测定混凝土在等幅重复荷载作用下疲劳累计变形与加载循环次数的关系,来反映混凝土抗压疲劳变形性能。

(二)采用标准

采用的标准为《普通混凝土长期性能和耐久性能试验方法标准》(GB/T 50082—2009)。

(三)试验设备

(1)疲劳试验机的吨位应能使试件预期的疲劳破坏荷载不小于试验机全量程的 20%,

也不应大于试验机全量程的80%。准确度应为Ⅰ级,加载频率应为4~8 Hz。

(2)上、下钢垫板应具有足够的刚度,其尺寸应大于100 mm×100 mm,平面度要求为每100 mm不应超过0.02 mm。

(3)微变形测量装置的标距应为150 mm,可在试件两侧相对的位置上同时测量。承受等幅重复荷载时,在连续测量情况下,微变形测量装置的精度不得低于0.001 mm。

(四)抗压疲劳变形试件尺寸

抗压疲劳变形试件尺寸为100 mm×100 mm×300 mm的棱柱体试件。试件应在振动台上成型,每组试件应至少为6个,其中3个用于测量试件的轴心抗压强度f_c,其余3个用于抗压疲劳变形性能试验。

(五)试验步骤

(1)全部试件应在标准养护室养护至28 d龄期后取出,并应在室温(20±5)℃存放至3个月龄期。

(2)试件应在龄期达3个月时从存放地点取出,应先将其中3块试件按照现行国家标准《普通混凝土力学性能试验方法标准》(GB/T 50081—2002)测定其轴心抗压强度f_c。

(3)对剩下的3块试件进行抗压疲劳变形试验。每一试件进行抗压疲劳变形试验前,应先在疲劳试验机上进行静压变形对中,对中时应采用两次对中的方式。首次对中的应力宜取轴心抗压强度f_c的20%(荷载可近似取整数,kN),第二次对中应力宜取轴心抗压强度f_c的40%。对中时,试件两侧变形值之差应小于平均值的5%,否则应调整试件位置,直至符合对中要求。

(4)抗压疲劳变形试验采用的脉冲频率宜为4 Hz。试验荷载(见图7-22)的上限应力σ_{max}宜取$0.66f_c$,下限应力σ_{min}宜取$0.1f_c$。有特殊要求时,上限应力和下限应力可根据要求选定。

(5)抗压疲劳变形试验中,应于每$1×10^5$次重复加载后,停机测量混凝土棱柱体试件的累积变形。测量宜在疲劳试验机停机后15 s内完成。应在对测试结果进行

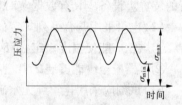

图7-22 试验荷载示意图

记录之后,继续加载进行抗压疲劳变形试验,直到试件破坏。若加载至$2×10^6$次,试件仍未破坏,可停止试验。

(六)评定

每组应取3个试件在相同加载次数时累积变形的算术平均值作为该组混凝土试件在等幅重复荷载下的抗压疲劳变形测定值,精确至0.001 mm/m。

十四、抗硫酸盐侵蚀试验

(一)适用范围

抗硫酸盐侵蚀试验适用于测定混凝土试件在干湿交替环境中,以能够经受的最大干湿循环次数来表示的混凝土抗硫酸盐侵蚀性能。

(二)采用标准

采用的标准为《普通混凝土长期性能和耐久性能试验方法标准》(GB/T 50082—2009)。

(三)试件

(1)尺寸为 100 mm × 100 mm × 100 mm 的立方体试件,每组应为 3 块。

(2)混凝土的取样、试件的制作和养护应符合本节"三、(三)试件的制作和养护"的要求。

(3)除制作抗硫酸盐侵蚀试验用试件外,还应按照同样方法,同时制作抗压强度对比用试件。试件组数应符合表 7-26 的要求。

表 7-26 抗硫酸盐侵蚀试验所需的试件组数

设计抗硫酸盐等级	KS15	KS30	KS60	KS90	KS120	KS150	KS150 以上
检查强度所需干湿循环次数	15	15 及 30	30 及 60	60 及 90	90 及 120	120 及 150	150 及设计次数
鉴定 28 d 强度所需试件组数	1	1	1	1	1	1	1
干湿循环试件组数	1	2	2	2	2	2	2
对比试件组数	1	2	2	2	2	2	2
总计试件组数	3	5	5	5	5	5	5

(四)试验设备和试剂

(1)干湿循环试验装置宜采用能使试件静止不动,浸泡、烘干及冷却等过程应能自动进行的装置。设备应具有数据实时显示、断电记忆及试验数据自动存储的功能。

(2)也可采用符合下列规定的设备进行干湿循环试验:

①烘箱应能使温度稳定在(80 ± 5)℃。

②容器应至少能够装 27 L 溶液,并应带盖,且应由耐盐腐蚀材料制成。

(3)试剂应采用化学纯无水硫酸钠。

(五)试验步骤

(1)试件应在养护至 28 d 龄期的前 2 d,将需进行干湿循环的试件从标准养护室取出。擦干试件表面水分,然后将试件放入烘箱中,并应在(80 ± 5)℃下烘 48 h。烘干结束后应将试件在干燥环境中冷却到室温。对于掺入掺合料比较多的混凝土,也可采用 56 d 龄期或者设计规定的龄期进行试验,这种情况应在试验报告中说明。

(2)试件烘干并冷却后,应立即将试件放入试件盒(架)中,相邻试件之间应保持 20 mm 间距,试件与试件盒侧壁的间距不应小于 20 mm。

(3)试件放入试件盒以后,应将配制好的 5% Na_2SO_4 溶液放入试件盒,溶液应至少超过最上层试件表面 20 mm,然后开始浸泡。从试件开始放入溶液,到浸泡过程结束的时间应为(15 ± 0.5)h。注入溶液的时间不应超过 30 min。浸泡龄期应从将混凝土试件移入 5% Na_2SO_4 溶液中起计时。试验过程中宜定期检查和调整溶液的 pH 值,可每隔 15 个循环测试一次溶液 pH 值,应始终维持溶液的 pH 值为 6~8。溶液的温度应控制在 25~30 ℃。也可不检测其 pH 值,但应每月更换一次试验用溶液。

(4)浸泡过程结束后,应立即排液,并应在 30 min 内将溶液排空。溶液排空后应将试件风干 30 min,从溶液开始排出到试件风干的时间应为 1 h。

（5）风干过程结束后应立即升温，应将试件盒内的温度升到80 ℃，开始烘干过程。升温过程应在30 min内完成。温度升到80 ℃后，应将温度维持在(80±5)℃。从升温开始到开始冷却的时间应为6 h。

（6）烘干过程结束后，应立即对试件进行冷却，从开始冷却到将试件盒内的试件表面温度冷却到25～30 ℃的时间应为2 h。

（7）每个干湿循环的总时间应为(24±2)h。然后应再次放入溶液，按照上述(3)～(6)的步骤进行下一个干湿循环。

（8）在达到表7-26规定的干湿循环次数后，应及时进行抗压强度试验。同时，应观察经过干湿循环后混凝土表面的破损情况并进行外观描述。当试件有严重剥落、掉角等缺陷时，应先用高强石膏补平后再进行抗压强度试验。

（9）当干湿循环试验出现下列三种情况之一时，可停止试验：

①当抗压强度耐蚀系数达到75%时。

②干湿循环次数达到150次。

③达到设计抗硫酸盐等级相应的干湿循环次数。

（10）对比试件应继续保持原有的养护条件，直到完成干湿循环后，与进行干湿循环试验的试件同时进行抗压强度试验。

（六）试验结果计算和处理

（1）混凝土抗压强度耐蚀系数应按下式进行计算

$$K_f = \frac{f_{cn}}{f_{c0}} \tag{7-74}$$

式中　K_f——抗压强度耐蚀系数(%)；

　　　f_{cn}——N次干湿循环后受硫酸盐腐蚀的一组混凝土试件的抗压强度测定值，MPa，精确至0.1 MPa；

　　　f_{c0}——与受硫酸盐腐蚀试件同龄期的标准养护的一组对比混凝土试件的抗压强度测定值，MPa，精确至0.1 MPa。

（2）f_{c0}和f_{cn}应以3个试件抗压强度试验结果的算术平均值作为测定值。当最大值或最小值与中间值之差超过中间值的15%时，应剔除此值，取其余两值的算术平均值作为测定值；当最大值和最小值均超过中间值的15%时，应取中间值作为测定值。

（3）抗硫酸盐等级应以混凝土抗压强度耐蚀系数下降到不低于75%时的最大干湿循环次数来确定，并应以符号KS表示。

十五、碱集料反应试验

（一）适用范围

碱集料反应试验适用于检验混凝土试件在温度38 ℃及潮湿条件养护下，混凝土中的碱与集料反应所引起的膨胀是否具有潜在危害，适用于碱－硅酸反应和碱－碳酸盐反应。

（二）采用标准

采用的标准为《普通混凝土长期性能和耐久性能试验方法标准》(GB/T 50082—2009)。

（三）仪器设备

（1）采用与公称直径分别为20 mm、16 mm、10 mm、5 mm的圆孔筛对应的方孔筛。

（2）称量设备的最大量程应分别为 50 kg 和 10 kg，感量应分别不超过 50 g 和 5 g，各一台。

（3）试模的内侧尺寸应为 75 mm×75 mm×275 mm，试模两个端板应预留安装测头的圆孔，孔的直径应与测头直径相匹配。

（4）测头（埋钉）的直径应为 5～7 mm，长度应为 25 mm。应采用不锈金属制成，测头均应位于试模两端的中心部位。

（5）测长仪的测量范围应为 275～300 mm，精度应为 ±0.001 mm。

（6）养护盒应由耐腐蚀材料制成，不应漏水，且应能密封。盒底部应装有（20±5）mm 深的水，盒内应有试件架，且应能使试件垂直立在盒中。试件底部不应与水接触。一个养护盒宜同时容纳 3 个试件。

（四）试验步骤

（1）原材料和设计配合比应按照下列规定准备：

①应使用硅酸盐水泥，水泥含碱量宜为（0.9±0.1）%（以 Na_2O 当量计，即 Na_2O + $0.658K_2O$）。可通过外加浓度为 10% 的 NaOH 溶液，使试验用水泥含碱量达到 1.25%。

②当试验用来评价细集料的活性时，应采用非活性的粗集料，粗集料的非活性也应通过试验确定，试验用细集料细度模数宜为 2.7±0.2。当试验用来评价粗集料的活性时，应用非活性的细集料，细集料的非活性也应通过试验确定。当工程用的集料为同一品种的材料时，应用该粗、细集料来评价活性。试验用粗集料应由三种级配：20～16 mm、16～10 mm 和 10～5 mm，各取 1/3 等量混合。

③每立方米混凝土水泥用量应为（420±10）kg，水灰比应为 0.42～0.45，粗集料与细集料的质量比应为 6∶4。试验中除可外加 NaOH 外，不得再使用其他的外加剂。

（2）试件应按下列规定制作：

①成型前 24 h，应将试验所用所有原材料放入（20±5）℃的成型室。

②混凝土搅拌宜采用机械拌和。

③混凝土应一次装入试模，应用捣棒和抹刀捣实，然后应在振动台上振动 30 s 或直至表面泛浆。

④试件成型后应带模一起送入（20±2）℃、相对湿度在 95% 以上的标准养护室中，应在混凝土初凝前 1～2 h，对试件沿模口抹平并应编号。

（3）试件养护及测量应符合下列要求：

①试件应在标准养护室中养护（24±4）h 后脱模，脱模时应特别小心不要损伤测头，并应尽快测量试件的基准长度。待测试件应用湿布盖好。

②试件的基准长度测量应在（20±2）℃的恒温室中进行。每个试件应至少重复测试两次，应取两次测值的算术平均值作为该试件的基准长度值。

③测量基准长度后应将试件放入养护盒中，并盖严盒盖。然后应将养护盒放入（38±2）℃的养护室或养护箱里养护。

④试件的测量龄期应从测定基准长度后算起，测量龄期应为 1 周、2 周、4 周、8 周、13 周、18 周、26 周、39 周和 52 周，以后可每半年测一次。每次测量的前一天，应将养护盒从（38±2）℃的养护室中取出，并放入（20±2）℃的恒温室中，恒温时间应为（24±4）h。试件各龄期的测量应与测量基准长度的方法相同，测量完毕后，应将试件调头放入养护盒中，并

盖严盒盖。然后应将养护盒重新放回(38±2)℃的养护室或者养护箱中继续养护至下一测试龄期。

⑤每次测量时,应观察试件有无裂缝、变形、渗出物及反应产物等,并应作详细记录。必要时可在长度测试周期全部结束后,辅以岩相分析等手段,综合判断试件内部结构和可能的反应产物。

(4)当碱集料反应试验出现以下两种情况之一时,可结束试验:

①在52周的测试龄期内的膨胀率超过0.04%。

②膨胀率虽小于0.04%,但试验周期已经达52周(或一年)。

(五)试验结果计算和处理

(1)试件的膨胀率应按下式计算

$$\varepsilon_t = \frac{L_t - L_0}{L_0 - 2\Delta} \times 100\% \tag{7-75}$$

式中　ε_t——试件在 t d 龄期的膨胀率(%),精确至0.001;

L_t——试件在 t d 龄期的长度,mm;

L_0——试件的基准长度,mm;

Δ——测头的长度,mm。

(2)每组应以3个试件测值的算术平均值作为某一龄期膨胀率的测定值。

(3)当每组平均膨胀率小于0.020%时,同一组试件中单个试件之间的膨胀率的差值(最高值与最低值之差)不应超过0.008%;当每组平均膨胀率大于0.020%时,同一组试件中单个试件的膨胀率的差值(最高值与最低值之差)不应超过平均值的40%。

第六节　混凝土强度检验评定

一、目的及使用范围

为了统一混凝土强度的检验评定方法,保证混凝土强度符合混凝土工程质量的要求。用于混凝土强度的检验评定。

二、采用标准

采用的标准为《混凝土强度检验评定标准》(GB/T 50107—2010)。

三、基本规定

(1)混凝土的强度等级应按立方体抗压强度标准值划分。混凝土强度等级应采用符号 C 与立方体抗压强度标准值(以 N/mm² 计)表示。

(2)立方体抗压强度标准值应为按标准方法制作和养护的边长为100 mm 的立方体试件,用标准试验方法在28 d 龄期测得的混凝土抗压强度总体分布中的一个值,强度低于该值的概率应为5%。

(3)混凝土强度应分批进行检验评定。一个检验批的混凝土应由强度等级相同、试验龄期相同、生产工艺条件和配合比基本相同的混凝土组成。

（4）对大批量、连续生产混凝土的强度应按规定的统计方法评定。对小批量或零星生产混凝土的强度应按规定的非统计方法评定。

四、混凝土的取样与试验

（一）混凝土的取样

（1）混凝土的取样宜根据本标准规定的检验评定方法要求制定检验批的划分方案和相应的取样计划。

（2）混凝土强度试样应在混凝土的浇筑地点随机抽取。

（3）试件的取样频率和数量应符合下列规定：

①每 100 盘，但不超过 100 m³ 的同配合比混凝土，取样次数不应少于一次。

②每一工作班拌制的同配合比混凝土，不足 100 盘和 100 m³ 时其取样次数不应少于一次。

③当一次连续浇筑的同配合比混凝土超过 1 000 m³ 时，每 200 m³ 取样不应少于一次。

④对于房屋建筑，每一楼层、同一配合比的混凝土，取样不应少于一次。

（4）每批混凝土试样应制作的试件总组数，除满足混凝土强度的检验评定规定的混凝土强度评定所必需的组数外，还应留置为检验结构或构件施工阶段混凝土强度所必需的试件。

（二）混凝土试件的制作与养护

（1）每次取样应至少制作一组标准养护试件。

（2）每组 3 个试件应由同一盘或同一车的混凝土中取样制作。

（3）检验评定混凝土强度用的混凝土试件，其成型方法及标准养护条件应符合现行国家标准《普通混凝土力学性能试验方法标准》（GB/T 50081—2002）的规定。

（4）采用蒸汽养护的构件，其试件应先随构件同条件养护，然后应置入标准养护条件下继续养护，两段养护时间的总和应为设计规定龄期。

（三）混凝土试件的试验

混凝土试件的立方体抗压强度试验应根据现行国家标准《普通混凝土力学性能试验方法标准》（GB/T 50081—2002）的规定执行。每组混凝土试件强度代表值的确定应符合下列规定：

（1）取 3 个试件强度的算术平均值作为每组试件的强度代表值。

（2）当一组试件中强度的最大值或最小值与中间值之差超过中间值的 15% 时，取中间值作为该组试件的强度代表值。

（3）当一组试件中强度的最大值和最小值与中间值之差均超过中间值的 15% 时，该组试件的强度不应作为评定的依据。

注：对掺矿物掺合料的混凝土进行强度评定时，可根据设计规定，采用大于 28 d 龄期的混凝土强度。

当采用非标准尺寸试件时，应将其抗压强度乘以尺寸折算系数，折算成边长为 100 mm 的标准尺寸试件抗压强度。尺寸折算系数按下列规定采用：

（1）当混凝土强度等级低于 C60 时，对边长为 100 mm 的立方体试件取 0.95，对边长为 200 mm 的立方体试件取 1.05。

(2)当混凝土强度等级不低于 C60 时,宜采用标准尺寸试件;使用非标准尺寸试件时,尺寸折算系数应由试验确定,其试件数量不应少于 30 组。

五、混凝土强度的检验评定

(一)统计方法评定

(1)采用统计方法评定时,应按下列规定进行:

①当连续生产的混凝土,生产条件在较长时间内保持一致,且同一品种、同一强度等级混凝土的强度变异性保持稳定时,应按本节"五、(一)(2)"的规定进行评定。

②其他情况应按本节"五、(一)(3)"的规定进行评定。

(2)一个检验批的样本容量应为连续的 3 组试件,其强度应同时符合下列规定

$$m_{f_{cu}} \geqslant f_{cu,k} + 0.7\sigma_0 \tag{7-76}$$

$$f_{cu,min} \geqslant f_{cu,k} - 0.7\sigma_0 \tag{7-77}$$

检验批混凝土立方体抗压强度的标准差应按下式计算

$$\sigma_0 = \sqrt{\frac{\sum\limits_{i=1}^{n} f_{cu,i}^2 - n m_{f_{cu}}^2}{n-1}} \tag{7-78}$$

当混凝土强度等级不高于 C20 时,其强度的最小值尚应满足下式要求

$$f_{cu,min} \geqslant 0.85 f_{cu,k} \tag{7-79}$$

当混凝土强度等级高于 C20 时,其强度的最小值尚应满足下列要求

$$f_{cu,min} \geqslant 0.90 f_{cu,k} \tag{7-80}$$

式中 $m_{f_{cu}}$ ——同一检验批混凝土立方体抗压强度的平均值,N/mm²,精确到 0.1 N/mm²;

$f_{cu,k}$ ——混凝土立方体抗压强度标准值,N/mm²,精确到 0.1 N/mm²;

σ_0 ——检验批混凝土立方体抗压强度的标准差,N/mm²,精确到 0.01 N/mm²,当检验批混凝土强度标准差 σ_0 计算值小于 2.0 N/mm² 时,应取 2.5 N/mm²;

$f_{cu,i}$ ——前一个检验期内同一品种、同一强度等级的第 i 组混凝土试件的立方体抗压强度代表值,N/mm²,精确到 0.1 N/mm²,该检验期不应少于 60 d,也不得大于 90 d;

n ——前一检验期内的样本容量,在该期间内样本容量不应少于45;

$f_{cu,min}$ ——同一检验批混凝土立方体抗压强度的最小值,N/mm²,精确到 0.1 N/mm²。

【例 7-1】 某混凝土搅拌公司生产的 C40 级混凝土,根据前一检验期的同类混凝土强度数据,统计求得混凝土立方体抗压强度的标准差 $\sigma_0 = 2.52$ MPa,现从该公司生产的 C40 级混凝土中,取得 9 批强度数据列于表中,请按标准差已知法评定每批混凝土强度是否合格。

解:(1)计算标准差 σ_0

$$\sigma_0 = 2.52 \text{ MPa} \qquad \text{由题已知}$$

(2)求验收界限。

平均值的验收界限为

$$[m_{f_{cu}}] = f_{cu,k} + 0.7\sigma_0$$

$$= 40 + 0.7 \times 2.52$$
$$= 41.8(\text{MPa})$$

最小值的验收界限为

$$[f_{\text{cu, min}}] = f_{\text{cu,k}} - 0.7\sigma_0$$
$$= 40 - 0.7 \times 2.52$$
$$= 38.2(\text{MPa})$$

由于混凝土强度等级高于 C20,其最小值应满足下式要求

$$[f_{\text{cu, min}}] = 0.90 f_{\text{cu,k}} = 0.90 \times 40.0 = 36.0(\text{MPa}) \tag{7-81}$$

取最大值作为最小值的验收界限:$[f_{\text{cu, min}}] = 38.2$ MPa。

以连续 3 组时间强度为一批,计算平均值和找出每批最小值与上述求出的平均值和最小值的验收界限相比,逐批进行评定,并将结果填入表 7-27 中。

表 7-27　混凝土强度合格评定

批号	1	2	3	4	5	6	7	8	9
强度代表值（MPa）	39.5	42.0	38.5*	43.0	40.0	40.0	46.0	48.0	42.0
	41.0	45.0	46.0	46.0	38.0*	39.5	45.5	44.0	41.0*
	38.5*	39.0*	42.0	39.0*	45.0	38.0*	42.0*	40.0*	43.0
平均值（MPa）	39.7	42.0	42.2	42.7	41.0	39.2	44.3	44.0	42.0
评定	不合格	合格	合格	合格	不合格	不合格	合格	合格	合格

注:* 为最小值。

(3)当样本容量不少于 10 组时,其强度应同时满足下列要求

$$m_{f_{\text{cu}}} \geq f_{\text{cu,k}} + \lambda_1 S_{f_{\text{cu}}} \tag{7-82a}$$
$$f_{\text{cu,min}} \geq \lambda_2 f_{\text{cu,k}} \tag{7-82b}$$

同一检验批混凝土立方体抗压强度的标准差应按下式计算

$$S_{f_{\text{cu}}} = \sqrt{\frac{\sum_{i=1}^{n} f_{\text{cu},i}^2 - n m_{f_{\text{cu}}}^2}{n-1}} \tag{7-83}$$

式中　$S_{f_{\text{cu}}}$——同一检验批混凝土立方体抗压强度的标准差,N/mm² ,精确到 0.01 N/mm²,

当检验批混凝土强度标准差 $S_{f_{\text{cu}}}$ 计算值小于 2.5 N/mm² 时,应取 2.5 N/mm²;

λ_1、λ_2——合格评定系数,按表 7-28 取用;

n——本检验期内的样本容量。

表 7-28　混凝土强度的合格评定系数

试件组数	10 ~ 14	15 ~ 19	≥20
λ_1	1.15	1.05	0.95
λ_2	0.90	0.85	

【例7-2】　某预制厂生产一批 C50 混凝土,取样制作 10 组试件,其28 d 标养强度 $f_{\text{cu},i}$ 分

别为 49.1 MPa、50.0 MPa、57.0 MPa、53.0 MPa、52.5 MPa、48.0 MPa、59.1 MPa、55.0 MPa、53.2 MPa、55.2MPa,采用标准差未知法评定该批混凝土强度是否合格。

解:(1)求该批的平均值

$$m_{f_{cu}} = \frac{1}{n}\sum_{i=1}^{n}f_{cu,i} = \frac{1}{10} \times (49.1 + 50.0 + 57.0 + \cdots + 55.2) = 53.2(MPa)$$

(2)计算标准差 $S_{f_{cu}}$

$$S_{f_{cu}} = \sqrt{\frac{\sum_{i=1}^{n}f_{cu,i}^2 - nm_{f_{cu}}^2}{n-1}} = 3.51(MPa) \tag{7-84}$$

(3)求该批的平均值的验收界限

$$\begin{aligned}[m_{f_{cu}}] &= f_{cu,k} + \lambda_1 S_{f_{cu}} \\ &= 50.0 + 1.15 \times 3.51 \\ &= 54.0(MPa)\end{aligned}$$

(4)求该批的最小值的验收界限

$$[f_{cu,min}] = \lambda_2 f_{cu,k} = 0.90 \times 50.0 = 45.0(MPa)$$

(5)找出 10 组中的最小值为:

$$f_{cu,min} = 48.0 MPa$$

(6)评定。

①平均值的评定: $m_{f_{cu}} = 53.2 MPa < [m_{f_{cu}}] = 54.0 MPa$

②最小值的评定: $f_{cu,min} = 48.0 MPa > [f_{cu,min}] = 45.0 MPa$

检验结果表明,两个评定条件中,由于实测的平均值小于验收界限,该批混凝土的强度未达到 C50 级质量要求。

(二)非统计方法评定

(1)当用于评定的样本容量小于 10 组时,应采用非统计方法评定混凝土强度。

(2)按非统计方法评定混凝土强度时,其强度应同时符合下列规定

$$\begin{aligned}m_{f_{cu}} &\geqslant \lambda_3 f_{cu,k} \\ f_{cu,min} &\geqslant \lambda_4 f_{cu,k}\end{aligned} \tag{7-85}$$

式中 λ_3、λ_4——合格评定系数,应按表 7-29 取用。

表 7-29 混凝土强度的非统计法合格评定系数

混凝土强度等级	< C60	≥C60
λ_3	1.15	1.10
λ_4	0.95	

【例7-3】 某施工现场拌制 C30 级混凝土,从中抽取 6 组试件,其强度分别为 35.0 MPa、32.0 MPa、34.0 MPa、27.0 MPa、30.0 MPa、34.0 MPa,按非统计法评定该批混凝土强度是否合格。

解:(1)计算平均值的验收界限

$$[m_{f_{cu}}] = \lambda_3 f_{cu,k} = 1.15 \times 30 = 34.5(MPa)$$

(2)计算最小值的验收界限

$$[f_{cu,min}] = \lambda_4 f_{cu,k} = 0.95 \times 30 = 28.5(MPa)$$

(3)计算实测值的平均值 $m_{f_{cu}}$

$$m_{f_{cu}} = \frac{1}{n} \sum_{i=1}^{6} f_{cu,i} = \frac{1}{6}(35.0 + 32.0 + \cdots + 34.0) = 32.0(MPa)$$

(4)找出最小值

$$f_{cu,min} = 27.0 \text{ MPa}$$

(5)检验结果的评定。

①平均值的条件

$$m_{f_{cu}} = 32.0 \text{ MPa} < [m_{f_{cu}}] = 34.5 \text{ MPa}$$

②最小值的条件

$$f_{cu,min} = 27.0 \text{ MPa} < [f_{cu,min}] = 28.5 \text{ MPa}$$

检验结果表明,两个评定条件均未满足要求,该批混凝土强度评为不合格,即混凝土的强度没有达到 C30 级的要求。

(三)混凝土强度的合格性评定

(1)当检验结果满足(一)、2、3 和(二)的规定时,则该批混凝土强度应评定为合格;当不能满足上述规定时,该批混凝土强度应评定为不合格。

(2)对被评定为不合格批的混凝土,可按国家现行的有关标准进行处理。

第七节　混凝土质量控制

一、目的及使用范围

为加强混凝土质量控制,促进混凝土技术进步,确保混凝土工程质量,本节适用于建设工程的普通混凝土质量控制。

二、采用标准

采用的标准为《混凝土质量控制标准》(GB 50164—2011)。

三、原材料质量控制

(一)水泥

(1)水泥品种与强度等级应根据设计、施工要求以及工程所处环境确定。对于一般建筑结构及预制构件的普通混凝土,宜采用通用硅酸盐水泥;高强混凝土和有抗冻要求的混凝土宜采用硅酸盐水泥或普通硅酸盐水泥;有预防混凝土碱集料反应要求的混凝土工程宜采用碱含量低于 0.6% 的水泥;大体积混凝土宜采用中、低热硅酸盐水泥或低热矿渣硅酸盐水泥。水泥应符合现行国家标准《通用硅酸盐水泥》(GB 175—2007)和《中热硅酸盐水泥　低热硅酸盐水泥　低热矿渣硅酸盐水泥》(GB 200—2003)的有关规定。

(2)水泥质量主要控制项目应包括凝结时间、安定性、胶砂强度、氧化镁和氯离子含量,碱含量低于 0.6% 的水泥主要控制项目还应包括碱含量,中、低热硅酸盐水泥或低热矿渣硅酸盐水泥主要控制项目还应包括水化热。

（3）水泥的应用应符合下列规定：

①宜采用新型干法窑生产的水泥。

②应注明水泥中的混合材品种和掺加量。

③用于生产混凝土的水泥温度不宜高于60 ℃。

（二）粗集料

（1）粗集料应符合现行行业标准《普通混凝土用砂、石质量及检验方法标准》（JGJ 52—2006）的规定。

（2）粗集料质量主要控制项目应包括颗粒级配、针片状颗粒含量、含泥量、泥块含量、压碎值指标和坚固性；用于高强混凝土的粗集料主要控制项目还应包括岩石抗压强度。

（3）粗集料在应用方面应符合下列规定：

①混凝土粗集料宜采用连续级配。

②对于混凝土结构粗集料最大粒径的规定：最大公称粒径不得大于构件截面最小尺寸的1/4，且不大于钢筋最小净间距的3/4；混凝土实心板，粗集料的最大公称粒径不宜大于板厚的1/3，且不得大于40 mm；大体积混凝土粗集料最大公称直径不宜小于31.5 mm。

③对有抗渗、抗冻、抗腐蚀、耐磨或其他特殊要求的混凝土粗集料中的含泥量和泥块含量分别不应大于1.0%和0.5%，坚固性检验的质量损失不应大于8%。

④对于高强混凝土，粗集料的岩石强度应至少比混凝土设计强度高30%；最大粒径不宜大于25 mm，针片状颗粒含量不宜小于5%且不应大于8%；含泥量和泥块含量分别不应大于0.5%和0.2%。

⑤对粗集料或用于制作粗集料的岩石，应进行碱活性检验，包括碱硅酸盐反应活性检验和碱碳酸盐反应活性检验；对于有预防混凝土碱集料反应要求的混凝土工程，不宜采用有碱活性的粗集料。

（三）细集料

（1）细集料应符合现行行业标准《普通混凝土用砂、石质量及检验方法标准》（JGJ 52—2006），混凝土用海砂应符合现行行业标准《海砂混凝土应用技术规范》（JGJ 206—2010）的有关规定。

（2）细集料质量主要控制项目包括颗粒级配、细度模数、含泥量、泥块含量、坚固性、氯离子含量和有害物质含量；海砂主要控制项目除包括上述要求外，还应包括贝壳含量；人工砂主要控制项目除包括上述指标外，还应包括石粉含量和压碎值指标，人工砂主要控制项目可不包含氯离子含量和有害物质含量。

（3）细集料的应用应符合下列规定：

①泵送混凝土宜采用中砂，且300 μm筛孔的颗粒通过量不宜少于15%。

②对于有抗渗、抗冻或其他有特殊要求的混凝土，砂中的含泥量和泥块含量分别不应大于3.0%和1.0%，坚固性检验的质量损失不应大于8%。

③对于高强混凝土，砂的细度模数宜控制在2.6~3.0范围之内。含泥量和泥块含量分别不应大于2.0%和0.5%。

④钢筋混凝土和预应力混凝土用砂的氯离子含量分别不应大于0.06%和0.02%。

⑤混凝土用海砂应经过净化处理。

⑥混凝土用海砂氯离子含量不应大于 0.03%，贝壳含量应符合规定（见表 7-30）。海砂不得用于预应力混凝土。

表 7-30　混凝土用海砂的贝壳含量　　　　　　　　　　　　（按质量计,%）

混凝土强度等级	≥C60	C55 ~ C40	C35 ~ C30	C25 ~ C15
贝壳含量	≤3	≤5	≤8	≤10

⑦人工砂中石粉含量应符合表 7-31 的规定。

表 7-31　人工砂中石粉含量　　　　　　　　　　　　　　　（%）

混凝土强度等级		≥C60	C55 ~ C30	≤C25
石粉含量	MB < 1.4	≤5.0	≤7.0	≤10.0
	MB≥1.4	≤2.0	≤3.0	≤5.0

注:MB 值是用于判定人工砂斗粒径小于 75 μm 颗粒含量主要是泥土还是与被加工母岩化学成分相同的石粉指标。

⑧不宜单独采用特细砂作为细集料配制混凝土。

⑨河砂、海砂应进行碱硅酸反应活性试验;人工砂应进行碱硅酸反应活性检验和碱碳酸盐反应活性检验;对于有预防混凝土碱集料反应要求的工程,不宜采用有碱活性的砂。

(四)矿物掺合料

(1)用于混凝土中的矿物掺合料包括粉灰,粒化高炉矿渣粉、硅灰、沸石粉、钢渣粉、磷渣粉;可采用两种或两种以上的矿物掺合料按一定比例混合使用。粉煤灰应符合现行国家标准《用于水泥和混凝土中的粉煤灰》(GB/T 1596—2005)的有关规定,粒化高炉矿渣粉应符合现行国家标准《用于水泥和混凝土中的粒化高炉矿渣粉》(GB/T 18046—2008)的有关规定,钢渣粉应符合现行国家标准《用于水泥和混凝土中的钢渣粉》(GB/T 2491—2003)的有关规定,其他矿物掺合料应符合相关现行国家标准的规定并满足混凝土性能要求;矿物掺合料的放射性应符合现行国家标准《建筑材料放射性核素限量》(GB 6566—2010)的有关规定。

(2)粉煤灰的主要控制项目应包括细度、需水量比、烧失量和三氧化硫含量,C 类粉煤灰的主要控制项目还应包括游离氧化钙含量和安定性;粒化高炉矿渣粉的主要控制项目应包括比表面积、活性指数和流动度比、游离氧化钙含量、三氧化硫含量、活性指数、流动度比、五氧化二磷含量和安定性;硅灰的主要控制项目应包括比表面积和二氧化硅含量。矿物掺合料的主要控制项目还应包括放射性。

(3)矿物掺合料的应用应符合下列规定:

①掺用矿物掺合料的混凝土宜采用硅酸盐水泥和普通硅酸盐水泥。

②在混凝土中掺用矿物掺合料时,矿物掺合料的种类和掺量应经试验确定。

③矿物掺合料宜与高效减水剂同时使用。

④对于高强混凝土或有抗渗、抗冻、抗腐蚀、耐磨等其他要求的混凝土,不宜掺用低于 Ⅱ 级的粉煤灰。

⑤对于高强混凝土和有耐腐蚀要求的混凝土,当需要采用硅灰时,不宜采用二氧化硅含量小于 90% 的硅灰。

（五）外加剂

（1）外加剂应符合国家现行标准《混凝土外加剂》（GB 8076—2008）、《混凝土防冻剂》（JC 475—2004）和《混凝土膨胀剂》（GB 23439—2009）的有关规定。

（2）外加剂质量主要控制项目应包括掺外加剂混凝土性能和外加剂匀质性两方面，混凝土性能方面的主要控制项目应包括减水率、凝结时间差和抗压强度比，外加剂匀质性方面的主要控制项目应包括 pH 值、氯离子含量和碱含量；引气剂和引气减水剂主要控制项目还应包括含气量；防冻剂主要控制项目还应包括含气量和 50 次冻融强度损失率比，膨胀剂主要控制项目还应包括凝结时间、限制膨胀率和抗压强度。

（3）外加剂的应用除应符合现行国家标准《混凝土外加剂应用技术规范》（GB 50119—2003）的有关规定外，尚应符合下列规定：

①在混凝土中掺用外加剂时，外加剂应与水泥具有良好的适应性，其种类和掺量应经试验确定。

②高强混凝土宜采用高效能减水剂，有抗冻要求的混凝土宜采用引气剂或引气减水剂，大体积混凝土宜采用缓凝剂或缓凝减水剂，混凝土冬期施工可采用防冻剂。

③外加剂中氯离子含量和碱含量应满足混凝土设计要求。

④宜采用液态外加剂。

（六）水

（1）混凝土用水应符合《混凝土用水标准》（JGJ 63—2006）的有关规定。

（2）混凝土用水主要控制项目应包括 pH 值、不溶物含量、可溶物含量、硫酸根离子含量、氯离子含量、水泥凝结时间差、水泥胶砂强度比。当混凝土集料为碱活性时还应包括碱含量。

（3）混凝土用水的应用应符合下列规定：

①未经处理的海水严禁用于钢筋混凝土和预应力混凝土。

②当集料具有碱活性时，混凝土用水不得采用混凝土企业生产设备洗刷水。

四、混凝土性能要求

（一）拌和物性能

（1）混凝土拌和物性能应满足设计和施工要求。混凝土拌和物性能试验方法应符合现行国家标准《普通混凝土拌和物性能试验方法标准》（GB/T 50080—2002）的有关规定，坍落度经时损失试验方法应符合本标准附录 A 的规定。

（2）混凝土拌和物的稠度可采用坍落度、维勃稠度或扩展度表示。坍落度检验适用于坍落度不小于 10 mm 的混凝土拌和物，维勃稠度检验适用于维勃稠度 5~30 s 的混凝土拌和物，扩展度适用于泵送高强混凝土和自密实混凝土。坍落度、维勃稠度和扩展度的等级划分及其稠度允许偏差应分别符合表 7-32~表 7-35 的规定。

（3）混凝土拌和物应在满足施工要求的前提下，尽可能采用较小的坍落度，泵送混凝土拌和物坍落度设计值不宜大于 180 mm。

（4）泵送高强度的扩展度不宜小于 500 mm，自密实混凝土的扩展度不宜小于 600 mm。

（5）混凝土拌和物的坍落度经时损失不应影响混凝土的正常施工，泵送混凝土拌和物的坍落度经时损失不宜大于 30 mm/h。

表 7-32　混凝土拌和物的坍落度等级划分

等级	坍落度(mm)	等级	坍落度(mm)
S1	10 ~ 40	S2	50 ~ 30
S3	100 ~ 150	S4	160 ~ 210
S5	≥220		

表 7-33　混凝土拌和物的维勃稠度等级划分

等级	维勃稠度(s)	等级	维勃稠度(s)
V0	≥31	V1	30 ~ 21
V2	20 ~ 11	V3	10 ~ 6
V4	5 ~ 3		

表 7-34　混凝土拌和物的扩展度等级划分

等级	扩展度(mm)	等级	扩展度(mm)
F1	≤340	F4	490 ~ 550
F2	350 ~ 410	F5	560 ~ 620
F3	420 ~ 480	F6	≥630

表 7-35　混凝土拌和物稠度允许偏差

拌和物性能		允许偏差		
坍落度(mm)	设计值	≤40	50 ~ 90	≥100
	允许偏差	±10	±20	±30
维勃稠度(s)	设计值	≥11	10 ~ 6	≤5
	允许偏差	±3	±2	±1
扩展度(mm)	设计值	≥350		
	允许偏差	±30		

(6)混凝土拌和物应有良好的和易性,并不得离析或泌水。

(7)混凝土拌和物的凝结时间应满足施工要求和混凝土性能要求。

(8)混凝土拌和物中水溶性氯离子最大含量应符合表 7-36 的要求。混凝土拌和物中水溶性氯离子含量应按照现行行业标准《水运工程混凝土试验规程》(JTJ 270—1998)中混凝土拌和物中氯离子含量的快速测定方法或其他准确度更好的方法进行测定。

(9)掺用引气剂或引气型外加剂混凝土拌和物的含气量宜符合表 7-37 的规定。

(二)力学性能

(1)混凝土的力学性能应满足设计和施工的要求。混凝土力学性能试验方法应符合现行国家标准《普通混凝土力学性能试验方法标准》(GB/T 50081—2002)的有关规定。

表7-36 混凝土拌和物中水溶性氯离子最大含量(水泥用量的质量百分比,%)

环境条件	水溶性氯离子最大含量		
	钢筋混凝土	预应力混凝土	素混凝土
干燥环境	0.30		
潮湿但不含氯离子	0.20	0.06	1.00
潮湿且含氯离子的环境、盐渍土环境	0.10		
除冰盐等侵蚀性物质的腐蚀环境	0.06		

表7-37 混凝土含气量

粗集料最大公称粒径(mm)	混凝土含气量(%)
20	≤5.5
25	≤5.0
40	≤4.5

(2)混凝土强度等级应按立方体抗压强度标准值(MPa)划分为 C10、C15、C20、C25、C30、C35、C40、C45、C50、C55、C60、C65、C70、C75、C80、C85、C90、C95 和 C100。

(3)混凝土抗压强度应按现行国家标准《混凝土强度检验评定标准》(GB/T 50107—2010)的有关规定进行检验评定,并应合格。

(三)长期性能和耐久性能

(1)混凝土的长期性能和耐久性能应满足设计要求,试验方法应符合现行国家标准《普通混凝土长期性能和耐久性能试验方法标准》(GB/T 50082—2009)的有关规定。

(2)混凝土抗冻性能、抗水渗透性能和抗硫酸盐侵蚀性能的等级划分应符合表7-38 的规定。

表7-38 混凝土抗冻性能、抗水渗透性能和抗硫酸盐侵蚀性能的等级划分

抗冻等级(快冻法)	抗冻标号(慢冻法)	抗渗等级	抗硫酸盐等级
F50	F250	D50	P4	KS30
F100	F300	D100	P6	KS60
F150	F350	D150	P8	KS90
F200	F400	D200	P10	KS120
>F400		>D200	P12	KS150
			>P12	>KS150

(3)混凝土抗氯离子渗透性能的等级划分应符合下列规定:

①当采用氯离子迁移系数(RCM 法)划分混凝土抗氯离子渗透性能的等级时,应符合表7-39的规定,且混凝土龄期应为 84 d。

表 7-39　混凝土抗氯离子渗透性能的等级划分(RCM 法)

等级	RCM - Ⅰ	RCM - Ⅱ	RCM - Ⅲ	RCM - Ⅳ	RCM - Ⅴ
氯离子迁移系数 D_{RCM}(RCM 法) ($\times 10^{-12}$ m²/s)	$D_{RCM} \geq 4.5$	$3.5 \leq D_{RCM} < 4.5$	$2.5 \leq D_{RCM} < 3.5$	$1.5 \leq D_{RCM} < 2.5$	$D_{RCM} < 1.5$

②当采用电通量划分混凝土抗氯离子渗透性能等级时,应符合表 7-40 的规定,且混凝土龄期宜为 28 d。当混凝土中水泥混合材料与矿物掺合料之和超过胶凝材料用量的 50%时,测试龄期可为 56 d。

表 7-40　混凝土抗氯离子渗透性能的等级划分(电通量法)

等级	Q - Ⅰ	Q - Ⅱ	Q - Ⅲ	Q - Ⅳ	Q - Ⅴ
电通量 Q(C)	$Q \geq 4000$	$2000 \leq Q < 4000$	$1000 \leq Q < 2000$	$500 \leq Q < 1000$	$Q < 500$

(4)混凝土抗碳化性能等级划分应符合表 7-41 的规定。

表 7-41　混凝土抗碳化性能的等级划分

等级	T - Ⅰ	T - Ⅱ	T - Ⅲ	T - Ⅳ	T - Ⅴ
碳化深度 d(mm)	$d \geq 30$	$20 \leq d < 30$	$10 \leq d < 20$	$0.1 \leq d < 10$	$d < 0.1$

(5)混凝土早期抗裂性能等级划分应符合表 7-42 的规定。

表 7-42　混凝土早期抗裂性能的等级划分

等级	L - Ⅰ	L - Ⅱ	L - Ⅲ	L - Ⅳ	L - Ⅴ
单位面积上的总开裂面积 c(mm²/m²)	$c \geq 1000$	$700 \leq c < 1000$	$400 \leq c < 700$	$100 \leq c < 400$	$c < 100$

(6)混凝土耐久性能应按现行行业标准《混凝土耐久性能检验评定标准》(JGJ/T 193—2009)的有关规定进行检查评定,并应合格。

五、配合比控制

(1)混凝土配合比设计应符合现行行业标准《普通混凝土配合比设计规程》(JGJ 55—2011)的有关规定。

(2)混凝土配合比应满足混凝土施工性能要求,强度以及其他力学性能和耐久性能应符合设计要求。

(3)对首次使用,使用时间隔超过 90 d 的配合比应进行开盘鉴定,开盘鉴定应符合下列规定:

①生产使用的原材料应与配合比设计一致。

②混凝土拌和物性能应满足施工要求。

③混凝土强度设定应符合设计要求。

④混凝土耐久性能应符合设计要求。

（4）在混凝土配合比使用过程中，应根据混凝土质量的动态信息及时调整。

六、生产控制水平

（1）混凝土工程宜采用预拌混凝土。

（2）混凝土生产控制水平可按强度校准差 σ 和实测强度达到强度标准值组数的百分率 P 表征。

（3）混凝土的强度标准差 σ 应按式（7-86）计算，并宜符合表 7-43 的规定。

$$\sigma = \sqrt{\frac{\sum_{i=1}^{n} f_{cu,i}^2 - n m_{f_{cu}}^2}{n-1}} \tag{7-86}$$

式中　σ——混凝土强度标准差，精确到 0.1 MPa；

$f_{cu,i}$——统计周期内第 i 组混凝土立方体试件抗压强度值，精确到 0.1 MPa；

$m_{f_{cu}}$——统计周期内 n 组混凝土立方体试件抗压强度的平均值，精确到 0.1 MPa；

n——统计周期内相同强度等级混凝土立方体试件组数，n 值不应小于 30。

表 7-43　混凝土强度标准差　　　　　　　（单位：MPa）

生产场所	强度标准差		
	< C20	C20 ~ C40	≥C45
预拌混凝土搅拌站、预制混凝土构件厂	≤3.0	≤3.5	≤4.0
施工现场搅拌站	≤3.5	≤4.0	≤4.5

（4）统计周期内实测强度达到强度标准值组数的百分率 P 应按式（7-87）计算，且 P 值不应小于 95%，精度为 0.1%

$$P = n_0/n \times 100\% \tag{7-87}$$

式中　P——统计周期内达到强度标准值组数的百分率，精度 0.1%；

n_0——统计周期内相同强度等级混凝土达到强度标准值的试件组数。

（5）预拌混凝土搅拌站和预制混凝土构件厂的统计周期可取一个月；施工现场搅拌站的统计周期可根据情况确定，但不宜超过三个月。

七、生产与施工质量控制

（一）施工前

混凝土生产施工前应制订完整的技术方案，并做好各项准备工作。

（二）运输和浇筑成型

混凝土拌和物在运输和浇筑成型过程中严禁加水。

（三）原材料进场

（1）混凝土原材料进场时，供方应按规定批次向需方提供质量证明文件。质量证明文件包括型式检验报告、出厂检验报告、合格证明等，外加剂产品应有使用说明书。

(2)原材料进场后,应按本标准行 7.1 节的规定进行进场检验。

(3)水泥应按不同厂家、不同品种和强度等级分批存储,并应采取防潮措施;出现结块的水泥不能用于混凝土工程;水泥出厂超过 3 个月(硫铝酸盐水泥超过 45 d),应进行复检,合格者方可使用。

(4)粗、细集料堆场应有遮雨设施,并应符合有关环境保护的规定;粗、细集料应按不同品种、规格分别堆放,不得混入杂物。

(5)矿物掺合料存储时,应有明显标记,不同矿物掺合料与水泥不得混杂堆放,应防潮防雨,并应符合环境保护的规定,矿物掺合料存储期超 3 个月时,应进行复检,合格者方可使用。

(6)外加剂的送检样品应与工程大批量进货一致,并应按不同的供货单位、品种和牌号进行标示,单独存放;粉状外加剂应防止受潮结块,如有结块应进行检验,合格者应经粉碎至全部通过 600 μm 筛孔后方可使用;液态外加剂应储存在密封容器内,并应防晒和防冻,如有沉淀等异常现象,应经检验合格后方可使用。

(四)计量

(1)原材料计量宜采用电子计量设备。计量设备的精度应符合现行国家标准《混凝土搅拌站(楼)》(GB/T 10171—2005)的有关规定,应具有法定计量部门签发的有效检定证书,并应定期校检。混凝土生产单位每月应自检 1 次;每一工作班开始前,应对计量设备进行零点校准。

(2)每盘混凝土原材料计量的允许偏差应符合表 7-44 的规定,原材料计量偏差应每班检查 1 次。

表 7-44　各种原材料计量的允许偏差　　　　　　　　(按质量计,%)

原材料种类	计量允许偏差	原材料种类	计量允许偏差
胶凝材料	±2	拌和用水	±1
粗、细集料	±3	外加剂	±1

(3)对于原材料计量,应根据粗、细集料含水率的变化,及时调整粗、细集料和拌和用水的称量。

(五)搅拌

(1)混凝土搅拌机应符合现行国家标准《混凝土搅拌机》(GB/T 9142—2000)的有关规定。混凝土搅拌宜采用强制式搅拌机。

(2)原材料投料方式应满足混凝土搅拌技术要求和混凝土拌和物质量要求。

(3)混凝土搅拌的最短时间可按表 7-45 采用。当搅拌高强度混凝土时,搅拌时间应适当延长;当采用自落式搅拌机时,搅拌时间宜延长 30 s。对于双卧轴强制式搅拌机,可在保证搅拌均匀的情况下适当缩短搅拌时间。混凝土搅拌时间应每班检查 2 次。

(4)同一盘混凝土的搅拌匀质性应符合下列规定:

①混凝土中砂浆密度两次测值的相对误差不应大于 0.8%。

②混凝土稠度两次测量的差值不大于表 7-35 规定的混凝土拌和物稠度允许偏差的绝对值。

(5)冬期施工搅拌混凝土时,宜优先采用加热水的方法提高拌和物温度,也可同时采用加热集料的方法提高拌和物温度,当拌和用水和集料加热时,拌和用水和集料的加热温度不应超过表7-46的规定;当集料不加热时,拌和用水可加热到60 ℃以上。应先投入集料和热水进行搅拌,然后再投入胶凝材料等共同搅拌。

表7-45　混凝土搅拌的最短时间　　　　　　　　　　（单位:s）

混凝土坍落度（mm）	搅拌机机型	搅拌机出料量(L)		
		< 250	250 ~ 500	> 500
≤40	强制式	60	90	120
>40 且 < 100		60	60	90
≥100		60		

注:混凝土搅拌最短时间系指全部材料装入搅拌筒,到开始卸料为止。

表7-46　拌和用水和集料的最高加热温度　　　　　（单位:℃）

采用的水泥品种	拌和用水	集料
硅酸盐水泥和普通硅酸盐水泥	60	40

（六）运输

（1）在运输过程中,应控制混凝土不离析、不分层,并应控制混凝土拌和物性能满足施工要求。

（2）当采用机械翻斗车运输混凝土时,道路应平整。

（3）当采用搅拌罐车运送混凝土拌和料时,搅拌罐车在冬期应有保温措施。

（4）当采用搅拌罐车运送混凝土拌和物时,卸料前应采用快挡旋转搅拌罐不少于20 s。因运距过远、交通或现场等问题造成坍落度损失较大而卸料困难时,可采取在混凝土拌和物中掺入适当减水剂并用快挡旋转搅拌罐的措施,减水剂掺量应有经试验确定的预案。

（5）当采用泵送混凝土时,混凝土运输应保证混凝土连续泵送,并应符合现行行业标准《混凝土泵送技术规程》(TGT/T 10—95)的有关规定。

（6）混凝土拌和物从搅拌机卸出至施工现场接收的时间间隔不宜大于90 min。

（七）浇筑成型

（1）浇筑混凝土前,先检查并控制模板、钢筋、保护层和预埋件等的尺寸、规格、数量和位置,其偏差值应符合《混凝土结构工程施工质量验收规范》(GB 50204—2011)的有关规定,并应检查模板支撑的稳定性以及接缝的密合情况,应保证模板在混凝土浇筑过程中不失稳、不跑模、不漏浆。

（2）浇混凝土前,应清除模板内以及垫层上的杂物,表面干燥的地基土、垫层、木模板应浇水湿润。

（3）当夏季天气炎热时,混凝土拌和物入模温度不应高于35 ℃,宜选择晚间或夜间浇筑混凝土;当现场温度高于35 ℃时,宜对金属模板进行浇水降温,但不得留有积水,并宜采取遮挡措施避免阳光照射金属模板。

（4）当冬期施工时,混凝土拌和物入模温度不应低于5 ℃,并应有保温措施。

（5）在浇筑过程中,应有效控制混凝土的均匀性、密实性和整体性。

(6)泵送混凝土输送管道最小内径宜符合表 7-47 的规定;混凝土输送泵的泵压应与混凝土拌和物特性和泵送高度相匹配;泵送混凝土的输送管道应支撑稳定、不漏浆,冬期应有保温措施,当夏季施工现场最高气温超过 40 ℃时,应有隔热措施。

表 7-47　泵送混凝土输送管道的最小内径　　　　　　　　（单位:mm）

粗集料最大公称粒径	输送管道最小内径
25	125
40	150

(7)不同配合比或不同强度等级泵送混凝土在同一时间段交替浇筑时,输送管道中的混凝土不得混入其他不同配合比或不同强度等级的混凝土。

(8)当混凝土自由倾落高度大于 3.0 m 时,宜采用串筒、溜管或振动溜管等辅助设备。

(9)浇筑竖向尺寸较大的结构物时,应分层浇筑,每层浇筑厚度宜控制在 300 ~ 350 mm;大体积混凝土宜采用分层浇筑方法,可利用自然流淌形成斜坡沿高度均匀上升,分层厚度不应大于 500 mm;对于清水混凝土浇筑,可多安排振捣棒,应边浇筑混凝土边振捣,宜连续成型。

(10)自密实混凝土浇筑布料点应结合拌和物特性选择适宜的间距,必要时可以通过试验确定混凝土布料点下料间距。

(11)应根据混凝土拌和物特性及混凝土结构、构件或制品的制作方式选择适当的振捣方式与振捣时间。

(12)混凝土振捣宜采用机械振捣。当施工无特殊要求时,可采用振捣棒进行捣实,插入间距不应大于振捣棒振动作用半径的一倍,连续多层浇筑时,振捣棒应插入下层拌和物约 50 mm 进行振捣;当浇筑厚度不大于 200 mm 表面积较大的平面结构或构件时,宜采用表面振动成型;当采用干硬性混凝土拌和物浇筑成型混凝土制品时,宜采用振动台或表面加压振动成型。

(13)振捣时间宜按拌和物稠度和振捣部位等不同情况,控制在 10 ~ 30 s 内,当混凝土拌和物表面出现泛浆,基本无气泡逸出时,可视为捣实。

(14)混凝土拌和物从搅拌机卸出后到浇筑完毕的延续时间不宜超过表 7-48 的规定。

表 7-48　混凝土拌和物从搅拌机卸出后到浇筑完毕的延续时间　　　（单位:min）

混凝土生产地点	气温	
	≤25 ℃	>25 ℃
预拌混凝土搅拌站	150	120
施工现场	120	90
混凝土制品厂	90	60

(15)在混凝土浇筑的同时,应制作供结构或构件出池、拆模、吊装、张拉、放张和强度合格评定用的同条件养护试件,并应按设计要求制作抗冻、抗渗或其他性能试验用的试件。

(16)在混凝土浇筑及静置过程中,应在混凝土终凝前对浇筑面进行抹面处理。

（17）混凝土构件成型后，在强度达到 1.2 MPa 以前，不得在构件上面踩踏行走。

（八）养护

（1）生产和施工单位应根据结构、构件或制品情况、环境条件、原材料情况以及对混凝土性能的要求等，提出施工养护方案或生产养护制度，并应严格执行。

（2）混凝土施工可采用浇水、覆盖保湿、喷涂养护剂、冬季蓄热养护等方法进行养护，混凝土构件或制品厂生产可采用蒸汽养护、湿热养护或潮湿自然养护等方法进行养护。选择的养护方法应满足施工养护方案或生产养护制度的要求。

（3）采用塑料薄膜覆盖养护时，混凝土全部表面应覆盖严密，并应保持膜内有凝结水；采用养护剂养护时，应通过试验检验养护剂的保湿效果。

（4）对于混凝土浇筑面，尤其是平面结构，宜边浇筑成型边采用塑料薄膜覆盖保湿。

（5）混凝土施工养护时间应符合下列规定：

①对于采用硅酸盐水泥、普通硅酸盐水泥或矿渣硅酸盐水泥配置的混凝土，采用浇水和潮湿覆盖的养护时间不得少于 7 d。

②对于采用粉煤灰硅酸盐水泥、火山灰质硅酸盐水泥、复合硅酸盐水泥配制的混凝土，或掺加缓凝剂的混凝土以及掺大量矿物掺合料混凝土，采用浇水和潮湿翻盖的养护时间不得少于 14 d。

③对于竖向混凝土结构，养护时间宜适当延长。

（6）混凝土构件或制品厂的混凝土养护应符合下列规定：

①采用蒸汽养护或湿热养护时，养护时间和养护制度应满足混凝土及其制品性能的要求。

②采用蒸汽养护时，应分为静停、升温、恒温和降温四个养护阶段。混凝土成型后的静停时间不宜少于 2 h，升温速度不宜超过 25 ℃/h，降温速度不宜超过 20 ℃/h，最高和恒温温度不宜超过 65 ℃；混凝土构件或制品在出池或撤除养护措施前，应进行温度测量，当表面与外界温差不大于 20 ℃时，构件方可出池或撤除养护措施。

③采用潮湿自然养护时，应符合本节（八）（2）～（5）条的规定。

（7）对于大体积混凝土，养护过程应进行温度控制，混凝土内部和表面温差不宜超过 25 ℃，表面与外界温差不宜大于 20 ℃。

（8）对于冬期施工的混凝土，养护应符合下列规定：

①当日均气温低于 5 ℃时，不得采用浇水自然养护方法。

②混凝土受冻前的强度不得低于 5 MPa。

③模板和保温层应在混凝土冷却到 5 ℃时方可拆除，或在混凝土表面温度与外界温度相差不大于 20 ℃时拆模，拆模后的混凝土亦应及时覆盖，使其慢慢冷却。

④混凝土强度达到设计强度等级的 50% 时，方可撤除养护措施。

八、混凝土质量检验

（一）混凝土原材料质量检验

（1）原材料进场时，应按规定批次验收型式检验报告、出厂检验报告或合格证等质量证明文件，外加剂产品还应具有使用说明书。

（2）混凝土原材料进场时应进行检验，检验样品应随机抽取。

（3）混凝土原材料检验批量应符合下列规定：

①散装水泥应按每500 t为一个检验批，袋装水泥应按每200 t为一个检验批；粉煤灰或粒化高炉矿渣粉等矿物掺合料应按每200 t为一个检验批，硅灰应按每30 t为一个检验批，砂、石集料应按每400 m³或600 t为一个检验批，外加剂应按每50 t为一个检验批，水应按同一水源不小于一个检验批。

②当符合下列条件之一时，可将检验批量扩大一倍：

a.对经产品认证机构认证符合要求的产品。

b.来源稳定且连续三次检验合格。

c.同一厂家的同批出厂材料，用于同时施工且属同一工程项目的多个单位工程。

③不同批次或非连续供应的不足一个检验批量的混凝土原材料应作为一个检验批。

（4）原材料的质量应符合本节"三原材料质量控制"的规定。

（二）混凝土拌和物性能检验

（1）在生产施工过程中，应在搅拌地点和浇筑地点分别对混凝土拌和物进行抽样检验。

（2）混凝土拌和物检验频率应符合下列规定：

①混凝土坍落度取样检验频率应符合现行国家标准《混凝土强度检验评定标准》（GB/T 50107—2010）的有关规定。

②同一工程、同一配合比、采用同一批次水泥和外加剂的混凝土的凝结时间应至少检验1次。

③同一工程、同一配合比的混凝土氯离子含量应至少检验1次，同一工程、同一配合比和采用同一批次海砂的混凝土的氯离子含量应至少检验1次。

（3）混凝土拌和物性能应符合本节"四（一）拌和物性能"的规定。

（三）硬化混凝土性能检验

（1）硬化混凝土性能检验应符合下列规定：

①强度检验应符合现行国家标准《混凝土强度检验评定标准》（GB/T 50107—2010）的有关规定，其他力学性能检验应符合设计要求和有关标准规定。

②耐久性能检验评定应符合现行行业标准《混凝土耐久性检验评定标准》（JGJ/T 193—2009）的有关规定。

③长期性能检验规则可按现行行业标准《混凝土耐久性检验评定标准》（JGJ/T 193—2009）中耐久性检验的有关规定执行。

（2）混凝土力学性能应符合本节"四（二）力学性能"的规定，长期性能和耐久性能应符合本节"四（三）长期性能和耐久性能"的规定。

（四）坍落度经时损失试验方法

（1）本方法适用于混凝土坍落度经时损失的测定。

（2）取样与试样的制备应符合现行国家标准《普通混凝土拌合物性能试验方法标准》（GB/T 50080—2002）的有关规定。

（3）检测混凝土拌和物卸出搅拌机时的坍落度应按现行国家标准《普通混凝土拌合物性能试验方法标准》（GB/T 50080—2002）的有关规定执行，应在坍落度试验后立即将混凝土拌和物装入不吸水的容器内密闭搁置1 h，然后应将混凝土拌和物倒入搅拌机内搅拌20 s，卸出搅拌机后应再次测试混凝土拌和物的坍落度。

(4)前后两次坍落度之差即为坍落度经时损失,计算应精确到 5 mm。

第八节　预拌混凝土

一、定义

预拌混凝土是指水泥、集料、水以及根据需要掺入的外加剂、矿物掺合料等组分按一定比例,在搅拌站经计量、拌制后出售的并采用运输车,在规定的时间内运至使用地点的混凝土拌和物。

二、适用范围

适用于集中搅拌站生产的预拌混凝土,不包括运送到交货地点后的混凝土浇筑、振捣及养护。

三、采用标准

采用的标准为《预拌混凝土》(GB/T 14902—2003)。

四、分类及标记

(一)分类

预拌混凝土根据特性要求分为通用品和特制品。

1.通用品

通用品应在下列范围内规定混凝土强度等级、坍落度及粗集料最大公称粒径:

强度等级:不大于 C50。

坍落度:25 mm、50 mm、80 mm、100 mm、120 mm、150 mm、180 mm。

粗集料最大公称粒径:20 mm、25 mm、31.5 mm、40 mm。

2.特制品

特制品应规定混凝土强度等级、坍落度、粗集料最大公称粒径或其他特殊要求。混凝土强度等级、坍落度和粗集料最大公称粒径除通用品规定的范围外,还可在下列范围内选取:

强度等级:C55、C60、C65、C70、C75、C80。

坍落度:大于 180 mm。

粗集料最大公称粒径:小于 20 mm、大于 40 mm。

(二)标记

(1)用于预拌混凝土标记的符号,应根据其分类及使用材料的不同按下列规定选用:

①通用品用 A 表示,特制品用 B 表示。

②混凝土强度等级用 C 和强度等级值表示。

③坍落度用所选定以毫米为单位的混凝土坍落度值表示。

④粗集料最大公称粒径用 GD 和粗集料最大公称粒径值表示。

⑤水泥品种用其代号表示。

⑥当有抗冻、抗渗及抗折强度要求时,应分别用 F 及抗冻等级值、P 及抗渗等级值、Z 及

抗折强度等级值表示。抗冻、抗渗及抗折强度直接标记在强度等级之后。

(2)预拌混凝土标记(见图7-23)如下:

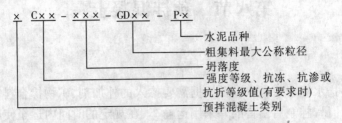

图7-23 预拌混凝土标记

示例1:预拌混凝土的强度等级为C20,坍落度为150 mm,粗集料最大公称粒径为20 mm,采用矿渣硅酸盐水泥,无其他特殊要求,其标记为:

A C20 – 150 – GD20 – P·S

示例2:预拌混凝土的强度等级为C30,坍落度为180 mm,粗集料最大公称粒径为25 mm,采用普通硅酸盐水泥,抗渗要求为P8,其标记为:

B C30P8 – 180 – GD25 – P·0

五、原材料及配合比

(一)水泥

(1)水泥应符合《混凝土结构工程施工质量验收规范》(CB 50204—2011)的规定。

(2)水泥进场时应具有质量证明文件。水泥进场时进行复验的项目及复验批量的划分应按《混凝土结构工程施工质量验收规范》(GB 50204—2011)标准的规定执行。

(二)集料

(1)集料应符合《普通混凝土用砂、石质量及检验方法标准》(JGJ 52—2006)或《普通混凝土用碎石或卵石质量标准及检验方法》(JGJ 53—1992)及其他国家现行标准的规定。

(2)集料进场时应具有质量证明文件。对进场集料应按《普通混凝土用砂、石质量及检验方法标准》(JGJ 52—2006)、《普通混凝土用碎石或卵石质量标准及检验方法》(JGJ 53—1992)等国家现行标准的规定按批进行复验。但对同一集料生产厂家能连续供应质量稳定的集料时,可一周至少检验一次。在使用海砂以及对集料中氯离子含量有怀疑或有氯离子含量要求时,应按批检验氯离子含量。

(三)拌和用水

拌制混凝土用水应符合《混凝土用水标准》(JGJ 63—2006)的规定。混凝土搅拌及运输设备的冲洗水在经过试验证明对混凝土及钢筋性能无有害影响时方可作为混凝土部分拌和用水使用。

(四)外加剂

(1)外加剂的质量应符合《混凝土外加剂》(GB 8076—2008)等国家现行标准的规定。

(2)外加剂进场时应具有质量证明文件。对进场外加剂应按批进行复验,复验项目应符合《混凝土外加剂应用技术规范》(GB 50119—2003)等国家现行标准的规定,复验合格后方可使用。

（五）矿物掺合料

（1）粉煤灰、粒化高炉矿渣粉、天然沸石粉应分别符合《用于水泥和混凝土中的粉煤灰》（GB 1596—2005）、《用于水泥和混凝土中的粒化高炉矿渣粉》（GB/T 18046—2008）、《天然沸石粉在混凝土与砂浆中应用技术规程》（JGJ/T 112—1997）的规定。当采用其他品种矿物掺合料时，必须有充足的技术依据，并应在使用前进行试验验证。

（2）矿物掺合料应具有质量证明文件，并按有关规定进行复验，其掺量应符合有关规定并通过试验确定。

（六）混凝土配合比

（1）预拌混凝土配合比设计应根据合同要求由供方按《普通混凝土配合比设计规程》（JGJ 55—2011）等国家现行有关标准的规定进行。

（2）按（1）设计的配合比配制出的混凝土质量必须满足本节"六、预拌混凝土质量要求"的要求，并应按本节"七、（十）检验规则"的规定检验合格。

六、预拌混凝土质量要求

（一）强度

混凝土强度的检验评定应符合《混凝土强度检验评定标准》（GB/T 50107—2010）等国家现行标准的规定。

（二）坍落度

混凝土坍落度实测值与合同规定的坍落度值之差应符合表7-49的规定。

表 7-49　坍落度允许偏差　　　　　　　　　　　　　　（单位：mm）

规定的坍落度	允许偏差
≤40	±10
50 ~ 90	±20
≥100	±30

（三）含气量

混凝土含气量与合同规定值之差不应超过 ±1.5%。

（四）氯离子总含量

氯离子总含量的最高限值见表7-50。

表 7-50　氯离子总含量的最高限值　　　　　　　　　　（%）

混凝土类型及其所处环境类别	最大氯离子含量
素混凝土	2.0
室内正常环境下的钢筋混凝土	1.0
室内潮湿环境，非严寒和非寒冷地区的露天环境、与无侵蚀性的水或土壤直接接触的环境下的钢筋混凝土	0.3
严寒和寒冷地区的露天环境、与无侵蚀性的水或土壤直接接触的环境下的钢筋混凝土	0.2

混凝土类型及其所处环境类别	最大氯离子含量
使用除冰盐的环境,严寒和寒冷地区冬季水位变动的环境,滨海室内环境下的钢筋混凝土	0.1
预应力混凝土构件及设计使用年限为 100 年的室内正常环境下的钢筋混凝土	0.06

注:氯离子含量系指其占所用水泥(含替代水泥量的矿物掺合料)质量的百分率。

(五)放射性核素放射性比活度

混凝土放射性核素放射性比活度应满足《建筑材料放射性核素限量》(GB 6566—2010)的规定。

(六)其他

当需方对混凝土其他性能有要求时,应按国家现行有关标准规定进行试验,无相应标准时应按合同规定进行试验,其结果应符合标准及合同要求。

七、制备

(一)材料贮存

(1)各种材料必须分仓贮存,并应有明显的标志。

(2)水泥应按生产厂家、水泥品种及强度等级分别贮存,同时应防止水泥受潮及污染。

(3)集料的贮存应保证集料的均匀性,不使大小颗粒分离,同时应将不同品种、规格的集料分别贮存,避免混杂或污染。集料的贮存地面应为能排水的硬质地面。

(4)外加剂应按生产厂家、品种分别贮存,并应具有防止其质量发生变化的措施。

(5)矿物掺合料应按品种、级别分别贮存,严禁与水泥等其他粉状料混杂。

(二)搅拌机

(1)搅拌机应采用符合《混凝土搅拌机》(GB/T 9142—2000)标准规定的固定式搅拌机。

(2)计量设备应按有关规定由法定计量单位进行检定,使用期间应定期进行校准。

(3)计量设备应能连续计量不同配合比混凝土的各种材料,并应具有实际计量结果逐盘记录和贮存功能。

(三)运输车

(1)运输车在运送时应能保持混凝土拌和物的均匀性,不应产生分层离析现象。

(2)混凝土搅拌运输车应符合《混凝土搅拌运输车》(JG/T 5094—1997)的规定。翻斗车仅限用于运送坍落度小于 80 mm 的混凝土拌和物,并应保证运送容器不漏浆,内壁光滑平整,具有覆盖设施。

(四)计算

(1)各种原料的计量均应按质量计,水和液体外加剂的计量可按体积计。

(2)原材料的计量允许偏差不应超过表 7-51 第 1 项或第 2 项规定的范围。

表 7-51　混凝土原材料计量允许偏差 （％）

项目序号	原材料品种	水泥	集料	水	外加剂	掺合料
1	每盘计量允许偏差	±2	±3	±2	±2	±2
2	累积计量允许偏差	±1	±2	±1	±1	±1

注：累积计量允许偏差，是指每一运输车中各盘混凝土的每种材料计量和的偏差。该项指标仅适用于采用微机控制的搅拌站。

（五）生产

（1）预拌混凝土应采用符合《混凝土搅拌机》（GB/T 9142—2000）规定的搅拌机进行搅拌，并应严格按设备说明书的规定使用。

（2）混凝土搅拌的最短时间应符合下列规定：

①当采用搅拌运输车运送混凝土时，其搅拌的最短时间应符合设备说明书的规定，并且每盘搅拌时间（从全部材料投完算起）不得低于 30 s，在制备 C50 以上强度等级的混凝土或采用引气剂、膨胀剂、防水剂时应相应增加搅拌时间。

②当采用翻斗车运送混凝土时，应适当延长搅拌时间。

（3）预拌混凝土在生产过程中应尽量减少对周围环境的污染，搅拌站机房宜为封闭的建筑，所有粉料的运输及称量工序均应在密封状态下进行，并应有收尘装置。砂石料场宜采取防止扬尘的措施。

（4）搅拌站应严格控制生产用水的排放。

（5）搅拌站应设置专门的运输车冲洗设施，运输车出厂前应将车外壁及斗壁上的混凝土残浆清理干净。

（六）运送

（1）预拌混凝土应采用本节"七（三）运输车"规定的运输车运送。

（2）运输车在装料前应将筒内积水排尽。

（3）当需要在卸料前掺入外加剂时，外加剂掺入后搅拌运输车应快速进行搅拌，搅拌的时间应由试验确定。

（4）严禁向运输车内的混凝土任意加水。

（5）混凝土的运送时间系指从混凝土由搅拌机卸入运输车开始至该运输车开始卸料为止的时间。运送时间应满足合同规定，当合同未作规定时，采用搅拌运输车运送的混凝土，宜在 1.5 h 内卸料；采用翻斗车运送的混凝土，宜在 1.0 h 内卸料；当最高气温低于 25 ℃时，运送时间可延长 0.5 h。如需延长运送时间，则应采取相应的技术措施，并应通过试验验证。

（6）混凝土的运送频率应能保证混凝土施工的连续性。

（7）运输车在运送过程中应采取措施，避免遗洒。

（七）质量管理

供方为使其制备的混凝土达到本节"六、预拌混凝土质量要求"的质量要求，必须具有完整的质量管理体系。

（八）供货量

（1）预拌混凝土供货量以体积计，以 m³ 为计算单位。

（2）预拌混凝土体积的计算，应由混凝土拌和物表观密度除运输车实际装载量求得。

注：一台运输车实际装载量可由用于该车混凝土中全部材料的重量和求得或由卸料前后运输车的质量差求得。

（3）预拌混凝土供货量应以运输车的发货总量计算，如需要以工程实际量（不扣除混凝土结构中钢筋所占体积）进行复核时，其误差应不超过 +2%。

（九）试验方法

（1）强度：混凝土抗压及抗折强度试验应按《普通混凝土力学性能试验方法标准》（GB/T 50081—2002）的有关规定进行。

（2）混凝土坍落度、含气量、混凝土拌和物表观密度试验应按《普通混凝土拌合物性能试验方法标准》（GB/T 50080—2002）的有关规定进行。

（3）混凝土抗冻性能、混凝土抗渗性能试验应按《普通混凝土长期性能和耐久性能试验方法》（GBJ 82—1985）的有关规定进行。

（4）混凝土拌和物氯离子总含量可根据混凝土各组成材料的氯离子含量计算求得。

（5）混凝土放射性核素放射性比活度试验应按《建筑材料放射性核素限量》（GB 6566—2010）有关规定进行。

（6）对合同中有特殊要求的检验项目，应按国家现行有关标准要求进行，没有相应标准的应按合同规定进行。

（十）检验规则

1. 一般规定

（1）本章检验是指对本标准规定的项目进行质量指标检验，以判定预拌混凝土质量是否符合要求。

（2）预拌混凝土质量的检验分为出厂检验和交货检验。出厂检验的取样试验工作应由供方承担；交货检验的取样试验工作应由需方承担，当需方不具备试验条件时，供需双方可协商确定承担单位，其中包括委托供需双方认可的有试验资质的试验单位，并应在合同中予以明确。

（3）当判断混凝土质量是否符合要求时，强度、坍落度及含气量应以交货检验结果为依据，氯离子总含量以供方提供的资料为依据，其他检验项目应按合同规定执行。

（4）交货检验的试验结果应在试验结束后 15 d 内通知供方。

（5）进行预拌混凝土取样及试验的人员必须具有相应资格。

2. 检验项目

（1）通用品应检验混凝土强度和坍落度。

（2）特制品除应检验上述（1）所列项目外，还应按合同规定检验其他项目。

（3）掺有引气型外加剂的混凝土应检验其含气量。

3. 取样与组批

（1）用于出厂检验的混凝土试样应在搅拌地点采取，用于交货检验的混凝土试样应在交货地点采取。

（2）交货检验混凝土试样的采取及坍落度试验应在混凝土运到交货地点时开始算起，20 min 内完成，试件的制作应在 40 min 内完成。

（3）交货检验的试样应随机从同一运输车中抽取，混凝土试样应为卸料过程中卸料量的 1/4 ~ 3/4。

(4)每个试样量应满足混凝土质量检验项目所需用量的 1.5 倍,且不宜少于 0.02 m³。

(5)混凝土强度检验的试样,其取样频率应按下列规定进行:

①用于出厂检验的试样,每 100 盘相同配合比的混凝土取样不得少于 1 次;每一个工作班相同配合比的混凝土不足 100 盘时,取样不得少于 1 次。

②用于交货检验的试样应按《混凝土结构工程施工质量验收规范》(GB 50204—2011)的规定进行。

(6)混凝土拌和物坍落度检验试样的取样频率应与混凝土强度检验的取样频率一致。

(7)对有抗渗要求的混凝土进行抗渗检验的试样,用于出厂及交货检验的取样频率均应为同一工程、同一配合比的混凝土不得少于 1 次。留置组数可根据实际需要确定。

(8)对有抗冻要求的混凝土进行抗冻检验的试样,用于出厂及交货检验的取样频率均为同一工程、同一配合比的混凝土不得少于 1 次。留置组数可根据实际需要确定。

(9)预拌混凝土的含气量及其他特殊要求项目的取样检验频率应按合同规定进行。

4. 合格判断

(1)强度的试验结果满足本节"六、(一)强度"规定为合格。

(2)坍落度和含气量的试验结果分别符合本节"六、(二)坍落度(三)含气量"规定为合格;若不符合要求,则应立即用试样余下部分或重新取样进行试验,若第二次试验结果分别符合本节"六(二)坍落度(三)含气量"规定,仍为合格。

(3)氯离子总含量的计算结果符合本节"六、(四)氯离子含量"规定为合格。

(4)混凝土放射性核素放射性比活度满足本节"六、(五)放射性核素放射性比活度"规定为合格。

(5)其他特殊要求项目的试验结果符合合同规定的要求为合格。

(十一)订货与交货

1. 订货

(1)购买预拌混凝土时,供需双方应先签订合同。

(2)合同签订后,供方应按订货单组织生产和供应。订货单至少应包括以下内容:

①订货单位及联系人;

②施工单位及联系人;

③工程名称;

④交货地点;

⑤浇筑部位及浇筑方式;

⑥混凝土标记;

⑦技术要求;

⑧混凝土强度评定方法;

⑨供货起止时间;

⑩供货量(mm³)。

2. 交货

(1)交货时,供方应随每一运输车向需方提供所运送预拌混凝土的发货单。发货单至少应包括以下内容:

①合同编号;

②发货单编号；

③工程名称；

④需方；

⑤供方；

⑥浇筑部位；

⑦混凝土标记；

⑧供货日期；

⑨运输车号；

⑩供货量(m^3)；

⑪发车时间、到达时间；

⑫供需双方确认手续。

需方应指定专人及时对供方所供预拌混凝土的质量管理、数量进行确认。

(2)供方应按子分部工程分混凝土品种、强度等级向需方提供预拌混凝土出厂合格证。出厂合格证至少应包括以下内容：

①出厂合格证编号；

②合同编号；

③工程名称；

④需方；

⑤供方；

⑥供货日期；

⑦浇筑部位；

⑧混凝土标记；

⑨其他技术要求；

⑩供货量(m^3)；

⑪原材料的品种、规格、级别及复验报告编号；

⑫混凝土配合比编号；

⑬混凝土强度指标；

⑭其他性能指标；

⑮质量评定。

第八章 建筑砂浆

建筑砂浆是由胶凝材料、细集料和水按一定比例拌制而成的一种广泛应用的建筑材料。常用的胶凝材料有水泥、石灰等无机材料,而细集料多数情况下则采用天然砂。它主要用于房屋建设及一般构筑物中砌筑、抹灰等工程。

建筑砂浆按胶凝材料的不同,可分为水泥砂浆、石灰砂浆和混合砂浆等;按用途可分为砌筑砂浆和抹灰砂浆,此外还有一些保温、吸声用的砂浆。

建筑砂浆的强度等级分为 M5、M7.5、M10、M15、M20、M25、M30 等七个等级。

第一节 砌筑砂浆的配合比设计

一、定义

用于砌筑砖、石、砌块等砌体的砂浆统称为砌筑砂浆。

二、质量要求

(一)原材料要求

(1)水泥。常用的水泥品种有普通水泥、矿渣水泥、火山灰水泥、粉煤灰水泥和砌筑水泥等,其强度等级应根据砂浆强度等级进行选择。通常水泥强度等级为砂浆强度等级的 4~5 倍,并且水泥砂浆采用的水泥强度等级不宜大于 42.5 级;水泥混合砂浆采用的水泥强度等级不宜大于 52.5 级。严禁使用废品水泥。

(2)砂。砌筑砂浆宜采用中砂,毛石砌体宜采用粗砂。所用砂应过筛,不得含有草根等杂物。当水泥砂浆、混合砂浆的强度等级 ≥M5 时,砂含泥量≤5%;当强度等级 <M5 时,砂含泥量≤10%。

(3)石灰。当生石灰熟化成石灰膏时,应用孔径不大于 3 mm × 3 mm 的网过滤,并使其充分熟化,熟化时间不得少于 7 d。沉淀池中贮存的石灰膏,应防止干燥、冻结和污染,其稠度为(120 ± 5)mm。严禁使用脱水硬化的石灰膏。

磨细生石灰是由块状生石灰磨细而得到的细粉,其细度用 0.08 mm 筛的筛余量不应大于 15%。

消石灰粉不得直接用于砌筑砂浆中。

(4)水。应采用不含有害物质的洁净水。

(二)砂浆的质量要求

(1)满足设计种类和强度等级要求。

(2)砂浆的稠度应满足表 8-1 的要求。

表 8-1 砌筑砂浆适宜稠度

项次	砌体种类	砂浆稠度(mm)
1	烧结普通砂砌体、粉煤灰砖砌体	70 ~ 90
2	混凝土砖砌体、普通混凝土小型空心砌块砌体、灰砂砖砌体	50 ~ 70
3	烧结多孔砖砌体、烧结空心砖砌体、轻集料混凝土小型空心砌块砌体、蒸压加气混凝土砌块砌体	60 ~ 80
4	石砌体	30 ~ 50

(3)保水性能良好(分层度不大于 30 mm)。

(4)砂浆试配时应拌和均匀。采用机械搅拌时,投料后搅拌时间不得少于 120 s;人工拌和时,则以搅拌到砂浆的颜色均匀一致,其中没有疙瘩为合格。

(三)砂浆强度等级

砌筑砂浆强度等级是采用尺寸为 7.07 cm × 7.07 cm × 7.07 cm 的立方体试件,在标准温度(20 ±3)℃及一定湿度条件下养护 28 d 的平均抗压极限强度(MPa)而确定的。

砌筑砂浆强度等级宜采用 M15、M10、M7.5、M5。

三、砌筑砂浆的配合比

(一)配合比计算

计算砂浆的配合比,就是要算出 1 m³ 砂浆中水泥、石灰膏、砂子的用量。砌筑砂浆配合比的计算步骤如下。

1. 计算砂浆试配强度

$$f_{m,0} = kf_2 \tag{8-1}$$

式中 $f_{m,0}$——砂浆的试配强度,精确至 0.1 MPa;

f_2——砂浆设计强度(即砂浆抗压强度平均值),MPa;

k——系数,按施工水平选取,优良取 1.15,一般取 1.20,较差取 1.25。

砌筑砂浆现场强度标准差 σ 应按以下规定确定:

(1)当施工单位具有近期同类砂浆(是指砂浆强度等级相同,配合比和生产工艺条件基本相同的砂浆)28 d 的抗压强度资料时,砂浆强度标准差 σ 应按下列公式计算:

$$\sigma = \sqrt{\frac{\sum_{i=1}^{n} f_{m,i}^2 - N\mu_{fm}^2}{N-1}} \tag{8-2}$$

式中 $f_{m,i}$——统计周期内同一品种砂浆第 i 组试件强度,MPa;

μ_{fm}——统计周期内同一品种砂浆第 n 组试件强度的平均值,MPa;

N——统计周期内同一品种砂浆试件的总组数,$N \geq 25$。

(2)当施工单位不具有近期同类砂浆强度的统计资料时,其现场砂浆强度标准差 σ 可按表 8-2 取用。

表 8-2　砂浆强度标准差 σ 及 k 值　　　　　　　　　　（单位:MPa）

施工水平	强度标准差 σ(MPa)							k
	强度等级							
	M5	M7.5	M10	M15	M20	M25	M30	
优良	1.00	1.50	2.00	3.00	4.00	5.00	6.00	1.15
一般	1.25	1.88	2.50	3.75	5.00	6.25	7.50	1.20
较差	1.50	2.25	3.00	4.50	6.00	7.50	9.00	1.25

σ 值的确定与砂浆的生产质量水平有关。砂浆的生产质量水平可分为"优良"、"一般"和"较差"三种。"优良"者,一般需要对砂浆生产过程实行有效的质量控制,具有健全的管理制度;"一般"者,虽有质量管理制度,但没有很好地执行;"较差"者,各项管理制度不健全,或不切实执行管理制度,不能推行全面质量管理。

2. 水泥用量的计算

$$Q_c = \frac{1\,000(f_{m,0} - B)}{Af_{ce}} \tag{8-3}$$

式中　Q_c——每立方米砂浆的水泥用量,kg/m³;

　　　$f_{m,0}$——砂浆的试配强度,MPa;

　　　A、B——砂浆的特征系数,A 取 3.03,B 取 -15.09,各地区也可用当地试验资料确定 A、B 值,统计用的试验组数不得少于 30 组,当计算出水泥砂浆中的水泥计算用量不足 200 kg/m³ 时,应按 200 kg/m³ 采用;

　　　f_{ce}——水泥的实测强度,精确至 0.1 MPa,若无法取得水泥的实测强度值,可用下式计算:

$$f_{ce} = \gamma_c f_{ce,k} \tag{8-4}$$

式中　$f_{ce,k}$——水泥强度等级对应的强度值,MPa;

　　　γ_c——水泥强度等级值的富余系数,该值应按实际统计资料确定,无统计资料时 γ_c 取 1.0。

3. 水泥混合砂浆的掺加料用量计算

$$Q_D = Q_A - Q_C \tag{8-5}$$

式中　Q_D——1 m³ 砂浆的掺加料用量,kg/m³;

　　　Q_C——1 m³ 砂浆的水泥用量,kg/m³;

　　　Q_A——1 m³ 砂浆中胶结料和掺加料的总量,kg/m³,一般应为 300~350 kg/m³。

石灰膏不同稠度时,其换算系数按表 8-3 进行选取。

表 8-3　石灰膏不同稠度时的换算系数

石灰膏稠度(mm)	120	110	100	90	80	70	60	50	40	30
换算系数	1.00	0.99	0.97	0.95	0.93	0.92	0.90	0.88	0.87	0.86

4. 确定砂用量

砂用量应以干燥状态(含水率小于 0.5%)的堆积密度值作为计算值。

5.确定用水量

用水量可根据砂浆稠度等要求选用210～310 kg,各种砂浆每立方米用水量选用值见表8-4。

表8-4　1 m³ 砂浆中用水量选用值

砂浆品种	混合砂浆	水泥砂浆
用水量(kg/m³)	260～300	270～330

注:1.混合砂浆中的用水量,不包括石灰膏或黏土膏中的水。

2.当采用细砂或粗砂时,用水量分别取上限或下限。

3.稠度小于 70 mm 时,用水量可小于下限。

4.施工现场气候炎热或干燥季节,可酌量增加水量。

6.计算配合比(质量比)

$$Q_C : Q_D : Q_S : Q_W = 1 : \frac{Q_D}{Q_C} : \frac{Q_S}{Q_C} : \frac{Q_W}{Q_C} \tag{8-6}$$

(二)配合比试配、调整与确定

(1)按计算配合比进行试拌,测定其拌和物的稠度和分层度,若不能满足要求,则应调整用水量或掺加料,直到符合要求。然后确定为试配时的砂浆基准配合比(试配时应采用工程中实际使用的材料,搅拌方法应与生产时使用的方法相同)。

(2)试配时,至少应采用 3 个不同的配合比,其中 1 个为基准配合比,另外 2 个配合比的水泥用量按基准配合比分别增加及减少 10% ,在保证稠度、分层度合格的条件下,可将用水量或掺加料用量作相应调整。

第二节　砂浆基本性能试验

一、拌和物取样及试样制备

(1)建筑砂浆试验用料应根据不同要求,可从同一搅拌机或同一车运送的砂浆中取出,在实验室取样时,可从机械或人工拌和的砂浆中取出。

(2)施工取样进行砂浆试验时,其取样方法和原则按相应的施工验收规范执行。应在使用地点的砂浆槽、砂浆运送车或搅拌机出料口等 3 个不同部位集取。所取试样的数量应多于试验用料的 1～2 倍。

(3)实验室拌制砂浆进行试验时,拌和用的材料要求提前运入室内,拌和时实验室的温度应保持在(20±5)℃。

注:需要模拟施工条件下所用的砂浆时,实验室原材料的温度宜与施工现场保持一致。

(4)试验用水泥和其他原材料应与现场使用材料一致。水泥如有结块,应充分混合均匀,以 0.9 mm 筛过筛。砂应以 5 mm 筛过筛。

(5)实验室拌制砂浆时,材料应称重计量。称量的精确度:水泥、外加剂等为 ±0.5% ,砂、石灰膏、黏土膏、粉煤灰和磨细生石灰粉为 ±1%。

(6)实验室用搅拌机搅拌砂浆时,搅拌的用量不宜少于搅拌机容量的 20%,搅拌时间不少于 2 min。

(7)砂浆拌和物取样后,应尽快进行试验。现场取来的试样,在试验前应经人工再翻拌,以保证其质量均匀。

二、稠度试验

(一)目的及适用范围

本方法适用于确定砂浆配合比或施工过程中控制砂浆的稠度,以达到控制用水量的目的。

(二)采用标准

《建筑砂浆基本性能试验方法标准》(JGJ/T 70—2009)。

(三)仪器设备

(1)砂浆稠度测定仪。由试锥、容器和支座三部分组成(见图 8-1)。试锥由钢材或铜材制成,试锥高度为 145 mm,锥底直径为 75 mm,试锥连同滑杆的质量应为 300 g;盛砂浆容器由钢板制成,筒高为 180 mm,锥底内径为 150 mm;支座分底座、支架及刻度显示三个部分,由铸铁、钢及其他金属制成。

(2)钢制捣棒。直径为 10 mm,长为 350 mm,端部磨圆。

(3)秒表等。

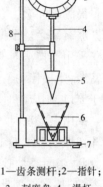

1—齿条测杆;2—指针;
3—刻度盘;4—滑杆;
5—圆锥体;6—圆锥筒;
7—底座;8—支架

图 8-1 砂浆稠度测定仪

(四)试验步骤

(1)盛浆容器和试锥表面用湿布擦干净,并用少量润滑油轻擦滑杆,后将滑杆上多余的油用吸油纸擦净,使滑杆自由滑动。

(2)将砂浆拌和物一次装入容器,使砂浆表面低于容器口 10 mm 左右,用捣棒自容器中心向边缘插捣 25 次,然后轻轻地将容器摇动或敲击 5~6 下,使砂浆表面平整,随后将容器置于稠度测定仪的底座上。

(3)拧开试锥滑杆的制动螺丝,向下移动滑杆,当试锥尖端与砂浆表面刚接触时,拧紧制动螺丝,使齿条侧杆下端刚接触滑杆上端,并将指针对准零点上。

(4)拧开制动螺丝,同时计时间,待 10 s 之后立即固定螺丝,将齿条测杆下端接触滑杆上端,从刻度盘上读出下沉深度(精确至 1 mm),即为砂浆的稠度值。

(5)圆锥形容器内的砂浆,只允许测定一次稠度,重复测定时,应重新取样测定。

(五)结果计算及评定

(1)取两次试验结果的算术平均值,计算值精确至 1 mm。

(2)两次试验值之差如大于 20 mm,则应另取砂浆搅拌后重新测定。

三、密度试验

(一)目的及适用范围

本方法用于测定砂浆拌和物捣实后的质量密度,以确定每立方米砂浆拌和物中各组成材料的实际用量。

（二）采用标准

《建筑砂浆基本性能试验方法标准》（JGJ/T 70—2009）。

（三）仪器设备

（1）容量筒：金属制成，内径为 108 mm，净高为 109 mm，筒壁厚 2 mm，容积为 1 L。

（2）托盘天平：称量为 5 kg，感量为 5 g。

（3）钢制捣棒：直径为 10 mm，长为 350 mm，端部磨圆。

（4）砂浆稠度仪。

（5）水泥胶砂振动台：振幅为（0.85 ± 0.05）mm，频率为（50 ± 3）Hz。

（6）秒表。

（四）试验步骤

（1）首先将拌好的砂浆，按本节"二、稠度试验"测定稠度，当砂浆稠度大于 50 mm 时，应采用插捣法，当砂浆稠度不大于 50 mm 时，宜采用振动法。

（2）试验前称出容量筒的质量，精确至 5 g。然后将容量筒的漏斗套上（见图 8-2），将砂浆拌和物装满容量筒并略有富余。根据稠度选择试验方法。

采用插捣法时，将砂浆拌和物一次装满容量筒，使稍有富余，用捣棒均匀插捣 25 次，插捣过程中如砂浆沉落低于筒口，则应随时添加砂浆，再敲击 5~6 下。

采用振动法时，将砂浆拌和物一次装满容量筒，连同漏斗在振动台上振 10 s，振动过程中如砂浆沉落低于筒口，则应随时添加砂浆。

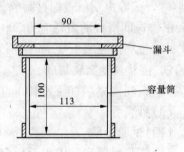

图 8-2　砂浆密度测定仪

（3）捣实或振动后将筒口多余的砂浆拌和物刮去，使表面平整，然后将容量筒外壁擦净，称出砂浆与容量筒的总质量，精确至 5 g。

（五）结果计算

砂浆拌和物的质量密度 ρ（以 kg/m³ 计）按下列公式计算：

$$\rho = \frac{m_2 - m_1}{V} \times 1\,000 \tag{8-7}$$

式中　m_1——容量筒质量，kg；

　　　m_2——容量筒及试样质量，kg；

　　　V——容量筒容积，L。

（六）结果评定

质量密度由两次试验结果的算术平均值确定，计算精确至 10 kg/m³。

注：容量筒容积的校正，可采用 1 块能覆盖住容量筒顶面的玻璃板，先称出玻璃板和容量筒重，然后向容量筒中灌入温度为（20 ± 5）℃的饮用水，灌到接近上口时，一边不断加水，一边把玻璃板沿筒口徐徐推入盖严。注意使玻璃板下不带入任何气泡。然后擦净玻璃板面及筒壁外的水分，将容量筒和水连同玻璃板称重（精确至 5 g）。后者与前者称量之差（以 kg 计）即为容量筒的容积（L）。

四、分层度试验

(一)目的及适用范围

本方法适用于测定砂浆拌和物在运输及停放时内部组分的稳定性。

(二)采用标准

《建筑砂浆基本性能试验方法标准》(JGJ/T 70—2009)。

(三)仪器设备

(1)砂浆分层度筒(见图 8-3):内径为 150 mm,上节高度为 200 mm,下节带底净高为 100 mm,用金属板制成。上、下层连接处需加宽到 3 ~ 5 mm,并设有橡胶垫圈。

(2)水泥胶砂振动台:振幅为(0.85 ± 0.05) mm,频率为(50 ± 3)Hz。

(3)稠度仪、木锤等。

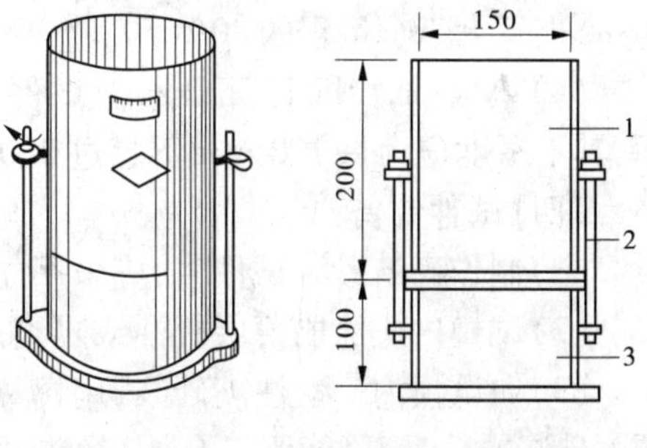

1—无底圆筒;2—连接螺栓;3—有底圆筒
图 8-3　砂浆分层度测定仪

(四)试验步骤

(1)首先将砂浆拌和物按本节"二、稠度试验"的方法测定稠度。

(2)将砂浆拌和物一次装入分层度筒内,待装满后用木锤在容器周围距离大致相等的四个不同地方轻轻敲击 1 ~ 2 下,如砂浆沉落低于筒口,则应随时添加,然后刮去多余的砂浆并用抹刀抹平。

(3)静置 30 min 后,去掉上节 200 mm 砂浆,剩余的 100 mm 砂浆倒出放在拌和锅内拌 2 min,再按本节"二、稠度试验"的方法测其稠度。前后测得的稠度之差即为该砂浆的分层度值(cm)。

注: 试验步骤也可以采用快速法测定分层度,其步骤是:①按本节"二、稠度试验"的方法测定稠度;②将分层度筒预先固定在振动台上,砂浆一次装入分层度筒内,振动 20 s;③去掉上节 200 mm 砂浆,剩余 100 mm 砂浆倒出放在拌和锅内拌 2 min,再按本节"二、稠度试验"的方法测其稠度,前后测得的稠度之差即可以认为是该砂浆的分层度值,但如有争议,则以标准法为准。

(五)结果计算

(1)取两次试验结果的算术平均值作为该砂浆的分层度值。

(2)两次分层度试验值之差如大于 20 mm,应重做试验。

五、立方体抗压强度试验

(一)目的及适用范围

本方法适用于测定砂浆立方体的抗压强度。

(二)采用标准

《建筑砂浆基本性能试验方法标准》(JGJ /T 70—2009)。

(三)仪器设备

(1)试模为 70.7 mm × 70.7 mm × 70.7 mm 的立方体,由铸铁或钢制成,应具有足够的刚度并拆装方便。试模的内表面应机械加工,其不平度应为每 100 mm 不超过 0.05 mm。组装后各相邻面的不垂直度不应超过 ±0.5 度。

(2)捣棒:直径为 10 mm,长为 350 mm 的钢棒,端部应磨圆。

(3)压力试验机:精度应为 1%,其量程应能使试件的预期破坏荷载值不小于全量程的 20%,也不大于全量程的 80%。

(4)垫板:试验机上、下压板及试件之间可垫以钢垫板,垫板的尺寸应大于试件的承压面,其不平度应为每 100 mm 不超过 0.02 mm。

(四)试件制备

(1)制作砌筑砂浆试件时,应采用立方体试件,每组试件应为 3 个。

(2)试模内应涂刷薄层机油或隔离剂。

(3)向试模内一次注满砂浆,用捣棒均匀由外向里按螺旋方向插捣 25 次,为了防止低稠度砂浆插捣后,可能留下孔洞,允许用油灰刀沿模壁插数次,使砂浆高出试模顶面 6~8 mm。

(4)当砂浆表面开始出现麻斑状态时(15~30 min),将高出部分的砂浆沿试模顶面削去抹平。

(5)试件制作后应在(20±5)℃的环境下停置一昼夜(24±2)h,并对试件进行编号、拆模。当气温较低时,可适当延长时间,但不应超过两昼夜,试件拆模后应立即放入温度为(20±2)℃,相对湿度为 90% 以上的标准养护室中养护。从搅拌加水开始计时,标准养护龄期应为 28 d。

(五)试验步骤

(1)试件从养护地点取出后,应尽快进行试验,以免试件内部的温、湿度发生显著变化。试验前先将试件擦拭干净,测量尺寸,并检查其外观。试件尺寸测量精确至 1 mm,并据此计算试件的承压面积。如果实测尺寸与公称尺寸之差不超过 1 mm,可按公称尺寸进行计算。

(2)将试件安放在试验机的下压板上(或下垫板上),试件的承压面应与成型时的顶面垂直,试件中心应与试验机下压板(或下垫板)中心对准。开动试验机,当上压板与试件(或上垫板)接近时,调整球座,使接触面均衡受压。承压试验应连续而均匀地加荷,加荷速度应为 0.25~1.5 kN/s(当砂浆强度为 5 MPa 以下时,取下限为宜;当砂浆强度为 5 MPa 以上时,取上限为宜),当试件接近破坏而开始迅速变形时,停止调整试验机油门,直至试件破坏,然后记录破坏荷载。

(六)结果计算

砂浆立方体抗压强度应按下列公式计算:

$$f_{m,cu} = KN_u/A \tag{8-8}$$

式中 $f_{m,cu}$——砂浆立方体抗压强度,MPa;

K——换算系数,取 1.35;

N_u——立方体破坏压力,N;

A——试件承压面积,mm^2。

砂浆立方体抗压强度计算应精确至 0.1 MPa。

(七)结果评定

以 3 个试件测值的算术平均值作为该组试件的抗压强度值,平均值计算精确至 0.1 MPa。

当 3 个试件的最大值或最小值与中间值的差超过 15% 时,应把最大值及最小值一并舍去,取中间值作为该组试件的抗压强度值。

当两个测值与中间值的差值均超过中间值的 15% 时,该组试验结果应为无效。

六、抗冻性能试验

(一)目的及适用范围

本试验方法适用于砂浆强度等级大于 M2.5(2.5 MPa)的试件在负温空气中冻结、正温水中溶解的方法进行抗冻性能检验。

(二)采用标准

《建筑砂浆基本性能试验方法标准》(JGJ /T 70—2009)。

(三)仪器设备

(1)冷冻箱(室):装入试件后能使箱(室)内的温度保持在 $-20 \sim -15$ ℃的范围内。

(2)篮框:用钢筋焊成,其尺寸与所装试件的尺寸相适应。

(3)天平或案秤:称量为 5 kg,感量为 5 g。

(4)溶解水槽:装入试件后能使水温保持在 15 ~ 20 ℃的范围内。

(5)压力试验机:精度(示值的相对误差)不超过 ±2% ,量程能使试件的预期破坏荷载值不小于全量程的 20% ,也不大于全量程的 80% 。

(四)试件的制备

(1)砂浆抗冻试件采用 70.7 mm ×70.7 mm ×70.7 mm 的立方体试件,其试件组数除鉴定砂浆强度等级的试件之外,再制备两组(每组 6 块),分别作为抗冻和与抗冻件同龄期的对比抗压强度检验试件。

(2)砂浆试件的制作与养护方法同本节"五、(四)试件制备"的规定。

(五)试验步骤

(1)试件在 28 d 龄期时进行冻融试验。试验前两天应把冻融试件和对比试件从养护室取出,进行外观检查并记录其原始状况;随后放入 15 ~ 20 ℃的水中浸泡,浸泡的水面应至少高出试件顶面 20 mm,该 2 组试件浸泡 2 d 后取出,并用拧干的湿毛巾轻轻擦去表面水分,然后编号,称其质量。冻融试件置入篮框进行冻融试验,对比试件则放入标准养护室中进行养护。

(2)冻或融时,篮框与容器底面或地面须架高 20 mm,篮框内各试件之间应至少保持 50 mm 的间距。

(3)冷冻箱(室)内的温度均应以其中心温度为准。试件冻结温度应控制在 $-20 \sim$ -15 ℃。当冷冻箱(室)内温度低于 -15 ℃时,试件方可放入。如试件放入后,温度高于 -15 ℃,则应以温度重新降至 -15 ℃时计算试件的冻结时间。由装完试件至温度重新降至 -15 ℃的时间不应超过 2 h。

(4)每次冻结时间为 4 h,冻后即可取出并应立即放入能使水温保持在 15 ~ 20 ℃的水槽中进行溶化。此时,槽中水面应至少高出试件表面 20 mm,试件在水中溶化的时间不应小于 4 h。溶化完毕即为该次冻融循环结束。取出试件,送入冷冻箱(室)进行下一次循环试验,以此连续进行直至设计规定的次数或试件破坏。

(5)每 5 次循环,应进行一次外观检查,并记录试件的破坏情况;当该组试件 6 块中的 4

块出现明显破坏(分层、裂开、贯通缝)时,则该组试件的抗冻性能试验应终止。

(6)冻融试验结束后,冻融试件与对比试件应同时进行称量、试压。如冻融试件表面破坏较为严重,应采用水泥净浆修补,找平后送入标准环境中养护 2 d 后与对比试件同时进行试压。

(六)结果计算

1. 砂浆试件冻融后的强度损失率

$$\Delta f_{\mathrm{m}} = \frac{f_{\mathrm{m1}} - f_{\mathrm{m2}}}{f_{\mathrm{m1}}} \times 100\% \tag{8-9}$$

式中　Δf_{m}——N 次冻融循环后的砂浆强度损失率(%);

　　f_{m1}——对比试件的抗压强度平均值,MPa;

　　f_{m2}——经 N 次冻融循环后的 6 块试件抗压强度平均值,MPa。

2. 砂浆试件冻融后的质量损失率

$$\Delta m_{\mathrm{m}} = \frac{m_0 - m_{\mathrm{n}}}{m_0} \times 100\% \tag{8-10}$$

式中　Δm_{m}——N 次冻融循环后的质量损失率,以 6 块试件的平均值计算(%);

　　m_0——冻融循环试验前的试件质量,kg;

　　m_{n}——N 次冻融循环后的试件质量,kg。

(七)结果评定

当冻融试件的抗压强度损失率不大于 25% ,且质量损失率不大于 5% 时,说明该组试件两项指标同时满足上述规定,则该组砂浆在试验的循环次数下,抗冻性能可定为合格,否则为不合格。

七、收缩试验

(一)目的及适用范围

本方法适用于测定建筑砂浆的自然干燥收缩值。

(二)采用标准

《建筑砂浆基本性能试验方法标准》(JGJ /T 70—2009)。

(三)仪器设备

(1)立式砂浆收缩仪:标准杆长度为(176 ± 1)mm,测量精度为 0.01 mm(见图 8-4)。

(2)收缩头:由黄铜或不锈钢加工而成(见图 8-5)。

(3)试模:尺寸为 40 mm × 40 mm × 160 mm 的棱柱体,且在试模的两个端面中心,各开一个 Φ6.5 的孔洞。

(四)试验步骤

(1)将收缩头固定在试模两端面的孔洞中,使收缩头露出试件端面(8 ± 1)mm。

(2)将达到所需稠度的砂浆装入试模中,振动密实,置于(20 ± 5)℃的预养室中,隔 4 h 之后将砂浆表面抹平,砂浆带模在标准养护条件(温度为(20 ± 3)℃,相对湿度为 90% 以上)下养护,7 d 后拆模、编号、标明测试方向。

(3)将试件移入温度(20 ± 2)℃,相对湿度(60 ± 5)% 的测试室中预置 4 h,测定试件的初始长度,测定前,用标准杆调整收缩仪的百分表的原点,然后按标明的测试方向立即测定

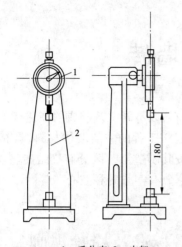

1—千分表;2—支架

图 8-4　收缩仪　（单位:mm）

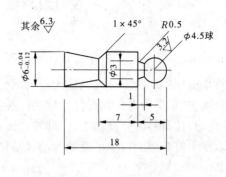

图 8-5　收缩头　（单位:mm）

试件的初始长度。

(4)测定砂浆试件初始长度后,将试件置于温度(20±2)℃,相对湿度为(60±5)%的室内,到 7 d、14 d、21 d、28 d、42 d、56 d 测定试件的长度,即为自然干燥后长度。

(五)结果计算

砂浆自然干燥收缩值应按下列公式计算:

$$\varepsilon_{at} = \frac{L_0 - L_t}{L - L_d} \tag{8-11}$$

式中　ε_{at}——相应为 t(7 d、14 d、21 d、28 d、42 d、56 d)时的自然干燥收缩值;

L_0——试件成型后 7 d 的长度,即初始长度,mm;

L——试件的长度,160 mm;

L_d——两个收缩头埋入砂浆中长度之和,即(20±2)mm;

L_t——相应为 t(7 d、14 d、21 d、28 d、42 d、56 d)时的自然干燥收缩长度,mm。

(六)结果评定

(1)干燥收缩值按 3 个试件测值的算术平均值来确定,如个别值与平均值偏差大于 20%,应剔除,但①组至少有 2 个数据计算平均值。

(2)每块试件的干燥收缩值取 2 位有效数字,精确到 10×10^{-6}。

第九章　砌墙砖

凡是由黏土、工业废料或其他地方资源为主要原料,以不同工艺制成的在建筑工程中用于砌筑承重用的墙砖统称为砌墙砖。砌墙砖是房屋建筑工程的主要墙体材料,具有一定的抗压强度,外形多为直角六面体。砌墙砖种类颇多,按其制造工艺区分有烧结砖、蒸养(压)砖、碳化砖;按原料区分有黏土砖、硅酸盐砖;按孔洞率分有实心砖和空心砖等。

本章主要介绍工程中用量最大的烧结普通砖。

第一节　烧结普通砖的质量标准及检验规则

一、定义、规格尺寸及各部位名称

用黏土质材料,如黏土、页岩、煤矸石、粉煤灰为原料,经过坯料调制,用挤出或压制工艺制坯、干燥,再经焙烧而成的实心或孔洞率不大于 15% 的砖称为烧结普通砖。采用的国家标准为《烧结普通砖》(GB 5101—2003)。其标准尺寸为 240 mm × 115 mm × 53 mm。各部位名称是:①大面——承受压力的面称为大面,尺寸为 240 mm × 115 mm;②条面——垂直于大面的较长侧面称为条面,尺寸为 240 mm × 53 mm;③顶面——垂直于大面的较短侧面称为顶面,尺寸为 115 mm × 53 mm。

二、产品分类

(一)品种

烧结普通砖按主要原料分为黏土砖(N)、页岩砖(Y)、煤矸石砖(M)和粉煤灰砖(F)。

(二)质量等级

烧结普通砖根据抗压强度分为 MU30、MU25、MU20、MU15、MU10。抗风化性能合格的砖,根据尺寸偏差、外观质量、泛霜和石灰爆裂等情况分为优等品(A)、一等品(B)、合格品(C)三个产品等级。优等品可用于清水墙,一等品、合格品可用于混水墙。中等泛霜的砖不得用于潮湿部位。

三、技术要求

(一)尺寸允许偏差

烧结普通砖的尺寸允许偏差应符合《烧结普通砖》(GB 5101—2003)的要求,见表9-1。

检验样品数为 20 块,按《砌墙砖试验方法》(GB/T 2542—2003)规定的检验方法进行。其中,每一尺寸测量不足 0.5 mm 的按 0.5 mm 计,每一方向尺寸以两个测量值的算术平均值表示。

样本平均偏差是指 20 块试样同一方向 40 个测量尺寸的算术平均值减去其公称尺寸的差值。样本极差是指抽检的 20 块试样中同一方向 40 个测量尺寸中最大测量值与最小测量值的差值。

表 9-1　烧结普通砖的尺寸允许偏差　　　（单位:mm）

公称尺寸	优等品		一等品		合格品	
	样本平均偏差	样本偏差,≤	样本平均偏差	样本偏差,≤	样本平均偏差	样本偏差,≤
240	±2.0	6	±2.5	7	±3.0	8
115	±1.5	5	±2.0	6	±2.5	7
53	±1.5	4	±1.6	5	±2.0	6

（二）外观质量

烧结普通砖的外观质量应符合《烧结普通砖》（GB 5101—2003）的要求,见表 9-2。

烧结普通砖的外观质量应按 GB/T 2542—2003 规定的检验方法进行。颜色的检验:抽试样 20 块,装饰面朝上随机分两排并列,在自然光下距离试样 2 m 目测。

表 9-2　烧结普通砖外观质量　　　（单位:mm）

项目		优等品	一等品	合格品
两条面高度差,≤		2	3	4
弯曲,　　　≤		2	3	4
杂质凸出高度,≤		2	3	4
缺棱掉角的三个破坏尺寸不得同时大于		5	20	30
裂纹长度,≤	a.大面上宽度方向及其延伸至条面的长度	30	60	80
	b.大面上长度方向及其延伸至顶面的长度或条顶面上水平裂纹的长度	50	80	100
完整面* 不得少于		二条面和二顶面	一条面和一顶面	—
颜色		基本一致	—	—

注:(1)为装饰而施加的色差,凹凸纹、拉毛、压花等不算作缺陷。

(2)凡有下列缺陷之一者,不得称为完整面。

①缺损在条面过顶面上造成的破坏面尺寸同时大于 10 mm × 10 mm。

②条面或顶面上裂纹宽度大于 1 mm,其长度超过 30 mm。

③压陷、黏底、焦花在条面或顶面上的凹陷或凸出超过 2 mm,区域尺寸同时大于 10 mm × 10 mm。

（三）强度等级

烧结普通砖的强度等级应符合《烧结普通砖》（GB 5101—2003）的要求,见表 9-3。

（四）抗风化性能

通常将干湿变化、温度变化、冻融变化等气候因素对砖的作用称为"风化"作用,抵抗"风化"作用的能力,称为"抗风化性能"。把全国按风化指数(是指日气温从正温降至负温或从负温升至正温的每年平均天数与每年从霜冻之日起至消失霜冻之日这一期间降雨总量(以 mm 计)的平均值的乘积)分为严重风化区(风化指数大于等于 12 700 的地区)和非严重风化区(风化指数小于 12 700 的地区),见表 9-4 规定。

严重风化区中的 1、2、3、4、5 地区的烧结普通砖必须进行冻融试验,其他地区烧结普通砖的抗风化性能符合《烧结普通砖》（GB 5101—2003）的要求,见表 9-5。严重风化区和非严重风化区砖的抗风化性能符合表 9-5 的规定时,可不做冻融试验,否则必须进行冻融试验。

冻融试验后,每块砖样不允许出现裂纹、分层、掉皮、缺棱、掉角等冻坏现象;质量损失不得大于2%。

表9-3　烧结普通砖强度等级　　　　　　　　　　　　　　　　（单位:MPa）

强度等级	抗压强度平均值 $\bar{f}$,≥	变异系数 $\delta \leqslant 0.21$	变异系数 $\delta > 0.21$
		强度标准值 f_k,≥	单块最小抗压强度值 f_{min},≥
MU30	30.0	22.0	25.0
MU25	25.0	18.0	22.0
MU20	20.0	14.0	16.0
MU15	15.0	10.0	12.0
MU10	10.0	6.5	7.5

注:烧结普通砖

(1)按式(9-1)、式(9-2)分别计算出强度变异系数 δ、标准差 s。

$$\delta = \frac{s}{\bar{f}} \tag{9-1}$$

$$s = \sqrt{\frac{1}{9}\sum_{i=1}^{10}(f_i - \bar{f})^2} \tag{9-2}$$

式中　δ——砖强度变异系数,精确至0.01 MPa;

　　　s——10块试样的抗压强度标准差,MPa,精确至0.01 MPa;

　　　$\bar{f}$——10块试样的抗压强度平均值,MPa,精确至0.01 MPa;

　　　f_i——单块试样抗压强度测定值,MPa,精确至0.01 MPa。

(2)平均值–标准值方法评定。

当变异系数 $\delta \leqslant 0.21$ 时,按表9-3中抗压强度平均值 $\bar{f}$、强度标准值 f_k 评定砖的强度等级。

样本量 $n = 10$ 时的强度标准值按式(9-3)计算。

$$f_k = \bar{f} - 1.8s \tag{9-3}$$

式中　f_k——强度标准值,MPa,精确至0.1 MPa。

(3)平均值–最小值方法评定。

当变异系数 $\delta > 0.21$ 时,按表9-3中抗压强度平均值 $\bar{f}$、单块最小抗压强度值 f_{min} 评定砖的强度等级,单块最小抗压强度值精确至0.1 MPa。

表9-4　风化区的划分

严重风化区		非严重风化区	
1. 黑龙江省	11. 河北省	1. 山东省	11. 福建省
2. 吉林省	12. 北京市	2. 河南省	12. 台湾省
3. 辽宁省	13. 天津市	3. 安徽省	13. 广东省
4. 内蒙古自治区		4. 江苏省	14. 广西壮族自治区
5. 新疆维吾尔自治区		5. 湖北省	15. 海南省
6. 宁夏回族自治区		6. 江西省	16. 云南省
7. 甘肃省		7. 浙江省	17. 西藏自治区
8. 青海省		8. 四川省	18. 上海市
9. 陕西省		9. 贵州省	19. 重庆市
10. 山西省		10. 湖南省	

河南省属于非严重风化区。

表 9-5 烧结普通砖抗风化性能

| 砖种类 | 严重风化区 | | | | 非严重风化区 | | | |
| | 5 h 沸煮吸水率(%) ≤ | | 饱和系数 ≤ | | 5 h 沸煮吸水率(%) ≤ | | 饱和系数 ≤ | |
	平均值	单块最大值	平均值	单块最大值	平均值	单块最大值	平均值	单块最大值
黏土砖	18	20	0.85	0.87	19	20	0.88	0.90
粉煤灰砖[a]	21	23			23	25		
页岩砖	16	18	0.74	0.77	18	20	0.78	0.80
煤矸石砖								

注:a 粉煤灰掺入量(体积比)小于 30% 时,按黏土砖规定评定。

(五)泛霜

是指可溶性盐类在砖或砌块表面的盐析现象,一般呈白色粉末、絮团或絮片状。

每块砖样应符合《烧结普通砖》(GB 5101—2003)的规定:优等品,无泛霜;一等品,不得出现中等泛霜;合格品,不得出现严重泛霜。

(六)石灰爆裂

烧结普通砖的原料中夹杂着石灰质,烧结时被烧成生石灰,砖吸水后体积膨胀而发生爆裂的现象,称之为石灰爆裂。

按《烧结普通砖》(GB 5101—2003)规定如下:

(1)优等品:不允许出现最大破坏尺寸大于 2 mm 的爆裂区域。

(2)一等品:①最大破坏尺寸大于 2 mm 且小于等于 10 mm 的爆裂区域,每组砖样不得多于 15 处。②不允许出现最大破坏尺寸大于 10 mm 的爆裂区域。

(3)合格品:①最大破坏尺寸大于 2 mm 且小于等于 15 mm 的爆裂区域,每组砖样不得多于 15 处。其中大于 10 mm 的不得多于 7 处。②不允许出现最大破坏尺寸大于 15 mm 的爆裂区域。

(七)欠火砖、酥砖和螺旋纹砖

产品中不允许有欠火砖、酥砖和螺旋纹砖。

四、检验规则

根据《砌墙砖检验规则》(JC 466—96),检验规则有以下规定。

(一)检验分类

(1)产品检验分出厂检验和型式检验。

(2)每批出厂产品必须进行出厂检验,外观质量检验在生产厂内进行。

(3)当产品有下列情况之一时应进行型式检验:

①新厂生产试制定型检验;

②正式生产后,原材料、工艺等发生较大改变,可能影响产品性能时;

③正常生产时,每半年应进行一次;

④出厂检验结果与上次型式检验结果有较大差异时;

⑤国家质量监督机构提出进行型式检验时。

(二)检验项目

(1)出厂检验项目包括尺寸偏差、外观质量和强度等级。

(2)型式检验项目包括出厂检验项目、抗风化性能、石灰爆裂和泛霜。

(三)检验批的构成

1. 构成原则

构成检验批的基本原则是尽可能使得批内砖质量分布均匀,具体实施中应做到:①不正常生产与正常生产的砌墙砖不能混批;②原料变化或不同配料比例的砌墙砖不能混批;③不同质量等级的砌墙砖不能混批。

2. 批量大小

砌墙砖检验批的批量宜在3.5万~15万块范围内,但不得超过一条生产线的日产量。不足3.5万块按一批计。

(四)抽样方法

1. 一般规定

(1)验收检验的抽样应在供方堆场上由供需双方人员会同进行。

(2)检验批应以堆垛形式合理堆放,使得能从任何一个指定的砖垛中抽样。若砖垛堆放紧密到只能从其周围去获得样品,只有在周围砖垛数量大于抽样砖垛数量,并可信其质量的代表性均匀时,允许在周围砖垛中抽样;否则应由需方指定搬走无代表性的砖垛进行抽样,或经供需双方商定检验批不合格时的处理规定后,在需方装车过程中按预先规定的抽样位置从露出的砖垛中抽样。

(3)确定抽样位置的同时,还必须规定该样品的检验内容。不论抽样位置上砌墙砖质量如何,不允许以任何理由以别的砖替代。抽取样品后,在样品上标志表示检验内容的编号,检验时也不允许变更检验内容。

2. 确定抽样数量

抽样数量由检验项目确定按表9-6进行(必要时,可增加适量备用样品)。两个以上检验项目时,下列非破坏性检验项目的砖样允许在检验后继续用作其他检验,抽样数量可不包括重复使用的样品数。①外观质量;②尺寸偏差;③体积密度;④孔洞率。

3. 编定产品位置顺序

1)从砖垛中抽样

对检验批中可抽样的砖垛(全部砖垛或周围的砖垛)、砖垛中砖层和砖层中的砖块位置各依一定顺序编号。编号不需标志在实体上,只作到明确起点位置和编号顺序即可。

2)从砖样中抽样

凡安排需从检验后的样品中继续抽样供其他检验使用的非破坏性检验项目,应在其从砖垛中抽样的过程中按抽样先后顺序给予编号,并标志顺序号于砖样上,作为继续抽样的位置顺序。

4. 决定抽样位置

1)确定抽样砖垛及垛中抽样数量

根据批中可抽样砖垛数量和抽样数量由表9-7决定抽样砖垛数和垛中抽取的砖样数量。

表 9-6　烧结普通砖抽样数量

序号	检验项目	抽样数量（块）
1	外观尺寸	$50(n_1 = n_2 = 50)$
2	尺寸偏差	20
3	强度等级	10
4	泛霜试验	5
5	石灰爆裂试验	5
6	冻融试验	5
7	吸水率和饱和系数试验	5

表 9-7　抽样砖垛数和垛中抽取的砖样数量

抽样数量（块）	可抽样砖垛数（垛）	抽样砖垛数（垛）	垛中抽样数（块）
50	≥250	50	1
	125~250	25	2
	<125	10	5
20	≥100	20	1
	<100	10	2
10 或 5	任意	10 或 5	1

2）确定抽样砖垛位置

以抽样砖垛数除可抽样砖垛数得到整数商 a 和余数 b。从 $1~b$ 的数值范围内（当 $b=0$ 时，按 $b=a$ 计数）确定一个随机数码 Ran（方法见附录 A（参考件））。抽样砖垛位置即从第 Ran 垛开始，以后每隔 $a-1$ 垛为抽样砖垛。

3）确定抽样砖垛中的抽样位置

砖样在砖垛中的抽样位置由砖垛中层数范围内和砖层中砖块数量范围内的一对随机数码所确定。垛中需要抽取几块样品时，则即可相应确定几对随机数码。

5. 从检验过的样品中抽样

每一检验项目由其所需抽样数量先从表 9-8 中查出抽样起点范围及抽样间隔，然后从其规定的范围内确定一个随机数码，即得到抽样起点的位置。按起点位置和抽样间隔实施抽样，若有两个以上检验项目，应分别按各自所需的抽样数量从表 9-8 中查出相应的抽样起点范围和抽样间隔，与单个项目时的步骤一样实施抽样。各个随机数码中不允许出现相同数码，出现时应舍去重新确定。

（五）判定规则

（1）尺寸偏差符合表 9-1、强度等级符合表 9-3 的规定，判定尺寸偏差、强度等级合格；否则判定不合格。

表 9-8　抽样起点范围和抽样间隔

检验过的砖块数(块)	抽样数量(块)	抽样起点范围	抽样间隔(块)
50	20	1~10	1
	10	1~5	4
	5	1~10	9
20	10	1~2	1
	5	1~4	3

(2)外观质量采用二次抽样方案,根据表 9-2 规定的质量指标,按国标规定的方法检查出其中的不合格品块数 d_1,按下列规则判断:当 $d_1 \leqslant 7$ 时,外观质量合格;当 $d_1 \geqslant 11$ 时,外观质量不合格;当 $7 < d_1 < 11$ 时,需再次抽样检验。如判为再次抽样检验,从批中再抽取砖样 50 块,检查出其中的不合格品块数 d_2 后,按下列规则判断:当 $(d_1 + d_2) \leqslant 18$ 时,外观质量合格;当 $(d_1 + d_2) \geqslant 19$ 时,外观质量不合格。

(3)抗风化性能符合本节"三、(四)抗风化性能"中的规定,判定抗风化性能合格,否则判不合格。

(4)石灰爆裂和泛霜试验应分别符合"三、(五)泛霜和(六)石灰爆裂"中优等品、一等品或合格品的规定,分别判定泛霜和石灰爆裂符合优等品、一等品或合格品。

(5)总判定。①每一批出厂产品的质量等级按出厂检验项目的检验结果和抗风化性能、石灰爆裂及泛霜的型式检验结果综合判定。②每一型式检验的质量等级按全部检验项目的检验结果综合判定。③若该批经检验尺寸偏差、抗风化性能、强度等级合格,按外观质量、石灰爆裂、泛霜中最低的质量等级判定。其中有一项不合格,则判定为不合格品。④外观检验中有欠火砖、酥砖或螺旋纹砖则判定该批产品不合格。

第二节　砌墙砖试验

一、外观尺寸测量

(一)目的及适用范围
本方法适用于测定烧结砖和非烧结砖。烧结砖包括烧结普通砖、烧结多孔砖以及烧结空心砖和空心砌块;非烧结砖包括蒸压灰砂砖、粉煤灰砖、炉渣砖和碳化砖等。

(二)采用标准
《砌墙砖试验方法》(GB/T 2542—2003)。

(三)仪器设备
量具:砖用卡尺,如图 9-1 所示,分度值为 0.5 mm。

(四)测量方法
长度应在砖的 2 个大面的中间处分别测量 2 个尺寸;宽度应在砖的 2 个大面的中间处分别测量 2 个尺寸;高度应在 2 个条面的中间处分别测量 2 个尺寸,如图 9-2 所示。如被测处有缺损或凸出时,可在其旁边测量,但应选择不利的一侧,精确至 0.5 mm。

（五）试验结果

结果分别以长度、高度和宽度的最大两个偏差值的算术平均值表示,不足 1 mm 者按 1 mm 计。

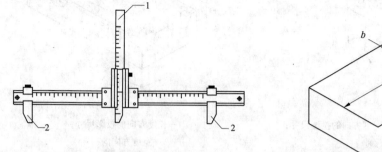

1—垂直尺;2—支脚　　　　　　　　　　　　　　 b—宽度;h—高度;l—长度

图 9-1　砖用卡尺　　　　　　　　　　　　　　 图 9-2　尺寸量法　（单位:mm）

（六）结果评定

与《烧结普通砖》(GB 5101—2003)对照检查,进行评定。

二、外观质量检查

（一）目的及适用范围

本方法适用于对烧结砖和非烧结砖的外观质量进行测量检查。

（二）采用标准

《砌墙砖试验方法》(GB/T 2542—2003)。

（三）仪器设备

(1)砖用卡尺:如图 9-1 所示,分度值为 0.5 mm。

(2)钢直尺:分度值为 1 mm。

（四）测量方法

1. 缺损

(1)缺棱掉角在砖上造成的破坏程度,以破损部分对长、宽、高 3 个棱边的投影尺寸来度量,称为破坏尺寸,如图 9-3 所示。

(2)缺损造成的破坏面,系指缺损部分对条、顶面的投影面积,如图 9-4 所示。

2. 裂纹

(1)裂纹分为长度方向、宽度方向和水平方向 3 种,以被测方向的投影长度表示。如果裂纹从一个面延伸至其他面上时,则累计其延伸的投影长度,如图 9-5 所示。

(2)裂纹长度以在 3 个方向上分别测得的最长裂纹作为测量结果。

3. 弯曲

(1)弯曲分别在大面和条面上测量,测量时将砖用卡尺的两支脚沿棱边两端放置。择其弯曲最大处将垂直尺推至砖面,如图 9-6 所示。但不应将因杂质或碰伤造成的凹处计算在内。

(2)以弯曲中测得的较大者作为测量结果。

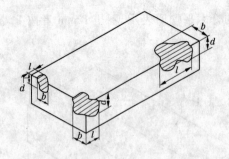 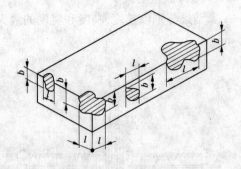

l—长度方向的投影尺寸;b—宽度方向的投影尺寸;

d—高度方向的投影尺寸

图9-3　缺棱掉角破坏尺寸量法　（单位:mm）

l—长度方向的投影尺寸;

b—宽度方向的

图9-4　缺损在条、顶面上造成

破坏面量法　（单位:mm）

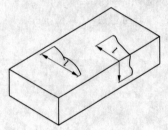 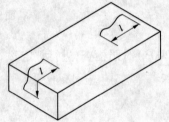 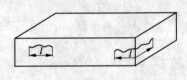

(a)宽度方向裂纹长度量法　　(b)长度方向裂纹长度量法　　(c)水平方向裂纹长度量法

图9-5　裂纹长度量法

4.杂质凸出高度

杂质在砖面上造成的凸出高度,以杂质距砖面的最大距离表示。测量时将砖用卡尺的两支脚置于凸出两边的砖平面上,以垂直尺测量,如图9-7所示。

5.颜色的检验

砖抽样20块,条面朝上随机分两排并列,在自然阳光下,距离砖面2 m处目测外露的条顶面。

（五）结果记录及处理

外观测量以毫米为单位,不足1 mm者,按1 mm计。

（六）结果评定

与《烧结普通砖》(GB 5101—2003)对照检查和评定。

三、抗压强度试验

（一）目的及适用范围

测定烧结普通砖的抗压强度,作为评定砖强度等级的依据。

（二）采用标准

《砌墙砖试验方法》(GB/T 2542—2003)。

（三）仪器设备

(1)材料试验机:试验机的示值相对误差不超过±1%,其下加压板为球铰支座,预期最

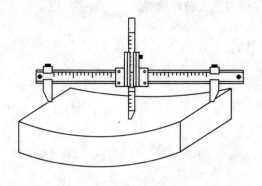

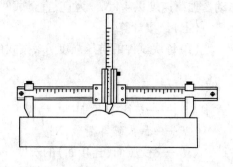

图9-6　弯曲量法 　　　　　　　　　　　图9-7　杂质凸出量法

大破坏荷载应为量程的 20% ～80% 。

（2）抗压试件制备平台：试件制备平台必须平整水平，可用金属或其他材料制作。

（3）水平尺：规格为 250～300 mm。

（4）钢直尺：分度值为 1 mm。

（四）试样制备

（1）烧结普通砖试样数量为 10 块。将砖样切断或锯成两个半截砖，断开后的半截砖长不得小于 100 mm，如图9-8 所示。如果不足 100 mm，应另取备用试样补足。

（2）在试样制备平台上，将已断开的半截砖放入室温的净水中浸 10～20 min 后取出，并以断口相反方向叠放，两者中间抹以厚度不超过 5 mm 的用强度等级 325 级的普通硅酸盐水泥调制成稠度适宜的水泥净浆黏结，上下两面用厚度不超过 3 mm 的同种水泥浆抹平。制成的试件上下两面须相互平行，并垂直于侧面，如图9-9 所示。

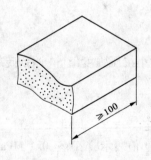

图9-8　半截砖长度示意图　（单位：mm）

1—净浆层厚 3 mm；2—净浆层厚 5 mm

图9-9　水泥净浆层厚度示意图

（五）试件养护

制成的抹面试件应置于不低于 10 ℃ 的不通风室内养护 3 d，再进行试验。

（六）试验步骤

（1）测量每个试件连接面或受压面的长、宽尺寸各 2 个，分别取其平均值，精确至 1 mm。

（2）将试件平放在加压板的中央，垂直于受压面加荷，应均匀平稳，不得发生冲击或振动。加荷速度以 4 kN/s 为宜,直至试件破坏,记录试件最大破坏荷载。

(七)结果计算

(1)每块试件的抗压强度 R_P,按式(9-4)计算,精确至 0.01 MPa。

$$R_P = \frac{P}{LB} \tag{9-4}$$

式中 R_P——抗压强度,MPa;

P——最大破坏荷载,N;

L——受压面(连接面)的长度,mm;

B——受压面(连接面)的宽度,mm。

(2)结果评定。

按式(9-5)、式(9-6)分别计算出强度变异系数 δ、标准差 s。

$$\delta = \frac{s}{f} \tag{9-5}$$

$$s = \sqrt{\frac{1}{9} \sum_{i=1}^{10} (f_i - \bar{f})^2} \tag{9-6}$$

式中 δ——砖强度变异系数,精确至 0.01 MPa;

s——10 块试样的抗压强度标准差,MPa,精确至 0.01 MPa;

$\bar{f}$——10 块试样的抗压强度平均值,MPa,精确至 0.01 MPa;

f_i——单块试样抗压强度测定值,MPa,精确至 0.01 MPa。

①平均值—标准值方法评定。

变异系数 $\delta \leqslant 0.21$ 时,按表 9-3 中抗压强度平均值 $\bar{f}$、强度标准值 f_k 评定砖的强度等级。样本量 $n = 10$ 时的强度标准值按式(9-7)计算。

$$f_k = \bar{f} - 1.8s \tag{9-7}$$

式中 f_k——强度标准值,MPa,精确至 0.1 MPa。

②平均值—最小值方法评定。

变异系数 $\delta > 0.21$ 时,按表 9-3 中抗压强度平均值 $\bar{f}$、单块最小抗压强度值 f_{min} 评定砖的强度等级,单块最小抗压强度值精确至 0.1 MPa。

(八)结果评定

试验结果与《烧结普通砖》(GB 5101—2003)对照检查和评定。

试验结果以试样抗压强度的算术平均值和标准值或单块最小值表示,精确至 0.1 MPa。

四、抗冻性能的试验

(一)目的及适用范围

测定砌墙砖的冻融循环次数,计算经冻融循环后砖的抗压强度和干质量损失,作为评定砖抗冻性能的依据。

(二)采用标准

《砌墙砖试验方法》(GB/T 2542—2003)。

(三)仪器设备

(1)低温箱或冷冻室:放入试样后箱(室)内温度可调至 -20 ℃ 或 -20 ℃ 以下。

(2)水槽:保持槽中水温 10~20 ℃为宜。

(3)台秤:分度值 5 g。

(4)鼓风干燥箱。

(四)试验步骤

取烧结普通砖 5 块,用毛刷清理表面,并顺序编号。

(1)将试样放入鼓风干燥箱中,在 100~110 ℃下干燥至恒量(在干燥过程中,前后 2 次称量相差不超过 0.2%,前后 2 次称量时间间隔为 2 h),称其质量 G_0,并检查外观,将缺棱掉角和裂纹作标记。

(2)将试样浸在 10~20 ℃的水中,24 h 后取出,用湿布拭去表面水分,以大于 20 mm 的间距大面侧向立放于预先降温至 -15 ℃以下的冷冻箱中。

(3)当箱内温度再次降至 -15 ℃时开始计时,在 -20~ -15 ℃下冰冻,烧结砖冻 3 h;非烧结砖冻 5 h。然后取出放入 10~20 ℃的水中融化,烧结砖不少于 2 h;非烧结砖不少于 3 h。如此为一次冻融循环。

(4)每 5 次冻融循环,检查一次冻融过程中出现的破坏情况,如冻裂、缺棱、掉角、剥落等。

(5)冻融过程中,发现试样的冻坏超过外观规定时,应继续试验至 15 次冻融循环结束。

(6)经 15 次冻融循环后,检查并记录试样在冻融过程中的冻裂长度、缺棱掉角和剥落等破坏情况。

(7)经 15 次冻融循环后的试样,放入鼓风干燥箱中,按第一条的规定干燥至恒量,称其质量 G_1。烧结砖若未发现冻坏现象,则可不进行干燥称量。

(8)将干燥后的试样(非烧结砖再在 10~20 ℃的水中浸泡 24 h)按本节"三、抗压强度试验"中的规定进行抗压强度试验。

(五)结果计算

(1)抗压强度按式(9-8)计算,精确至 0.01 MPa。

$$R_P = \frac{P}{LB} \tag{9-8}$$

式中 R_P——抗压强度,MPa;

P——最大破坏荷载,N;

L——受压面(连接面)的长度,mm;

B——受压面(连接面)的宽度,mm。

取其抗压强度的算术平均值作为最后结果,精确至 0.1 MPa。

(2)质量损失率 G_m 按式(9-9)计算,精确至 0.1%。

$$G_m = \frac{G_0 - G_1}{G_0} \times 100\% \tag{9-9}$$

式中 G_m——质量损失率(%);

G_0——试样冻融前干质量,g;

G_1——试样冻融后干质量,g。

(六)结果评定

试验结果以试样抗压强度、单块砖的干质量损失率表示,并与《烧结普通砖》

（GB 5101—2003）对照检查和评定。

五、体积密度的试验

（一）目的及适用范围
本方法适用于测定砌墙砖的体积密度。

（二）采用标准
《砌墙砖试验方法》（GB/T 2542—2003）。

（三）仪器设备
（1）鼓风干燥箱。

（2）台秤：分度值为 5 g。

（3）钢直尺：分度值为 1 mm；砖用卡尺：分度值为 0.5 mm。

（四）试验步骤
（1）每次试验用砖为 5 块，所取试样外观完整。清理试样表面，并注写编号，然后将试样置于 100～110 ℃鼓风干燥箱中干燥至恒重。称其质量 G_0，并检查外观情况，不得有缺棱、掉角等破损情况。如有破损者，须重新换取备用试样。

（2）将干燥后的试样按本节"一、（四）测量方法"中的规定，测量其长、宽、高尺寸各 2 个，分别取其平均值。

（五）结果计算
体积密度 ρ 按下式计算，精确至 0.1 kg/m³。

$$\rho = \frac{G_0}{LBH} \times 10^9 \tag{9-10}$$

式中　ρ——体积密度；kg/m³；

G_0——试样干质量，kg；

L——试样长度，mm；

B——试样宽度，mm；

H——试样高度，mm。

（六）结果评定
试验结果以试样密度的算术平均值表示，精确至 1 kg/m³。

六、石灰爆裂试验

（一）目的及适用范围
测定砌墙砖的石灰爆裂区域，评定砖的质量。

（二）采用标准
《砌墙砖试验方法》（GB/T 2542—2003）。

（三）仪器设备
（1）蒸煮箱。

（2）钢直尺：分度值为 1 mm。

（四）试样制备
（1）试样为未经雨淋或浸水，且近期生产的砖样，数量为 5 块。

（2）试验前检查每块试样，将不属于石灰爆裂的外观缺陷作标记。

（五）试验步骤

（1）将试样平行侧立于蒸煮箱内的箅子板上，试样间隔不得小于 50 mm，箱内水面应低于箅子板 40 mm。

（2）加盖蒸 6 h 后取出。

（3）检查每块试样上因石灰爆裂（含试验前已出现的爆裂）而造成的外观缺陷，并记录其尺寸（mm）。

（六）结果评定

以每块试样石灰爆裂区域的尺寸最大者表示，精确至 1 mm。

将试验结果与《烧结普通砖》（GB 5101—2003）对照检查，进行评定。

七、泛霜试验

（一）目的及适用范围

测定砌墙砖的泛霜情况，评定砖的质量。

（二）采用标准

《砌墙砖试验方法》（GB/T 2542—2003）。

（三）仪器设备

（1）鼓风干燥箱。

（2）耐腐蚀的浅盘 5 个，容水深度 25～35 mm。

（3）能盖住浅盘的透明材料 5 张，在其中间部位开有大于试样宽度、高度或长度尺寸5～10 mm 的矩形孔。

（4）干、湿球温度计或其他温、湿度计。

（四）试验步骤

（1）取试样普通砖 5 块，将粘附在试样表面的粉尘刷掉并编号，然后放入 100～110 ℃的鼓风干燥箱中干燥 24 h，取出冷却至常温。

（2）将试样顶面或有孔洞的面朝上分别置于 5 个浅盘中，往浅盘中注入蒸馏水，水面高度不低于 20 mm，用透明材料覆盖在浅盘上，并将试样暴露在外面，记录时间。

（3）试样浸在盘中的时间为 7 d，开始 2 d 内经常加水以保持盘内水面高度，以后则保持浸在水中即可，试验过程中要求环境温度为 16～32 ℃，相对湿度 35%～60%。

（4）7 d 后取出试样，在同样的环境条件下放置 4 d，然后在 100～110 ℃的鼓风干燥箱中干燥至恒量。取出冷却至常温，记录干燥后的泛霜程度。

（5）7 d 后开始记录泛霜情况，每天 1 次。

（五）结果评定

（1）泛霜程度根据记录以最严重者表示。

（2）泛霜程度划分如下：

无泛霜，试样表面的盐析几乎看不到。

轻微泛霜，试样表面出现一层细小明显的霜膜，但试样表面仍清晰。

中等泛霜，试样部分表面或棱角出现明显霜层。

严重泛霜，试样表面出现起砖粉、掉屑及脱皮现象。

(3)将试验结果与《烧结普通砖》(GB 5101—2003)对照检查和评定。

八、吸水率和饱和系数试验

(一)目的及适用范围
测定砌墙砖的吸水率和饱和系数,评定砖的抗风化性能。

(二)采用标准
《砌墙砖试验方法》(GB/T 2542—2003)。

(三)仪器设备
(1)鼓风干燥箱。

(2)台秤:分度值为 5 g。

(3)蒸煮箱。

(四)试验步骤
(1)取试样普通砖 5 块,清理试样表面,并注写编号,然后置于 100~110 ℃鼓风干燥箱中干燥至恒量,除去粉尘后,称其干质量 G_0。

(2)将干燥试样浸水 24 h,水温 10~30 ℃。

(3)取出试样,用湿毛巾拭去表面水分,立即称量,称量时试样表面毛细孔渗出于秤盘中水的质量亦应计入吸水质量中,所得质量为浸泡 24 h 的湿质量 G_{24}。

(4)将浸泡 24 h 后的湿试样侧立放入蒸煮箱的箅子板上,试样间距不得小于 10 mm,注入清水,箱内水面应高于试样表面 50 mm,加热至沸腾,沸煮 3 h。饱和系数试验煮沸 5 h,停止加热,冷却至常温。

(5)按上述第(3)条的规定,称量沸煮 3 h 的湿质量 G_3 和沸煮 5 h 的湿质量 G_5。

(五)结果计算
(1)常温水浸泡 24 h 试样吸水率 W_{24} 按式(9-11)计算,精确至 0.1%。

$$W_{24} = \frac{G_{24} - G_0}{G_0} \times 100\% \tag{9-11}$$

式中　W_{24}——常温水浸泡 24 h 试样吸水率(%);

　　　G_0——试样干质量,g;

　　　G_{24}——试样浸水 24 h 的湿质量,g。

(2)试样沸煮 3 h 吸水率 W_3 按式(9-12)计算,精确至 0.1%。

$$W_3 = \frac{G_3 - G_0}{G_0} \times 100\% \tag{9-12}$$

式中　W_3——试样沸煮 3 h 吸水率(%);

　　　G_3——试样沸煮 3 h 的湿质量,g;

　　　G_0——试样干质量,g。

(3)每块试样的饱和系数 K 按式(9-13)计算,精确至 0.001。

$$K = \frac{G_{24} - G_0}{G_5 - G_0} \tag{9-13}$$

式中　K——试样饱和系数;

　　　G_{24}——常温水浸泡 24 h 试样湿质量,g;

G_0——试样干质量,g;

G_5——试样沸煮 5 h 的湿质量,g。

(六) 结果评定

吸水率以 5 块试样的算术平均值表示,精确至 1%。饱和系数以 5 块试样的算术平均值表示,精确至 0.01。吸水率和饱和系数与《烧结普通砖》(GB 5101—2003)检查对照,评定砖的抗风化性能。

附录 A 随机数码求取方法

(参考件)

随机数码的求取有计算机或计算器随机发生器、随机数码表、机械随机化装置、骰子,随机卡片等方法。这些方法可由供需双方选择使用,但仲裁性检验只能采用计算机、计算器或随机数码表。本标准推荐使用随机数码表法(见表 1)。

表 1   随机数码

```
03 47 43 73 86    36 96 47 36 61    46 98 53 71 62    33 26 16 80 45    60 14 14 10 95
97 74 24 67 62    42 81 14 57 20    42 53 32 37 32    27 07 36 07 51    24 51 79 89 73
16 76 62 27 66    56 50 26 71 07    32 90 79 78 53    13 55 38 58 59    88 97 54 14 10
12 96 85 99 26    96 96 68 27 31    05 03 72 93 15    57 12 10 14 21    88 26 49 81 76
55 59 56 35 64    38 54 82 46 72    31 62 43 09 09    06 18 44 32 53    23 83 01 30 30

15 22 77 94 39    49 54 43 54 82    17 37 93 23 78    87 35 20 96 43    84 26 34 91 64
84 42 17 53 31    57 24 55 06 88    77 04 74 47 67    21 76 33 50 25    83 92 12 06 76
63 01 63 78 59    16 95 55 67 19    98 10 50 71 75    12 86 73 58 07    44 39 52 38 79
33 21 12 34 29    78 64 56 07 82    52 42 07 44 38    15 51 00 13 42    99 02 73 43 28
57 60 86 32 44    09 47 27 96 54    49 17 46 09 62    90 52 84 77 27    08 02 73 43 28

18 18 07 92 45    44 17 16 58 09    79 83 86 19 62    06 76 50 03 10    55 23 64 05 05
26 62 38 97 75    84 16 07 44 99    83 11 46 32 24    20 14 85 88 45    10 93 72 88 71
23 42 40 64 74    82 97 77 77 81    07 45 32 14 08    32 98 97 07 72    93 85 79 10 75
52 36 28 19 95    50 92 26 11 97    00 56 76 31 38    80 22 02 53 53    86 60 42 04 53
37 85 94 35 12    83 39 50 08 30    42 34 07 96 88    54 42 06 87 98    35 85 29 48 39

70 29 17 12 13    40 33 20 38 26    13 98 51 03 74    17 76 37 13 04    07 74 21 19 30
56 62 18 37 35    96 83 50 87 75    97 12 25 93 47    70 33 24 03 54    97 77 46 44 80
99 49 57 22 77    88 42 95 45 72    16 64 36 16 00    04 43 18 66 79    94 77 24 21 90
16 08 15 04 72    33 27 14 34 09    45 59 34 68 49    12 72 07 34 45    39 27 72 95 14
31 16 93 32 43    50 27 89 87 19    20 15 37 00 49    52 85 66 60 44    38 68 88 11 80

68 34 30 13 70    55 74 30 77 40    44 22 78 84 26    04 33 46 09 52    68 07 97 06 57
74 57 25 65 76    59 29 97 68 60    71 91 38 67 54    13 58 18 24 76    15 54 55 95 52
27 42 37 86 53    48 55 90 65 72    96 57 69 36 10    96 46 92 42 45    97 60 49 04 91
00 39 68 29 61    66 37 32 20 30    77 84 57 03 29    10 45 65 04 26    11 04 96 67 24
29 94 98 94 24    68 49 69 10 82    53 75 91 93 30    34 25 20 57 27    40 48 73 51 92
```

16	90	82	66	59	83	62	64	11	12	67	19	00	71	74	60	47	21	29	68	02	02	37	03	31
11	27	94	75	06	06	09	19	74	66	02	94	37	34	02	76	70	90	30	86	38	45	94	30	38
35	24	10	16	20	33	32	51	26	38	79	78	45	04	91	16	92	53	56	16	02	75	50	95	98
38	23	16	86	38	42	38	97	01	50	87	75	66	81	41	40	01	74	91	62	48	51	84	08	32
31	96	25	91	47	96	44	33	49	13	34	86	82	53	91	00	52	43	48	85	27	55	26	89	62
66	67	40	67	14	64	05	71	95	86	11	05	65	09	68	76	83	20	37	90	57	16	00	11	66
14	90	84	45	11	75	73	88	05	90	52	27	41	14	86	22	98	12	22	08	07	52	74	95	80
68	05	51	18	00	33	96	02	75	19	07	60	62	93	55	59	33	82	43	90	49	37	38	44	59
20	46	78	73	90	97	51	40	14	02	04	02	33	31	08	39	54	16	49	36	47	95	93	13	30
64	19	58	97	79	15	06	15	93	20	01	90	10	75	06	40	78	78	89	62	02	67	74	17	33
05	26	93	70	60	22	35	85	15	13	92	03	51	59	77	59	56	78	06	83	52	91	05	70	74
07	97	10	88	23	09	98	42	99	64	61	71	62	99	15	06	51	29	16	93	58	05	77	09	51
68	71	86	85	85	54	87	66	47	54	73	32	08	11	12	44	95	92	63	16	29	56	24	29	48
26	99	61	65	53	58	37	78	80	70	42	10	50	67	42	32	17	55	85	74	94	44	67	16	94
14	65	52	68	75	87	59	36	22	41	26	78	63	06	55	13	08	27	01	50	15	29	39	39	43
17	53	77	58	71	71	41	61	50	72	12	41	94	96	26	44	95	27	36	99	02	96	74	30	83
90	26	59	21	19	23	52	23	33	12	96	93	02	18	39	07	02	18	36	07	25	99	32	70	23
41	23	52	55	99	31	04	49	69	96	10	47	48	45	88	13	41	43	89	20	97	17	14	49	17
60	20	50	81	69	31	99	73	68	68	35	81	33	03	76	24	30	12	48	60	18	99	10	72	34
91	25	38	05	90	94	58	28	41	36	45	37	59	03	09	90	35	57	29	12	82	62	54	65	60
34	50	57	74	37	98	80	33	00	91	09	77	93	19	82	74	94	80	04	04	45	07	31	66	49
85	22	04	39	43	73	81	53	94	79	33	62	46	86	28	08	31	54	46	81	53	94	13	38	47
09	79	13	77	48	43	82	97	22	21	05	03	27	24	83	72	89	44	05	60	35	80	39	94	88
88	75	80	18	14	22	95	75	42	49	39	32	82	22	49	02	48	07	70	37	16	04	61	67	87
90	96	23	70	00	39	00	03	06	90	55	85	78	38	36	94	37	30	69	32	90	89	00	76	33

A_1 单个随机数的决定。先以针状物或笔尖在随机数码表上随意指点,其所指处附近的两位数即为查取随机数码的行号。再次随意指点得到的两位数则为列号。当两位数大于 50 时,取减去 50 后的余数。余数为 0 时应当做 50。然后依行号从随机数码表上端向下数出需要的随机数行位置。再从此行从左向右以 1 位数码为 1 个单位,数出随机数码的所在列,该位置的数码即为决定的随机数码。需要 1 位数时,以该位置读数,需要两位数时,则以该位置所在的两位数读数。

A_2 数个随机数码的决定。要求 1 个以上随机数时,可从 A_1 决定的随机数码位置向上、向下、向左或向右(事前商定一般向右)顺序读取。含去出现过的重复数码,直到取够为止。

A_3 随机数码修正。实际使用时,决定的随机数码有可能出现超出要求范围(大于 b)的数码,此时,以 b 除随机数码得到的余数即为修正后符合要求范围的随机数码。若余数为 0 时,则随机数码修正为 b。

A_4 示例。试决定 1~5 范围内的 3 个随机数码的数列。

假定铅笔尖随意指点得到 2 个数码分别为 88 和 26。88 修正为 38,随机数码即在第 38 行的第 26 列的位置上。从随机数码表上查得为 8。由此向右读得数字串为 811124……,舍去重复出现的 1 后得 8,1,2 三个随机数码。随机数码 8 修正为 3,故得到随机数码的数列为 3,1,2。

例如某厂的烧结普通砖,批量为 2.6 万块,供需双方商定的检验项目及抽样数量见表 2。

表 2

序号	检验项目	样品数量(块)
1	尺寸偏差	20
2	强度级别	10
3	抗冻性能	5
4	吸水率	5
5	石灰爆裂	5
6	泛霜	5
7	外观质量	50
8	备用砖样	5

实施抽样步骤如下:

(1)由于外观质量和尺寸偏差检验后的样品可用于其他检验项目,故决定外观检验 50 块砖样检验后继续用作其他项目检验。具体安排如下:在 50 块外观质量检验后的砖样中抽取 35 块砖样供 2、3、4、5、6、8 项目之用,并决定把 2、3 两个项目的 20 块砖样兼用于尺寸偏差检验,具体安排列于表 3。

表 3

序号	检验项目	检验数量(块)	指定的随机数码
1	尺寸偏差	20	第 1、2、3、4 随机数
2	强度级别	10	尺寸检验后的第 1、2 随机数
3	抗冻性能	5	尺寸检验后的第 3、4 随机数
4	吸水率	5	第 5 随机数
5	石灰爆裂	5	第 6 随机数
6	泛霜	5	第 7 随机数
8	备用砖样	5	第 8 随机数

(2)检验批中砖垛共 130 垛(每垛 200 块),抽样数量为 50 块砖样,查表 9-7 得到抽样砖垛数为 25 垛,每垛需抽取 2 块砖样。

(3)检验批的砖垛堆放形式为 10 垛×13 垛方阵,经检查可信其四周砖垛具有代表性,可供抽样的周围三条边界上的砖垛共有 31 垛,超过了抽样砖垛数量,可同意从四周的 31 垛砖垛中抽样。

(4)以25除31得到整数商1及余数6,从1~6范围内确定1个随机数码,并从1~10(垛中砖层数)和1~20(层中砖块数)范围内各确定2个随机数码。假定这5个随机数码依次为3、8、1、2、5,则表示50块外观质量检验用砖样从第3垛开始,抽样间隔为0,每垛从第8层的第1块和第2层的第5块取两块砖样,直到取够50块为止。

(5)由于此批砖样尚需供其他检验使用,抽样的同时依先后顺序编上1~50顺序号,并进一步决定从砖样中抽样的位置。考虑到2、3、4、5、6、8项目的各样本量都是5或5的倍数,为便于安排抽样,决定以5块砖样编为一个基本抽样单位,共取8个随机数码,按表3的指定分配给各项目。

(6)按抽样数量为5,从50块砖样中再抽样,根据表9-8规定,从1~10范围内随机定出8个不相同的随机数码,譬如3、8、10、4、2、7、5、6,则编号为3、13、23、33、43的5块砖样和编号为8、18、28、38、48的5块砖样用于强度等级检验。编号为10、20、30、40、50的5块砖样和编号为6、16、26、36、46的5块砖样用于冻融试验。编号为4、14、24、34、44的5块砖样用于吸水率试验。编号为2、12、22、32、42的5块砖样用于石灰爆裂试验。编号为7、17、27、37、47的5块砖样用于泛霜试验,编号为5、15、25、35、45的5块砖样作备用砖样。其中强度等级和抗冻性能的20块砖样应先检验尺寸偏差后再进行试验。

第十章 砌 块

砌块是一种新型的墙体材料,具有生产工艺简单,可充分利用地方材料和工业废料,砌筑方便、灵活等优点,因此得到广泛的应用。

砌块是指砌筑用的人造块材,外形多为直角六面体,也有各种异形的。砌块系列中主规格的长度、宽度或高度有一项或一项以上分别大于 365 mm、240 mm 或 115 mm。但高度不大于长度或宽度的 6 倍,长度不超过高度的 3 倍。

砌块按用途分为承重砌块与非承重砌块;按有无孔洞分为实心砌块与空心砌块;按使用原材料分为硅酸盐混凝土砌块与轻集料混凝土砌块;按生产工艺分为烧结砌块与蒸压蒸养砌块;按产品规格分为大型砌块、中型砌块和小型砌块。

下面主要介绍粉煤灰砌块和蒸压加气混凝土砌块。

第一节 粉煤灰砌块

一、定义

粉煤灰砌块是以粉煤灰、石灰、石膏和集料等为原料,按照一定比例加水搅拌、振动成型、蒸汽养护后而制成的密实砌块。

二、规格、等级和标记

(一)规格尺寸

粉煤灰砌块的主规格外形尺寸为 880 mm×380 mm×240 mm,880 mm×430 mm×240 mm。砌块端面应加灌浆槽,坐浆面宜设抗剪槽。生产其他规格砌块,可由供需双方协商确定。

(二)等级

(1)粉煤灰砌块的强度等级按其立方体试件的抗压强度分为 10 级和 13 级。

(2)粉煤灰砌块按其外观质量、尺寸偏差和干缩性能分为一等品(B)和合格品(C)。

(3)标记:砌块按其产品名称、规格、强度等级、产品等级和标准编号顺序进行标记。

例如,砌块的规格尺寸为 880 mm×380 mm×240 mm,强度等级为 10 级,产品等级为一等品(B)时,标记为:FB880×380×240—10B—JC238

(4)粉煤灰砌块的适用范围:适用于民用及一般工业建筑的墙体和基础。

三、质量标准

(1)粉煤灰砌块的外观质量和尺寸偏差符合《粉煤灰砌块》(JC 238—96)的要求,见表 10-1。

表 10-1　砌块的外观质量和尺寸允许偏差　　　　　　　　　　　（单位:mm）

项目		指标	
		一等品(B)	合格品(C)
外观质量	表面疏松	不允许	
	贯穿面棱的裂缝	不允许	
	任一面上的裂缝长度,不得大于裂缝方向砌块尺寸的	1/3	
	石灰团、石膏团	直径大于 5 的不允许	
	粉煤灰团、空洞和爆裂	直径大于 30 的不允许	直径大于 50 的不允许
	局部突起高度	≤10	≤15
	翘曲	≤6	≤8
	缺棱掉角在长、宽、高三个方向上投影的最大值	≤30	≤50
	高低差　长度方向	6	8
	高低差　宽度方向	4	6
尺寸允许偏差	长度	+4, -6	+5, -10
	高度	+4, -6	+5, -10
	宽度	±3	±6

（2）粉煤灰砌块的立方体抗压强度、碳化后强度、抗冻性能和密度应符合《粉煤灰砌块》（JC 238—96）的要求,见表 10-2。

表 10-2　砌块的立方体抗压强度、碳化后强度、抗冻性能和密度

项目	指标	
	10 级	13 级
抗压强度(MPa)	3 块试件平均值不小于 10.0,单块最小值 8.0	3 块试件平均值不小于 13.0,单块最小值 10.0
人工碳化后强度(MPa)	不小于 6.0	不小于 7.5
抗冻性	冻融循环结束后,外观无明显疏松、剥落或裂缝;强度损失不大于20%	
密度(kg/m³)	不超过设计密度的10%	

（3）粉煤灰砌块的干缩值应符合《粉煤灰砌块》（JC 238—96）的要求,见表 10-3。

表 10-3　砌块的干缩值　　　　　　　　　　　　（单位:mm/m）

一等品(B)	合格品(C)
≤0.75	≤0.90

四、检验方法

(一)外观检查和尺寸测量

1. 目的及适用范围

本方法适用于粉煤灰砌块的外观检查和进行尺寸测量。

2. 采用标准

《粉煤灰砌块》(JC 238—96)。

3. 仪器及设备

(1)钢尺和钢卷尺、直角尺:精度 1 mm。

(2)钢尺或木直尺:长度超过 1 m,精度 1 mm。

(3)小锤。

4. 外观检查

(1)粉煤灰砌块各部位的名称如图 10-1 所示。

(2)表面疏松。目测或用小锤检查砌块表面有无膨胀、结构松散等现象。

(3)裂缝。

①肉眼检查有无贯穿一面二棱的裂缝,如图 10-2(a)所示中的任一条。

②用尺测量各面上的裂缝长度,精确至 1 mm,如图 10-2(b)所示

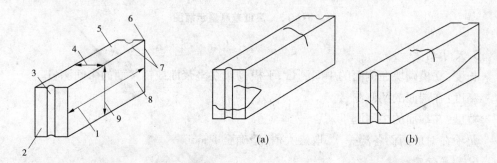

1—长度;2—端面;3—灌浆槽;4—宽度;5—坐浆面
(或铺浆面);6—角;7—楞;8—侧面;9—高度

图 10-1　粉煤灰砌块形状示意图　　　　图 10-2　裂缝长度测量

(4)石灰团、石膏团、粉煤灰团、空洞、爆裂、局部突起。用肉眼观察,并用尺测量其直径的大小。

(5)翘曲。将直尺沿棱边贴放,量出最大弯曲或突出处尺寸,精确至 1 mm,如图 10-3 所示。

(6)缺棱掉角。测量砌块破坏部分,对砌块长、高、宽 3 个方向的投影尺寸精确至 1 mm,如图 10-4 所示。

(7)高低差。粉煤灰砌块长度方向的高低差值:测某一端面两棱边与相对应的端面两棱边的高低差值,如图 10-5(a)所示。

粉煤灰砌块宽度方向的高低差值:测某一侧面两棱边与相对应的侧面两棱边的高低差值,如图 10-5(b)所示。

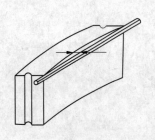

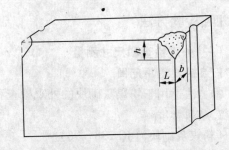

L—长度方向的投影尺寸;h—高度方向的投影尺寸;
b—宽度方向的投影尺寸

图 10-3　翘曲测量　　　　　　　图 10-4　缺棱掉角测量

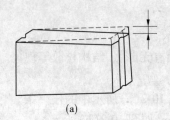
(a)

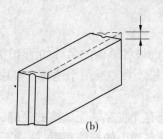
(b)

图 10-5　高低差测量示意图

5. 尺寸测量

长度:立模砌块在侧面的中间测量,平模砌块在坐浆面或铺浆面的中间测量。

高度:在端面的两侧测量。

宽度:在端面的中间测量。

每项在对应两面各测一次,取最大值,精确至 1 mm。

6. 结果评定

结果与《粉煤灰砌块》(JC 238—96)对照检查,进行评定。

(二)密度试验

1. 目的及适用范围

本方法适用于测定粉煤灰砌块的密度。

2. 采用标准

《粉煤灰砌块》(JC 238—96)。

3. 仪器设备

台秤:最大称量 10 kg,感量 1 g。

4. 试验步骤

(1)取做抗压强度试验的 3 块试件,经蒸养结束出池后,称其质量,精确至 0.01 kg。

(2)测量试件尺寸,精确至 1 mm,计算试件体积 V。

5. 结果计算与评定

密度 γ(kg/m^3)按式(10-1)计算:

$$\gamma = \frac{W}{V} \tag{10-1}$$

式中 W——试件质量,kg;

V——试件体积,m^3。

取 3 个试件计算结果的算术平均值,精确至 1 kg/m^3。

(三)抗压强度试验

1. 目的及适用范围

本方法适用于测定粉煤灰砌块的抗压强度。

2. 采用标准

《粉煤灰砌块》(JC 238—96)。

3. 仪器设备

(1)压力试验机:精度(示值的相对误差)应小于2%,其量程应能使试件的预期破坏荷载值不小于全量程的20%,也不大于全量程的80%。

(2)试模:边长为200 mm(或150 mm,或100 mm)的立方体试模3个,试模的质量要求应符合国标的规定。

注:当集料最大粒径≤30 mm时,用边长为100 mm试模;当集料最大粒径≤40 mm时,用边长为150 mm或200 mm的试模。

4. 试件制备

在生产过程中,每一蒸养池按随机抽样方法,抽取混合料,制作3个立方体试件与砌块同池养护。

5. 试验步骤

抗压试验时,将试件置于压力机加压板的中央,承压面应与成型时的顶面垂直,以每秒0.2~0.3 MPa的加荷速度加荷至试件破坏。

6. 结果计算

(1)每块试件的抗压强度 R 按式(10-2)计算,精确至0.1 MPa。

$$R = \frac{P}{F} \tag{10-2}$$

式中 P——破坏荷载,N;

F——承压面积,mm^2。

(2)抗压强度取3个试件的算术平均值。以边长为200 mm的立方体试件为标准试件,当采用边长为150 mm的立方体试件时,结果须乘以0.95折算系数;当采用边长为100 mm的立方体试件时,结果须乘以0.90折算系数。

(3)试件须在蒸养结束后24~36 h内进行抗压试验。如在热池揭盖半小时内进行抗压试验(热压),其结果须乘以1.12折算系数。

7. 结果评定

结果与《粉煤灰砌块》(JC 238—96)对照检查,进行评定。

(四)人工碳化后强度

1. 目的及适用范围

本方法适用于测定粉煤灰砌块经人工碳化后的强度。

2. 采用标准

《粉煤灰砌块》(JC 238—96)。

3. 仪器设备及试剂

(1)二氧化碳气瓶:盛压缩二氧化碳气用。

(2)碳化箱:采用常压密封容器,内部有多层放试块的搁板。

(3)二氧化碳气体分析仪。

(4)1%酚酞乙醇溶液:用浓度为70%的乙醇配制。

(5)碳化试验装置,如图10-6所示。

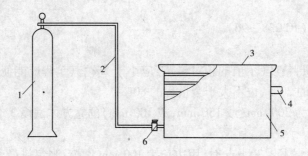

1—二氧化碳钢瓶;2—橡皮管;3—箱盖;4—接气体分析仪;5—碳化箱;6—进气口

图10-6　碳化试验装置

(6)抗压强度检验设备:与本节"四、(三)抗压强度试验"中的设备相同,取边长为100 mm 的立方体试模15个。

4. 试验步骤

(1)取实际生产的混合料,制作边长为100 mm 的立方体试件15块。

(2)蒸养拆模后24～36 h 内取5块试件做抗压试验。

(3)其余10块试件在室内放置7 d,然后放入二氧化碳(CO_2)浓度为60%以上的碳化箱内,试验期间,碳化箱内的湿度始终控制在90%以下。

(4)从第四周开始,每周取1块试件劈开,用1%的酚酞乙醇溶液检查碳化程度,当试件中心不呈现红色时,则认为试件已全部碳化。

(5)将已全部碳化的5个试件于室内放置24～36 h,进行抗压试验,并按抗压强度计算公式进行计算。

5. 结果计算

人工碳化系数 K_C 按下式计算:

$$K_C = \frac{R_C}{R_1} \qquad (10\text{-}3)$$

式中　R_C——试件人工碳化后强度,取5块碳化后试件强度的算术平均值,MPa;

　　　R_1——对比试件强度,取5块碳化前试件强度的算术平均值,MPa。

砌块的人工碳化后强度,是用人工碳化系数 K_C 乘以每蒸养池试件的抗压强度,取3块试件的平均值,精确至0.1 MPa。

6. 结果评定

结果与《粉煤灰砌块》(JC 238—96)对照检查,进行评定。

（五）抗冻性试验

1. 目的及适用范围

本方法适用于测定粉煤灰砌块的抗冻性。

2. 采用标准

《粉煤灰砌块》（JC 238—96）。

3. 仪器设备

（1）冷冻室或冰箱：最低温度需达 – 20 ℃。

（2）水池或水箱。

（3）试模：边长为 100 mm 的立方体试模 10 个。

4. 试验步骤

（1）取实际生产的混合料，制作边长为 100 mm 的立方体试件 10 块。

（2）蒸养拆模 24 h 后，将试件放入 10 ~ 20 ℃ 的水中，其间距 20 mm，水面高出试件 20 mm 以上。

（3）试件浸泡 48 h 后取出，检查并记录外观情况，然后将 5 块做冻融试验，5 块进行抗压强度试验。

（4）试件应在冰箱或冷冻室达到 – 15 ℃ 以下时放入，其间距不小于 20 mm，试件在 – 15 ℃ 以下冻 8 h，然后取出放入 10 ~ 20 ℃ 的水中融化 4 h，作为一次冻融循环，反复进行 15 次。

（5）冻融循环结束后，取出试件检查并记录外观情况，进行抗压强度试验，加荷速度为 0.2 ~ 0.3 MPa/s。

5. 结果计算

抗压强度损失率 K_m（%）按式（10-4）计算：

$$K_m = \frac{R_2 - R_m}{R_2} \times 100\% \tag{10-4}$$

式中　R_2——浸泡 48 h 的 5 块对比试件抗压强度平均值，MPa；

　　　R_m——冻融循环 15 次后的 5 块试件抗压强度平均值，MPa。

6. 结果评定

结果与《粉煤灰砌块》（JC 238—96）对照检查，进行评定。

（六）干缩值（快速试验方法）

1. 目的及适用范围

本方法适用于测定粉煤灰砌块的干缩值。

2. 采用标准

《粉煤灰砌块》（JC 238—96）。

3. 仪器设备

（1）收缩试模：卧式收缩膨胀仪。

（2）收缩头：见图 10-7。

（3）水池、带鼓风的烘箱。

（4）无水氯化钙。

4. 试验步骤

（1）在收缩试模两端埋设收缩头的预留孔。

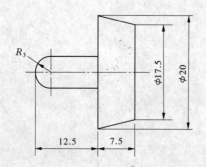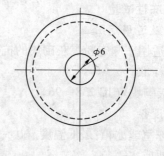

图 10-7　收缩头

（2）取实际生产的混合料,制作尺寸为 100 mm × 100 mm × 515 mm 的试件 3 块。

（3）蒸养拆模后,检查收缩头预留孔位置是否准确,如果不符合要求,须作修理或重新制作试件。用水泥净浆或合成树脂将收缩头固定在预留孔中。

（4）24 h 后将试件放入(20 ± 2)℃的水池中,浸泡 48 h 后取出,用湿布擦去表面水,擦净收缩头上的水分,立即用收缩膨胀仪测定初始长度,记下初始百分表读数,精确至 0.01 mm。

（5）将上述试件放入温度为(50 ± 2)℃的带鼓风的烘箱中干燥 2 d;然后在此烘箱中放入盛有氯化钙饱和溶液的瓷盘(3 块试件需放无水氯化钙 1 kg,水 500 mL,溶液的暴露面积为 0.2 m² 以上),并应保持瓷盘内溶液中有氯化钙固相存在,烘箱内温度应保持(50 ± 2)℃,相对湿度达到 30% ± 2%。10 d 后,每隔 1 d 取出试件一次,于(20 ± 3)℃的室内放置 2 h 后,用收缩膨胀仪测定其长度,记下百分表读数,直至两次所测长度变化值小于 0.01 mm,此值即为试件干燥后长度(百分表读数)。

（6）在每次测量前后,收缩膨胀仪必须用标准杆校对零位读数。标准杆和试件放入收缩膨胀仪的位置,在每次测量时应保持一致。

5. 结果计算

干缩值 S(mm/m)按式(10-5)计算:

$$S = \frac{L_1 - L_2}{500} \times 1\ 000 \tag{10-5}$$

式中　L_1——试件初始长度(百分表读数),mm;

　　　L_2——试件干燥后长度(百分表读数),mm;

　　　500——试件长度,mm。

取 3 个试件计算结果的算术平均值,精确至 0.01 mm/m。

6. 结果评定

结果与《粉煤灰砌块》(JC 238—96)对照检查,进行评定。

五、检验规则

(一)型式检验

1. 检验条件

有下列情况之一时,进行型式检验:

(1)新产品或老产品转厂生产的试制定型鉴定。

(2)正式生产后,原材料、工艺等有较大改变,可能影响产品性能时。

(3)正常生产时,每半年应进行 1 次检验;人工碳化后强度,每季度测 1 次。

(4)产品停产 3 个月以上恢复生产时。

(5)出厂检验结果与上次型式检验有较大差异时。

(6)国家质量监督机构提出型式检验的要求时。

2.检验项目

型式检验项目包括尺寸偏差、外观质量、密度、抗压强度、人工碳化后强度、抗冻性和干缩值。

3.抽样与判定

在受检的砌块中,随机抽取 100 块砌块,进行外观质量检验与尺寸偏差测量。其中不符合表 10-1 规定的砌块数量不超过 10 块时,判定受检产品外观和尺寸偏差检验合格;若不符合表 10-1 规定的砌块数量超过 10 块,判定受检产品不合格。

立方体抗压强度、碳化后强度、抗冻性能、密度、干缩值的检验按本节"四、检验方法"中的规定进行,并按表 10-2、表 10-3 进行判定。

(二)出厂检验

1.检验项目

出厂检验项目包括尺寸偏差、外观质量、密度、抗压强度。

2.抽样与判定

(1)砌块在出池时应逐块检查。砌块的外观和尺寸偏差符合表 10-1 的相应等级时,则判定为符合相应等级,有一项不符合判定时,则判定为不符合相应等级。

(2)以每一蒸养池为一批,制作 3 块立方体试件。

(3)按检验方法测定立方体试件的密度,作为该池砌块的密度。

按检验方法进行抗压强度试验,所得 3 块试件的立方体强度符合表 10-2 中 13 级规定的要求时,则判定该批砌块的强度等级为 13 级;如果符合表 10-2 中 10 级规定的要求,则判定该批砌块的强度等级为 10 级;如果不符合 10 级规定的要求,则判定该批砌块不合格。

(三)复验

(1)当用户对生产厂的出厂检验结果有异议时,可会同生产厂委托产品质量监督检验机构进行复验,复验项目可以是表 10-1、表 10-2、表 10-3 中所列的全部或一部分。

(2)产品性能的复验,是以 200 m^3 为一批抽样检测。

(3)外观和规格尺寸偏差的复验,按随机抽样法抽取 50 块砌块,按表 10-1 中的各项逐块进行检验。若其中不符合一等品的砌块少于 5 块,判定该批砌块为一等品;如果不符合合格品规定要求的砌块少于 5 块,判定该批砌块为合格品;若超过 5 块,判定该批砌块为不合格品。

(4)砌块的立方体抗压强度、碳化后强度、干缩值和抗冻性的复验,有三种方法:

①立方体抗压强度每池留 3 块试件,碳化的强度、干缩值和抗冻性在每次型式检验时,留下与型式检验数量相同的试件,在所留的试件上注明成型日期,以便复验时进行检验,试样保存半年。

②从外观检验合格的砌块中随机抽取砌块,按上述各项的规定切割成所需要的试件,进

行相应的试验。

③直接用外观检验合格的砌块进行抗压强度试验。复验采用哪一种方法由厂方、用户和质量检测监督站共同协商决定。复验结果符合表10-2和表10-3中该项规定的判定为该项合格,反之则判定该项不合格。

已出厂砌块的缺棱、掉角、断裂,不予复验。

第二节　蒸压加气混凝土砌块

一、定义

凡以钙质材料和硅质材料为基本原料(如水泥、水淬矿渣、粉煤灰、石灰、石膏等),经过磨细,以铝粉为发气材料(发气剂),按一定比例配合,再经过料浆浇注、发气成型、坯体切割、蒸压养护等工艺制成的一种轻质、多孔、块状墙体材料,称蒸压加气混凝土砌块(简称加气块)。

二、产品规格、分类

(一)规格
蒸压加气混凝土砌块的规格尺寸见表10-4。

表10-4　加气块的规格尺寸　　　　　　　　　　　(单位:mm)

长度 L	宽度 B		高度 H
600	100　120　125 150　180　200 240　250　300		200　240　250　300

注:如需要其他规格,可由供需双方协商解决。

(二)等级
加气块按强度和干密度分级。

强度级别有:A1.0、A2.0、A2.5、A3.5、A5.0、A7.5、A10七个级别。

干密度级别有:B03、B04、B05、B06、B07、B08六个级别。

(三)加气块等级
砌块按尺寸偏差与外观质量、干密度、抗压强度和抗冻性分为优等品(A)、合格品(B)二个等级。

(四)加气混凝土砌块产品标记示例
加气混凝土砌块按名称、强度、干密度、长度、高度、宽度和等级顺序进行标记。

例如,强度级别为A1.0,干密度级别为B03,长度为600 mm,高度为200 mm,宽度为100 mm,优等品的蒸压加气混凝土砌块,其标记为:ACB A1.0 B03 600 × 200 × 100A GB 11968—2006。

三、质量标准

(1)加气混凝土砌块的尺寸偏差和外观应符合《蒸压加气混凝土砌块》(GB 11968—

2006)的要求,见表 10-5。

表 10-5　加气混凝土砌块的尺寸偏差和外观要求

项目			指标	
			优等品（A）	合格品（B）
尺寸允许偏差（mm）	长度	L	±3	±4
	宽度	B	±1	±2
	高度	H	±1	±2
缺棱掉角	最小尺寸不得大于（mm）		0	30
	最大尺寸不得大于（mm）		0	70
	大于以上尺寸的缺棱掉角个数,不多于（个）		0	2
裂纹长度	贯穿一愣二面的裂纹长度不得大于裂纹所在面的裂纹方向尺寸总和的		0	1/3
	任一面上的裂纹长度不得大于裂纹方向尺寸的		0	1/2
	大于以上尺寸的裂纹条数,不多于（条）		0	2
爆裂、黏模和损坏深度不得大于（mm）			10	30
平面弯曲			不允许	
表面疏松、层裂			不允许	
表面油污			不允许	

（2）加气块的抗压强度应符合表 10-6 的规定。

（3）加气块的干密度应符合表 10-7 的规定。

（4）加气块的强度级别应符合表 10-8 的规定。

（5）加气块的干燥收缩、抗冻性和导热系数（干态）应符合表 10-9 的规定。

表 10-6　加气块的立方体抗压强度　　　　　　　　　（单位:MPa）

强度级别	立方体抗压强度	
	平均值不小于	单块最小值不小于
A1.0	1.0	0.8
A2.0	2.0	1.6
A2.5	2.5	2.0
A3.5	3.5	2.8
A5.0	5.0	4.0
A7.5	7.5	6.0
A10.0	10.0	8.0

注:加气块立方体抗压强度是采用 100 mm×100 mm×100 mm 立方体试件,含水率为 8%~12% 时测定的抗压强度。

表 10-7　加气块的干密度　　　　　　　　　　　（单位：kg/m³）

干密度级别		B03	B04	B05	B06	B07	B08
干密度	优等品（A），≤	300	400	500	600	700	800
	合格品（B），≤	325	425	525	625	725	825

表 10-8　加气块的强度级别

干密度级别		B03	B04	B05	B06	B07	B08
强度级别	优等品（A）	A1.0	A2.0	A3.5	A5.0	A7.5	A10.0
	合格品（B）			A2.5	A3.5	A5.0	A7.5

表 10-9　加气块的干燥收缩、抗冻性和导热系数

干密度级别			B03	B04	B05	B06	B07	B08
干燥收缩值ᵃ	标准法（mm/m），≤					0.50		
	快速法（mm/m），≤					0.80		
抗冻法	质量损失（%），≤					5.0		
	冻后强度（MPa），≥	优等品（A）	0.8	1.6	2.8	4.0	6.0	8.0
		合格品（B）			2.0	2.8	4.0	6.0
导热系数（干态）[W/（m·K）]，≤			0.10	0.12	0.14	0.16	0.18	0.20

注：a 规定采用标准法、快速法测定加气块干燥收缩值，若测定结果发生矛盾不能判定，则以标准法测定的结果为准。

四、检验方法

（一）尺寸测量和外观质量检查

1. 目的及适用范围

测定加气混凝土砌块的尺寸，进行外观质量检查。

2. 采用标准

《蒸压加气混凝土砌块》（GB 11968—2006）。

3. 仪器设备

量具：采用钢尺、钢卷尺（最小刻度 1 mm）。

4. 试验步骤

（1）尺寸测量。长度、高度、宽度分别在 2 个对应面的端部测量，共量 6 个尺寸，如图 10-8 所示。

（2）缺棱掉角。测量砌块破坏部分对砌块的长、高、宽三个方向的投影面积尺寸，如图 10-9 所示。

（3）平面弯曲。测量弯曲面的最大缝隙尺寸，如图 10-10 所示。

（4）裂纹长度。裂纹长度以所在面最大的投影尺寸为准，如图 10-11 中 L_1。若裂纹从

一面延伸到另一面,则以 2 个面上的投影尺寸之和为准,如图 10-11 中的 $d_2 + h_2$ 和 $L_3 + h_3$。

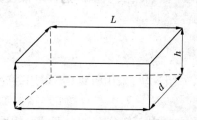

L—长度;d—宽度;h—高度

图 10-8 尺寸测量示意图

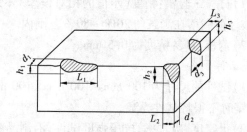

L_1、L_2、L_3—长度方向的投影尺寸;h_1、h_2、h_3—高度方向的投影尺寸;
d_1、d_2、d_3—宽度方向的投影尺寸

图 10-9 缺棱掉角测量示意图

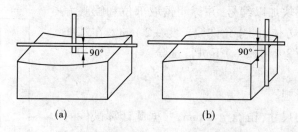

(a)　　　　　　　　　(b)

图 10-10 平面弯曲测量示意图

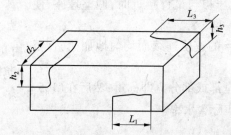

L_1、L_3—长度方向的投影尺寸;h_2、h_3—高度方向的投影尺寸;d_2—宽度方向的投影尺寸

图 10-11 裂纹长度测量示意图

(5)爆裂、黏模和损坏深度。将钢尺平放在砌块表面,用钢卷尺垂直于钢尺,测量其最大深度。

(6)砌块表面疏松、层裂。目测,记录结果。

5. 结果评定

结果与《蒸压加气混凝土砌块》(GB 11968—2006)对照检查,进行评定。

(二)立方体抗压强度试验

1. 目的及适用范围

本方法适用于测定蒸压加气混凝土的立方体抗压强度。

2. 采用标准

《蒸压加气混凝土性能试验方法》(GB/T 11969—2008)。

3．仪器设备

（1）材料试验机：精度（示值的相对误差）不应低于 ±2%，其量程的选择应能使试件的预期破坏荷载落在满载的 20% ~80% 范围内。

（2）钢板直尺：精度为 0.5 mm。

4．试件制备

（1）试件的尺寸为 100 mm×100 mm×100 mm，一组 3 块，采用机锯（不得用砂轮片）或刀锯，锯时不得将试件弄湿。

（2）干密度、吸水率、抗压强度试件，沿制品膨胀方向中心部分上、中、下顺序锯取一组，"上"块上表面距离制品顶面 30 mm，"中"块在制品正中处，"下"块下表面离制品底面 30 mm。制品的高度不同，试件间隔略有不同，以高度 600 mm 的制品为例，试件锯取部位如图 10-12 所示。受力面必须锉平或磨平，不得有裂缝或明显缺陷。

（3）试件必须逐块加以编号，并标明锯取部位和膨胀方向，其外形必须是正方体，尺寸允许偏差为 ±2 mm。在基准含水状态（含水率为 8% ~12%）下进行试验。

5．试验步骤

（1）检查试件外观。

（2）测量试件的尺寸，精确至 1 mm，并据此计算试件的受压面积。

（3）将试件放在材料试验机的下压板的中心位置，试件的受压方向应垂直于制品的膨胀方向。

（4）开动试验机，当上压板与试件接近时，调整球座，使之接触均匀。

（5）以（2 ±0.5）kN/s 的速度连续而均匀地加荷，直至试件破坏，记录破坏荷载。

（6）将试验后的试件全部或部分立即称重，然后在（105 ±5）℃下烘至恒重，计算其实际含水率。

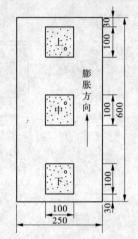

图 10-12　干密度、吸水率、抗压、抗拉、抗冻性试件锯取示意图

6．结果计算

（1）抗压强度按式（10-6）计算：

$$R = \frac{P}{F} \tag{10-6}$$

式中　R——试件的抗压强度，精确至 0.1 MPa；

P——破坏荷载，N；

F——试件受压面积，mm^2。

按 3 组 9 块试件试验值的算术平均值和最小单块值来确定，精确至 0.1 MPa。

（2）含水率按式（10-7）计算：

$$W_g = \frac{G - G_0}{G_0} \times 100\% \tag{10-7}$$

式中　G——材料含水时的质量，g；

G_0——烘干后材料的质量，g；

W_g——材料的实际含水率(%),取两位有效数字。

以 3 块试件试验值的算术平均值作为结果,精确至 0.1% 。

7. 结果评定

结果与《蒸压加气混凝土砌块》(GB 11968—2006)对照检查,进行评定。

(三)干密度和含水率试验

1. 目的及适用范围

本方法适用于测定加气混凝土砌块的干密度和含水率。

2. 采用标准

《蒸压加气混凝土性能试验方法》(GB/T 11969—2008)。

3. 仪器设备

(1)电热鼓风干燥箱。

(2)天平:感量为 1 g。

(3)钢板直尺:精度为 0.5 mm。

4. 试件制备

同立方体抗压强度中试件的制备。

5. 试验步骤

(1)取 100 mm × 100 mm × 100 mm 立方体试件一组 3 块,逐块量取长、宽、高三个方向的轴线尺寸,精确至 1 mm,计算试件的体积,并称取试件质量(G),精确至 1 g。

(2)将试件放入电热鼓风干燥箱内,在(60 ±5)℃下保温 24 h,然后在(80 ±5)℃下保温 24 h,再在(105 ±5)℃下烘至恒重(G_0)。恒重指在烘干过程中间隔 4 h,前后两次质量差不超过试件质量的 0.5% 。

6. 结果计算

(1)干密度按式(10-8)计算:

$$\gamma_0 = \frac{G_0}{V} \times 10^6 \tag{10-8}$$

式中　γ_0——干密度(精确至 1 kg/m³);

$\quad\quad G_0$——试件烘干后质量,g;

$\quad\quad V$——试件的体积,mm³。

(2)含水率按式(10-9)计算:

$$W_g = \frac{G - G_0}{G_0} \times 100\% \tag{10-9}$$

式中　W_g——含水率(精确至 0.1%);

$\quad\quad G_0$——试件烘干后重量,g;

$\quad\quad G$——试件在该含水率下的湿重,g。

7. 结果评定

(1)干密度和含水率均以 3 块试件试验值的算术平均值作为结果,干密度精确至 1 kg/m³,含水率精确至 0.1% 。

(2)结果与《蒸压加气混凝土砌块》(GB 11968—2006)对照检查,进行评定。

(四)吸水率试验

1.目的及适用范围

本方法适用于测定加气混凝土砌块的吸水率。

2.采用标准

《蒸压加气混凝土性能试验方法》(GB/T 11969—2008)。

3.仪器设备

(1)电热鼓风干燥箱。

(2)天平:感量为1 g。

(3)恒温水槽。

4.试件制备

同立方体抗压强度中试件的制备。

5.试验步骤

(1)取100 mm×100 mm×100 mm一组3块试件放入电热鼓风干燥箱内,在(60±5)℃下保温24 h,然后在(80±5)℃下保温24 h,再在(105±5)℃下烘干至恒重(G_0)。

(2)试件冷却至室温后,放入水温为(20±5)℃的恒温水槽内,然后加水至试件高度的1/3,保持24 h,再加水至试件高度的2/3,经24 h后,加水高出试件30 mm以上,保持24 h。

(3)将试件从水中取出,用湿布抹去表面水分,立即称取每块质量(G_0),精确至1 g。

6.结果计算

吸水率按式(10-10)计算(以质量百分率表示):

$$W_{sg} = \frac{G_g - G_0}{G_0} \times 100\% \tag{10-10}$$

式中　W_{sg}——吸水率(精确至0.1%);

　　　G_0——试件烘干后质量,g;

　　　G_g——试件吸水后质量,g。

7.结果评定

以3块试件试验值的算术平均值作为结果,吸水率的计算精确至0.1%。

(五)干燥收缩试验

1.目的及适用范围

本方法适用于测定加气混凝土的干燥收缩。

2.采用标准

《蒸压加气混凝土性能试验方法》(GB/T 11969—2008)。

3.仪器设备

(1)立式收缩仪:精度为0.01 mm。

(2)收缩头:采用黄铜或不锈钢制成,如图10-13所示。

(3)电热鼓风干燥箱。

(4)调温调湿箱:最高工作温度150 ℃,最高相对湿度95%±3%。

(5)天平:感量为0.1 g。

(6)干燥器。

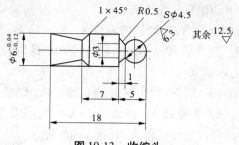

图 10-13 收缩头

4. 试件制备

（1）干燥收缩试件尺寸为 40 mm×40 mm×160 mm，一组 3 块。从当天出釜的制品中部锯取，试件长度方向平行于制品的膨胀方向，其锯取部位如图 10-14 所示。锯好后立即将试件密封，以防碳化。

（2）试件必须逐块加以编号，并标明锯取部位和膨胀方向。其外形必须是矩形六面体，试件尺寸允许偏差为 ±1 mm。表面必须平整，不得有裂缝或明显缺陷。

（3）在试件的两个端面中心，各钻一个直径 6～10 mm，深度 13 mm 的孔洞。

（4）在孔洞内灌入水泥水玻璃浆（或其他黏结剂），然后埋置收缩头，收缩头中心线应与试件中心线重合，试件端面必须平整。2 h 后，检查收缩头安装是否牢固，否则重装。

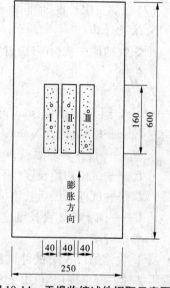

图 10-14 干燥收缩试件锯取示意图

5. 试验步骤

1）标准试验方法

（1）试件放置 1 d 后，浸没在水中 72 h，水面应高出试件 30 mm，水温保持在（20 ±2）℃。

（2）将试件从水中取出，用湿布抹去表面水分，并将收缩头擦干净，立即称取试件的质量。

（3）用标准杆调整收缩头的百分表原点（一般取 5.00 mm），然后按标明的测试方向立即测定试件初始长度，记下初始百分表读数。

（4）将试件放在温度为（20 ±2）℃，相对湿度为 43% ±2% 的调温调湿箱内。

（5）试验的前五天每天将试件在（20 ±2）℃ 的房间内测长度一次，以后每隔 4 d 测定一次，直至质量变化小于 0.1%，测前需校准仪器的原点，要求每组试件在 10 min 内测完。

（6）每测一次长度，应同时称量试件的质量。

2）快速试验法

（1）试件放置 1 d 后，浸没在水中 72 h，水面应高出试件 30 mm，水温保持在（20 ±2）℃。

（2）将试件从水中取出，用湿布抹去表面水分，并将收缩头擦干净，立即称取试件的质量。

（3）用标准杆调整收缩仪的百分表原点（一般取 5.00 mm），然后按标明的测试方向立即测定试件初始长度,记下初始百分表读数。

(4)将试件置于调温调湿箱内,控制箱内温度为(50±1)℃,相对湿度为30%±2%(当箱内湿度降至35%左右时,放入盛有氯化钙饱和溶液的瓷盘,用以调节箱内湿度,如果湿度不易下降时。用无水氯化钙调节)。

(5)试验的前两天,每4 h从箱内取出试件测长度一次,以后每天测长度一次。当试件取出后应立即放入无吸湿剂的干燥器中,在(20±2)℃的房间内冷却3 h后进行测试。测前须校准仪器的百分表原点,要求每组试件在10 min内测完。

(6)按上述(4)、(5)所述反复进行干燥、冷却和测试,直到质量变化小于0.1%。

(7)每测一次长度,应同时测量试件的质量。

6.结果计算

干燥收缩值按式(10-11)计算(结果精确至0.01 mm/m):

$$S = \frac{L_1 - L_2}{L_0 - (M_0 - L_1) - L} \times 1\,000 \tag{10-11}$$

式中　S——干燥收缩值,mm/m;

L_0——标准杆长度,mm;

M_0——百分表的原点,mm;

L_1——试件初始长度(百分表读数),mm;

L_2——试件干燥后长度(百分表读数),mm;

L——两个收缩头长度之和,mm。

7.结果评定

干燥收缩值以3块试件试验值的算术平均值进行评定,精确至0.01 mm/m。结果与《蒸压加气混凝土砌块》(GB 11968—2006)对照检查,进行评定。

(六)抗冻性试验

1.目的及适用范围

本方法适用于测定加气混凝土砌块的抗冻性。

2.采用标准

《蒸压加气混凝土性能试验方法》(GB/T 11969—2008)。

3.仪器设备

(1)低温箱或冷冻室:放入试件后,箱(室)内温度可调至-30℃以下。

(2)恒温水槽:(20±5)℃。

(3)天平:感量为1 g。

(4)电热鼓风干燥箱。

4.试件制备

同立方体抗压强度中试件的制备。

试件尺寸和数量为100 mm×100 mm×100 mm立方体试件一组3块。

5.试验步骤

(1)将冻融试件放在电热鼓风干燥箱内,在(60±5)℃下保温24 h,然后在(80±5)℃下保温24 h,再在(105±5)℃下烘至恒重。

(2)试件冷却至室温后,立即称取质量,精确至1 g,然后浸入水温为(20±5)℃水槽中,水面应高出试件 30 mm,保持 48 h。

(3)取出试件,用湿布抹去表面水分,放入预先降温至 -15 ℃ 以下的低温箱或冷冻室中,其间距不小于 20 mm,继续降温,当温度降至 -18 ℃ 时记录时间。在(-20±2)℃ 下冻 6 h 取出,放入水温为(20±5)℃ 的恒温水槽中,融化 5 h 作为一次冻融循环,如此冻融循环 15 次为止。

(4)每隔 5 次循环检查并记录试件在冻融过程中的破坏情况。

(5)冻融过程中,发现试件呈明显的破坏,应取出停止冻融试验,并记录冻融次数。

(6)将经 15 次冻融循环后的试件,放入电热鼓风干燥箱内,按(1)条规定烘至恒重,试件冷却至室温后,立即称取质量,精确至 1 g。

(7)将冻融后试件按立方体抗压强度试验中的规定,进行抗压强度试验。

6. 结果计算

(1)质量损失率按式(10-12)计算:

$$G_m = \frac{G_0 - G}{G_0} \times 100\% \tag{10-12}$$

式中 G_m——质量损失率(精确至 0.1%);

G_0——冻融试件试验前的干质量,g;

G——经冻融试验后试件的干质量,g。

(2)冻后试件的抗压强度按式(10-6)计算。

抗冻性以冻融试件的质量损失率平均值和冻后抗压强度平均值进行评定。质量损失率精确至 0.1%。

7. 结果评定

结果与《蒸气加压混凝土砌块》(GB 11968—2006)对照检查,进行评定。

五、检验规则

(一)型式检验

(1)有下列情况之一时,进行型式检验:

①新厂生产试制定型鉴定。

②正式生产后,原材料、工艺等有较大改变,可能影响产品性能时。

③正常生产时,每年应进行一次检查。

④产品停产 3 个月或更长时间,恢复生产时。

⑤出厂检验结果与上次型式检验有较大差异时。

⑥国家质量监督机构提出进行型式检验的要求时。

(2)型式检验项目。尺寸偏差、外观、立方体抗压强度、干密度、干燥收缩值、抗冻性。

(3)尺寸偏差和外观检验判定。在受检验的产品中,随机抽取 80 块砌块,进行尺寸偏差和外观检验。其中不符合表 10-5 规定的砌块数量不超过 7 块时,判定检验产品尺寸偏差和外观检验结果符合相应等级;若不符合表 10-5 规定的砌块数量超过 7 块,则判定检验产品不符合相应等级。

(4)立方体抗压强度和干密度检验判定。

①从外观与尺寸偏差检验合格的砌块中,随机抽取砌块制作 5 组(15 块)试件进行立方

体抗压强度检验,以5组(15块)测定结果平均值判定其强度级别;另制作3组(9块)试件,进行干密度检验,以3组9块测定结果平均值判定其干密度级别。

②当强度和干密度级别关系符合表10-7、表10-8的规定时,且5组15块立方体抗压强度测定结果,全部大于表10-7、表10-8规定的此强度等级的最小值时,判定检验产品此两项性能符合相应等级。

当强度和干密度级别的关系虽符合表10-7、表10-8的规定,但立方体抗压强度5组(15块)测定结果中有1组(3块)或1组(3块)以上小于此强度级的规定值时,判定检验产品不符合相应等级。

(5)干燥收缩值和抗冻性检验判定。干燥收缩测定结果,当其单组最大值符合表10-9的规定时,判定该项合格。对于抗冻性测定结果,当质量损失单组最大值和冻后强度单组最小值符合表10-9规定的相应等级时,判定该批砌块符合相应等级,否则判定不符合相应等级。

(6)型式检验判定。型式检验中受检验的产品尺寸偏差、外观、立方体抗压强度、干密度、干燥收缩值、抗冻性各项检验全部符合表10-5~表10-9的规定时,判定检验产品符合相应等级;否则,降低等级或判定为不合格。

(二)出厂检验

(1)检验项目。尺寸偏差、外观、立方体抗压强度、干密度。

(2)分批进行尺寸偏差、外观检验和判定。同品种、同规格、同等级的砌块,以10 000块为一批,不足10 000块亦为一批,随机抽取50块砌块,进行尺寸偏差、外观检验。其中不合格品不超过5块时,判定该批砌块尺寸偏差、外观检验结果符合相应等级;否则,该批砌块检验结果不符合相应等级。

(3)以3组(9块)干密度试件的测定结果平均值判定砌块的干密度级别,符合表10-7规定时,则判定该批砌块合格。

(4)以3组(9块)抗压强度试件测定结果按表10-8判其强度级别。当强度和干密度级别关系符合表10-7、表10-8规定,同时3组(9块)试件中各个单组抗压强度平均值全部大于表10-6规定的此强度级别的最小值时,判定该批砌块符合相应等级;若有1组(3块)或1组(3块)以上此强度级别的最小值时,则判定该批砌块不符合相应等级。

(5)出厂检验中受检验产品的尺寸偏差、外观质量、立方体抗压强度、干密度和各项检验全部符合相应等级的技术要求规定时,判定为相应等级;否则,降低等级或判定为不合格。

第十一章 建筑钢材

钢材是国家建设和实现"四化"必不可少的重要物资,其应用广泛、品种繁多,根据断面形状的不同钢材一般分为型材、板材、管材和金属制品四大类,为了便于组织钢材的生产、订货供应和搞好经营管理工作,钢材又分为重轨、轻轨、大型型钢、中型型钢、小型型钢、钢材冷弯型钢、优质型钢、线材、中厚钢板、薄钢板、电工用硅钢片、带钢、无缝钢管钢材、焊接钢管、金属制品等品种。

建筑钢材为建筑用黑色和有色金属材料以及它们与其他材料所组成的复合材料的统称。建筑用金属材料是构成土木工程物质基础的四大类材料(钢材、水泥混凝土、木材、塑料)之一。在钢铁流通行业,建筑钢材如无特殊说明,一般指建筑类钢材中使用量最大的线材以及螺纹钢。

我国建筑工程每年都要使用大量的建筑钢材,据统计,2005 年我国建筑用钢量达到 1.7亿 t,并且以每年 1 000 万 t 的速度递增。建筑钢材的质量直接影响着建筑工程质量的优劣,轻者降低工程结构的刚度、承载力、稳定性和耐久性,重者还会导致整体倒塌的重大工程质量事故,为了保证建筑工程质量安全,必须严格控制建筑钢材的质量。

第一节 概　述

一、钢材的分类

建筑钢材一般有如下常见分类。

(一)钢材按品质分类

(1)普通钢($P \leqslant 0.045\%$,$S \leqslant 0.050\%$)。

(2)优质材质钢(P、S 均 $\leqslant 0.035\%$)。

(3)高级优质钢($P \leqslant 0.035\%$,$S \leqslant 0.030\%$)。

(二)按化学成分分类

(1)碳素钢:①低碳钢($C \leqslant 0.25\%$);②中碳钢($C \leqslant 0.25 \sim 0.60\%$);③高碳钢($C \leqslant 0.60\%$)。

(2)合金钢:①低合金钢(合金元素总含量 $\leqslant 5\%$);②中合金钢(合金元素总含量 $5 \sim 10\%$);③高合金钢(合金元素总含量 $> 10\%$)。

(三)钢材按成型方法分类:

钢材按成型方法分类可分为①锻钢;②铸钢;③热轧钢;④冷拉钢。

(四)按冶炼方法分类

1. 按炉种分

(1)平炉钢:①酸性平炉钢;②碱性平炉钢。

(2)转炉钢:①酸性转炉钢;②碱性转炉钢。或 ①底吹转炉钢;②侧吹转炉钢;③顶吹转炉钢。

（3）电炉钢：①电弧炉钢；②电渣炉钢；③感应炉钢；④真空自耗炉钢；⑤电子束炉钢。

2. 钢材按脱氧程度和浇注制度分

钢材按脱氧程度和浇注制度可分为：①沸腾钢；②半镇静钢；③镇静钢；④特殊镇静钢。

二、一般建筑钢材

一般常用的建筑钢材分为钢结构用钢和钢筋混凝土用钢筋。

（一）钢结构用钢

我国的钢结构用钢主要为碳素结构钢和低合金高强度结构钢两种，优质碳素结构钢在冷拔碳素钢丝和连接用紧固件中也有应用。另外，厚度方向性能钢板、焊接结构用耐候钢、铸钢等在某些情况下也有应用。

1. 碳素结构钢

按国家标准《碳素结构钢》（GB/T 700—2006）生产的钢材共有 Q195、Q215、Q235 和 Q275 几种牌号，板材厚度不大于 16mm 的相应牌号钢材的最小屈服强度分别为 195 N/mm^2、215 N/mm^2、235 N/mm^2 和 275 N/mm^2。其中 Q235 含碳量在 0.22% 以下，属于低碳钢，钢材的强度适中，塑性、韧性均较好。该牌号钢材又根据化学成分和冲击韧性的不同划分为 A、B、C、D 共 4 个质量等级，按字母顺序由 A 到 D，表示质量等级由低到高。除 A 级外，其它三个级别的含碳量均在 0.20% 以下（经需方同意，Q235B 的碳含量可不大于 0.22%），焊接性能也很好。因此，标准将 Q235 牌号的钢材选为承重结构用钢。Q235 钢的化学成分和脱氧方法、拉伸和冲击试验以及冷弯试验结果均应符合标准的规定。

碳素结构钢的钢号由代表屈服点的字母 Q、屈服点数值（N/mm^2）、质量等级符号、脱氧方法符号等四个部分组成。符号"F"代表沸腾钢，符号"Z"和"TZ"分别代表镇静钢和特种镇静钢。在具体标注时"Z"和"TZ"可以省略，例如 Q235B 代表屈服点为 235 N/mm^2 的 B 级镇静钢。

2. 低合金高强度结构钢

按国家标准《低合金高强度结构钢》（GB/T 1591—2008）生产的钢材共有 Q345、Q390、Q420、Q460、Q500、Q550、Q620 和 Q690 等几种牌号，板材厚度不大于 16 mm 的相应牌号钢材的最小屈服强度分别为 345 N/mm^2、390 N/mm^2、420 N/mm^2、460 N/mm^2、500 N/mm^2、550 N/mm^2、620 N/mm^2 和 690 N/mm^2。这些钢的含碳量均不大于 0.20%，强度的提高主要依靠添加少量几种合金元素来达到，合金元素的总量低于 5%，故称为低合金高强度钢。其中 Q345、Q390 和 Q420 三种牌号钢材均按化学成分和冲击韧性各划分为 A、B、C、D、E 共 5 个质量等级，字母顺序越靠后的钢材质量越高。这三种牌号的钢材均有较高的强度和较好的塑性、韧性、焊接性能，被规范选为承重结构用钢。这三种低合金高强度钢的牌号命名与碳素结构钢的类似，只是前者的 A、B 级为镇静钢，C、D、E 级为特殊镇静钢，故可不加脱氧方法的符号。这三种牌号钢材的化学成分和拉伸、冲击、冷弯试验结果应符合《低合金高强度结构钢》（GB/T 1591—2008）的规定。

3. 优质碳素结构钢

优质碳素结构钢（Quality Carbon Structure Steel）与碳素结构钢的主要区别在于钢中含杂质元素较少，磷、硫等有害元素的含量均不大于 0.035%，其他缺陷的限制也较严格，具有较好的综合性能。按照国家标准《优质碳素结构钢》(GB/T699—1999)规定,优质碳素钢材按冶金质量等级分为:优质钢、高级优质钢 A、特级优质钢 E;按照使用加工方法分为压力加工用钢 UP(包括热压力加工用钢、顶锻用钢、冷拔坯料用钢)和切削加工用钢 UC 两类。由于其价格较高,钢结构中使用较少,仅用经热处理的优质碳素结构钢冷拔高强钢丝或制作高强螺栓、自攻螺钉等。

(二)钢筋混凝土用钢筋

1. 热轧钢筋

热轧钢筋是经热轧成型并自然冷却的成品钢筋,由低碳钢和普通合金钢在高温状态下压制而成,主要用于钢筋混凝土和预应力混凝土结构的配筋,是土木建筑工程中使用量最大的钢材品种之一。直径 6.5~9 mm 的钢筋,大多数卷成盘条;直径 10~40 mm 的钢筋一般是 6~12 m 长的直条。热轧钢筋应具备一定的强度,即屈服强度和抗拉强度,它是结构设计的主要依据。热轧钢筋还应具有良好的塑性、韧性、可焊性、钢筋与混凝土间的黏结性能。

热轧钢筋分为热轧光圆钢筋和热轧带肋钢筋两种。热轧钢筋断裂时会产生颈缩现象,伸长率较大。

1)热轧光圆钢筋

经热轧成型并自然冷却,横截面通常为圆形,表面光滑的成品钢筋。

按照《钢筋混凝土用钢 第 1 部分:热轧光圆钢筋》(GB 1499.1—2008)中的规定,钢筋牌号的构成及其含义见表11-1。

表 11-1 钢筋牌号的构成及其含义

类别	牌号	牌号构成	英文字母含义
热轧光圆钢筋	HPB235	由 HPB + 屈服强度特征值构成	HPB—热轧光圆钢筋(Hot Rolled Plain Bars)的英文缩写
	HPB300		

光圆钢筋的截面形状如图 11-1 所示。

2)热轧带肋钢筋

(1)普通热轧钢筋。

按热轧状态交货的钢筋。其金相组织主要是铁素体加珠光体,不得有影响使用性能的其他组织存在。

(2)细晶粒热轧钢筋。

在热轧过程中,通过控轧和控冷工艺形成的细晶粒钢筋。其金相组织主要是铁素体加珠光体,不得有影响使用性能的其他组织存在,晶粒度不粗于 9 级。

(3)带肋钢筋。

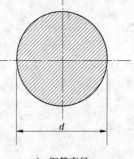

d—钢筋直径

图 11-1 光圆钢筋截面形状

带肋钢筋横截面通常为圆形,是表面带肋的混凝土结构用钢材。

按照《钢筋混凝土用钢 第 2 部分:热轧带肋钢筋》(GB 1499.2—2007)中的规定,钢筋牌号的构成及其含义见表11-2。

表 11-2　钢筋牌号的构成及其含义

类别	牌号	牌号构成	英文字母含义
普通热轧钢筋	HRB335	由 HRB + 屈服强度特征值构成	HRB—热轧带肋钢筋（Hot Rolled Ribbed Bars）的英文缩写
	HRB400		
	HRB500		
细晶粒热轧钢筋	HRBF335	由 HRBF + 屈服强度特征值构成	HRBF—在热轧带肋钢筋的英文缩写后加"细"的英文（Fine）首位字母
	HRBF400		
	HRBF500		

带有纵肋的月牙肋钢筋,其外形如图 11-2 所示。

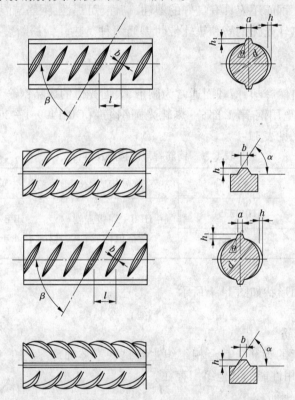

d_1—钢筋内径;α—横肋斜角;h—横肋高度;β—横肋与轴线夹角;
h_1—纵肋高度;θ—纵肋斜角;a—纵肋顶宽;l—横肋间距;b—横肋顶宽
图 11-2　月牙肋钢筋(带纵肋)表面及截面形状

3)低碳钢热轧圆盘条

热轧盘条是热轧型钢截面尺寸最小的一种,大多通过卷线机卷成盘卷供应,故称盘条、盘圆或线材。低碳钢热轧圆盘条是由屈服强度较低的碳素结构钢轧制的盘条,是目前用量最大、使用最广的线材,也称普通线材。现行国家标准《低碳钢热轧圆盘条》(GB/T 701—2008)适用于供拉丝等深加工及其他一般用途的低碳钢热轧圆盘条。

2. 冷轧带肋钢筋

冷轧圆盘条经冷轧后,在其表面带有沿长度方向的三面或二面横肋的钢筋。

冷轧带肋钢筋在预应力混凝土构件中,是冷拔低碳钢丝的更新换代产品,在现浇混凝土结构中,则可代换Ⅰ级钢筋,以节约钢材,是同类冷加工钢材中较好的一种。

按照《冷轧带肋钢筋》(GB 13788—2008)中的规定,冷轧带肋钢筋的牌号由 CRB 和钢筋的抗拉强度最小值构成。C、R、B 分别为冷轧(Cold Rolled)、带肋(Ribbed)、钢筋(Bar)三个词的英文首位字母。冷轧带肋钢筋分为 CRB550、CRB650、CRB800、CRB970 四个牌号。CRB550 为普通钢筋混凝土用钢筋,其他牌号为预应力混凝土用钢筋。

三面肋钢筋的外形如图 11-3 所示。

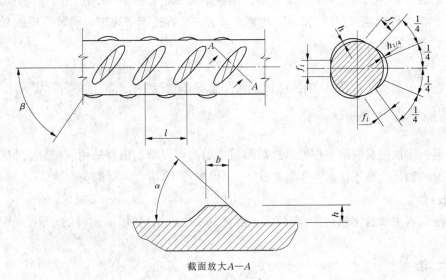

截面放大 A—A

α—横肋斜角;β—横肋与钢筋轴线夹角;h—横肋中点高;
l—横肋间距;b—横肋顶宽;f_i—横肋间隙

图 11-3 三面肋钢筋表面及截面形状

3. 钢丝和钢绞线

1)混凝土制品用冷拔低碳钢丝

低碳钢热轧圆盘条经一次或多次冷拔制成的以盘卷供货的钢丝。冷拔低碳钢丝分为甲、乙两级。甲级冷拔低碳钢丝适用于做预应力筋;乙级冷拔低碳钢丝适用于做焊接网、焊接骨架、箍筋和构造钢筋。冷拔低碳钢丝的代号为 CDW("CDW"为 Cold-Drawn Wire 的英文字头)。标记内容包含冷拔低碳钢丝名称、公称直径、抗拉强度、代号及标准号。

2)预应力混凝土用钢绞线

钢绞线是由多根钢丝绞合构成的钢铁制品。钢绞线在预应力混凝土中应用,具有强度高,与混凝土的黏结性能好,断面面积大,使用根数少,在结构中排列布置方便,易于锚固等优点。预应力钢绞线按捻制结构分为:用两根钢丝捻制的钢绞线(1×2);用三根钢丝捻制的钢绞线(1×3);用七根钢丝捻制的钢绞线(1×7)。

4. 其他建筑用钢材

其他种类的建筑用钢材,例如冷拉钢筋,热处理钢筋等。

三、钢的化学成分对钢材性能的影响

钢内含有各种化学成分,这些化学成分对钢材的性能有不同的影响,下面简要介绍各种化学成分对钢材性能的影响。

（一）碳

碳存在于所有的钢材,是最重要的硬化元素。有助于增加钢材的强度,我们通常希望刀具级别的钢材拥有 0.6% 以上的碳,也成为高碳钢。

（二）磷

磷是钢中有害杂质之一。含磷较多的钢在室温或更低的温度下使用时,容易脆裂,称为"冷脆"。钢中含碳越高,磷引起的脆性越严重。一般普通钢中规定含磷量不超过 0.045%,优质钢要求含磷量更少。

（三）硫

硫在钢中偏析严重,恶化钢的质量。在高温下,降低钢的塑性,是一种有害元素,它以熔点较低的 FeS 的形式存在。

（四）铬

铬可以增加钢材的耐磨损性、硬度,最重要的是可以增加钢材的耐腐蚀性,拥有 13% 以上铬含量的钢认为是不锈钢。尽管如此,如果保养不当,所有钢材都会生锈。

（五）锰

锰是钢内重要的化学元素,它有助于钢材生成纹理结构,增加钢材的坚固性、强度及耐磨损性。

（六）钼

钼为碳化作用剂,防止钢材变脆,在高温时保持钢材的强度,出现在很多钢材中。

（七）镍

镍可以保持强度、抗腐蚀性和韧性。

（八）硅

硅有助于增强钢材的强度。和锰一样,硅在钢的生产过程中用于保持钢材的强度。

（九）钨

钨可以增强钢材的抗磨损性。将钨和适当比例的铬或锰混合用于制造高速钢。

（十）钒

钒可以增强钢材的抗磨损能力和延展性。一种钒的碳化物用于制造条纹钢。在许多种钢材中都含有钒。

第二节　钢筋混凝土用钢材主要性能指标及检测方法

建筑工程实际应用中,主要关心的钢筋原材的性能指标为力学性能和工艺性能。其中力学性能方面主要为钢筋的屈服强度 R_{eL}、抗拉强度 R_m、断后伸长率 A_{gt} 等力学性能指标,工艺性能主要是指钢筋的弯曲性能和反向弯曲性能。

一、组批规则

依据《钢及钢产品交货一般技术要求》（GB/T 17505—1998），通常试验单元应由下列条件组成：

（1）同一冶炼炉号。

（2）同一炉罐号。

（3）同一热处理状态或热处理炉批。

（4）同一外形。

（5）同一厚度。

对于热轧光圆钢筋和热轧带肋钢筋，按照 GB 1499.1—2008 和 GB 1499.2—2007 的规定应按批进行检查和验收，每批由同一牌号、同一炉罐号、同一规格的钢筋组成。每批重量通常不超过 60 t；超过 60 t 的部分，每增加 40 t（或不足 40 t 的余数）增加一个拉伸试验试样和一个弯曲试验试样。

允许由同一牌号、同一冶炼方法、同一浇注方法的不同炉罐号组成混合批。各炉罐号含碳量之差不大于 0.02%，含锰量之差不大于 0.15%。混合批的重量不大于 60 t。

对于低碳钢热轧圆盘条按照 GB/T 701—2008 的规定，每批由同一牌号、同一炉号、同一尺寸的盘条组成。

对于冷轧带肋钢筋按照 GB 13788—2008 的规定，每批应有同一外形、同一规格、同一生产工艺和同一交货状态的钢筋组成，每批不大于 60 t。

对于冷拔低碳钢丝，应按照成批进行检查和验收，每批冷拔低碳钢丝应由同一钢厂、同一钢号、同一总压缩率、同一直径组成，甲级冷拔低碳钢丝每批质量不大于 30 t，乙级冷拔低碳钢丝每批质量不大于 50 t。

二、取样数量

各种钢筋取样数量应符合相关规范规定，具体如下。

（1）热轧光圆钢筋（GB 1499.1—2008）见表 11-3。

表 11-3

序号	检验项目	取样数量	取样方法	试验方法
1	化学成分 （熔炼分析）	1	GB/T 20066	GB/T 223 GB/T 4336
2	拉伸	2	任选两根钢筋切取	GB/T 228、本标准 8.2
3	冷弯	2	任选两根钢筋切取	GB/T 232、本标准 8.2
6	尺寸	逐支（盘）		本标准 8.3
7	表面	逐支（盘）		目视
8	重量偏差	本标准 8.4		本标准 8.4

注：对化学分析和拉伸试验结果有争议时，仲裁试验分别按 GB/T 223、GB/T 228 进行。

(2)热轧带肋钢筋(GB 1499.2—2007)见表 11-4。

表 11-4

序号	检验项目	取样数量	取样方法	试验方法
1	化学成分 (熔炼分析)	1	GB/T 20066	GB/T 223 GB/T 4336
2	拉伸	2	任选两根钢筋切取	GB/T 228、本标准8.2
3	弯曲	2	任选两根钢筋切取	GB/T 232、本标准8.2
4	反向弯曲	1		YB/T 5126、本标准8.2
5	疲劳试验		供需双方协议	
6	尺寸	逐支		本标准8.3
7	表面	逐支		目视
8	重量偏差		本标准8.4	本标准8.4
9	晶粒度	2	任选两根钢筋切取	GB/T 6394

注:对化学分析和拉伸试验结果有争议时,仲裁试验分别按 GB/T 223、GB/T 228 进行。

(3)低碳钢热轧圆盘条(GB/T 701—2008)见表 11-5。

表 11-5

序号	检验项目	取样数量	取样方法	试验方法
1	化学成分 (熔炼分析)	1 个/炉	GB/T 20066	GB/T 223 GB/T 4336、GB/T 20123
2	拉伸	1 个/批	GB/T 2975	GB/T 228
3	弯曲	2 个/批	不同根盘条、GB/T 2975	GB/T 232
4	尺寸	逐盘		千分尺、游标卡尺
5	表面			目视

注:对化学分析结果有争议时,仲裁试验按 GB/T 223 进行。

(4)冷轧带肋钢筋(GB 13788—2008)见表 11-6。

表 11-6

序号	试验项目	试验数量	取样方法	试验方法
1	拉伸试验	每盘1个	在每(任)盘中随机切取	GB/T 228
2	弯曲试验	每批2个		GB/T 232
3	反复弯曲试验	每批2个		GB/T 238
4	应力松弛试验	定期1个		GB/T 1020、本标准7.3
5	尺寸	逐盘	—	本标准7.4
6	表面	逐盘	—	目视
7	重量偏差	每盘1个		本标准7.5

注:表中试验数量栏中的"盘"指生产钢筋的"原料盘"。

(5)冷拔低碳钢丝。

冷拔低碳钢丝的检查项目有表面质量、直径、抗拉强度、断后伸长率及反复弯曲次数。冷拔低碳钢丝的表面质量应逐盘进行检查。冷拔低碳钢丝的直径每批抽查数量不少于 5 盘。甲级冷拔低碳钢丝抗拉强度、断后伸长率及反复弯曲次数应逐盘进行检验;乙级冷拔低碳钢丝 抗拉强度、断后伸长率及反复弯曲次数每批抽查数量不少于 3 盘。

三、样品制备

样品的制备应符合 GB/T 2975—1998 的规定,有关名词定义如下。

(一)抽样产品

检验、试验时,在试验单元中抽取的部分(例如一块板),称为抽样产品(见图 11-4)。

(二)试料

为了制备一个或几个试样,从抽样产品中切取足够量的材料,称为试料(见图 11-4)。

注:在某些情况下,试料就是抽样产品

(三)样坯

为了制备试样,经过机械处理或所需热处理后的试料,称为样坯(见图 11-4)。

(四)试样

经机加工或未经机加工后,具有合格尺寸且满足试验要求的状态的样坯,称为试样(见图 11-4)。

注:在某些状态下,试样可以是试料,也可以是样坯。

(五)标准状态

试料、样坯或试样经热处理后以代表最终产品的状态。

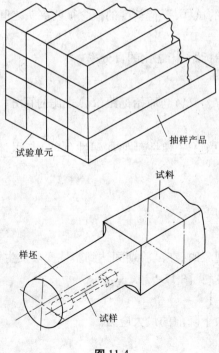

图 11-4

在产品不同位置取样时,力学性能会有差异。当按 GB/T 2975—1998 标准附录 A 规定的位置取样时,则认为具有代表性,应在外观及尺寸合格的钢产品上取样。试料应有足够的尺寸以保证机器加工出足够的试样进行规定的试验及复验。取样时,应对抽样产品、试料、样坯和试样作出标记,以保证始终能识别取样的位置及方向。取样时,应防止过热、加工硬化而影响力学性能。用烧割法和冷剪法取样所留加工余量可参考 GB/T 2975—1998 标准的附录 B。取样的方向应由产品标准或供需双方协议来规定。

四、试验

(一)力学性能试验

1. 检测依据

《金属材料 拉伸试验 第 1 部分:室温试验方法》(GB/T 228.1—2010)

2. 有关术语和定义

1)标距 L

测量伸长用的试样圆柱或棱柱部分的长度。

2)原始标距 L_0

室温下施力前的试样标距。

3)断后标距 L_u

在室温下将断后的两部分试样紧密的对接在一起,保证两部分的轴线位于同一条直线上,测量试样断裂后的标距。

4)平行长度 L_c

试样平行缩减部分的长度。

注:对于未经机器加工的试样,平行长度的概念被两夹头之间的距离取代。

5)伸长率

原始标距的伸长与原始标距 L_0 之比的百分率。

6)断后伸长率 A

断后标距的残余伸长($L_u - L_0$)与原始标距(L_0)之比的百分率。

7)最大力总延伸率 A_{gt}

最大力时原始标距的总延伸(弹性延伸加塑性延伸)与引伸计标距之比的百分率,见图 11-5。

8)抗拉强度 R_m

相应最大力 F_m 对应的应力。

9)屈服强度

当金属材料呈现屈服现象时,在试验期间达到塑性变形发生而力不增加的应力点,应区分上屈服强度和下屈服强度,见图 11-6。

10)上屈服强度 R_{eH}

试样发生屈服而力首次下降前的最大应力。

11)下屈服强度 R_{eL}

在屈服期间,不计初始瞬时效应时的最小应力。

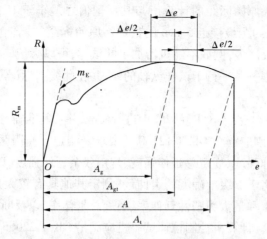

A—断后伸长率;A_g—最大力塑性延伸率;A_gt—最大力总延伸率;A_t—断裂总延伸率;

e—延伸率;m_E—应力—延伸率曲线上弹性部分的斜率;R—应力;R_m—抗拉强度;Δe—平台范围

图 11-5

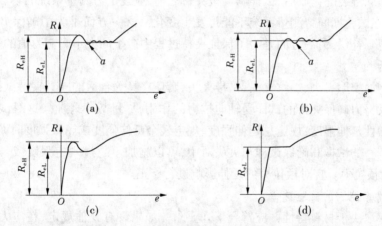

e—延伸率;R—应力;R_eH—上屈服强度;R_eL—下屈服强度;a—初始瞬时效应

图 11-6

12) 断裂

当试样发生完全分离时的现象。

3. 试验原理

试验是用拉力拉伸试样,一般拉至断裂测定一项或几项力学性能。

除非另有规定,试验一般在室温 10～35 ℃ 范围内进行。对温度要求严格的试验,试验温度应为(23±5)℃。

4. 原始横截面积的确定

宜在试样平行长度中心区域以足够的点数测量试样的相关尺寸。原始横截面积 S_0 是平均横截面面积,应根据测量的尺寸计算。原始横截面面积的计算准确度依赖于试样本身的特性和类型。

5. 原始标距的标记

应用小标记、细划线或细墨线标记原始标距,但不得用引起过早断裂的缺口作标记。

对于比例试样,如果原始标距的计算值与其标记值之差小于 $10\%\,L_0$,可将原始标距的计算值按 GB/T 8170 修约至最接近 5 mm 的倍数。原始标距的标记应准确到 ±1%。如平行长度 L_c 比原始标距长许多,例如不经机器加工的试样,可以标记一系列套叠的原始标距。有时,可以在试样表面划一条平行于试样纵轴的线,并在此线上标记原始标距。

6. 试验设备的精确度

试验机的测力系统应按照 GB/T 16825.1 进行校准,并且其准确度应为 1 级或优于 1 级。

引伸计的准确度级别应符合 GB/T 12160 的要求。测定上屈服强度、下屈服强度、屈服点延伸率、规定塑性延伸强度、规定总延伸强度、规定残余延伸强度,以及规定残余延伸强度的验证试验,应使用不劣于 1 级准确度的引伸计;测定其他具有较大延伸率的性能,例如抗拉强度、最大力总延伸率和最大力塑性延伸率、断裂总延伸率,以及断后伸长率,应使用不劣于 2 级准确度的引伸计。计算机控制拉伸试验机应满足 GB/T 22066 中的要求。

7. 试验步骤

1)设定试验力零点

在试验加载链装配完成后,试样两端被夹持之前,应设定力测量系统的零点。一旦设定了力值零点,在试验期间力测量系统不能再发生变化。这一方面是为了确保夹持系统的重量在测力时得到补偿,另一方面是为了保证夹持过程中产生的力不影响力值的测量。

2)试样的加持方法

应使用例如楔形夹头、螺纹夹头、平推夹头、套环夹具等合适的夹具夹持试样。

应尽最大努力确保夹持的试样受轴向拉力的作用,尽量减小弯曲。这对试验脆性材料或测定规定塑性延伸强度、规定总延伸强度、规定残余延伸强度或屈服强度时尤为重要。

为了得到直的试样和确保试样与夹头对中,可以施加不超过规定强度或与其屈服强度的 5% 相应的预拉力。宜对预拉力的延伸影响进行修正。

3)应力速率控制的试验速率

试验速率取决于材料特性并应符合下列要求。如果没有其他规定,在应力达到规定屈服强度的一半之前,可以采用任意的试验速率。超过这点以后的试验速率应满足下述规定。

(1)上屈服强度 R_{eH} 试验时。

在弹性范围直至上屈服强度,试验机夹头的分离速率应尽可能保持恒定并在表 11-7 规定的应力速率范围内。

表 11-7　应力速率

材料弹性模量 E(MPa)	应力速率 R(MPa·s^{-1})	
	最大	最小
<150 000	2	20
≥150 000	6	60

注:弹性模量小于 150 000 MPa 的典型材料包括锰、铝合金、铜和钛。弹性模量大于 150 000 MPa 的典型材料包括铁、钢、钨和镍基合金。

(2)下屈服强度 R_{eL} 试验时。

如仅测定下屈服强度,在试样平行长度的屈服期间应变速率应在 0.000 25 ~ 0.002 5

s^{-1}。平行长度内的应变速率应尽可能保持恒定。如不能直接调节这一应变速率,应通过调节屈服即将开始前的应力速率来调整,在屈服完成之前不再调节试验机的控制。

任何情况下,弹性范围内的应力速率不得超过表11-7中规定的最大速率。

另外,也可采用应变速率控制的试验速率。

8. 屈服强度测定

上屈服强度R_{eH}可以从力—延伸曲线图或峰值力显示器上测得,定义为力首次下降前的最大力值对应的应力。下屈服强度R_{eL}可以从力-延伸曲线上测得,定义为不计初始瞬时效应时屈服阶段中的最小力所对应的应力。

对于上、下屈服强度位置判定的基本原则如下:

(1)屈服前的第1个峰值应力(第1个极大值应力)判为上屈服强度,不管其后的峰值应力比它大或比它小。

(2)屈服阶段中如呈现两个或两个以上的谷值应力,舍去第1个谷值应力(第1个极小值应力)不计,取其余谷值应力中之最小者判为下屈服强度。如只呈现1个下降谷,此谷值应力判为下屈服强度。

(3)屈服阶段中呈现屈服平台,平台应力判为下屈服强度;如呈现多个而且后者高于前者的屈服平台,判第1个平台应力为下屈服强度。

(4)正确的判定结果应是下屈服强度一定低于上屈服强度。

9. 抗拉强度

将试样拉至断裂,从力—延伸曲线上测得的试验中的最大力,或从测力计上读取最大力所对应的应力。

10. 断后伸长率的测定

为了测定断后伸长率,应将试样断裂的部分仔细地配接在一起使其轴线处于同一直线上,并采取特别措施确保试样断裂部分适当接触后测量试样断后标距。这对小横截面试样和低伸长率试样尤为重要。

可以按式(11-1)计算断后伸长率A,即

$$A = \frac{L_u - L_0}{L_0} \times 100\% \tag{11-1}$$

式中 L_0——原始标距;

L_u——断后标距。

应使用分辨力足够的量具或测量装置测定断后伸长量($L_u - L_0$),并精确到± 0.25 mm。

如规定的最小断后伸长率小于5%,建议采取特殊方法进行测定。原则上只有断裂处与最接近的标距标记的距离不小于原始标距的三分之一情况方为有效。但断后伸长率大于或等于规定值,不管断裂位置处于何处测量均为有效。当断裂处与最接近的标距标记的距离小于原始标距的三分之一时,可采用移位法测定断后伸长率。

为了避免由于试样断裂位置不符合规定的条件而报废试样,可以使用移位法,具体步骤如下。

(1)试验前将试样原始标距细分为5 mm(推荐)到10 mm的N等份;

(2)试验后,以符号X表示断裂后试样短段的标距标记,以符号Y表示断裂试样长段的等分标记,此标记与断裂处的距离最接近于断裂处至标距标记X的距离。

如 X 与 Y 之间的分格数为 n,按如下测定断后伸长率:

①如 $N-n$ 为偶数,测量 X 与 Y 之间的距离 l_{XY} 和测量从 Y 至距离为 $\dfrac{N-n}{2}$ 个分格的 Z 标记之间的距离 l_{YZ}。按照式(11-2)计算断后伸长率(见图 11-7(a)),即

$$A = \frac{l_{XY} + 2l_{YZ} - L_0}{L_0} \times 100\% \tag{11-2}$$

②如 $N-n$ 为奇数,测量 X 与 Y 之间的距离,以及 Y 至距离分别为 $\dfrac{1}{2}(N-n-1)$ 和 $\dfrac{1}{2}(N-n+1)$ 个分格的 Z' 和 Z'' 标记之间的距离 $l_{YZ'}$ 和 $l_{YZ''}$。按照式(11-3)计算断后伸长率(见图 11-7(b)),即

$$A = \frac{l_{XY} + l_{YZ'} + L_{YZ''} - L_0}{L_0} \times 100\% \tag{11-3}$$

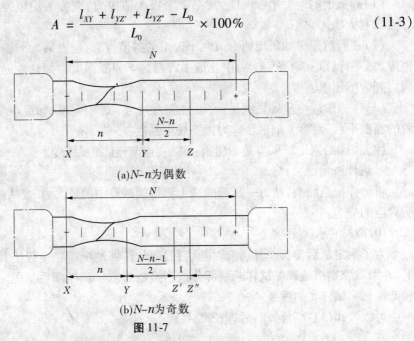

(a)$N-n$为偶数

(b)$N-n$为奇数

图 11-7

11. 热轧光圆钢筋和热轧带肋钢筋最大力下总伸长率的测定方法

1)试样长度

试样夹具之间的最小自由长度应符合表 11-8 要求。

表 11-8 试样最小自由长度 （单位:mm）

钢筋公称直径	试样夹具之间的最小自由长度
$d \leqslant 25$	350
$25 < d \leqslant 32$	400
$32 < d \leqslant 50$	500
*热轧光圆 $d \leqslant 22$	350

2)原始标距的标记和测量

在试样自由长度范围内,均匀划分为 10 mm 或 5 mm 的等间距标记,标记的划分和测量

应符合 GB/T 228 的有关要求。

3）拉伸试验

按 GB/T 228 规定进行拉伸试验,直至试样断裂。

4）断裂后的测量

选择 Y 和 V 两个标记,这两个标记之间的距离在拉伸试验之前至少应为 100 mm。两个标记都应位于夹具离断裂点最远的一侧。两个标记离开夹具的距离都应不小于 20 mm 或钢筋公称直径 d（取二者之较大者）；两个标记与断裂点之间的距离应不小于 50 mm 或 $2d$（取二者之较大者）,见图 11-8。

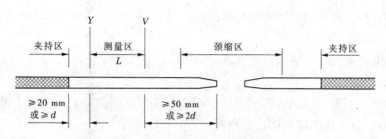

图 11-8　断裂后的测量

在最大力作用下试样总伸长率 $A_{gt}(\%)$ 可按式(11-4)计算,即

$$A_{gt} = \left(\frac{L - L_0}{L_0} + \frac{R_m^0}{E} \right) \times 100\% \qquad (11\text{-}4)$$

式中　L——图 11-8 所示断裂后的距离,mm；

　　　L_0——试验前同样标记间的距离,mm；

　　　R_m^0——抗拉强度实测值,MPa；

　　　E——弹性模量,其值可取为 2×10^5 MPa。

12. 试验结果数据处理

试验测定的性能结果数值应按照相关产品标准的要求进行修约。如未规定具体要求,应按照如下要求进行修约。

(1)强度性能值修约至 1 MPa。

(2)屈服点延伸率修约至 0.1%,其他延伸率和断后伸长率修约至 0.5%。

(3)断面收缩率修约至 1%。

13. 结果判定

结果无效的情况:试样断在标距外或断在机械刻画的标距标记上,而且断后伸长率小于规定最小值;试验期间设备发生故障,影响了试验结果。出现以上情况之一,其试验结果无效,应重做同样数量试样的试验。

按照 GB/T 17505—1998 规范规定非序贯试验时,如果不合格的结果不是由平均值计算出的,而是从试验中测得的仅规定单个值(例如拉伸试验、弯曲试验或末端淬透性)时,应采用下列方法。

(1)试验单元是单件产品。应对不合格项目做相同类型的双倍试验,双倍试验应全部合格;否则,产品应拒收。

（2）如果试验单元中不是单件产品组成（例如由同一轧制批,铸造批或热处理状态组成）,除非另有协议,供方可以将抽样产品从试验单元中挑出,也可不挑出。

①如果抽样产品从试验单元中挑出,检验代表应随机从同一试验单元中选出另外两个抽样产品。然后从两个抽样产品中分别制取的试样,在与第一次试验相同的条件下再做一次同类型的试验,其试验结果应全部合格。

②如果抽样产品保留在试验单元中,应按①的规定步骤进行。但是重取的试样必须有一个是从保留在试验单元中的抽样产品上切取的,其试验结果应全部合格。

（二）工艺性能试验

工艺性能试验主要是钢筋的弯曲性能试验。

1. 检测依据

《金属材料 弯曲试验方法》（GB/T 232—2010）。

2. 试验原理

弯曲试验是以圆形、方形、矩形或多边形横截面试样在弯曲装置上经受弯曲塑性变形,不改变加力方向,直至达到规定的弯曲角度。

弯曲试验时,试样两臂的轴线保持在垂直于弯曲轴的平面内。如为弯曲180°角的弯曲试验,按照相关产品标准的要求,可以将试样弯曲至两臂直接接触或两臂相互平行且相距规定距离,可使用垫块控制规定距离。

3. 试验设备

弯曲试验应在配备下列弯曲装置之一的试验机或压力机上完成。

（1）配有两个支辊和一个弯曲压头的支辊式弯曲装置,见图11-9;

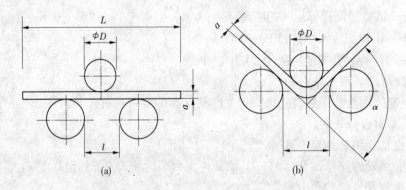

图11-9　支辊式弯曲装置

（2）配有一个 V 型模具和一个弯曲压头的 V 型模具式弯曲装置,见图11-10;

（3）虎钳式弯曲装置,见图11-11。

支辊式弯曲装置支辊长度和弯曲压头的宽度应大于试样宽度或直径。弯曲压头的直径由产品标准规定。支辊和弯曲压头应具有足够的硬度。除非另有规定,支辊间距离 l 应按照式（11-5）确定:

$$l = (D + 3a) \pm \frac{a}{2} \tag{11-5}$$

式中　D——弯曲压头直径；

　　a——试样厚度或直径(或多边形横截面内切圆直径)。

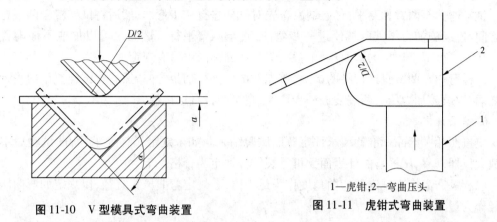

图 11-10　V 型模具式弯曲装置

1—虎钳;2—弯曲压头

图 11-11　虎钳式弯曲装置

此距离在试验期间应保持不变。

4. 试样制备

试验使用圆形、方形、矩形或多边形横截面的试样。样坯的切取位置和方向应按照相关产品标准的要求。如未具体规定，对于钢产品应按照 GB/T 2975 的要求。试样应去除由于剪切或火焰切割或类似的操作而影响了材料性能的部分。如果试验结果不受影响，允许不去除试样受影响的部分。

直径(圆形横截面)或内切圆直径(多边形横截面)不大于 30 mm 的产品，其试样横截面应为原产品的横截面。对于直径或多边形横截面内切圆直径超过 30 mm 但不大于 50 mm 的产品，可以将其机加工成横截面内切圆直径不小于 25 mm 的试样。直径或多边形横截面内切圆直径大于 50 mm 的产品，应将其机加工成横截面内切圆直径不小于 25 mm 的试样，试验时，试样未经机加工的原表面应置于受拉变形的一侧。

5. 试验步骤

试验过程中应采取足够的安全措施和防护装置。

试验一般在 10 ~ 35 ℃的室温范围内进行，如对温度要求严格的试验其试验温度应为 (23 ± 5)℃。

按照相关产品标准的规定，采取下列方法之一完成试验。

(1)试样在给定的条件和力作用下弯曲至规定的弯曲角度。

(2)试样在力作用下弯曲至两臂相距规定距离且相互平行。

(3)试样在力作用下弯曲至两臂直接接触。

试样弯曲至规定弯曲角度的试验，应将试样放于两支辊或 V 型模具上，试样轴线应与弯曲压头轴线垂直，弯曲压头在两支座之间的中点处对试样连续施加力使其弯曲，直至达到规定的弯曲角度。弯曲角度 α 可以通过测量弯曲压的位移计算得出。

可以采用试样一段固定，绕弯曲压头进行弯曲，可以绕过弯曲压头，直至达到规定的弯曲角度。

弯曲试验时，应当缓慢的施加弯曲力，以使材料能够自由地进行塑性变形。

当出现争议时，试验速率应为$(1 + 0.2)$mm/s。

使用上述方法如不能直接达到规定的弯曲角度,可将试样置于两平行压板之间,连续施加力压其两端使进一步弯曲,直至达到规定的弯曲角度。

试样弯曲至两臂相互平行的试验,首先对试样进行初步弯曲,然后将试样置于两平行压板之间,连续施加力压其两端使进一步弯曲,直至两臂平行。试验时可以加或不加内置垫块。垫块厚度等于规定的弯曲压头直径,除非产品标准中另有规定。

试样弯曲至两臂直接接触的试验,首先对试样进行初步弯曲,然后将试样置于两平行压板之间,连续施加力压其两端使进一步弯曲,直至两臂直接接触。

6. 结果评定

应按照相关产品标准的要求评定弯曲试验结果。如未规定具体要求,弯曲试验后不使用放大仪器观察,试样弯曲外表面无可见裂纹应评定为合格。

以相关产品标准规定的弯曲角度作为最小值;若规定弯曲压头直径,以规定的弯曲压头直径作为最大值。

(三)重量偏差试验

《混凝土结构工程施工质量验收规范》(GB 50204—2002)在 2010 年 12 月 20 日进行了局部修订,修订后的条文自 2011 年 8 月 1 日起实施。其中,第 5.2.1、5.2.2 条为强制性条文,要求必须严格执行。新条文 5.2.1 中明确规定钢筋进场时要进行重量偏差检验,检验结果必须符合标准规定。

测量钢筋重量偏差时,试样应从不同根钢筋上截取,数量不少于 5 支,每支试样长度不小于 500 mm。长度应逐支测量,应精确到 1 mm。测量试样总重量时,应精确到不大于总重量的 1%。钢筋实际重量与理论重量的偏差(%)按式(11-6)计算:

$$重量偏差 = \frac{试样实际总质量 - 试样总长度 \times 理论重量}{试样总长度 \times 理论重量} \times 100\% \qquad (11\text{-}6)$$

(四)重量负偏差

钢筋调直后应进行力学性能和重量偏差的检验,其强度应符合有关标准的规定。盘卷钢筋和直条钢筋调直后的伸长率、重量偏差应符合表 11-9 的规定。

表 11-9　盘卷钢筋和直条钢筋调直后的断后伸长率、重量负偏差要求

钢筋牌号	断后伸长率 A (%)	单位长度重量偏差(%)		
		直径 6～12 mm	直径 14～20 mm	直径 22～50 mm
HPB235、HPB300	≥21	≤10	—	—
HRB335、HRBF335	≥16	≤8	≤6	≤5
HRB400、HRBF400	≥15			
RRB400	≥13			
HRB500、HRBF500	≥14			

注:1. 断后伸长率 A 的量测标距为 5 倍钢筋公称直径。

　　2. 重量负偏差(%)按公式$(W_0 - W_d)/W_0 \times 100\%$计算,其中 W_0 为钢筋理论重量(kg/m),W_d 为调直后钢筋的实际重量(kg/m)。

　　3. 对直径为 28～40 mm 的带肋钢筋,表 11-9 中断后伸长率可降低 1%;对直径大于 40 mm 的带肋钢筋,表中断后伸长率可降低 2%。

采用无延伸功能的机械设备调直的钢筋,可不进行本条规定的检验。对钢筋调直机械设备是否有延伸功能的判定,可由施工单位检查并经监理(建设)单位确认;当不能判定或对判定结果有争议时,应按本条规定进行检验。对于场外委托加工或专业化加工厂生产的成型钢筋,相关人员应到加工设备所在地进行检查。

1. 检查数量

同一厂家、同一牌号、同一规格调直钢筋,重量不大于30 t为一批;每批见证取样3个试件。

2. 检验方法

3个试件先进行重量偏差检验,再取其中2个试件经时效处理后进行力学性能检验。检验重量偏差时,试件切口应平滑且与长度方向垂直,且长度不应小于500 mm;长度和重量的量测精度分别不应低于1 mm和1 g。钢筋冷拉调直后的时效处理可采用人工时效方法,即将试件在100 ℃沸水中煮60 min,然后在空气中冷却至室温。

第三节 钢筋焊接接头试验方法

一、建筑工程常用焊接方法种类和适用范围

(一)焊接方法、种类、适用范围

建筑工程混凝土结构中的钢筋焊接施工采用的焊接方法主要有闪光对焊、箍筋闪光对焊、电弧焊、电渣压力焊、气压焊和预埋件埋弧压力焊等。检测中常遇到的焊接方法的适用范围应符合表11-10的规定。

表11-10 钢筋焊接方法的适用范围

焊接方法	接头型式	适用范围	
		钢筋牌号	钢筋直径（mm）
闪光对焊		HPB300	8 ~ 22
		HRB335 HRBF335 HRB400 HRBF400 HRB500 HRBF500	8 ~ 40
		RRB400W	8 ~ 32
箍筋闪光对焊		HPB300	
		HRB335 HRBF335 HRB400 HRBF400 HRB500 HRBF500	6 ~ 18
		RRB400W	

焊接方法			适用范围	
		接头型式	钢筋牌号	钢筋直径 （mm）
电弧焊	帮条焊	双面焊	HPB300	10～22
			HRB335 HRBF335 HRB400 HRBF400	10～40
			HRB500 HRBF500	10～32
			RRB400W	10～25
		单面焊	HPB300	10～22
			HRB335 HRBF335 HRB400 HRBF400	10～40
			HRB500 HRBF500	10～32
			RRB400W	10～25
	搭接焊	双面焊	HPB300	10～22
			HRB335 HRBF335 HRB400 HRBF400	10～40
			HRB500 HRBF500	10～32
			RRB400W	10～25
		单面焊	HPB300	10～22
			HRB335 HRBF335 HRB400 HRBF400	10～40
			HRB500 HRBF500	10～32
			RRB400W	10～25
电渣压力焊			HPB300	12～22
			HRB335 HRB400 HRB500	12～32
气压焊			HPB300	12～22
			HRB335 HRB400	12～40
			HRB500	12～32

焊接方法		接头型式	适用范围	
			钢筋牌号	钢筋直径（mm）
预埋件钢筋	角焊		HPB300	6～22
			HRB335 HRBF335 HRB400 HRBF400	6～25
			HRB500 HRBF500	10～20
			RRB400W	10～20
	穿孔塞焊		HPB300	20～22
			HRB335 HRBF335 HRB400 HRBF400	20～32
			HRB500	20～28
			RRB400W	20～28
	埋弧压力焊		HPB300	6～22
	埋弧螺柱焊		HRB335 HRBF335 HRB400 HRBF400	6～28

注：1. 在生产中，对于有较高要求的抗震结构用钢筋，在牌号后加 E，焊接工艺可按同级别热轧钢筋试焊；焊条应采用低氢型碱性焊条。

2. 生产中，如果有 HPB235 钢筋需要进行焊接时，可按 HPB300 钢筋的焊接材料和焊接工艺参数，以及接头质量检验与验收的有关规定试焊。

（二）钢筋焊接通用要求

从事钢筋焊接施工的焊工必须持有钢筋焊工考试合格证，并应按照合格证规定的范围上岗操作。在钢筋工程焊接开工之前，参与该项工程施焊的焊工应进行现场条件下的焊接工艺试验，并经试验合格后，方准予焊接生产。

钢筋焊接接头或焊接制品应按检验批进行质量检验与验收，并划分为主控项目和一般项目两类。纵向受力钢筋焊接接头验收中，闪光对焊接头、电弧焊接头、电渣压力焊接头、气压焊接头和非纵向受力箍筋闪光对焊接头、预埋件钢筋 T 形接头的力学性能检验应为主控项目。

两根同牌号、不同直径的钢筋可进行闪光对焊、电渣压力焊或气压焊；闪光对焊时钢筋径差不得超过 4 mm，电渣压力焊或气压焊时钢筋径差不得超过 7 mm；对接强度的要求，应按较小直径钢筋计算。两根同直径、不同牌号的钢筋可进行闪光对焊、电弧焊、电渣压力焊或气压焊，对接强度的要求应按较低牌号钢筋强度计算。

带肋钢筋进行闪光对焊、电弧焊、电渣压力焊和气压焊时，宜将纵肋对纵肋安放和焊接。电渣压力焊应用于柱、墙等构筑物现浇混凝土结构中竖向或斜向（倾斜度不大于 10°）受力钢筋的连接；不得用于梁、板等构件中水平钢筋的连接。钢筋电弧焊包括帮条焊、搭接焊、坡口焊、窄间隙焊和熔槽帮条焊 5 种接头型式。帮条焊时，宜采用双面焊；当不能进行双面焊时,方可采用单面焊;帮条长度应符合表 11-11 的规定。当帮条牌号与主筋相同时,帮条直径可与主筋相同或小一个规格;当帮条直径与主筋相同时,帮条牌号可与主筋相同或低一个牌号。搭接焊时,宜采用双面焊;当不能进行双面焊时,可采用单面焊;搭接长度可与表 11-11 帮条长度相同。

表 11-11　钢筋帮条长度

钢筋牌号	焊缝型式	帮条长度 l
HPB300	单面焊	$\geqslant 8d$
	双面焊	$\geqslant 4d$
HRB335　HRBF335 HRB400　HRBF400 HRB500　HRBF500　RRB400W	单面焊	$\geqslant 10d$
	双面焊	$\geqslant 5d$

注:d 为主筋直径(mm)。

钢筋焊接接头力学性能检验时,应在接头外观质量检查合格后随机切取试件进行试验。试验报告应包含钢筋生产厂家和钢筋批号、钢筋牌号、规格等。

二、检验批规定及试件数量

(一)钢筋闪光对焊接头

在同一台班内,由同一焊工完成的 300 个同牌号、同直径钢筋焊接接头应作为一批。当同一台班内焊接的接头数量较少,可在一周之内累计计算;累计仍不足 300 个接头时,应按一批计算。力学性能检验时,应从每批接头中随机切取 6 个接头,其中 3 个做拉伸试验,3 个做弯曲试验。异径钢筋接头可只做拉伸试验。

(二)箍筋闪光对焊接头

在同一台班内,由同一焊工完成的 600 个同牌号、同直径箍筋闪光对焊接接头作为一个检验批。超出 600 个接头,其超出部分可以与下一台班完成接头累计计算。每个检验批中应随机切取 3 个对焊接头做拉伸试验。

(三)钢筋电弧焊接头

在现浇混凝土结构中,应以 300 个同牌号钢筋、同形式接头作为一批;在房屋结构中,应以不超过连续二楼层中的 300 个同牌号钢筋、同形式接头作为一批。每批随机切取 3 个接头,做拉伸试验。

注:在同一批中若有 3 种不同直径的钢筋焊接接头,应在最大直径钢筋接头和最小钢筋接头中分别切取 3 个试件进行拉伸试验。钢筋电渣压力焊接头、钢筋气压焊接头取样均同。

(四)钢筋电渣压力焊接头

在现浇钢筋混凝土结构中,应以 300 个同牌号钢筋接头作为一批;在房屋结构中,应以不超过连续二楼层中的 300 个同牌号钢筋接头作为一批;当不足 300 个接头时,仍应作为一批。每批随机切取 3 个接头试件做拉伸试验。

(五)钢筋气压焊接头

在现浇钢筋混凝土结构中,应以 300 个同牌号钢筋接头作为一批;在房屋结构中,应以不超过连续二楼层中 300 个同牌号钢筋接头作为一批;当不足 300 个接头时,仍应作为一批。在柱、墙的竖向钢筋连接中,应从每批接头中随机切取3个接头做拉伸试验;在梁、板的水平钢筋连接中,应另切取3个接头做弯曲试验。在同一批中,异径钢筋气压焊接头可只做拉伸试验。

(六)预埋件钢筋T型接头

力学性能检验时,应以300件同类型预埋件作为一批。一周内连续焊接时,可累计计算。当不足300件时,亦应按一批计算。应从每批预埋件中随机切取3个接头做拉伸试验。试件的钢筋长度应大于或等于200 mm,钢板(锚板)的长度和宽度均应等于60 mm,并视钢筋直径的增大而适当增大。拉伸试验应采用专用夹具。

三、检测结果的判定

钢筋闪光对焊接头、电弧焊接头、电渣压力焊接头、气压焊接头、箍筋闪光对焊接头、预埋件钢筋T形接头的拉伸试验,应从每一检验批接头中随机切取三个接头进行试验并应按下列规定对试验结果进行评定。

(1)符合下列条件之一,应评定该检验批接头拉伸试验合格。

①3个试件均断于钢筋母材,呈延性断裂,其抗拉强度大于或等于钢筋母材抗拉强度标准值。

②2个试件断于钢筋母材,呈延性断裂,其抗拉强度大于或等于钢筋母材抗拉强度标准值。另1个试件断于焊缝,呈脆性断裂,其抗拉强度大于或等于钢筋母材抗拉强度标准值的1.0倍。

注: 试件断于热影响区,呈延性断裂,应视作与断于钢筋母材等同;试件断于热影响区,呈脆性断裂,应视作与断于焊缝等同。

(2)符合下列条件之一,应进行复验。

①2个试件断于钢筋母材,呈延性断裂,其抗拉强度大于或等于钢筋母材抗拉强度标准值;另1个试件断于焊缝或热影响区,呈脆性断裂,其抗拉强度小于钢筋母材抗拉强度标准值的1.0倍。

②1个试件断于钢筋母材,呈延性断裂,其抗拉强度大于或等于钢筋母材抗拉强度标准值;另2个试件断于焊缝或热影响区,呈脆性断裂。

(3)3个试件均断于焊缝,呈脆性断裂,其抗拉强度均大于或等于钢筋母材抗拉强度标准值的1.0倍,应进行复验。当3个试件中有1个试件抗拉强度小于钢筋母材抗拉强度标准值的1.0倍时,应评定该检验批接头拉伸试验不合格。

(4)复验时,应再切取6个试件。试验结果,若有4个或4个以上试件断于钢筋母材,呈延性断裂,其抗拉强度大于或等于钢筋母材抗拉强度标准值,另2个或2个以下试件断于焊缝,呈脆性断裂,其抗拉强度大于或等于钢筋母材抗拉强度标准值的1.0倍,应评定该检验批接头拉伸试验复检合格。

(5)可焊接余热处理钢筋RRB400W焊接接头拉伸试验结果,其抗拉强度应符合同级别热轧带肋钢筋抗拉强度标准值540 MPa的规定。

(6)预埋件钢筋T形接头拉伸试验结果,当3个试件的抗拉强度均大于或等于相关标准中的规定值时,应评定该检验批接头拉伸试验合格。若有一个接头试件抗拉强度小于相关标准中的规定值时,应进行复检。复检时,应切取6个试件进行试验。复验结果,其抗拉强度大于或等于表 11-12 的规定值时,应评定该检验批接头拉伸试验复验合格。

表 11-12　预埋件钢筋 T 形接头抗拉强度规定值

钢筋牌号	抗拉强度规定值(MPa)
HPB300	400
HRB335、HRBF335	435
HRB400、HRBF400	520
HRB500、HRBF500	610
RRB400W	520

钢筋闪光对焊接头、气压焊接头进行弯曲试验时,应从每一个检验批接头中随机切取 3 个接头,焊缝应处于弯曲中心点,弯曲试验结果均应按下列规定进行评定。

(1)当试验结果弯曲至 90°时,有 2 个或 3 个试件外侧(含焊缝和热影响区)未发生宽度达到 0.5 mm 的裂纹,应评定该检验批接头弯曲试验合格。

(2)当有 2 个试件发生宽度达到 0.5 mm 的裂纹,应进行复验。

(3)当有 3 个试件发生宽度达到 0.5 mm 的裂纹,应评定该检验批接头弯曲试验不合格。

(4)复验时,应切取 6 个试件进行试验。复验结果,当不超过 2 个试件发生宽度达到 0.5 mm 的裂纹时,应评定该检验批接头弯曲试验复验合格。

四、钢筋焊接接头拉伸试验方法

试验应在 10 ~ 35 ℃室温下进行。根据钢筋的级别和直径,应选用适配的拉力试验机或万能试验机。夹紧装置应根据试样规格选用,在拉伸过程中不得与钢筋产生相对滑移。试验前应采用游标卡尺复核钢筋的直径和钢板厚度。用静拉伸力对试样轴向拉伸时应连续而平稳,加载速率宜为 10 ~ 30 MPa/s,将试样拉至断裂(或出现缩颈),可从测力盘上读取最大力或从拉伸曲线图上确定试验过程中的最大力。各种钢筋焊接接头的拉伸试样的尺寸可按表 11-13 的规定取用。

表 11-13　拉伸试样的尺寸

焊接方法	接头型式	试样尺寸(mm)	
		l_s	$L \geqslant$
闪光对焊		$8d$	$l_s + 2l_j$

焊接方法			接头型式	试样尺寸(mm)	
				l_s	$L \geqq$
电弧焊	帮条焊	双面焊		$8d + l_h$	$l_s + 2l_j$
		单面焊		$5d + l_h$	$l_s + 2l_j$
	搭接焊	双面焊		$8d + l_h$	$l_s + 2l_j$
		单面焊		$5d + l_h$	$l_s + 2l_j$
	熔槽帮条焊			$8d + l_h$	$l_s + 2l_j$
	坡口焊			$8d$	$l_s + 2l_j$
	窄间隙焊			$8d$	$l_s + 2l_j$

焊接方法	接头型式	试样尺寸(mm)	
		l_s	$L \geqslant$
电渣压力焊		$8d$	$l_s + 2l_j$
气压焊		$8d$	$l_s + 2l_j$
预埋件电弧焊		—	200
预埋件埋弧压力焊			

注:l_s—受试长度;l_h—焊缝(或镦粗)长度;l_j—夹持长度(100~200mm);L—试样长度;d—钢筋直径。

试验中,当试验设备发生故障或操作不当而影响试验数据时,试验结果应视为无效。当在试样断口上发现气孔、夹渣、未焊透、烧伤等焊接缺陷时,应在试验记录中注明。抗拉强度应按式(11-7)计算:

$$\sigma_b = \frac{F_b}{S_0} \qquad (11\text{-}7)$$

式中 σ_b——抗拉强度,MPa,试验结果数值应修约到 5 MPa,修约的方法应按现行国家标准《数值修约规则》(GB 8170)的规定进行;

F_b——最大力,N;

S_0——试样公称截面面积。

试验记录应包括下列内容:

(1)试验编号。

(2)钢筋级别和公称直径。

(3)焊接方法。

(4)试样拉断(或缩颈)过程中的最大力。

（5）断裂（或缩颈）位置及离焊缝口距离。

（6）断口特征（延性断裂或脆性断裂）。

五、钢筋焊接接头弯曲试验方法

试验应在 10~35 ℃室温下进行。试样的长度宜为两支辊内侧距离另加 150 mm，两支辊的内侧距离为弯心直径加 2.5 倍钢筋直径，具体尺寸可按表 11-14 选用。应将试样受压面的金属毛刺和镦粗变形部分去除（可用砂轮等工具加工）至与母材外表齐平，其余部位可保持焊后状态（即焊态）。曲试验可在压力机或万能试验机上进行。进行弯曲试验时，试样应放在两支点上，并应使焊缝中心与压头中心线一致，应缓慢地对试样施加弯曲力，直至达到规定的弯曲角度或出现裂纹、破断为止。在试验过程中，应采取安全措施，防止试样突然断裂伤人。压头弯心直径和弯曲角度应按表 11-15 的规定确定。

表 11-14　钢筋焊接接头弯曲试验参数

钢筋公称直径（mm）	钢筋级别	弯心直径（mm）	支辊内侧距（D+2.5d）(mm)	试样长度（mm）
12	I	24	54	200
	II	48	78	230
	III	60	90	240
	IV	84	114	260
14	I	28	63	210
	II	56	91	240
	III	70	105	250
	IV	98	133	280
16	I	32	72	220
	II	64	104	250
	III	80	120	270
	IV	112	152	300
18	I	36	81	230
	II	72	117	270
	III	90	135	280
	IV	126	171	320
20	I	40	90	240
	II	80	130	280
	III	100	150	300
	IV	140	190	340
22	I	44	99	250
	II	88	143	290
	III	110	165	310
	IV	154	209	360

钢筋公称直径 （mm）	钢筋级别	弯心直径 （mm）	支辊内侧距 （$D+2.5d$）（mm）	试样长度 （mm）
25	I	50	113	260
	II	100	163	310
	III	125	188	340
	IV	175	237	390
28	I	80	154	300
	II	140	210	360
	III	168	238	390
	IV	224	294	440
32	I	96	176	330
	II	160	240	398
	III	192	259	410
36	I	108	198	350
	II	180	270	420
	III	216	306	460
40	I	120	220	370
	II	200	300	450
	III	240	340	490

表 11-15 压头弯心直径和弯曲角度

序号	钢筋级别	弯心直径（d）		弯曲角 （°）
		$d \leqslant 25$（mm）	$d > 25$（mm）	
1	I	$2d$	$3d$	90
2	II	$4d$	$5d$	90
3	III	$5d$	$6d$	90
4	IV	$7d$	$8d$	90

注：d 为钢筋直径。

试验记录应包括下列内容：

(1) 弯曲后试样受拉面有无裂纹。

(2) 断裂时的弯曲角度。

(3) 断口位置及特征。

(4) 有无焊接缺陷。

第四节　钢筋机械连接接头试验方法

一、钢筋机械连接种类

钢筋机械连接是通过钢筋与连接件的机械咬合作用或钢筋端面的承压作用,将一根钢筋中的力传递至另一根钢筋的连接方法。常用的钢筋机械接头类型主要有套筒挤压、锥螺纹、镦粗直螺纹、滚轧直螺纹、熔融金属充填和水泥灌浆充填接头等。接头按质量等级分Ⅰ级、Ⅱ级和Ⅲ级三个性能等级。

二、质量要求

Ⅰ级、Ⅱ级、Ⅲ级接头的抗拉强度和单向拉伸时残余变形应符合表11-16的规定。

表11-16　接头的抗拉强度和单向拉伸时残余变形

接头等级	Ⅰ级	Ⅱ级	Ⅲ级
抗拉强度	$f_{mst}^0 \geq f_{stk}$　　断于钢筋 或 $f_{mst}^0 \geq 1.10 f_{stk}$　　断于接头	$f_{mst}^0 \geq f_{stk}$	$f_{mst}^0 \geq 1.25 f_{yk}$
单向拉伸时残余变形(mm)	$\mu_0 \leq 0.10 (d \leq 32)$ $\mu_0 \leq 0.14 (d > 32)$	$\mu_0 \leq 0.14 (d \leq 32)$ $\mu_0 \leq 0.16 (d > 32)$	$\mu_0 \leq 0.14 (d \leq 32)$ $\mu_0 \leq 0.16 (d > 32)$

注:f_{mst}^0——接头试件实测抗拉强度;

f_{stk}——钢筋抗拉强度标准值;

f_{yk}——钢筋屈服强度标准值;

d——钢筋公称直径;

μ_0——接头试件加载至 $0.6 f_{yk}$ 并卸载后在规定标距内的残余变形。

钢筋机械接头的破坏形态有三种:钢筋拉断、接头连接件破坏、钢筋从连接件中拔出。对于Ⅱ级和Ⅲ级接头,无论试件属于哪种破坏形态,只要试件抗拉强度满足相关标准中规定接头的强度要求即为合格。对于Ⅰ级接头强度合格条件 $f_{mst}^0 \geq f_{stk}$(断于钢筋)或 $f_{mst}^0 \geq 1.10 f_{stk}$(断于接头)的含义是:当接头试件拉断于钢筋且试件抗拉强度不小于钢筋抗拉强度的标准值时,试件合格;当接头试件拉断于接头(机械接头长度范围内)时,试件的实测抗拉强度应满足 $f_{mst}^0 \geq 1.10 f_{stk}$。

三、工艺检验规定

钢筋连接工程开始前,应对不同钢筋生产厂的进场钢筋进行接头工艺检验;施工过程中,更换钢筋生产厂时,应补充进行工艺检验。

每种规格钢筋的接头试件不应少于3根。每根试件的抗拉强度和3根接头试件的残余变形的平均值均应符合相关标准中的规定。接头试件在测量残余变形后可再进行抗拉强度试验,并宜按照单项拉伸加载制度进行试验。当第一次工艺检验中1根试件抗拉强度或3根试件的残余变形平均值不合格时,允许再抽3根试件进行复检,若复检仍不合格,判为工艺检验不合格。

四、现场检验规定

现场检验应进行接头的抗拉试验。接头的现场检验按验收批进行。同一施工条件下采用同一批材料的同等级、同型式、同规格接头，以500个为一个验收批进行检验与验收，不足500个也作为一个验收批。

对接头的每一验收批，必须在工程结构中随机截取3个接头试件做抗拉强度试验，按设计要求的接头等级进行评定。当3个接头试件的抗拉强度均符合相关规程中相应等级的强度要求时，该验收批应评为合格。如有1个试件的强度不符合要求，应再取6个试件进行复检。复检中如仍有1个试件的强度不符合要求，则判定该验收批评为不合格。

五、单向拉伸时残余变形测量方法

残余变形是接头试件按规定的加载制度加载并卸载后，在规定标距内所测的变形。

机械接头长度是接头连接件长度加连接件两端钢筋横截面变化区段的长度。

单项拉伸加载制度：$0 \rightarrow 0.6f_{yk} \rightarrow 0$（测量残余变形）$\rightarrow$ 最大拉力（记录抗拉强度）。采用不大于 $0.012A_s f_{stk}$ 的拉力作为名义上的0荷载，A_s 为钢筋理论横截面面积（mm^2）。单向拉伸试验时的变形测量仪表应在钢筋两侧对称布置（见图11-12），取钢筋两侧仪表读数的平均值计算残余变形值。加载时的应力速率宜采用 $2 N/mm^2 \cdot s^{-1}$，最高不超过 $10 N/mm^2 \cdot s^{-1}$。

变形测量标距为 $L_1 = L + 4d$。

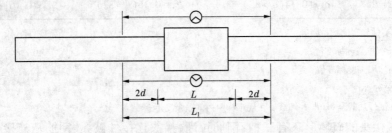

L_1—变形测量标距；L—机械接头长度；d—钢筋公称直径

图11-12　接头试件变形测量标距和仪表布置

第十二章　防水材料

我国建筑防水技术一直沿用以石油沥青为基料的材料,除产品单一、热施工污染环境外,还存在低温脆裂、高温流淌、容易产生起鼓、老化、龟裂、腐烂、渗漏等工程质量问题。屋面漏雨、厕所卫生间漏水、装配式大板建筑板缝以及地下室渗漏等是建筑防水工程常见的质量通病,也是国内外非常重视而深入研究的课题。当前,国内外建筑防水材料的总趋势是由传统的沥青油毡向高分子材料或高分子改性沥青系发展的;屋面防水构造由多层向单层发展;施工技术由热熔施工向冷涂、粘贴技术发展,已经突破了传统多层油毡垄断防水工程的局面。下面重点介绍几种被公认的防水涂料、防水卷材及防水油膏。

第一节　石油沥青

一、沥青的主要组分和分类

沥青是一种有机胶凝材料,是由许多高分子碳氢化合物及其非金属(氧、硫、氮等)衍生物所组成的极其复杂的混合物。在常温下,沥青呈黑色或黑褐色的固态、半固态或液态。

沥青分类如下:

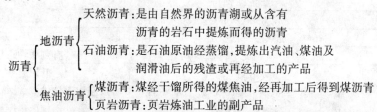

建筑施工中广泛使用的石油沥青是原油加工过程的一种产品,在常温下是黑色或黑褐色的黏稠液体、半固体或固体,主要含有可溶于三氯乙烯的烃类及非烃类衍生物,其性质和组成随原油来源和生产方法的不同而变化。

因为沥青的化学组成复杂,对组成进行分析很困难,且其化学组成也不能反映出沥青性质的差异,所以一般不作沥青的化学分析。通常从使用角度出发,将沥青中按化学成分和物理力学性质相近的成分划分为若干个组,这些组就称为组分。石油沥青的组分及其主要物性为油分、树脂、地沥青质。

油分为淡黄色至红褐色的油状液体,其分子量为 100 ~ 500,密度为 0.71 ~ 1.00 g/cm³,能溶于大多数有机溶剂,但不溶于酒精。在石油沥青中,油分的含量为 40% ~ 60%。油分赋予沥青以流动性。

树脂又称脂胶,为黄色至黑褐色半固体黏稠物质,分子量为 600 ~ 1 000,密度为 1.0 ~ 1.1 g/cm³。沥青脂胶中绝大部分属于中性树脂。中性树脂能溶于三氯甲烷、汽油和苯等有机溶剂,但在酒精和丙酮中难溶解或溶解度很低。中性树脂含量增加,石油沥青的延度和黏结力等性能愈好。在石油沥青中,树脂的含量为 15% ~ 30%,它使石油沥青具有良好的塑性和黏结性。

地沥青质为深褐色至黑色固态无定性的超细颗粒固体粉末,分子量为 2 000 ~ 6 000,密度大于 1.0 g/cm³,不溶于汽油,但能溶于二硫化碳和四氯化碳中。地沥青质是决定石油沥青温度敏感性和黏性的重要组分。沥青中地沥青质含量在 10% ~ 30%,其含量愈多,则软化点愈高,黏性愈大,也愈硬脆。

石油沥青中还含有 2% ~ 3% 的沥青碳和似碳物(黑色固体粉末),是石油沥青中分子量最大的,它会降低石油沥青的黏结力。石油沥青中还含有蜡,它会降低石油沥青的黏结性和塑性,同时对温度特别敏感(即温度稳定性差)。

沥青材料按品种分为石油沥青和焦油沥青两大类,在建筑施工中广泛使用石油沥青,在防水工程上多采用 10 号、30 号的石油沥青和 60 号道路石油沥青或其熔合物,亦可用 55 号普通石油沥青与建筑 10 号石油混合使用,以改变 55 号石油沥青的性能。低标号石油沥青亦可采用吹氧方法制 10 ~ 30 号石油沥青。

石油沥青按生产方法分为直馏沥青、溶剂脱油沥青、氧化沥青、调合沥青、乳化沥青、改性沥青等,按外观形态分为液体沥青、固体沥青、稀释液、乳化液、改性体等,按用途分为道路沥青、建筑沥青、防水防潮沥青、以用途或功能命名的各种专用沥青等。

防水工程也多采用炼焦过程中的副产品——煤焦油沥青。配制焦油沥青胶应采用中焦油沥青与焦油的熔合物,煤焦油沥青一般用于地下防水或作防腐材料。

石油沥青是石油工业的副产品,是各项建筑中应用最广泛的沥青材料,它与煤沥青不能混合使用。因为掺入后常常发生互不溶合或产生沉渣变质现象,石油沥青与煤沥青的主要区别见表 12-1。

表 12-1   石油沥青与煤沥青的主要区别

项　目	石油沥青	煤沥青
密度	1.030 g/cm³	1.25 ~ 1.28 g/cm³
气味	加热后有松香味	加热后有臭味,气味强烈
毒性	无	有刺激性毒性
延性	较好	低温脆性
颜色	用 30 ~ 50 倍汽油或苯溶化,用玻璃棒沾一滴涂在滤纸上,斑点呈棕色	按左边方法检测,滤纸上呈两圈,外圈棕色内圈黑色
温度敏感性	较小	较大
大气稳定性	较高	较低
抗腐蚀性	差	强
外观	呈褐色	呈黑色
用途	适用于屋面道路及制造油毡油纸等	适用于地下防水层或作防腐材料用等

二、石油沥青的技术性质

(一)黏滞性

黏滞性是指沥青在外力作用下抵抗变形的能力,在一定程度上表示为沥青与另一物体的黏结力。表征半固体沥青、固体沥青黏滞性的指标是针入度。针入度是指在温度为 25 ℃ 的条件下,以质量 100 g 的标准针,经 5 s 沉入沥青中的深度(每 0.1 mm 称 1 度)来表示。

表征液体沥青黏滞性的指标是黏滞度。它表示液体沥青在流动时的内部阻力。黏滞度是液体沥青在一定温度(25 ℃ 或 60 ℃)条件下,经规定直径(3.5 mm 或 10 mL)的孔漏下 50 mL 所需的秒数。

（二）温度稳定性

沥青的温度稳定性是指沥青的黏性和塑性随温度升降而变化的性能，通常用软化点表示。在建筑工程中要根据使用部位、工程情况、使用地点气温来选择石油沥青软化点的高低。建筑屋面一般选用 10 号、30 号建筑石油沥青作为胶结料。例如，乳化沥青使用软化点较低的沥青，一般选用 60 号和 10 号石油沥青混合（其配合比 75∶25）。

（三）延度

它是呈半固体或固体石油沥青的主要性质。延伸率大小表示石油沥青塑性的好坏，沥青在一定温度与外力作用下变形能力的大小，主要决定于塑性。

（四）大气稳定性

石油沥青在热、阳光、氧气和潮湿等大气因素的长期综合作用下抵抗老化的性能，也是沥青材料的耐久性。

（五）闪火点

沥青加热后，产生易燃气体，与空气混合即发生闪火现象。开始出现闪火现象的温度叫闪火点，它是控制施工现场温度的指标。

（六）溶解度

溶解度是指沥青在有机溶剂中溶解程度，表示沥青的纯净程度。普通石油沥青比建筑、道路石油沥青的溶解度都小些，因此它的纯净度也小些，颗粒也较粗。

（七）含水率

沥青几乎不溶于水，但也不是绝对不含水的。水在纯沥青中的溶解度在 0.001% ~ 0.01%。石油沥青含水率大会给施工带来困难，在熬制沥青时容易溢锅，不安全。

石油沥青前几项性质，主要是针入度、延度、软化点三个指标，是决定石油沥青标号（牌号）的主要技术指标。

三、石油沥青的技术标准

（一）建筑石油沥青技术标准

建筑石油沥青的技术指标应符合《建筑石油沥青》（GB/T 494—2010）的要求，如表 12-2 所示。

表 12-2　建筑石油沥青的技术标准

项　目	质量指标		
	10 号	30 号	40 号
针入度(25 ℃,100 g,5 s)/(1/10 mm)	10 ~ 25	26 ~ 35	36 ~ 50
针入度(46 ℃,100 g,5 s)/(1/10 mm)	报告[a]	报告[a]	报告[a]
针入度(0 ℃,200 g,5 s)/(1/10 mm),≥	3	6	6
延度(25 ℃,5 cm/min)/(cm),≥	1.5	2.5	3.5
软化点(环球法)(℃),≥	95	75	60
溶解度(三氯乙烯)(%),≤	99.0		
蒸发后质量变化(163 ℃,5 h)(%),≤	1		
蒸发后 25 ℃针入度比[b](%),≥	65		
闪点(开口杯法)(℃),≥	260		

注：1. a 报告应为实测值。

　　2. b 测定蒸发损失后样品的 25 ℃针入度与原 25 ℃针入度之比乘以 100 后，所得的百分比，称为蒸发后针入度比。

(二)道路石油沥青技术标准

道路石油沥青的技术指标应符合《道路石油沥青》(NB/SH/T 0522—2010)的要求,如表12-3所示。

表12-3　道路石油沥青的技术标准

项　目	质量指标				
	200 号	180 号	140 号	100 号	60 号
针入度(25 ℃,100 g,5 s)(1/10 mm)	200~300	150~200	110~150	80~110	50~80
延度①(25 ℃)(cm),≥	20	100	100	90	70
软化点(℃)	30~48	35~48	38~51	42~55	45~58
溶解度(%),≥	99.0				
闪点(开口)(℃),≥	180	200	230		
密度(25 ℃)(g/cm³)	报告				
蜡含量(%),≤	4.5				
薄膜烘箱试验(163 ℃,5 h)					
质量变化(%),≥	1.3	1.3	1.3	1.2	1.0
针入度比(%)	报告				
延度(25 ℃)/cm	报告				

注:①如果25 ℃延度达不到,15 ℃延度达到时,也认为是合格的,指标要求与25 ℃延度一致。

(三)重交通道路石油沥青技术标准

重交通道路石油沥青的技术指标应符合(GB/T 15180—2010)的要求,如表12-4所示。

表12-4　重交通道路石油沥青的技术标准

项　目	质量指标					
	AH-130	AH-110	AH-90	AH-70	AH-50	AH-30
针入度(25 ℃,100 g,5 s)(1/10 mm)	120~140	100~120	80~100	60~80	40~60	20~40
延度(15℃)(cm),≥	100	100	100	100	80	报告a
软化点(℃)	38~51	40~53	42~55	44~57	45~58	50~65
溶解度(%),≥	99.0	99.0	99.0	99.0	99.0	99.0
闪点(℃),≥	230			260		
密度(25 ℃)(kg/m³)	报告					
蜡含量(%),≤	3.0	3.0	3.0	3.0	3.0	3.0
薄膜烘箱试验(163 ℃,5 h)						
质量变化(%),≤	1.3	1.2	1.0	0.8	0.6	0.5
针入度比(%),≥	45	48	50	55	58	60
延度(15℃)(cm),≥	100	50	40	30	报告a	报告a

注:a 报告应为实测值。

四、石油沥青的取样方法

（1）同一批出厂，同一规格标号的沥青以20 t为一个取样单位，不足20 t亦按一个取样单位。

（2）从每个取样单位的不同部位取5处洁净试样，每处所取数量大致相等，混合均匀后最终共取2 kg左右作为检验和留样用。

五、检测方法

（一）沥青针入度测定法

1. 原理及适用范围

沥青的针入度是在一定的温度及时间内在一定的荷重下，标准针垂直穿入沥青试样的深度，以1/10 mm表示。标准针、针连杆与附加砝码的总质量为(100 ± 0.05)g，温度为(25 ± 0.1)℃，时间为5 s。

本方法适用于测定针入度范围为$(0 \sim 500)$1/10 mm的固体和半固体沥青材料的针入度。

2. 采用标准

本方法采用的标准为《沥青针入度测定法》（GB/T 4509—2010）。

3. 仪器与材料

（1）针入度测定仪：形状如图12-1所示，针入度测定仪的下部为三脚底座，脚端装有螺丝，用以调正水平，座上附有放置试样的圆形平台及垂直固定支柱。柱上附有可以一下滑动的到悬臂两边：上臂装有分度为360°的针入度刻度盘；下臂装有操纵机件，以操纵标准针连杆的升降。应用时紧压按钮，杆能自由落下。垂直固定支柱下端，装有可以自由转动与调节伸长距离的悬臂，臂端装有一面小镜，借以观察针尖与试样表面的接触情况。针和针连杆的总质量为(50 ± 0.05)g，并另附(50 ± 0.05)g和(100 ± 0.05)g砝码各一个，供测定不同温度的针入度用。

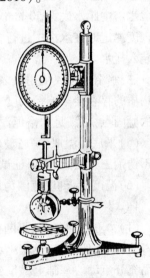

图12-1　针入度测定仪

（2）标准钢针：由硬化回火的不锈钢制造，钢号为440 - C或等同的材料，洛氏硬度为54 ~ 60（见图12-2）。针长约50 mm，长针长约60 mm，所有针的直径为1.00 ~ 1.02 mm。针的一端应磨成8°40′ ~ 9°40′的锥形。锥形应与针体同轴，圆锥表面和针体表面交界线的轴向最大偏差不大于0.2 mm，切平的圆锥端直径应在0.14 ~ 0.16 mm，与针轴所成角度不超过2°。切平的圆锥面的周边应锋利没有毛刺。圆锥表面粗糙度的算术平均值应为0.2 ~ 0.3 μm。针应装在一个黄铜或不锈钢的金属箍中。金属箍的直径为(3.20 ± 0.05)mm，长度为(38 ± 1)mm，针应牢固地装在箍里。针尖及针的任何其余部分均不得偏离箍轴1 mm以上。针箍及其附件总质量为(2.50 ± 0.05)g，可以在针箍的一端打孔或将其边缘磨平，以控制质量。

（3）试样皿：金属或玻璃的圆柱形平底容器，尺寸如表12-5所示。

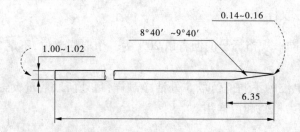

图 12-2　针入度标准针

表 12-5　试样皿尺寸

针入度范围	直径(mm)	深度(mm)
小于40	35~55	8~16
小于200	55	35
200~350	55~75	45~70
350~500	55	70

(4)恒温水浴:容量不少于10 L,能保持温度在试验温度下控制在±0.1 ℃范围内的水浴。水浴中距水底部50 mm处有一个带孔的支架,这一支架离水面至少有100 mm。如果针入度测定时在水浴中进行,支架应足够支撑针入度测定仪。在低温下测定针入度时,水浴中装入盐水。

注:水浴中建议使用蒸馏水,小心不要让表面活性剂、隔离剂或其他化学试剂污染水,这些物质的存在会影响针入度的测定值。建议测量针入度温度小于或等于0 ℃时,用盐调整水的凝固点,以满足水浴恒温的要求。

(5)平底保温皿:平底玻璃皿的容量不小于350 mL,深度要没过最大的样品皿,内设一个不锈钢三角支架,以保证试样皿稳定。

(6)温度计:刻度范围为-8~55 ℃,分度值0.1 ℃。

4.试样制备

(1)小心加热样品,不断搅拌以防局部过热,加热到使样品能够易于流动。加热时焦油沥青的加热温度不超过软化点的60 ℃,石油沥青不超过软化点的90 ℃。加热时间在保证样品充分流动的基础上尽量少。加热、搅拌过程中避免试样中进入气泡。

(2)将试样倒入预先选好的试样皿中,试样深度应至少是预计锥入深度的120%。然后将试样皿放置于15~30 ℃的空气中冷却0.75~2.0 h,冷却时须注意不使灰尘落入。冷却结束后将试样皿浸入(25±0.5)℃的水浴中,水面应没过试样表面10 mm以上,恒温0.75~2.0 h。

5.检测步骤

(1)调整针入度测定仪使成水平。检查针连杆和导轨,确保上面没有水和其他物质。先用合适的溶剂将针擦干净,再用干净的布擦干,然后将针插入针连杆中固定。按试验条件选择合适的砝码并放好砝码。

(2)试样皿恒温0.75~2.0 h后,取出并放入水温严格控制为25 ℃的平底玻璃皿中的三角支架上,试样表面要被水完全覆盖。将平底玻璃皿放于针入度测定仪的圆形平台上,调节标准针使针尖与试样表面恰好接触,必要时用放置在合适位置的光源观察针头位置使针尖与水中针头的投影刚刚接触为止。拉下活杆,使其与针连杆顶端接触,调节针入度测定仪上的表盘读数指零或归零。

(3)开动秒表,用手紧压按钮,使标准针自由下落穿入沥青试样中,经过 5 s,停压按钮,使标准针停止移动。

(4)拉下活杆,使其与针连杆顶端接触。此时表盘指针的读数即为试样的针入度,用 1/10 mm 表示。

(5)同一试样至少重复测定三次。每一试验点的距离和试验点与试样皿边缘的距离都不得小于 10 mm。在每次试验前都应将试样和平底玻璃皿放入恒温水浴中,每次测定都要用干净的针。当针入度小于 200 时,可将针取下用合适的溶剂擦净后继续使用。当针入度大于 200 时,至少用三根针,每次试验用的针留在试样中,直到三根针扎完时再将针从试样中取出。取平行测定 3 个结果的平均值作为试样的针入度。

6. 结果评定

(1)三次测定针入度的平均值,取至整数作为试验结果。平行测定 3 个结果的最大值与最小值之差,不得超过表12-6 的规定。

表 12-6　针入度准确度要求

针入度值(1/10 mm)	最大差值(1/10 mm)
0 ~ 49	2
50 ~ 149	4
150 ~ 249	6
250 ~ 350	8
350 ~ 500	20

(2)重复性:同一操作者在同一实验室用同一台仪器对同一样品测得的两次结果不超过平均值的4%。

再现性:不同操作者在不同实验室用同一类型的不同仪器对同一样品测得的两次结果不超过平均值的11%。

(二)沥青延度测定法

1. 原理及适用范围

将熔化的沥青试样注入专用模具中,先在室温冷却,然后放入保持在试验温度下的水浴中冷却,用热刀削去高出模具的试样,把模具重新放回水浴,再经一定时间,然后移到延度仪中进行试验,记录沥青试件在一定温度下(非经另行规定,温度为(25 ± 0.5)℃以一定速度(5 ± 0.25)cm/min 拉伸至断裂时的长度)。

本方法适用于沥青材料延度的测定。

2. 采用标准

本方法采用标准为《沥青延度测定法》(GB/T 4508—2010)。

3. 仪器与材料

(1)延度仪:系由一个内衬镀锌白铁的或不锈钢的长方形箱所构成,箱内装有可以转动的丝杠,其上附有滑板,丝杠转动时使滑板自一端向他端移动,其速度为(5±0.25)cm/min。滑板上有一指针,借箱壁上所装标尺指示滑动距离,丝杠用电动机转动,在启动时无明显震动。

(2)试件模具:由两个侧模(a、a′)和两个端模(b、b′)组成,其形状及尺寸如图 12-3 所示。

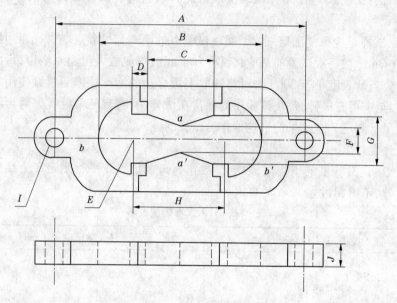

A—两端模环中心点距离111.5~113.5 mm;B—试件总长74.54~75.5 mm;

C—端模间距29.7~30.3 mm;D—肩长6.8~7.2 mm;E—半径15.75~16.25 mm;

F—最小横断面宽9.9~10.1 mm;G—端模口宽19.8~20.2 mm;

H—两半圆心间距42.9~43.1mm;I—端模孔直径6.54~6.7 mm;

J—厚度9.9~10.1 mm

图 12-3　延度仪模具

(3)水浴:水浴能保持试验温度变化不大于0.1 ℃,容量至少为10 L,试件浸入水中深度不得小于10 cm。水浴中设置带孔搁架以支撑试件,搁架距水浴底部不得小于5 cm。

(4)温度计:0~50 ℃,分度为0.1 ℃和0.5 ℃各一支。

注:如果延度试样放在25 ℃标准的针入度浴中进行恒温,上述温度计可用 GB/T 4509—2010 中所规定的温度计代替。

(5)隔离剂:以质量计,由两份甘油和一份滑石粉调制而成。

(6)支撑板:黄铜板,一面应磨光至表面粗糙度为 Ra0.63。

4. 准备工作

(1)将模具组装在支撑板上,将隔离剂涂于支撑板表面及图 12-3 中侧模的内表面,以防沥青沾在模具上。板上的模具要水平放好,以便模具的底部能够充分与板接触。

(2)小心加热样品,充分搅拌以防局部过热,直到样品容易倾倒。石油沥青加热温度不超过预计石油沥青软化点90 ℃;煤焦油沥青样品加热温度不超过煤焦油沥青预计软化点60 ℃。样品的加热时间在不影响样品性质和在保证样品充分流动的基础上尽量短。将熔化后的样品充分搅拌之后倒入模具中,在组装模具时要小心,不要弄乱了配件。在倒样时使试样呈细流状,自模的一端至另一端往返倒入,使试样略高出模具,将试件在空气中冷却30 ~ 40 min,然后放在规定温度的水浴中保持30 min 取出,用热的直刀或铲将高出模具的沥青刮出,使试样与模具齐平。

(3)恒温:将支撑板、模具和试件一起放入水浴中,并在试验温度下保持85 ~ 95 min,然后从板上取下试件,拆掉侧模,立即进行拉伸试验。

5. 检测步骤

将模具两端的孔分别套在实验仪器的柱上,然后以一定的速度拉伸,直到试件拉伸断裂。拉伸速度允许误差在 ±5% 以内,测量试件从拉伸到断裂所经过的距离,以 cm 表示。试验时,试件距水面和水底的距离不小于2.5 cm,并且要使温度保持在规定温度的 ±0.5 ℃范围内。

如果沥青浮于水面或沉入槽底,则试验不正常。应使用乙醇或氯化钠调整水的密度,使沥青材料既不浮于水面,又不沉入槽底。

正常的试验应将试样拉成锥形或线形、柱形,直至在断裂时实际横断面面积接近于零或一均匀断面。如果三次试验得不到正常结果,则报告在该条件下延度无法测定。

6. 结果评定

(1)若三个试件测定值在其平均值的5%内,取平行测定三个结果的平均值作为测定结果。若三个试件测定值不在其平均值的5% 以内,但其中两个较高值在平均值的5%之内,则弃去最低测定值,取两个较高值的平均值作为测定结果,否则重新测定。

(2)重复性:同一操作者在同一实验室使用同一试验仪器对在不同时间同一样品进行试验得到的结果不超过平均值的10%。

再现性:不同操作者在不同实验室用相同类型的仪器对同一样品进行试验得到的结果不超过平均值的20%。

(三)沥青软化点测定法(环球法)

1. 原理及适用范围

沥青的软化点是试样在测定条件下,因受热而下坠达25 mm 时的温度,以℃表示。

本方法适用于环球法测定软化点范围为30 ~ 157 ℃的石油沥青和煤焦油沥青试样,对于软化点在30 ~80 ℃范围内用蒸馏水做加热介质,软化点在80 ~157 ℃范围内用甘油做加热介质。

2. 采用标准

本方法采用标准为《沥青软化点测定法(环球法)》(GB/T 4507—1999)。

3. 仪器与材料

(1)沥青软化点测定器技术条件:

①环:两只黄铜肩或锥环,其尺寸规格见图12-4(a)。

②支撑板:扁平光滑的黄铜板,其尺寸约为 50 mm ×75 mm。

③球:两只直径为9.5 mm 的钢球,每只质量为(3.50 ±0.05)g。

④钢球定位器:两只钢球定位器用于使钢球定位于试样中央,其一般形状和尺寸见

图 12-4(b)。

⑤浴槽:可以加热的玻璃容器,其内径不小于 85 mm,离加热底部的深度不小于 120 mm。

⑥环支撑架和支架:一只铜支撑架用于支撑两个水平位置的环,其形状和尺寸见图 12-4(c),其安装图形见图 12-4 (d)。支撑架上的肩环的底部距离下支撑板的上表面为 25 mm,下支撑板的下表面距离浴槽底部为(16±3) mm。

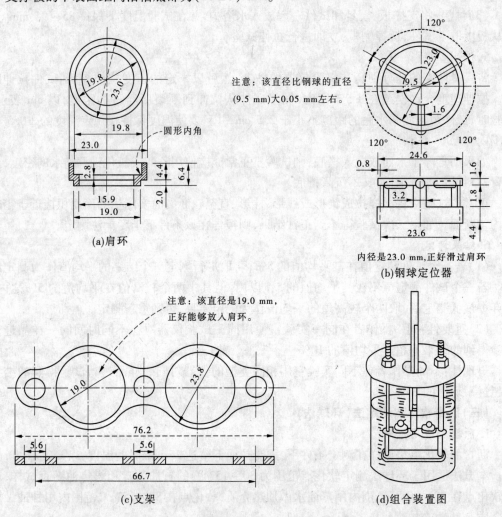

注意:该直径比钢球的直径(9.5 mm)大0.05 mm左右。

(a)肩环

内径是23.0 mm,正好滑过肩环
(b)钢球定位器

注意:该直径是19.0 mm,正好能够放入肩环。

(c)支架

(d)组合装置图

图 12-4　环、钢球定位器、支架、组合装置图

⑦温度计:应符合 GB/T 514—2005 中沥青软化点专用温度计的规格技术要求,即测温范围为 30~180 ℃,最小分度值为 0.5 ℃的全浸式温度计。

合适的温度计应按图 12-4(d)悬于支架上,使得水银球底部与环底部水平,其距离在 13 mm 以内,但不要接触环或支撑架,不允许使用其他温度计代替。

(2)加热介质:①新煮沸过的蒸馏水;②甘油。

(3)隔离剂:以质量计,由两份甘油和一份滑石粉调制而成。

(4)刀:切沥青用。

（5）筛：筛孔为 0.3~0.5 mm 的金属网。

4. 准备工作

（1）所有石油沥青试样的准备和测试必须在 6 h 内完成，煤焦油沥青必须在 4.5 h 内完成。小心加热试样，并不断搅拌以防止局部过热，直到样品变得流动。小心搅拌以免气泡进入样品中。

石油沥青样品加热至倾倒温度的时间不超过 2 h，其加热温度不超过预计沥青软化点110 ℃。

煤焦油沥青样品加热至倾倒温度的时间不超过 30 min，其加热温度不超过煤焦油沥青预计软化点 55 ℃。

如果重复试验，不能重新加热样品，应在干净的容器中用新鲜样品制备试样。

（2）若估计软化点在 120 ℃ 以上，应将黄铜环与支撑板预热至 80~100 ℃，然后将铜环放到 1 涂有隔离剂的支撑板上，否则会出现沥青试样从铜环中完全脱落。

（3）向每个环中倒入略过量的沥青试样，让试件在室温下至少冷却 30 min。对于在室温下较软的样品，应将试件在低于预计软化点 10 ℃ 以上的环境中冷却 30 min。从开始倒试样时起至完成试验的时间不得超过 240 min。

（4）当试样冷却后，用稍加热的小刀或刮刀干净地刮去多余的沥青，使得每一个圆片饱满且和环的顶部齐平。

5. 检测步骤

（1）把仪器放在通风橱内并配置两个样品环、钢球定位器，并将温度计插入合适的位置，浴槽装满加热介质（新煮沸过的蒸馏水适于软化点为 30~80 ℃ 的沥青，起始加热介质温度应为（5±1）℃。甘油适于软化点为 80~157 ℃ 的沥青，起始加热介质的温度应为（30±1）℃。为了进行比较，所有软化点低于 80 ℃ 的沥青应在水浴中测定，而高于 80 ℃ 的沥青应在甘油浴中测定），并使各仪器处于适当位置。用镊子将钢球置于浴槽底部，使其同支架的其他部位达到相同的起始温度。

如果有必要，将浴槽置于冰水中，或小心加热并维持适当的起始浴温达 15 min，并使仪器处于适当位置，注意不要沾污浴液。

再次用镊子从浴槽底部将钢球夹住并置于定位器中。

（2）从浴槽底部加热使温度以恒定的速率 5 ℃/min 上升。为防止通风的影响，必要时可用保护装置。

试验期间不能取加热速率的平均值，但在 3 min 后，升温速度应达到（5±0.5）℃/min，若温度上升速率超过此限定范围，则此次试验失败。

（3）当两个试环的球刚触及下支撑板时，分别记录温度计所显示的温度，无需对温度计的浸没部分进行校正，取两个温度的平均值作为沥青的软化点。如果两个温度的差值超过1 ℃，则重新试验。

6. 结果评定

（1）取两个结果的平均值作为试验结果。

（2）重复性：重复测定两次结果的差数不得大于 1.2 ℃。

再现性：同一试样由两个实验室各自提供的试验结果之差不应超过 2.0 ℃。

第二节　防水涂料

防水涂料是为适应建筑堵漏而发展起来的一类新型防水材料。它具有防水卷材的特性,还具有施工简便、易于维修等特点,特别适用于构造复杂部位的防水。

防水涂料的基本特点是:成膜快,不仅能在平面,而且能在立面、阴阳角及各种复杂表面,迅速形成完整的防水膜;防水性好,形成的防水膜有较好的延伸性、耐水性和耐老化性能;冷施工,使用时无需加热,既减少环境污染,又便于操作。

目前,市场上的防水涂料有三大类:第一类是聚氨酯防水涂料,第二类是水乳型沥青基防水涂料,第三类是水乳型合成高分子防水涂料。

一、聚氨酯防水涂料(GB/T 19250—2003)

(一)定义和产品分类

1. 定义

聚氨酯防水涂料是由异氰酸酯、聚醚等经加成聚合反应而成的含异氰酸酯基的预聚体,配以催化剂、无水助剂、无水填充剂、溶剂等,经混合等工序加工制成的防水涂料。该类涂料为反应固化型(湿气固化)涂料,具有强度高、延伸率大、耐水性能好等特点,对基层变形的适应能力强。

聚氨酯防水涂料是一种液态施工的环保型防水涂料,是以进口聚氨酯预聚体为基本成份,无焦油和沥青等添加剂。它与空气中的湿气接触后固化,在基层表面形成一层坚韧牢固的无接缝整体防膜。这种涂料有优异的耐候、耐油、耐磨、耐臭氧、耐海水、不燃烧及一定的耐碱性能,使用温度范围为 $+80 \sim -30 ℃$。施工厚度在 $1.5 \sim 2.0 mm$ 时,其使用寿命达 10年以上。它适用于屋面、地下室、浴室、混凝土构件伸缩缝防水等。

2. 产品分类

聚氨酯防水涂料按组分分为单组分(S)、多组分(M)两种。

聚氨酯防水涂料按拉伸性能分为Ⅰ、Ⅱ两类。

产品按下列顺序标记:产品名称、组分、类和标准号。

标记示例:Ⅰ类单组分聚氨酯防水涂料标记为 PU 防水涂料 S Ⅰ GB/T 19250—2003。

(二)技术指标

(1)单组分聚氨酯防水涂料物理力学性能应满足表 12-7 的要求。

表 12-7　单组分聚氨酯防水涂料的物理力学性能

序号	项目	Ⅰ	Ⅱ
1	拉伸强度(MPa),≥	1.90	2.45
2	断裂伸长率(%),≥	550	450
3	撕裂强度(N/mm),≥	12	14
4	低温弯折性(℃),≤	-40	
5	不透水性 0.3 MPa,30 min	不透水	

序号	项目		Ⅰ	Ⅱ
6	固体含量(%),≥		80	
7	表干时间(h),≤		12	
8	实干时间(h),≤		24	
9	加热伸缩率(%)	≤	1.0	
		≥	-4.0	
10	潮湿基面黏结强度ᵃ(MPa),≥		0.50	
11	定伸时老化	加热老化	无裂纹及变形	
		人工气候老化ᵇ	无裂纹及变形	
12	热处理	拉伸强度保持率(%)	80~150	
		断裂伸长率(%),≥	500	400
		低温弯折性(℃),≤	-35	
13	碱处理	拉伸强度保持率(%)	60~150	
		断裂伸长率(%),≥	500	400
		低温弯折性(℃),≤	-35	
14	酸处理	拉伸强度保持率(%)	80~150	
		断裂伸长率(%),≥	500	400
		低温弯折性(℃),≤	-35	
15	人工气候老化ᵇ	拉伸强度保持率(%)	80~150	
		断裂伸长率(%),≥	500	400
		低温弯折性(℃),≤	-35	

注:a 仅用于地下工程潮湿基面时要求。

b 仅用于外露使用的产品。

(2)多组分聚氨酯防水涂料物理力学性能应满足表12-8的要求。

表 12-8　多组分聚氨酯防水涂料物理力学性能

序号	项目	Ⅰ	Ⅱ
1	拉伸强度(MPa),≥	1.90	2.45
2	断裂伸长率(%),≥	450	450
3	撕裂强度(N/mm),≥	12	14
4	低温弯折性(℃),≤	-35	
5	不透水性 0.3 MPa,30 min	不透水	
6	固体含量(%),≥	92	
7	表干时间(h),≤	8	

序号	项目		I	II
8	实干时间(h),≤		24	
9	加热伸缩率(%)	≤	1.0	
		≥	-4.0	
10	潮湿基面黏结强度ª(MPa),≥		0.50	
11	定伸时老化	加热老化	无裂纹及变形	
		人工气候老化ᵇ	无裂纹及变形	
12	热处理	拉伸强度保持率(%)	80~150	
		断裂伸长率(%),≥	400	
		低温弯折性(℃),≤	-30	
13	碱处理	拉伸强度保持率(%)	60~150	
		断裂伸长率(%),≥	400	
		低温弯折性(℃),≤	-30	
14	酸处理	拉伸强度保持率(%)	80~150	
		断裂伸长率(%),≥	400	
		低温弯折性(℃),≤	-30	
15	人工气候老化ᵇ	拉伸强度保持率(%)	80~150	
		断裂伸长率(%),≥	400	
		低温弯折性(℃),≤	-30	

注:a 仅用于地下工程潮湿基面时要求。

　　b 仅用于外露使用的产品。

二、水乳型沥青基防水涂料(JC/T 408—2005)

(一)定义和产品分类

1.定义

水乳型沥青基防水涂料是以氯丁胶乳和优质沥青为基料,与其他乳化剂、活性剂、防老剂等助剂精加工而制成的一种水乳型涂料。

这种涂料具有防水性能好、低温柔性好、延伸率高、黏结力强、施工方便等特点。

2.产品分类

水乳型沥青基防水涂料按性能分为 H 型和 L 型。

(二)技术指标

水乳型沥青基防水涂料物理力学性能应满足表 12-9 的要求。

表 12-9　水乳型沥青基防水涂料物理力学性能

项目		L	H
固体含量(%),≥		45	
耐热度(℃)		80±2	110±2
		无流淌、滑动、滴落	
不透水性		0.10 MPa,30 min 无渗水	
黏结强度(MPa),≥		0.30	
表干时间(h),≤		8	
实干时间(h),≤		24	
低温柔度ᵃ(℃)	标准条件	−15	0
	碱处理	−10	5
	热处理		
	紫外线处理		
断裂伸长率(%),≥	标准条件	600	
	碱处理		
	热处理		
	紫外线处理		

注:a 供需双方可以商定温度更低的低温柔度指标。

三、水乳型合成高分子防水涂料

(一)定义和产品特点

该类涂料主要有两种:一种是丙烯酸防水涂料,另一种是聚合物水泥基防水涂料。

1.定义

丙烯酸防水涂料(JC/T 864—2008),它主要是以改性丙烯酸酯多元共聚物乳液为基料,添加多种填充料、助剂经科学加工而成的厚质单组分水性高分子防水涂膜材料。

聚合物水泥基(又称为 JS)防水涂料(GB/T 23445—2009),它是由聚醋酸乙烯酯、丁苯橡胶乳液、聚丙烯酸酯等合成高分子聚合物乳液及各种添加剂优化组合而成的液料和由特种水泥、级配砂等复合而成的双组分防水材料。

2.产品特点

丙烯酸防水涂料坚韧,黏结力很强,弹性防水膜与基层能构成一个刚柔结合完整的防水体系以适应结构的种种变形,达到长期防水抗渗的作用。聚合物水泥基防水涂料既包含无机水泥,又包含有机聚合物乳液。有机聚合物涂膜柔性好,临界表面张力较低,装饰效果好,但耐老化性不足,而水泥是一种水硬性胶凝材料,与潮湿基面的黏结力强,抗湿性非常好,抗压强度高,但柔性差,二者结合,能使有机和无机结合,优势互补,刚柔相济,抗渗性提高,抗压比提高,综合性能比较优越,达到较好的防水效果。因此,这两种涂料已经成为防水涂料市场的主角。

(二) 技术指标

(1) 丙烯酸防水涂料物理力学性能应满足表12-10的要求。

表 12-10 丙烯酸防水涂料物理力学性能

序号	试验项目		指标	
			I	II
1	拉伸强度(MPa),≥		1.0	1.5
2	断裂延伸率(%),≥		300	
3	低温柔性,绕 Φ10 mm 棒弯180°		-10 ℃,无裂纹	-20 ℃,无裂纹
4	不透水性,(0.3 MPa,30 min)		不透水	
5	固体含量(%),≥		65	
6	干燥时间(h)	表干时间,≤	4	
		实干时间,≤	8	
7	处理后的拉伸强度保持率(%)	加热处理,≥	80	
		碱处理,≥	60	
		酸处理,≥	40	
		人工气候老化处理ᵃ	—	80~150
8	处理后的断裂延伸率(%)	加热处理,≥	200	
		碱处理,≥		
		酸处理,≥		
		人工气候老化处理ᵃ,≥	—	200
9	加热伸缩率(%)	伸长,≤	1.0	
		缩短,≤	1.0	

注:a 仅用于外露使用产品。

(2) 聚合物水泥(JS)防水涂料物理力学性能应满足表12-11的要求。

表 12-11 聚合物水泥(JS)防水涂料物理力学性能

序号	试验项目		技术指标		
			I 型	II 型	III 型
1	固体含量(%)		70	70	70
2	拉伸强度	无处理(MPa),≥	1.2	1.8	1.8
		加热处理后保持率(%),≥	80	80	80
		碱处理后保持率(%),≥	60	70	70
		浸水处理后保持率(%),≥	60	70	70
		紫外线处理后保持率(%),≥	80	—	—

序号	试验项目		技术指标		
			Ⅰ型	Ⅱ型	Ⅲ型
3	断裂伸长率	无处理(%),≥	200	80	30
		加热处理(%),≥	150	65	20
		碱处理(%),≥	150	65	20
		浸水处理(%),≥	150	65	20
		紫外线处理(%),≥	150		
4	低温柔性(Φ10 mm 棒)		−10 ℃ 无裂纹	—	—
5	黏结强度	无处理(MPa),≥	0.5	0.7	1.0
		潮湿基层(MPa),≥	0.5	0.7	1.0
		碱处理(MPa),≥	0.5	0.7	1.0
		浸水处理(MPa),≥	0.5	0.7	1.0
6	不透水性(0.3 MPa,30 min)		不透水	不透水	不透水
7	抗渗性(砂装背水面)(MPa),≥		—	0.6	0.8

第三节　防水卷材

目前,工程中常用的防水卷材包括聚氯乙烯防水卷材、氯化聚乙烯防水卷材、氯化聚乙烯—橡胶共混防水卷材、聚乙烯丙纶复合防水卷材、弹性体(SBS)改性沥青防水卷材、塑性体(APP)改性沥青防水卷材、胶粉改性沥青防水卷材、自粘聚合物改性沥青防水卷材、预铺/湿铺防水卷材等。

一、聚氯乙烯防水卷材(GB 12952—2003)

(一)定义和产品分类

1. 定义

聚氯乙烯(PVC)防水卷材是以聚氯乙烯树脂为主要原料,加入各类专用助剂和抗老化组分,采用先进设备和先进的工艺生产制成的一种性能优异的高分子防水材料。产品具有拉伸强度大、延伸率高、收缩率小,低温柔性好、使用寿命长等特点。产品性能稳定、质量可靠、施工方便。

2. 产品分类

产品按有无复合层分为:无复合层的为 N 类,用纤维单面复合的为 L 类,织物内增强的为 W 类。

每类产品按理化性能分为Ⅰ型和Ⅱ型。

(二)技术指标

(1)PVC 防水卷材的外观质量、尺寸允许偏差技术指标如下：

①卷材的接头不多于一处,其中较短的一段长度不少于 1.5 m,接头应剪切整齐,并加长 150 mm。卷材表面应平整、边缘整齐,无裂纹、孔洞、黏结、气泡和疤痕。

②长度、宽度不小于规定值的 99.5%。厚度偏差和最小单个值应符合表 12-12 的规定。

表 12-12 厚度偏差允许值

厚度	允许偏差	最小单个值
1.2	±0.10	1.00
1.5	±0.15	1.30
2.0	±0.20	1.70

(2)N 类 PVC 防水卷材的物理力学性能应符合表 12-13 的规定。

表 12-13 N 类 PVC 防水卷材的物理力学性能

序号	项目		I 型	II 型
1	拉伸强度(MPa),≥		8.0	12.0
2	断裂伸长率(%),≥		200	250
3	热处理尺寸变化率(%),≤		3.0	2.0
4	低温弯折性		−20 ℃无裂纹	−25 ℃无裂纹
5	抗穿孔性		不渗水	
6	不透水性		不透水	
7	剪切状态下的黏合性(N/mm),≥		3.0 或卷材破坏	
8	热老化处理	外观	无起泡、裂纹、黏结和孔洞	
		拉伸强度变化率(%)	±25	±20
		断裂伸长率变化率(%)		
		低温弯折性	−15 ℃无裂纹	−20 ℃无裂纹
9	耐化学侵蚀	拉伸强度变化率(%)	±25	±20
		断裂伸长率变化率(%)		
		低温弯折性	−15 ℃无裂纹	−20 ℃无裂纹
10	人工气候加速老化	拉伸强度变化率(%)	±25	±20
		断裂伸长率变化率(%)		
		低温弯折性	−15 ℃无裂纹	−20 ℃无裂纹

注:非外露使用可以不考核人工气候加速老化性能。

(3)L 类纤维单面复合及 W 类织物内增强卷材的物理力学性能应符合表 12-14 的规定。

表 12-14　L 类纤维单面复合及 W 类织物内增强卷材的物理力学性能

序号	项目		Ⅰ 型	Ⅱ 型
1	拉力(N/cm),≥		100	160
2	断裂伸长率(%),≥		150	200
3	热处理尺寸变化率(%),≤		1.5	1.0
4	低温弯折性		−20 ℃无裂纹	−25 ℃无裂纹
5	抗穿孔性		不渗水	
6	不透水性		不透水	
7	剪切状态下的黏合性(N/mm),≥	L 类	3.0 或卷材破坏	
		W 类	6.0 或卷材破坏	
8	热老化处理	外观	无起泡、裂纹、黏结和孔洞	
		拉力变化率(%)	±25	±20
		断裂伸长率变化率(%)		
		低温弯折性	−15 ℃无裂纹	−20 ℃无裂纹
9	耐化学侵蚀	拉力变化率(%)	±25	±20
		断裂伸长率变化率(%)		
		低温弯折性	−15 ℃无裂纹	−20 ℃无裂纹
10	人工气候加速老化	拉力变化率(%)	±25	±20
		断裂伸长率变化率(%)		
		低温弯折性	−15 ℃无裂纹	−20 ℃无裂纹

注:非外露使用可以不考核人工气候加速老化性能。

二、氯化聚乙烯防水卷材(GB 12953—2003)

(一)定义和产品分类

1.定义

氯化聚乙烯防水卷材是以氯化聚乙烯(CPE)树脂为主要原料,加入多种化学助剂,经混炼、挤出成型和硫化等工序加工制成的防水卷材。

2.产品分类

产品按有无复合层分为:无复合层的为 N 类,用纤维单面复合的为 L 类,织物内增强的为 W 类。

每类产品按理化性能分为 Ⅰ 型和 Ⅱ 型。

(二)技术指标

(1)CPE 防水卷材的外观质量、尺寸允许偏差技术指标如下:

①卷材的接头不多于一处,其中较短的一段长度不少于 1.5 m,接头应剪切整齐,并加长 150 mm。卷材表面应平整、边缘整齐,无裂纹、孔洞和黏结,不应有明显气泡、疤痕。

②长度、宽度不小于规定值的 99.5%。厚度偏差和最小单个值应符合表 12-15 的规定。

表 12-15　厚度偏差允许值

厚度	允许偏差	最小单个值
1.2	±0.10	1.00
1.5	±0.15	1.30
2.0	±0.20	1.70

（2）N 类 CPE 防水卷材的物理力学性能应符合表 12-16 的规定。

表 12-16　N 类 CPE 防水卷材的物理力学性能

序号	项目		Ⅰ 型	Ⅱ 型
1	拉伸强度(MPa)，≥		5.0	8.0
2	断裂伸长率(%)，≥		200	300
3	热处理尺寸变化率(%)，≤		3.0	纵向2.5 横向1.5
4	低温弯折性		−20 ℃无裂纹	−25 ℃无裂纹
5	抗穿孔性		不渗水	
6	不透水性		不透水	
7	剪切状态下的黏合性(N/mm)，≥		3.0 或卷材破坏	
8	热老化处理	外观	无起泡、裂纹、黏结与孔洞	
		拉伸强度变化率(%)	+50 −20	±20
		断裂伸长率变化率(%)	+50 −30	±20
		低温弯折性	−15 ℃无裂纹	−20 ℃无裂纹
9	耐化学侵蚀	拉伸强度变化率(%)	±30	±20
		断裂伸长率变化率(%)	±30	±20
		低温弯折性	−15 ℃无裂纹	−20 ℃无裂纹
10	人工气候加速老化	拉伸强度变化率(%)	+50 −20	±20
		断裂伸长率变化率(%)	+50 −30	±20
		低温弯折性	−15 ℃无裂纹	−20 ℃无裂纹

注：非外露使用可以不考核人工气候加速老化性能。

（3）L 类纤维单面复合及 W 类织物内增强卷材的物理力学性能应符合表 12-17 的规定。

表 12-17　L 类纤维单面复合及 W 类织物内增强卷材的物理力学性能

序号	项目		I 型	II 型
1	拉力(N/cm),≥		70	120
2	断裂伸长率(%),≥		125	250
3	热处理尺寸变化率(%),≤		1.0	
4	低温弯折性		-20 ℃无裂纹	-25 ℃无裂纹
5	抗穿孔性		不渗水	
6	不透水性		不透水	
7	剪切状态下的黏合性 (N/mm),≥	L 类	3.0 或卷材破坏	
		W 类	6.0 或卷材破坏	
8	热老化处理	外观	无起泡、裂纹、黏结与孔洞	
		拉力(%),≥	55	100
		断裂伸长率(%),≥	100	200
		低温弯折性	-15 ℃无裂纹	-20 ℃无裂纹
9	耐化学侵蚀	拉力(%),≥	55	100
		断裂伸长率(%),≥	100	200
		低温弯折性	-15 ℃无裂纹	-20 ℃无裂纹
10	人工气候加速老化	拉力(%),≥	55	100
		断裂伸长率(%),≥	100	200
		低温弯折性	-15 ℃无裂纹	-20 ℃无裂纹

注:非外露使用可以不考核人工气候加速老化性能。

三、氯化聚乙烯—橡胶共混防水卷材(JC/T 684—1997)

(一)定义和产品分类

1.定义

以氯化聚乙烯树脂和适量的丁苯橡胶为主要原料,加入多种化学助剂,经密炼、过滤、挤出成型和硫化等工序加工制成的防水卷材。

该类卷材属于橡塑共混类合成高分子防水卷材,兼具氯化聚乙烯优异的力学性能、耐老化性能和橡胶的高弹性。

2.产品分类

产品按物理力学性能分为 S 型和 N 型。

(二)技术指标

(1)氯化聚乙烯—橡胶共混防水卷材的外观质量、尺寸偏差技术指标如下:

①卷材表面平整,边缘整齐。表面缺陷应不影响防水卷材使用,并符合表 12-18 的规定。

②尺寸偏差应符合表 12-19 的规定。

表 12-18　外观质量

项目	外观质量要求
折痕	每卷不超过 2 处,总长不大于 20 mm
杂质	不允许有粒径大于 0.5 mm 的颗粒
胶块	每卷不超过 6 处,每处面积不大于 4 mm²
缺胶	每卷不超过 6 处,每处面积不大于 7 mm²,深度不超过卷材厚度的 30%
接头	每卷不超过 1 处,短段不得少于 3 000 mm,并应加长 150 mm 备做搭接

表 12-19　尺寸偏差

厚度允许偏差(%)	宽度与长度允许偏差
+ 15 − 10	不允许出现负值

(2)卷材的物理力学性能应符合表 12-20 的规定。

表 12-20　卷材的物理力学性能

序号	项目		指标	
			S 型	N 型
1	拉伸强度(MPa),≥		7.0	5.0
2	断裂伸长率(%),≥		400	250
3	直角形撕裂强度(kN/m),≥		24.5	20.0
4	不透水性,30 min		0.3 MPa 不透水	0.2 MPa 不透水
5	热老化保持率 ((80 ±2) ℃,168 h)	拉伸强度(%),≥	80	
		断裂伸长率(%),≥	70	
6	脆性温度 ≤		− 40 ℃	− 20 ℃
7	臭氧老化 500 pphm,168 h ×40 ℃,静态		伸长率40% 无裂纹	伸长率20% 无裂纹
8	黏结剥离强度 (卷材与卷材)	kN/m,≥	2.0	
		浸水 168 h,保持率(%),≥	70	
9	热处理尺寸变化率(%),≤		+ 1 − 2	+ 2 − 4

四、聚乙烯丙纶复合防水卷材（GB 18173.1—2006）

（一）定义和产品特点

1. 定义

聚乙烯丙纶复合防水卷材是以原生聚乙烯合成高分子材料加入抗老化剂、稳定剂、助黏剂等，表面（双面）复合高强度新型丙纶（涤纶）长丝无纺布，经过自动化生产线一次压延而成的新型防水卷材。

2. 产品特点

该类产品在 GB 18173.1—2006 中属于复合片，树脂类（FS2），上下表面粗糙，无纺布纤维呈无规则交叉结构，形成立体网孔。可以在环境温度 $-40 \sim -60$ ℃ 范围内长期稳定使用。它适合多种材料黏合，尤其与水泥材料在凝固过程中直接黏合，只要无明水便可施工，其综合性能良好，抗拉强度高，抗渗能力强，低温柔性好，膨胀系数小，易黏接，摩擦系数小，可直接设于砂土中使用，性能稳定可靠。它是一种无毒、无污染的绿色环保产品，适用于工业与民用建筑屋面的防水、地面防水、防潮隔气、室内墙地面防潮、卫生间防水、水利池库、渠道、桥涵防水、防渗、冶金化工防污染等防水。

（二）技术指标

（1）聚乙烯丙纶复合防水卷材的外观质量、尺寸偏差技术指标如下：

①片材表面应平整，不应有影响使用性能的杂质、机械损伤、折痕及异常黏着等缺陷。在不影响使用的条件下，片材表面的缺陷应符合下列规定：

ⅰ. 凹痕，深度不得超过片材厚度的 30%，树脂类片材不得超过 5%；

ⅱ. 气泡，深度不得超过片材厚度的 30%，每平方米内不得超过 7 mm²，树脂类片材不允许有。

②尺寸偏差应符合表 12-22 的规定。

表 12-21　尺寸偏差

项目	厚度	宽度	长度
允许偏差	±10%	±11%	不允许出现负值

（2）卷材的物理力学性能应符合表 12-22 的规定。

表 12-22　卷材的物理力学性能

项目		指标
		树脂类（FS2）
断裂拉伸强度（N/cm）	常温，≥	60
	60 ℃，≥	30
扯断伸长率（%）	常温，≥	400
	-20 ℃，≥	10
撕裂强度（N），≥		20
不透水性（0.3 MPa，30 min）		无渗漏

项目		指标
		树脂类（FS2）
低温弯折温度（℃），≤		−20
加热伸缩量（mm）	延伸，≤	2
	收缩，≤	4
热空气老化（80 ℃×168 h）	断裂拉伸强度保持率（%），≥	80
	扯断伸长率保持率（%），≥	70
耐碱性（质量分数为10%的 Ca(OH)$_2$ 溶液，常温×168 h）	断裂拉伸强度保持率（%），≥	80
	扯断伸长率保持率（%），≥	80
臭氧老化（40 ℃×168 h），200×10^{-8}		—
人工气候老化	断裂拉伸强度保持率（%），≥	80
	扯断伸长率保持率（%），≥	70
黏结剥离强度（片材与片材）	N/mm（标准试验条件），≥	1.5
	浸水保持率（常温×168 h）（%），≥	70
复合强度（FS2 型表层与芯层）（N/mm），≥		1.2

注：1. 人工气候老化和黏合性能项目为推荐项目；

2. 非外露使用可以不考核臭氧老化、人工气候老化、加热伸缩量、60 ℃断裂拉伸强度性能。

五、弹性体改性沥青防水卷材（GB 18242—2008）

（一）定义、产品分类和用途

1. 定义

弹性体改性沥青防水卷材是以玻纤毡、聚酯毡、玻纤增强聚酯毡为胎基，以苯乙烯-丁二烯-苯乙烯（SBS）热塑性弹性体作石油沥青改性剂，两面覆以隔离材料所做成的一种性能优异的防水材料。它具有耐热、耐寒、耐腐蚀、抗老化、热塑性好、抗拉力大、延伸率高、抗撕裂性强等优点。

2. 产品分类

产品按胎基分为聚酯毡（PY）、玻纤毡（G）、玻纤增强聚酯毡（PYG）。

产品按上表面隔离材料分为聚乙烯膜（PE）、细砂（S）、矿物粒料（M）。下表面隔离材料为细砂（S）、聚乙烯膜（PE）。

注：细砂为粒径不超过 0.60 mm 的矿物颗粒。表面隔离材料不得采用聚酯膜（PET）和耐高温聚乙烯膜。

产品按性能分为Ⅰ型和Ⅱ型。

产品按下列顺序标记：名称、型号、胎基、上表面材料、下表面材料、厚度、面积和本标准编号。

示例：10 m^2 面积、3 mm 厚上表面为矿物粒料、下表面为聚乙烯膜聚酯毡Ⅰ型弹性体改性沥青防水卷材标记为：SBS Ⅰ PY M PE 3 10 GB 18242—2008。

3. 产品用途

(1) 弹性体改性沥青防水卷材主要适用于工业与民用建筑的屋面和地下防水工程。

(2) 玻纤增强聚酯毡卷材可用于机械固定单层防水,但需通过抗风荷载试验。

(3) 玻纤毡卷材适用于多层防水中的底层防水。

(4) 外露使用采用上表面隔离材料为不透明的矿物粒料的防水卷材。

(5) 地下工程防水采用表面隔离材料为细砂的防水卷材。

(二) 技术指标

(1) 弹性体改性沥青防水卷材的外观质量及单位面积质量、面积、厚度技术指标如下:

① 成卷卷材应卷紧卷齐,端面里进外出不得超过 10 mm。成卷卷材在 4 ~ 50 ℃任一产品温度下展开,在距卷芯 1 000 mm 长度外不应有 10 mm 以上的裂纹或黏结。胎基应浸透,不应有未被浸渍处。卷材表面应平整,不允许有孔洞、缺边和裂口、疙瘩,矿物粒料粒度应均匀一致并紧密地黏附于卷材表面。每卷卷材接头处不应超过一个,较短的一段长度不应少于 1 000 mm,接头应剪切整齐,并加长 150 mm。

② 单位面积质量、面积、厚度应符合表 12-23 的规定。

表 12-23　单位面积质量、面积、厚度

规格(公称厚度)(mm)		3			4			5		
上表面材料		PE	S	M	PE	S	M	PE	S	M
下表面材料		PE	PE、S		PE	PE、S		PE	PE、S	
面积 (m²/卷)	公称面积	10、15			10、7.5			7.5		
	偏差	±0.10			±0.10			±0.10		
单位面积质量(kg/m²),≥		3.3	3.5	4.0	4.3	4.5	5.0	5.3	5.5	6.0
厚度(mm)	平均值,≥	3.0			4.0			5.0		
	最小单个值	2.7			3.7			4.7		

(2) 卷材的物理力学性能应符合表 12-24 的规定。

表 12-24　卷材的物理力学性能

序号	项目		指标				
			I		II		
			PY	G	PY	G	PYG
1	可溶物含量(g/m²),≥	3 mm	2 100				—
		4 mm	2 900				—
		5 mm	3 500				
		试验现象	—	胎基不燃	—	胎基不燃	
2	耐热性	℃	110		130		
		(mm),≤	2				
		试验现象	无流淌、滴落				
3	低温柔性(℃)		−20		−25		
			无裂缝				
4	不透水性 30 min		0.3 MPa	0.2 MPa	0.3 MPa		

序号	项目		指标				
			I		II		
			PY	G	PY	G	PYG
5	拉力	最大峰拉力(N/50 mm),≥	500	350	800	500	900
		次高峰拉力(N/50 mm),≥	—	—	—	—	800
		试验现象	控伸过程中,试件中部无沥青涂盖层开裂或与胎基分离现象				
6	延伸率	最大峰时延伸率(%),≥	30		40		—
		第二峰时延伸率(%),≥	—		—		15
7	浸水后质量增加(%),≤	PE、S	1.0				
		M	2.0				
8	热老化	拉力保持率(%),≥	90				
		延伸率保持率(%),≥	80				
		低温柔性(℃)	−15		−20		
			无裂缝				
		尺寸变化率(%),≤	0.7	—	0.7	—	0.3
		质量损失(%),≤	1.0				
9	渗油性	张数,≤	2				
10	接缝剥离强度(N/mm),≥		1.5				
11	钉杆撕裂强度[a](N),≥		—				300
12	矿物粒料黏附性[b](g),≤		2.0				
13	卷材下表面沥青涂盖层厚度[c](mm),≥		1.0				
14	人工气候加速老化	外观	无滑动、流滴、满落				
		拉力保持率(%),≥	80				
		低温柔性(℃)	−15		−20		
			无裂缝				

注:a. 仅适用于单层机械固定施工方式卷材;

　　b. 仅适用于矿物粒料表面的卷材;

　　c. 仅适用于热熔施工的卷材。

六、塑性体改性沥青防水卷材(GB 18243—2008)

(一)定义、产品分类和用途

1. 定义

塑性体改性沥青防水卷材是以聚酯毡、玻纤毡、玻纤增强聚酯毡为胎基,以无规聚丙烯(APP)或聚烯烃类聚合物(APAO、APO 等)作石油沥青改性剂,两面覆以隔离材料所做成的一种性能优异的防水材料。其耐热度在 100 ℃以上,延伸率好,耐水性能佳,使用寿命长。

2. 产品分类

产品按胎基分为聚酯毡(PY)、玻纤毡(G)、玻纤增强聚酯毡(PYG)。

产品按上表面隔离材料分为聚乙烯膜(PE)、细砂(S)、矿物粒料(M)。下表面隔离材料为细砂(S)、聚乙烯膜(PE)。

注:细砂为粒径不超过 0.60 mm 的矿物颗粒。表面隔离材料不得采用聚酯膜(PET)和耐高温聚乙烯膜。

产品按性能分为 I 型和 II 型。

产品按下列顺序标记：

名称、型号、胎基、上表面材料、下表面材料、厚度、面积和本标准编号。

示例：10 m² 面积、3 mm 厚上表面为矿物粒料、下表面为聚乙烯膜聚酯毡 I 型塑性体改性沥青防水卷材标记为：A PPI PY M PE 3 10 GB 18243—2008。

3. 产品用途

(1)塑性体改性沥青防水卷材适用于工业与民用建筑的屋面和地下防水工程。

(2)玻纤增强聚酯毡卷材可用于机械固定单层防水，但需通过抗风荷载试验。

(3)玻纤毡卷材适用于多层防水中的底层防水。

(4)外露使用应采用上表面隔离材料为不透明的矿物粒料的防水卷材。

(5)地下工程防水采用表面隔离材料为细砂的防水卷材。

（二）技术指标

(1)塑性体改性沥青防水卷材的外观质量及单位面积质量、面积、厚度技术指标如下：

①成卷卷材应卷紧卷齐，端面里进外出不得超过 10 mm。成卷卷材在 4～60 ℃任一产品温度下展开，在距卷芯 1 000 mm 长度外不应有 10 mm 以上的裂纹或黏结。胎基应浸透，不应有未被浸渍处。卷材表面应平整，不允许有孔洞、缺边和裂口、疙瘩，矿物粒料粒度应均匀一致并紧密地黏附于卷材表面。每卷卷材接头处不应超过一个，较短的一段长度不应小于 1 000 mm，接头应剪切整齐，并加长 150 mm。

②单位面积质量、面积、厚度应符合表 12-25 的规定。

表 12-25　单位面积质量、面积、厚度

规格（公称厚度）(mm)		3			4			5		
上表面材料		PE	S	M	PE	S	M	PE	S	M
下表面材料		PE	PE、S		PE	PE、S		PE	PE、S	
面积（m²/卷）	公称面积	10、15			10、7.5			7.5		
	偏差	±0.10			±0.10			±0.10		
单位面积质量（kg/m²），≥		3.3	3.5	4.0	4.3	4.5	5.0	5.3	5.5	6.0
厚度（mm）	平均值，≥	3.0			4.0			5.0		
	最小单个值	2.7			3.7			4.7		

(2)卷材的物理力学性能应符合表 12-26 的规定。

表 12-26　物理力学性能

序号	项目		指标				
			I		II		
			PY	G	PY	G	PYG
1	可溶物含量(g/m²)，≥	3 mm	2 100				—
		4 mm	2 900				—
		5 mm	3500				
		试验现象	—	胎基不燃	—	胎基不燃	—

序号	项目		指标				
			I		II		
			PY	G	PY	G	PYG
2	耐热性	℃	110		130		
		(mm)，≤	2				
		试验现象	无流淌、滴落				
3	低温柔性(℃)		-7		-15		
			无裂缝				
4	不透水性 30 min		0.3 MPa	0.2 MPa	0.3 MPa		
5	拉力	最大峰拉力(N/50 mm)，≥	500	350	800	500	900
		次高峰拉力(N/50 mm)，≥	—	—	—	—	800
		试验现象	控伸过程中，试件中部无沥青涂盖层开裂或与胎基分离现象				
6	延伸率	最大峰时延伸率(%)，≥	25		40		—
		第二峰时延伸率(%)，≥	—		—		15
7	浸水后质量增加(%)，≤	PE、S	1.0				
		M	2.0				
8	热老化	拉力保持率(%)，≥	90				
		延伸率保持率(%)，≥	80				
		低温柔性(℃)	-2		-10		
			无裂缝				
		尺寸变化率(%)，≤	0.7	—	0.7	—	0.3
		质量损失(%)，≤	1.0				
9	接缝剥离强度(N/mm)，≥		1.0				
10	钉杆撕裂强度ᵃ(N)，≥		—				300
11	矿物粒料黏附性ᵇ(g)，≤		2.0				
12	卷材下表面沥青涂盖层厚度ᶜ(mm)，≥		1.0				
13	人工气候加速老化	外观	无滑动、流滴、满落				
		拉力保持率(%)，≥	80				
		低温柔性(℃)	-2		-10		
			无裂缝				

注：a. 仅适用于单层机械固定施工方式卷材；

b. 仅适用于矿物粒料表面的卷材；

c. 仅适用于热熔施工的卷材。

七、沥青复合胎柔性防水卷材(JC/T 690—2008)

(一)定义和产品分类

1. 定义

沥青复合胎柔性防水卷材是以涤棉无纺布—玻纤网格布复合毡为胎基，浸涂胶粉改性沥青，以细砂、聚乙烯膜、矿物粒(片)料等为覆面材料制成的用于一般建筑防水工程的防水卷材。

该产品具有较宽的温度区间，适用性强。它主要适用于屋面、地下隧道、水池、水坝、高速公路等工程的防水、防潮。

2. 产品分类

产品按性能分为Ⅰ型和Ⅱ型(胎基不得使用高碱玻纤网格布)。

产品按上表面材料分为聚乙烯膜(PE)、细砂(S)、矿物粒(片)料(M)。

注: 细砂为粒径不超过 0.60 mm 的矿物颗粒。卷材上表面的覆面材料不宜使用聚酯膜、聚酯镀铝膜,下表面的覆面材料采用聚乙烯膜或细砂,不宜使用聚酯膜。

产品按下列顺序标记:胎基、型号、上表面材料、厚度、面积和本标准号。

示例:10 m² 厚度 3 mm 细砂面Ⅰ型沥青复合胎柔性防水卷材标记为:NK Ⅰ S3 10 JC/T 690—2008。

(二)技术指标

(1)沥青复合胎柔性防水卷材的外观质量及单位面积质量、面积、厚度技术指标如下:

①成卷卷材应卷紧卷齐,端面里进外出不得超过 10 mm。成卷卷材在 4~45 ℃任一产品温度下展开,在距卷芯 1 000 mm 长度外不应有 10 mm 以上的裂纹或黏结。胎基应浸透,不应有未被浸渍的条纹。卷材表面应平整,不允许有孔洞、缺边和裂口、疙瘩,上表面材料应均匀一致并紧密地黏附于卷材表面。每卷卷材接头处不应超过一个,较短的一段长度不应少于 1 000 mm,接头应剪切整齐,并加长 150 mm。

②单位面积质量、面积、厚度应符合表 12-27 的规定。

表 12-27　单位面积质量、面积、厚度

规格(公称厚度)(mm)		3			4		
上表面材料		PE	S	M	PE	S	M
面积(m²/卷)	公称面积	10			10、7.5		
	偏差	±0.10			±0.10		
单位面积质量(kg/m²),≥		3.3	3.5	4.0	4.3	4.5	5.0
厚度(mm)	平均值,≥	3.0	3.0	3.0	4.0	4.0	4.0
	最小单个值,≥	2.7	2.7	2.7	3.7	3.7	3.7

(2)卷材的物理力学性能应符合表 12-28 的规定。

表 12-28　物理力学性能

序号	项目		指标	
			Ⅰ	Ⅱ
1	可溶物含量(g/m²),≥	3 mm	1 600	
		4 mm	2 200	
2	耐热性(℃)		90	
			无滑动、流淌、滴落	
3	低温柔性(℃)		−5	−10
			无裂纹	
4	不透水性		0.2 MPa、30 min 不透水	

序号	项目		指标	
			I	II
5	最大拉力(N/50 mm),≥	纵向	500	600
		横向	400	500
6	黏结剥离强度(N/mm),≥		0.5	
7	热老化	拉力保持率(%),≥	90	
		低温柔性(℃)	0	−5
			无裂纹	
		质量损失(%),≤	2.0	

八、自粘聚合物改性沥青防水卷材(GB 23441—2009)

(一)定义和产品分类

1. 定义

自粘聚合物改性沥青防水卷材是以自粘聚合物改性沥青为基料,非外露使用的无胎基或采用聚酯胎基增强的本体自粘防水卷材。仅表面覆以自粘层的聚合物改性沥青防水卷材虽然也叫自粘防水卷材,但是不属于该标准的范畴。

该种卷材具有不透水性、低温柔度、抗变形性能、自愈性好、黏结性强、能湿作业施工等特点,可以提高铺设速度,加快工程进度,是一种很有发展前景的新型防水材料。

自粘聚合物改性沥青防水卷材适用于工业与民用建筑及非外露屋面以及明挖法地铁、隧道、水池、水渠等工程的防水、防渗、防潮。

2. 产品分类

产品按有无胎基增强分为无胎基(N 类)、聚酯胎基(PY 类)。

N 类按上表面材料不同分为聚乙烯膜(PE)、聚酯膜(PET)、无膜双面自粘(D)。

PY 类按上表面材料不同分为聚乙烯膜(PE)、细砂(S)、无膜双面自粘(D)。

产品按性能不同分为 I 型和 II 型,卷材厚度为 2.0 mm 的 PY 类只有 I 型。

产品按下列顺序标记:名称、类、型、上表面材料、厚度、面积和本标准号。

示例:20 m^2、2.0 mm 聚乙烯膜面 I 型 N 类 自粘聚合物改性沥青防水卷材标记为:自粘卷材 N I PE 2.0 20 GB 23441—2009。

(二)技术指标

(1)自粘聚合物改性沥青防水卷材的外观质量及单位面积质量、厚度技术指标如下:

①成卷卷材应卷紧卷齐,端面里进外出不得超过 20 mm。成卷卷材在 4~45 ℃任一产品温度下展开,在距卷芯 1 000 mm 长度外不应有裂纹或 10 mm 以上的黏结。PY 类产品,其胎基应浸透,不应有未被浸渍的浅色条纹。卷材表面应平整,不允许有孔洞、结块、气泡、缺边和裂口,上表面为细砂的,细砂应均匀一致并紧密地黏附于卷材表面。每卷卷材接头不应超过一个,较短的一段长度不应少于 1 000 mm,接头应剪切整齐,并加长 150 mm。

②面积不小于产品面积标记值的 99%。

③N 类单位面积质量、厚度应符合表 12-29 的规定。

表 12-29　N 类单位面积质量、厚度

厚度规格(mm)		1.2	1.5	2.0
上表面材料		PE、PET、D	PE、PET、D	PE、PET、D
单位面积质量(kg/m²)，≥		1.2	1.5	2.0
厚度(mm)	平均值，≥	1.2	1.5	2.0
	最小单个值	1.0	1.3	1.7

④PY 类单位面积质量、厚度应符合表 12-30 的规定。

表 12-30　PY 类单位面积质量、厚度

厚度规格(mm)		2.0		3.0		4.0	
上表面材料		PE、D	S	PE、D	S	PE、D	S
单位面积质量(kg/m²)，≥		2.1	2.2	3.1	3.2	4.1	4.2
厚度(mm)	平均值，≥	2.0		3.0		4.0	
	最小单个值	1.8		2.7		3.7	

(2)N 类卷材物理力学性能应符合表 12-31 的规定。

表 12-31　N 类卷材物理力学性能

序号	项目		指标				
			PE		PET		D
			Ⅰ	Ⅱ	Ⅰ	Ⅱ	
1	拉伸性能	拉力(N/50mm)，≥	150	200	150	200	—
		最大拉力时延伸率(%)，≥	200		30		—
		沥青断裂延伸率(%)，≥	250		150		450
		拉伸时现象	拉伸过程中，在膜断裂前无沥青涂盖层与膜分离现象				—
2	钉杆撕裂强度(N)，≥		60	110	30	40	—
3	耐热性		70 ℃滑动不超过 2 mm				
4	低温柔性(℃)		−20	−30	−20	−30	−20
			无裂纹				
5	不透水性		0.2 MPa，120 min 不透水				—
6	剥离强度(N/mm)，≥	卷材与卷材	1.0				
		卷材与铝板	1.5				

序号	项目		指标				
			PE		PET		D
			I	II	I	II	
7	钉杆水密性		通过				
8	渗油性(张数),≤		2				
9	持黏性(min),≥		20				
10	热老化	拉力保持率(%),≥	80				
		最大拉力时延伸率(%),≥	200		30		400(沥青层断裂延伸率)
		低温柔性(℃)	−18	−28	−18	−28	−18
			无裂纹				
		剥离强度卷材与铝板(N/mm),≥	1.5				
11	热稳定性	外观	无起鼓、皱褶、滑动、流淌				
		尺寸变化(%),≤	2				

(3)PY 类卷材物理力学性能应符合表 12-32 的规定。

表 12-32　PY 类卷材物理力学性能

序号	项目			指标	
				I	II
1	可溶物含量(g/m²),≥		2.0 mm	1 300	—
			3.0 mm	2 100	
			4.0 mm	2 900	
2	拉伸性能	拉力(N/50 mm),≥	2.0 mm	350	—
			3.0 mm	450	600
			4.0 mm	450	800
		最大拉力时延伸率(%),≥		30	40
3	耐热性			70 ℃无滑动、流淌、滴落	
4	低温柔性(℃)			−20	−30
				无裂纹	
5	不透水性			0.3 MPa,120 min 不透水	
6	剥离强度(N/mm),≥	卷材与卷材		1.0	
		卷材与铝板		1.5	

序号		项目	指标	
			I	II
7		钉杆水密性	通过	
8		渗油性(张数),≤	2	
9		持黏性(min),≥	15	
10	热老化	最大拉力时延伸率(%),≥	30	40
		低温柔性(℃)	−18	−28
			无裂纹	
		剥离强度 卷材与铝板(N/mm),≥	1.5	
		尺寸稳定性(%),≤	1.5	1.0
11		自粘沥青再剥离强度(N/mm),≥	1.5	

九、预铺/湿铺防水卷材(GB/T 23457—2009)

(一)特点和产品分类

1. 特点

预铺防水卷材是 20 世纪 90 年代后发展起来的一种新型防水卷材,从最初的采用高分子卷材发展到采用沥青基聚酯胎防水卷材,并在地下工程以及地铁、隧道工程中得到了广泛的应用。它解决了过去防水材料与主体结构两张"皮"与层间的窜水问题,对我国产品质量的提高和工程推广使用有一定的示范作用。

预铺防水卷材用于地下防水等工程,直接与后浇结构混凝土拌和物黏结。

湿铺防水卷材是为了解决因基层潮湿,普通卷材无法施工及施工起鼓等问题而推出的。湿铺防水卷材采用水泥砂浆作为黏结材料直接铺贴在基层上,施工方便,与基层黏结密实不产生窜水。湿铺防水卷材所采用的湿铺工艺属国内首创,对施工环境的要求低,可适用于多种自粘卷材。

湿铺防水卷材用于非外露防水工程,采用水泥砂浆与基层黏结,卷材间宜采用自粘搭接。

2. 产品分类

产品按施工方式分为预铺(Y)、湿铺(W)。

产品按主体材料分为高分子防水卷材(P 类)、沥青基聚酯胎防水卷材(PY 类)。

产品按黏结表面分为单面粘合(S)、双面粘合(D),其中沥青基聚酯胎防水卷材(PY 类)宜为双面粘合。

湿铺产品按性能不同分为 I 型和 II 型。

产品按下列顺序标记:施工方式、类型、黏结表面、主体材料厚度/全厚度、面积、本标准号。

示例:20 m²、3.0 mm 双面粘合 I 型沥青基聚酯胎湿铺防水卷材标记为:W PY I D 3.0

mm 20 m²—GB/T 23457—2009。

(二)技术指标

（1）预铺/湿铺防水卷材的外观质量及单位面积质量、厚度技术指标如下：

①成卷卷材应卷紧卷齐,端面里进外出不得超过 20 mm。成卷卷材在 4～45 ℃任一产品温度下展开,在距卷芯 1 000 mm 长度外不应有裂纹或 10 mm 以上的黏结。PY 类产品,其胎基应浸透,不应有未被浸渍的浅色条纹。卷材表面应平整,不允许有孔洞、结块、气泡、缺边和裂口。每卷卷材接头处不应超过一个,较短的一段长度不应少于 1 000 mm,接头应剪切整齐,并加长 150 mm。

②面积不小于产品面积标记值的 99%。

③PY 类产品单位面积质量、厚度应符合表 12-33 的规定。

表 12-33　PY 类产品单位面积质量、厚度

项　目		规格	
		3.0 mm	4.0 mm
单位面积质量（kg/m²），≥		3.1	4.1
厚度（mm）	平均值≥	3.0	4.0
	最小单个值	2.7	3.7

P 类预铺产品高分子主体材料厚度、卷材全厚度平均值都应不小于规定值。P 类湿铺产品的卷材全厚度平均值不小于规定值。

其他规格可由供需双方商定,但预铺 P 类产品高分子主体材料厚度不得小于 0.7 mm、卷材全厚度不小于 1.2 mm,预铺 PY 类厚度不得小于 4.0 mm。湿铺 P 类产品全厚度不得小于 1.2 mm、PY 类产品厚度不得小于 3.0 mm。

（2）预铺防水卷材物理力学性能应符合表 12-34 的规定。

表 12-34　预铺防水卷材物理力学性能

序号	项目		指标	
			P	PY
1	可溶物含量（g/m²），≥		—	2 900
2	拉伸性能	拉力（N/50 mm），≥	500	800
		膜断裂伸长率（%），≥	400	—
		最大拉力时伸长率（%），≥	—	40
3	钉杆撕裂强度（N），≥		400	200
4	冲击性能		直径（10±0.1）mm,无渗漏	
5	静态荷载		20 kg,无渗漏	
6	耐热性		70 ℃,2 h 无位移、流淌、滴落	
7	低温弯折性		−25 ℃,无裂纹	—
8	低温柔性		—	−25 ℃,无裂纹

续表 12-34

序号	项目		指标	
			P	PY
9	渗油性(张数),≤		—	2
10	防窜水性		0.6 MPa,不窜水	
11	与后浇混凝土剥离强度(N/mm),≥	无处理	2.0	
		水泥粉污染表面	1.5	
		泥沙污染表面	1.5	
		紫外线老化	1.5	
		热老化	1.5	
12	与后浇混凝土浸水后剥离强度(N/mm),≥		1.5	
13	热老化(70 ℃,168 h)	拉力保持率(%),≥	90	
		伸长率保持率(%),≥	80	
		低温弯折性	-23 ℃,无裂纹	—
		低温柔性	—	-23 ℃,无裂纹
14	热稳定性	外观	无起皱、滑动、流淌	
		尺寸变化(%),≤	2.0	

(3)湿铺防水卷材物理力学性能应符合表 12-35 的规定。

表 12-35　湿铺防水卷材物理力学性能

序号	项目		指标			
			P		PY	
			I	II	I	II
1	可溶物含量(g/m²),≥	3.0 mm	—		2 100	
		4.0 mm			2 900	
2	拉伸性能	拉力(N/50 mm),≥	150	200	400	600
		最大拉力时伸长率(%),≥	30	150	30	40
3	撕裂强度(N),≥		12	25	180	300
4	耐热性		70 ℃,2 h 无位移、流淌、滴落			
5	低温柔性(℃)		-15	-25	-15	-25
			无裂纹			
6	不透水性		0.3 MPa,120 min 不透水			
7	卷材与卷材剥离强度(N/mm),≥	无处理	1.0			
		热处理	1.0			

序号	项目		指标			
			P		PY	
			I	II	I	II
8	渗油性(张数),≤		2			
9	持黏性(min),≥		15			
10	与水泥砂浆剥离强度 (N/mm),≥	无处理	2.0			
		热老化	1.5			
11	与水泥砂浆浸水后剥离强度(N/mm),≥		1.5			
12	热老化 (70 ℃,168 h)	拉力保持率(%),≥	90			
		伸长率保持率(%),≥	80			
		低温柔性(℃)	−13	−23	−13	−23
			无裂纹			
13	热稳定性	外观	无起皱、滑动、流淌			
		尺寸变化(%),≤	2.0			

第四节　防水涂料性能检测

一、标准试验条件

实验室标准试验条件为:温度(23 ±2)℃,相对湿度(50 ±10)%。
严格条件可选择温度:(23 ±2)℃,相对湿度(50 ±5)%。

二、涂膜制备

(一)试验器具

(1)涂膜模框:如图 12-5 所示,材质:玻璃、金属、塑料。

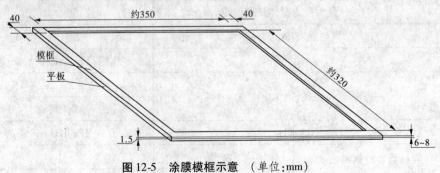

图 12-5　涂膜模框示意　(单位:mm)

（2）电热鼓风烘箱:控温精度 ±2 ℃。

（二）试验步骤

（1）试验前,模框、工具、涂料应在标准试验条件下放置 24 h 以上。

（2）称取所需的试验样品量,保证最终涂膜厚度(1.5 ±0.2)mm。

单组分防水涂料应将其混合均匀作为试料,多组分防水涂料应在生产厂规定的配比精确称量后,将其混合均匀作为试料。在必要时可以按生产厂家指定的量添加稀释剂,当稀释剂的添加量有范围时,取其中间值。将产品混合后充分搅拌 5 min,在不混入气泡的情况下倒入模框中。模框不得翘曲且表面平滑,为便于脱模,涂覆前可用脱模剂处理。样品按生产厂的要求一次或多次涂覆(最多三次,每次间隔不超过 24 h),最后一次将表面刮平,然后按表 12-36 进行养护。

表 12-36　涂膜制备的养护条件

分　类		脱模前的养护条件	脱模后的养护条件
水性	沥青类	在标准条件 120 h	(40 ±2)℃ 48 h 后,标准条件 4 h
	高分子类	在标准条件 96 h	(40 ±2)℃ 48 h 后,标准条件 4 h
溶剂型、反应型		标准条件 96 h	标准条件 72 h

应按要求及时脱模,脱模后将涂膜翻面养护,脱模过程中应避免损伤涂膜。为便于脱模可在低温下进行,但脱模温度不能低于低温柔性的温度。

（3）检查涂膜外观。从表面光滑平整、无明显气泡的涂膜上按表 12-37 规定裁取试件。

表 12-37　试件形状(尺寸)及数量

项　目		试件形状(尺寸(mm))	数量(个)
拉伸性能		符合 GB/T 528—2009 规定的哑铃 I 型	5
撕裂强度		符合 GB/T 529—2008 规定的无割口直角形	5
低温弯折性、低温柔性		100 ×50	3
不透水性		150 ×150	3
加热伸缩率		300 ×30	3
定伸时老化	热处理	符合 GB/T 528—2009 规定的哑铃 I 型	3
	人工气候老化		3
热处理	拉伸性能	120 ×25,处理后取出再裁取符合 GB/T 528—2009 规定的哑铃 I 型	6
	低温弯折性、低温柔性	100 ×25	3
碱处理	拉伸性能	120 ×25,处理后取出再裁取符合 GB/T 528—2009 规定的哑铃 I 型	6
	低温弯折性、低温柔性	100 ×25	3
酸处理	拉伸性能	120 ×25,处理后取出再裁取符合 GB/T 528—2009 规定的哑铃 I 型	6
	低温弯折性、低温柔性	100 ×25	3
紫外线处理	拉伸性能	120 ×25,处理后取出再裁取符合 GB/T 528—2009 规定的哑铃 I 型	6
	低温弯折性、低温柔性	100 ×25	3
人工气候老化	拉伸性能	120 ×25,处理后取出再裁取符合 GB/T 528—2009 规定的哑铃 I 型	6
	低温弯折性、低温柔性	100 ×25	3

三、固体含量

(一)试验器具

(1)天平:感量 0.001 g。

(2)电热鼓风烘箱:控温精度 ±2 ℃。

(3)干燥器:内放变色硅胶或无水氯化钙。

(4)培养皿:直径 60~75 mm。

(二)试验步骤

将样品(对于固体含量试验不能添加稀释剂)搅匀后,取(6±1) g 的样品倒入已干燥称量的培养皿(m_0)中并铺平底部,立即称量(m_1),再放入到加热到表 12-38 规定温度的烘箱中,恒温 3 h,取出放入干燥器中,在标准试验条件下冷却 2 h,然后称量(m_2)。对于反应型涂料,应在称量(m_1)后在标准试验条件下放置 24 h,再放入烘箱。

表 12-38　涂料加热温度

涂料种类	水性	溶剂型、反应型
加热温度(℃)	105±2	120±2

(三)结果计算

固体含量按式(12-1)计算:

$$X' = \frac{m_2 - m_0}{m_1 - m_0} \times 100\%　\qquad (12\text{-}1)$$

式中　X——固体含量(质量分数)(%);

　　　m_0——培养皿质量,g;

　　　m_1——干燥前试样和培养皿质量,g;

　　　m_2——干燥后试样和培养皿质量,g。

试验结果取两次平行试验的平均值,结果计算精确到 1%。

四、耐热性

(一)试验器具

(1)电热鼓风烘箱:控温精度 ±2 ℃。

(2)铝板:厚度不小于 2 mm,面积大于 100 mm×50 mm,中间上部有一小孔,便于悬挂。

(二)试验步骤

将样品搅匀后,将样品按生产厂的要求分 2~3 次涂覆(每次间隔不超过 24 h)在已清洁干净的铝板上,涂覆面积为 100 mm×50 mm,总厚度 1.5 mm,最后一次将表面刮平,按表 12-36 条件进行养护,不需要脱模。然后将铝板垂直悬挂在已调节到规定温度的电热鼓风烘箱内,试件与干燥箱壁间的距离不小于 50 mm,试件的中心宜与温度计的探头在同一位置,在规定温度下放置 5 h 后取出,观察表面现象共试验 3 个试件。

(三)结果评定

试验后所有试件都不应产生流淌、滑动、滴落,试件表面无密集气泡。

五、黏结强度

(一)A法

1.试验器具

(1)拉伸试验机:测量值在量程的15%~85%,示值精度不低于1%,拉伸速度(5±1)mm/min。

(2)电热鼓风烘箱:控温精度±2℃。

(3)拉伸专用金属夹具:上夹具、下夹具、垫板如图12-6~图12-8所示。

2.水泥砂浆块

水泥砂浆块尺寸70 mm×70 mm×20 mm。采用强度等级42.5的普通硅酸盐水泥,将水泥、中砂按照质量比1:1加入砂浆搅拌机中搅拌,加水量以砂浆稠度70~90 mm为准,倒入模框中振实抹平,然后移入养护室,1 d后脱模,水中养护10 d后再在(50±2)℃的烘箱中干燥(24±0.5)h,取出在标准条件下放置备用,去除砂浆试块成型面的浮浆、浮砂、灰尘等,同样制备五块砂浆试块。

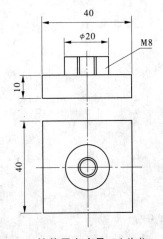

图12-6 拉伸用上夹具 (单位:mm)

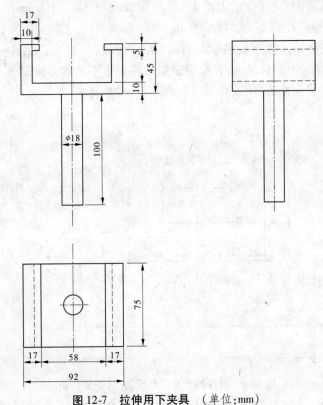

图12-7 拉伸用下夹具 (单位:mm)

3.高强度胶粘剂

难以渗透涂膜的高强度胶粘剂,推荐无溶剂环氧树脂。

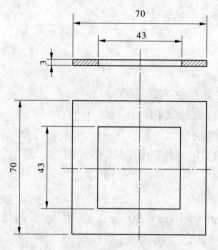

图 12-8　拉伸用垫板　（单位：mm）

4.试验步骤

试验前制备好的砂浆块、工具、涂料应在标准试验条件下放置 24 h 以上。

取五块砂浆块用 2 号砂纸清除表面浮浆,必要时按生产厂要求在砂浆块的成型面(70 mm×70 mm)上涂刷底涂料,干燥后按生产厂要求的比例将样品混合后搅拌 5 min(单组分防水涂料样品直接使用)涂抹在成型面上,涂膜的厚度为 0.5～1.0 mm(可分两次涂覆,间隔不超过 24 h)。然后将制得的试件按表 12-36 的要求养护,不需要脱模,制备五个试件。

将养护后的试件用高强度胶粘剂将拉伸用上夹具与涂料面粘贴在一起,如图 12-9 所示,小心的除去周围溢出的胶粘剂,在标准试验条件下水平放置养护 24 h。然后沿上夹具边缘一圈用刀切割涂膜至基层,使试验面积为 40 mm×40 mm。

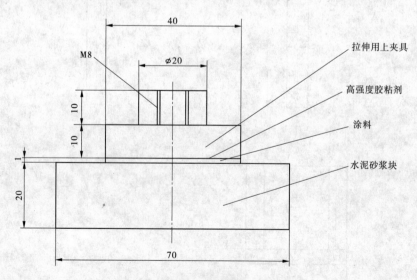

图 12-9　试件与上夹具黏结图　（单位：mm）

将粘有拉伸用上夹具的试件(见图 12-10)安装在试验机上,保持试件表面垂直方向的中线与试验机夹具中心在一条线上,以(5±1)mm/min 的速度拉伸至试件破坏,记录试件的最大拉力。试验温度为(23±2)℃。

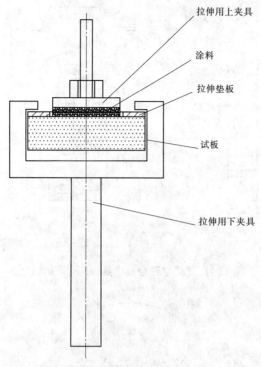

图 12-10　试件与夹具装配　（单位:mm）

拉伸用上夹具
涂料
拉伸垫板
试板
拉伸用下夹具

（二）B 法

1. 试验器具

（1）拉伸试验机:测量值在量程的 15% ~ 85%,示值精度不低于 1%,拉伸速度（5 ± 1）mm/min。

（2）电热鼓风烘箱:控温精度 ± 2 ℃。

（3）"8"字形金属模具:如图 12-11 所示,中间用插片分成两半。

（4）黏结基材:"8"字形水泥砂浆块,如图 12-12 所示。采用强度等级 42.5 的普通硅酸盐水泥,将水泥、中砂按照质量比 1∶1 加入砂浆搅拌机中搅拌,加水量以砂浆稠度 70 ~ 90 mm 为准,倒入模框中振实抹平,然后移入养护室,1 d 后脱模,水中养护 10 d 后再在（50 ± 2）℃的烘箱中干燥（24 ± 0.5）h,取出在标准条件下放置备用,同样制备五对砂浆试块。

2. 试验步骤

试验前制备好的砂浆块、工具、涂料应在标准试验条件下放置 24 h 以上。取五对砂浆块用 2 号砂纸清除表面浮浆,必要时先将涂料稀释后在砂浆块的断面上打底,干燥后按生产厂要求的比例将样品混合后搅拌 5 min（单组分防水涂料样品直接使用）涂抹在成型面上,将两个砂浆块断面对接、压紧,砂浆块间涂料的厚度不超过 0.5 mm。然后将制得的试件按表 12-36 的要求养护,不需要脱模,制备五个试件。

将试件安装在试验机上,保持试件表面垂直方向的中线与试验机夹具中心在一条线上,以（5 ± 1）mm/min 的速度拉伸至试件破坏,记录试件的最大拉力。试验温度为（23 ± 2）℃。

3. 结果计算

黏结强度按式（12-2）计算:

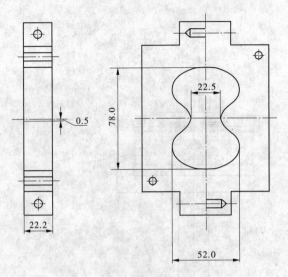

图 12-11 "8"字形金属模具 （单位:mm）

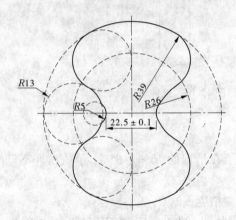

图 12-12 水泥砂浆块 （单位:mm）

$$\sigma = \frac{F}{a \times b} \qquad (12\text{-}2)$$

式中　σ——黏结强度,MPa;

　　　F——试件的最大拉力,N;

　　　a——试件黏结面的长度,mm;

　　　b——试件黏结面的宽度,mm。

去除表面未被粘住面积超过 20% 的试件,黏结强度以剩下的不少于 3 个试件的算术平均值表示,不足三个试件应重新试验,结果精确到 0.01 MPa。

六、潮湿基面黏结强度

按"五、(二)B 法"制备"8"字形砂浆块。取五对养护好的水泥砂浆块,用 2 号砂纸清除表面浮浆,将砂浆块浸入(23±2)℃的水中浸泡 24 h。将在标准试验条件下已放置 24 h 的样品按生产厂要求的比例混合后搅拌 5 min(单组分防水涂料样品直接使用)。从水中取出砂浆块用湿毛巾揩去水渍,晾置 5 min 后,在砂浆块的断面上涂抹准备好的涂料,将两个砂浆块断面对接、压紧,砂浆块间涂料的厚度不超过 0.5 mm,在标准试验条件下放置 4 h。然后将制得的试件进行养护,条件为温度(20 ± 1)℃,相对湿度不小于90%,养护 168 h。制备五个试件。

将养护好的试件在标准试验条件下放置 2 h,将试件安装在试验机上,保持试件表面垂直方向的中线与试验机夹具中心在一条线上,以(5 ± 1) mm/min 的速度拉伸至试件破坏,记录试件的最大拉力。试验温度为(23 ± 2)℃。按式(12-2)进行结果计算。

七、拉伸性能

(一)试验器具

(1)拉伸试验机:测量值在量程的 15% ~85%,示值精度不低于 1%,伸长范围大于 500 mm。

(2)电热鼓风烘箱:控温精度 ±2 ℃。

(3)冲片机及符合 GB/T 528—2009 要求的哑铃 I 型裁刀。

(4)紫外线箱:500 W 直管汞灯,灯管与箱底平行,与试件表面的距离为 47 ~50 cm。

(5)厚度计:接触面直径 6 mm,单位面积压力 0.02 MPa,分度值 0.01 mm。

(6)氙弧灯老化试验箱:符合 GB/T 18244—2000 要求的氙弧灯老化试验箱。

(二)试验步骤

1. 无处理拉伸性能

将涂膜按表 12-37 的要求裁取符合 GB/T 528—2009 要求的哑铃 I 型试件,并画好间距 25 mm 的平行标线,用厚度计测量试件标线中间和两端三点的厚度,取其算术平均值作为试件厚度。调整拉伸试验机夹具间距约 70 mm,将试件夹在试验机上,保持试件长度方向的中线与试验机夹具中心在一条线上,按表 12-39 的拉伸速度进行拉伸至断裂,记录试件断裂时的最大荷载(P),断裂时标线间距离(L_1),精确到 0.1 mm,测试五个试件,若有试件断裂在标线外,应舍弃用备用件补测。

表 12-39　拉伸速度

产品类型	拉伸速度(mm/min)
高延伸率涂料	500
低延伸率涂料	200

2. 热处理拉伸性能

将涂膜按表 12-37 的要求裁取六个 120 mm × 25 mm 矩形试件平放在隔离材料上,水平放入已达到规定温度的电热鼓风烘箱中,加热温度沥青类涂料为(70 ± 2)℃,其他涂料为(80 ± 2)℃。试件与箱壁间距不得少于 50 mm,试件宜与温度计的探头在同一水平位置,在规定温度的电热鼓风烘箱中恒温(168 ± 1) h 取出,然后在标准试验条件下放置 4 h,裁取符合 GB/T 528—2009 要求的哑铃 I 型试件,按"七、(二)1. 无处理拉伸性能"进行拉伸试验。

3. 碱处理拉伸性能

在(23 ± 2)℃时,在 0.1% 化学纯氢氧化钠(NaOH)溶液中,加入 Ca(OH)$_2$ 试剂,并达到过饱和状态。在 600 mL 该溶液中放入按表 12-37 裁取的 6 个 120 mm × 25 mm 矩形试件,液面应高出试件表面 10 mm 以上,连续浸泡(168±1)h 取出,充分用水冲洗,擦干,在标准试验条件下放置 4 h,裁取符合 GB/T 528—2009 要求的哑铃 I 型试件,按"七、(二)1. 无处理拉伸性能"进行拉伸试验。

对于水性涂料,浸泡取出擦干后,再在(60±2)℃的电热鼓风烘箱中放置(6±0.25)h,取出在标准试验条件下放置(18±2)h,裁取符合 GB/T 528—2009 要求的哑铃 I 型试件,按"七、(二)1. 无处理拉伸性能"进行拉伸试验。

4. 酸处理拉伸性能

在(23±2)℃时,在 600 mL 的 2% 化学纯硫酸(H_2SO_4)溶液中,放入按表 12-37 裁取的六个 120 mm×25 mm 矩形试件,液面应高出试件表面 10 mm 以上,连续浸泡(168±1)h 取出,充分用水冲洗,擦干,在标准试验条件下放置 4 h,裁取符合 GB/T 528—2009 要求的哑铃 I 型试件,按"七、(二)1. 无处理拉伸性能"进行拉伸试验。

对于水性涂料,浸泡取出擦干后,再在(60±2)℃的电热鼓风烘箱中放置 6 h±15 min,取出在标准试验条件下放置(18±2)h,裁取符合 GB/T 528—2009 要求的哑铃 I 型试件,按"七、(二)1. 无处理拉伸性能"进行拉伸试验。

5. 紫外线处理拉伸性能

按表 12-37 裁取的六个 120 mm×25 mm 矩形试件,将试件平放在釉面砖上,为了防粘,可在釉面表面撒滑石粉。将试件放入紫外线箱中,距试件表面 50 mm 左右的空间温度为(45±2)℃,恒温照射 240 h。取出在标准试验条件下放置 4 h,裁取符合 GB/T 528—2009 要求的哑铃 I 型试件,按"七、(二)1. 无处理拉伸性能"进行拉伸试验。

6. 人工气候老化材料拉伸性能

按表 12-37 裁取的六个 120 mm×25 mm 矩形试件放入符合 GB/T 18244—2000 要求的氙弧灯老化试验箱中,试验累计辐照能量为 1 500 MJ^2/m^2(约 720 h)后取出,擦干,在标准试验条件下放置 4 h,裁取符合 GB/T 528—2009 要求的哑铃 I 型试件,按"七、(二)1. 无处理拉伸性能"进行拉伸试验。

对于水性涂料,取出擦干后,再在(60±2)℃的电热鼓风烘箱中放置(6±0.25)h,取出在标准试验条件下放置(18±2)h,裁取符合 GB/T 528—2009 要求的哑铃 I 型试件,按"七、(二)1. 无处理拉伸性能"进行拉伸试验。

(三)结果计算

1. 拉伸强度

试件的拉伸强度按式(12-3)计算:

$$T_l = \frac{P}{B \times D} \tag{12-3}$$

式中　T_L——拉伸强度,MPa;

P——最大拉力,N;

B——试件中间部位宽度,mm;

D——试件厚度,mm。

取五个试件的算术平均值作为试验结果,结果精确到 0.01 MPa。

2. 断裂伸长率

试件的断裂伸长率按式(12-4)计算:

$$E = \frac{L_1 - L_0}{L_0} \times 100\%$$ (12-4)

式中 E——断裂伸长率(%);

L_0——试件起始标线间距离,25 mm;

L_1——试件断裂时标线间距离,mm。

取五个试件的算术平均值作为试验结果,结果精确到1%。

3.保持率

拉伸性能保持率按式(12-5)计算:

$$R_t = \frac{T_1}{T} \times 100\%$$ (12-5)

式中 R_t——样品处理后拉伸性能保持率(%),结果精确到1%;

T——样品处理前平均拉伸强度;

T_1——样品处理后平均拉伸强度。

八、撕裂强度

(一)试验器具

(1)拉伸试验机:测量值在量程的15%~85%,示值精度不低于1%,伸长范围大于500 mm。

(2)电热鼓风烘箱:控温精度±2 ℃。

(3)冲片机及符合 GB/T 529—2008 要求的直角撕裂裁刀。

(4)厚度计:接触面直径6 mm,单位面积压力0.02 MPa,分度值0.01 mm。

(二)试验步骤

将涂膜按表12-37的要求裁取符合 GB/T 529—2008 要求的无割口直角撕裂试件,用厚度计测量试件直角撕裂区域三点的厚度,取其算术平均值作为试件厚度。将试件夹在试验机上,保持试件长度方向的中线与试验机夹具中心在一条线上,按表12-39的拉伸速度进行拉伸至断裂,记录试件断裂时的最大荷载(P),测试五个试件。

(三)结果计算

$$T_S = \frac{P}{D}$$ (12-6)

式中 T_S——撕裂强度,kN/m;

P——最大拉力,N;

D——试件厚度,mm。

取五个试件的算术平均值作为试验结果,结果精确到0.1 kN/m。

九、定伸时老化

(一)试验器具

(1)电热鼓风烘箱:控温精度±2 ℃。

(2)氙弧灯老化试验箱:符合 GB/T 18244—2000 要求的氙弧灯老化试验箱。

(3)冲片机及符合 GB/T 528—2009 要求的哑铃 I 型裁刀。

（4）定伸保持器：能使标线间距离拉伸100%以上。

（二）试验步骤

1. 加热老化

将涂膜按表12-37的要求裁取符合GB/T 528—2009要求的哑铃 I 型试件，并画好间距25 mm的平行标线，并使试件的标线间距离从25 mm拉伸至50 mm，在标准试验条件下放置24 h。然后将夹有试件的定伸保持器放入烘箱，加热温度沥青类涂料为(70±2)℃，其他涂料为(80±2)℃，水平放置168 h后取出。再在标准试验条件下放置4 h，观测定伸保持器上的试件有无变形，并用8倍放大镜检查试件有无裂纹。同时试验三个试件，分别记录每个试件有无变形、裂纹。

2. 人工气候老化

将涂膜按表12-37的要求裁取符合GB/T 528—2009要求的哑铃 I 型试件，并画好间距25 mm的平行标线，并使试件的标线间距离从25 mm拉伸至37.5 mm，在标准试验条件下放置24 h。然后将夹有试件的定伸保持器放入符合GB/T 18244—2000要求的氙弧灯老化试验箱中，试验250 h后取出。再在标准试验条件下放置4 h，观测定伸保持器上的试件有无变形，并用8倍放大镜检查试件有无裂纹。同时试验三个试件，分别记录每个试件有无变形、裂纹。

（三）结果评定

每个试件应无裂纹、无变形。

十、加热伸缩率

（一）试验器具

（1）电热鼓风烘箱：控温精度±2 ℃。

（2）测长装置：精度至少0.5 mm。

（二）试验步骤

将涂膜按表12-37的要求裁取300 mm×30 mm试件三块，将试件在标准试验条件下水平放置24 h，用测长装置测定每个试件长度(L_0)。将试件平放在撒有滑石粉的隔离纸上，水平放入已加热到规定温度的烘箱中，加热温度沥青类涂料为(70±2)℃，其他涂料为(80±2)℃，恒温(168±1)h取出，在标准试验条件下放置4 h，然后用测长装置在同一位置测定试件的长度(L_1)。若试件有弯曲，用直尺压住后测量。

（三）结果计算

加热伸缩率按式(12-7)计算：

$$S = \frac{L_1 - L_0}{L_0} \times 100\%$$
(12-7)

式中　S——加热伸缩率(%)；

　　　L_0——加热处理前长度，mm；

　　　L_1——加热处理后长度，mm。

取三个试件的算术平均值作为试验结果，结果精确到0.1%。

十一、低温柔性

(一)试验器具

(1)低温冰柜:控温精度 ±2 ℃。

(2)圆棒或弯板:直径 10 mm、20 mm、30 mm。

(二)试验步骤

1. 无处理

将涂膜按表 12-37 的要求裁取 100 mm×25 mm 试件三块进行试验,将试件和弯板或圆棒放入已调节到规定温度的低温冰柜的冷冻液中,温度计探头应与试件在同一水平位置,在规定温度下保持 1 h,然后在冷冻液中将试件绕圆棒或弯板在 3 s 内弯曲 180°,弯曲三个试件(无上、下表面区分),立即取出试件用肉眼观察试件表面有无裂纹、断裂。

2. 热处理

将涂膜按表 12-37 的要求裁取 100 mm×25 mm 矩形试件平放在隔离材料上,水平放入已达到规定温度的电热鼓风烘箱中,加热温度沥青类涂料为(70±2)℃,其他涂料为(80±2)℃。试件与箱壁间距不得少于 50 mm,试件宜与温度计的探头在同一水平位置,在规定温度的电热鼓风烘箱中恒温(168±1)h 取出,然后在标准试验条件下放置 4 h,按"十一、(二)1. 无处理"进行试验。

3. 碱处理

在(23±2)℃时,在 0.1% 化学纯 NaOH 溶液中,加入 $Ca(OH)_2$ 试剂,并达到过饱和状态。

在 400 mL 该溶液中放入按表 12-37 裁取的 100 mm×25 mm 试件,液面应高出试件表面 10 mm 以上,连续浸泡(168±1)h 取出,充分用水冲洗,擦干,在标准试验条件下放置 4 h,按 2.1 进行试验。

对于水性涂料,浸泡取出擦干后,再在(60±2)℃的电热鼓风烘箱中放置(6±0.25)h,取出在标准试验条件下放置(18±2)h,按"十一、(二)1. 无处理"进行试验。

4. 酸处理

在(23±2)℃时,在 400 mL 的 2% 化学纯 H_2SO_4 溶液中,放入按表 12-37 裁取的三个 100 mm×25 mm 试件,液面应高出试件表面 10 mm 以上,连续浸泡(168±1)h 取出,充分用水冲洗,擦干,在标准试验条件下放置 4 h,按"十一、(二)1. 无处理"进行试验。

对于水性涂料,浸泡取出擦干后,再在(60±2)℃的电热鼓风烘箱中放置(6±0.25)h,取出在标准试验条件下放置(18±2)h,按"十一、(二)1. 无处理"进行试验。

5. 紫外线处理

按表 12-37 裁取的三个 100 mm×25 mm 试件,将试件平放在釉面砖上,为了防粘,可在釉面砖表面撒滑石粉。将试件放入紫外线箱中,距试件表面 50 mm 左右的空间温度为(45±2)℃,恒温照射 240 h。取出在标准试验条件下放置 4 h,按"十一、(二)1. 无处理"进行试验。

6. 人工气候老化处理

按表 12-37 裁取的三个 100 mm×25 mm 试件放入符合 GB/T 18244—2000 要求的氙弧

灯老化试验箱中,试验累计辐照能量为 1 500 MJ^2/m^2(约 720 h)后取出,擦干,在标准试验条件下放置 4 h,按"十一、(二)1. 无处理"进行试验。

对于水性涂料,取出擦干后,再在(60±2)℃的电热鼓风烘箱中放置(6±0.25)h,取出在标准试验条件下放置(18±2)h,按"十一、(二)1. 无处理"进行试验。

(三)结果评定

所有试件应无裂纹。

十二、低温弯折性

(一)试验器具

(1)低温冰柜:控温精度±2 ℃。

(2)弯折仪:如图 12-13 所示。

(3)6 倍放大镜。

(二)试验步骤

按表 12-37 裁取的三个 100 mm×25 mm 试件,沿长度方向弯曲试件,将端部固定在一起,例如用胶粘带(见图 12-13),如此弯曲三个试件。调节弯折仪的两个平板间的距离为试件厚度的 3 倍。检测平板间 4 点的距离如图 12-13 所示。

放置弯曲试件在试验机上,胶带端对着平行于弯板的转轴,如图 12-13 所示。放置翻开的弯折试验机和试件于调好规定温度的低温箱中。在规定温度放置 1 h 后,在规定温度弯折试验机从超过 90°的垂直位置到水平位置,1 s 内合上,保持该位置 1 s,整个操作过程在低温箱中进行。从试验机中取出试件,恢复到(23±5)℃,用 6 倍放大镜检查试件弯折区域的裂纹或断裂。

(三)结果评定

所有试件应无裂纹。

十三、不透水性

(一)试验器具

(1)不透水仪:符合 GB/T 328.10—2007 中第 5.2 条的要求。

(2)金属网:孔径为 0.2 mm。

(二)试验步骤

按表 12-37 裁取的三个约 150 mm×150 mm 试件,在标准试验条件下放置 2 h,试验在(23±5)℃进行,将装置中充水直到满出,彻底排出装置中空气。

将试件放置在透水盘上,再在试件上加一相同尺寸的金属网,盖上 7 孔圆盘,慢慢夹紧直到试件夹紧在盘上,用布或压缩空气干燥试件的非迎水面,慢慢加压到规定的压力。达到规定压力后,保持压力(30±2)min。试验时观察试件的透水情况(水压突然下降或试件的非迎水面有水)。

(三)结果评定

所有试件在规定时间应无透水现象。

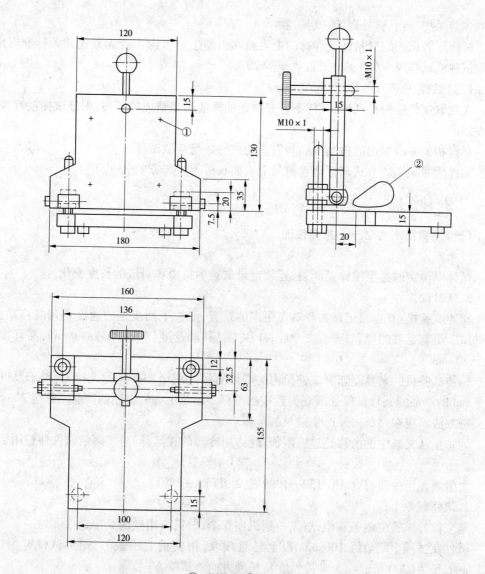

①—测量点；②—试件

图 12-13 弯折仪示意 （单位:mm）

第五节 防水卷材性能检测

一、沥青和高分子防水卷材试验条件

(一)温度条件

在裁取试样前样品应在(20±10)℃放置至少24 h,无争议时可在产品规定的展开温度范围内裁取试样。

(二)试样

在平面上展开抽取的样品,根据试件需要的长度在整个卷材宽度上裁取试样。若无合适的包装保护,将卷材外面的一层去除。

试样用能识别的材料标记卷材的上表面和机器生产方向。若无其他相关标准规定,在裁取试件前试样应在(23 ±2)℃放置至少 20 h。

(三)试件

在裁取试件前检查试样,试样不应有由于抽样或运输造成的折痕,保证试样没有规定的外观缺陷。

根据相关标准规定的检测性能和需要的试件数量裁取试件。

试件用能识别的方式来标记卷材的上表面和机器生产方向。

二、拉伸性能

(一)沥青防水卷材——拉伸性能

1. 原理

试件以恒定的速度拉伸至断裂,连续记录试验中拉力和对应的长度变化。

2. 仪器设备

拉伸试验机:有连续记录力和对应距离的装置,能按下面规定的速度均匀的移动夹具。拉伸试验机有足够的量程(至少 2 000 N)和夹具移动速度(100 ±10)mm/min,夹具宽度不小于 50 mm。

拉伸试验机的夹具能随着试件拉力的增加而保持或增加夹具的夹持力,对于厚度不超过 3 mm 的产品能夹住试件使其在夹具中的滑移不超过 1 mm,更厚的产品不超过 2 mm。这种夹持方法不应在夹具内外产生过早的破坏。

为防止从夹具中的滑移超过极限值,允许用冷却的夹具,同时实际的试件伸长用引伸计测量。

力值测量至少应符合 JJG 139—1999 的 2 级(即 ±2%)。

3. 试件制备

整个拉伸试验应制备两组试件,一组纵向 5 个试件,一组横向 5 个试件。

试件在试样上距边缘 100 mm 以上任意裁取,用模板或用裁刀,矩形试件宽为(50 ±0.5)mm,长为(200 mm +2 ×夹持长度),长度方向为试验方向。

表面的非持久层应去除。

试件在试验前在(23 ±2)℃和相对湿度 30% ~70% 的条件下至少放置 20 h。

4. 步骤

将试件紧紧的夹在拉伸试验机的夹具中,注意试件长度方向的中线与试验机夹具中心在一条线上。夹具间距离为(200 ±2)mm,为防止试件从夹具中滑移应作标记。当用引伸计时,试验前应设置标距间距离为(180 ±2)mm。为防止试件产生任何松弛,推荐加载不超过 5 N 的力。

试验在(23 ±2)℃进行,夹具移动的恒定速度为(100 ±10)mm/min。

连续记录拉力和对应的夹具(或引伸计)间距离。

5. 结果表示、计算

记录得到的拉力和距离,或数据记录,或最大的拉力和对应的由夹具(或引伸计)间距离与起始距离的百分率计算的延伸率。

去除任何在夹具 10 mm 以内断裂或在试验机夹具中滑移超过极限值的试件的试验结果,用备用件重测。

最大拉力单位为 N/50 mm,对应的延伸率用百分率表示,作为试件同一方向结果。

分别记录每个方向 5 个试件的拉力值和延伸率,计算平均值。

拉力的平均值修约到 5 N,延伸率的平均值修约到 1%。

同时对于复合增强的卷材在应力应变图上有两个或更多的峰值,拉力和延伸率应记录两个最大值。

(二)高分子防水卷材——拉伸性能

1. 原理

试件以恒定的速度拉伸至断裂。连续记录试验中拉力和对应的长度变化,特别记录最大拉力。

2. 仪器设备

拉伸试验机:有连续记录力和对应距离的装置,能按下面规定的速度均匀地移动夹具。拉伸试验机有足够的量程,至少 2 000 N,夹具移动速度(100 ± 10)mm/min 和(500 ± 50)mm/min,夹具宽度不小于 50 mm。

拉伸试验机的夹具能随着试件拉力的增加而保持或增加夹具的夹持力,对于厚度不超过 3 mm 的产品能夹住试件使其在夹具中的滑移不超过 1 mm,更厚的产品不超过 2 mm。试件放入夹具时作记号或用胶带以帮助确定滑移。

这种夹持方法不应导致在夹具附近产生过早的破坏。

假若试件从夹具中的滑移超过规定的极限值,实际延伸率应用引伸计测量。

力值测量应符合 JJG 139—1999 中的至少 2 级(即 ±2%)。

3. 试件制备

除非有其他规定,整个拉伸试验应准备两组试件,一组纵向 5 个试件,一组横向 5 个试件。

试件在距试样边缘(100 ± 10)mm 以上裁取,用模板,或用裁刀,尺寸如下:

方法 A:矩形试件为(50 ± 0.5)mm × 200 mm,按图 12-14 和表 12-40 取值。

方法 B:哑铃型试件为(6 ± 0.4)mm × 115 mm,按图 12-15 和表 12-40 取值。

表面的非持久层应去除。

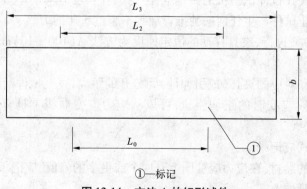

①—标记

图 12-14　方法 A 的矩形试件

试件中的网格布、织物层,衬垫或层合增强层在长度或宽度方向应裁一样的经纬数,避免切断钢筋。

试件在试验前在温度(23 ± 2)℃和相对湿度$(50 \pm 5)\%$的条件下至少放置20 h。

表12-40　试件尺寸

方法	方法 A(mm)	方法 B(mm)
全长(L_3),至少	>200	>115
端头宽度(b_1)	—	25 ± 1
狭窄平行部分长度(L_1)	—	33 ± 2
宽度(b)	50 ± 0.5	6 ± 0.4
小半径(r)	—	14 ± 1
大半径(R)	—	25 ± 2
标记间距离(L_0)	100 ± 5	25 ± 0.25
夹具间起始间距(L_2)	120	80 ± 5

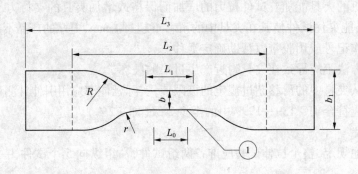

①——标记

图12-15　方法 B 的哑铃形试件

4. 步骤

对于方法 B,厚度是用 GB/T 328.5—2007 方法测量的试件有效厚度。

将试件紧紧的夹在拉伸试验机的夹具中,注意试件长度方向的中线与试验机夹具中心在一条线上。为防止试件产生任何松弛推荐加载不超过 5 N 的力。

试验在(23 ± 2)℃进行,夹具移动的恒定速度为方法 A(100 ± 10)mm/min,方法 B(500 ± 50)mm/min。

连续记录拉力和对应的夹具(或引伸计)间分开的距离,直至试件断裂。

注:在 1% 和 2% 应变时的正切模量,可以从应力应变曲线上推算,试验速度(5 ± 1)mm/min。

试件的破坏形式应记录。

对于有增强层的卷材,在应力应变图上有两个或更多的峰值,应记录两个最大峰值的拉力和延伸率及断裂延伸率。

5.结果表示

记录得到的拉力和距离,或数据记录,最大的拉力和对应的由夹具(或标记)间距离与起始距离的百分率计算的延伸率。

去除任何在距夹具 10 mm 以内断裂或在试验机夹具中滑移超过极限值试件的试验结果,用备用件重测。

记录试件同一方向最大拉力对应的延伸率和断裂延伸率的结果。

测量延伸率的方式,如夹具间距离或引伸计。

分别记录每个方向 5 个试件的值,计算算术平均值和标准偏差,方法 A 拉力的单位为 N/50 mm,方法 B 拉伸强度的单位为 MPa(N/mm^2)。

拉伸强度 MPa(N/mm^2)根据有效厚度计算(见 GB/T 328.5—2007)。

方法 A 的结果精确至 N/50 mm,方法 B 的结果精确至 0.1 MPa(N/mm^2),延伸率精确至两位有效数字。

三、沥青和高分子防水卷材——不透水性

(一)原理

对于沥青、塑料、橡胶有关范畴的卷材,在标准中给出两种试验方法的试验步骤。

方法 A:试验适用于卷材低压力的使用场合,如屋面、基层、隔汽层。试件满足直到 60 kPa 压力 24 h。

方法 B:试验适用于卷材高压力的使用场合,如特殊屋面、隧道、水池。试件采用有四个规定形状尺寸狭缝的圆盘保持规定水压 24 h,或采用 7 孔圆盘保持规定水压 30 min,观测试件是否保持不渗水。

(二)仪器设备

方法 A:一个带法兰盘的金属圆柱体箱体,孔径 150 mm,并连接到开放管子末端或容器,其间高差不低于 1 m。该方法运用较少。

方法 B:组成设备的装置见图 12-16 和图 12-17,产生的压力作用于试件的一面。

试件用有四个狭缝的盘(或 7 孔圆盘)盖上。缝的形状尺寸符合图 12-18 的规定,孔的尺寸形状符合图 12-19 的规定。

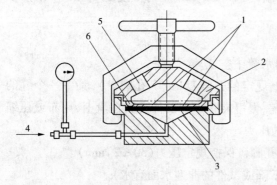

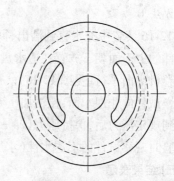

1—狭缝;2—封盖;3—试件;4—静压力;5—观测孔;6—开封盘

图 12-16　高压力不透水性用压力试验装置　　　图 12-17　狭缝压力试验装置——封盖草图

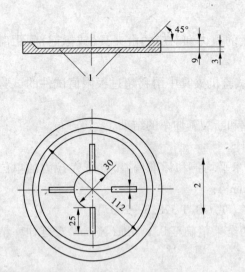

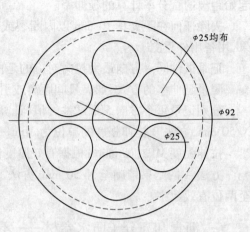

1—所有开缝盘的边都有约0.5 mm半径弧度;2—试件纵向方向

图 12-18　开缝盘　(单位:mm)　　　　　　图 12-19　7孔圆盘　(单位:mm)

(三)试件制备

1.制备

试件在卷材宽度方向均匀裁取,最外一个距卷材边缘100 mm,试件的纵向与产品的纵向平行并标记。

在相关的产品标准中应规定试件数量,最少三块。

2.试件尺寸

方法 B:试件直径不小于盘外径(约130 mm)。

3.试验条件

试验前试件在(23±5)℃放置至少6 h。

(四)步骤

1.试验条件

试验在(23±5)℃进行,产生争议时,在温度(23±2)℃、相对湿度50%±5%条件下进行。

2.方法 B 步骤

图 12-16 装置中充水直到满出,彻底排出水管中空气。

试件的上表面朝下放置在透水盘上,盖上规定的开缝盘(或7孔圆盘),其中一个缝的方向与卷材纵向平行(见图12-18)。放上封盖,慢慢夹紧直到试件夹紧在盘上,用布或压缩空气干燥试件的非迎水面,慢慢加压到规定的压力。

达到规定压力后,保持压力(24±1)h(7孔圆盘保持规定压力(30±2)min)。

试验时观察试件的不透水性(水压突然下降或试件的非迎水面有水)。

(五)结果表示

所有试件在规定的时间不透水即认为不透水性试验通过。

四、沥青防水卷材——耐热性

(一)方法A

1. 原理

从试样裁取的试件,在规定温度分别垂直悬挂在烘箱中。在规定的时间后测量试件两面涂盖层相对于胎体的位移,平均位移超过2.0 mm为不合格。耐热性极限是通过在两个温度结果间插值测定。

2. 仪器设备

(1)电热鼓风烘箱(不提供新鲜空气):在试验范围内最大温度波动±2 ℃。当门打开30 s后,恢复温度到工作温度的时间不超过5 min。

(2)热电偶:连接到外面的电子温度计,在规定范围内能测量到±1 ℃。

(3)悬挂装置(如夹子)至少100 mm宽,能夹住试件的整个宽度在一条线上,并被悬挂在试验区域(见图12-20)。

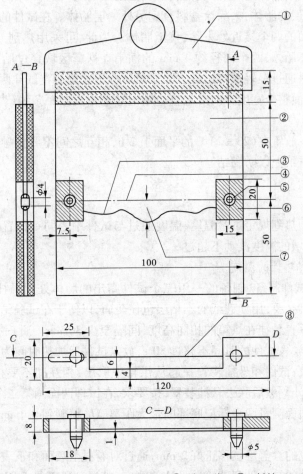

①—悬挂装置;②—试件;③—标记线1;④—标记线2;⑤—插销,$\phi 4$ mm;
⑥—去除涂盖层;⑦—滑动 ΔL(最大距离);⑧—直边

图12-20 试件、悬挂装置和标记装置(示例) (单位:mm)

(4)光学测量装置(如读数放大镜)刻度至少 0.1 mm。

(5)金属圆插销的插入装置内径约 4 mm。

(6)画线装置画直的标记线。

(7)墨水记号线的宽度不超过 0.5 mm,白色耐水墨水。

(8)硅纸。

3.试件制备

矩形试件尺寸(115 ±1)mm ×(100 ±1)mm,试件均匀的在试样宽度方向裁取,长边是卷材的纵向。试件应距卷材边缘 150 mm 以上,试件从卷材的一边开始连续编号,卷材上表面和下表面应标记。

去除任何非持久保护层,适宜的方法是常温下用胶带粘在上面,冷却到接近假设的冷弯温度,然后从试件上撕去胶带,另一种方法是用压缩空气吹(压力约 0.5 MPa,喷嘴直径约 0.5 mm),假若上面的方法不能除去保护膜,用火焰烤,用最少的时间破坏保护膜而不损伤试件。

在试件纵向的横断面一边,从上表面和下表面的大约 15 mm 一条的涂盖层去除直至胎体,若卷材有超过一层的胎体,去除涂盖料直到另外一层胎体。在试件的中间区域的涂盖层也从上表面和下表面的两个接近处去除,直至胎体。为此,可采用热刮刀或类似装置,小心地去除涂盖层不损坏胎体,两个内径约 4 mm 的插销在裸露区域穿过胎体。任何表面浮着的矿物料或表面材料通过轻轻敲打试件去除。然后标记装置放在试件两边插入插销定位于中心位置,在试件表面整个宽度方向沿着直边用记号笔垂直画一条线(宽度约 0.5 mm),操作时试件平放。

试件试验前至少放置在(23 ±2)℃的平面上 2 h,相互之间不要接触或粘住,如有必要,应将试件分别放在硅纸上以防黏结。

4.试验步骤

1)试验准备

电热鼓风烘箱预热到规定试验温度,温度通过与试件中心同一位置的热电偶控制。整个试验期间,试验区域的温度波动不超过 ±2 ℃。

2)规定温度下耐热性的测定

按"四、(一)3.试件制备"制备的一组三个试件露出的胎体处用悬挂装置夹住,注意不要夹到涂盖层。如有必要,用如硅纸的不粘层包住两面,以便于在试验结束时除去夹子。

制备好的试件垂直悬挂在烘箱的相同高度,间隔至少 30 mm。此时烘箱的温度不能下降太多,开关烘箱门放入试件的时间不超过 30 s,放入试件后加热时间为(120 ±2)min。

加热周期一结束,试件和悬挂装置一起从烘箱中取出,相互间不要接触,在(23 ±2)℃自由悬挂冷却至少 2 h。然后除去悬挂装置,按要求,在试件两面画第二个标记,用光学测量装置在每个试件的两面测量两个标记底部间最大距离 ΔL,精确到 0.1 mm。

3)耐热性极限测定

耐热性极限对应的涂盖层位移正好 2 mm,通过对卷材上表面和下表面在间隔 5 ℃的不同温度段的每个试件的初步处理试验的平均值测定,其温度段都是 5 ℃的倍数。这样试验的目的是找到位移尺寸 $\Delta L = 2$ mm 在其中的两个温度段 T 和$(T + 5)$℃。卷材的两个面按上述试验,每个温度段应采用新试件试验。按上述一组三个试件初步测定耐热性能的这样两个温度段已经测定后，上表面和下表面都要测定两个温度 T 和 $(T+5)℃$，在每个温度段应采用新试件试验。

在卷材涂盖层在两个温度段间完全流动将产生的情况下，$\Delta L = 2$ mm 时的精确耐热性不能测定，此时滑动不超过 2.0 mm 的最高温度 T 可作为耐热性极限。

4) 结果计算、表示

a. 平均值计算

计算卷材每个面三个试件的滑动值的平均值，精确到 0.1 mm。

b. 耐热性

耐热性按"四、(一)4.2)规定温度下耐热性的测定"试验，在此温度卷材上表面和下表面的滑动平均值不超过 2.0 mm 即认为合格。

(二)方法 B

1. 原理

从试样裁取的试件，在规定温度下分别垂直悬挂在烘箱中。在规定的时间后，测量试件两面涂盖层相对于胎体的位移及流淌、滴落。

2. 仪器设备

(1)电热鼓风烘箱(不提供新鲜空气)：在试验范围内最大温度波动 ±2 ℃。当门打开 30 s 后，恢复温度到工作温度的时间不超过 5 min。

(2)热电偶：连接到外面的电子温度计，在规定范围内能测量到 ±1 ℃。

(3)悬挂装置：洁净无锈的铁丝或回形针。

(4)硅纸。

3. 抽样

抽样按 GB/T 328.1—2007 进行。

矩形试件尺寸 (100±1)mm × (50±1)mm。试件均匀在试样宽度方向裁取，长边是卷材的纵向。试件应距卷材边缘 150 mm 以上，试件从卷材的一边开始连续编号，卷材上表面和下表面应标记。

4. 试件制备

去除任何非持久保护层，适宜的方法是常温下用胶带粘在上面，冷却到接近假设的冷弯温度，然后从试件上撕去胶带；另一种方法是用压缩空气吹(压力约 0.5 MPa，喷嘴直径约 0.5 mm)，假若上面的方法不能除去保护膜，用火焰烤，用最少的时间破坏保护膜而不损伤试件。

试件试验前至少放置在 (23±2)℃ 的平面上 2 h，相互之间不要接触或粘住，如有必要，将试件分别放在硅纸上以防黏结。

5. 步骤

1) 试验准备

烘箱预热到规定试验温度，温度通过与试件中心同一位置的热电偶控制。在整个试验期间，试验区域的温度波动不超过 ±2 ℃。

2) 规定温度下耐热性的测定

按"四、(二)4. 试件制备"制备的一组三个试件，分别在距试件短边一端 10 mm 处的中心打一小孔，用细铁丝或回形针穿过，垂直悬挂试件在规定温度，间隔至少 30 mm，此时烘箱的温度不能下降太多,开关烘箱门的时间不要超过 30 s。放入试件后加热时间为(120 ±2) min。

加热周期一结束,试件和悬挂装置一起从烘箱中取出,相互间不要接触,目测观察并记录试件表面的涂盖层有无滑动、流淌、滴落、集中性气泡。

6.结果计算

试件任一端涂盖层不应与胎基发生位移,试件下端的涂盖层不应超过胎基,无滑动、流淌、滴落、集中性气泡,在规定温度下的耐热性符合要求。

一组三个试件都应符合要求。

五、沥青防水卷材低温柔性

(一)原理

从试样裁取的试件,上表面和下表面分别绕浸在冷冻液中的机械弯曲装置上弯曲 180°。弯曲后,检查试件涂盖层存在的裂纹。

(二)仪器设备

试验装置的操作的示意和方法见图 12-21。该装置由两个直径(20 ±0.1)mm 不旋转的圆筒,一个直径(30 ±0.1)mm 的圆筒或半圆筒弯曲轴组成(可以根据产品规定采用其他直径的弯曲轴,如 20 mm、50 mm),该轴在两个圆筒中间,能向上移动。两个圆筒间的距离可以调节,即圆筒和弯曲轴间的距离能调节为卷材的厚度。

整个装置浸入能控制温度在 +20 ~ -40 ℃、精度 0.5 ℃温度条件的冷冻液中。冷冻液用任一种混合物:

丙烯乙二醇/水溶液(体积比 1:1)低至 -25 ℃或低于 -20 ℃的乙醇/水混合物(体积比 2:1)。

用一支测量精度 0.5 ℃的半导体温度计检查试验温度,放入试验液体中与试验试件在同一水平面。

试件在试验液体中的位置应平放且完全浸入,用可移动的装置支撑,该支撑装置应至少能放一组五个试件。

试验时,弯曲轴从下面顶着试件以 360 mm/min 的速度升起,这样试件能弯曲 180°,电动控制系统能保证在每个试验过程和试验温度的移动速度保持在(360 ±40)mm/min。裂缝通过目测检查,在试验过程中不应有任何人为的影响。为了准确评价,试件移动路径是在试验结束时,试件应露出冷冻液,移动部分通过设置适当的极限开关控制限定位置。

(三)试件制备

用于试验的矩形试件尺寸(150 ±1)mm ×(25 ±1)mm,试件从试样宽度方向上均匀的裁取,长边在卷材的纵向,试件裁取时应距卷材边缘不少于 150 mm,试件应从卷材的一边开始做连续的记号,同时标记卷材的上表面和下表面。

去除表面的任何保护膜,适宜的方法是常温下用胶带粘在上面,冷却到接近假设的冷弯温度,然后从试件上撕去胶带;另一种方法是用压缩空气吹(压力约 0.5 MPa,喷嘴直径约 0.5 mm),假若上面的方法不能除去保护膜,用火焰烤,用最少的时间破坏保护膜而不损伤试件。

试件试验前应在(23 ±2)℃的平板上放置至少 4 h,并且相互之间不能接触,也不能粘在板上。可以用硅纸垫,表面的松散颗粒用手轻轻敲打除去。

(四)试验步骤

1. 仪器准备

在开始所有试验前,两个圆筒间的距离(见图12-21)应按试件厚度调节,即弯曲轴直径 + 2 mm + 两倍试件的厚度。然后装置放入已冷却的液体中,并且圆筒的上端在冷冻液面下约 10 mm,弯曲轴在下面的位置。

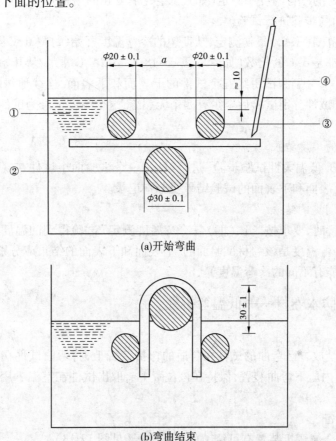

(a)开始弯曲

(b)弯曲结束

①—冷冻液;②—弯曲轴;③—固定圆筒;④—半导体温度计(热敏探头)

图 12-21　试验装置原理和弯曲过程　(单位:mm)

弯曲轴直径根据产品不同可以为 20 mm、30 mm、50 mm。

2. 试件条件

冷冻液达到规定的试验温度,误差不超过 0.5 ℃,试件放于支撑装置上,且在圆筒的上端,保证冷冻液完全浸没试件。试件放入冷冻液达到规定温度后,开始保持在该温度(1 ± 0.83)h。半导体温度计的位置靠近试件,检查冷冻液温度,然后进行低温柔性和冷弯试验。

3. 低温柔性试验步骤

两组各五个试件,全部试件在规定温度处理后,一组做上表面试验,另一组做下表面试验,试验按下述步骤进行:试件放置在圆筒和弯曲轴之间,试验面朝上,然后设置弯曲轴以 (360 ± 40)mm/min 速度顶着试件向上移动,试件同时绕轴弯曲。轴移动的终点在圆筒上面

(30 ±1)mm 处。试件的表面明显露出冷冻液,同时液面也因此下降。

在完成弯曲过程 10 s 内,在适宜的光源下用肉眼检查试件有无裂纹,必要时,用辅助光学装置帮助。假若有一条或更多的裂纹从涂盖层深入到胎体层,或完全贯穿无增强卷材,即存在裂缝。一组五个试件应分别试验检查。假若装置的尺寸满足,可以同时试验几组试件。

4. 冷弯温度测定

假若沥青卷材的冷弯温度要测定(如人工老化后变化的结果),按"五、(四)3. 低温柔性试验步验"和下面的步骤进行试验。

冷弯温度的范围(未知)最初测定,从期望的冷弯温度开始,每隔 6 ℃ 测试每个试件,因此每个试验温度都是 6 ℃ 的倍数(如 –12 ℃、–18 ℃、–24 ℃ 等)。从开始导致破坏的最低温度开始,每隔 2 ℃ 分别测试每组五个试件的上表面和下表面,连续地每隔 2 ℃ 的改变温度,直到每组五个试件分别试验后至少有四个无裂缝,这个温度记录为试件的冷弯温度。

5. 结果评定

1)规定温度的柔度结果

按"五、(四)3. 低温柔性试验步验"进行试验,一个试验面个试件在规定温度至少四个无裂缝为通过,上表面和下表面的试验结果要分别记录。

2)冷弯温度测定的结果

测定冷弯温度时,要求按"五、(四)4. 冷弯温度测定"试验得到的温度应五个试件中至少四个通过,这冷弯温度是该卷材试验面的,上表面和下表面的结果应分别记录(卷材的上表面和下表面可能有不同的冷弯温度)。

六、高分子防水卷材——低温弯折性

(一)原理

试验的原理是放置已弯曲的试件在合适的弯折装置上,将弯曲试件在规定的低温温度放置 1 h。在 1 s 内压下弯曲装置,保持在该位置 1 s,取出试件在室温下用 6 倍放大镜检查弯折区域。

(二)仪器设备

(1)弯折板:金属弯折装置有可调节的平行平板(见图 12-13)。

(2)环境箱:空气循环的低温空间,可调节温度至 –45 ℃,精度 ±2 ℃。

(3)检查工具:6 倍玻璃放大镜。

(三)试件制备

每个试验温度取四个 100 mm ×50 mm 试件,两个卷材纵向(L)、两个卷材横向(T)。试验前试件应在温度(23 ±2)℃和相对湿度 50% ±5% 的条件下放置至少 20 h。

(四)步骤

(1)温度:除了低温箱,试验步骤中所有操作在(23 ±5)℃进行。

(2)厚度:根据 GB/T 328.5—2007 测量每个试件的全厚度。

(3)弯曲:沿长度方向弯曲试件,将端部固定在一起,例如用胶粘带。将卷材的上表面弯曲朝外,如此弯曲固定一个纵向试件、一个横向试件;再将卷材的上表面弯曲朝内,如此弯曲另外一个纵向试件和一个横向试件。

(4)平板距离:调节弯折试验机的两个平板间的距离为试件全厚度的 3 倍。检测平板间 4 点的距离应符合相关规定。

(5)试件位置:放置弯曲试件在试验机上,胶带端对着平行于弯板的转轴。放置翻开的弯折试验机和试件于调至规定温度的低温箱中。

(6)弯折:放置 1 h 后,弯折试验机从超过 90°的垂直位置到水平位置,1 s 内合上,保持该位置 1 s,整个操作过程在低温箱中进行。

(7)条件:从试验机中取出试件,恢复到(23 ±5) ℃。

(8)检查:用 6 倍放大镜检查试件弯折区域的裂纹或断裂。

(9)临界低温弯折温度:弯折程序每 5 ℃重复一次,范围为 − 40 ℃、− 35 ℃、− 30 ℃、− 25 ℃、− 20 ℃等,直至按相关规定,试件无裂纹和断裂。

(五)结果表示

按照上述规定重复进行弯折程序,卷材的低温弯折温度为任何试件不出现裂纹和断裂的最低的 5 ℃间隔。

七、沥青防水卷材——可溶物含量(浸涂材料含量)

(一)术语和定义

(1)浸涂材料含量指单位面积防水卷材中除表面隔离材料和胎基外,可被选定溶剂溶出的材料和卷材填充料的质量。

(2)可溶物含量指单位面积防水卷材中可被选定溶剂溶出的材料的质量。

(二)原理

试件在选定的溶剂中萃取直至完全后,取出让溶剂挥发,然后烘干得到的为可溶物含量,将烘干后的剩余部分通过规定的筛子的为填充料质量,筛余的为隔离材料质量,清除胎基上的粉末后得到的为胎基质量。

(三)仪器设备

(1)分析天平:称量范围大于 100 g,精度 0.001 g。

(2)萃取器:500 mL 索氏萃取器。

(3)鼓风烘箱:温度波动度 ±2 ℃。

(4)试样筛:筛孔为 315 μm 或其他规定孔径的筛网。

(5)溶剂:三氯乙烯(化学纯)或其他合适溶剂。

(6)滤纸:直径不小于 150 mm。

(四)试件制备

对于整个试验应准备 3 个试件。

试件在试样上距边缘 100 mm 以上任意裁取,用模板帮助,或用裁刀,正方形试件尺寸为(100 ±1)mm × (100 ±1)mm。

试件在试验前至少在(23 ±2) ℃和相对湿度 30% ~70% 的条件下放置 20 h。

(五)步骤

每个试件先进行称量(M_0),对于表面隔离材料为粉状的沥青防水卷材,试件先用软毛刷刷除表面的隔离材料,然后称量试件(M_1)。将试件用干燥好的滤纸包好,用线扎好,称量其质量(M_2)。将包扎好的试件放入萃取器中,溶剂量为烧瓶容量的 1/2 ~2/3,进行加热萃取,萃取至回流的溶剂第一次变成浅色为止,小心取出滤纸包,不要破裂,在空气中放置 30

min 以上使溶剂挥发。再放入(105 ±2)℃的鼓风烘箱中干燥 2 h,然后取出故入干燥器中冷却至室温。

将滤纸包从干燥器中取出称量(M_3),然后将滤纸包在试样筛上打开,下面放一容器接着,将滤纸包中的胎基表面的粉末都刷除下来,称量胎基(M_4)。敲打震动试样筛直至其中没有材料落下,扔掉滤纸和扎线,称量留在筛网上的材料质量(M_5),称量筛下的材料质量(M_6)。对于表面疏松的胎基(如聚酯毡、玻纤毡等),将称量后的胎基(M_4)放入超声清洗池中清洗,取出在(105 ±2)℃烘干 1 h,然后放入干燥器中冷却至室温,称量其质量(M_7)。

(六)结果表示、计算

记录得到的每个试件的称量结果,然后按以下要求计算每个试件的结果,最终结果取三个试件的平均值。

1. 可溶物含量

可溶物含量按式(12-8)计算:

$$A = (M_2 - M_3) \times 100 \tag{12-8}$$

式中　A——可溶物含量,g/m^2。

2. 浸涂材料含量

表面隔离材料非粉状的产品浸涂材料含量按式(12-9)计算,表面隔离材料为粉状的产品浸涂材料含量按式(10)计算:

$$B = (M_0 - M_5) \times 100 - E \tag{12-9}$$

$$B = M_1 \times 100 - E \tag{12-10}$$

式中　B——浸涂材料含量,g/m^2;

　　　E——胎基单位面积质量,g/m^2。

3. 表面隔离材料单位面积质量及胎基单位面积质量

表面隔离材料为粉状的产品表面隔离材料单位面积质量按式(12-11)计算,其他产品的表面隔离材料单位面积质量按式(12-12)计算:

$$C = (M_0 - M_1) \times 100 \tag{11}$$

$$C = M_5 \times 100 \tag{12}$$

式中　C——表面隔离材料单位面积质量,g/m^2。

4. 填充料含量

胎基表面疏松的产品填充料含量按式(12-13)计算,其他按式(12-14)计算:

$$D = (M_6 + M_4 - M_7) \times 100 \tag{13}$$

$$D = M_6 \times 100 \tag{14}$$

式中　D——填充料含量,g/m^2。

5. 胎基单位面积质量

胎基表面疏松的产品的胎基单位面积质量按式(12-15)计算,其他按式(12-16)计算

$$E = M_7 \times 100 \tag{14}$$

$$E = M_4 \times 100 \tag{15}$$

式中　E——胎基单位面积质量,g/m^2。

八、沥青防水卷材——尺寸稳定性

（一）原理

从试样裁取的试件热处理后，让所有内应力释放出来，用光学或机械方法测量尺寸变化结果。

（二）仪器设备

1. 通则

以下两种测量方法任选其一：

（1）光学方法（方法 A）。本方法采用光学方法测量标记在热处理前后间的距离（见图 12-22）。

（2）卡尺法（方法 B）。本方法采用卡尺（变形测量器）测量两个测量标记间距离变化（见图 12-23）。

2. 方法 A 和方法 B 的仪器设备

（1）鼓风烘箱（无新鲜空气进入）：达到（80 ±2）℃。

（2）热电偶：连接到外面的电子温度计，在温度测量范围内精确至 ±1 ℃。

（3）钢板（大约 280 mm ×80 mm ×6 mm）用于裁切，它作为模板来去除露出的涂盖层，在放置测量标记和测量期间压平试件（见图 12-22 和图 12-23）。

（4）玻璃板：涂有滑石粉。

（三）方法 A（光学方法）仪器设备

通则：除"八、（二）2. 方法 A 和方法 B"外，还需要下述仪器设备：

（1）长臂规：钢制，尺寸大约 25 mm ×10 mm ×250 mm，上配有定位圆锥（直径大约 8 mm，高度大约 12 mm，圆锥角度约 60°）及可更换的画线钉（尖头直径约 0.05 mm），与圆锥轴距离 L_A = （190 ±5）mm（见图 12-22）。

（2）M5 螺母：或类似的测量标记作为测量基点。

（3）铝标签（约 30 mm ×30 mm ×0.2 mm）：用于标测量标记。

（4）办公用钉书机用于扣紧铝标签。

（5）长度测量装置：测量长度至少 250 mm，刻度至少 1 mm。

（6）精确长度测量装置（如读数放大镜）：刻度至少 0.05 mm。

（四）方法 B（卡尺方法）仪器设备

通则：除"八、（二）2. 方法 A 和方法 B 的仪器设备"外，还需要下述仪器设备：

（1）卡尺（变形测量器）：测量基点间距 200 mm，机械或电子测量装置，能测量到 0.05 mm。

（2）测量基点：特制的用于配合卡尺测量的装置。

（五）试件制备

从试样的宽度方向均匀的裁取 5 个矩形试件，尺寸（250 ±1）mm ×（50 ±1）mm，长度方向是卷材的纵向，在卷材边缘 150 mm 内不裁试件。当卷材有超过一层胎体时裁取 10 个试件。试件从卷材的一边开始顺序编号，标明卷材上表面和下表面。

任何保护膜应去除，适宜的方法是常温下用胶带粘在上面，冷却到接近假设的冷弯温度，然后从试件上撕去胶带，另一方法是用压缩空气吹（压力约 0.5 MPa（5 bar），喷嘴直径

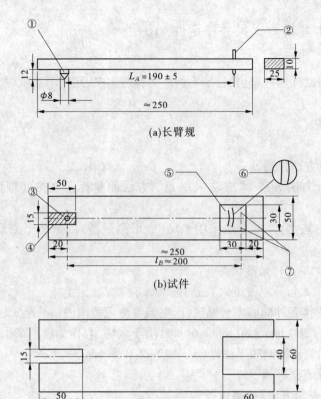

(a)长臂规

(b)试件

(c)钢板

1—钢锥;2—钉;3—M5 螺母(测量基点);4—涂盖层去除;
5—铝标签;6—测量标记;7—订书机钉
图 12-22　试件及方法 A 的试验仪器设备

约 0.5 mm),假若上面的方法不能除去保护膜,用火焰烤,用最少的时间破坏保护膜而对试件没有其他损伤。按图 12-22 或图 12-23 用金属模板和加热的刮刀或类似装置,把试件上表面的涂盖层去除直到胎体,不应损害胎体。

　　按图 12-22 或图 12-23 测量基点用无溶剂黏结剂粘在露出的胎体上。对于采用光学测量方法的试件,铝标签按图 12-22 用两个与试件长度方向垂直的钉书机钉固定到胎体,钉子与测量基点的中心距离约 200 mm。对于没有胎体的卷材,测量基点直接粘在试件表面,对于超过一层胎体的卷材,两面都试验。

　　试件制备后,在有滑石粉的平板上(23 ±2)℃至少放置 24 h。需要时卡尺、量规、钢板等,也在同样温度条件下放置。

(六)步骤

1. 方法 A(光学方法)

　　当采用光学方法(见"八、(三)方法 A(光学方法)仪器设备")时,试件(见图 12-23)上的相关长度 L_0 在(23 ±2)℃用长度测量装置测量,精确到 1 mm。为此,用于裁取的钢板放在测量基点和铝标签上,长臂规上圆锥的中心此时放入测量基点,用画线钉在铝标签上画弧形测量标记。操作时不应有附加的压力,只有量规的重量,第一个测量标记应能明显的识别。

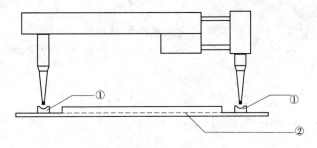

(a)卡尺测量装置(变形测量器)

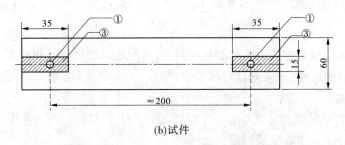

(b)试件

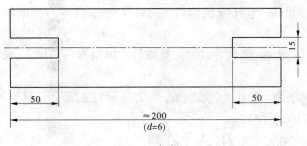

(c)钢板

①—测量基点;②—胎体;③—涂盖层去除

图 12-23　试件及方法 B 的试验仪器设备

2. 方法 B(卡尺方法)

试件采用卡尺方法(见"八、(四)方法 B(卡尺方法)仪器设备")试验,测量装置放在测量基点上,温度(23±2)℃,测量两个基点间的起始距离 L_0,精确到 0.05 mm。

3. 通则(方法 A 和方法 B)

鼓风烘箱预热到(80±2)℃,在试验区域控制温度的热电偶位置靠近试件。然后,试件和上面的测量基点放在撒有滑石粉的玻璃板上放入鼓风烘箱,在(80±2)℃处理 24 h±15 min。整个试验期间鼓风烘箱试验区域保持温度恒定。

处理后,玻璃板和试件从鼓风烘箱中取出,在(23±2)℃冷却至少 4 h。

(七)结果记录、评价

1. 方法 A(光学方法)

试件按"八、(六)1.方法 A(光学方法)"画第二个测量标记,测量两个标记外圈半径方向间的距离(见图 12-22),每个试件用精确长度测量装置测量,精确到 0.05 mm。

每个测量值与 L_0 比给出百分率。

2. 方法 B(卡尺方法)

按"八、(六)2. 方法 B(卡尺方法)"再次测量两个测量基点间的距离,精确到 0.05 mm。计算每个试件与起始长度 L_0 比较的差值,以相对于起始长度 L_0 的百分率表示。

3. 评价

每个试件根据直线上的变化结果给出符号(+ 伸长, - 收缩)。

试验结果取 5 个试件的算术平均值,精确到 0.1% ,对于超过一层胎体的卷材要分别计算每面的试验结果。

九、高分子防水卷材——尺寸稳定性

(一)原理

试验原理是测定试件起始的纵向和横向尺寸,在规定的温度加热试件到规定的时间,再测量试件纵向和横向尺寸,记录并计算尺寸变化。

(二)仪器设备

(1)鼓风烘箱:烘箱能调节试件在整个试验周期内保持规定温度 ±2 ℃,温度计或热电偶放置靠近试件处记录实际试验温度。

能保证试件放入后烘箱不会干扰试验期间的尺寸变化,例如为防止影响,试件放在涂有滑石粉的玻璃板上。

(2)机械或光学测量装置:测量装置能测量试件的纵向和横向尺寸,精确到 0.1 mm。

(三)试件制备

取至少三个正方形试件,尺寸大约 250 mm × 250 mm,在整个卷材宽度方向均匀分布,最外一个距卷材边缘(100 ± 10)mm。

注:当有表面结构存在时可能需要更大的试件。

按图 12-24 所示在试件纵向和横向的中间作永久标记。

任何标记方法应满足按"九、(二)仪器设备"选择的测量装置的测量精度不低于 0.1 mm。

试验前试件在(23 ± 2)℃,相对湿度(50 ± 5)% 标准条件下至少放置 20 h。

(四)步骤

1. 试验条件

试件在(80 ± 2)℃处理 6 h ± 15 min。

2. 试验方法

按图 12-25 测量试件起始的纵向和横向尺寸(L_0 和 T_0),精确到 0.1 mm。

按"九(二)(1)"调节到(80 ± 2)℃,放试件在平板上,上表面在烘箱中朝上。

在 6 h ± 15 min 后,从烘箱的平板上取出试件,在(23 ± 2)℃,相对湿度(50 ± 5)% 标准条件下恢复至少 60 min。按图 12-24 再测量试件纵向和横向尺寸(L_1 和 T_1),精确到 0.1 mm。

(五)结果表示

对每个试件,按公式计算和取尺寸变化(ΔL)和(ΔT),以起始尺寸的百分率表示,见式(12-17)和式(12-18)。

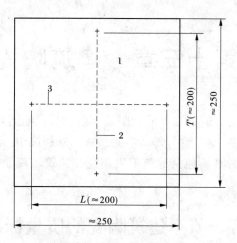

1—永久标记;2—横向中心线;3—纵向中心线

图 12-24　试件尺寸测量

$$\Delta L = \frac{L_1 - L_0}{L_0} \times 100\% \tag{12-17}$$

$$\Delta T = \frac{T_1 - T_0}{T_0} \times 100\% \tag{12-18}$$

式中　L_0、T_0——起始尺寸,mm,测量精度 0.1 mm。

　　　L_1、T_1——加热处理后的尺寸,mm,测量精度 0.1 mm。

　　　ΔL 和 ΔT——可能十或一,修约到 0.1%。

　　　ΔL 和 ΔT 的平均值分别作为样品试验的结果。

第十三章　建筑陶瓷

建筑陶瓷具有许多优良的特性,如质地坚硬、颜色均匀、釉面光滑、造价较低、易于清洗,及防水、防火、耐磨、耐腐蚀,耐久性好等。在建筑室内外装饰中,得到了十分广泛的应用。

本章主要讨论建筑陶瓷(不包括建筑卫生陶瓷和建筑琉璃制品以及其他陶瓷制品)的质量检测。

第一节　建筑陶瓷的质量标准

一、定义及分类

(一)建筑陶瓷

建筑陶瓷指用于建筑物饰面或作为建筑构件的陶瓷制品。

(二)建筑陶瓷的主要品种

(1)瓷质砖,吸水率(W)不超过0.5%的陶瓷砖。

(2)炻瓷砖,吸水率(W)大于0.5%,不超过3%的陶瓷砖。

(3)细瓷砖,吸水率(W)大于0.3%,不超过6%的陶瓷砖。

(4)炻质砖,吸水率(W)大于6%,不超过10%的陶瓷砖。

(5)陶质砖,吸水率(W)大于10%的陶瓷砖。

(6)陶瓷马赛克,用于装饰和保护建筑物地面的由多块小砖(表面面积不大于55 cm^2)拼贴成联的陶瓷砖。

(三)建筑陶瓷产品名词术语

节选自GB 9195—2011,详见本章后附录A。

二、建筑陶瓷的质量标准

以下主要讨论陶瓷砖和陶瓷马赛克的质量标准。

(一)陶瓷砖的质量标准

1. 分类

(1)按成型方法分类,分为挤压砖、干压砖和其他方法成型的砖。

(2)按吸水率(W)分类,分为低吸水率砖($W \leqslant 3\%$)、中吸水率砖($3\% < W \leqslant 10\%$)、高吸水率砖($W > 10\%$)。

2. 标志和说明

(1)标志,砖或其包装上应有下列标志:

①制造商的标记和(或)商标以及产地;

②质量标志;

③砖的种类及执行本标准的相应附录;

④名义尺寸和工作尺寸,模数(M)或非模数;

⑤表面特性,如有釉(GL)或无釉(UGL)。

(2)产品特性,对用于地面的陶瓷砖,应报告以下特性:

①按标准附录规定所测得的摩擦系数;

②有釉砖的耐磨性级别。

(3)说明书中应包括下列内容:

①成型方法;

②陶瓷砖类别及执行本标准的相应附录;

③名义尺寸和工作尺寸,模数(M)和非模数;

④表面特性,如有釉(GL)或无釉(UGL)。

例如:

精细挤压砖,GB/T 4100—2006 附录 A

AI M25 cm×12.5 cm(W240 mm×115 mm×10 mm)GL

普通挤压砖,GB/T 4100—2006 附录 A

A1 15 cm×15 cm(W150 mm×150 mm×12.5 mm)UGL

3. 技术要求

详见 GB/T 4100—2006 附录 A~附录 M。

(二)陶瓷马赛克质量标准

1. 品种、规格及分级

(1)品种。陶瓷马赛克按表面性质分为有釉、无釉两种;按砖联分为单色、混色和拼花三种。

(2)规格。单块砖边长不大于 95 mm;砖联分正方形、长方形和其他形状。特殊要求可由供需双方商定。

(3)等级陶瓷马赛克按尺寸允许偏差和外观质量分为优等品和合格品两个等级。

2. 标志、包装

(1)标志。每联产品要印有生产厂名、商标。

(2)包装。

①产品用纸箱包装,在箱内衬有防潮纸。如空隙过大,必须用软物充填四周。

②每箱内必须有盖有检验标志的产品合格证和产品使用说明。

③包装箱表面应注明生产厂名、商标、出厂批号,产品名称、规格、数量、质量,产品等级、色号,防潮和易碎品标志。

3. 技术要求

(1)尺寸允许偏差。

①单块陶瓷马赛克尺寸允许偏差应符合表13-1 的规定。

②每联陶瓷马赛克的线路、联长的尺寸允许偏差应符合表13-2 的规定。

(2)外观质量。

①最大边长不大于 25 mm 的锦砖外观缺陷的允许范围应符合表13-3 规定。

表 13-1　锦砖尺寸允许偏差　　　　　　　　　　　　（单位:mm）

项目	允许偏差	
	优等品	合格品
长度和宽度	±0.5	±1.0
厚度	±0.2	±0.4

表 13-2　每联锦砖线路、联长允许偏差　　　　　　　（单位:mm）

项目	允许偏差	
	优等品	合格品
线路	±0.6	±1.0
联长	±1.5	±2.0

注:特殊要求的尺寸偏差可由供需双方协商。

表 13-3　边长不大于 25 mm 的锦砖外观缺陷允许范围

缺陷名称	表示方法	单位	缺陷允许范围				备注
			优等品		合格品		
			正面	背面	正面	背面	
夹层、釉裂、开裂			不允许				
斑点、黏疤、起泡、坯粉、麻面、波纹、缺釉、橘釉、棕眼、落脏、熔洞			不明显		不严重		
缺角	斜边长		<2.0	<4.0	2.0 ~ 3.5	4.0 ~ 5.5	正、背面缺角不允许在同一角部;
	深度		不大于厚砖的2/3				正面只允许缺角 1 处
缺边	长度	mm	<3.0	<6.0	3.0 ~ 5.0	6.0 ~ 8.0	正、背面缺边不允许出现在同一侧面;
	宽度		<1.5	<2.5	1.5 ~ 2.0	2.5 ~ 3.0	同一侧面边不允许有 2 处缺边,正面只允许 2 处缺边
	深度		<1.5	<2.5	1.5 ~ 2.0	2.5 ~ 3.0	
变形	翘曲		不明显				
	大小头	mm	0.2		0.4		

②最大边长大于 25 mm 的陶瓷马赛克,外观缺陷的允许范围应符合表 13-4 的规定。

(3)吸水率。无釉陶瓷马赛克吸水率不大于 0.2%,有釉陶瓷马赛克吸水率不大于 1.0%。

(4)抗热震性。经 5 次抗热震性试验后不出现炸裂或裂纹。

（5）成联质量要求。

①陶瓷马赛克与铺贴衬材的黏结，按规定方法试验后，不允许有陶瓷马赛克脱落。

②正面贴陶瓷马赛克的脱落时间不大于 40 min。

③色差。联内及联间锦砖色差，优等品目测基本一致，合格品目测稍有色差。

④锦砖铺贴成联后，不允许铺贴纸露出。

表 13-4　边长大于 25 mm 的锦砖外观缺陷允许范围

缺陷名称	表示方法	单位	缺陷允许范围				说明
			优等品		合格品		
			正面	背面	正面	背面	
夹层、釉裂、开裂			不允许				不严重
斑点、黏疤、起泡、坯粉、麻面、波纹、缺釉、橘釉、棕眼、落脏、熔洞			不明显		不明显		
缺角	斜边长	mm	<2.3	<4.5	2.3 ~ 4.3	4.5 ~ 6.5	正、背面缺角不允许在同一角部；正面只允许缺角 1 处
	深度		不大于厚砖的 2/3				
缺边	长度		<4.5	<8.0	4.5 ~ 7.0	8.0 ~ 10.0	正、背面缺边不允许出现在同一侧面；同一侧面边不允许有 2 处缺边，正面只允许 2 处缺边
	宽度		<1.5	<3.0	1.5 ~ 2.0	2.5 ~ 3.5	
	深度		<1.5	<2.5	1.5 ~ 2.0	2.5 ~ 3.5	
变形	翘曲		0.3		0.5		
	大小头		0.6		1.0		

三、检验规则

（一）陶瓷砖的检验规则

1. 检验

按照有关产品标准中规定的检验方法对样品砖进行试验。

2. 组批与抽样规则

（1）组批。以同品种、同规格、同色号、同等级的 1 000 ~ 5 000 m² 为一批，供需双方也可以商定批的大小。

（2）抽样。按 GB 3810.1—2006 的规定（见本章后附录 B）随机抽取满足表 13-5 要求数量的样本。非破坏性试验项目的试样，可用于其他项目检验。

3. 判定规则

(1)样本大小及合格判定数列于表 13-5 中。

表 13-5　釉面内墙砖样本大小及合格判定数(块)

项目		试样数量		一次抽样		一次加二次抽样	
		一次(n_1)	二次(n_2)	接收数 Ac_1	拒收数 Re_1	接收数 Ac_2	拒收数 Re_2
吸水率		5	5	0	2	1	2
白度		5	5	0	2	1	2
釉面抗化学腐蚀	酸	5	5	0	2	1	2
	碱	5	5	0	2	1	2
耐急冷急热性		10	10	0	2	1	2
平整度		10	10	0	2	1	2
边直度		10	10	0	2	1	2
直角度		10	10	0	2	1	2
抗龟裂性		5	5	0	2	1	2
尺寸偏差		50(30)	50(30)	4(3)	7(5)	8(6)	9(7)
表面缺陷		50(30)	50(30)	4(3)	7(5)	8(6)	9(7)
色差		50(30)	50(30)	4(3)	7(5)	8(6)	9(7)
弯曲强度		10		$\overline{X} \geq L$ 时接收,$\overline{X} < L$ 时拒收			

注:1. 括号内为尺寸大于 152 mm × 152 mm 时的规定。

2. $\overline{X}$ 为平均值,L 为技术要求中弯曲强度规定的指标。

陶瓷砖各项技术指标质量检验合格判定流程图见图 13-1。图中 D_1、D_2 分别代表第一、二次抽样时检测出的不合格样本数量;其余符号含义参见表 13-5。

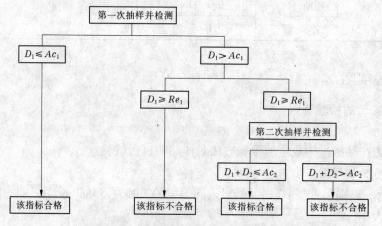

图 13-1　釉面砖质量检验合格判定流程

(2)对尺寸允许偏差一项判定时,如果砖有一个尺寸不合格,则判定该釉面砖不合格。

对外观质量判定时,如果某块釉面砖不符合该等级的要求,则判定该釉面砖不合格。

(3)当所检验的全部项目合格时,则该批产品合格;若该批产品所检验的项目有一项或一项以上不合格,则该批产品不合格。

(4)判定规则也可以由供需双方商定。

(二)陶瓷马赛克的检验规则

1.检验分类

(1)出厂检验。出厂检验项目包括联长、线路、色差和外观质量。

(2)型式检验。型式检验项目包括技术要求规定的全部项目。正常生产每季度检验一次,工艺变化随时检验。

2.组批与抽样

(1)组批。以同品种、同色号的产品25~300箱为一批,小于25箱时,由供需双方商定。

(2)抽样。从每批中随机抽取3箱,然后从3箱中抽取满足表13-6各项规定的数量。

表 13-6　陶瓷马赛克检验规定

检验项目	单位	样本大小		第一次抽样		第一次与第二次抽样之和
		第一次	第二次	合格判定数	不合格判定数	合格判定数
吸水率①	块	5	5	0	2	1
耐急冷急热性①		5	5	0	2	1
尺寸偏差		20	20	1	3	3
外观	联	3	—	≤5%②	>5%	—
联长		15	—	1	2	—
线路		15	—	1	2	—
铺贴纸露出		15	—	1	2	—
牢固度		3	—	0	1	—
脱纸时间		3	—	0	1	—

注:①对拼花产品应按比例抽取不同规格、颜色的单块砖。总砖数为样本大小。

②指3联试样中不合格砖数占砖总数的百分数。

3.判定规则

(1)对吸水率、耐急冷急热性、尺寸偏差等项目进行二次抽样检验,对色差、外观、联长、线路、铺贴纸露出、牢固度和脱纸时间等项目进行一次抽样检验。

(2)若1联样本中线路不合格数超过该联被检线路数的5%,则判该联线路不合格。联长按第三节中相应检验方法检查,3处尺寸有2处不合格,则判该联联长项目不合格。

(3)从脱纸的3联样本中进行外观检查,在缺陷允许范围内,优等品正、背面各限2种缺陷;合格品正、背面各限4种缺陷;按表13-6规定进行验收。

(4)若吸水率、抗热震性、规格尺寸、联长、线路和色差6项中,有1项不合格,则判定该批不合格。若外观质量、牢固度、脱纸时间、铺贴纸露出4项中,超过1项不合格,则判该批不合格。

第二节　陶瓷砖的质量检验方法

一、尺寸偏差检验方法

(一)目的及适用范围
本方法适用于陶瓷砖的尺寸和表面质量的检测。

(二)采用标准
本方法采用的标准为《陶瓷砖试验方法 第 2 部分:尺寸和表面质量的检验》(GB/T 3810.2—2006)。

(三)试验仪器
游标卡尺,读数值每格 0.05 mm。

(四)试样制备
按其检验规则取一定数量的试样。

(五)试验步骤
在砖的四边测量长度、宽度,厚度测量任一边的中间部位,厚度的测量包括凸背纹。

(六)试验结果评定
参照本章第一节中相应技术要求及判定规则评定。

二、表面缺陷检验方法

(一)目的及适用范围
本方法适用于陶瓷砖表面缺陷的检测。

(二)采用标准
本方法采用的标准为《陶瓷砖试验方法 第 2 部分:尺寸和表面质量的检验》。

(三)试验仪器设备
色温为 6 000 ~ 6 500 K 的荧光灯、温度计。

(四)试样制备
根据其相应检验规则取一定数量的试样。

(五)试验步骤
(1)将砖的正面表面用照度为 300 Lx 的灯光均匀照射,检查被检表面的中心部分和每个角上的照度。

(2)在垂直距离为 1 m 处用肉眼观察被检砖组表面的可见缺陷。

(3)检验的准备和检验不应是同一人。砖表面的人为装饰效果不能称做缺陷。

(4)目测检验应按表 13-4 的规定进行。

(六)结果评定
参照本章第一节中相应技术要求及判定规则评定。

三、色差检验方法

(一)目的及适用范围
本方法适用于陶瓷砖色差的检测。

（二）采用标准

本方法采用的标准为《陶瓷砖试验方法 第16部分:色差的测定》(GB/T 3810.16—2006)。

（三）试样制备

根据其相应检验规则取一定数量的试样。

（四）试验步骤

在接近日光并光线充足的条件下,观察距离为0.5 m。

随机抽取10块样品为对照组,在对照组内选取一块样品为对照板,对照板的颜色,应在对照组内与尽可能多的样品一致。用对照板为基准,与被检样品逐块目测对比,按表13-5的规定检验。

（五）结果评定

参照本章第一节中相应技术要求及判定规则评定。

四、平整度、边直度和直角度的检验方法

（一）目的及适用范围

本方法适用于矩形陶瓷砖平整度、边直度和直角度的测定。

（二）采用标准

本方法采用的标准为《陶瓷砖试验方法 第2部分:尺寸和表面质量的检验》(GB/T 3810.2—2006)。

（三）术语

1. 平整度

平整度是中心弯曲度和翘曲度的总称。

（1）中心弯曲度:指当陶瓷砖四个角中的三个角在一个平面上时,其中心点偏离此平面的距离。

（2）翘曲度:指当陶瓷砖的三个角在一个平面上时,其第四个角偏离此平面的距离。

2. 边直度

边直度指陶瓷砖棱边的中心部位偏离规定直线(距棱边两端适当距离的两点连线)的距离。

3. 直角度

直角度指陶瓷砖角与标准直角相比的变形程度,用百分比表示。其计算公式如下:

$$r = \frac{\beta}{L}$$

式中　r——陶瓷砖直角度(%);

　　　β——陶瓷砖在距砖边5 mm处测量时表的读数,mm;

　　　L——陶瓷砖边长,10 mm

（四）平整度、边直度的测定

1. 仪器

平整度、边直度测定仪如图13-2所示,测定精确至0.1 mm。

2. 试样

按其检验规则规定随机抽取10块试样。

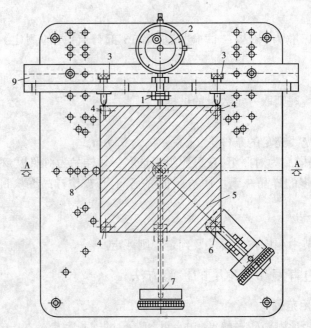

1—六角螺母;2—百分表(测边直度);3—活动顶头;4—支承销;5—标准板;

6—百分表(测翘曲度)测头;7—百分表(测中心弯曲度);8—定位制动销;9—定位块

图 13-2　平整度、边直度测定仪

3. 步骤

(1)根据所测陶瓷砖的规格,选择相应的仪器,将相应的标准板(厚度至少为 10 mm)安放在适当的支承销上,并与一个定位制动销、两个顶头接触。此时,每个支承销的中心到陶瓷砖边的距离为 5 mm,再调整两个顶头使其中心距陶瓷砖边为 5 mm,最后把三个百分表的指针调到零。

(2)取出标准板,将陶瓷砖的正面向下正确地放入仪器的上述位置,用手指压在陶瓷砖的三个支承销的中心位置上,使得陶瓷砖表面与三个支承销紧密接触,百分表指针稳定后,记下三个百分表的读数。再将陶瓷砖转动 90°,重复上述步骤,直到测量完陶瓷砖的平整度和四条边的直度。

(3)测正方形砖时,按上述步骤转动共测四次;测长方形砖时,测两对边后需按上述要求重新调整,再测另两对边。

4. 结果评定

参照其相应技术要求及判定规则评定。

(五)直角度的测定

1. 仪器

直角度测定仪如图 13-3 所示,测定精确到 0.1 mm。

2. 试样

按检验规则规定,随机抽取 10 块试样。

3. 步骤

(1)根据所测陶瓷砖的规格,选择相应的仪器,将相应的标准板(至少为 10 mm 厚)安放在适当位置的垫条上,并与三个顶头接触,使每个顶头中心距砖边的距离为 5 mm,调整百分

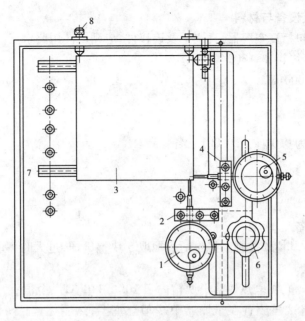

1—百分表;2、4—螺钉;3—标准板;5—百分表(测直角度);

6—触杠;7—垫条;8—活动顶头

图13-3　直角度测定仪

表的测头,使之距标准板的顶角5 mm,最后把两个百分表的指针调到零(其中一个百分表是用来测陶瓷砖边长的)。

(2)取出标准板,将陶瓷砖的正面向下正确地放入仪器的上述位置,使陶瓷砖与三个顶头接触,记下百分表的读数。再将陶瓷砖转动90°,重复上述步骤,直到测量完四个偏差(mm)。

(3)测正方形砖时,按上述步骤转动共测四次;测长方形砖时,测两对边后需按上述要求重新调整,再测另两对边。

4.结果计算

结果计算见本节"四、(三)3.直角度"中的相应规定。

5.结果评定

结果参照其相应技术要求及判定规则评定。

五、吸水率试验方法

(一)目的及适用范围

本方法适用于陶瓷砖吸水率的测定。

(二)采用标准

本方法采用的标准为《陶瓷砖试验方法 第3部分:吸水率、显气孔率表观相对密度和容重的测定》(GB/T 3810.3—2006)。

(三)术语

建筑卫生陶瓷试样开口气孔所吸附的水的质量与干燥试样质量之比称为该试样的吸水率,以百分数表示。

（四）试验仪器、设备与材料

（1）真空装置，包括真空容器、真空泵及连接件，应满足使用要求。

（2）电热恒温干燥箱，0~300 ℃。

（3）电炉，0~3 000 W。

（4）煮沸容器。

（5）干燥器。

（6）天平，感量为 0.01 g 和 0.001 g 各一台。

（7）贮水器。

（8）蒸馏水。

（9）试样架。

（五）试样的准备

（1）陶瓷砖。按其检验规则的规定随机抽取 5 块整试样，过大时可以切割，切割后的小块全部作为试样。

（2）将试样擦干净，在电热恒温干燥箱内于 105~110 ℃烘至恒重，即两次连续称量之差小于 0.1%。需将试样放置在干燥器中冷却至室温，然后称量。陶瓷锦砖称量精确至 0.001 g；其他陶瓷砖、卫生陶瓷和建筑琉璃制品称量精确至 0.01 g。

（六）试验装置和步骤

1. 真空法

（1）试验装置如图 13-4 所示。

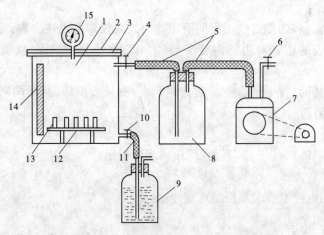

1—真空容器；2—盖子；3—橡皮衬垫；4—连接真空容器的缓冲瓶的活塞；5、11—真空胶管；
6—活塞；7—真空泵；8—缓冲瓶；9—贮水瓶；10—给真空器供水和放水的活塞；12—试样夹；
13—试样；14—观察真空容器中水面的玻璃窗口；15—真空表

图 13-4　真空法试验装置

（2）将已恒重的试样竖放在试样架上，放入真空容器 1 中，盖好盖子 2，打开连接真空容器与缓冲瓶的活塞 4，关闭连接真空容器与贮水瓶的活塞 10 及活塞 6。开动真空泵抽真空，使真空容器中的真空度为 700 mmHg。

（3）陶瓷砖和建筑琉璃制品试样在该真空度下保持 10 min，卫生陶瓷和陶瓷锦砖试样为 2 h，然后在继续抽真空的同时打开活塞 10，使蒸馏水注入容器，至完全覆盖试样时停止抽真空。陶瓷砖和建筑琉璃制品试样在原水中浸泡 10 min,卫生陶瓷和陶瓷锦砖浸泡 30 min,打开活塞 6,使真空容器与大气相通。打开盖子,取出试样,用拧干的湿毛巾擦去试样表面的附着水,然后立即分别称量每块试样的质量。

2.煮沸法

(1)将恒重的试样竖放在盛有蒸馏水的煮沸容器内,使试样面不接触。试验过程中应保持水面高出试样 50 mm。

(2)加热蒸馏水至沸并保持 2 h,然后停止加热。卫生陶瓷在原蒸馏水中浸泡 20 h;陶瓷砖在原蒸馏水中浸泡 4 h,陶瓷锦砖煮沸 4 h,在原蒸馏水中浸泡 1 h,取出试样,用拧干的湿毛巾擦去试样表面的附着水,然后分别称量每块试样的质量。

(七)试验结果

(1)试样的吸水率按下式计算:

$$W = \frac{m_1 - m}{m} \times 100\% \tag{13-2}$$

式中　W——试样吸水率(%);

　　m_1——经水饱和后的试样质量,g;

　　m——干燥试样的质量,g。

(2)以所测试样吸水率的算术平均值作为试验结果。

(3)两种试验方法结果如有争议,以真空法为准。

(八)试验结果评定

参照其相应技术要求及判定规则评定。

六、抗热震性的检验方法

(一)目的及适用范围

本方法适用于检验陶瓷砖的抗热震性。

(二)采用标准

本方法采用的标准为《陶瓷砖试验方法 第 9 部分:吸水率、抗热震性的测定》(GB/T 3810.9—2006)。

(三)术语

抗热震性是指釉面砖承受温度剧烈变化而不出现裂纹的能力。

(四)试验仪器、设备和材料

(1)电热干燥箱(约 200 ℃)。

(2)试样架(见图 13-5)。

(3)温度计。

(4)水槽。

(5)红墨水。

(五)试样的采取

按其检验规则的规定随机抽取 10 块陶瓷砖。

(六)试验方法和步骤

(1)试验方法。采用烘箱法,温度为(130 ± 2)℃。

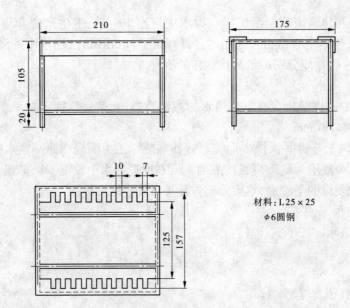

图 13-5　试样架

（2）试验步骤。测量冷水温度。将 10 块釉面砖擦试干净,放在试样架上。把放有试样的架子放入预先加热到温度比冷水温度高(130±2)℃的烘箱中,关上箱门。在 2 min 内,使烘箱重新达到这一温度,并在这个温度保持 15 min。然后打开烘箱,把放有试样的架子取出,立即放入装有流动冷水的水槽中。冷却 5 min,取出试样,逐片在釉面上涂红墨水,目视检查有无破损、裂纹或釉面剥离等现象。

（七）结果评定

参照其相应技术要求及判定规则评定。

七、断裂模数的测定方法

（一）目的及适用范围

本方法适用于最大边长不小于 95 mm 的陶瓷砖的弯曲强度的测定。

（二）采用标准

本方法采用的标准为《陶瓷砖试验方法 第 4 部分:断裂模数和破坏强度的的测定》(GB/T 3810.4—2006)。

（三）试验设备

（1）烘箱,能在(110±5)℃下保温。

（2）弯曲强度试验机,相对误差不大于 1%,能够等速加荷。试样支座由两根直径为 20 mm 的金属棒构成,其中一根可以绕中心轻微地上下摆动,另一根可以绕它的轴心稍作旋转。压头是一直径为 20 mm 的金属棒,也可以绕中心上下轻微地摆动。支座和压头均符合《工业用硫化橡板》(GB 5574—2008)、硬度为邵尔 A45～60 度的普通橡胶,厚度 5 mm(见图 13-6)。

（3）游标卡尺,精度 0.2 mm。

（4）秒表,精度 0.1 s。

（5）干燥器。

（四）试样制备

（1）试样为最大边长不大于 300 mm 的矩形砖。最大边长大于 300 mm 的砖需要切割，切割后的砖应尽可能大，且中心与原砖中心重合。

（2）按其检验规则的规定随机抽取不少于 10 块试样。

（五）试验步骤

（1）样品需在（110 ± 51）℃的烘箱内烘干 1 h，然后放入干燥器中冷却至室温。

（2）将试样放在支座上，釉面或正面朝上，调整支座金属棒间距使金属棒中心以外砖的长度为（10 ± 2）mm，并使压头位于支座的正中（见图 13-7）。对于长方形陶瓷砖，应使长边垂直支座的金属棒放置。

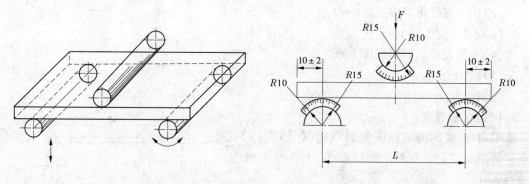

图 13-6　弯曲强度试验机示意　　　　图 13-7　试验示意

（3）试验前先校正试验机零点，开动试验机，压头接触试样时不得冲击，以平均（1 ± 0.2）MPa/s 的速率均匀加荷，直至破坏。记录破坏时的最大载荷。

（4）当试样不在中间区域（压头在试样上的垂直投影区）断裂，应舍去该试样重测一块。

（六）结果处理

（1）陶瓷砖的断裂模数按下式计算：

$$\sigma = \frac{3FL}{2bh^2} \tag{13-3}$$

式中　σ——试样的断裂模数，MPa；

　　　F——试样断裂时的最大载荷，N；

　　　L——试样跨距，mm；

　　　b——试样的宽度，mm；

　　　h——试样断裂面上的最小厚度，mm。

（2）记录所有结果，以 10 个有效数据的算术平均值作为所测试样的断裂模数值。

（七）结果评定

其结果参照其相应技术要求及判定规则评定。

八、釉面抗化学腐蚀性检验方法

（一）目的及适用范围

本方法适用于表面平整、单色有釉陶瓷砖釉面抗化学腐蚀的检验。

（二）采用标准

本方法采用的标准为《陶瓷砖试验方法：第13部分　耐化学腐蚀性的测定》（GB/T 3810.13—2006）。

（三）方法提要

先把陶瓷砖釉面用乙醇擦净晾干，使部分釉面与试验溶液接触，作用一定时间后擦干试样，用乙醇清洗釉面并晾干，然后用 HB 铅笔在处理过的釉面上画线。根据擦除笔痕的情况进行分级。不适用铅笔试验的釉面则用目测法分级。

（四）试验试剂和材料

（1）10%盐酸溶液（V/V）。

（2）10%氢氧化钾溶液（m/m）。

（3）乙醇（化学纯）。

（4）不易起毛的棉布或擦手纸。

（5）白凡士林。

（6）HB 铅笔。

（五）试验装置

用耐酸、碱的玻璃瓶或塑料圆筒制成如图 13-8 所示的试验装置。圆筒底部应磨平，上部应有试验液注入孔，孔上有盖。

为了适应不同尺寸的试样，试验装置尺寸可根据情况而定。

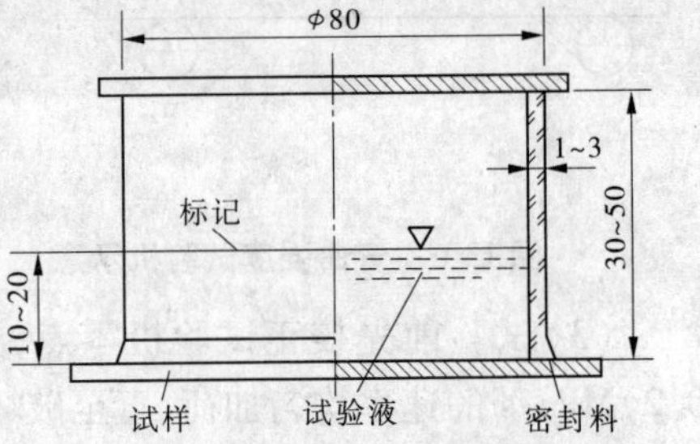

图 13-8　试验装置示意图

（六）试样准备

按其检验规则的规定随机抽取 10 块表面无缺陷的整砖作为试样。耐酸、碱试验各用 5 块。

（七）试验步骤

（1）用乙醇把试样釉面擦净并晾干。

（2）用 HB 铅笔在试样釉面上画线，用干布擦，如果能擦掉，则用 HB 铅笔试验并分级；如果擦不掉则可用目测法进行分级。

（3）如图 13-10 所示，把圆筒罩在试样的中心部位，并用凡士林密封，加入试验液，盖住试验液注入孔。在（20±5）℃条件下保持 24 h，然后倒掉试验液，拿掉圆筒，再用乙醇清洗釉面晾干。

（4）用 HB 铅笔在处理过的釉面上画线，然后用干布擦。擦不掉再用浸过水后拧干的湿布擦。

（八）试验结果评定

（1）用 HB 铅笔试验分级。

①用干布能擦掉铅笔画线的为 A 级。

②用湿布能擦掉铅笔画线的为 B 级，抗化学腐蚀性比 A 级差。

③用湿布不能擦掉铅笔画线的为 C 级，抗化学腐蚀性比 B 级差。

（2）用目测法分级。

①经酸、碱处理后釉面无可见变化的为 A 级。

②经酸、碱处理后釉面稍有变化的为 B 级。

③经酸、碱处理后釉面有明显变化的为 C 级。

(3)合格性评定应参考其相应技术要求及判定来进行。

九、抗龟裂性检验方法

(一)目的及适用范围

本方法适用于有釉陶瓷砖,不适用于釉裂为产品本身特性的产品。

(二)采用标准

本方法采用的标准为《陶瓷砖试验方法 第 11 部分:有釉砖抗釉裂性的测定》(GB/T 3810.11—2006)。

(三)定义

龟裂:陶瓷砖釉面呈现出如头发丝状的裂纹。

(四)试验设备

蒸压釜,容积和压力能保证满足本方法的要求。最好由外部蒸汽源供给蒸汽,也可使用直接加热的蒸压釜。

(五)试验试样

按其检验规则的规定随机抽取至少 5 块整砖作试样。特别大块的砖为使其能装入蒸压釜可以切割成数块,这些割块的尺寸应尽可能大。

(六)试验步骤

(1)在釉面涂上合适的色剂,目测检查,所有试样在试验前都不应有裂纹。

(2)试样按适当间隔竖放在样品架上,然后放入蒸压釜中。试验时试样不能与水接触。约 1 h 逐渐使蒸压釜内压力提高(500 ± 20)kPa、(159 ± 1)℃,并在该压力下保持 1 h,然后使压力尽可能快地降到大气压。试样在蒸压釜内冷却半小时。

(3)打开蒸压釜盖子,取出试样,轻轻放于平板上,冷却半小时。

(4)在试样釉面上涂上合适的色剂,如红墨水,数分钟后用水洗去色剂并擦干,检查试样的龟裂情况。

(七)试验结果评定

参照其相应技术要求及判定规则评定。

十、白度检验方法

(一)目的及适用范围

本方法适用于白色和近白色陶瓷的白度测量。

(二)采用标准

本方法采用的标准为《建筑材料与非金属矿产品白度测量方法》(GB 5950—2008)。

(三)试验内容

参见 GB 5950—2008,本处略。

(四)试验结果评定

参照其相应技术要求及判定规则评定。

第三节　陶瓷马赛克的质量检验方法

一、尺寸偏差的检验方法

(一)目的及适用范围
本方法适用于陶瓷马赛克的尺寸偏差的检验。

(二)采用标准
本方法采用的标准为《陶瓷马赛克》(JC/T 456—2005)。

(三)试验设备
(1)游标卡尺,最小读数 0.05 mm。

(2)钢板尺,最小读数 0.5 mm。

(四)试样准备
按检验规则抽取一定数量的试样。

(五)试验步骤
(1)用游标卡尺检查单块锦砖尺寸,通常以中心线为准。

(2)用钢板尺检查每联产品的联长,通常以其中心线为准。如果超差,再量相邻上、下两处尺寸。

(3)检查每联产品的线路时,将产品放在平台上,距砖约 0.5 m 目测。难以判断的线路用塞尺测量。

(六)试验结果评定
试验结果参照陶瓷锦砖相应技术要求及判定规则评定。

二、外观质量的检验方法

(一)目的及适用范围
本方法适用于陶瓷马赛克外观质量的检验。

(二)采用标准
本方法采用的标准为《陶瓷马赛克》(JC/T 456—2005)。

(三)试验设备
同尺寸偏差检验方法的试验设备。

(四)试样准备
按检验规则抽取试样。

(五)试验步骤
(1)将成联锦砖平放在光线充足的地方,距砖约 0.5 m,目测检查夹层、釉裂、开裂及铺贴纸露出;距砖约 1 m 目测检查斑点、粘疤、起泡、坯粉、麻面、波纹、缺釉、棕眼、落脏、熔洞等缺陷。对于正面粘贴衬材的砖联,应脱纸后检查。

(2)缺角、缺边用游标卡尺测量。

(3)检查翘曲,用钢板尺立放在锦砖表面上,沿对角线方向滑动,用塞尺测量其最大间隙。

(4)检查锦砖大小头,用游标卡尺测量,以距砖角约 5 mm 处的尺寸为准。

(六)试验结果评定

试验结果参照陶瓷锦砖相应技术要求及判定规则评定。

三、成联质量检验方法

(一)目的及适用范围

本方法适用于陶瓷锦砖成联质量的检验。

(二)采用标准

本方法采用的标准为《陶瓷马赛克》(JC/T 456—2005)。

(三)试样准备

按检验规则的规定分别抽样。

(四)试验步骤

(1)色差检验。将 9 联砖排成方形,平放在光线较充足的地方,距砖约 1.5 m 目测检查。

(2)锦砖与铺贴衬材结合牢固程度检验。正面粘贴砖联,正面朝上,用两手捏住联一边的两角垂直提起,然后放平。反复 3 次。背面粘贴的丝网衬砖联,将成联砖垂直吊放在室温清水中约 90 min,然后轻轻提起,检查有无砖脱落。

(3)脱纸试验。将正面粘贴的砖联平放在平底容器内,铺贴纸向上,用水浸透,在40 min 之内捏住铺贴纸的一角折180°,沿对角线方向揭纸,所有锦砖均应脱落。

(五)试验结果评定

试验结果参照陶瓷锦砖相应技术要求及判定规则评定。

四、吸水率检验方法

(一)试验内容

试验内容参见釉面内墙砖吸水率的检验方法。

(二)试验结果评定

试验结果参照陶瓷锦砖技术要求及判定规则评定。

五、抗热震性检验方法

(一)目的及适用范围

本方法适用于陶瓷马赛克抗热震性的检验。

(二)采用标准

本方法采用的标准为《陶瓷马赛克》(JC/T 456—2005)。

(三)试样准备

按检验规则规定抽取试样。

(四)试验仪器设备

试验仪器设备参见釉面内墙砖耐急冷急热性的检验方法的仪器设备。

(五)试验步骤

将烘箱升温至比室内冷水温度高(140 ± 2)℃,把试样迅速放入烘箱内,在此温度条件下保持 30 min,取出试样,立即放入冷水中,5 min 后从水中取出试样,擦干试样表面。用涂墨水法检查有无裂纹。

(六)试验结果评定

试验结果参照陶瓷锦砖技术要求及判定规则评定。

附　录

附录 A　建筑卫生陶瓷分类及术语(GB 9195—2011)
(节选)

一、产品名称及定义

(一)建筑陶瓷

用黏土、长石和石英为主要原料,经成型、烧成等工艺处理,用于装饰、构建与保护建筑物、构筑物的板状或块状陶瓷制品。

(1)陶瓷砖,由黏土和其他无机非金属原料制造的用于覆盖墙面和地面的板状或块状建筑陶瓷制品。

(2)瓷质砖,吸水率不超过 0.5% 的陶瓷砖。

(3)炻瓷砖,吸水率(E)大于 0.5% ,不超过 3% 的陶瓷砖。

(4)细瓷砖,吸水率(E)大于 3% ,不超过 6% 的陶瓷砖。

(5)炻质砖,吸水率(E)大于 6% ,不超过 10% 的陶瓷砖。

(6)陶质砖,吸水率(E)大于 10% 的陶瓷砖。

(7)挤出砖,可将塑料胚料以挤压的方式成型生产的陶瓷砖。

(8)干压砖,将混合好的粉料经压制成型的陶瓷砖。

(9)内墙砖,用于装饰和保护建筑物内墙的陶瓷砖。

(10)外墙砖,用于装饰和保护建筑物外墙的陶瓷砖。

(11)室内地砖,用于装饰和保护建筑物室内地面的陶瓷砖。

(12)室外地砖,用于装饰和保护建筑物室外墙的陶瓷砖。

(13)有釉砖,正面施釉的陶瓷砖。

(14)无釉砖,不施釉的陶瓷砖。

(二)卫生陶瓷

(略)

二、产品部位名称及定义

(1)坯体。指构成制品的陶瓷质主体。

(2)釉面。指熔融于坯体表面的玻璃质致密层。

(3)正面。指砖体铺贴后能够看见的面。

(4)背面。指与正面相反的面。

(5)侧面。指与正面相垂直的面。

(6) 正面边。指正面与侧面的交线。

(7) 背面边。指背面与侧面的交线。

(8) 正面角。指相邻两正面边的夹角。

(9) 背面角。指相邻两背面边的夹角。

(10) 背纹。指制作在砖背面上的凸起或沟槽。

三、产品缺陷名称及定义

(1) 裂纹。指不贯通坯、釉的细小缝隙。

(2) 釉裂。指釉面出现的裂纹。

(3) 开裂。指贯通坯和釉的裂缝。

(4) 磕碰。指因冲击而造成的残缺。

(5) 剥边。指釉层边沿的条状剥落。

(6) 缺釉。指有釉制品表面局部无釉。

(7) 釉缕。指釉面突起的釉条或釉滴痕迹。

(8) 橘釉。指釉面似橘皮状,光泽较差。

(9) 釉粘。指有釉制品在烧成时相互粘连或与窑具粘连而造成的缺陷。

(10) 釉泡。指釉面可见的气泡,有破口泡、不破口泡和落泡。

(11) 棕眼。指釉面出现的针刺样小孔,又称针孔、毛孔。

(12) 波纹。指釉面呈波浪纹样的缺陷。

(13) 烟熏。指烧成中因烟气造成制品表面局部或全部呈灰、褐、黑等异色。

(14) 色差。指单件制品或同批制品间表面色调不一致。

(15) 斑点。指制品表面的异色污点。

(16) 熔洞。指因易熔物熔融使制品表面产生的凹坑。

(17) 坯粉。指釉下有未除净的釉屑、泥屑而造成的缺陷,又称泥渣、釉渣。

(18) 落脏。指釉面附着的异物。

(19) 变形。指制品形状与规定不符。

第十四章 土工试验

地基土中各土层的工程性质,由土的物理性质、化学性质决定。而土的物理性质和化学性质是通过其物理性指标和化学性指标反应出来的。土工试验正是通过室内、室外两大试验方式,测定土的各项指标。本章土工试验主要介绍地基处理、基础施工及质检时常用的三种室内土试验,即含水率、密度、击实试验,并简单介绍了试验时试样的制备方法和要求。

第一节 土样和试样制备

一、目的

土工制备程序视所需要的试验而异,土样取得标准,试样制备合乎要求,就能达到试验的目的,取得翔实的试验资料,为地基的设计和施工提供可靠依据。

二、国标规定

根据中华人民共和国国家标准《土工试验方法标准》(GB 50123—1999)的规定:

(1)本试验方法适用于颗粒粒径小于 60 mm 的原状土和扰动土。

(2)试验所需土样的数量,宜符合表 14-1 的规定,并应附取土记录及土样现场描述。

表 14-1　试验取样数量和过筛标准

试验项目	黏性土		砂性土		过筛
	原状土 (筒)$\phi\,10\times20$ cm	扰动土 (g)	原状土 (筒)$\phi\,10\times20$ cm	扰动土 (g)	标准 (mm)
含水率		>800		>500	
颗粒分析		>800		>500	
密度	1		1		
击实承载比		轻型 >15 000			<5.0
		重型 >30 000			

(3)原状土样应符合下列要求:①土样蜡封应严密,保管和运输过程中不得受震、受热、受冻。②土样取样过程中不得受压、受挤、受扭。③土样应充满取样筒。

(4)原状土样和需要保持天然湿度的扰动土样在试验前应妥善保管,并应采取防止水分蒸发的措施。

(5)试验后的余土应妥善贮存,并作标记。当无特殊要求时,余土的贮存期宜为3个月。

三、土样和试样制备的仪器设备

（1）细筛，孔径 0.5 mm、2 mm。

（2）洗筛，孔径 0.075 mm。

（3）台秤，称量 10 ~ 15 kg，感量 10 g。

（4）天平，称量 1 000 g，感量 0.59 g；称量 200 g，感量 0.01 g。

四、土样和试样的制备步骤

（一）原状土试样制备

（1）土样应按自然沉积方向放置，剥去蜡封和胶带，开启土样筒取出土样。

（2）根据试验要求用环刀切取试样时，应按环刀法测定土的密度试验中的取土方法进行，并取余土测定含水率。

注意：①切削试样时，应对土样层次、气味、颜色、杂质、裂缝和均匀性进行描述，对低塑性和高灵敏度的软土，制样时不得扰动。②一组试样之间的密度差值不得大于 0.03 g/cm³，含水率差值不得大于 2%（含水率小于 40% 时不得大于 1%、含水率大于 40% 时不大于 2%）。

（二）扰动土试样制备

（1）扰动土试样的备样。

①对土样的颜色、气味、夹杂物和土类进行描述，并将土拌匀，取有代表性土样测定含水率。

②将风干的土样在橡皮板上用木碾碾碎，也可在碎土机内粉碎。

③对粉碎后的黏性土样和砂性土样，应按表 14-1 要求过筛。对含黏性土的砾质土，应先用水浸泡并充发搅拌，使粗、细颗粒分离后，将土样在 2 mm 筛上冲洗。取筛下土样风干后，充分拌匀，用四分取样法取出代表性土样，标明工程名称、土样编号、过筛孔径、试验名称和制备日期，分别装入盛土容器内，并测定风干土样的含水率。

④根据试验项目，称取过筛的风干土样，平铺于搪瓷盘内，按式（14-2）计算制备试样所需的加水量，将水均匀喷洒于土样上，充分拌匀后装入盛土容器内盖紧，浸湿一昼夜，砂性土的浸湿时间可酌减。

（2）制备试样时，根据环刀容积及所需的干密度和含水率，应按式（14-1）式（14-2）计算干土质量和所加水量制备湿土，并宜采用压样法和击样法。

①压样法：将一定量的湿土倒入装有环刀的压样器内，拂平土面，以静压力将土压入环刀内。

②击样法：将一定量的湿土分三层倒入装有环刀的击实器内，干土的质量，应按下式计算：

$$m_d = \frac{m_0}{1 + \omega_0} \tag{14-1}$$

式中　m_d——干土质量，g；

　　　m_0——风干土（或天然土）质量，g；

　　　ω_0——风干土（或天然土）含水率（%）。

制样所需的加水量，应按下式计算：

$$m_w = \frac{m_0}{1 + \omega_1} \qquad (14-2)$$

式中 m_w——制样所需的加水量,g;

ω_1——试样要求的含水率(%)。

制备试样所需的土质量,应按下式计算:

$$m_0 = (1 + \omega_0)\rho_d V \qquad (14-3)$$

式中 ρ_d——试样要求的干密度,g/cm^3;

V——环刀的容积,cm^3。

(3)取出环刀,称环刀加土的总质量。

注意:①试样的数量视试验项目确定,应有备用试样 1~2 个。②一组试样的密度与要求的密度之差不得大于 ±0.019 g/cm^3,含水率之差不得大于 ±1%。

第二节 含水率测定

一、试验目的

土中含水的质量与土粒质量之比,称为土的含水率,以百分数计,即

$$\omega = \frac{m_w}{m_s} \times 100\% \qquad (14-4)$$

含水率是标志土的湿度的一个重要物理指标。天然土层的含水率变化范围较大,它与土的种类、埋藏条件及其所处的自然地理环境等有关,一般干的粗砂土,其值接近于零,而饱和砂土,可达 40%;坚硬的黏性土的含水率约小于 30%,而饱和状态的软黏性土(如淤泥等),则可达 60% 或更大。一般来说,同一类土,当其含水率增大时,则其强度就降低。

本试验目的在于测定土的含水率值,借与其他试验配合,从而计算土的干密度、孔隙比、饱和度等指标,并借以计算地基土的强度等。

二、国标规定

根据中华人民共和国国家标准《土工试验方法标准》(GB 50123—1999)的规定,对于黏性土、砂性土和有机质土类,均采用烘干法测定土的含水率,且土的含水率表示为:土样在 105~110 ℃下烘干到恒重时失去的水分质量与达到恒重后干土质量的比值,以百分数表示(恒重是指标准烘干温度下,1 h 间隔前后两次称重之差不大于 0.02 g)。

三、试验仪器设备

(1)烘箱,可采用电热烘箱或温度能保持在 105~110 ℃ 的其他能源烘箱,也可用红外线烘,称量为 200~500 g,感量 0.01 g。

(2)干燥器、称量盒,为简化计算手续,可将盒重定期(3~6 个月)调整为恒重。

四、试验步骤

(1)取具有代表性的土样,黏性土为 15~30 g,砂性土、有机质土约 50 g,放入称量盒内,

立即盖好盒盖,称重,所得质量为湿土与称量盒质量之和,因称量盒质量为已知质量,即可求得湿土质量。或在称重时,在天平加砝码一端放置与称量盒等重的砝码,称量结果即为湿土重。称重时精确至 0.01 g。

(2)打开盒盖,将盛放湿土的盒一并放入烘箱,在温度为 105~110 ℃的温度下烘干至恒重。烘干至恒重的时间因土的性质和质量不同而异,对黏性土 15~20 g 时,不得少于 8 h;对砂性土 15~50 g 时,不得少于 6 h;对有机质含量超过5%的土,应将温度控制在 65~70 ℃的恒温下烘干。

(3)将烘干后的试样和盒从烘箱中取出,盖好盒盖放入干燥器内冷却至室温,称出干土质量,精确至 0.01 g。

五、试验数据处理

试样的含水率应按下式计算,精确至0.1%。

$$\omega_0 = \left(\frac{m_0}{m_d} - 1\right) \times 100\% \tag{14-5}$$

式中　ω_0——土的含水率(%);

　　　m_0——湿土质量,g;

　　　m_d——干土质量,g。

六、结果评定与记录

(1)本试验对需测定的土样应进行两次平行测定,两次测定的差值,当含水率小于40%时不得大于1%;当含水率等于或大于40%时不得大于2%。否则,试验重做。当满足以上要求时,取两次测值的算术平均值作为测定试样的含水率值。

(2)本试验记录格式如表 14-2 所示。

表 14-2　含水率试验

工程名称＿＿＿＿＿＿＿＿＿　　　　　　　　　　试验者＿＿＿＿＿＿＿
试验方法＿＿＿＿＿＿＿＿＿　　　　　　　　　　计算者＿＿＿＿＿＿＿
试验日期　　年　　月　　日　　　　　　　　　　校核者＿＿＿＿＿＿＿

土样编号	土样说明	盒号	盒质量 (g)	盒+湿土质量 (g)	盒+干土质量 (g)	湿土质量 (g)	干土质量 (g)	含水率 (%)	平均 (%)

第三节　密度测定

一、目的

密度试验就是测定土的密度。

土的密度是指土的单位体积的质量,它是土的基本物理性质指标之一。土的密度反映了土体内部结构的疏松性,是计算土的自重应力、干密度、孔隙比、孔隙率及地基承载力等的重要依据。

二、国标规定

根据中华人民共和国国家标准《土工试验方法标准》(GB 50123—1999)规定:对一般黏性土采用环刀法;对土样易碎裂,难以切削,形状不规则的坚硬土,采用蜡封法;对砂和砾质土等粗粒土,在现场可用灌水法和灌砂法。下面分别介绍这几种方法。

三、试验方法

(一)环刀法

1.试验仪器设备

(1)环刀,内径为(61.8±0.15)mm或(79.8±0.15)mm,高度为(20±0.016)mm。

(2)天平,称量500 g,感量0.1 g;称量200 g,感量0.01 g。

(3)其他,切土刀,钢丝锯,玻璃片,凡士林,铁铲等。

2.试验步骤

(1)取原状土或制备所需状态的击实土,铲去表层土,整平其上表面。

(2)用切土刀或钢丝锯将土样削成略大于环刀直径的土柱,然后将环刀内壁涂一薄层凡士林,刀口向下放在土样上。手按环刀边沿将环刀垂直下压。边压边削,至土样露出环刀口5~10 mm。削去两端余土,修平。修平时,不得在试样表面往返压抹。取代表性土样测含水率。

(3)将环刀外壁擦净,称重。若在天平放砝码的一端放一等重环刀,可直接称出湿土重。为减少试验误差,提高测值的精确度,在试验操作中应注意:①用环刀切取试样时,环刀应垂直均匀下压。另外,手不要触及土样。②切取试样时,一般不应填补。如确需填补,填补部分不得超过环刀容积的1%。③取样后,为防止试样中水分的变化,宜用两块玻璃片盖住环刀上、下口称量,计算时扣除玻璃片的质量。

注:称量时记数精确至0.01 g;若湿土重超过500 g,记数准确至0.1 g。

3.试验数据处理

1)计算

试样的密度按下式计算:

$$\rho = \frac{m}{V} \tag{14-6}$$

式中 ρ——土的密度,又称土的湿密度,g/cm^3;

m——土的质量,g;

V——环刀的容积,cm^3。

试样的干密度按下式计算:

$$\rho_d = \frac{\rho}{1+\omega} \tag{14-7}$$

式中 ρ_d——土的干密度,g/cm^3;

ω——土的含水率(%)。

2）结果

计算结果取至 0.01 g/cm³。

4.结果评定与记录

（1）环刀法密度试验应进行两次平行测定，两次测定的差值不得大于 0.03 g/cm³。当满足上述要求时，取两次测值的算术平均值作为试样的密度值；当不满足上述要求时，须重新取样做试验。

（2）原状土不均匀时，平行测定可能超差，可在试验报告中说明。

（3）试验记录格式如表 14-3 所示。

表 14-3　密度试验
（环刀法）

工程名称＿＿＿＿＿＿＿＿＿＿＿＿＿　　　　　　　　试验者＿＿＿＿＿＿＿＿＿＿＿

钻孔编号＿＿＿＿＿＿＿＿＿＿＿＿＿　　　　　　　　计算者＿＿＿＿＿＿＿＿＿＿＿

试验日期＿＿＿＿＿＿＿＿＿＿＿＿＿　　　　　　　　校核者＿＿＿＿＿＿＿＿＿＿＿

试样编号	土样类别	环刀编号	土质量 $m(g)$	环刀体积 $V(cm^3)$	密度 $\rho(g/cm^3)$	平均密度 $\bar{\rho}(g/cm^3)$	含水率 $\omega(\%)$	干密度 $\rho_d(g/cm^3)$	备注

（二）蜡封法

1.试验仪器设备

（1）天平，称量 200 g，感量 0.01 g。

（2）石蜡及熔蜡加热器。

（3）其他，切土刀、烧杯、细线、针、温度计等。

2.试验步骤

（1）取约 30 cm³ 具有代表性的试样一块，削去松浮表土及尖锐棱角，用细线系牢，称试样质量（m）。另取代表性试样测定含水率。

（2）持细线将试样缓缓浸入刚过熔点（温度 50~60 ℃）的蜡液中，浸没后立即提出。检查试样周围的蜡膜中有无气泡存在；若有，应用热针刺破，再用蜡液补平。冷却后称蜡封试样的质量（m_1）。

（3）将蜡封试样挂在天平的一端，浸没于盛有纯水（蒸馏水）的烧杯中，测定蜡封试样在纯水中的质量（m_2）；同时测定纯水的温度（T）（见图 14-1）。

（4）取出试样，擦干蜡表面的水分，称蜡封试样的质量（m_1）。当浸水后蜡封试样的质量增加时，说明试样中有水浸入，应另取试样重做试验。

为提高试验的准确度，在试验操作中应注意：①土样封蜡时，勿使蜡进入土体孔隙内部。②称蜡封试样在纯水中的质量时，勿使试样与烧杯壁或烧杯底接触。

注：称量时记数准确至 0.01 g。

3.试验数据处理

1)计算

试样的密度应按下式计算:

$$\rho = \frac{m}{\dfrac{m_1 - m_2}{\rho_{wt}} - \dfrac{m_1 - m}{\rho_n}} \qquad (14\text{-}8)$$

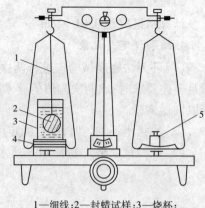

1—细线;2—封蜡试样;3—烧杯;
4—烧杯座架;5—砝码

图 14-1 蜡封法

式中　ρ——土的密度,g/cm³;

　　　m——土的质量,g;

　　　m_1——蜡封试样的质量,g;

　　　m_2——蜡封试样在纯水中的质量,g;

　　　ρ_{wt}——纯水在 T ℃时的密度,g/cm³;

　　　ρ_n——蜡的密度,g/cm³。

试样的干密度可按式(14-7)计算。

2)结果

计算结果取至 0.01 g/cm³。

4.结果评定与记录

(1)蜡封法密度试验应进行两次平行测定,两次测定的差值不得大于 0.03 g/cm³。当满足以上要求时,取两次测值的算术平均值作为试样的密度值;当不满足上述要求时,须重新取样做试验。

(2)原状土不均匀时,平行测定可能超差,可在试验报告中说明。

(3)试验记录格式如表14-4 所示。

表 14-4　密度试验

(蜡封法)

工程名称＿＿＿＿＿＿＿＿＿＿＿　　　　　　　　试验者＿＿＿＿＿＿＿＿＿＿＿

钻孔编号＿＿＿＿＿＿＿＿＿＿＿　　　　　　　　计算者＿＿＿＿＿＿＿＿＿＿＿

试验日期＿＿＿＿＿＿＿＿＿＿＿　　　　　　　　校核者＿＿＿＿＿＿＿＿＿＿＿

试样编号	土样类别	土重 m (g)	土+蜡 m_1 (g)	土+蜡浮重 m_2(g)	温度 T (℃)	水密度 ρ_{wt} (g/cm³)	蜡密度 ρ_n (g/cm³)	密度 ρ (g/cm³)	平均密度 $\bar{\rho}$ (g/cm³)	含水率 ω (%)	干密度 ρ_d (g/cm³)
备注											

(三)灌水法

1.试验仪器设备

(1)台秤,称量50 kg,感量10 g。

(2)储水桶,直径应均匀,并附有刻度。

(3)塑料薄膜袋,以质软而韧性大的聚氯乙烯薄膜为好。

(4)盛土容器,带盖且密封良好。

(5)铲、十字镐及铁钎等。

(6)其他,钢卷尺、水桶、皮管等。

2.试验步骤

(1)根据试样最大粒径宜按表14-5确定试坑尺寸。

表14-5　试坑尺寸

试样最大粒径 (mm)	试坑尺寸(mm)		
	直径	深度	
5～20	150	200	
40	200	250	
60	250	300	

(2)将选好的试坑地面整平,除去表层草皮及耕植土或人工堆积物。铲平的尺寸需大于试坑尺寸20～30 cm。

(3)按确定的试坑直径画出坑口轮廓线,在轮廓线内下挖至要求深度,将落于坑内的试样装入盛土容器内,称试样质量,并取代表性土样测含水率。

(4)试坑挖好后,将事先检查好的且大于试坑容积的塑料薄膜袋平铺于坑内,把袋面四周紧压坑口至整平的地面上,布置见图14-2。

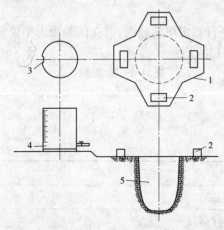

1—塑料膜袋;2—压袋物;3—标尺;4—储水桶;5—试坑

图14-2　灌水法密度试验装置

(5)记录储水桶内初始水位高度,打开储水桶的注水管开关,将水徐徐注入放置试坑中的塑料薄膜袋内。当袋中水面接近坑口时,将水流调小,直至袋内水面与坑口齐平时关闭注水管,持续 3~5 min,记录储水桶内水位高度。当袋内出现水面下降时,应另取塑料薄膜袋重做试验。

为提高试验的准确度及成功率,在试验操作中应注意:①向薄膜袋中注水时,不要使水冲击塑料薄膜袋。②记录储水桶内水位时,读数、记录一定要准确。

注:称量时记数精确至 5 g;记录水位时精确至毫米。

3. 试验数据处理

1)计算

试坑的体积应按下式计算:

$$V_\rho = (H_1 - H_2)A_w \tag{14-9}$$

式中　V_ρ——试坑的体积,cm³;

　　　H_1——储水桶内初始水位高度,cm;

　　　H_2——储水桶内注水终了时水位高度,cm;

　　　A_w——储水桶断面面积,cm²。

试样的密度应按下式计算:

$$\rho = \frac{m_\rho}{V_\rho} \tag{14-10}$$

式中　ρ——土的密度,g/cm³;

　　　m_ρ——取自试坑内的试样质量,g。

试样的干密度可按式(14-7)计算。

2)结果

计算结果取至 0.01 g/cm³。

4. 结果评定与记录

(1)灌水法密度试验应进行两次平行测定,两次测定的差值不得大于 0.03 g/cm³。当满足以上要求时,取两次测值的算术平均值作为试样的密度值;当不满足要求时,须重做试验。

(2)原状土不均匀时,平行测定可能超差,可在试验报告中说明。

(3)试验记录格式如表 14-6 所示。

表 14-6　密度试验

(灌水法)

工程名称＿＿＿＿＿＿＿＿＿　　　　　　　　试验者＿＿＿＿＿＿＿＿＿

钻孔编号＿＿＿＿＿＿＿＿＿　　　　　　　　计算者＿＿＿＿＿＿＿＿＿

试验日期＿＿＿＿＿＿＿＿＿　　　　　　　　校核者＿＿＿＿＿＿＿＿＿

试坑编号						
试坑尺寸(mm)						
试样最大粒径(mm)						
盛土器质量	m_1	g				
土加容器总量	m_2	g				
土重	$m_\rho = m_2 - m_1$	g				

储水桶断面面积	A_w	cm^2			
储水桶初始水位	H_1	cm			
储水桶终了水位	H_2	cm			
试坑容积	$V_\rho = (H_1 - H_2)A$	cm^3			
密度	ρ	g/cm^3			
平均密度	$\bar{\rho}$	g/cm^3			
含水率	ω	%			
干密度	ρ_d	g/cm^3			
备注					

(四)灌砂法

1.试验仪器设备

(1)天平,称量 10 kg,感量 5 g;称量 500 g,感量 0.1 g。

(2)密度测定器,由容砂瓶、灌砂漏斗和底盘组成(见图 14-3)。灌砂漏斗高 135 mm,直径不大于 165 mm,容砂瓶容积为 4 L。容砂瓶与灌砂漏斗之间用螺纹联接。灌砂漏斗尾部有圆柱形阀门,孔径为 13 mm,底盘承托灌砂漏斗和容砂瓶。

(3)盛砂容器,带盖且密封良好。

(4)铲、十字镐、钢卷尺等。

2.试验步骤

1)标准砂密度的测定

(1)标准砂(10 ~ 40 kg)应清洗洁净,粒径宜为 0.25 ~ 0.50 mm,密度宜为 1.47 ~ 1.61 g/cm^3。

(2)组装容砂瓶与灌砂漏斗,螺纹联接处应旋紧。称密度测定器的质量(m_1)。

(3)将密度测定器竖立,灌砂漏斗口向上,打开阀门,向容砂瓶内注水至水面高出阀门,关阀门,倒掉多余水。称密度测定器和水的总质量(m_2),并测定水温。应按表 14-7,将水的质量换算成体积,重复测定 3 次,3 次测值之间的差值不得大于 3 mL,满足要求后取三次测值的算术平均值。

(4)将空的密度测定器竖立,关闭阀门,在灌砂漏斗中注满标准砂,打开阀门将灌砂漏斗内的标准砂漏入容砂瓶,继续向灌砂漏斗内注砂;当注满容砂瓶时迅速关闭阀门。倒掉多余的砂,称密度测定器和标准砂的总质量(m_3)。试验中应避免振动。

2)试样密度的测定

(1)根据试样的最大粒径,宜按表 14-5 确定试坑的尺寸。

(2)将选定的试坑地面整平,铲去表层非代表性土层。

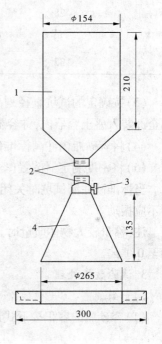

1—容砂瓶;2—螺纹接头;
3—阀门;4—灌砂漏斗

图 14-3　密度测定器

表 14-7　不同水温时每克水的体积

水温(℃)	每克水体积(mL)
12	1.000 48
14	1.000 73
16	1.001 03
18	1.001 38
20	1.001 77
22	1.002 21
24	1.002 68
26	1.003 20
28	1.003 75
30	1.004 35
32	1.004 97

(3)按确定的试坑直径划出坑口轮廓线,在轮廓线内下挖至要求深度,将落于坑内的试样全部装入盛土容器内,称容器质量(m_4);并取代表性土测定含水率。

(4)将容砂瓶内注满标准砂,称密度测定器和砂的总质量(m_5)。

(5)将密度测定器倒置(容砂瓶向上)于挖好的试坑口上,打开阀门,把标准砂注入试坑内。当标准砂注满试坑时关闭阀门,称密度测定器和余砂的总质量(m_6)。注意在注砂过程中不应振动。

注:称量较大物体质量时,记数精确至 10 g;称量较小(小于 500 g)物体质量时,记数精确至 0.1 g。

3.试验数据处理

1)计算。

(1)容砂瓶的容积按下式计算:

$$V_r = (m_2 - m_1) V_w \tag{14-11}$$

式中　V_r——容砂瓶的容积,mL;

　　　m_2——密度测定器和水的总质量,g;

　　　m_1——密度测定器质量,g;

　　　V_w——不同水温时每克水的体积,mL/ g。

(2)标准砂的密度按下式计算:

$$P_s = \frac{m_3 - m_1}{V_r} \tag{14-12}$$

式中　P_s——标准砂的密度,g/cm^3;

　　　m_3——密度测定器和标准砂的总质量,g。

(3)试样的密度按下式计算:

$$\rho = \frac{m}{m_5/P_s} \tag{14-13}$$

$$m_s = m_5 - m_6$$

式中 ρ——试样的密度,g/cm^3;

m——从试坑中挖出的砂的总质量,g;

m_s——注满试坑所用标准砂质量,g;

m_5——密度测定器和砂的总质量,g;

m_6——密度测定器和余砂的总质量,g。

(4)试样的干密度按下式计算:

$$\rho_d = \frac{m/(1+\omega_1)}{m_s/P_s} \tag{14-14}$$

2)结果

计算结果取至 0.01 g/cm^3。

4.结果评定与记录

(1)灌砂法密度试验应进行两次平行测定,两次测定的差值不得大于 0.03 g/cm^3。满足要求后,取两次测值的算术平均值作为试样的密度值;否则,须重做试验。

(2)试验记录格式如表 14-8、表 14-9 所示。

表 14-8　密度试验
(灌砂法)

工程名称＿＿＿＿＿＿＿＿＿＿＿＿　　　　试验者＿＿＿＿＿＿＿＿＿＿＿＿

土样类别＿＿＿＿＿＿＿＿＿＿＿＿　　　　计算者＿＿＿＿＿＿＿＿＿＿＿＿

试验日期＿＿＿＿＿＿＿＿＿＿＿＿　　　　校核者＿＿＿＿＿＿＿＿＿＿＿＿

标准砂密度

标准砂粒径(mm)					
标准砂密度(g/cm^3)					
密度测定器质量	m_1	g			
(密度测定器 + 水)的质量	m_2	g			
(密度测定器 + 标准砂)的质量	m_3	g			
水温	T	℃			
不同水温时每克水的体积	V_w	mL/g			
容砂瓶容积	$V_r = (m_2 - m_1)V_w$	mL			
平均容砂瓶容积	$\bar{V}_r$	mL			
标准砂密度	$\rho_s = \dfrac{m_3 - m_1}{V_r}$	g/cm^3			
备注					

表 14-9　试样密度

试坑编号				
试样最大粒径(mm)				
试坑尺寸(mm)				
盛土容器质量	m_0	g		
(土 + 容器)的质量	m_4	g		
试坑中土的质量	$m = m_4 - m_0$	g		
(密度测定器 + 标准砂)总质量	m_5	g		
(密度测定器 + 余砂)的质量	m_6	g		
注满试坑用标准砂质量	$m_s = m_5 - m_6$	g		
试坑的容积	$V = m_s/P_s$	cm^3		
试样密度	$P = m/V$	g/cm^3		
含水率	ω	%		
试样干密度	ρ_d	g/cm^3		
备注				

第四节　击实试验

一、试验目的

本试验的目的,是用标准试验的击实方法,测定土的含水率与密度的关系,从而确定该土的最优含水率以及相应的最大干密度或最大密实度。

二、国标规定

根据中华人民共和国国家标准《土工试验方法标准》(GB 50123—1999)的规定:击实试验分为轻型击实试验方法和重型击实试验方法。轻型击实试验适用于粒径小于 5 mm 的黏性土。重型击实试验适用于粒径不大于 40 mm 的土。轻型击实试验的单位体积击实功约为 592.2 kJ/m^3,重型击实试验的单位体积击实功约为 2 684.9 kJ/m^3。

三、试验仪器设备

(1)击实仪,由击实筒和击实锤组成(见图 14-4)。

①击实筒,即为金属制成的圆柱形筒。轻型击实筒内径为 102 mm,筒高为 116 mm;重型击实筒内径为 152 mm,筒高为 116 mm。击实筒配有护筒和底板,护筒高度不小于

50 mm。

②击锤。锤底直径为 51 mm,轻型击锤质量为 2.5 kg,落距为 305 mm;重型击锤质量为 4.5 kg,落距为 457 mm。击锤应配有导筒;锤与导筒之间应有足够的间隙,使锤能自由落下。击锤分人工操作和机械操作两种。电动击锤应配跟踪装置控制落距,锤击点应按一定角度均匀分布。

(2)推土器,螺旋式的千斤顶。

(3)天平,称量 200 g,感量 0.01 g。

(4)台秤,称量 10 kg,感量 5 g。

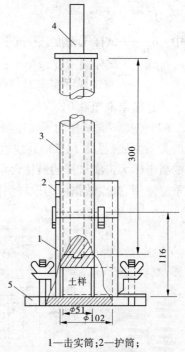

1—击实筒;2—护筒;
3—导筒;4—击锤;5—底板
图 14-4 击实仪

四、试验步骤

(1)试样制备。击实试验的试样制备分为干法和湿法两种,并应符合下列规定:

①干法应按下列步骤进行:取代表性土样 20 kg,风干碾碎,过 5 mm 的筛,将筛下土样拌匀,并测定土样的风干含水率。根据土的塑限预估最优含水率(试验证明,土的最优含水率 ω_{OP} 约与土的塑限 ω_P 相近,大致为 $\omega_{OP} = \omega_P + 2$)。选择 5 个含水率并按本章第一节表 14-1 制备一组试样。相邻两个含水率的差值宜为 2%。

注: 5 个含水率中 2 个大于塑限含水率,2 个小于塑限含水率,1 个接近塑限含水率。

②湿法应按下列步骤进行,将天然含水率的土样碾碎,过 5 mm 的筛,将筛下土样拌匀,并测定土样的天然含水率。根据土的塑限预估最优含水率,选择 5 个含水率,视其大于或小于天然含水率,分别将土样风干或加水制备一组试样,制备的试样水分应均匀分布。

(2)将击实筒固定在刚性底板上,装好护筒,在击实筒内壁涂一薄层润滑油,称试样 2 ~ 5 kg,倒入击实筒内。轻型击实分三层击实,每层 25 击;重型击实分五层击实,每层 56 击。每层试样高度宜相等,二层交界处的土层应刨毛。击实后,超出击实筒顶的试样高度应小于 6 mm。

(3)拆去护筒,用削土刀修平击实筒顶部的试样,拆除底板,试样底部若超出筒外,也应修平,按净筒外壁,称筒和试样的总质量,精确至 1 g,并计算试样的湿密度。

(4)用推土器将试样从筒中推出,取两块代表性试样按含水率测定方法测定其含水率,两个含水率的平行差值不得大于 1%。

(5)对另外不同含水率的试样分别依次进行击实试验。

五、试验数据处理

(1)通过以上试验步骤的操作,可分别得出不同试样的密度和对应的含水率。按下式计算试样的干密度:

$$\rho_{d} = \frac{\rho_{0}}{1 + \omega_{1}} \qquad (14\text{-}15)$$

式中　ρ_{d}——试样干密度,g/cm^{3};

　　　ρ_{0}——试样湿密度,g/cm^{3};

　　　ω_{1}——与试样湿密度对应的试样含水率。

计算结果取至 0.01 g/cm^{3}。

(2)依据不同试样的干密度及与之对应的含水率,在直角坐标纸上绘制干密度和含水率的关系曲线(见图 14-5),并应取曲线峰值点相应的纵坐标为击实试样的最大干密度,相应的横坐标为击实试样的最优含水率。当关系曲线不能绘出峰值点时,应进行补点,土样不宜重复使用,补点数据由另取样测试得。

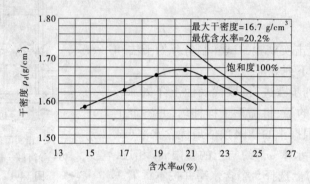

图 14-5　$\rho_{d} \sim \omega$ 关系曲线

六、结果评定与记录

(1)当试样中粒径大于 5 mm 的土质量小于或等于试样总质量的30%时,应对最大干密度和最优含水率进行校正。

①对最大干密度,应按下式进行校正:

$$\rho_{d' \, max} = \frac{1}{\dfrac{1 - P_{5}}{\rho_{dmax}} + \dfrac{\rho_{5}}{\rho_{w} G_{S2}}} \qquad (14\text{-}16)$$

式中　$\rho_{d'max}$——校正后试样的最大干密度,g/cm^{3};

　　　P_{5}——粒径大于 5 mm 土的质量百分数(%);

　　　G_{S2}——粒径大于 5 mm 土粒的饱和面干比重;

　　　ρ_{w}——水的密度,g/cm^{3};

　　　ρ_{dmax}——粒径小于 5 mm 的土样试验所得的最大干密度,g/cm^{3}。

计算结果取至 0.01 g/cm^{3}。

②对最优含水率,应按下式进行校正,精确至 0.1%。

$$\omega'_{opt} = \omega_{opt}(1 - P_{5}) + P_{5} \omega_{ab} \qquad (14\text{-}17)$$

式中　ω'_{opt}——校正后试样的最优含水率(%);

　　　ω_{opt}——击实试验得的土样最优含水率(%);

　　　ω_{ab}——粒径大于 5 mm 土粒的吸着含水率(%)。

(2)试样的饱和含水率应按下式计算,精确至 0.1%。

$$\omega_{\text{sat}} = \left(\frac{\rho_{\text{w}}}{\rho_{\text{d}}} - \frac{1}{G_{\text{s}}}\right) \times 100\% \qquad (14\text{-}18)$$

式中　ω_{sat}——饱和含水率(%);

　　　G_{s}——土试样的比重。

计算结果取至 0.1%。

(3)依据不同试样的饱和含水率和相应的干密度,以干密度为纵坐标,饱和含水率为横坐标,绘制饱和曲线图(见图 14-5)。

第十五章　建筑节能检测

第一节　建筑节能及热工基本知识

一、基本知识

(一)建筑节能

建筑节能是指在保证室内热环境的前提下,在建筑工程的规划、设计、建造和使用过程中,通过执行现行建筑节能标准,提高建筑围护结构热工性能,采用节能型用能系统和可再生能源利用系统,切实降低建筑能源消耗的活动。

(二)节能建筑

节能建筑是指按节能设计标准设计和建造,使其在使用过程降低能耗的建筑。

(三)节能50%

通过采取增强建筑围护结构保温隔热性能和提高采暖、空调设备热效率和性能系数的节能措施,在保证相同的室内热环境指标的前提下,与未采取节能措施前相比,采暖、空调能耗应节约50%。

(四)热传递的三种方式

热传递的三种方式是传导、对流、辐射。

1. 传导

热量总是从温度高的物体传到温度低的物体,这个过程叫做热传导(物质质点作热运动而引起的热能传递过程)。热传导是固体中热传递的主要方式。在气体或液体中,热传导过程往往和对流同时发生。

2. 对流

对流依靠流体(液体、气体)相对运动(流动)而实现传热的过程,也称热对流,对流可分自然对流和强迫对流两种。自然对流是温度不均匀引起的。强迫对流是外界的影响对流体搅拌形成的。例如,冬天室内取暖设备是靠室内空气自然对流来传热的。暖气放在窗下,热空气向上,冷空气向下,形热对流,使室内空气变暖。

3. 辐射

辐射物体因自身的温度而具有向外发射能量(以电磁波的形式)的本领,这种热传递的方式叫做热辐射。热辐射虽然也是热传递的一种方式,但它和热传导、对流不同。它能不依靠媒质把热量直接从一个系统传给另一系统。热辐射以电磁辐射的形式发出能量,温度越高,辐射越强。辐射的波长分布情况也随温度而变,如温度较低时,主要以不可见的红外光进行辐射,在500 ℃以至更高的温度时,则顺次发射可见光以至紫外辐射。热辐射是远距离传热的主要方式,如太阳的热量就是以热辐射的形式经过宇宙空间再传给地球的。

(五)建筑围护结构热传递过程

屋面、外墙、楼(地)面的热传递过程为热传导,外窗的热传递过程为热传导、对流、辐射。

(六)影响建筑物能耗的因素

建筑能耗、建筑节能是一个系统工程,影响建筑物能耗的因素很多,但从大的方面来讲,有三个方面是决定性的:

(1)建筑物所处热环境。

(2)建筑物自身构造。

(3)采暖空调等设备的使用方式及运行过程。

我国建筑能耗现状是:

(1)我国建筑总能耗约占社会总能耗的1/4以上。

(2)我国既有建筑和新建建筑中90%以上仍属于高能耗建筑。

(3)单位建筑面积能源消耗为发达国家的3倍以上。

(七)我国建筑节能工程质量目前存在的主要问题

我国建筑节能工程质量目前存在的主要问题包括:

(1)围护结构。①墙体:外墙外保温系统出现脱落、裂缝、渗水情况,保温系统主要组成材料质量控制不严,保温层实际施工厚度比设计厚度小。②外门窗:窗墙比过大,使用普通铝合金窗等不节能窗;门窗侧面未做保温,导致形成热桥。

(2)采暖、空调系统:管道保温材料质量差;保温材料厚度不够;铝箔密封不严;阀门部分未做保温,导致形成热桥。

(八)建筑节能检测技术范围

建筑节能检测技术主要从建筑物构造(墙体、屋面、楼地面、外门窗、幕墙)、供热制冷系统两个方面依据相关标准进行检测。建筑节能检测内容在《建筑节能工程施工质量验收规范》(GB 50411—2007)中有详细要求。

二、建筑节能相关材料

(1)保温板材:泡沫塑料(EPS、XPS)、橡塑板、岩棉板、酚醛板、玻璃棉板、硬质聚氨酯等。

(2)保温浆料:胶粉聚苯颗粒保温浆料、膨胀玻化微珠保温浆料等。

(3)节能墙体材料:泡沫混凝土砌块、复合保温砖、加气混凝土砌块、复合保温墙板等。

(4)隔热涂料。

(5)建筑门窗。

(6)外墙外保温系统主要组成材料。

第二节　建筑节能标准要求

2007年10月1日实施的《建筑节能工程施工质量验收规范》(GB 50411—2007)(以下简称《规范》),结束了此前节能验收由各地的地方标准解决、实际上处于分散和不统一的状态,加强了建筑节能工程施工质量管理,统一了建筑节能工程施工质量验收,提高了建筑工程节能效果,是我国第一部涉及多专业、以达到建筑节能设计要求为目标的施工验收规范。

该规范以分项工程的方式对建筑节能提出了要求。

一、墙体节能工程

(一)外保温定型产品或成套技术的型式检验报告

墙体节能工程采用外保温定型产品或成套技术时,其型式检验报告应包括安全性和耐候性检验。外保温定型产品或成套技术由供应方配套提供。对于生产过程中采用的材料、工艺,工程施工方既无法控制,也难以在施工现场进行检查,主要依靠供应方提供的型式检验报告加以证实。

安全性包括火灾情况下的安全性和使用的安全性两方面。目前,测试的项目主要是抗风荷载性能和抗冲击性能。

耐久性要求外保温系统在温度、湿度和收缩的作用下是稳定的。目前,测试的项目主要是耐候性和耐冻融性能。

安全性和耐候性型式检验报告的有效期,建筑类构件或产品通常为 1~2 年。型式检验报告一般应注明有效期。

(二)保温隔热材料检验项目

保温隔热材料大多数是多孔、松软、低强度、低密度材料,其导热系数与密度、抗压强度或压缩强度相互关联,都对工程质量和节能效果具有重要影响。所以,测试中通过对数项参数的试验能够更全面地判断材料的内在质量。因此,墙体节能工程使用的保温隔热材料,其导热系数、密度、抗压强度或压缩强度、燃烧性能应符合设计要求。对于建筑节能来说,对材料节能性能的要求直接影响节能效果。

(三)保温材料和黏结材料进场复验项目

进场复验是为了确保重要材料质量符合要求而采取的一种特殊措施。原因是在建材市场不完善的实际情况下,仅凭质量证明文件不能确保重要材料的质量真正符合要求。墙体节能工程采用的保温材料和黏结材料等,进场时应对其下列性能进行复验,复验应为见证取样送检:

(1)保温材料的导热系数、密度、抗压强度或压缩强度。

(2)黏结材料的黏结强度。

(3)增强网的力学性能、抗腐蚀性能。

需要注意,复验采用的试验方法要遵守相应产品的试验方法标准,复验的指标是否合格应依据设计要求和产品标准判定。

(四)外保温使用黏结材料的冻融试验

保温黏结材料采用黏结的方法与主体结构连接,此时黏结材料的质量特别是黏结强度关系到安全,非常重要。严寒和寒冷地区外保温使用的黏结材料,其冻融试验结果应符合该地区最低气候环境的使用要求。对于冻融试验,可以是进场复验,也可以是由材料生产、供应方进行或委托送检的试验。

(五)墙体节能工程施工的四项基本要求

(1)保温隔热材料的厚度必须符合设计要求。由于保温隔热材料的厚度是根据工程的实际情况通过热工计算确定的,所以其厚度将直接影响节能效果。如果是保温板材,就应对其板厚和密度等进行检验;如果是保温砂浆,则分层抹灰的总厚度必须达到设计要求。保温隔热材料的厚度要严格控制,为确保保温层厚度达到设计要求,可用钻芯法实体检验。

(2)保温板材与基层及各构造层之间的黏结或连接必须牢固。黏结强度和连接方式应符合设计要求。保温板材与基层的黏结强度应做现场拉拔试验。

保温板材与基层的连接有多种形式,主要有黏结、机械锚固等。对保温板材与基层的黏结强度进行现场拉拔试验,目的是检验黏结强度是否满足保温层黏结牢固的要求。当设计给出黏结强度时,应符合设计要求;当无设计要求时,可参照《外墙外保温工程技术规程》(JGJ 144—2004)的规定,其黏结强度不小于 0.1 MPa。

(3)保温浆料应分层施工。当采用保温浆料做外保温时,保温层与基层之间及各层之间的黏结必须牢固,不应脱层、空鼓和开裂。

(4)当墙体节能工程的保温层采用预埋或后置锚固件固定时,锚固件数量、位置、锚固深度和拉拔力应符合设计要求。后置锚固件应进行锚固力现场拉拔试验。

保温层采用机械锚固时,无论是预埋件还是后锚固件,决定锚固效果的主要因素是锚固件数量、位置、锚固深度和拉拔力。

(六)保温浆料的同条件养护试件

保温浆料又称保温砂浆,其全名是"胶粉聚苯颗粒保温浆料"。其通常为双组分,将胶粉料和聚苯颗粒集料分别包装,使用时按一定比例要求加水拌制而成。保温浆料同条件试件试验应实行见证取样送检,由建设单位委托具有见证资质的检测机构进行试验。

浆料保温层的保温性能主要依靠施工中制作的同条件试件来检验。当外墙采用保温浆料做保温层时,应在施工中制作同条件养护试件,检测其导热系数、干密度和压缩强度。

(七)饰面砖黏结强度试验

由于外墙外保温工程中的保温层强度一般较低,不宜采用粘贴饰面砖做饰面层。如果表面粘贴较重的饰面砖,使用年限较长后容易脱落,高层建筑这类危害更为严重。当一定要采用黏结饰面砖做饰面层时,其安全性和耐久性必须符合设计要求。

对于饰面砖黏结强度,应进行黏结强度拉拔试验,拉拔试验应按照《建筑工程饰面砖粘结强度检验标准》(JGJ 110—2008)的规定执行,试验结果应符合设计和有关标准的规定。

(八)预制保温墙板的型式检验报告

预制保温墙板生产厂家负责出具的型式检验报告中,应包含预制保温墙板本身的质量,即结构性能、热工性能、安装性能等检验数据。使用方往往比较重视预制保温墙板的结构性能和热工性能,而对现场安装性能注意不够。为了保证预制保温墙板能够顺利安装,明确要求型式检验报告中应包含安装性能检验合格的信息。

(九)外墙热桥部位隔断措施

热桥是指外围护结构上有热工缺陷的部位。围护结构中的热桥部位由于热流集中,对总体保温隔热效果有较大的影响。要求严寒和寒冷地区外墙热桥部位,应按设计要求采取节能保温等隔断热桥措施。在热桥处理完工后,可以采用人工成像设备进行扫描检查,热工成像设备可以辅助了解其处理措施是否有效。

二、幕墙节能工程

建筑幕墙包括玻璃幕墙(透明幕墙)、金属幕墙、石材幕墙及其他板材幕墙。玻璃幕墙的可视部分属于透明幕墙。玻璃幕墙的不可视部分,以及金属幕墙、石材幕墙、人造板材幕墙等,属于非透明幕墙。

对于透明幕墙,节能设计标准中对其有遮阳系数、传热系数、可见光透射比、气密性能等相关要求。在热工方面对玻璃幕墙还有抗结露、通风换气要求等。

对于非透明幕墙,节能设计标准中对其指标要求主要是传热系数,但热工方面有相应要求,包括避免幕墙内部或室内表面出现结露、冷凝水无损室内装饰等。

(一)隔热型材性能试验报告

由于玻璃幕墙的安全性问题,幕墙行业已经不太主张使用隔热型材。但是,铝合金隔热型材、钢隔热型材在一些工程中得到应用。从安全性来说,型材的力学性能非常重要,对于有机材料,其热变性能也非常重要。型材的力学性能主要包括抗剪强度和抗拉强度,热变性能包括热膨胀系数、热变形温度等。

当幕墙节能工程采用隔热型材时,隔热型材生产厂家应提供型材所使用的隔热材料的力学性能和热变形性能试验报告。

(二)幕墙保温隔热材料的热工性能

幕墙材料、构配件等的热工性能是保证幕墙节能的关键指标,所以必须满足要求。材料的热工性能主要是导热系数,许多单一材料的构件也是如此。

幕墙节能工程使用的保温隔热材料,其导热系数、密度、燃烧性能应符合设计要求。幕墙玻璃的传热系数、遮阳系数、可见光透射比、中空玻璃露点应符合设计要求。

(三)幕墙节能工程使用的材料、构件等进场复验项目

幕墙节能工程使用的材料、构件等进场时,应对其下列性能进行复验,复验应为见证取样送检:

(1)保温材料:导热系数、密度。保温材料的密度与导热系数有很大关系,如果密度偏差过大,意味着材料性能也发生很大的变化。

(2)幕墙玻璃:可见光透射比、传热系数、遮阳系数、中空玻璃露点。幕墙玻璃是决定玻璃幕墙节能性能的关键构件。玻璃的传热系数越大,对节能越不利;遮阳系数越大,对夏季空调的节能越不利;可见光透射比越大,对采光越有利。中空玻璃露点是反映中空玻璃产品密封性能的重要指标。

(3)隔热型材:抗拉强度、抗剪强度。隔热型材的力学性能非常重要,直接关系到幕墙的安全,所以应符合设计要求和相关产品标准的要求。

(四)幕墙的气密性能检测

建筑幕墙的气密性能指标是幕墙节能的重要指标。一般幕墙设计均规定有气密性能的等级要求。气密性能检测试件应包括幕墙的典型单元、典型拼缝、典型可开启部分。

幕墙的气密性能应符合设计规定的等级要求。当幕墙面积大于 3 000 m² 或建筑外墙面积的 50%时,应现场抽取材料和配件,在检测实验室安装制作试件进行气密性能检测,检测结果应符合设计规定的等级要求。

气密性能检测应对一个单位工程中面积超过 1 000 m² 的每一种幕墙均抽取一个试件进行检测。对于组合幕墙,只需进行一个试件的检测即可。对于不同幕墙幅面,则要求分别进行检测。对于面积比较小的幅面,则可以不分开对其进行检测。

三、门窗节能工程

(一)门窗的种类

建筑门窗的种类很多,按型材分有铝合金门窗、隔热铝合金门窗、塑料门窗、铝木复合门窗、钢门窗、不锈钢门窗、隔热钢门窗、隔热不锈钢门窗、玻璃钢门窗等。

(二)玻璃的品种

门窗采用的玻璃品种也比较多,玻璃种类有单层玻璃、中空玻璃、三层中空玻璃、夹层玻璃、夹层中空玻璃、单片镀膜玻璃、LOW－E中空玻璃、阳光控制型单层玻璃、阳光控制型中空玻璃等。

(三)门窗的开启形式

门窗的开启形式分为推拉、平开、平开推拉、上悬、平开下悬、中悬、折叠等多种形式。

(四)中空玻璃的密封

普通的中空玻璃采用聚硫密封胶及丁基密封胶,隐形框的中空玻璃采用硅酮结构密封胶及丁基密封胶。

(五)外门窗检验项目

建筑外门窗的气密性、保温性能(传热系数)、中空玻璃露点、玻璃遮阳系数和可见光透射比应符合设计要求。一定规格尺寸门窗的传热系数可以通过实验室测试确定。测试门窗的传热系数应采用《建筑外门窗保温性能分级及检测方法》(GB/T 8484—2008)。测试气密性能应采用《外门窗气密、水密、抗风压性能分级及检测方法》(GB/T 7107—2008)。测试中空玻璃露点应采用《中空玻璃》(GB/T 11944—2002)。

(六)外门窗施工现场的性能复验

由于在严寒、寒冷、夏热冬冷地区对门窗保温性能要求较高,门窗容易结露,所以需要对门窗的气密性能、传热系数进行复验。夏热冬暖地区由于太阳辐射对建筑能耗的影响很大,主要考虑门窗的夏季隔热,所以仅对气密性能进行复验。

玻璃遮阳系数、可见光透射比、中空玻璃露点是建筑玻璃的基本性能,应该进行复验。对于严寒地区和寒冷地区,仅就玻璃的中空玻璃露点进行复验。建筑外门窗的复验,主要在抽样实验室测试,检验的主要内容根据所在地的气候分区进行选择。

建筑外门窗进入施工现场时,应按地区类别对其下列性能进行复验,复验应为见证取样送检:

(1)严寒、寒冷地区:气密性、传热系数和中空玻璃露点。

(2)夏热冬冷地区:气密性、传热系数、玻璃遮阳系数、可见光透射比、中空玻璃露点。

(3)夏热冬暖地区:气密性、玻璃遮阳系数、可见光透射比、中空玻璃露点。

(七)建筑外窗气密性现场实体检验

严寒、寒冷、夏热冬冷地区的建筑外窗的气密性能是影响节能效果的重要检测项目。为了保证应用到工程的产品质量,要求对外窗的气密性能做现场实体检验,检测结果应满足设计要求。现场检验门窗的气密性能采用《建筑门窗气密、水密、抗风压现场检测方法》(JG/T 211—2007)。在现场检测时应注意检测时的天气条件,不要因建筑外部的风引起过大的测量误差,所以不能在3级及3级以上风的天气测试。高层建筑应在基本无风的天气进行测试。

四、屋面节能工程

屋面节能工程是建筑物围护结构节能的主要部分,在建筑物围护结构中,墙体传热占围护结构传热的 25%~30%,门窗传热约占建筑围护结构传热的 25%,屋面传热占建筑围护结构传热的 6%~10%。因此,做好建筑屋面的保温与隔热不仅是建筑节能的需要,也是改善顶层建筑室内热环境的需要。

(一)屋面形式

屋面的形式主要有平屋面、坡屋面、倒置式屋面、架空屋面、种植屋面、蓄水屋面、采光屋面等。

按屋面保温、隔热的作用和效果又可分为保温屋面和隔热屋面。保温屋面主要有松散材料保温屋面、板状材料保温屋面和整体现浇保温屋面。隔热屋面包括架空隔热屋面、种植隔热屋面和蓄水隔热屋面。

(二)屋面保温隔热材料检验项目

由于保温隔热材料的导热系数、密度或干密度指标直接影响到屋面保温隔热效果,抗压强度或压缩强度直接影响到保温层的施工质量,燃烧性能是防止火灾隐患的重要条件,所以在进场时应对屋面节能工程使用的保温隔热材料的导热系数、密度、抗压强度或压缩强度、燃烧性能进行复验,复验应为见证取样送检。

(三)采光屋面检验项目

采光屋面主要用于大型公共建筑。屋面在建筑围护结构中本身就是一个薄弱环节,而采用透明屋面,其保温隔热效果与实体屋面相差较大。比如,公共建筑节能设计标准要求屋面的传热系数 ≤0.45 W/(m^2·K),而透明屋面的传热系数为 2.7 W/(m^2·K)(寒冷地区),两者相差 6 倍。所以,采光屋面的传热系数、遮阳系数、可见光透射比、气密性应符合设计要求,采用进场见证取样复验进行验证。

五、地面节能工程

在建筑围护结构中,通过地面向外传导的热量占围护结构传热量的 3%~5%,处于北方的寒冷地区,比例会更高。地面节能主要包括三个方面:一是直接接触土壤的地面,二是与室外空气接触的架空楼板底面,三是地下室、半地下室与土壤接触的外墙。与土壤接触的地面和外墙的节能仅对严寒和寒冷地区而言。

(一)地面保温材料进场复验

在地面保温工程中,保温材料的性能对地面保温隔热的效果起到了决定性的作用。为了保证用于地面保温隔热材料的质量,避免不合格的材料用于地面保温隔热工程,参照常规建筑工程材料进场验收办法,对进场的地面保温隔热材料随机取样进行见证送检,对相关参数进行复验。地面节能工程使用的保温材料,其导热系数、密度、抗压强度或压缩强度、燃烧性能应符合设计要求。

(二)地面保温材料复验项目

地面节能工程采用的保温材料,进场时应对其导热系数、密度、抗压强度或压缩强度、燃烧性能进行复验,复验应为见证取样送检。复验必须是第三方见证取样,检验样品必须按批量随机抽取。

用于地面节能工程的保温隔热材料,应按相应标准要求的试验方法进行试验,测定其是否满足标准要求。

六、采暖节能工程

(一)采暖方式

目前,我国的采暖方式大多数是以热水为热媒的集中采暖,即热源和散热设备分别设置,由热源通过管道向各个房间或各个建筑物供给热量。目前,采暖主要是以城市热网、区域供热厂或单幢建筑物锅炉房为热源的集中采暖方式。与国外相比,我国的大部分集中热水采暖系统相当落后,具体体现在供热品质差、室温冷热不匀、系统热效率低。不仅多耗成倍能量,而且用户不能调节室温。

(二)保温材料和散热设备的复验及复验项目

对保温材料和散热设备的某些重要技术性能参数应进行复验,且复验为见证取样送检。采暖系统节能工程采用的散热器和保温材料等进场时,应对其下列技术性能参数进行复验,复验应为见证取样送检:

(1)散热器的单位散热量、金属热强度。

(2)保温材料的导热系数、密度、吸水率。

复验方式有两个步骤:第一是检查其有效期内的抽样检测报告,第二是对不同批次进场的保温材料和散热器进行现场随机见证取样送检复验。这样做的目的是确保供应商供应的产品货真价实,这也是确保采暖系统节能的重要措施。

复验存在一定的风险。因为对于散热器和保温材料的复验,只对已进场的产品负责,如果是一次性进场,送检复验的样品中只要有一个被检验不合格,则判定全部产品不合格;对于分批次进场的,第一次复验合格,只能说明本次及以前进场的产品合格。如果在第二次复验不合格,则截至第一次复验之后进场的产品均判定为不合格。

七、通风与空调节能工程

(一)通风与空调系统概念

通风与空调系统包括通风系统、空调系统及空调水系统。前两者很容易理解和区分,但对于空调系统的水系统,要注意的是它是指除空调冷热源及其辅助设备与管道及室外管网以外的空调水系统。

(二)产品进场性能检测项目

通风与空调系统所使用的设备、管道、阀门、仪表、绝热材料等产品,质量好坏是决定其节能效果的主要因素。各种产品和设备应符合现行的国家标准和规定,重点检测以下项目:

(1)组合式空调机组、柜式空调机组、新风机组、单元式空调机组、热回收装置等设备的冷量、热量、风量、风压、功率及额定热回收效率。

(2)风机的风量、风压、功率及其单位风量消耗功率。

(3)成品风管的技术性能参数。

(4)自控阀门与仪表的技术性能参数。

(三)见证取样复验项目

风机盘管机组和绝热材料进场时,应对其下列技术性能参数进行复验,复验应为见证取样送检。

(1)风机盘管机组的供冷量、供热量、风量、出口静压、噪声及功率。

(2)绝热材料的导热系数、密度、吸水率。

根据规范要求,对风机盘管和绝热材料进行复验,且复验检测报告的结构应符合设计要求,并与进场时提供的产品检测报告中技术性能参数一致。

八、空调与采暖系统冷热源及管网节能工程要求

(一)空调的方式

空调有多种方式,如集中式、分散式。如采用集中空调系统,向多个房间、多幢建筑甚至建筑群提供冷热源,或者由户式集中空调向一套建筑提供热冷源。

(二)产品检验报告

(1)阀门、仪表等应有产品质量合格证及相关性能检验报告。

(2)绝热材料等产品应有产品质量合格证及材质检验报告,检测报告必须是有效期内的抽样检测报告。使用到建筑物内的绝热材料还要有防火等级的检验报告。

(三)绝热材料复验项目

空调与采暖系统冷热源及管网节能工程的绝热管道、绝热材料进场时,应对绝热材料的导热系数、密度、吸水率等技术性能参数进行复验,复验应为见证取样送检。

(四)系统试运转及调试

空调与采暖系统冷热源和辅助设备及其管道和管网系统安装完毕后,系统试运转及调试必须符合下列规定:

(1)冷热源和辅助设备必须进行单机试运转及调试。

(2)冷热源和辅助设备必须同建筑物室内空调或采暖系统进行联合试运转及调试。

(3)联合试运转及调试结果应符合设计要求,且允许偏差或规定值应符合规范规定的联合试运转及调试检测项目与允许偏差或规定值。

当联合试运转及调试不在制冷期或采暖期时,应先对供热系统室外管网的水力平衡度、供热系统的补水率、空调机组的水流量和空调系统冷热水、冷却水总流量等四个项目进行检测,并在第一个制冷期或采暖期内,带冷(热)源补做室内温度、室外管网的热输送效率两个项目的检测。

九、配电与照明节能工程

我国年照明用电量占发电总量的 12% 左右,而且以低效照明为主,节能潜力很大。在建筑工程照明节能中,采用高效节能的电光源、照明灯具、灯用电器附件,采用传输效率高、使用寿命长、电能损耗低、安全的配电器材,采用各种照明节能的控制设备或器件和采用高效节能的电光源都会对照明节能产生正面影响。

照明节能主要与六个方面有关,即光源光效、灯具效率、气体放电灯启动设备质量、照明方式、灯具控制方案和日常维护管理。

(一)照明光源、灯具及其附属装置要求

照明光源、灯具及其附属装置的选择必须符合设计要求,并应符合国家现行有关标准和规定。

（1）荧光灯灯具和高强度气体放电灯灯具的效率不应低于规定允许值。

（2）管型荧光灯镇流器能效限定值应不小于规范的规定。

（3）照明设备谐波含量限值应符合规范的规定。

（二）电线电缆质量监控

加强对建筑物内配电大量使用的电线电缆质量的监控，防止在施工过程中使用不合格的电线电缆。有些生产商为降低成本偷工减料，造成电线电缆的导体截面减小，导体电阻不符合产品标准的要求。有些施工单位明知这些问题，但为节省开支仍使用此类产品，不仅造成严重安全隐患，还会使电线电缆在输送电能的过程中发热，增加电能的损耗。因此，采取以下措施：低压配电系统选择的电缆、电线截面不得低于设计值，进场时应对其截面和每芯导体电阻值进行见证取样送检。每芯导体电阻值应符合规范中不同标称截面的电缆、电线每芯导体最大电阻值的规定。

（三）低压配电电源质量检测

工程安装完成后应对低压配电系统进行调试，调试合格后应对低压配电电源质量进行检测。其中：

（1）供电电压允许偏差应符合规范的规定。

（2）公共电网谐波电压限值应符合规范的规定。

（3）谐波电流不应超过规范中规定的允许值。

（4）三相电压不平衡度允许值应符合规范的规定。

（四）压接螺栓的力矩检测

抽检工作可由施工单位自行负责，并形成抽测记录。当建设单位对抽测结果有疑问时，可委托具有国家认可资质的检测单位进行检测。

母线与母线或母线与电器接线端子，当采用螺栓搭接连接时，应使用力矩扳手对压接螺栓进行力矩检测。

十、监测与控制节能工程

（一）监测与控制系统的节能重点

监测与控制系统节能的主要对象应为建筑耗能设备（包括供冷、供暖、通风、供应生活热水、照明、电器耗能、电梯和给排水）所采取的节能措施。

（二）建筑能耗检测

建筑能耗主要由建筑物围护结构、供热系统、制冷系统、通风系统、照明系统、电器设备产生的能耗构成。因此，建筑能耗检测的内容主要是建筑物围护结构的保温性能、供热系统产出的能量、供热系统产出能量的效率、制冷系统产出的能量、制冷系统产出能量的效率、通风系统输出的能量、通风系统产出能量的效率、照明系统输出的能量、照明系统产出能量的效率、电器设备产出的能量、电器设备产出能量的效率。

（三）系统检测内容

系统检测内容应包括对工程实施文件和系统自检文件的复核，对监测与控制系统的安装质量、系统节能监控功能、能源计量及建筑能源管理等进行检查和检测。

（四）监测与控制系统模拟检测

因为空调、采暖为季节性运行设备，有时在工程验收阶段无法进行不间断试运行，只有通过模拟对其功能和性能进行测试。

模拟检测分为两种：一种是有些计算机控制系统自带调试和检测的仿真模拟程序，将该程序与被检测系统对接，并人为地设置试验项目，即可完成系统的模拟测试；另一种是人为地输入相关参数，观察记录系统运行情况，进行模拟测试。

(五)综合控制系统的功能检测

(1)建筑能源系统的协调控制。

(2)采暖、通风与空调系统的优化监控。

十一、建筑节能工程现场检验

建筑节能工程现场检验主要是指围护结构现场实体检验。根据规范规定，节能工程验收前必须进行两项实体检测：一项是外墙节能构造实体检测，另一项是严寒、寒冷、夏热冬冷地区的外窗气密性现场实体检测。通过这两项检测来验证保温层厚度、墙体节能构造做法以及外窗气密性能等是否符合设计要求。

由于围护结构对建筑节能意义重大，虽然在施工阶段采取了多种控制手段，进行了分层次的验收，但是节能效果到底如何仍难确认。对围护结构进行实体检验最直接的方法就是进行墙体的传热系数检测，但由于检测技术的限制，检测条件(主要指室内外温差)、检测费用(各方取得一致意见)和检测周期(验收时间上的允许)均受到一定的制约。

(一)外墙节能构造实体检验

1.检验目的

(1)验证墙体保温材料的种类是否符合设计要求。

(2)验证保温层厚度是否符合设计要求。

(3)检查保温层构造做法是否符合设计和施工方案要求。

2.检测要求

外墙节能构造的现场实体检验应在监理(建设)人员见证下实施，可委托有资质的检测机构实施，也可由施工单位实施。需要明确的是，不应该由项目部而应由其上级即施工单位实施。实施过程均需见证，以保证检验的公正性。当施工单位进行钻取芯样时，应按要求进行检验，按照规定的格式出具检验报告，加盖施工单位的公章。

3.检验方法

(1)验证墙体保温材料的种类是否符合设计要求，可采用对钻取芯样观察的方法，仔细观察芯样中保温材料的外观，判断材质类型是否符合设计要求。

(2)验证保温层厚度是否符合设计要求，采用钢尺直接从芯样上量取。

(3)检查保温层构造做法是否符合设计和施工方案要求，观察芯样进行判断。如果加强网、界面处理剂的做法难以确认，可采用放大镜观察或剖开检查。

4.检验结论

当外墙节能构造现场实体检验出现不符合设计要求和标准规定的情况，表示节能工程质量可能存在问题，此时为了得出真实可靠的结论，考虑到实体检验的抽样数量太少，可能缺乏代表性，固不宜立即下结论，而应委托有资质的检测机构再次检验。为了增加抽样的代表性，应扩大一倍数量再次抽检。再次抽检只需要对不符合要求的项目或参数再次检验。如果再次检验仍然不符合要求，应给出"不符合设计要求"的结论。

对于不符合设计要求的围护结构节能构造,应查找原因,对因此造成的建筑节能的影响程度进行技术评估,采取技术措施予以弥补或消除后重新进行检测。

(二)外窗气密性现场实体检测

建筑围护结构施工完成后,应对围护结构的外墙节能构造和严寒、寒冷、夏热冬冷地区的外窗气密性进行现场实体检测。当条件具备时,也可直接对围护结构的传热系数进行检测。

严寒、寒冷、夏热冬冷地区的外窗现场实体检测应按照国家现行有关标准的规定执行。其检验目的是验证建筑外窗气密性是否符合节能设计要求和国家有关标准的规定。

外窗气密性现场实体检测是指对已经完成安装的外窗在其使用位置进行的测试。这项检验实际上是在外窗质量已经进场验收合格的基础上,检验外窗的安装质量以及外窗产品质量是否真的合格。这种检验能够有效地发现和防止"送检外窗合格,工程用外窗不合格"的行为。当外窗气密性能出现不合格时,应当分析原因,进行返工修理,直至达到合格水平。

1.抽样数量

(1)抽样数量可以在合同中约定。

(2)以规范规定的最低数量作为抽样数量。

2.检测要求

外窗气密性的现场实体检测,应在监理(建设)人员见证下抽样,委托有资质的检测机构实施。在施工现场进行外窗气密性检测采用的分级指标、试验标准和检测原理与实验室相同,只是存在现场条件的不同。应当注意的是,窗洞的密封对试验结果的影响较大。在现场试验中,检测机构应严格按照相关标准的要求,保证试验结果的复现性。

3.检测结论

当外窗气密性实体检验出现不符合设计要求和标准规定的情况时,表示节能工程质量可能存在问题,此时为了得出真实可靠的结论,考虑到实体检验的抽样数量太少,可能缺乏代表性,固不宜立即下结论,而应委托有资质的检测机构再次检验。为了增加抽样的代表性,应扩大一倍数量再次抽检。再次抽检只需要对不符合要求的项目或参数再次检验。如果再次检验仍然不符合要求,应给出"不符合设计要求"的结论。

当建筑外窗气密性能不符合设计要求和国家现行标准的规定时,应查找原因进行修理,使其达到要求后重新进行检测。

(三)传热系数的测定

当对围护结构的传热系数进行检测时,应由建设单位委托具备检测资质的检测机构承担,其检测方法、抽样数量、检测部位和合格判定标准等可在合同中约定。

(四)系统节能检测

采暖、通风与空调、配电与照明工程安装完成后,应进行系统节能性能的检测,且应由建设单位委托具有相应检测资质的检测机构检测并出具报告。受季节影响未进行的节能性能检测项目,应在保修期内补做。

(五)采暖、通风与空调、配电与照明系统节能性能检测项目

采暖、通风与空调、配电与照明系统节能性能检测的主要项目如下,其检测方法应按国家现行有关标准规定执行。

(1)室内温度。

（2）供热系统室外管网的水力平衡度。

（3）供热系统的补水率。

（4）室外管网的热输送效率。

（5）各风口的风量。

（6）通风与空调系统的总风量。

（7）空调机组的水流量。

（8）空调系统冷热水、冷却水总流量。

（9）平均照度与照明功率密度。

系统节能性能检测的项目和抽样数量也可以在工程合同中约定,必要时可增加其他检测项目,但合同中约定的检测项目和抽样数量不应低于规范的规定。

第三节　建筑节能材料检测——EPS/XPS 板材检测方法

一、线性尺寸的测定

线性尺寸是指泡沫材料试样的两待定点、两平行线或两个平行面由角、边或面确定的最短距离。

（一）仪器设备

（1）测微计:测量面积约为 10 cm^2,测量压力为（100±10）Pa,读数精度为 0.05 mm。

（2）千分尺:测量面最小直径为 5 mm,但在任何情况下不得小于泡孔平均直径的 5 倍,允许读数精度为 0.05 mm。千分尺仅适用于硬质泡沫材料。

（3）游标卡尺:允许读数精度为 0.1 mm。

（4）金属直尺与金属卷尺:允许读数精度为 0.5 mm。

（二）量具的选择

按照被测尺寸相应的精度选择量具,见表 15-1。

表 15-1　量具选择

尺寸范围	精度要求	推荐量具		读数的中值精确度
		一般用法	若试样形状许可	
<10	0.05	测微计或千分尺	—	0.1
10~100	0.1	游标卡尺	千分尺或测微计	0.2
>100	0.5	金属直尺与金属卷尺	游标卡尺	1

（三）测量的位置和次数

测量的位置取决于试样的形状和尺寸,但至少为 5 点。为了得到一个可靠的平均值,测量点尽可能分散些。

取每一点上 3 个读数的中值,并用 5 个或 5 个以上的中值计算平均值。

二、表观密度的测定

(一)仪器设备

天平:称量精度为 0.1%。

(二)试样要求

1. 尺寸

试样的形状应便于体积计算。切割时,应不改变其原始泡孔结构。

试样总体积至少为 100 cm³,在仪器允许及保持原始状态不变的条件下,尺寸尽可能大。

2. 数量

至少测试 5 个试样。

3. 状态调节

(1)测试样品材料生产后,应至少放置 72 h,才能进行制样。

(2)样品应在标准环境或干燥环境(干燥器)下至少放置 16 h,这段状态调节时间可以是在材料制成后放置 72 h 中的一部分。

标准环境条件:温度(23 ± 2)℃,湿度(50 ± 10)% ;温度(23 ± 5)℃,湿度(50^{+20}_{-10})% ;温度(27 ± 5)℃,湿度(65^{+20}_{-10})% ;

干燥环境:(23 ± 2)℃或(27 ± 2)℃。

(三)试验步骤

(1)按规定测量试样尺寸,单位为毫米(mm)。每个尺寸至少测量 3 个位置,对于板状的硬质材料,在中部每个尺寸测量 5 个位置。分别计算每个尺寸的平均值,并计算试样体积。

(2)称量试样,精确到 0.5% ,单位为克(g)。

(四)结果计算

1. 表观密度计算

表观密度按式(15-1)计算,取其平均值,精确至 0.1 kg/m³:

$$\rho = \frac{m}{V} \times 10^6 \tag{15-1}$$

式中　ρ ——表观密度(表观总密度或表观芯密度),kg/m³;

　　　m ——试样的质量,g;

　　　V ——试样的体积,mm³。

对于一些低密度闭孔材料(如密度小于 15 kg/m³ 的材料),空气浮力可能会导致测量结果产生误差,在这种情况下表观密度应用式(15-2)计算:

$$\rho_a = \frac{m + m_a}{V} \times 10^6 \tag{15-2}$$

式中　ρ_a ——表观密度(表观总密度或表观芯密度),kg/m³;

　　　m ——试样的质量,g;

　　　m_a ——排出空气的质量,g;

　　　V ——试样的体积,mm³。

注:m_a 指在常压和一定温度时的空气密度(g/mm³)乘以试样体积(mm³)。当温度为

23 ℃,大气压为 101 325 Pa(76 mm 汞柱)时,空气密度为 1.220×10⁻⁶ g/mm³;当温度为27
℃,大气压为 101 325 Pa(76 mm 汞柱)时,空气密度为 1.195 5×10⁻⁶ g/mm³。

2. 标准偏差估计值

标准偏差估计值按式(15-3)计算,取 2 位有效数字:

$$S = \sqrt{\frac{\sum x^2 - n\bar{x}^2}{n - 1}} \tag{15-3}$$

式中　S——标准偏差估计值;

　　　x——单个测试值;

　　　$\bar{x}$——一组试样的算术平均值;

　　　n——测定个数。

(五)试验报告

试验报告内容包括:

(1)采用标准的编号。

(2)试验材料的完整的标识。

(3)状态调节的温度和相对湿度。

(4)试样是否有表皮和表皮是否被除去。

(5)有无僵块、条纹及其他缺陷。

(6)各次试验结果,详述试样情况(形状、尺寸和取样位置)。

(7)表观密度(表观总密度或表观芯密度)的平均值和标准偏差估计值。

(8)是否对空气浮力进行补偿,如果已补偿,给出修正量,试验时的环境温度、相对湿度及大气压。

(9)任何与标准规定步骤不符之处。

三、导热系数的测定

保温材料的导热系数是反映材料导热性能的物理量。导热系数不仅是评价材料热力学特性的依据,并且是材料在工程应用时的重要设计依据。目前,测定材料导热系数的方法一般分两类,即稳态法和非稳态法。稳态法包括防护热板法、热量计法、圆管法和圆球法,非稳态法包括准稳态法、热线法、热带法、常功率热源法和其他方法。

(一)防护热板法

1. 装置原理

防护热板装置的原理是:在稳态条件下,在具有平行表面的均匀板状试件内,建立类似于以两个平行的温度均匀的平面为界的无限大平板中存在的一维的均匀热流密度。

2. 装置类型

根据原理可建造两种形式的防护热板装置:双试件式(和一个中间加热单元)和单试件式。双试件装置:双试件式装置中,由两个几乎相同的试件中夹一个加热单元,加热单元由一个圆形或方形的中间加热器和两块金属面板组成。热流量由加热单元分别经两侧试件传给两侧冷却单元(圆形或方形的、均温的平板组件,见图 15-1(a))。单试件装置:单试件装置中,加热单元的一侧用绝热材料和被防护单元代替试件和冷却单元(见图 15-1(b))。绝热材料的两表面应控制温差为零。

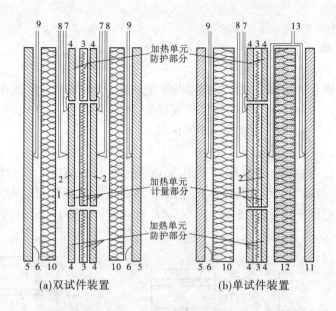

1—计量加热器;2—计量面板;3—防护加热器;4—防护面板;5—冷却单元;
6—冷却单元面板;7—温差热电偶;8—加热单元表面热电偶;9—冷却单元表面热电偶;
10—试件;11—被防护加热器;12—被防护绝热层;13—被防护单元温差热电偶

图 15-1　双试件和单试件防护热板装置

3. 导热系数计算

导热系数按式(15-4)计算:

$$\lambda = \frac{\Phi d}{A(T_1 - T_2)}$$ (15-4)

式中　λ——导热系数,W/(m·K);

　　　Φ——加热单元计量部分的平均加热功率,W;

　　　d——试件平均厚度,m;

　　　T_1——试件热面温度平均值,K;

　　　T_2——试件冷面温度平均值,K;

　　　A——计量面积,m²。

4. 试验报告

试验报告包括以下内容:

(1)材料的名称、标志及制造商提供的物理描述。

(2)试件的制备过程和方法。

(3)试件的厚度。

(4)状态调节的方法和温度。

(5)调节后材料的密度。

(6)测定时试件的平均温差及确定温差的方法。

(7)测定时的平均温度及环境温度。

(8)试件的导热系数。

(9)测试日期。

(二)热量计法

1. 原理

当热板和冷板在恒定温度及恒定温差的稳定状态下时,热量计装置在热流计中心测量区域和试件中心区域建立一个单向稳定热流密度,该热流穿过一个(或两个)热量计的测量区域及一个(或两个接近相同)试件的中间区域。

2. 装置

热量计与试件的典型布置见图15-2,由加热单元、一个(或两个)热流计、一块(或两块)试件和冷却单元组成。单元的不对称布置见图15-2(a),热流计可以面对任一单元放置。单试件双热流计对称布置见图15-2(b)。双试件对称布置见图15-2(c),其中两块试件应基本相同,由同一样品制备。

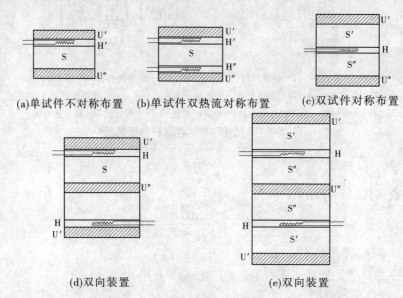

(a)单试件不对称布置　(b)单试件双热流对称布置　(c)双试件对称布置

(d)双向装置　　　　　　　(e)双向装置

U′、U″—冷却和加热单元;H、H′、H″—热流计;S、S′、S″—试件

图15-2　热流计装置的典型布置

3. 导热系数计算

单试件装置,按以下方式计算。

(1)不对称布置:

$$\lambda = fe \times \frac{d}{\Delta T} \tag{15-5}$$

式中　f——热流计的标定系数,$W/(m^2 \cdot V)$;

　　　e——热流计的输出,V;

　　　d——试件的平均厚度,m;

　　　ΔT——试件的冷面和热面温度差,K 或℃。

(2)双热流计对称布置:

$$\lambda = 0.5(f_1 e_1 + f_2 e_2) \times \frac{d}{\Delta T} \tag{15-6}$$

式中 f_1、f_2——第一个、第二个热流计的标定系数，$W/(m^2 \cdot V)$；

e_1、e_2——第一个、第二个热流计的输出，V。

双单试件装置，平均导热系数按式(15-7)计算：

$$\lambda_{avg} = \frac{fe}{2}\left(\frac{d_1}{\Delta T_1} + \frac{d_2}{\Delta T_2}\right)$$ (15-7)

式中 d_1、d_2——第一块、第二块试件的平均厚度，m；

ΔT_1、ΔT_2——第一块、第二块试件的冷面和热面温度差，K 或℃；

其余符号意义同前。

4.试验报告

试验报告包括以下内容：

(1)材料的名称、标志及制造商提供的物理描述。

(2)试件的制备过程和方法。

(3)试件的厚度。

(4)状态调节的方法和温度。

(5)调节后材料的密度。

(6)测定时试件的平均温差及确定温差的方法。

(7)测定时的平均温度。

(8)试件的导热系数。

(9)所用热流计的类型、数量和位置。

(10)测试日期。

四、垂直于板面方向的抗拉强度的测定

(一)仪器设备

(1)拉力机：需要有合适的测力范围和行程，精度 1%。

(2)固定试样的刚性平板或金属板：互相平行的一组附加装置，避免试验过程中拉力不均衡。

(3)直尺：精度 0.1 mm。

(二)试样

(1)试样尺寸与数量：100 mm×100 mm×50 mm，5 个。

(2)制备：在保温板上切割试样，其基面应与受力方向垂直。切割时需离膨胀聚苯板边缘 15 mm 以上，试样的两个受检面的平行度和平整度的偏差不大于 0.5 mm。

(3)放置时间：试样在试验环境下放置 6 h 以上。

(三)试验步骤

(1)试样以合适的胶粘剂粘贴在两个刚性平板或金属板上(胶粘剂对产品表面既不增强，也不损害；避免使用损害产品的强力粘胶；胶粘剂中如含有溶剂，必须与产品相容)。

(2)试样装入拉力机上，以(5±1)mm/min 的速度加荷，直至试样破坏。

(3)记录试样的破坏形状和破坏方式，或表面状况。

(四)试验结果

垂直于板面方向的抗拉强度按式(15-8)计算：

$$\sigma_{mt} = \frac{F_m}{A}$$ (15-8)

式中 σ_{mt}——拉伸强度,kPa;

F_m——最大拉力,kN;

A——试样的横断面面积,m^2。

试验结果以 5 个试验结果的算术平均值表示,精确至 0.01 kPa。破坏面如在试样与两个刚性平板或金属板之间的粘胶层中,则该试样测试数据无效。

五、压缩性能的测定

压缩强度是指相对形变 $\varepsilon < 10\%$ 时的最大压缩力除以试样的初始横截面面积。相对形变 10% 的压缩应力是指相对形变为 10%(ε_{10})时的压缩力(F_{10})与试样的初始横截面面积之比。

原理:对试样垂直施加压力,可通过计算得出试样承受的应力。如果应力最大值对应的相对形变小于 10%,称其为压缩强度。如果应力最大值对应的相对形变达到或超过 10%,取相对形变为 10% 时的压缩应力为试验结果,称其为相对形变为 10% 时的压缩应力。

(一)仪器设备

(1)压缩试验机。

(2)位移和力的测量装置。

(3)测量试样尺寸的量具。

(二)状态调节

试样状态调节:温度(23 ± 2)℃,相对湿度(50 ± 10)%,至少 6 h。

(三)试样

1. 尺寸

试样厚度应为(50 ± 1)mm,使用时需带有模塑表皮的制品,其试样应取整个制品的原厚,但厚度最小为 10 mm,最大不得超过试样的宽度或直径。

试样的受压面为正方形或圆形,最小面积为 25 cm^2,最大面积为 230 cm^2,首先使用受压面为(100 ± 1)mm × (100 ± 1)mm 的正四棱柱试样。

2. 制备

制取试样应不改变泡沫材料的结构,制品在使用中不保留模塑表皮的应除去表皮。

3. 数量

从硬质泡沫塑料制品的块状材料或厚板中制取试样时,取样方法和数量应参照有关泡沫塑料制品标准的规定。在缺乏相关规定时,至少取 5 个试样。

(四)试验步骤

(1)按《泡沫塑料与橡胶线性尺寸的测定》(GB/T 6342—1996)的规定,测量每个试样的三维尺寸。

(2)将试样放置在压缩试验机两块平行板之间的中心,以每分钟压缩试样的初始厚度的 10% 的速率压缩试样,直到试样厚度变为初始厚度的 85%,记录在压缩过程中的力值。

(3)每个试样按上述步骤进行测试。

（五）结果表示

1. 压缩强度

压缩强度按式(15-9)计算：

$$\sigma_{\mathrm{m}} = 10^3 \times \frac{F_{\mathrm{m}}}{A_0} \tag{15-9}$$

式中　σ_{m}——压缩强度，kPa；

　　　F_{m}——相对形变 $\varepsilon < 10\%$ 的最大压缩力，N；

　　　A_0——试样初始横截面面积，mm^2。

2. 相对形变为10%的压缩应力

相对形变为10%的压缩应力按式(15-10)计算：

$$\sigma_{10} = 10^3 \times \frac{F_{10}}{A_0} \tag{15-10}$$

式中　σ_{10}——相对形变为10%的压缩应力，kPa；

　　　F_{10}——使试样产生10%的相对形变的力，N；

　　　A_0——试样初始横截面面积，mm^2。

（六）试验报告

试验报告包括以下内容：

(1)标准编号。

(2)完整识别试验样品的全部必要信息，包括生产日期。

(3)若试样未采用受压面为(100 ± 1) mm×(100 ± 1) mm、厚度为(50 ± 1) mm 的正四棱柱，则应注明试样尺寸。

(4)施压方向与各向异性材料或制品形状的关系。

(5)试验结果的平均值，保留3位有效数字。

(6)如各个试验结果之间的偏差大于10%，则给出各个试验结果。

(7)试验日期。

(8)偏离标准规定的操作。

六、尺寸稳定性的测定

尺寸稳定性，即试样在特定温度和相对湿度条件下放置一定时间后，互相垂直的三维方向上产生的不可逆尺寸变化。

原理：将试样在规定的试验条件下放置一定的时间，并在标准环境下进行状态调节后，测定其线性尺寸发生的变化。

（一）仪器设备

(1)恒温或恒温恒湿箱。能满足下列试验条件的任何恒温或恒温恒湿箱：(-55 ± 3)℃，(-25 ± 3)℃，(-10 ± 3)℃，(0 ± 3)℃，(23 ± 2)℃，(40 ± 2)℃，(70 ± 2)℃，(85 ± 2)℃，(100 ± 3)℃，(110 ± 3)℃，(125 ± 3)℃，(150 ± 3)℃。

当选择相对湿度90%~100%时，使用如下温度条件：(40 ± 2)℃，(70 ± 2)℃。

(2)量具。应符合《泡沫塑料与橡胶线性尺寸的测定》(GB/T 6342—1996)的规定（即表15-1）。

(二)试样及其制备

1.试样制备

用锯切或其他机械加工方法从样品上切取试样,并保证试样表面平整无裂纹。若无特殊规定,应除去泡沫塑料的表皮。

2.试样尺寸

试样为长方体,试样最小尺寸为(100 ± 1)mm$\times(100 \pm 1)$mm$\times(25 \pm 0.5)$mm。

3.试样数量

对选定的任一试验条件,每一样品至少测试 3 个试样。

(三)状态调节

试样按《塑料试样状态调节和试验的标准环境》(GB/T 2918—1998)的规定,在温度(23 ± 2)℃、相对湿度45%~55%条件下进行状态调节。

(四)试验方法

1.试验条件

从以下条件中选择试验条件:(-55 ± 3)℃,(-25 ± 3)℃,(-10 ± 3)℃,(0 ± 3)℃,(23 ± 2)℃,(40 ± 2)℃,(70 ± 2)℃,(85 ± 2)℃,(100 ± 3)℃,(110 ± 3)℃,(125 ± 3)℃,(150 ± 3)℃。

当选择相对湿度90%~100%时,使用如下温度条件:(40 ± 2)℃,(70 ± 2)℃。

经供需双方协商一致,可使用其他试验条件。

2.尺寸测量的位置

按《泡沫塑料与橡胶线性尺寸的测定》(GB/T 6342—1996)规定的方法,测量每个试样 3 个不同位置的长度(L_1、L_2、L_3)、宽度(W_1、W_2、W_3)以及 5 个不同点的厚度(T_1、T_2、T_3、T_4、T_5),见图15-3。

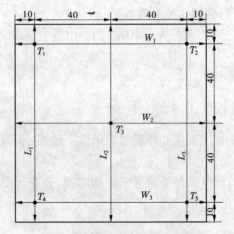

图15-3 测量试样尺寸的位置

3.试验步骤

(1)按规定测量试样试验前的尺寸。

(2)调节试验箱内温度、湿度至选定的试验条件,将试样水平置于箱内金属网或多孔板上,试样间隔至少25 mm,鼓风以保持箱内空气循环。试样不应受加热元件的直接辐射。

(3)(20 ± 1)℃后,取出试样。

(4)在温度(23±2)℃、相对湿度45%~55%条件下放置1~3 h。

(5)按规定测量试样尺寸,并目测检查试样状态。

(6)再将试样置于选定的试验条件下。

(7)总时间(48±2)h后,重复步骤(4)、(5)的操作,如果需要,可将总时间延长为7 d或28 d,然后重复步骤(4)、(5)的操作。

(五)结果表示

尺寸变化率按式(15-11)~式(15-13)计算:

$$\varepsilon_L = \frac{L_t - L_0}{L_0} \times 100\% \tag{15-11}$$

$$\varepsilon_W = \frac{W_t - W_0}{W_0} \times 100\% \tag{15-12}$$

$$\varepsilon_T = \frac{T_t - T_0}{T_0} \times 100\% \tag{15-13}$$

式中 ε_L、ε_W、ε_T ——试样的长度、宽度及厚度的尺寸变化率(%);

L_t、W_t、T_t ——试样试验后的平均长度、宽度及厚度,mm;

L_0、W_0、T_0 ——试样试验前的平均长度、宽度及厚度,mm。

(六)试验报告

试验报告包括以下内容:

(1)标准编号。

(2)完整识别样品的必要信息。

(3)状态调节条件与时间。

(4)试验条件。

(5)每个试样长度、宽度和厚度的尺寸变化率。

(6)每一样品长度、宽度和厚度的尺寸变化率的算术平均值或其他绝对值的平均值。

(7)每次试验后,试样的扭曲状况。

(8)与标准的任何偏离,包括供需双方协商一致的或其他原因造成的偏离。

七、水蒸气透过系数测定

水蒸气透过系数是指水蒸气透过率与厚度的乘积。水蒸气透过率是指在试验过程中,试验水蒸气传播速度与在试验过程中试样上下表面间蒸气压差的比值。

(一)原理

将试样密封在装有干燥剂,上端开口的试验器皿上,然后将整个试验装置放入温度、湿度可控制的环境中,定期进行称量,以此测定水蒸气透过试样进入干燥剂中的量。

(二)器具和材料

(1)薄壁圆形开口容器:该容器由玻璃或金属制成,内径至少65 mm,顶部能用密封蜡轻轻封住。

(2)量具:线性尺寸的测定应符合《泡沫塑料与橡胶线性尺寸的测定》(GB/T 6342—1996)的规定。

(3)分析天平:精确到0.1 mg。

(4)恒温恒湿箱:满足温度保持在 ±1 ℃、相对湿度保持在 ±2% 范围内。

(5)密封蜡:适宜的密封蜡,不受试验条件的影响。

(6)干燥剂:无水氯化钙粒径约 5 mm,不含有小于 600 μm 的粉料。

(三)试样

1. 厚度

试样厚度至少 10 mm,如果试样厚度小于 10 mm,应采用原厚度进行试验。

优先采用的试样厚度为 25 mm。

2. 数量

至少 5 个试样。

(四)状态调节

试验前,试验应按照《塑料试样状态调节和试验的标准环境》(GB/T 2918—1998)规定的试验条件进行调节。

(五)试验步骤

(1)选择下列试验环境之一进行试验:

　　(38 ±1)℃,相对湿度梯度为 0% ~(88 ±2)%;

　　(23 ±1)℃,相对湿度梯度为 0% ~(85 ±2)%;

　　(23 ±1)℃,相对湿度梯度为 0% ~(50 ±2)%。

(2)恒温恒湿装置内的环境应连续监测,温度变化为 ±2 ℃。

(3)从图 15-4 中选择一种透湿杯。

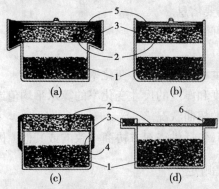

1—干燥剂;2—试样;3—密封层;4—密封条;5—限位器;6—限位环

图 15-4　允许使用的透湿杯

(4)准备试样,使其与所选择的透湿杯相适宜。

(5)测量试样的厚度并精确到 0.1 mm 或 5%,计算每个试样厚度的平均值。

(6)在每个透湿杯的底部放置深度为(20 ±5) mm 的干燥剂。在器皿中加热密封蜡直到熔化,然后按规定进行操作。试样和干燥剂之间的间距应为(15 ±5) mm,暴露的试验面积应至少为试样面积的 90%。

(7)将透湿杯置于所选择的环境中经 24 h 状态调节后称量,精确到 100 μg。

(8)每隔 24 h 称量。如果将透湿杯从试验环境中取出,应在较短时间内将其放回原处。

(9)连续称量,直到单位时间内所获取的 5 个有效质量变化值恒定,且在平均值的

±2%范围以内为止。

(六)结果表示

1. 质量变化恒定速率的计算

质量变化恒定速率按式(15-14)计算：

$$G_{12} = \frac{m_1 - m_2}{t_1 - t_2} \tag{15-14}$$

式中 G_{12}——单位时间内两次有效称量质量的变化，$\mu g/h$；

$m_1 - m_2$——透湿杯任意两次有效称量的质量差，μg；

$t_1 - t_2$——透湿杯两次有效称量的时间差，h。

2. 水蒸气透过率的计算

水蒸气透过率按式(15-15)计算：

$$W_p = \frac{G}{AP} \times \frac{10^5}{36} \tag{15-15}$$

式中 W_p——水蒸气透过率，$ng/(m^2 \cdot s \cdot Pa)$；

P——不同的水蒸气压力，Pa，可以选择下列相应的值：5 860 Pa，在38 ℃，相对湿度 0% ~88%，2 390 Pa，在23 ℃，相对湿度0% ~85%，1 400 Pa，在23 ℃，相对湿 度0% ~50%。

3. 水蒸气透过系数的计算

水蒸气透过系数按式(15-16)计算：

$$\delta = \frac{W_p \times s}{10^3} \tag{15-16}$$

式中 δ——水蒸气透过系数，$ng/(m^2 \cdot s \cdot Pa)$；

s——试样厚度，mm。

(七)试验报告

试验报告包括以下内容：

(1)标准编号。

(2)试验材料的说明，包括厚度以及有无表皮。

(3)用于测试的温度和相对湿度梯度。

(4)使用的试验装置。

(5)使用的试验条件以及如何达到该条件。

(6)水蒸气透过率、透过系数的计算。

(7)每个试验结果的单值。

(8)试验结果的平均值。

(9)任何与标准的差异，以及任何可能影响结果的因素。

(10)试验日期。

八、弯曲性能(基本弯曲试验)的测定

基本弯曲试验方法是指在三点式弯曲负荷作用下，用于测定硬质泡沫塑料试样在规定 形变下的负荷或断裂负荷的试验方法。

(一)原理

负荷压头以一定速度向支撑在两支座上的试样施加负荷,负荷应垂直于试样施加在两支点中央,见图15-5,记录试样达到规定形变时的负荷值或断裂负荷值。

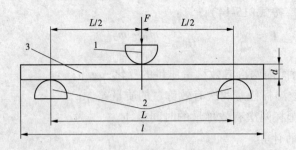

1—负荷压头;2—支座;3—试样;

L—支座间跨度;l—试样长度;d—试样厚度;F—负荷

图15-5 试验原理

(二)适用条件

适用于厚度不小于20 mm的材料,不适用于易于压碎的泡沫塑料。

基本弯曲试验方法使用小试样,且不产生纯弯曲变形,因此不能用于计算弯曲强度或表观弯曲弹性模量。

(三)仪器设备

(1)试验机:材料试验机或弯曲试验机,其负荷压头能恒速运行,负荷精度±1%,位移精度为0.1 mm。

(2)支座:由两个装在同一水平板上的平行圆柱组成,圆弧半径为(5±0.2)mm,长度大于试样宽度。两支座间跨度为(100±1)mm。

(3)负荷压头:其形状和尺寸与支座相同,负荷压头应处于支座中央并与支座平行。

(4)量具:精度0.01 mm。

(四)试样

1. 形状尺寸

试样为长方体,长(120±1.20)mm,宽(25±0.25)mm,厚(20±0.20)mm。

2. 制备

制样时不应使试样的泡孔结构变形。试样可以一面或几面带表皮,如带表皮,应记录该情况。

3. 数量

每组试样至少5个。当怀疑试验材料具有各向异性时,应制备两组试样,其轴线分别平行和垂直于泡孔伸长的方向。

当试样内有一面带有表皮时,除另有规定,应试验两组试样,一组试验使表皮处于拉伸状态,另一组试验使表皮处于压缩状态,分别报告试验结果。

(五)状态调节

标准试验条件为(23±2)℃、相对湿度(50±5)%或者(27±2)℃、相对湿度(65±10)%。

（六）试验步骤

（1）测量试样尺寸，将试样对称放置在支座上，垂直于试样的纵轴方向施加负荷。

（2）调节负荷压头位置，使其恰好与试样接触时，此位置记为试样形变的零点。

（3）操作过程中，负荷压头以（10±2）mm/min 的速度对试样施加负荷，记录试样形变达到（20±0.2）mm 时的负荷。

（4）若试样在形变达到 20 mm 之前就断裂，记录断裂点时的负荷和形变。

（七）结果表示

记录形变为 20 mm 时的负荷（N），或断裂负荷（N）及相应的形变（mm）。

（八）试验报告

试验报告包括以下内容：

（1）标准编号。

（2）完整识别试验样品的全部必要详情。

（3）试样有无表皮层或蒙层，如有，在哪一面。

（4）所用的状态调节条件。

（5）试验条件（温度、湿度）。

（6）施力方向是垂直还是平行于泡孔伸长方向。

（7）试样是否压碎。

（8）单个测试结果。

（9）试验结果的算术平均值和标准偏差。

（10）与标准规定的差别的任何细节和任何可能影响结果的事件。

（11）试验日期。

九、吸水率测定

（一）原理

通过测量在蒸馏水中浸泡一定时间试样的浮力来测定材料吸水率。

（二）浸泡液

蒸馏后至少放置 48 h 的蒸馏水。

（三）仪器设备

（1）天平：能悬挂网笼，精确至 0.1 g。

（2）网笼：由不锈钢材料制成，大小能容纳试样，底部附有抵消试样浮力的重块，顶部有能挂到天平上的挂架，见图 15-6。

（3）圆筒容器：直径至少 250 mm，高 250 mm。

（4）低渗透塑料薄膜：如聚乙烯薄膜。

（5）切片器：应有切割样品薄片厚度 0.1~0.4 mm 的能力，见图 15-7。

（6）载片：将两片幻灯玻璃片用胶布黏结成活叶状，中间放一张印有标准刻度（长度 30 mm）用于计算坐标的透明塑料薄片，见图 15-8。

（7）投影仪：适用于 50 mm×50 mm 标准幻灯片的通用型 35 mm 幻灯片投影仪，或带有标准刻度的投影显微镜。

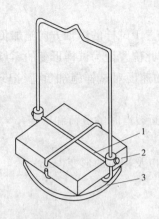

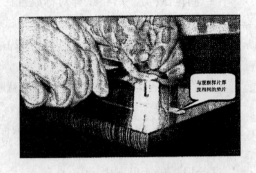

1—网笼;2—试样;3—重块

图 15-6　装有试样的网笼　　　　　　图 15-7　切片器

(四)试样

(1)试样数量:不得少于 3 块。

(2)尺寸:长 150 mm,宽 150 mm,体积不小于 500 cm³。对带有自然或复合表皮的产品,试样厚度是产品厚度;对于厚度对于 75 mm 且不带表皮的产品,试样应加工成 75 mm 的厚度。

(3)试样制备和调节:采用机械切割方式制备试样,试样表面应光滑、平整和无粉末,常温下放在干燥器中,每隔 12 h 称重一次,直至连续两次称重质量相差不大于平均值的 1%。

(五)试样步骤

(1)试验环境:(23 ± 2)℃,相对湿度(50 ± 5)%。

(2)称量干燥后试样质量,精确至 0.1 g。

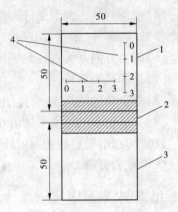

1—标准玻璃载片;2—软胶布黏结;
3—空白盖片;4—标准刻度尺

图 15-8　载片装置

(3)按《泡沫塑料与橡胶线性尺寸的测定》(GB/T 6342—1996)的规定测量试样线性尺寸用于计算体积,精确至 0.1 cm³。

(4)在试验环境下将蒸馏水注入圆筒容器内。

(5)将网笼浸入水中,除去网笼表面气泡,挂在天平上,称其表观质量,精确至 0.1 g。

(6)将试样装入网笼,重新浸入水中,并使试样顶面距水面约 50 mm,搅动或用软毛笔除去网笼和样品表面气泡。

(7)用低渗透塑料薄膜覆盖在圆筒容器上。

(8)(96 ± 1) h 或其他约定浸泡时间后,移去塑料薄膜,称量浸在水中装有试样的网笼的表观质量,精确至 0.1 g。

(9)目测试样溶胀情况,确定溶胀和切割表面体积的校正,均匀溶胀用方法 A,不均匀溶胀用方法 B。

（六）溶胀和切割表面体积的校正

1. 方法 A

（1）适用性：试样没有明显的非均匀溶胀。

（2）从水中取出试样，立即重新测量其尺寸，测量前用滤纸吸去表面水分。试样均匀溶胀体积校正系数按式（15-17）计算：

$$S_0 = \frac{V_1 - V_0}{V_0} \tag{15-17}$$

$$V_0 = \frac{d \times l \times b}{1\ 000} \tag{15-18}$$

$$V_1 = \frac{d_1 \times l_1 \times b_1}{1\ 000} \tag{15-19}$$

式中　S_0——校正系数；

$\quad\quad V_1$——试样浸泡后体积，cm^3；

$\quad\quad V_0$——试样初始体积，cm^3；

$\quad\quad d$——试样初始厚度，mm；

$\quad\quad l$——试样初始长度，mm；

$\quad\quad b$——试样初始宽度，mm；

$\quad\quad d_1$——试样浸泡后厚度，mm；

$\quad\quad l_1$——试样浸泡后长度，mm；

$\quad\quad b_1$——试样浸泡后宽度，mm。

（3）切割表面泡孔的体积校正。

按标准规定的方法，从进行吸水试验的相同样品上切片，测量其平均泡孔直径，按下面的方法计算切割表面泡孔体积。

有自然表皮或复合表皮的试样：

$$V_c = \frac{0.54D(l \times d + b \times d)}{500} \tag{15-20}$$

各表面均为切割面的试样：

$$V_c = \frac{0.54D(l \times d + l \times b + b \times d)}{500} \tag{15-21}$$

式中　V_c——试样切割表面泡孔体积，cm^3；

$\quad\quad D$——平均泡孔直径，mm，若泡孔直径小于 0.50 mm，且试样体积不小于 500 cm^3，切割面泡孔的体积校正较小（小于 3.0%），可以忽略不计。

2. 方法 B

（1）适用性：试样有明显的非均匀溶胀。

（2）合并校正溶胀和切割面泡孔的体积。

用一个带有一个溢流管的圆筒容器，注满蒸馏水直到蒸馏水从溢流管流出，当水平面稳定后，在溢流管下放一容器不小于 600 cm^3 带刻度的容器，此容器能用它测量溢出水体积，精确至 0.5 cm^3。从原始容器中取出试样和网笼，淌干表面水分约 2 min，小心将装有试样的网笼浸入盛满水的容器，水平面稳定后测量排出水的体积，精确至 0.5 cm^3。用网笼重复上述过程,并测量其体积,精确至 0.5 cm^3。

溶胀和切割表面体积合并校正系数,按式(15-22)计算:

$$S_1 = \frac{V_2 - V_3 - V_0}{V_0} \tag{15-22}$$

式中　S_1——溶胀和切割表面体积合并校正系数;

　　　V_2——装有试样的网笼浸在水中排出水的体积,cm^3;

　　　V_3——网笼浸在水中排出水的体积,cm^3;

　　　V_0——试样初始体积,cm^3。

(七)结果计算

吸水率依据方法 A 或方法 B 按式(15-23)或式(15-24)计算:

方法 A

$$\omega_{Av} = \frac{m_3 + V_1 \times \rho - (m_1 + m_2 + V_c \times \rho)}{V_0 \rho} \times 100\% \tag{15-23}$$

式中　ω_{Av}——吸水率(%);

　　　m_1——试样质量,g;

　　　m_2——网笼浸在水中的表观质量,g;

　　　m_3——装有试样的网笼浸在水中的表观质量,g;

　　　V_1——试样浸渍后体积,cm^3;

　　　V_c——试样切割表面泡孔体积,cm^3;

　　　V_0——试样初始体积,cm^3;

　　　ρ——水的密度,取 1 g/cm^3。

方法 B

$$\omega_{Av} = \frac{m_3 + (V_2 - V_3)\rho - (m_1 + m_2)}{V_0 \rho} \times 100\% \tag{15-24}$$

式中　ω_{Av}——吸水率(%);

　　　m_1——试样质量,g;

　　　m_2——网笼浸在水中的表观质量,g;

　　　m_3——装有试样的网笼浸在水中的表观质量,g;

　　　V_2——装有试样的网笼浸在水中排出水的体积,cm^3;

　　　V_3——网笼浸在水中排出水的体积,cm^3;

　　　V_0——试样初始体积,cm^3;

　　　ρ——水的密度,取 1 g/cm^3。

吸水率的平均值取全部测试试样吸水率的算术平均值。

(八)试验报告

试验报告包括以下内容:

(1)标准编号。

(2)泡沫塑料的种类和名称。

(3)测试材料的型号、标号。

（4）试样是否有表皮。

（5）试样数量和尺寸。

（6）浸泡时间。

（7）采用的校正方法。

（8）各经校正的吸水率结果及平均值用体积分数表示。

（9）观察到的样品各项异性特征及与材料使用性能有关的现象。

（10）试验日期。

十、燃烧性能测定

（一）氧指数法测定燃烧行为——室温试验

氧指数法测定燃烧行为的室温试验是指在规定试验条件下，在氧、氮混合气流中，刚好维持试样燃烧所需最低氧浓度的测定方法，其结果定义为氧指数。氧指数是指通过$(23 \pm 2)℃$的氧、氮混合气体时，刚好维持材料燃烧的最小氧浓度，用体积分数表示。

1. 原理

将一个试样垂直固定在向上流动的氧、氮混合气体的透明燃烧筒里，点燃试样顶端，观察试样的燃烧特性，把试样连续燃烧时间或试样燃烧长度与给定的判据相比较，通过在不同氧浓度下的一系列试验估算氧浓度的最小值。

为了与规定的最小氧指数值进行比较，试验 3 个试样，根据判据判定至少两个试样熄灭。

2. 仪器设备

（1）试验燃烧筒：由一个垂直固定在基座上，并可导入含氧混合气体的耐热玻璃筒组成，见图 15-9。优选的燃烧筒尺寸为高度(500 ± 50) mm，内径 $75 \sim 100$ mm。燃烧筒顶端具有限流孔，排出气体的流速至少为 90 mm/s。

（2）试样夹：用于燃烧筒中央垂直支撑试样。

（3）气源：纯度（质量分数）不低于98%的氧气和/或氮气和清洁的空气（含氧气20.9%（体积分数））作为气源。

（4）气体测量和控制装置：适于测量进入燃烧筒内混合气体的氧浓度（体积分数），精确

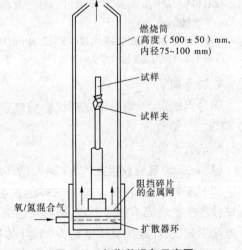

燃烧筒（高度(500 ± 50) mm，内径75~100 mm）

试样

试样夹

阻挡碎片的金属网

氧/氮混合气

扩散器环

图 15-9　氧指数设备示意图

至 $\pm 0.5\%$。当在$(23 \pm 2)℃$通过燃烧筒的气流为(40 ± 2) mm/s 时，调节浓度的精度为 $\pm 0.1\%$。

（5）点火器：由一根末端直径为(2 ± 1) mm，能插入燃烧筒并喷出火焰点燃试样的管子组成。火焰的燃料应为未混有空气的丙烷。当管子垂直插入时，应调节燃料供应量以使火焰从出口垂直向下喷射(16 ± 4) mm。

（6）计时器：测量时间可达 5 min，准确度为 ± 0.5 s。

3. 试样制备

1）取样

按材料标准进行取样，所取样品至少能制备 15 根试样。

2）试样尺寸

试样尺寸、模塑和切割试样最适宜的样条形状，见表 15-2。

表 15-2 试样尺寸

试样形状①	尺寸			用途
	长度（mm）	宽度（mm）	厚度（mm）	
I	80 ~ 150	10 ± 0.5	4 ± 0.25	用于模塑材料
II	80 ~ 150	10 ± 0.5	10 ± 0.5	用于泡沫材料
III②	80 ~ 150	10 ± 0.5	≤10.5	用于片材"接收状态"
IV	70 ~ 150	6.5 ± 0.5	3 ± 0.25	电器用自撑模塑材料或板材
V②	140^{0}_{-5}	52 ± 0.5	≤10.5	用于软膜或软片
VI③	140 ~ 200	20	0.02 ~ 0.10④	用于能用规定的杆④缠绕"接收状态"的薄膜

注：①I、II、III和IV型试样适用于自撑材料。V型试样适用于非自撑材料。

②III和V型试样所获得的结果，仅用于同样形状和厚度的试样的比较。假定这些材料厚度的变化量是受到其他标准控制的。

③IV型试样适用于缠绕后能自撑的薄膜。表中的尺寸是缠绕前原始薄膜的形状。

④限于厚度能用规定的棒缠绕的薄膜。

4. 状态调节

除另有规定，否则每个试样试验前应在温度（23 ± 2）℃、湿度（50 ± 5）% 条件下至少调节 88 h。

5. 试验步骤

（1）试验装置应放置在（23 ± 2）℃的环境中。

（2）选择起始氧浓度。如果试样迅速燃烧，选择起始氧浓度约为 18%（体积分数）；如果试样缓慢燃烧或不稳定燃烧，选择起始氧浓度约为 21%（体积分数）；如果试样在空气中不连续燃烧，选择起始氧浓度约为 25%（体积分数）。

（3）确保燃烧筒处于垂直状态，将试样垂直安装在燃烧筒的中心位置，使试样的顶端低于燃烧筒顶口至少 100 mm，同时试样的最低点的暴露部分要高于燃烧筒基座的气体分散装置的顶面 100 mm。

（4）调整气体混合器和流量计，使氧/氮在（23 ± 2）℃下混合，氧浓度达到设定值，并以（40 ± 2）mm/s 的流速通过燃烧筒。在点燃试样前至少用混合气体冲洗燃烧筒 30 s，确保点燃及试样燃烧期间气体流速不变。

（5）记录氧浓度，按公式计算所用的氧浓度，以体积分数表示。

（6）氧浓度的计算。

氧浓度按式(15-25)计算：

$$c_O = \frac{100V_O}{V_O + V_N}$$

(15-25)

式中　c_O——氧浓度,以体积分数表示;

　　　V_O——23 ℃时,混合气体中每单位体积的氧的体积;

　　　V_N——23 ℃时,混合气体中每单位体积的氮的体积。

如使用氧分析仪,则氧浓度应在具体使用的仪器上读取。

(7)点燃试样。

方法 A——顶面点燃法。

顶面点燃是在试样顶面使用点火器点燃。Ⅰ、Ⅱ、Ⅲ、Ⅳ和Ⅵ型试样按方法 A 点燃。

方法 B——扩散点燃法。

扩散点燃法是使点火器产生的火焰通过顶面下移到试样的垂直面。Ⅴ型试样按方法 B 点燃。

6. 单个试样燃烧行为评价

(1)当试样点燃时,开始记录燃烧时间,观察燃烧行为。如果燃烧终止,在 1 s 内又自发再燃,则继续观察计时。

(2)如果试样的燃烧时间和燃烧长度均未超过表 15-3 规定的相关值,记作"〇"反应。

如果燃烧时间和燃烧长度两者任何一个超过表 15-3 规定的相关值,记下燃烧行为和火焰的熄灭情况,此时记作"×"反应。注意材料的燃烧状况,如滴落、焦糊、不稳定燃烧、灼热燃烧或余辉。

(3)移出试样,清洁燃烧筒及点火器。使燃烧筒温度回到(23±2)℃,或用另一个燃烧筒代替。

氧指数测量的判定见表 15-3。

表 15-3　氧指数测量的判定

试验类型	点燃方法	判据(二选其一)	
		点燃后的燃烧时间(s)	燃烧长度
Ⅰ、Ⅱ、Ⅲ、Ⅳ和Ⅵ	A 顶面点燃	180	试样顶端以下 50 mm
	B 扩散点燃	180	上标线以下 50 mm
Ⅴ	B 扩散点燃	180	上标线(框架上)以下 80 mm

注:1. 不同形状的试样或不同点燃方式及试验过程,不能产生等效的氧指数效果。

　　2. 当试样上任何可见的燃烧部分,包括垂直表面流淌的燃烧滴落物,通过规定的标线时,认为超过了燃烧范围。

7. 方法 C——与规定的最小氧指数值比较(简捷方法)

当不需要测定材料的准确氧指数,只是为了与规定的最小氧指数值相比较时,则使用简化的步骤。若有争议或需要实际氧指数,应用以下试验步骤。

(1)选择最小规定的氧浓度。

(2)按规定安装设备和试样。

(3)点燃试样。

(4)试验 3 个试样,按规定评价每个试样的燃烧行为。

如果 3 个试样至少有 2 个在超过表 15-3 相关判据以前火焰熄灭,记录的是"○"反应,则材料的氧指数不低于指定值。相反,材料的氧指数低于指定值或按规定测定氧指数。

8. 试验报告

试验报告包括以下内容:

（1）标准编号。

（2）声明本试验结果仅与本试验条件下试样的行为有关,不能用于评价其他形式或其他条件下材料着火的危险性。

（3）注明材料达到类型、密度、材料或样品原有的不均匀性相关的各向异性。

（4）试样类型和尺寸。

（5）点燃方法。

（6）氧指数值或采用方法 C 时规定的最小氧指数值,并报告是否高于规定的氧指数。

（7）燃烧行为的描述,如烧焦、滴落、严重的收缩、不稳定燃烧或余辉。

（8）任何偏离标准要求的情况。

（二）燃烧性能分级

1. 试验方法

1）不燃性试验(《建筑材料不燃性试验方法》(GB/T 5464—2010))

该试验用于确定不会燃烧或不会明显燃烧的建筑制品。该试验用于燃烧性能等级 A1、A2、$A1_{fl}$ 和 $A2_{fl}$。

2）燃烧热值试验(《建筑材料及制品的燃烧性能燃烧热值的测定》(GB/T 14402—2007))

该试验测定制品完全燃烧后的最大热释放总量。该试验用于燃烧性能等级 A1、A2、$A1_{fl}$ 和 $A2_{fl}$。

3）单体燃烧试验(《建筑材料或制品的单体燃烧试验》(GB/T 20284—2006))

该试验评价在房间角落处,模拟制品附近有单体燃烧火源的火灾情景下,制品本身对火灾的影响。该试验用于燃烧性能等级 A2、B、C 和 D。在符合规定的条件下本试验也可用于 A1 级。

4）可燃性试验(《建筑材料可燃性试验方法》(GB/T 8626—2007))

该试验评价在与小火接触时制品的着火性。该试验用于燃烧性能等级 B、C、D、E、B_{fl}、C_{fl}、D_{fl} 和 E_{fl}。

5）评定铺地材料燃烧性能的辐射热源法(《铺地材料燃烧的性能测定——辐射热源法》(GB/T 11785—2010))

该试验确定火焰在试样水平表面停止蔓延时的临界热辐射通量。该试验用于燃烧性能等级 $A2_{fl}$、B_{fl}、C_{fl} 和 D_{fl}。

6）材料产烟毒性试验(《材料产烟毒性危险分级》(GB/T 20285—2006))

该试验测定材料充分产烟时无火焰烟气的毒性。该试验用于燃烧性能等级 A2、B、C、$A2_{fl}$、B_{fl}、C_{fl}。

2. 试样制备

试验前,制品试样的制备、状态调节和安装应按照相应的试验方法、产品说明或其他技术规程进行。

3.试样数量

最少数量的试样在相关的试验方法中给出。

4.燃烧性能等级确定程序

燃烧性能等级按照相关的试验方法且根据该参数该组结果的平均值确定,一般按以下程序进行:

(1)用最少量的试验计算一组连续参数结果的平均值。

(2)如果平均值在某一预期的燃烧性能等级范围内,则用于分级的参数值就是平均值。

(3)如果平均值不在某一预期的燃烧性能等级范围内,则可再进行两次附加试验。

(4)如果进行了两次附加试验,则这两次试验的各参数结果应加入最少量试验得出的该组结果中。然后除去每组参数的最大值和最小值,再用剩余的每组参数值计算出用于分级的平均值。

5.建筑制品燃烧性能分级

(1)F级。未做燃烧性能试验的制品和不符合A1、A2、B、C、D、E级的制品。

(2)E级。短时间内能阻挡小火焰轰击而无明显火焰传播的制品。

(3)D级。符合E级判据,并在较长时间内能阻挡小火焰轰击而无明显火焰传播的制品。此外,制品还能承受单体燃烧试验火源的热轰击,伴随产生足够滞后且有限的热释放量。

(4)C级。同D级,但需符合更严格的要求。此外,在单体燃烧试验火源的热轰击下试样产生有限的横向火焰传播。

(5)B级。同C级,但需符合更严格的要求。

(6)A2级。符合标准规定的B级判据。此外,在充分发展火灾条件下这些制品对火灾荷载和火势增长不会产生明显增加。

(7)A1级。A1级制品包括充分发展火灾在内的所有火灾阶段都不会作出贡献。所以,A1级制品被认为能自动符合较低级别的所有要求。

(三)可燃性试验

1.试验条件

环境温度(23 ± 5)℃,相对湿度(50 ± 20)%。

2.仪器设备

(1)燃烧箱:不锈钢板制作,并安装耐热玻璃门,见图15-10。

(2)燃烧器:燃烧器结构,见图15-11。

(3)燃气:纯度≥95%的商用丙烷。

(4)试样夹:由两个U形不锈钢框架构成,见图15-12。

(5)挂杆:挂杆固定在垂直立柱上,以使试样夹能垂直悬挂,燃烧器火焰能作用于试样,见图15-13。

(6)计时器:能持续记录时间,并显示到秒,精度≤1 s/h。

(7)试样模板:两块金属板,一块长×宽为250^{0}_{-1} mm$\times 90^{0}_{-1}$ mm,另一块长×宽为250^{0}_{-1} mm$\times 180^{0}_{-1}$ mm。

(8)火焰检查装置:火焰高度测量工具、用于边缘点火的点火定位器和用于表面点火的点火定位器。

(9)风速仪:精度为±0.1 m/s,用以测量燃烧箱顶部出口的空气流速,见图15-10。

(10)滤纸和收集盘:未经染色的崭新滤纸,面密度为60 kg/m²,含灰量小于0.1%。采用铝箔制作的收集盘,100 mm×50 mm,深10 mm。收集盘放在试样正下方,每次试验后应更换收集盘。

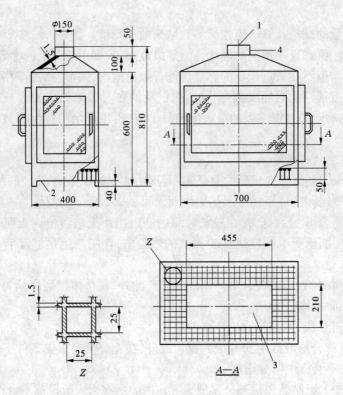

1—空气流速测量点;2—金属丝网格;3—水平钢板;4—烟道

图15-10　燃烧箱

3.试样

1)试样制备

按使用规定的模板在代表制品的试验样品上切割试样。

2)试样尺寸

试样尺寸为长×宽$=250_{-1}^{0}$ mm$\times 90_{-1}^{0}$ mm。名义厚度不超过60 mm的试样按其实际厚度进行试验。名义厚度大于60 mm的试样,应从其背火面将厚度消减至60 mm,按60 mm厚度进行试验。注意,该切消面不应作为受火面。

3)试样数量

对于每种点火方式,至少应测试6块具有代表性的制品试样,并应分别在样品的纵向和横向上切割3块试样。

若试验用的制品厚度不对称,在实际应用中两个表面均可能受火,则应对试样的两个表面分别进行试验。

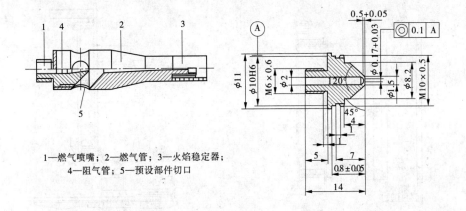

1—燃气喷嘴；2—燃气管；3—火焰稳定器；
4—阻气管；5—预设部件切口

(a)燃烧器结构　　　　　　　　(b)燃气喷嘴

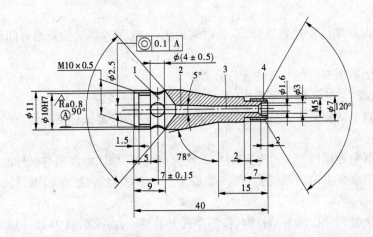

1—气体混合区；2—加速区；3—燃烧区；4—出口

(c)燃烧器管道

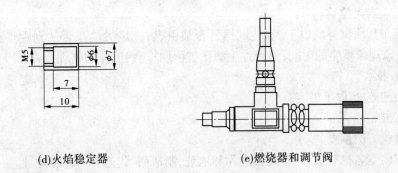

(d)火焰稳定器　　　　　　　　(e)燃烧器和调节阀

图 15-11　气体燃烧器

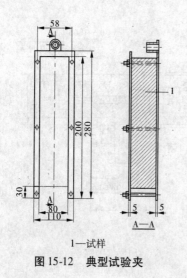

1—试样
图 15-12 典型试验夹

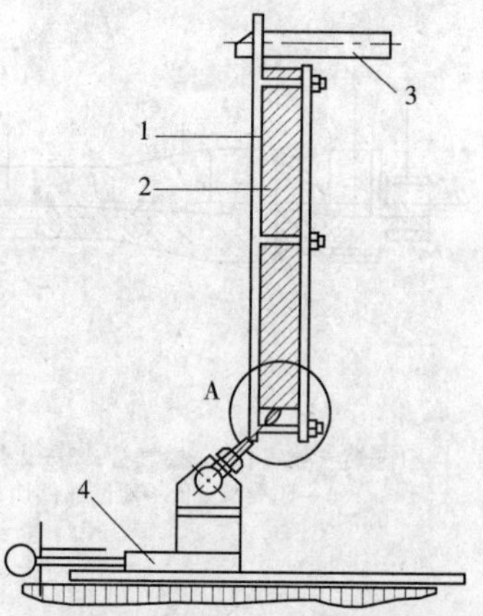

1—试样夹;2—试样;3—挂杆;4—燃烧器底座
图 15-13 典型挂杆和燃烧器定位

4. 试验步骤

(1)两种点火方式供委托方选择,点火时间为 15 s 或 30 s。试验开始时间就是点火的开始时间。

(2)确认燃烧箱烟道内的空气流速符合要求。

(3)将 6 个试样从状态调节室取出,并在 30 min 内完成试验。

(4)将试样置于试样夹中,使试样的两个边缘和上端边缘被试样夹封闭,受火端距离试样夹底端 30 mm。

(5)将燃烧器角度调整至 45°,使用规定的点火定位器,确认燃烧器与试样的距离。

(6)点燃位于垂直方向的燃烧器,待火焰稳定。调节燃烧器微调阀,测量火焰高度,火焰高度应为(20 ± 1)mm。

(7)当火焰接触到试样时开始计时,按照委托方的要求,点火时间为 15 s 或 30 s。然后平稳地撤回燃烧器。

(8)试验时间。如果点火时间为 15 s,总试验时间是 20 s,从开始点火计算;如果点火时间为 30 s,总试验时间是 60 s,从开始点火计算。

5. 试验结果表述

(1)记录点火位置。

(2)记录每块试样的以下现象:试样是否被引燃;火焰尖端是否达到距点火点 150 mm 处,并记录该现象发生的时间;是否发生滤纸被引燃;观察试样的物理行为。

6. 试验报告

试验报告包括以下内容:

(1)标准编号。

(2)试验方法偏差。

(3)实验室名称和地址、委托方名称和地址、制造商/代理方名称和地址。

(4)制品标识、到样日期、试验日期、试验报告日期和编号。

(5)状态调节说明。

(6)按固定描述的试验结果。

(7)点火时间,试验期间的试验现象。

(8)建筑制品应用目的的信息。

(9)注明"本试验结果只与制品的试样在特定试验条件下的特性相关,不能将其作为评价该制品在实际应用中潜在火灾危险性的唯一依据"。

第四节 钢丝网架水泥聚苯乙烯夹心板

一、焊点抗拉力检测

(一)试样数量
在网上任选 5 点。

(二)试验步骤
按图 15-14 进行拉力试验。

(三)试验结果
取其平均值。

二、热阻值或传热系数的测定

热阻值或传热系数的测定按《绝热稳态传热性质的测定标定和防护热箱法》(GB/T 13475—2008)进行。

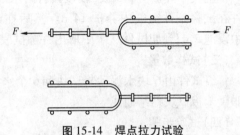

图 15-14 焊点拉力试验

三、抗冲击性能测定

(一)工具
10 kg 砂袋一个。

(二)试验步骤
(1)钢丝网架水泥聚苯乙烯夹心板(标准板长度为 2.5 m)水平搁置,支点距离 2.4 m。

(2)砂袋悬挂在板跨中部上方距试验板面 1 m。

(3)将 10 kg 砂袋自由落下,撞击板面 100 次。

(三)结果评定
标准板长度为 2.5 m,承受 10 kg 砂袋自由高度 1.0 m 的冲击大于 100 次不断裂。

第五节 胶粘剂检测方法

一、拉伸黏结强度——方法一

(一)标准试验条件
标准试验条件:环境温度(23 ±2)℃,相对湿度(50 ±5)%,试验区风速小于 0.2 m/s。

(二)试样制备
(1)按《水泥胶砂强度检验方法》(GB/T 17671—1999)的规定,用普通硅酸盐水泥与中砂按 1:3(质量比),水灰比 0.5 制作水泥砂浆试块,养护 28 d 后备用。

(2)用表观密度为 18 kg/m³ 的按规定经过陈化后合格的膨胀聚苯板作为试验用标准板,切割成试验所需尺寸。膨胀聚苯板厚度为 20 mm。

(3)按产品说明书制备胶粘剂后黏结试件,黏结厚度为 3 mm,面积为 40 mm×40 mm。分别准备测原强度和耐水强度拉伸黏结强度的试件各 1 组,黏结后在试验条件下养护。试样尺寸见图 15-15。

(4)养护环境,按《陶瓷墙地砖粘结剂》(JC/T 547—2005)的规定:

①原强度:试件在试验条件空气中养护 14 d。

②耐水:F 级(较快具有耐水性的产品)试件在试验条件空气中养护 7 d,S 级(较慢具有耐水性的产品)试件在试验条件空气中养护 14 d。然后在试验条件水中浸泡 2 d,到期试件从水中取出并擦拭表面水分。

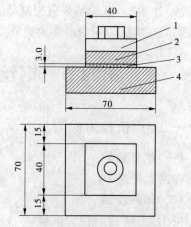

1—拉伸用钢质夹具;2—水泥砂浆块;
3—胶粘剂;4—膨胀聚苯板或砂浆块

图 15-15　拉伸黏结强度试样尺寸示意图

(三)试样数量

每组试件由 6 块水泥砂浆试块和 6 个水泥砂浆或膨胀聚苯板试块黏结而成。

(四)试验步骤

养护期满后进行拉伸黏结强度测定,拉伸速度为 (5±1) mm/min。

记录每个试样的测试结果及破坏界面,并取 4 个中间值计算算术平均值。

二、拉伸黏结强度——方法二

(一)试样制备

(1)水泥砂浆底板尺寸为 80 mm×40 mm×40 mm,底板的抗拉强度应不小于 1.5 MPa。

(2)EPS 板密度应为 18~22 kg/m³,抗拉强度应不小于 0.1 MPa。

(3)水泥砂浆黏结。在水泥砂浆底板中部涂胶粘剂,尺寸为 40 mm×40 mm,厚度为 (3±1) mm。经过养护后,用适当的胶粘剂(如环氧树脂)按十字搭接方式在胶粘剂上黏结砂浆底板。

(4)与 EPS 板黏结。将 EPS 板切割成尺寸为 100 mm×100 mm×50 mm,在 EPS 板一个表面涂胶粘剂,厚度为 (3±1) mm。经过养护后,两面用适当的胶粘剂(如环氧树脂)黏结尺寸为 100 mm×100 mm 的钢底板。

(二)试样数量

与水泥砂浆黏结的试样 5 个,与 EPS 板黏结的试样 5 个。

(三)试验步骤

(1)试样应在两种试样状态下进行:①干燥状态;②水中浸泡 48 h,取出后 2 h。

(2)将试样安装于拉力试验机上,拉伸速度为 5 mm/min,拉伸至破坏,记录破坏时的拉力及破坏部位。

(四)试验结果

试验结果以 5 个试验数据的算术平均值表示。

三、可操作时间

胶浆搅拌后,在试验环境中按薄抹灰外墙外保温系统制造商提供的可操作时间(没有规定时按 4 h)放置,然后按上述原强度测试的规定进行,试验结果平均黏结强度不低于规定原强度的要求。

第六节　抹面胶浆检测方法

一、拉伸黏结强度

(一)原强度和耐水强度

原强度和耐水强度的试验方法参照第五节胶粘剂的检测方法即可。

(二)耐冻融试验

1. 仪器设备

(1)冷冻箱:最低温度 −30 ℃,控制精度 ±3 ℃。

(2)干燥箱:控制精度 ±3 ℃。

2. 试样

(1)试样尺寸为 100 mm × 100 mm,保温板厚度为 50 mm。

(2)试样数量为 5 件。

(3)保温材料为 EPS 保温板时,将抹面材料抹在 EPS 板一个表面上,厚度为(3 ±1)mm。经过养护后,两面用适当的胶粘剂(如环氧树脂)黏结尺寸为 100 mm × 100 mm 的钢底板。

(4)保温材料为胶粉 EPS 颗粒保温浆料板时,将抗裂砂浆抹在胶粉 EPS 保温浆料板一个表面上,厚度为(3 ±1)mm。经过养护后,两面用适当的胶粘剂(如环氧树脂)黏结尺寸为 100 mm × 100 mm 的钢底板。

3. 试验步骤

(1)试样放在(50 ±3)℃的干燥箱中 16 h,然后浸入(20 ±3)℃的水中 8 h,试样抹面胶浆面向下,水面应至少高出试样表面 20 mm。

(2)在置于(−20 ±3)℃冷冻 24 h 为一个循环。每一个循环观察一次,试样经过 10 个循环,试验结束。

(3)试验结束后,两面用适当的胶粘剂(如环氧树脂)黏结尺寸为 100 mm × 100 mm 的钢底板。

(4)将试样安装于拉力试验机上,拉伸速度为 5 mm/min,拉伸至破坏,记录破坏时的拉力和破坏部位。

4. 试验结果

试验结果以 5 个试验数据的算术平均值表示。

二、柔韧性

柔韧性试验包括两项,即水泥基的抗压强度与抗折强度比和非水泥基的抗裂应变。

（一）抗压强度与抗折强度比（压折比）

1. 试样制备

抗压强度、抗折强度的测定应按《水泥胶砂强度检验方法》（GB/T 17671—1999）的规定进行，试样龄期 28 d，应按产品说明书的规定制备。

2. 试验结果

抗压强度与抗折强度比按式（15-26）计算，精确至 1%：

$$T = \frac{R_c}{R_f} \tag{15-26}$$

式中　T——抗压强度与抗折强度比；

　　　　R_c——抗压强度，MPa；

　　　　R_f——抗折强度，MPa。

（二）开裂应变

1. 仪器设备

（1）应变仪：长度为 100 mm，精度为 0、1 级。

（2）小型拉力试验机。

2. 试样

（1）试样数量：纬向、径向各 6 条。

（2）抹面胶浆按产品说明配制搅拌均匀后，待用。

（3）将抹面胶浆满抹在 600 mm×100 mm 的膨胀聚苯板上，贴上标准网布，网布两端应伸出抹面胶浆 100 mm，再刮抹面胶浆至 3 mm 厚，网布伸出部分反包在抹面胶浆表面，试验时把两条试条对称地互相粘贴在一起，网格布反包的一面向外，用环氧树脂粘贴在拉力机的金属夹板之间。

（4）将试样放置在室温条件下养护 28 d，将聚苯板剥掉，待用。

3. 试验步骤

（1）将两个对称粘贴的试条安装在试验机的夹具上，应变仪安装在试样中部，两端距金属夹板尖端至少 75 mm，见图 15-16。

（2）加荷速度为 0.5 mm/min，加荷至 50% 预期裂纹拉力，之后卸载。如此反复进行 10 次，加荷和卸荷持续时间为（1～2）min。

（3）如果在 10 次加荷过程中试样没有破坏，则第 11 次加荷直至试条出现裂纹并最终断裂。在应变值分别达到 0.3%、0.5%、0.8%、1.5% 和 2.0% 时停顿，观察试样表面是否开裂，并记录裂缝状态。

4. 试验结果

（1）观察试样表面裂缝的数量，并测量和记录裂纹的数量和宽度，记录试样出现第一条裂缝时的应变值（开裂应变）。

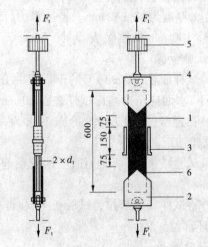

1—对称安装的试样；2—用于传递拉力的钢板；
3—电子应变计；4—用于传递拉力的万向节；
5—10 kg 测力元件；6—黏结防护层与钢板的环氧树脂

图 15-16　抹面胶浆防护层拉伸试验装置（单位：mm）

(2)试验结束后,测量和记录试样的宽度与厚度。

三、可操作时间

胶浆搅拌后,在试验环境中按薄抹灰外墙外保温系统制造商提供的可操作时间(没有规定时按4 h)放置,然后按上述原强度测试的规定进行,试验结果平均黏结强度不低于规定原强度的要求。

第七节 耐碱网格布检测方法

一、单位面积质量

(一)仪器设备

(1)天平:织物(≥200 g/m²),测量范围0~150 g,最小分度值1 mg;织物(<200 g/m²),测量范围0~150 g,最小分度值0.1 mg。

(2)通风干燥箱:空气置换率为每小时20~50次,温度能控制在(105±3)℃范围内。

(3)干燥器:内装合适的干燥剂(如硅胶、氧化钙或五氧化二磷)。

(二)试样制备

1.试样数量

除非供需双方另有商定,每卷或实验室织物样本的试验数为:每50 cm宽度1个100 cm²的试样,最少应取2个试样。

2.试样裁取方法

裁取试样的推荐方法见图15-17、图15-18。试样应分开取,最好包括不同的纬纱,应离开织边至少5 cm。对于幅宽小于25 cm的机织物,试样的形状和尺寸由供需双方商定。

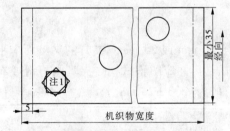
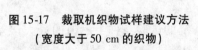

注1:圆形试样可以由平行于纱线或与纱线成对角的正方形试样代替。

图15-17 裁取机织物试样建议方法
(宽度大于50 cm的织物)

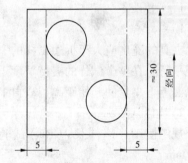

图15-18 裁取机织物试样建议方法
(宽度为20~50 cm的织物)

(三)调湿和试验环境

除非产品规范或测试委托人另有要求,试样不需要调湿。如果需要调湿,建议在温度(23±2)℃、相对湿度(50±10)%环境下进行。

(四)试验步骤

(1)通过织物的整个幅宽,切取一条至少35 cm宽的试样。

(2)在一个清洁的工作台面上,切取规定的试样数。

(3)若织物含水率超过 0.2%(或含水率未知),应将试样置于(105 ± 3)℃的干燥箱中干燥 1 h,然后放入干燥器中冷却至室温。

(4)从干燥器中取出,立即称取每个试样的质量,并记录结果。

(五)结果表示

(1)试样的单位面积质量按式(15-27)计算:

$$\rho_A = \frac{m_S}{A} \div 10^4 \tag{15-27}$$

式中 ρ_A ——试样单位面积质量,g/m²;

  m_A ——试样质量,g;

  A ——试样面积,m²。

(2)单位面积质量结果为织物整个幅宽上所取试样的测试结果的平均值。

对于单位面积质量不小于 200 g/m² 的织物,结果精确至 1 g;对于单位面积质量小于 200 g/m² 的织物,结果精确至 0.1 g。

(六)试验报告

试验报告包括以下内容:

(1)依据标准。

(2)织物的必要说明。

(3)织物的单位面积质量,如果有要求,也可报告每个测试单值。

(4)标准未规定的任何操作细节和可能已影响测试结果的任何情况。

二、耐碱断裂强力及耐碱断裂强力保留率

(一)耐碱网布——耐碱断裂强力及耐碱断裂强力保留率试验方法

1. 仪器设备

1)一对合适的夹具

夹具的宽度应大于拆边试样的宽度,如大于 50 mm 或 25 mm。夹具的夹持面应平整且相互平行。在整个试样的夹持宽度上均匀施加压力,并应防止试样在夹具内打滑或有任何损坏。上下夹具的起始距离(试样的有效长度)应为(200 ± 2)mm。

2)拉伸试验机

规定使用等速伸长(CRE)试验机,拉伸速度应满足(100 ± 5)mm/min 和(50 ± 3)mm/min。

3)指示或记录试样强力值的装置

该装置在规定的试验速度下,应无惯性,在规定的试验条件下示值的最大误差不超过 1%。

4)试样伸长值的指示或记录装置

该装置在规定的试验速度下,应无惯性,其精度小于测定值的 1%。

5)模板

用于裁取试样尺寸为 350 mm × 370 mm(类型 Ⅰ 试样)。模板应有两个槽口用做标记试样的有效长度。

2. 取样

除非产品规范或供需双方另有规定,去除可能有损伤的布卷最外层(去掉至少 1 m),裁取约 1 m 的实验室样本。

3. 试样

1)尺寸

试样长度应为 350 mm,试样的有效长度为(200 ± 2)mm。除开边纱的试样宽度为 50 mm。

2)制备

为了防止试样在试验机夹具处损坏,可在试样的端部作专门处理。

4. 试验步骤

1)测定初始断裂强力

(1)调整上下夹具,使试样在夹具间的有效长度为(200 ± 2)mm。

(2)启动活动夹具,拉伸试样至破坏。

(3)记录最终断裂强力。

(4)如果有试样断裂在两个夹具中任一夹具的接触线 10 mm 以内,则记录该现象,但结果不作断裂强力的计算,并用新试样重新试验。

(5)断裂强力结果表示,计算径向和纬向断裂强力的算术平均值,分别作为织物的径向和纬向断裂强力测定值,保留小数点后两位。

2)测定耐碱断裂强力

(1)将耐碱试验用的试样全部浸入(23 ± 2)℃的 5% NaOH 水溶液中,试样在加盖密封的容器中浸泡 28 d。

(2)取出试样,用自来水浸泡 5 min 后,用流动的自来水漂洗 5 min,然后在(60 ± 5)℃的烘箱中烘 1 h,在试验环境中存放 24 h。

(3)测试每个试样的耐碱断裂强力并记录。

3)试验结果

(1)耐碱断裂强力为 5 个试验结果的算术平均值,精确至 1 N/50 mm。

(2)耐碱断裂强力保留率按式(15-28)计算:

$$B = \frac{F_1}{F_0} \times 100\% \tag{15-28}$$

式中　B——耐碱断裂强力保留率(%);

　　　F_1——耐碱断裂强力,N;

　　　F_0——初始断裂强力,N。

耐碱断裂强力保留率以 5 个试验结果的算术平均值表示,精确至 0.1%。

(二)玻纤网——耐碱拉伸断裂强力试验方法

1. 试样制备

1)试样尺寸

试样长度为 300 mm,试样宽度为 50 mm。

2)试样数量

纬向、经向各 20 片。

2. 试验步骤

1）标准方法

（1）对 10 片纬向试样和 10 片经向试样测定初始断裂强力。

（2）将其余试样，即 10 片纬向试样和 10 片经向试样，放入（23±2）℃、浓度为 5% NaOH 水溶液中浸泡。

（3）浸泡 28 d 后，取出试样，放入水中漂洗 5 min，接着用流动水冲洗 5 min，然后在（60±5）℃的烘箱中烘 1 h，在（10~25）℃环境条件下放置至少 24 h。

（4）测试每个试样的耐碱拉伸断裂强力，并计算耐碱拉伸断裂强力保留率。

（5）拉伸试验机夹具应夹住试样整个宽度，卡头间距为 200 mm，加载速度为（100±5）mm/min。

（6）拉伸至断裂并记录断裂时的拉力。试样在卡头中有移动和在卡头处断裂时，其试验值应被剔除。

2）快速方法

（1）应用快速方法时，使用混合碱溶液（pH 值为 12.5）配比如下：0.88 g NaOH，3.45 g KOH，0.48 g $Ca(OH)_2$，1 L 蒸馏水。

（2）80 ℃下浸泡 6 h。

（3）其他步骤同上述的标准方法。

3. 耐碱断裂强力保留率计算

耐碱断裂强力保留率按式（15-29）计算：

$$B = \frac{F_1}{F_0} \times 100\% \qquad (15\text{-}29)$$

式中　B——耐碱拉伸断裂强力保留率（%）；

　　　F_1——耐碱拉伸断裂强力，N；

　　　F_0——初始拉伸断裂强力，N。

耐碱断裂强力保留率试验结果分别以 5 个试样测定值的算术平均值表示。

第八节　界面砂浆检测方法

一、概念

界面砂浆是指由高分子聚合物乳液与助剂配制成的界面剂与水泥和中砂按一定比例拌和均匀制成的砂浆。

二、压剪黏结强度

（一）标准试验条件

环境温度（23±2）℃，相对湿度（50±5）%，试验区的循环风速小于 0.2 m/s。

（二）试样制备

在 G 型砖（108 mm×108 mm 无釉陶瓷砖，吸水率 3%~6%）正面涂够均匀的界面砂浆，往涂层上放置 3 根金属垫丝，并使其插入约 20 mm，然后将另一 G 型砖正面与已涂砂浆

G 型砖错开 10 mm,并相互平行粘贴压实,使粘贴面积约 106 cm²,界面砂浆厚度为 1.5 mm,小心抽出垫丝,见图 15-19。

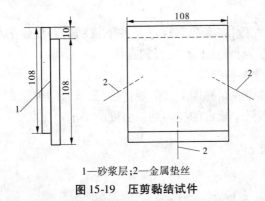

1—砂浆层;2—金属垫丝

图 15-19　压剪黏结试件

(三)养护条件

(1)原强度:在实验室标准条件下养护 14 d。

(2)耐水:在实验室标准条件下养护 14 d,然后在标准实验室温度水中浸泡 7 d,取出,擦干表面水分,进行测定。

(3)耐冻融:在实验室标准条件下养护 14 d,然后按《普通混凝土长期性能和耐久性能试验方法标准》(GB/T 50082—2009)进行抗冻性能试验,循环 10 次。

(四)试验和计算

养护完毕后,用压剪夹具将试样在试验机上进行强度测定,加载速度为 20 ~ 25 mm/min,每对试件压剪强度按式(15-30)计算,精确至 0.01 MPa:

$$\tau_{压} = \frac{P}{M} \tag{15-30}$$

式中　$\tau_{压}$——压剪黏结强度,MPa;

P ——破坏荷载,N;

M ——黏结面积,mm²。

试验结果以算术平均值表示。

第九节　抗裂砂浆检测方法

抗裂砂浆是指在聚合物乳液中掺加多种外加剂和抗裂物质制得的抗裂剂与普通硅酸盐水泥、中砂按一定的比例拌和均匀制成的具有一定柔韧性的砂浆。

标准实验室环境为空气温度(23 ± 2)℃、相对湿度(50 ± 10)%。在非标准实验室环境下试验时,应记录温度和相对湿度。

一、可使用时间

(一)标准抗裂砂浆制备

按厂家产品说明书中规定的比例和方法配制的抗裂砂浆即为标准抗裂砂浆。抗裂砂浆的性能均应采用标准抗裂砂浆进行测试。

（二）可使用时间

可使用时间包括可操作时间和在可操作时间内拉伸黏结强度两项。

1. 可操作时间

标准抗裂砂浆配制好后,在实验室标准条件下按制造商提供的可操作时间(若没有规定,则按 1.5 h)放置,此时材料应具有良好的操作性。

2. 可操作时间内拉伸黏结强度

放置时间到后,按拉伸黏结强度测试的规定进行,试验结果以 5 个试验数据的算术平均值表示,平均黏结强度不低于规定的拉伸黏结强度的要求。

二、拉伸黏结强度

（一）试块制备

将硬聚氯乙烯或金属型框置于 70 mm × 70 mm × 20 mm 砂浆块上,将标准抗裂砂浆填满型框(面积 40 mm × 40 mm,见图 15-20),然后用刮刀平整表面,立即除去型框。注意成型时用刮刀压实。

（二）试块数量

成型 10 个试件,5 个试件测定拉伸黏结强度,5 个试件测定浸水拉伸黏结强度。

（三）试块养护

试块用聚乙烯薄膜覆盖,在实验室温度条件下养护 7 d,取出在实验室标准条件下继续养护 20 d。用双组分环氧树脂或其他高强度胶粘剂黏结钢质上夹具(见图 15-21、图 15-22),放置 24 h。

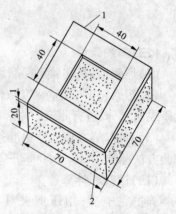

1—型框(内部尺寸 40 mm × 40 mm);
2—砂浆块(70 mm × 70 mm × 20 mm)

图 15-20　硬聚氯乙烯或金属型框

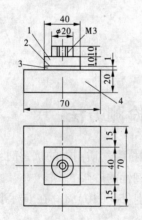

1—抗拉用钢质上夹具;2—胶粘剂;
3—抗裂砂浆;4—砂浆块

图 15-21　抗拉用钢质上夹具

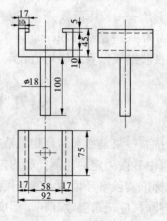

图 15-22　抗拉用钢质下夹具

(四)试验步骤

(1)其中 5 个试件测定抗拉强度。在拉力试验机上,沿试件表面垂直方向以 5 mm/min 的拉力速度测定最大抗拉强度,即黏结强度。

(2)另外 5 个试件,测浸水 7 d 的抗拉强度,即为拉伸黏结强度。

三、压折比

(一)抗压强度、抗折强度测定

抗压强度、抗折强度测定按《水泥胶砂强度检验方法》(GB/T 17671—1999)的规定进行。

(二)养护条件

采用标准抗裂砂浆成型,用聚乙烯薄膜覆盖,在实验室标准条件下养护 2 d 后脱模,继续用聚乙烯薄膜覆盖养护 5 d,去掉覆盖物,在实验室温度条件下养护 21 d。

(三)结果计算

压折比按式(15-31)计算:

$$T = \frac{R_c}{R_f} \tag{15-31}$$

式中　T——压折比;

　　　R_c——抗压强度,MPa;

　　　R_f——抗折强度,MPa。

第十节　锚　栓

一、单个锚栓抗拉承载力

(一)仪器设备

(1)拉拔仪:测量误差不大于 2%。

(2)位移计:仪器误差不大于 0.02 mm。

(二)试样

(1)试块:C25 混凝土试块,尺寸根据锚栓规格确定。

(2)锚栓间距、边距均不小于 100 mm,锚栓试样 10 件。

(三)试验步骤

(1)安装拉拔仪。在试验环境下,根据厂商的规定,在混凝土试块上安装锚栓,并在锚栓上安装位移计,夹好夹具,安装拉拔仪,拉拔仪支脚中心轴线与锚栓轴线间距离不小于有效锚固深度的 2 倍。

(2)加载。均匀稳定加载,且荷载方向垂直于混凝土试块表面,加载至出现锚栓破坏。

(3)记录试验数据。记录破坏荷载值、破坏状态,并记录整个试验的位移值。

(四)试验结果

1. 锚栓抗拉承载力标准值

对破坏荷载值进行数理统计分析,假设其为正态分布,计算标准偏差。根据试验数据按式(15-32)计算锚栓抗拉承载力标准值：

$$F_{5\%} = F_{平均}(1 - k_s v) \tag{15-32}$$

式中　$F_{5\%}$——单个锚栓抗拉承载力标准值，kN；

　　　$F_{平均}$——试验数据平均值，kN；

　　　k_s——系数，$n = 5$ 时，$k_s = 3.4$，$n = 10$ 时，$k_s = 2.568$，$n = 15$ 时，$k_s = 2.329$；

　　　v——变异系数(试验数据标准偏差与算术平均值的绝对值的比值)。

2. 锚栓的其他抗拉承载力

锚栓在其他种类的基层墙体中抗拉承载力应通过现场试验确定。

二、单个锚栓对系统传热增加值

(一)试验步骤

在没有安装锚栓的系统中遵照《建筑物构件稳态热传递性质的测定标定和防护热箱法》(GB 13475—2008)进行系统传热的测定(试验1)，然后在同一个系统中按照厂家规定安装锚栓，遵照《建筑构件稳态热传递性质的测定标定和防护热箱法》(GB 13475—2008)测量其传热系数(试验2)。

(二)试验结果

计算安装锚栓后试验测量的传热系数和安装锚栓前试验测量的传热系数的差值，此值除以每平方米试验锚栓的个数，得出单个锚栓对系统传热性能的平均影响值。

第十一节　胶粉聚苯颗粒保温浆料

胶粉聚苯颗粒保温浆料是指由胶粉料和聚苯颗粒组成并且聚苯颗粒体积比不小于80%的保温灰浆。采用胶粉聚苯颗粒保温材料外墙外保温做法的优点主要有：

(1)降低劳动强度，提高劳动效率，操作方法容易掌握。

(2)施工程序简便，施工质量容易控制。

(3)主体有缺陷时，可直接用胶粉聚苯颗粒保温浆料进行找平修补，避免抹灰过厚而脱落。

(4)杜绝外墙微裂、龟裂和板块接槎裂缝等现象。

(5)在保温效果相同的情况下，材料价格较一般外墙外保温低，有利于降低房屋造价。

胶粉聚苯颗粒保温浆料标准试样(简称标准浆料)制备：按厂家产品说明书中规定的比例和方法，在胶砂搅拌机中加入水和胶粉料，搅拌均匀后加入聚苯颗粒继续搅拌至均匀。

一、湿表观密度

(一)仪器设备

(1)标准量筒：容积为 0.001 m³，内壁光洁并具有足够的刚度，标准筒应定期进行校核。

(2)天平：精度为 0.01 g。

(3)油灰刀，抹子。

(4)捣棒：直径 10 mm，长 350 mm，端部应磨圆。

(二)试验步骤

(1)用油灰刀将标准浆料填满称过的标准量筒,稍有富余,用捣棒均匀插捣 25 次(如有浆料沉落到低于筒口,应随时添加浆料)。

(2)用抹子抹平,将量筒外壁擦净,称量浆料与量筒的总质量,精确至 0.001 kg。

(三)结果计算与评定

湿表观密度按式(15-33)计算:

$$\rho_s = (m_1 - m_0)/V \tag{15-33}$$

式中 ρ_s——湿表观密度,kg/m³;

m_1——浆料加标准量筒的质量,kg;

m_0——标准量筒质量,kg;

V——标准量筒的体积,m³。

试验结果取 3 次试验结果的算术平均值,保留 3 位有效数字。

二、干表观密度

(一)仪器设备

(1)烘箱:灵敏度为 ±2 ℃。

(2)天平:精度为 0.01 g。

(3)干燥器:直径大于 300 mm。

(4)游标卡尺:0~125 mm,精度 0.02 mm。

(5)钢板尺:500 mm,精度 1 mm。

(6)油灰刀,抹子。

(7)组合式无底金属试模:300 mm×300 mm×30 mm。

(8)玻璃板:400 mm×400 mm×(3~5)mm。

(二)试件制备

1. 成型方法

(1)将空腔尺寸为 300 mm×300 mm×30 mm 的金属试模分别放在玻璃板上,用脱模剂涂刷试模内壁及玻璃板。

(2)用油灰刀将标准浆料逐层加满并略高出试模,为防止浆料留下孔隙,用油灰刀沿模壁插数次。

(3)用抹子抹平。

2. 试件数量

试件数量为 3 个。

3. 养护方法

(1)试件成型后用聚乙烯薄膜覆盖,在实验室温度条件下养护 7 d 后拆模。

(2)拆模后在实验室标准条件下养护 21 d。

(3)然后将试件放入(65±2)℃的烘箱中,烘干至恒重,取出后放入干燥器中冷却至室温备用。

(三)试验步骤

(1)取制备的 3 块试件分别磨平并称量质量。

（2）按顺序用钢板尺在试件两端距边缘 20 mm 处和中间位置分别测量其长度和宽度，精确至 1 mm，取 3 个测量数据的平均值。

（3）用游标卡尺在试件的任何一边的两端距边缘 20 mm 处分别测量其厚度，在相对的另一边重复以上测量，精确至 0.1 mm，要求试件厚度差小于2%，否则重新打磨试件，直至达到要求，最后取 6 个测量数据的平均值。

（4）由以上测量数据求得每个试件的质量与体积。

（四）结果计算与评定

干表观密度按式（15-34）计算：

$$\rho_g = \frac{m}{V} \tag{15-34}$$

式中 ρ_g——干表观密度，kg/m^3；

m——试件质量，kg；

V——试件体积，m^3。

试验结果取 3 个试件试验结果的算术平均值，保留 3 位有效数字。

三、导热系数

测试干表观密度后的试件按《绝热材料稳态热阻及有关特性的测定　防护热板法》（GB/T 10294—2008）的规定测试导热系数。

四、抗压强度

（一）仪器设备

（1）试模：钢质有底试模 100 mm × 100 mm × 100 mm，试模内表面不平整度为每 100 mm 不超过 0.05 mm，相邻面不垂直度小于 0.5°。

（2）捣棒：直径 10 mm，长 350 mm，端部应磨圆。

（3）压力试验机：精度小于 ±2%，量程选择在预期破坏荷载的 20% ~80%，试验机的上下压板大于试件的承压面，其不平整度为每 100 mm 不超过 0.02 mm。

（二）试件制备

1. 成型方法

（1）将金属试模内壁涂刷脱模剂，向试模注满标准浆料并略高出试模。

（2）用捣棒均匀由外向里按螺旋方向插捣 25 次，为防止浆料留下孔隙，用油灰刀沿模壁插捣数次，然后将高出的浆料沿试模顶面削去再用抹子抹平。

2. 试件数量

须按相同的方法同时成型 10 块试件，其中 5 个测抗压强度，5 个测软化系数。

3. 养护方法

（1）试件成型后用聚乙烯薄膜覆盖，在实验室温度条件下养护 7 d 后去掉覆盖物。

（2）在实验室标准条件下继续养护 48 d。

（3）放入（65 ±2）℃的烘箱中烘 24 h，取出后放入干燥器中备用。

4. 试验步骤

从干燥器中取出的试件应尽快试验，以免试块内部的温湿度发生显著的变化。

(1)测量试件的长度和宽度,测量精确到 1 mm,计算试件承压面积。

(2)试件安放在压力试验机的下压板上,试件的承压面应与成型时的顶面垂直,试件中心应与试验机下压板对准。

(3)开动试验机,承压试验应连续而均匀地加荷,加荷速度为(0.5~1.5)kN/s,直至试件破坏,记录破坏荷载。

5. 结果计算与评定

抗压强度按式(15-35)计算:

$$f_0 = \frac{N_0}{A} \tag{15-35}$$

式中 N_0 ——破坏压力,kN;

A ——试件的承压面积,mm^2。

试验结果以 5 个试件检测值的算术平均值作为该组试件的抗压强度,保留 3 位有效数字。当 5 个试件的最大值或最小值与平均值的差值超过 20% 时,以中间 3 个试件的平均值作为该组试件的抗压强度。

五、软化系数

(一)试件制备
软化系数试验试件制备的成型方法和养护方法同抗压强度试验试件。

(二)试件数量
试件数量为 5 块。

(三)试验步骤
(1)取 5 块试件,浸入(20±5)℃的水中(用铁箅子将试件压入水面下 20 mm 处)。

(2)48 h 后取出擦干,测饱和状态下胶粉聚苯颗粒保温浆料的抗压强度。

(四)结果计算
软化系数按式(15-36)计算:

$$\psi = \frac{f_1}{f_0} \tag{15-36}$$

式中 ψ ——软化系数;

f_1 ——饱和状态下的抗压强度,kPa;

f_0 ——绝干状态下的抗压强度,kPa。

六、压剪黏结强度

(一)标准试验条件
环境温度(23±2)℃,相对湿度(50±5)%,试验区的循环风速小于 0.2 m/s。

(二)试样制备
试件制备同压剪黏结强度试验。标准浆料厚度控制在 10 mm。

在 G 型砖(108 mm×108 mm 无釉陶瓷砖,吸水率 3%~6%)正面涂够均匀的界面砂浆,往涂层每角上放置金属垫丝,并使其插入约 20 mm,然后将另一 G 型砖正面与已涂砂浆 G 型砖错开 10 mm,并相互平行粘贴压实,使粘贴面积约 106 cm^2,界面砂浆厚度为 1.5 mm,

小心抽出垫丝。

(三)试件数量

试件数量为 5 个。

(四)试件养护

成型 5 个试件,用聚乙烯薄膜覆盖,在实验室温度条件下养护 7 d,去掉覆盖物后在实验室标准条件下养护 48 d,将试件放入(65±2)℃的烘箱中烘 24 h,取出后放入干燥器中冷却备用。

(五)试验和计算

养护完毕后,用压剪夹具将试样在试验机上进行强度测定,加载速度 20 ~ 25 mm/min,试件压剪强度按式(15-37)计算,精确至 0.01 MPa:

$$\tau_压 = \frac{P}{M} \tag{15-37}$$

式中 $\tau_压$——压剪黏结强度,MPa;

P——破坏荷载,N;

M——黏结面积,mm^2。

试验结果以算术平均值表示。

第十二节 镀锌电焊网

一、焊点抗拉力检测

(一)试样数量

在网上任选 5 点。

(二)试验步骤

按图 15-14,进行拉力试验。

(三)试验结果

取其平均值。

二、镀锌层质量试验

(一)试验溶液

1.清洗液

化学纯无水乙醇。

2.试验溶液配制

(1)将 3.5 g 六次甲基四胺($C_5H_{12}N_4$)化学纯试剂溶解于 500 mL 浓盐酸($\rho = 1.19$ g/mL)中,用蒸馏水或去离子水稀释至 1 000 mL。

(2)试验溶液在能溶解镀锌层的条件下,可反复使用。

(二)试样

1.取样部位和数量

取样部位和数量按产品标准或双方协议的规定执行。

2.试验面积

根据镀锌层的厚度,选择试验面积,保证符合试样称量准确度的要求。

3.切取试样

切取试样时,应注意避免损伤。不得使用局部有损伤的试样。

4.试样长度

钢丝试样长度按表15-4切取。

表15-4 钢丝试样长度

钢丝直径(mm)	≥0.15~0.80	>0.80~1.50	>1.50
试样长度(mm)	600	500	300

（三）试验步骤

（1）用清洗液将试样表面清洗干净,然后充分烘干。

（2）用天平称量试样,其称量准确度应优于试样镀层质量预期的1%。当试样镀层质量不小于0.1 g时,称量应准确到0.001 g。

（3）将试样浸没在试验溶液中,试验溶液的用量通常为每平方厘米试样表面积不少于10 mL。

（4）在室温条件下,试样完全浸没于试验溶液中,可翻动试样,直到镀层完全溶解,以氢气析出(剧烈冒泡)的明显停止作为溶解过程结束的评定。然后取出试样在流水中冲洗。最后用乙醇清洗,迅速干燥,也可用吸水纸将水分吸除,用热风快速吹干。

（5）用天平称量试样,其称量准确度应优于试样镀层质量预期的1%。当试样镀层质量不小于0.1 g时,称量应准确到0.001 g。

（6）称重后,测定试样锌层溶解后暴露的表面积,准确度应达到1%。钢丝直径的测量应在同一圆周上相互垂直的部位各测一次,取平均值,测量准确到0.01 mm。

（四）结果计算

镀锌钢丝单位面积上的镀锌量按式(15-38)计算:

$$M = \frac{m_1 - m_2}{m_2} \times D \times 1\,960 \tag{15-38}$$

式中 M——单位面积上的镀锌层质量,g/m²;

m_1——试样镀锌层溶解前的质量,g;

m_2——试样镀锌层溶解后的质量,g。

D——试样镀锌层溶解后的直径,mm;

1 960——常数。

计算结果按《数值修约规则与极限数值的表示和判定》(GB/T 8170—2008)的规定修约,保留数位应与产品标准中标示的位数一致。

（五）试验报告

试验报告包括以下内容:

（1）产品名称。

（2）标准编号和试验方法。

（3）试样形状、尺寸。

（4）试验结果。

（5）试验日期和试验人员。

（6）其他内容。

第十三节　中空玻璃和真空玻璃

一、中空玻璃

中空玻璃是指两片或多片以有效支撑均匀隔开并周边密封,使玻璃层间形成干燥气体空间的玻璃。

（一）技术要求

中空玻璃的技术要求主要项目有材料(玻璃、密封胶、胶条、间隔框、干燥剂)、尺寸偏差、外观、密封性能、露点、耐紫外线辐照性能、气候循环耐久性能和高温高湿耐久性能等。

（二）玻璃露点试验方法

试验原理:放置露点仪后玻璃表面局部冷却,当达到一定温度后,内部水气在冷点部位结露,该温度为露点。

1. 仪器设备

（1）露点仪:测量管的高度为 300 mm,测量表面直径为 50 mm,见图 15-23。

（2）温度计:测量范围为 –80 ~ 30 ℃,精度为 1 ℃。

2. 试样数量与要求

（1）试样数量:20 块尺寸为 510 mm × 360 mm 的样品。

（2）试样要求:试样为制品或 20 块与制品在同一工艺条件下制作的样品。

3. 试验条件

试验在温度为(23 ± 2)℃、相对湿度 30% ~ 75% 的条件下进行。

试验前将全部试样在规定的试验条件下放置一周以上。

4. 试验步骤

（1）向露点仪的容器中注入深约 25 mm 的乙醇或丙酮,使露点仪与该表面紧密接触,停留时间按表 15-5 的规定。

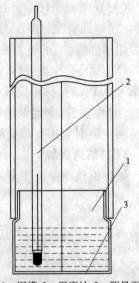

1—铜槽;2—温度计;3—测量面

图 15-23　露点仪

表 15-5　停留时间

原片玻璃厚度（mm）	≤4	5	6	8	≥10
接触时间（min）	3	4	5	7	10

（2）移开露点仪,立即观察玻璃试样的内表面上有无结露或结霜。

二、真空玻璃

真空玻璃是指两片或两片以上平板玻璃以支撑物隔开,周边密封,在玻璃间形成真空层的玻璃制品。

(一)真空玻璃分类

真空玻璃按保温性能 K 值分为 1 类、2 类、3 类,具体要求见表 15-6。

表 15-6　真空玻璃分类要求

类别	K 值(W/(m² · K))
1	$K \leqslant 1.0$
2	$1.0 < K \leqslant 2.0$
3	$2.0 < K \leqslant 2.8$

(二)真空玻璃技术要求

真空玻璃的技术要求主要包括:厚度偏差、尺寸及其允许偏差、边部加工、保护帽、支撑物、外观质量、封边质量、弯曲度、保温性能、耐辐照性、气候循环耐久性、高温高湿耐久性和隔声性能等。

(三)保温性能试验方法

1. 试样要求

试样为与制品相同材料、相同厚度、相同工艺条件下制备的 1 块 1 000 mm × 1 000 mm 平型真空玻璃样品。

2. 检测设备

玻璃传热系数检测原理及检测设备同《建筑外门窗保温性能分级及检测方法》(GB/T 8484—2008)标准中的原理和检测装置。

3. 试件的安装

1)检测洞口的要求

安装试件的洞口尺寸大于 1 000 mm × 1 000 mm 时,多余部分应用已知热导率的膨胀聚苯乙烯板填堵。洞口距热箱下部内表面应留有不小于 600 mm 高的平台。

2)试件的固定

试件通过检测辅助装置进行固定,检测辅助装置见图 15-24、图 15-25。热箱及冷箱两侧分别安装可调节支架,用于固定洞口中的玻璃试件。可调节支架上共设置三个可调支撑触点(见图 15-26、图 15-27),支撑触点应采用导热系数较小的材料制作。

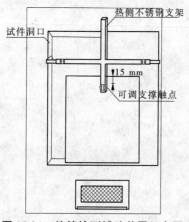

图 15-24　热箱检测辅助装置示意图

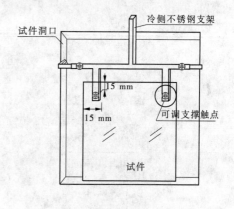

图 15-25　冷箱检测辅助装置示意图

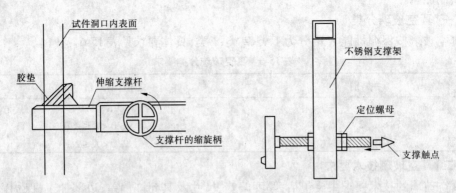

图 15-26 可调节支架固定方式示意图　　　图 15-27 可调支撑触点示意图

支撑触点与试件的接触面应平整,接触面积应尽量小,触点应可拆卸;试件与填堵膨胀聚苯乙烯板间的缝隙可用聚乙烯泡沫塑料条填塞。缝隙较小不易填塞时,可用聚氨脂发泡填充,用透明胶带将接缝处双面密封。

4. 玻璃传热系数检测步骤

按照门窗传热系数检测步骤进行。

5. 玻璃传热系数的计算

同门窗传热系数计算。

第十六章　民用建筑门窗

第一节　概　述

一、常用建筑外门窗的标准(编号)及定义

(一)常用建筑外门窗的标准(编号)

(1)《铝合金门窗》(GB/T 8478—2008)。

(2)《未增塑聚氯乙烯(PVC－U)塑料窗》(JG/T 140—2005)。

《未增塑聚氯乙烯(PVC－U)塑料门》(JG/T 180—2005)。

(3)《钢塑共挤门窗》(JG/T 207—2007)。

(4)《钢门窗》(GB/T 20909—2007)。

(5)《建筑木门、木窗》(JG/T 122—2000)。

(6)《建筑门窗术语》(GB/T 5823—2008)。

除建筑木门、木窗,其他产品三性试验方法基本一致。

(二)定义

(1)未增塑聚氯乙烯(PVC－U)塑料窗:由未增塑聚氯乙烯(PVC－U)型材按规定要求使用增强型钢制作的窗。

(2)铝合金门窗:采用铝合金建筑型材制作框、扇杆件结构的门和窗的总称。

(3)钢塑共挤门窗:由钢塑共挤微发泡型材按规定要求制作的门窗。

(4)钢窗:用钢质型材、板材(或以钢质型材、板材为主)制作框、扇结构的窗。

(5)木窗:指用木材或木质人造板为主要材料制作窗框、窗扇的窗。

二、建筑外窗的构成、分类

(1)组成材料包括:型材、玻璃、紧固件及五金配件、窗纱、密封及弹性材料。

(2)按构配件分为窗框、窗扇(固定扇、活动扇)、五金配件等。

(3)按功能分为普通型、隔声型、保温型、遮阳型。

(4)按开启方式分为平开旋转类、推拉平移类、折叠类。

三、常用术语和定义

依据《建筑门窗术语》(GB/T 5823—2008),列举以下常用术语和定义。

(一)门窗框的定义

(1)框:用于安装门窗活动扇和固定部分(固定扇、玻璃或镶板),并与门窗洞口或附框连接固定的门窗杆件系统。

(2)附框:预埋或预先安装在门窗洞口中,用于固定门窗的杆件系统。

(3)上框:窗框构架的上部横向杆件。

(4)边框:窗框构架的两侧边部竖向杆件。

(5)下框:门窗框构架的底部横向杆件。

(二)窗扇的定义

(1)平开窗扇:带有合页(铰链)或旋转轴的窗组件。

(2)推拉窗扇:可沿垂直或水平方向平移的窗组件。

(3)活动扇:安装在门窗框上的可开启和关闭的组件。

(4)平口扇:周边没有企口凸边的扇。

(5)可开启部分:门或窗中的活动扇的总称。

(6)固定部分:门窗的固定扇、玻璃、镶板及框等不可开启部件的总称。

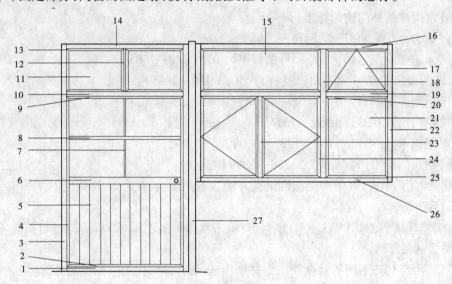

1—门下框;2—门扇下梃;3—门边框;4—门扇边梃;5—镶板;6—门扇中横梃;
7—竖芯;8—横芯;9—门扇上梃;10—门中横框;11—亮窗;12—亮窗中竖框;
13—玻璃压条;14—门上框;15—固定亮窗;16—窗上框;17—亮窗;18—窗中竖框;
19—窗中横框;20—窗扇上梃;21—固定窗;22—窗边框;23—窗中竖梃;24—窗扇边梃;
25—窗扇下梃;26—窗下框;27—拼樘框

图 16-1　门窗组成示意图

(三)窗的定义

(1)窗:围蔽墙体洞口,可起采光、通风或观察等作用的建筑部件的总称。通常包括窗框和一个或多个窗扇以及五金配件,有时还带有亮窗和换气装置。

(2)活动窗:具有可开启部分的窗。

(3)固定窗:只带有固定扇的窗。

(4)固定玻璃窗:窗框洞口内直接镶嵌玻璃的不能开启的窗。

(5)外窗:分隔建筑物室内、外空间的窗。

(6)内窗:分隔建筑物两个室内空间的窗。

(7)风雨窗:安装在主窗室外侧或内侧的次窗。

(8)平开窗:合页(铰链)装于窗侧边,平开窗扇向内或向外旋转开启的窗。

(9)外开上悬窗:合页(铰链)装于窗上侧,向室外方向开启的上悬窗。

(10)内开下悬窗:合页(铰链)装于窗下侧,向室内方向开启的下悬窗。

(11)推拉窗:窗扇在窗框平面内沿水平方向移动开启和关闭的窗。

(12)上下双提拉窗:两窗扇均可沿垂直方向移动的上下推拉窗。

(13)下推拉窗:只有下部窗扇可沿垂直方向移动的上下推拉窗。

(14)上推拉窗:只有上部窗扇可沿垂直方向移动的上下推拉窗。

(四)窗扇中梃和芯的定义

(1)上梃:门窗扇构架的上部横向杆件。

(2)中横梃:门窗扇构架的中部横向杆件。

(3)边梃:门窗扇构架的两侧边部竖向杆件。

(4)下梃:门窗扇构架的底部横向杆件。

(5)横芯:门窗扇构架的横向玻璃分格条。

(6)竖芯:门窗扇构架的竖向玻璃分格条。

(五)其他

(1)披水条(挡风雨条):门窗扇之间、框与扇之间以及框与门窗洞口之间横向缝隙处的挡风及排泄雨水的型材杆件。

(2)固有披水条:门窗本身所带有的披水条。

(3)附加披水条:门窗上所装配的披水条。

(4)镶板:镶嵌在门窗扇构架或框构架开口中的板或组件(除玻璃外)。

(5)披水板:门窗洞口底面窗室外侧下框。

(6)玻璃压条:镶嵌固定门窗玻璃的可拆卸的杆状件。

检测人员应注意向生产厂技术人员了解和认识型材、产品的有关常识,如名称、型材的类别和构造,便于正确检测。

四、建筑外窗通用定义和术语

(1)基本窗:符合窗洞口尺寸系列基本规格的单樘窗。

(2)门窗附件:门窗组装用的配件和零件。

(3)主要受力杆件:门窗立面内承受并传递门窗自身重力及水平风荷载等作用力的中横框、中竖框、扇梃等主型材,以及组合门窗拼樘框型材。

(4)型材截面主要受力部位:门窗型材横截面中承受垂直和水平方向荷载作用力的腹板、翼缘及固定其他杆件、零配件的连接受力部位。

(5)主型材:组成门窗框、扇杆件系统的基本构架,在其上装配开启扇或玻璃、辅型材、附件的门窗框和扇梃型材,以及组合门窗拼樘框型材。

(6)辅型材:门窗框、扇杆件系统中,镶嵌或固定于主型材杆件上,起到传力或某种功能作用的附加型材(如玻璃压条、披水条等)。主型材以外的型材。

(7)型材厚度(D):在平面上直角测量型材前后可视面的距离(洞口深度方向)。

(8)型材宽度(W):垂直于型材的纵向轴线,沿平面方向进行测量时所测得的最大尺寸(洞口高度方向)。

五、常用玻璃的定义

(1)单层玻璃:(略)

(2)夹层玻璃:就是在两块玻璃之间夹进一层以聚乙烯醇缩丁醛为主要成分的PVB中间膜,经热压机压合并尽可能地排出中间空气,然后放入高压蒸汽釜内利用高温高压将残余的少量空气溶入胶膜而成的制品。

(3)中空玻璃:两片或多片玻璃以有效支撑均匀隔开并黏结密封,使玻璃层间形成有干燥气体空间的制品。

第二节　铝合金窗

一、产品标准及其适用范围

(一)标准名称及编号

《铝合金门窗》(GB/T 8478—2008)。

(二)适用范围

(1)适用于:手动启闭操作的建筑外墙和室内隔墙用窗和人行门,以及垂直屋顶窗。

(2)参照使用:非手动启闭操作的墙体用门、窗以及垂直天窗。

(3)不适用于:天窗、非垂直屋顶窗、卷帘门窗和转门、防火门窗、逃生门窗、排烟窗、防射线屏蔽门窗等特种门窗。

二、分类、命名和标记

(一)分类和代号

1. 用途

窗按外围护和内围护用,划分为两类:

(1)外墙用,代号为W。

(2)内墙用,代号为N。

2. 类型

窗按使用功能划分的类型和代号及其相应性能项目见表16-1。

3. 品种

按开启形式划分窗的品种与代号,并符合表16-2的要求。

4. 产品系列

(1)以窗框在洞口深度方向的设计尺寸——窗框厚度构造尺寸(代号为C_2,单位为mm)划分。

(2)窗框厚度构造尺寸:

按10 mm进级的为基本系列,基本系列中按5 mm进级插入的数值为辅助系列。

窗框厚度构造尺寸小于某一基本系列或辅助系列值时,按小于该系列值的前一级标示其产品系列。

表 16-1　窗的功能类别和代号

性能项目	普通型 PT		隔声型 GS		保温型 BW		遮阳型 ZY
	外窗	内窗	外窗	内窗	外窗	内窗	外窗
抗风压性能(P_3)	◎		◎		◎		◎
水密性能(ΔP)	◎		◎		◎		◎
气密性能(q_1/q_2)	◎		◎		◎		◎
空气声隔声性能($Rw+Ctr/Rw+C$)			◎	◎			
保温性能(K)					◎	◎	
遮阳性能(SC)							◎
采光性能($T,$)	○		○		○		○
启闭力	◎	◎	◎	◎	◎	◎	◎
反复启闭性能	◎	◎	◎	◎	◎	◎	◎

注:◎为必需性能;○为选择性能。

表 16-2　窗的开启形式品种与代号

开启类别	平开旋转类							
开启形式	(合页)平开	滑轴平开	上悬	下悬	中悬	滑轴上悬	平开下悬	立转
代号	P	HZP	SX	XX	ZX	HSX	PX	LZ
开启类别	推拉平移类					折叠类	
开启形式	(水平)推拉	提升推拉	平开推拉	推拉下悬	提拉	折叠推拉	
代号	T	ST	PT	TX	TL	ZT	

例如:窗框厚度构造尺寸为 72 mm 时,其产品系列为 70 系列;窗框厚度构造尺寸为 69 mm 时,其产品系列为 65 系列。

(3)铝合金推拉门有 70 系列和 90 系列两种。

基本门洞高度有 2 100 mm、2 400 mm、2 700 mm、3 000 mm;

基本门洞宽度有 1 500 mm、1 800 mm、2 100 mm、2 700 mm、3 000 mm、3 300 mm、3 600 mm。

(4)铝合金平开门有 50 系列、55 系列、70 系列。

基本门洞高度有 2 100 mm、2 400 mm、2 700 mm;

基本门洞宽度有 800 mm、900 mm、1 200 mm、1 500 mm、1 800 mm。

(5)推拉铝合金窗有 55 系列、60 系列、70 系列、90 系列、90 - I 系列。

基本窗洞高度有 900 mm、1 200 mm、1 400 mm、1 500 mm、1 800 mm、2 100 mm;

基本窗洞宽度有 1 200 mm、1 500 mm、1 800 mm、2 100 mm、2 400 mm、2 700 mm、3 000 mm。

(6)平开铝合金窗有 40 系列、50 系列、70 系列。

基本窗洞高度有 600 mm、900 mm、1 200 mm、1 400 mm、1 500 mm、1 800 mm、2 100 mm;

基本窗洞宽度有 600 mm、900 mm、1 200 mm、1 500 mm、1 800 mm、2 100 mm。

5. 规格

(1)以窗宽、窗高的设计尺寸——窗的宽度构造尺寸（B_2）和高度构造尺寸（A_2）的千、百、十位数字，前后顺序排列的六位数字表示。

例如，窗的 B_2、A_2 分别为 1 150 mm 和 1 450 mm 时，其尺寸规格型号为 115145。

(2)型材厚度：

厚度（D）≤80 mm，极限偏差 ±0.3 mm；

厚度（D）>80 mm，极限偏差 ±0.5 mm。

(3)窗高、窗宽尺寸：

测量前应先从宽或高两端向内各标出 100 mm 间距，并做一记号，然后测量高或宽两端记号间的距离，即为检测的实际尺寸。

(二)命名和标记

1. 命名方法

按窗用途（可省略）、功能、系列、品种、产品简称（铝合金窗，代号 LC）的顺序命名。如（外墙用）普通型 50 系列平开铝合金窗，命名代号为"铝合金窗 WPT 50 PLC"

2. 标记方法

按产品的简称、命名代号—尺寸规格型号、物理性能符号与等级或指标值（抗风压性能 P_3—水密性能 ΔP—气密性能 q_1/q_2—空气声隔声性能 Rw + Ctr/Rw + C—保温性能 K—遮阳性能 SC—采光性能 Tr）、标准代号的顺序进行标记。

示例 1：（外墙用）普通型 50 系列平开铝合金窗，该产品规格型号为 115145，抗风压性能 5 级，水密性能 3 级，气密性能 7 级，其标记为：铝合金窗 WPT 50 PLC 115145（$P_3$5—ΔP3—$q_1$7）GB/T 8478—2008。

示例 2：（外墙用）遮阳型 50 系列滑轴平开铝合金窗，该产品规格型号 115145，抗风压性能 6 级，水密性能 4 级，气密性能 7 级，遮阳性能 SC 值为 0.5 的产品，其标记为：铝合金窗 WZY 50 HZPLC 115145（$P_3$6—ΔP4—$q_1$7—SC0.5）GB/T 8478—2008。

(三)门窗及装配尺寸偏差

门窗及装配尺寸偏差见表 16-3。

表 16-3　门窗及装配尺寸偏差　　　　　　　　（单位：mm）

项目	尺寸范围	允许偏差	
		门	窗
门窗宽度、高度构造内侧尺寸	<2 000	±1.5	
	≥2 000 ~ <3 500	±2.0	
	≥3 500	±2.5	

三、性能要求

(一)抗风压性能

1. 性能分级

外窗的抗风压性能分级及指标值 P_3 应符合表 16-4 的规定。

表16-4　建筑外门窗抗风压性能分级 （单位:kPa）

分级	1	2	3	4	5	6	7	8	9
分级指标值 P_3	$1.0 \leq P_3$ <1.5	$1.5 \leq P_3$ <2.0	$2.0 \leq P_3$ <2.5	$2.5 \leq P_3$ <3.0	$3.0 \leq P_3$ <3.5	$3.5 \leq P_3$ <4.0	$4.0 \leq P_3$ <4.5	$4.5 \leq P_3$ <5.0	$P_3 \geq 5.0$

注:第9级应在分级后同时注明具体检测压力差值。

2.性能要求

外窗在各性能分级指标值风压作用下,主要受力杆件相对(面法线)挠度应规定;风压作用后,窗不应出现使用功能障碍和损坏。

(二)水密性能

1.性能分级

外窗的水密性能分级及指标值应符合表16-5的规定。

表16-5　建筑外门窗水密性能分级 （单位:Pa）

分级	1	2	3	4	5	6
分级指标 ΔP	$100 \leq \Delta P < 150$	$150 \leq \Delta P < 250$	$250 \leq \Delta P < 350$	$350 \leq \Delta P < 500$	$500 \leq \Delta P < 700$	$\Delta P \geq 700$

注:第6级应在分级后同时注明具体检测压力差值。

2.性能要求

外窗试件在各性能分级指标值作用下,不应发生水从试件室外侧持续或反复渗入试件室内侧、发生喷溅或流出试件界面的严重渗漏。

(三)气密性能

1.性能分级

窗的气密性能分级及指标绝对值应符合表16-6的规定。

表16-6　建筑外门窗气密性能分级

分级	1	2	3	4	5	6	7	8
单位开启缝长分级指标值 $q_1(\mathrm{m^3/(m \cdot h)})$	$4.0 \geq q_1$ >3.5	$3.5 \geq q_1$ >3.0	$3.0 \geq q_1$ >2.5	$2.5 \geq q_1$ >2.0	$2.0 \geq q_1$ >1.5	$1.5 \geq q_1$ >1.0	$1.0 \geq q_1$ >0.5	$q_1 \leq 0.5$
单位面积分级指标值 $q_2(\mathrm{m^3/(m^2 \cdot h)})$	$12 \geq q_2$ >10.5	$10.5 \geq q_2$ >9.0	$9.0 \geq q_2$ >7.5	$7.5 \geq q_2$ >6.0	$6.0 \geq q_2$ >4.5	$4.5 \geq q_2$ >3.0	$3.0 \geq q_2$ >1.5	$q_2 \leq 1.5$

注:门窗的气密性能指标即单位开启缝长及单位面积空气渗透量,可分为正压和负压下测量的正值和负值。

2.性能要求

门窗试件在标准状态下,压力差为10 Pa时的单位开启缝长空气渗透量 q_1 和单位面积空气渗透量 q_2 不应超过表16-6中各分级相应的指标值。

(四)保温性能

1.性能指标

窗保温性能指标以窗传热系数 K 值(W/(m² · K))表示。

2.性能分级

窗保温性能分级及指标值分别应符合表 16-7 的规定。

表 16-7　外门、外窗传热系数分级　　　　　（单位：W/（㎡·K））

分级	1	2	3	4	5
分级指标值	$K \geqslant 5.0$	$5.0 > K \geqslant 4.0$	$4.0 > K \geqslant 3.5$	$3.5 > K \geqslant 3.0$	$3.0 > K \geqslant 2.5$
分级	6	7	8	9	10
分级指标值	$2.5 > K \geqslant 2.0$	$2.0 > K \geqslant 1.6$	$1.6 > K \geqslant 1.3$	$1.3 > K \geqslant 1.1$	$K < 1.1$

四、试验方法标准

（一）抗风压性能、水密性能、气密性能

按《建筑外门窗气密、水密、抗风压性能分级及检测方法》（GB/T 7106—2008）的规定，以气密、水密、抗风压性能的顺序进行试验。

（二）性能检验试件分组、数量及试验顺序

从产品出厂检验合格的检验批中，按表 16-8 规定的数量随机抽取性能检验试件。窗性能检验试件分组、数量和试验顺序见表 16-8。

表 16-8　窗性能检验试件分组、数量和试验顺序

试件组数	1	2
试验项目及顺序	气密→水密→抗风压	保温
试件数量	3	1
试件合计（樘）	3	1

五、复验规则

性能检验项目中若有不合格项，可再从同批产品中抽取双倍试件对该不合格项进行重复检验，重复检验结果全部达到《铝合金门窗》（GB/T 8478—2008）标准要求时判定该项目合格，否则判定该项目不合格。

第三节　未增塑聚氯乙烯（PVC－U）塑料窗

一、产品标准及其适用范围

（一）标准名称及编号

《未增塑聚氯乙烯（PVC－U）塑料窗》（JG/T 140—2005）。

（二）适用范围

适用于由未增塑聚氯乙烯（PVC－U）型材制作的建筑用窗，不适用于本标准中未规定性能的其他窗。

二、术语和定义

装配式结构：指框、扇、梃等主型材之间不经焊接，而采用专用联接件进行联接的结构。

其他(略)。

三、分类、规格和型号

(一)分类

开启形式与代号按表 16-9 规定。

表 16-9　开启形式与代号

开启形式	平开	推拉	上下推拉	平开下悬	上悬	中悬	下悬	固定
代号	P	T	ST	PX	S	C	X	G

注:1. 固定窗与上述各类窗组合时,均归入该类窗。

2. 纱扇窗代号为 A。

(二)规格和型号

(1)窗洞口尺寸系列宜符合《建筑门窗洞口尺寸系列》(GB/T 5824—2008)的规定。

(2)窗的构造尺寸应由以下原则确定:

①型材断面结构尺寸;

②主要受力杆件的强度和挠度,开启扇自重、五金配件承载能力和五金配件与窗框、窗扇的联接强度;

③洞口尺寸和墙体饰面层厚度及窗框与洞口间隙、附框尺寸的安装要求,并应符合《塑料门窗工程技术规程》(JGJ 103—2008)的规定。

(三)窗框厚度尺寸

窗框厚度基本尺寸按窗框型材无拼接组合时的最大厚度公称尺寸确定。

(四)标记方法、示例

1. 标记方法

产品标记由名称代号、规格、性能代号组成。

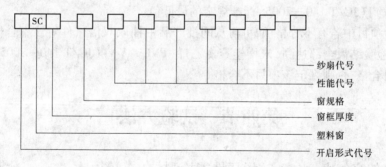

纱扇代号
性能代号
窗规格
窗框厚度
塑料窗
开启形式代号

2. 示例

示例1:平开塑料窗,窗框厚度为 60 mm,规格型号为 1518,抗风压性能为 2.5 kPa,气密性能为 1.5 m^3(m/h)或表示为 4.5 m^3/(m^2/h),水密性能为 250 Pa,保温性能为 2.0 W/(m^2·K),隔声性能为 30 dB,采光性能为 0.40,带纱扇窗。表示为 PSC60—1518—P$_3$2.5—q$_1$1.5(或 q$_2$4.5)—ΔP250—K2.0—Rw30—Tr0.40—A。

示例2:平开塑料窗,窗框厚度为 60 mm,规格型号为 1518,保温性能 2.0 W/(m^2·K),抗风压、气密、水密、隔声、采光性能无指标要求和无纱扇时不填写。表示为 PSC60—1518—K2.0。

四、物理性能要求

(一)抗风压性能
以安全检测压力值(P_3)进行分级,其分级指标值(P_3)按表16-4规定。

(二)气密性能
单位缝长空气渗透量 q_1 和单位面积空气渗透量 q_2 分级指标值按表16-6规定。

(三)水密性能
分级指标值 ΔP 按表16-5规定。

(四)保温性能
分级指标值 K 按表16-7规定。

五、试验方法标准

(一)试件存放及试验环境
试验前窗试件应在 18～28 ℃ 的条件下存放 16 h 以上,并在该条件下进行检测。

(二)物理性能检测
(1)抗风压性能按《建筑外门窗气密、水密、抗风压性能分级及检测方法》(GB/T 7106—2008)规定的方法检测(具有特殊要求)。

(2)气密性能、水密性能应分别按《建筑外门窗气密、水密、抗风压性能分级及检测方法》(GB/T 7106—2008)规定的方法检测。

(3)物理性能宜按气密性能、水密性能、抗风压性能的顺序试验。

六、复验规则

塑料窗的物理性能和力学性能都应符合订货合同中的要求,且不应低于《未增塑聚氯乙烯(PVC－V)》(JG/T 140—2005)标准规定的最低值。

性能检验项目中若有不合格项,可再从同批产品中抽取双倍试件对该不合格项进行重复检验,重复检验结果全部达到《未增塑聚氯乙烯(PVC－V)》(JG/T 140—2005)标准要求时判定该项目合格,否则判定该项目不合格。

第四节　试验方法

一、建筑外窗气密、水密、抗风压性能检测

(一)依据标准及适用范围
《建筑外门窗气密、水密、抗风压性能分级及检测方法》(GB/T 7106—2008)。

本标准适用于建筑外窗及外门的气密、水密、抗风压性能分级及实验室检测。

检测对象只限于门窗试件本身,不涉及门窗与其他结构之间的接缝部位。

(二)术语和定义
具体见各检测方法。

（三）分级

1. 气密性能

1) 分级指标

采用在标准状态下，压力差为 10 Pa 时的单位开启缝长空气渗透量 q_1 和单位面积空气渗透量 q_2 作为分级指标。

2) 分级指标值

分级指标绝对值 q_1 和 q_2 的分级见表 16-6。

2. 水密性能

1) 分级指标

采用严重渗漏压力差值的前一级压力差值作为分级指标。

2) 分级指标值

分级指标值 ΔP 的分级见表 16-5。

3. 抗风压性能

1) 分级指标

采用定级检测压力差值 P_3 为分级指标。

2) 分级指标值

分级指标值 P_3 的分级见表 16-4。

（四）检测装置

1. 组成

检测装置由压力箱、试件安装系统、供压系统、淋水系统及测量系统（包括空气流量、压力差及位移测量装置）组成。

2. 要求

（1）压力箱的开口尺寸应能满足试件安装的要求，箱体开口部位的构件在承受检测过程中可能出现的最大压力差作用下开口部位的最大挠度值不应超过 5 mm 或 1/1 000，同时应具有良好的密封性能且以不影响观察试件的水密性能为最低要求。

（2）试件安装系统包括试件安装框及夹紧装置。应保证试件安装牢固，不应产生倾斜及变形，同时保证试件可开启部分的正常开启。

（3）供压系统应具备施加正负双向的压力差的能力，静态压力控制装置应能调节出稳定的气流，动态压力控制装置应能稳定地提供 3～5 s 周期的波动风压，波动风压的波峰值、波谷值应满足检测要求。供压和压力控制能力应满足建筑外门窗气密、水密、抗风压性能的检测要求。

（4）淋水系统的喷淋装置。

应满足在窗试件的全部面积上形成连续水膜并达到规定淋水量的要求。

喷嘴布置应均匀，各喷嘴与试件的距离宜相等且不小于 500 mm；

装置的喷水量应能调节，并有措施保证喷水量的均匀性。

（5）测量系统包括空气流量、压力差及位移测量装置，并应满足以下要求：

①差压计的两个探测点应在试件两侧就近布置，差压计的误差应小于示值的 2%。

②空气流量测量系统的测量误差应小于示值的 5%，响应速度应满足波动风压测量的

要求。

③位移计的精度应达到满量程的 0.25%，位移测量仪表的安装支架在测试过程中应牢固，并保证位移的测量不受试件及其支承设施的变形、移动所影响。

3. 校准

需进行检定/校准的计量设备有：①钢卷尺、游标卡尺：测量尺寸用。②气压计、温度计、秒表：环境条件测量、计时。③位移计：变形测量。④供压系统：差压计检定。⑤空气流量测量系统，空气流量计检定，空气流量测量系统校准，校准周期不应大于 6 个月。⑥淋水系统，水流量计检定，淋水系统校准，校准周期不应大于 6 个月。

1）空气流量测量系统的校准方法

a. 适用范围

本校验方法适用于建筑外门窗气密性能检测装置的空气流量测量系统的校准。

b. 原理

采用固定规格的标准试件安装在压力箱开口部位，利用空气流量测量系统测量不同开孔数量的空气流量。

c. 标准试件

标准试件采用 3 mm 不锈钢板加工，外形尺寸应符合图 16-2 的要求，表面加工应平整，测孔内应清洁，不能有划痕及毛刺等。

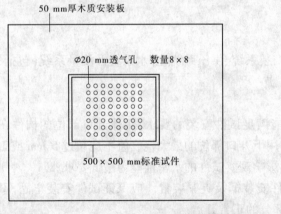
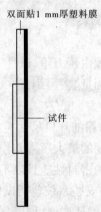

图 16-2　校准用标准试件

d. 安装框技术要求

(1)安装框应采用不透气的材料，本身具有足够刚度。

(2)安装框四周与压力箱相交部分应平整，以保证接缝的高度气密性。

(3)安装框上标准试件的镶嵌口应平整，标准试件采用机械连接后用密封胶密封。

e. 校准条件

(1)实验室内环境温度应在(20±5)℃范围内，检测前仪器通电预热时间不少于 1 h。

(2)空气流量测量系统所用差压计、流量计应在正常检定周期内。

f. 校准方法

(1)将全部开孔用胶带密封，按气密性能检测中检测加压的试验要求顺序加压，记录相应压力下的风速值并换算为标准状态下的空气渗透量值作为附加空气渗透量。

（2）按照开 1、2、4、8、16、32 个孔的顺序，依次打开密封胶带，分别按气密性能检测中检测加压的试验要求顺序加压，记录相应压力下的风速值并换算为标准状态下的总空气渗透量值。

（3）重复上述（1）、（2）步骤 2 次，得到 3 次校准结果。

g. 结果的处理

（1）按本章式（16-1）计算各开孔下的空气渗透量，按式（16-2）换算为标准空气渗透量 q'（m^3/h）（100 Pa）。

然后，再利用式（16-2）将 q_t 换算成标准状态下的渗透量 q'（m^3/h）值。

三次测值取算术平均值，正、负压分别计算。

（2）以检测装置第一次的校准记录为初始值，分别计算不同开孔数量时的空气流量差值。当误差超过 5% 时应进行修正。

h. 校准周期

不应大于 6 个月。

2）淋水系统的校准方法

a. 适用范围

本校验方法适用于建筑外门窗水密性能检测装置的淋水系统的校准。

b. 原理

采用固定规格的集水箱安装在压力箱开口的不同部位，收集淋水系统的喷水量，校准不同区域的淋水量及均匀性。

c. 集水箱

应只接收喷到样品表面的水而将试件上部流下的水排除。

集水箱应为边长为 610 mm 的正方形，内部分成四个边长为 305 mm 的正方形。

每个区域设置导向排水管，将收集到的水排入可以测量体积的容器。

如图 16-3 所示。

d. 方法

（1）集水箱的开口面放置于试件外样品表面应处位置 ±50 mm 范围内，平行于喷淋系统。用一个边长大约为 760 mm 的方形盖子在集水箱开口部位，开启喷淋系统，按照压力箱全部开口范围设定总流量达到 2 L/（min·m^2），流入每个区域（四个分区）的水分开收集。

四个喷淋区域总淋水量最少为 0.74 L/min，对任一个分区，淋水量应为 0.15 ~ 0.37 L/min范围内。

（2）喷淋系统应在压力箱开口部位的高度及宽度的每四等份的交点上都进行校准。

（3）不符合要求时应对喷淋装置进行调整后再次进行校准。

e. 校准周期

不应大于 6 个月。

（五）三性检测准备

1. 试件要求

试件应为按所提供图样生产的合格产品或研制的试件，不得附有任何多余的零配件或采用特殊的组装工艺或改善措施。

试件必须按照设计要求组合、装配完好，并保持清洁、干燥。

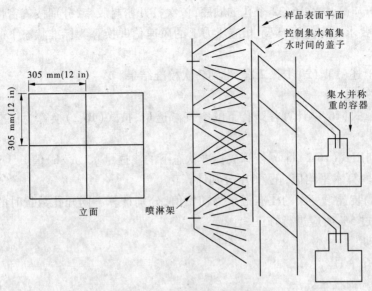

图 16-3　校准喷淋系统的集水箱

2. 试件数量

相同类型、结构及规格尺寸的试件,应至少检测三樘。

3. 试件安装要求

(1)试件应安装在安装框架上。

(2)试件与安装框架之间的连接应牢固并密封。安装好的试件要求垂直,下框要求水平,下部安装框不应高于试件室外侧排水孔。不应因安装而出现变形。

(3)试件安装后,表面不可沾有油污等不洁物。

(4)试件安装完毕后,应将试件可开启部分开关 5 次。最后关紧。

4. 检测顺序

宜按照气密、水密、抗风压变形 P_1、抗风压反复受压 P_2、安全检测 P_3 的顺序进行。

5. 检测安全要求

当进行抗风压性能检测或较高压力的水密性能检测时应采取适当的安全措施。

(六)气密性能检测

1. 相关定义

(1)开启缝长:外窗开启扇或外门扇开启缝隙周长的总和,以内表面测定值为准。如遇两扇相互搭接,其搭接部分的两段缝长按一段计算。

(2)试件面积:外门窗框外侧范围内的面积,不包括安装用附框的面积。以室内表面测定值为准。

(3)标准状态:温度为 293 K(20 ℃)、压力为 101.3 kPa(760 mmHg)、空气密度为 1.202 kg/m³ 的试验条件。

(4)气密性能:外门窗在正常关闭状态时,阻止空气渗透的能力。

(5)试件空气渗透量:在标准状态下,单位时间通过整窗(门)试件的空气量。

(6)附加空气渗透量:除试件本身的空气渗透量以外,通过设备和试件与测试箱连接部分的空气渗透量。

(7)单位开启缝长空气渗透量:在标准状态下,单位时间通过单位开启缝长的空气量。

(8)单位面积空气渗透量:在标准状态下,单位时间通过外门窗试件单位面积的空气量。

$$
总空气渗透量
\begin{cases}
试件的空气渗透量 \\
附加空气渗透量
\begin{cases}
设备本身的:包括管路装配等(相对稳定) \\
试件与安装框架连接部分产生的(每拆装试件一次,会变化) \\
安装框架与测试箱连接部分产生的(每拆装试件一次,会变化)
\end{cases}
\end{cases}
$$

2.检测加压顺序

检测加压顺序见图16-4。

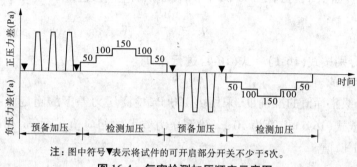

注:图中符号▼表示将试件的可开启部分开关不少于5次。

图16-4 气密检测加压顺序示意图

3.预备加压

在正、负压检测前分别施加三个压力脉冲。

压力差绝对值为500 Pa,加载速度约为100 Pa/s。压力稳定作用时间为3 s,泄压时间不少于1 s。

待压力差回零后,将试件上所有可开启部分开关5次,最后关紧。

4.附加空气渗透量检测

检测前应采取密封措施,充分密封试件上的可开启部分缝隙和镶嵌缝隙,或用不透气的盖板将箱体开口部盖严。

按照图16-4检测加压部分逐级加压,每级压力作用时间约为10 s,先逐级正压,后逐级负压。记录各级测量值。

5.总渗透量检测

去除试件上所加密封措施或打开密封盖板后进行检测,检测程序同附加空气渗透量检测。

6.检测值的处理

1)计算

分别计算出升压和降压过程中在100 Pa压差下的两个附加空气渗透量测定值的平均值$\overline{q_f}$和两个总渗透量测定值的平均值$\overline{q_z}$,则窗试件本身100 Pa压力差下的空气渗透量q_t(m^3/h)即可按式(16-1)计算:

$$q_t = \overline{q_z} - \overline{q_f} \tag{16-1}$$

然后,利用式(16-2)将q_t换算成标准状态下的渗透量q'(m^3/h)值:

$$q' = \frac{293}{101.3} \times \frac{q_t p}{T} \tag{16-2}$$

式中 q'——标准状态下通过试件空气渗透量值,m^3/h;

p——实验室气压值,kPa;

T——实验室空气温度值,K;

q_1——试件渗透量测定值,m^3/h。

将 q' 值除以试件开启缝长度 L,即可得出在 100 Pa 下,单位开启缝长空气渗透量 q'_1 ($m^3/(m \cdot h)$)值,即

$$q'_1 = \frac{q'}{L} \tag{16-3}$$

或将 q' 值除以试件面积 A,得到在 100 Pa 下,单位面积的空气渗透量 $m^3/(m^2 \cdot h)$ 值,即

$$q'_2 = \frac{q'}{A} \tag{16-4}$$

正压、负压分别按式(16-1)~式(16-4)进行计算。

2)分级指标值的确定

为了保证分级指标值的准确度,采用由 100 Pa 检测压力差下的测定值 $\pm q'_1$ 值或 $\pm q'_2$ 值,按式(16-5)式(16-6)换算为 10 Pa 检测压力差下的相应值 $\pm q_1$($m^3/(m \cdot h)$)值,或 $\pm q_2$($m^3/(m^2 \cdot h)$)值。

$$\pm q_1 = \frac{\pm q'_1}{4.65} \tag{16-5}$$

$$\pm q_2 = \frac{\pm q'_2}{4.65} \tag{16-6}$$

式中 q'_1——100 Pa 作用压力差下单位缝长空气渗透量值,$m^3/(m \cdot h)$;

q_1——10 Pa 作用压力差下单位缝长空气渗透量值,$m^3/(m \cdot h)$;

q'_2——100 Pa 作用压力差下单位面积空气渗透量值,$m^3/(m^2 \cdot h)$;

q_2——10 Pa 作用压力差下单位面积空气渗透量值,$m^3/(m^2 \cdot h)$。

将三樘试件的 $\pm q_1$ 值或 $\pm q_2$ 值分别平均后对照表 16-6 确定按照缝长和按面积各自所属等级。最后取两者中的不利级别为该组试件所属等级。正、负压测值分别定级。

(七)水密性能检测

1.有关定义

水密性能:外门窗正常关闭状态时,在风雨同时作用下,阻止雨水渗漏的能力。

严重渗漏:雨水从试件室外侧持续或反复渗入外门窗试件室内侧,发生喷溅或流出试件界面的现象。

严重渗漏压力差值:外门窗试件发生严重渗漏时的压力差值。

淋水量:外门窗试件表面保持连续水膜时单位面积所需的水流量。

稳定加压:在各检测加压持续时间内,检测压力相对稳定。

波动加压:在各检测加压持续时间内,每 3~5 s 按表 16-12 的规定波动变化加压。

2.检测方法和检测加压顺序

检测分为稳定加压法和波动加压法,检测加压顺序分别见图 16-5 和图 16-6。

一般情况下,水密性能分定级检测、工程检测。

工程检测,采用波动加压法、稳定加压法。

工程所在地为热带风暴和台风地区的工程检测,应采用波动加压法;工程所在地为非热

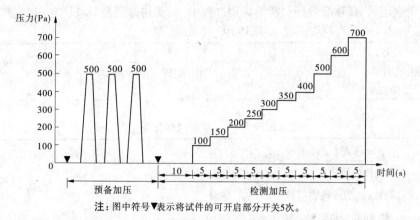

注：图中符号▼表示将试件的可开启部分开关5次。

图 16-5   稳定加压顺序示意图

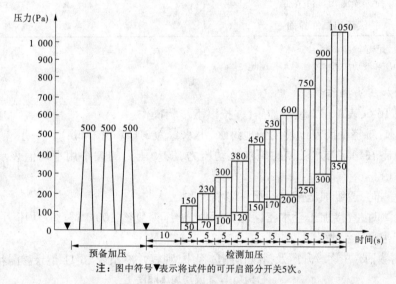

注：图中符号▼表示将试件的可开启部分开关5次。

图 16-6   波动加压顺序示意图

带风暴和台风地区的工程检测,可采用稳定加压法。

热带风暴和台风地区的划分按照《建筑气候区划标准》(GB 50178—1993)的规定执行。

3. 预备加压

检测加压前施加三个压力脉冲,压力差绝对值为 500 Pa,加载速度约为 100 Pa/s。压力稳定作用时间为 3 s,泄压时间不少于 1 s。待压力差回零后,将试件上所有可开启部分开关 5 次,最后关紧。

4. 稳定加压法操作步骤

按照图 16-5、表 16-10 顺序加压,并按以下步骤操作:

(1)淋水:对整个门窗试件均匀地淋水,淋水量为 2 L/(m² · min)。

(2)加压:在淋水的同时施加稳定压力。

定级检测时,逐级加压至出现严重渗漏。

工程检测时,直接加压至水密性能指标值,压力稳定作用时间为 15 min 或产生严重渗漏。

(3)观察记录:在逐级升压及持续作用过程中,观察并参照表16-11记录渗漏状态及部位。

表16-10　稳定加压顺序

加压顺序	1	2	3	4	5	6	7	8	9	10	11
检测压力(Pa)	0	100	150	200	250	300	350	400	500	600	700
持续试件(min)	10	5	5	5	5	5	5	5	5	5	5

表16-11　渗漏状态符号

渗漏状态	符号
试件内侧出现水滴	○
水珠联成线,但未渗出试件界面	□
局部少量喷溅	△
持续喷溅出试件界面	▲
持续流出试件界面	●

注:1. 后两项为严重渗漏。

2. 稳定加压和波动加压检测结果均采用此表。

5. 波动加压法操作步骤

按照图16-6、表16-12顺序加压,并按以下步骤操作:

(1)淋水:对整个门窗试件均匀地淋水,淋水量为 3 L/(m³·min)。

(2)加压:在稳定淋水的同时施加波动压力,波动压力的大小用平均值表示,波幅为平均值的0.5倍。

定级检测时,逐级加压至出现严重渗漏。

工程检测时,直接加压至水密性能指标值,加压速度约 100 Pa/s,波动压力作用时间为15 min 或产生严重渗漏为止。

(3)观察记录:在逐级升压及持续作用过程中,观察并参照表16-11记录渗漏状态及部位。

表16-12　波动加压顺序

加压顺序		1	2	3	4	5	6	7	8	9	10	11
波动压力值(Pa)	上限值	0	150	230	300	380	450	530	600	750	900	1 050
	平均值	0	100	150	200	250	300	350	400	500	600	700
	下限值	0	50	70	100	120	150	170	200	250	300	350
波动周期(s)		3~5										
每级加压时间(min)		5										

6. 分级指标值的确定

水密性能最大检测压力峰值应小于抗风压定级检测压力差值 P_3。

定级检测:记录每个试件的严重渗漏压力差值,以严重渗漏压力差值的前一级检测压力差值作为该试件水密性能检测值。

工程检测:如果工程水密性能指标值对应的压力差值作用下未发生渗漏,则此值作为该试件的检测值。

综合评定三个试件水密性能检测值:一般取三樘检测值(检测压力)的算术平均值。

如果三樘检测值中最高值和中间值相差两个检测压力等级以上时,将该最高值降至比中间值高两个检测压力等级后,再进行算术平均。

如果3个检测值中较小的两值相等,其中任意一值可视为中间值。

(八)抗风压性能检测

1. 有关定义

(1)压力差:外门窗室内、外表面所受到的空气绝对压力差值。

当室外表面所受的压力高于室内表面所受的压力时,压力差为正值,反之为负值。

$$压力差 = 室外表面所受的压力 - 室内表面所受的压力$$

(2)抗风压性能:外门窗正常关闭状态时在风压作用下不发生损坏(如开裂、面板破损、局部屈服、黏结失效等)和五金件松动、开启困难等功能障碍的能力。

(3)变形检测:为了确定主要构件在变形量为40%允许挠度时的压力差(符号为P_1)而进行的检测。

(4)反复变形检测:为了确定主要构件在变形量为60%允许挠度时的压力差(符号为P_2)反复作用下不发生损坏及功能障碍而进行的检测。

2. 检测项目

1)变形检测

检测试件在逐步递增的风压作用下,测试杆件相对面法线挠度的变化,得出检测压力差P_1。

2)反复加压检测

检测试件在压力差P_2(定级检测时)或P'_2(工程检测时)的反复作用下,是否发生损坏和功能障碍。

3)定级检测或工程检测

检测试件在瞬时风压作用下,抵抗损坏和功能障碍的能力。

定级检测是为了确定产品的抗风压性能分级的检测,检测压力差为P_3;工程检测是考核实际工程的外门窗能否满足工程设计要求的检测,检测压力差为P'_3。

3. 检测加压顺序

检测加压顺序见图16-7。

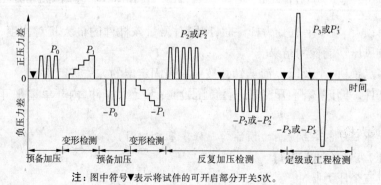

注:图中符号▼表示将试件的可开启部分开关5次。

图16-7 检测加压顺序示意图

4. 确定测试杆件、测点(位移计安装位置)

凭经验直观判断或测试找出主受力杆件(受力后,相对挠度最大)。

将位移计安装在规定位置上。测点位置规定如下:

(1)对于(常见)一个测试杆件:测点布置见图16-8。

中间测点在测试杆件中点位置,两端测点在距该杆件端点向中点方向10 mm处。

当试件的相对挠度最大的杆件难以判定时,也可选取两根或多根测试杆件(见图16-9),分别布点测量。

(2)对于单扇固定窗:测点布置见图16-10(多点锁的单扇平开窗与此布置点相同)。

(3)对于单扇平开窗:当采用单锁点,窗扇上无受力杆件时,测点布置见图16-11。

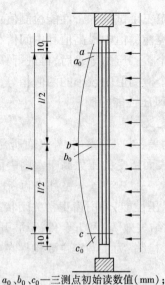

a_0、b_0、c_0—三测点初始读数值(mm);

a、b、c—三测点在压力差作用过程中的稳定读数值(mm);

l—测试杆件两端测点 a、c 之间的长度(mm)

图16-8 测试杆件测点分布

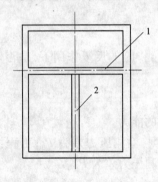

1、2—测试杆件

图16-9 多测试杆件分布

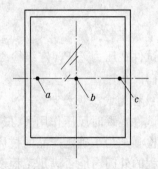

a、b、c—测点

图16-10 单扇固定扇测点分布

当采用单锁点,窗扇上有受力杆件时,应同时测量该杆件的最大相对挠度,取两者中的不利者作为抗风压性能检测结果。

当采用多点锁(两个及以上锁点)时,按照单扇固定扇的方法进行检测。

无受力杆件,外开单扇平开窗只进行负压检测;无受力杆件,内开单扇平开窗只进行正压检测。

5. 预备加压程序(三性检测的预备加压程序基本相同)

(正、负压)变形检测前进行。

分别提供三个压力脉冲。

压力差 P_0 绝对值为 500 Pa,加载速度约为 100 Pa/s,压力稳定作用时间为 3 s,泄压时间不少于1 s。

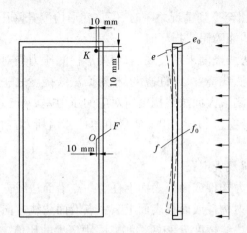

e_0、f_0—测点初始读数值(mm);e、f—测点在压力作用过程中的稳定读数值(mm)

图 16-11 单扇单锁点平开窗(门)位移计布置

6. 变形检测

确定主要构件在变形量为 40% 允许挠度时的压力差(符号为 P_1)。

变形检测程序:先进行正压检测,后进行负压检测。

(1)检测压力逐级升、降,每级升降压力差值不超过 250 Pa,每级检测压力差稳定作用时间约为 10 s。

(2)记录每级压力差作用下,各测点的稳定读数值(a_0、b_0、c_0,a、b、c)及面法线位移($a - a_0$等)。

(3)同时,利用设备的软件系统或人工计算每级压力差作用下的面法线挠度值(角位移值,见图 16-12)。

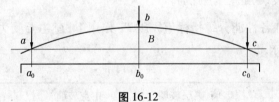

图 16-12

一般门窗,杆件或面板的面法线挠度计算可按式(16-7)进行:

$$B = (b - b_0) - \frac{(a - a_0) + (c - c_0)}{2} \tag{16-7}$$

式中 a_0、b_0、c_0——各测点在预备加压后的稳定初始读数值,mm;

　　　a、b、c——某级检测压力差作用过程中的稳定读数值,mm;

　　　B——杆件中间测点的面法线挠度。

单扇单锁点平开窗(门),角位移值 δ 为 E 测点和 F 测点位移值之差,可按式(16-8)计算:

$$\delta = (e - e_0) - (f - f_0) \tag{16-8}$$

式中 e_0、f_0——测点 E 和 F 在预备加压后的稳定初始读数值,mm;

　　　e、f——某级检测压力差作用过程中的稳定读数值,mm。

(4)逐级升、降压检测至下列情况之一时,停止变形检测升降压:

当检测中试件出现功能障碍或损坏时。

变形检测的最大面法线挠度未超过规定,但变形检测压力绝对值超过或等于 2 000 Pa。

变形检测时,最大面法线挠度、允许挠度、相对面法线挠度之一超过或等于规定值时。

工程检测中,变形检测最大面法线挠度所对应的压力差 P_1 已超过 P_1' 时,检测至 P_1'。

对于单扇单锁点平开窗(门),当 10 mm 自由角位移值所对应的压力差 P_1 超过 P_1' 时,检测至 P_1'。

有关变形的定义理解及规定:

面法线位移:试件受力构件或面板表面上任意一点沿面法线方向的线位移量。

面法线挠度:试件受力构件或面板表面上某一点沿面法线方向的线位移量的最大差值。

相对面法线挠度:面法线挠度 B 和两端测点间距离 L 的比值。

对于单扇平开窗,距锁点最远的窗扇自由角的位移值 δ 与该自由角至锁点距离 L 之比为相对面法线挠度。

允许挠度:主要构件在正常使用极限状态时的面法线挠度的限值(符号为 f_0)。

不同类型试件,变形检测时对应的最大面法线挠度(角位移值)应符合表 16-13 的要求。

表 16-13 不同类型试件变形检测对应的最大面法线挠度(角位移值)

试件类型	主要构件(面板)允许挠度	变形检测最大面法线挠度(角位移值)
窗(门)面板为单层玻璃或夹层玻璃	$\pm L/120$	$\pm L/300$
窗(门)面板为中空玻璃	$\pm L/180$	$\pm L/450$
单扇固定扇	$\pm L/60$	$\pm L/150$
单扇单锁点平开窗(门)	20 mm	10 mm

注:L 为主要受力杆件的支撑跨距(二测点间距)。

产品标准规定:在各性能分级指标值风压 P_3 作用下,窗主要受力杆件相对面法线挠度应符合表 16-14 的要求。

表 16-14 (单位:mm)

类型	单层玻璃、夹层玻璃	中空玻璃	单扇固定窗
未增塑聚氯乙烯塑料窗	$\leqslant L/120$	$\leqslant L/180$	最大允许挠度为矩形玻璃短边边长的 1/60
铝合金窗	$\leqslant L/100$	$\leqslant L/150$	
	相对挠度最大值 20 mm		

注:L 为主要受力杆件的支撑跨距(二测点间距)。

最大允许挠度:

对于单扇平开窗,当采用单锁点时,取距锁点最远的窗扇自由边(非铰链边)端点的角位移值为最大挠度值。

例如:推拉铝合金窗,面板为中空玻璃,主要受力杆件二测点间距为 1 380 mm,则相关挠度的控制值为:变形检测最大面法线挠度 $\leqslant L/450 = 3.07$ mm;安全检测最大允许挠度

≤ $L/180 = 7.67$ mm;安全检测相对面法线挠度≤ $L/150 = 9.20$ mm,相对挠度最大值 20 mm(不论多长的受力杆件)。

(5)利用压力差和变形之间(面法线挠度)的相对线性关系求出变形检测时最大面法线挠度(角位移)对应的压力差值,作为变形检测压力差值,标以 $\pm P_1$。图 16-13 为 $+ P_1$ 及 $- P_1$ 压力差和挠度的关系曲线。

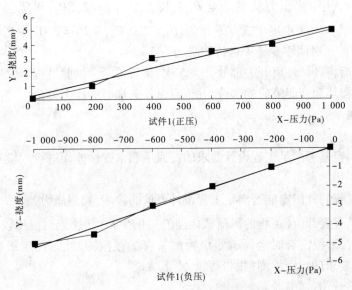

图 16-13　压力差和挠度的关系曲线

(6)分析计算,确定检测方式。

定级检测时,依据 P_1' 计算 P_2、P_3。

工程检测时,依据 P_3' 计算 P_1',判定工程检测是否继续按工程检测还是按定级检测。

当 $P_1 \geqslant P_1'$ 时,按工程检测进行($P_1 > P_1'$ 时,真正的 P_1 不会出现);当 $P_1 < P_1'$ 时,按定级检测进行(真正的 P_1' 不会出现)。

定级检测的反复加压检测和安全检测。

定级检测:

定义:为确定外门窗抗风压性能指标值 P_3 和水密性能指标值 ΔP 而进行的检测。

目的:为确定产品的抗风压性能、水密性能分级的检测,检测压力差为 P_3、ΔP。

两种情况:

①客户未提供工程设计值(工程的风荷载标准值)、客户要求进行定级检测。

②客户要求按工程检测,但 $\pm P_1 < \pm P_1'$(绝对值比较)(不符合设计要求)。

7. 反复加压检测(定级检测时)

观察主要构件在变形量为 60% 允许挠度时的检测压力差(符号为 P_2)反复作用下,是否发生损坏及功能障碍。

检测前可取下位移计,施加安全设施。

定级检测应按图 16-7 反复加压检测部分进行,并分别满足以下要求:

定级检测时,检测压力从零升到 P_2 后降至零,$P_2 = 1.5P_1$,且不宜超过 3 000 Pa,反复 5 次。再由零降至 $- P_2$ 升至零,$- P_2 = - 1.5P_1$,且不宜超过 $- 3 000$ Pa,反复 5 次。加压速度为 300 ~ 500 Pa/s,泄压时间不少于 1 s,每次压力差作用时间为 3 s。

反复加压后,将试件可开启部分开关 5 次,最后关紧。记录试验过程中发生损坏(指玻璃破裂、五金件损坏、窗扇掉落或被打开以及可以观察到的不可恢复的变形等现象)和功能障碍(指外门窗的启闭功能发生障碍、胶条脱落等现象)的部位。

8. 安全检测(定级检测时)

定级检测时,使检测压力从零升至 P_3 后降至零,$P_3 = 2.5P_1$,再降至 $-P_3$ 后升至零,$-P_3 = 2.5(-P_1)$。对于单扇单锁点平开窗,$P_3 = 2.0P_1$,$-P_3 = 2.0(-P_1)$。加压速度为 300 ~ 500 Pa/s,泄压时间不少于 1 s,持续时间为 3 s。

正、负加压后将各试件可开关部分开关 5 次,最后关紧。试验过程中发生损坏和功能障碍时,记录发生损坏和功能障碍的部位,并记录试件破坏时的压力差值。

9. 工程检测

1)定义

为确定外门窗是否满足工程设计要求的抗风压和水密性能而进行的检测。

2)目的

考核实际工程的外门窗能否满足工程设计要求的检测,检测压力差为 P_3'。

客户提供工程设计值(工程的风荷载标准值)且 $P_1 \geqslant P_1'$ 时(绝对值比较)

工程检测时,三樘窗有时会既有定级检测又有工程检测,此时的定级检测结论(不合格)不同于客户要求的定级检测(报告等级,不下结论)。

3)反复加压检测(工程检测时)

(1)检测前可取下位移计,施加安全设施。

(2)工程检测应按图 16-7 反复加压检测部分进行,并分别满足以下要求:

工程检测时,检测压力从零升到 P_2' 后降至零,$P_2' = 0.6P_3'$,且不宜超过 3 000 Pa,反复 5 次。再由零降至 $-P_2'$ 后升至零,$-P_2' = -0.6P_3'$,且不宜超过 -3 000 Pa,反复 5 次。

加压速度为 300 ~ 500 Pa/s,泄压时间不少于 1 s,每次压力差作用时间为 3 s。

(3)反复加压后,将试件可开启部分开关 5 次,最后关紧。

(4)记录试验过程中发生损坏(指玻璃破裂、五金件损坏、窗扇掉落或被打开以及可以观察到的不可恢复的变形等现象)和功能障碍(指外门窗的启闭功能发生障碍、胶条脱落等现象)的部位。

4)安全检测(工程检测时)

(1)压力加至工程设计值 P_3' 后降至零,再降至 $-P_3'$ 后升至零。

(2)加压速度为 300 ~ 500 Pa/s,泄压时间不少于 1 s,持续时间为 3 s。

(3)加正、负压后将各试件可开关部分开关 5 次,最后关紧。

(4)试验过程中发生损坏和功能障碍时,记录发生损坏和功能障碍的部位,并记录试件破坏时的压力差值。

10. 检测结果的评定

1)变形检测的评定

以试件杆件或面板达到变形检测最大面法线挠度时对应的压力差值为 $\pm P_1$;对于单扇单锁点平开窗,以角位移值为 10 mm 时对应的压力差值为 $\pm P_1$。

2)反复加压检测的评定

如果经检测,试件未出现功能障碍和损坏,注明 $\pm P_2$ 值或 $\pm P_2'$ 值。如果经检测试件出现功能障碍或损坏,记录出现的功能障碍、损坏情况及其发生部位,并以试件出现功能障碍或损坏时压力差值的前一级压力差分级指标值(-500 Pa)定级;工程检测时,如果出现功能障碍或损坏时的压力差值低于或等于工程设计值,该外窗判为不满足工程设计要求。

3)定级检测的评定

试件经检测未出现功能障碍或损坏时,注明 $\pm P_3$ 值,按 $\pm P_3$ 中绝对值较小者定级。如果经检测,试件出现功能障碍或损坏,记录出现功能障碍或损坏的情况及其发生的部位,并以试件出现功能障碍或损坏所对应的压力差值的前一级分级指标值(-500 Pa)进行定级。

4)工程检测的评定

试件未出现功能障碍或损坏时,注明 $\pm P_3'$ 值,并与工程的风荷载标准值 W_k 相比较,大于或等于 W_k 时可判定为满足工程设计要求,否则判为不满足工程设计要求。

工程的风荷载标准值 W_k 的确定方法见《建筑结构荷载规范》(GB 50009—2001)(2006年版)。

5)三试件综合评定

定级检测时,以三试件定级值的最小值为该组试件的定级值。

工程检测时,三试件必须全部满足工程设计要求。

(九)检测报告

检测报告至少应包括下列内容:

(1)试件的名称、系列、型号、主要尺寸及图样(包括试件立面、剖面和主要节点,型材和密封条的截面、排水构造及排水孔的位置、主要受力构件的尺寸以及可开启部分的开启方式和五金件的种类、数量及位置)。工程检测时宜说明工程名称、工程地点、工程概况、工程设计要求,既有建筑门窗的已用年限。

(2)玻璃品种、厚度及镶嵌方法。

(3)明确注出有无密封条。如有密封条则应注出密封条的材质(PVC 系列密封条、橡胶系列密封条)。

(4)明确注出有无采用密封胶类材料填缝,如采用则应注出密封材料的材质。

(5)五金配件的配置。

(6)气密性能单位缝长及面积的计算结果,正、负压所属级别。

(7)水密性能最高未渗漏压差值及所属级别。注明检测的加压方法,出现渗漏时的状态及部位,以一次加压(按符合设计要求)或逐级加压(按定级)检测结果进行定级,未定级时说明是否符合工程设计要求。

(8)抗风压性能定级检测给出 P_1、P_2、P_3 值及所属级别。工程检测给出 P_1'、P_2'、P_3' 值,并说明是否满足工程设计要求,主要受力构件的挠度和状况,以压力差和挠度的关系曲线图表示检测记录值。

(十)三性检测常见问题及注意事项

(1)只检 1 樘窗,平均值和最小值无法确定。

(2)未配备测定大气压计(盒式气压计),环境大气压力估计。

(3)校准机构能力不足,只校准压力、位移传感器;自校准不足。

（4）外窗安装：窗变形、承压面积不足、排水孔堵塞、可开启部分不能开启（压力大时，负压箱内积水，可能是负压箱底部排水阀未打开，其他试验时应关闭）。

（5）未按标准中要求，对试件可开启部分开关5次。

（6）原始记录打印，应实际测量并详细记录，如试件长度2个测量值取平均、开启缝长为多个值相加而成。

（7）委托中未填写工程检测或定级检测。

（8）报告中缺少压力差和挠度的关系曲线来记录检测值。

（9）附加渗透量检测不按标准进行或不测。

（10）实验室检测前，发现样窗有明显安装缺陷，建议修复后检测。

二、建筑外窗气密、水密、抗风压性能现场检测

（一）依据标准及适用范围

依据的标准为《建筑外窗气密、水密、抗风压性能现场检测方法》（JG/T 211—2007）。

本标准适用于已安装的建筑外窗气密、水密及抗风压性能的现场检测。检测对象除建筑外窗本身外，还可包括其安装连接部位。

本标准不适用于建筑外窗产品的型式检验。

（1）《建筑外窗气密、水密、抗风压性能现场检测方法》（JG/T 211—2007）与 GB/T 7106、GB/T 7107、GB/T 7108（现统一为7106）的关系如下：检测原理、对试件本身分级相同；试件定义不同，本标准所指试件包括建筑外窗及其安装连接部位；受室外环境影响及评定方法不同。

（2）《建筑外窗气密、水密、抗风压性能现场检测方法》（JG/T 211—2007）抗风压检测中为选做项目，即检测时可不进行检测，利用2.5倍进行定级并与型式检验或设计验证试验结果对比判定；重要的工程如设计年限为50年以上或一类工程检测应进行检测，检测完成后重新进行一次气密和水密检测并根据检测结果进行必要修复或更换。这样做主要基于以下原因：

现场检测不同于实验室检测，试验完毕后被测外窗多数要继续使用，而试验表明检测有可能使外窗的气密和水密性能下降，如果检测为必须项目，不利于检测后的处理工作。为安全检测值，对应50年一遇的风荷载；为变形检测值，对应正常使用的风荷载，检测后外窗试件不会发生损坏或功能下降。上述等于2.5倍仅对弹性变形的杆件成立，而对五金件、玻璃等不一定适用，所以重要的工程应进行检测。

（二）术语和定义

（1）安装连接部位：建筑外窗外框与墙体等主体相连接的部位。

（2）检测对象：被检测的建筑外窗及其安装连接部位。

（三）性能评价及分级

气密检测结果的评定：根据工程设计值进行判定或按照 GB/T 7106—2008 表1确定检测分级指标值。

水密检测结果的评定：逐级检测结果按照 GB/T 7106—2008 表2进行处理和定级，但其中有一樘不符合设计值要求时判为不合格。一次加压至设计指标值检测结果有两樘及两樘以上未发生严重渗漏则判为符合设计要求。

抗风压检测结果的评定:未选做时以 2.5 倍的绝对值较小者进行判定是否符合设计要求或参照 GB/T 7106—2008 表 3 定级。

(四)现场检测原理及装置

(1)现场利用密封板、围护结构和外窗形成静压箱。

通过供风系统从静压箱抽风或向静压箱吹风在检测对象两侧形成正压差或负压差。

在静压箱引出测量孔测量压差,在管路上安装流量测量装置测量空气渗透量;在外窗外侧布置适量喷嘴进行水密试验;在适当位置安装位移传感器测量杆件变形。

(2)检测装置示意图见图 16-14。

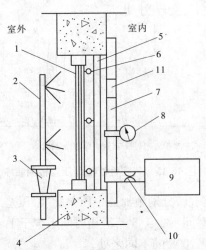

1—外窗;2—淋水装置;3—水流量计;4—围护结构;5—位移传感器安装杆;
6—位移传感器;7—静压箱密封板(透明膜);8—差压传感器;
9—供风系统;10—流量传感器;11—检查门

图 16-14 现场检测装置示意图

(3)密封板与围护结构组成静压箱,各连接处应密封良好。

(4)密封板宜采用组合方式,应有足够的刚度,与围护结构的连接应有足够的强度。

(5)检测仪器应符合下列要求:

①气密性能检测应符合 GB/T 7107—2002 中的要求;

②水密性能检测应符合 GB/T 7108—2002 中的要求;

③抗风压性能检测应符合 GB/T 7106—2002 中的要求。

(五)试件及检测要求

(1)外窗及连接部位安装完毕达到正常使用状态。

(2)试件选取同窗型、同规格、同型号三樘为一组。

(3)气密检测时的环境条件记录应包括外窗室内外的大气压及温度。当温度、风速、降雨等环境条件影响检测结果时,应排除干扰因素后继续检测,并在报告中注明。

(4)检测过程中应采取必要的安全措施。

(5)检测顺序宜按照抗风压变形性能(P_1 检测)、气密、水密、抗风压安全性能(P_3' 检测)依次进行。

(六)检测步骤

1.气密性能检测步骤

(1)气密性能检测前,应测量外窗(内)面积;弧形窗、折线窗应按展开面积计算。

(2)透明塑料膜的密封:从室内侧,透明塑料膜的厚度不小于0.2 mm;覆盖整个窗范围、沿窗边框处密封;密封膜不应重复使用;确认密封良好。

(3)气密性能检测压差检测顺序见图16-15,并按以下步骤进行:

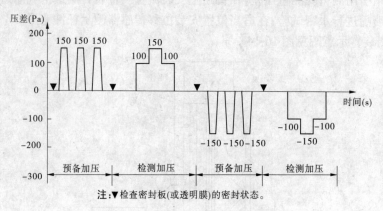

图16-15 气密性能检测压差检测顺序

①预备加压:正负压检测前,分别施加三个压差脉冲,压差绝对值为150 Pa,加压速度约为50 Pa/s。压差稳定作用时间不少于3 s,泄压时间不少于1 s。检查密封板及透明膜的密封状态(注意与GB/T 7106—2008的不同之处)。

②附加渗透量的测定:按照图4-14-10逐级加压,每级压力作用时间约为10 s,先逐级正压,后逐级负压。记录各级测量值。附加空气渗透量系指除通过试件本身的空气渗透量以外通过设备和密封板,以及各部分之间连接缝等部位的空气渗透量。

③总空气渗透量测量:打开密封板检查门,去除试件上所加密封措施薄膜后关闭检查门并密封后,依据以上①和②的程序进行检测。

2.水密性能检测

水密性能检测采用稳定加压法,分为一次加压法和逐级加压法。当有设计指标值时,宜采用一次加压法。需要时可参照GB/T 7106—2008增加波动加压法。

1)水密一次加压法

水密一次加压法检测顺序见图16-16,并按以下步骤进行:

(1)预备加压:施加三个压差脉冲,压差值为500 Pa,加载速度约为100 Pa/s,压差稳定作用时间不少于3 s,泄压时间不少于1 s。

(2)淋水:在室外侧对检测对象均匀地淋水。淋水量为2 L/(m²·min),淋水时间为5 min。

(3)加压:在稳定淋水的同时,按图16-16一次加压至设计指标值,持续15 min或产生严重渗漏为止。

(4)观察:在检测过程中,观察并参照GB/T 7106—2008表6记录检测对象渗漏情况,在加压完毕后30 min内安装连接部位出现水迹记做严重渗漏。

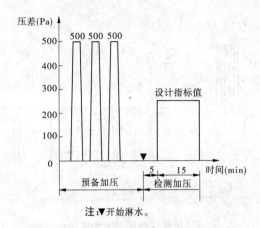

图 16-16　一次加压法检测顺序示意图

2）水密逐级加压法

水密逐级加压法检测顺序见图 16-17,并按以下步骤进行:

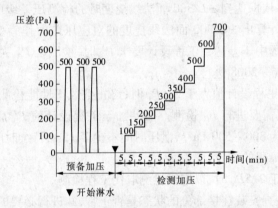

图 16-17　水密逐级加压法检测顺序示意图

（1）预备加压:施加三个压差脉冲,压差值为 500 Pa,加载速度约为 100 Pa/s,压差稳定作用时间不少于 3 s,泄压时间不少于 1 s。

（2）淋水:在室外侧对检测对象均匀地淋水。淋水量为 2 L/(m² · min),淋水时间为 5 min。

（3）加压:在稳定淋水的同时,按图 16-17 逐级加压至产生严重渗漏或加压至最高级。

（4）观察:观察并参照 GB/T 7106—2008 表 6 记录渗漏情况,在最后一级加压完毕后 3 min 内安装连接部位出现水迹记做严重渗漏。

3. 抗风压性能检测

抗风压性能检测前,在外窗室内侧安装位移传感器及密封板(或透明膜),条件允许时也可将位移计安装在室外侧,位移计安装位置应符合 GB/T 7106—2008 的规定。检测顺序见图 16-18,并按以下步骤进行。

（1）预备加压:正负压变形检测前,分别施加三个压差脉冲,压差 P_0 绝对值为 500 Pa,加载速度约为 100 Pa/s,压差稳定作用时间不少于 3 s,泄压时间不少于 1 s。

（2）变形检测:先进行正压检测,后进行负压检测。检测压差逐级升、降,每级升、降压

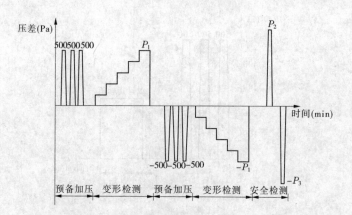

图 16-18　抗风压性能检测加压顺序示意图

差值不超过 250 Pa,每级检测压差稳定作用时间约不少于 10 s。压差升降直到面法线挠度值达到 $\pm L/300$ 时,但最大不宜超过 $\pm 2\,000$ Pa,检测级数不少于 4 级。记录每级压差作用下的面法线位移量,并依据达到 $\pm L/300$ 面法线挠度时的检测压差级的压差值,利用压差和变形之间的相对关系计算出 $\pm L/300$ 面法线挠度的对应压差值作为变形检测压差值,标以 $\pm P_1$。在变形检测过程中压差达到工程设计要求 P_3' 时,检测至 P_3' 为止。杆件中点面法线挠度的计算按 GB 7106—2008 进行。

(3)安全检测:当工程设计值大于 $2.5P_1$ 时,终止抗风压性能检测。当工程设计值小于等于 $2.5P_1$ 时,可根据需要进行 P_3' 检测。压差加至工程设计值 P_3' 后降至零,再降至 $-P_3'$ 后升至零。加压速度为 $300 \sim 500$ Pa/s,泄压时间不少于 15 s,持续时间为 3 s。记录检测过程中发生损坏和功能障碍的部位。

当工程设计值大于 $2.5P_1$ 时,以定级检测取代工程检测。

连接部位检查:检查安装连接部位的状态是否正常,并进行必要的测量和记录。

(七)检测报告

检测报告至少应包括下列信息:

(1)试件的品种、系列、型号、规格、位置(横向和纵向)、连接件连接形式、主要尺寸及图纸(包括试件立面和剖面、型材和镶嵌条截面、排水孔位置及大小,安装连接),工程名称、工程地点、工程概况、工程设计要求,既有建筑门窗的已用年限。

(2)玻璃品种、厚度及镶嵌方法。

(3)明确注出有无密封条。如有密封条则应注出密封条的材质。

(4)明确注出有无采用密封胶类材料填缝。如采用则应注出密封材料的材质。

(5)五金配件的配置。

(6)气密性能单位面积的计算结果,正负压所属级别及综合后所属级别。未定级时,说明是否符合工程设计要求。

(7)检测用的主要仪器设备。

(8)对检测结果有影响的温度、大气压、有无降雨、风力等级等试验环境信息以及对各因素的处理。

(9)检测日期和检测人员。

(八)建筑外窗气密性能现场检测注意事项

(1)透明塑料膜的固定。

(2)要保证窗的试验面积与窗内面积基本接近。

(3)安全性保障。

(4)检测加压程序符合规定(图形)。

(5)现场实际环境条件记录。

(6)实测窗的样品状态描述。

(7)检测结果按照 GB/T 7106—2008 进行处理,根据工程设计值进行判定或按照 GB/T 7106—2008确定检测分级指标值。

(8)设备的校准(可利用 GB/T 7106—2008 的校准装置自校)。制作一专用安装框,安装校准用标准板,检测值比对。

三、建筑外门窗保温性能检测

(一)依据标准及适用范围

依据的标准为《建筑外门窗保温性能分级及检测方法》(GB/T 8484—2008)。

本标准适用于建筑外门、外窗(包括天窗)传热系数和抗结露因子的分级及检测。有保温要求的其他类型的建筑门、窗和玻璃可参照执行。

(二)术语和定义

(1)门窗传热系数:表征门窗保温性能的指标。表示在稳定传热条件下,外门窗两侧空气温差为 1 K,单位时间内,通过单位面积的传热量。单位为 $W/(m^2 \cdot K)$。

(2)热导率:在稳定传热状态下,通过一定厚度标准板的热流密度除以标准板两表面的温度差。单位为 $W/(m^2 \cdot K)$。

(3)热流系数:在稳定传热状态下,标定热箱中箱体或试件框两表面温差为 1 K 时的传热量。

(4)热阻:在稳定状态下,与热流方向垂直的物体两表面温度差除以热流密度(与热导率互为倒数关系)。单位为 $(m^2 \cdot K)/W$。

(5)导热系数:$W/(m \cdot K)$ = 厚度/热阻 = 厚度×热导率。

(三)分级

外窗传热系数 K 值分为 10 级,见表 16-7。

(四)传热系数检测原理

基于稳定传热原理,采用标定热箱法检测建筑门、窗传热系数。试件一侧为热箱,模拟采暖建筑冬季室内气候条件;另一侧为冷箱,模拟冬季室外气温和气流速度。再对试件缝隙进行密封处理,试件两侧各自保持稳定的空气温度、气流速度和热辐射条件。测量热箱中加热器的发热量减去通过热箱外壁和试件框的热损失(两者均由标定试验确定),除以试件面积与两侧空气温差的乘积,即可计算出试件的传热系数 K 值。

(五)检测装置

检测装置主要由热箱、冷箱、试件框、控湿系统和环境空间五部分组成,如图 16-19 所示。

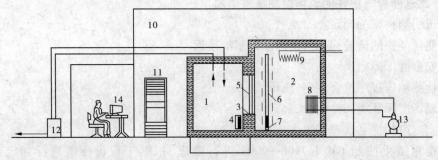

1—热箱;2—冷箱;3—试件框;4—电加热器;5—试件;6—隔风板;7—风机;8—蒸发器;
9—加热器;10—环境空间;11—空调器;12—控湿装置;13—冷冻机;14—温度控制与数据采集系统

图 16-19 检测装置构成

1. 热箱

(1)热箱内净尺寸不宜小于 2 100 mm×2 400 mm(宽×高),进深不宜小于 2 000 mm。

(2)热箱外壁结构应由均质材料组成,其热阻值不得小于 3.5 (m² · K)/W。

(3)热箱内表面的总的半球发射率 ε 值应大于 0.85。

2. 冷箱

(1)冷箱内净尺寸应与试件框外边缘尺寸相同,进深以能容纳制冷、加热及气流组织设备为宜。

(2)冷箱外壁应采用不吸湿的保温材料,其热阻值不得小于 3.5 (m² · K)/W,内表面应采用不吸水、耐腐蚀的材料。

(3)冷箱通过安装在冷箱内的蒸发器或引入冷空气进行降温。

(4)利用隔风板和风机进行强迫对流,形成沿试件表面自上而下的均匀气流,隔风板与试件框冷侧表面距离应能调节。

(5)隔风板应采用热阻值不小于 1.0 (m² · K)/W 的挤塑聚苯板,隔风板面向试件的表面,其总的半球发射率 ε 值应大于 0.85,隔风板的宽度与冷箱内净宽度相同。

(6)蒸发器下部应设置排水孔或盛水盘。

3. 试件框

(1)试件框外缘尺寸不应小于热箱开口部位的内缘尺寸。

(2)试件框应采用不吸湿、均质的保温材料,热阻值不小于 7.0 (m² · K)/W,其密度应为 20~40 kg/m³。

(3)安装试件的洞口要求如下:

①安装外窗试件的洞口不应小于 1 500 mm×1 500 mm,洞口下部应留有高度不小于 600 mm、宽度不小于 300 mm 的平台。平台及洞口周边的面板应采用不吸水、导热系数不大于 0.25 W/(m · K)的材料。

②安装外门试件的洞口不宜小于 1 800 mm×2 100 mm,洞口周边的面板应采用不吸水、导热系数小于 0.25 W/(m · K)的材料。

4. 环境空间

(1)检测装置应放在装有空调设备的实验室内,保证热箱外壁内、外表面面积加权平均温差小于 1.0 K。实验室空气温度波动不应大于 0.5 K。

（2）实验室围护结构应有良好的保温性能和热稳定性,应避免太阳光透过窗户进入室内。试验室墙体及顶棚内表面应进行绝热处理。

（3）热箱外壁与周边壁面之间至少应留有 500 mm 的空间。

（六）感温元件的布置

1. 感温元件

（1）感温元件采用铜 – 康铜热电偶,测量不确定度不应大于 0.25 K。

（2）铜 – 康铜热电偶必须使用同批生产、丝径为 0.2 ~ 0.4 mm 的铜丝和康铜丝制作,且铜丝和康铜丝应有绝缘包皮。

（3）铜 – 康铜热电偶感应头应作绝缘处理。

（4）铜 – 康铜热电偶应定期进行校验(热电偶应定期进行比对试验或计量部门检定,每年一次)。

2. 感温元件的布置

（1）空气温度测点要求如下:

①应在热箱空间内设置两层热电偶作为空气温度测点,每层均匀布 4 个测点。

②冷箱空气温度测点应布置在符合 GB/T 13475 规定的平面内,与试件安装洞口对应的面积上均匀布置 9 点。

③测量空气温度的热电偶感应头,均应进行热辐射屏蔽。

④测量热、冷箱空气温度的热电偶可分别并联。

（2）表面温度测点要求如下:

①热箱每个外壁的内、外表面分别对应布 6 个温度测点。

②试件框热侧表面温度测点不宜少于 20 个。试件框冷侧表面温度测点不宜少于 14 个点。

③热箱外壁及试件框每个表面温度测点的热电偶可分别并联。

④测量表面温度的热电偶感应头应连同至少 100 mm 长的铜、康铜引线一起,紧贴在被测表面上。粘贴材料的总的半球发射率值应与被测表面的值相近。

（3）凡是并联的热电偶,各热电偶引线电阻必须相等。各点所代表被测面积应相同。

（七）热箱加热装置

（1）热箱采用交流稳压电源供加热器加热。检测外窗时,窗洞口平台板至少应高于加热器顶部 50 mm。

（2）计量加热功率 Q 的功率表的准确度等级不得低于 0.5 级,且应根据被测值大小转换量程,使仪表示值处于满量程的 70% 以上。

（八）控湿装置

（1）采用除湿系统控制热箱空气湿度。保证在整个测试过程中,热箱内相对湿度小于20%。

（2）设置一个湿度计测量热箱内空气相对湿度,湿度计的测量精度不应低于 3%。

（九）风速

（1）冷箱风速应使用热球风速仪进行测量,测点位置与冷箱空气温度测点位置相同。

（2）不必每次试验都测定冷箱风速。当风机型号、安装位置、数量及隔风板的位置发生变化时,应重新进行测量。

（十）试件安装

（1）被检试件为一件。试件的尺寸及构造应符合产品设计和组装要求，不得附加任何多余配件或特殊组装工艺。

（2）试件安装位置：外表面应位于距试件框冷侧表面 50 mm 处。

（3）试件与试件洞口周边之间的缝隙宜用聚苯乙烯泡沫塑料条填塞，并密封。

（4）试件开启缝应采用透明塑料胶带双面密封。

（5）当试件面积小于试件洞口面积时，应用与试件厚度相近，已知热导率值的聚苯乙烯泡沫塑料板填堵。在聚苯乙烯泡沫塑料板两侧表面粘贴适量的铜－康铜热电偶，测量两表面的平均温差，计算通过该板的热损失。

（6）当进行传热系数检测时，宜在试件热侧表面适当部位布置热电偶，作为参考温度点。

（十一）传热系数检测条件

（1）热箱空气平均温度设定范围为 19～21 ℃，温度波动幅度不应大于 0.2 K。

（2）热箱内空气为自然对流。

（3）冷箱空气平均温度设定范围为 -19～-21 ℃，温度波动幅度不应大于 0.3 K。

（4）与试件冷侧表面距离符合 GB/T 13475 规定，平面内的平均风速为（3.0±0.2）m/s。

注：气流速度是指在设定值附近的某一稳定值。

（十二）传热系数检测程序

（1）检查热电偶是否完好。

（2）启动检测装置，设定冷、热箱和环境空气温度。

（3）当冷、热箱和环境空气温度达到设定值后，监控各控温点温度，使冷、热箱和环境空气温度维持稳定。

达到稳定状态后，如果逐时测量得到热箱和冷箱的空气平均温度 t_h 和 t_c 每小时变化的绝对值分别不大于 0.1 ℃ 和 0.3 ℃，温差 $\Delta\theta_1$ 和 $\Delta\theta_2$ 每小时变化的绝对值分别不大于 0.1 K 和 0.3 K，且上述温度和温差的变化不是单向变化，则表示传热过程已达到稳定过程。

（4）传热过程稳定之后，每隔 30 min 测量一次参数 t_h、t_c、$\Delta\theta_1$、$\Delta\theta_2$、$\Delta\theta_3$、Q，共测 6 次。

（5）测量结束之后，记录热箱内空气相对湿度，试件热侧表面及玻璃夹层结露或结霜状况。

（十三）传热系数数据处理

（1）各参数取 6 次测量的平均值。

（2）试件传热系数 K 值（W/(m²·K)）按式（16-9）计算

$$K = \frac{Q - M_1\Delta\theta_1 - M_2\Delta\theta_2 - S\Lambda\Delta\theta_3}{A(t_h - t_c)} \tag{16-9}$$

式中 Q——加热器加热功率，W；

       M_1——由标定试验确定的热箱外壁热流系数，W/K；

       M_2——由标定试验确定的试件框热流系数，W/K；

       $\Delta\theta_1$——热箱外壁内、外表面面积加权平均温度之差，K；

       $\Delta\theta_2$——试件框热侧、冷侧表面面积加权平均温度之差，K；

       S——填充板的面积，m²；

Λ——填充板的热导率,W/(m² · K);

$\Delta\theta_3$——填充板热侧表面与冷侧表面的平均温差,K;

A——试件面积,m²,按试件外缘尺寸计算,如试件为采光罩,其面积按采光罩水平投影面积计算;

t_h——热箱空气平均温度,℃;

t_c——冷箱空气平均温度,℃。

(3)如果试件面积小于试件洞口面积,式(16-9)中分子 $S\Lambda\Delta\theta_3$ 项为聚苯乙烯泡沫塑料填充板的热损失。

(4)试件传热系数 K 值取两位有效数字。

(十四)检测报告

检测报告应包括以下内容:

(1)委托和生产单位。

(2)试件名称、编号、规格、玻璃品种、玻璃及两层玻璃间空气层厚度、窗框面积与窗面积之比。

(3)检测依据、检测设备、检测项目、检测类别和检测时间,以及报告日期。

(4)检测条件:热箱空气平均温度 t_h 和空气相对湿度、冷箱空气平均温度 t_c 和气流速度。

(5)检测结果如下:试件传热系数 K 值和保温性能等级;试件热侧表面温度、结露和结霜情况。

附:热流系数标定

1. 标定内容

热箱外壁热流系数 M_1 和试件框热流系数 M_2。

2. 标准试件

1)标准试件(及填充板)的材料要求

标准试件应使用材质均匀、不透气、内部无空气层、热性能稳定的材料制作。宜采用经过长期存放(模塑板自生产之日起在自然条件下放置28 d以上进行陈化)、厚度为(50±2)mm的聚苯乙烯泡沫塑料板,其密度为20~22 kg/m³。

2)标准试件的热导率

标准试件热导率值应在与标定试验温度相近的温差条件下,采用单向防护热板仪进行测定。

3. 标定方法

1)单层窗(包括单框单层玻璃窗、单框中空玻璃窗和单框多层玻璃窗)及外门

(1)用与试件洞口面积相同的标准试件安装在洞口上;位置与单层窗(及外门)安装位置相同;标准试件周边与洞口之间的缝隙用聚苯乙烯泡沫塑料条塞紧,并密封。在标准试件两表面分别均匀布置9个铜-康铜热电偶。

(2)标定试验应在与保温性能试验相同的冷、热箱空气温度、风速等条件下,改变环境温度(热箱外壁内外表面温度 $\Delta\theta_1$ 变化,如16℃、22℃),进行两种不同情况下的试验。

当传热过程达到稳定之后,每隔30 min测量一次有关参数,共测六次,取各测量参数的

平均值,按下式联解求出热流系数 M_1 和 M_2

$$\left. \begin{array}{l} Q - M_1\Delta\theta_1 - M_2\Delta\theta_2 = S_b\Lambda_b\Delta\theta_3 \\ Q' - M_1\Delta\theta_1' - M_2\Delta\theta_2' = S_b\Lambda_b\Delta\theta_3' \end{array} \right\} \tag{16-10}$$

式中　Q、Q'——两次标定试验的热箱加热器加热功率,W;

$\Delta\theta_1$、$\Delta\theta_1'$——两次标定试验的热箱外壁内、外表面面积加权平均温差,K;

$\Delta\theta_2$、$\Delta\theta_2'$——两次标定试验的试件框热侧与冷侧表面面积加权平均温差,K;

$\Delta\theta_3$、$\Delta\theta_3'$——两次标定试验的标准试件两表面之间平均温差,K;

Λ_b——标准试件的热导率,W/($m^2 \cdot K$)(导热系数/厚度);

S_b——标准试件面积,m^2(即试件洞口的面积,为一定值)。

2)双层窗

(1)双层窗热流系数 M_1 值与单层窗标定结果相同。

(2)双层窗的热流系数 M_2 应按下面方法进行标定:在试件洞口上安装两块标准试件。第一块标准试件的安装位置与单层窗标定试验的标准试件位置相同,并在标准试件两侧表面分别均匀布置9个铜-康铜热电偶。第二块标准试件安装在距第一块标准试件表面不小于100 mm 的位置。标准试件周边与试件洞口之间的缝隙按(1)要求处理,并按(1)规定的试验条件进行标定试验,将测定的参数 Q、$\Delta\theta_1$、$\Delta\theta_2$、$\Delta\theta_3$ 及标定单层窗的热流系数 M_1 值代入式(16-13),计算双层窗的热流系数 M_2。

3)标定试验的规定

(1)两次标定试验应在标准板两侧空气温差相同或相近的条件下进行。

$\Delta\theta_1$ 和 $\Delta\theta_1'$ 的绝对值不应小于4.5 K,且 $\Delta\theta_1 - \Delta\theta_1'$ 的绝对值应大于9.0 K。

$\Delta\theta_2$ 和 $\Delta\theta_2'$ 尽可能相同或相近。

(2)热流系数 M_1 和 M_2 应每年定期标定一次。如试验箱体构造、尺寸发生变化,必须重新标定。

4)标定试验的误差分析

新建门窗保温性能检测装置,应进行热流系数 M_1 和 M_2 标定误差及门、窗传热系数 K 值检测误差分析。

(十五)保温性能检测注意事项

(1)热电偶的粘贴一定要用传热系数好的金属胶带,不应使用塑料胶带或双面胶粘贴(粘贴材料的总的半球发射率值应与被测表面的值相近)。

(2)试件框冷热两侧表面热电偶的布置应严格按标准进行。

(3)从经过筛选的热电偶中任选一支送计量部门检定,建立热电势与温差的关系式,对其他检测装置上使用的热电偶进行比对。

(4)注意对热电偶的保护,不得踩踏、折断及污染。

(5)所用标准板及填充板应经长期放置,并进行导热系数的测定。

(6)被检测件的表面应洁净,不得有保护膜、油污等;被检试件应处于关闭状态(试件开启缝应采用透明塑料胶带双面密封)。

(7)检测中,冷热室门严禁开启,外环境的门不得随意开启。

(8)系统稳定时间一般2 h 以上(热箱和环境空气温度维持稳定)。

四、中空玻璃露点检测

(一)依据标准及适用范围
依据的标准为《中空玻璃》(GB/T 1944—2002)。

(二)术语和定义
(1)露点:在玻璃表面局部冷却,当达到一定温度后,内部水气在冷点部位结露,该温度为露点。

(2)中空玻璃的公称厚度:为玻璃原片的玻璃厚度与间隔厚度之和。

(三)露点的技术要求
20块试样露点均≤ - 40 ℃为合格。

(四)露点试验

1.试验原理
放置露点仪后玻璃表面局部冷却,当达到露点温度后,内部水气在冷点部位结露。

2.仪器设备
(1)露点仪:测量管的高度为300 mm,测量表面直径为50 mm(见图16-20)。

(2)温度计:测量范围为 - 80 ~ 30 ℃,精度为1 ℃(注意其校准证书中应有 - 80 ~ - 40 ℃校准值)。

3.试验条件
试验在温度(23 ± 2)℃、相对湿度30% ~ 75%的条件下进行。

试验前将全部试样在该环境条件下放置一周以上。

4.试样
试样为制品或样品。

(1)试样为制品,成品中空玻璃(参考样品为20块)、成品窗上的中空玻璃(三樘窗上的全部中空玻璃)。

(2)试样为样品,即20块与制品在同一工艺条件下制作的尺寸为510 mm×360 mm的样品。

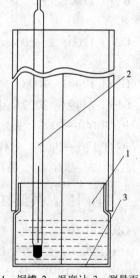

1—铜槽;2—温度计;3—测量面

图16-20 露点仪

5.试验步骤
(1)向露点仪的容器中注入约25 mm的乙醇或丙酮(溶剂),再加入干冰,使其温度冷却到≤ - 40 ℃并在试验中保持该温度。

(2)将试样水平放置,在上面涂一层乙醇或丙酮,使露点仪与该表面紧密接触,停留时间按表16-15的规定。

(3)移开露点仪,立刻观察玻璃试样的内表面有无结露或结霜。

表16-15 玻璃厚度与接触时间

原片玻璃厚度(mm)	≤4	5	6	8	≥10
接触时间(min)	3	4	5	7	10

附　录　建筑门窗主要参考标准

一、基础和检测方法

GB/T 5823—2008　建筑门窗术语

GB/T 5824—2008　建筑门窗洞口尺寸系列

GB/T 5825—86　建筑门窗扇开、关方向和开、关面的标志符号

GB/T 7106—2008　建筑外门窗气密、水密、抗风压性能分级及检测方法

GB/T 8484—2008　建筑外门窗保温性能分级及检测方法

JG/T 211—2007　建筑外窗气密、水密、抗风压性能现场检测方法

二、塑料门窗及其型材

GB/T 8814—2004　门、窗未增塑聚氯乙烯(PVC－U)型材

GB/T 8814—2004　门、窗未增塑聚氯乙烯(PVC－U)型材　第1号修改单

GB/T 12001.1—2008　塑料未增塑聚氯乙烯模塑和挤出材料　第1部分:命名系统和分类基础

GB/T 12001.2—2008　塑料未增塑聚氯乙烯模塑和挤出材料　第2部分:试样制备和性能测定

GB/T 12003—2008　未增塑聚氯乙烯(PVC－U)塑料窗外形尺寸的测定

GB/T 24498—2009　建筑门窗、幕墙用密封胶条

JG/T 140—2005　未增塑聚氯乙烯(PVC－U)塑料窗

JG/T 176—2005　塑料门窗及型材功能结构尺寸

JGJ 103—2008　塑料门窗工程技术规程

三、钢门窗及其型材

GB/T 16809—2008　防火窗

GB/T 20909—2007　钢门窗

JG/T 41—1999　推拉不锈钢窗

JG/T 115—1999　彩色涂层钢板门窗型材

JG/T 207—2007　钢塑共挤门窗

JG/T 3014—1994　推拉钢窗

JG/T 3041—1997　平开、推拉彩色涂层钢板门窗

四、铝合金门窗及其型材

GB 5237.1—2008　铝合金建筑型材　第1部分:基材

GB 5237.2—2008　铝合金建筑型材　第2部分:阳极氧化型材

GB 5237.3—2008　铝合金建筑型材　第3部分:电泳涂漆型材

GB 5237.4—2008　铝合金建筑型材　第4部分:粉末喷涂型材

GB 5237.5—2008　铝合金建筑型材　第 5 部分:氟碳漆喷涂型材

GB 5237.6—2008　铝合金建筑型材　第 6 部分:隔热型材

GB/T 23615.1—2009　铝合金建筑型材用辅助材料　第 1 部分:聚酰胺隔热条

GB/T 8478—2008　铝合金门窗

JG/T 173—2005　集成型铝合金门窗

JG/T 175—2005　建筑用隔热铝合金型材　穿条式

五、木门窗

JG/T 122—2000　建筑木门、木窗

六、相关标准

GB/T 11614—2009　平板玻璃

GB/T 11944—2002　中空玻璃

GB/T 12002—89　塑料门窗用密封条

GB/T 14683—2003　硅酮建筑密封胶

GB 15763.1—2009　建筑用安全玻璃　第 1 部分:防火玻璃

GB 15763.2—2009　建筑用安全玻璃　第 2 部分:钢化玻璃

GB 15763.3—2009　建筑用安全玻璃　第 3 部分:夹层玻璃

GB 15763.4—2009　建筑用安全玻璃　第 4 部分:均质钢化玻璃

GB/T 18915.1—2002　镀膜玻璃　第 1 部分:阳光控制镀膜玻璃

GB/T 18915.2—2002　镀膜玻璃　第 2 部分:低辐射镀膜玻璃

JG/T 187—2006　建筑门窗用密封胶条

七、门窗相关规范及条文说明

JGJ 26—2010　民用建筑节能设计标准(节选)

GB 50176—1993　民用建筑热工设计规范(节选)

GB 50189—2005　公共建筑节能设计标准(节选)

JGJ 75—2003　夏热冬暖地区居住建筑节能设计标准(节选)

JGJ 129—2000　既有采暖居住建筑节能改造技术规程(节选)

JGJ 205—2010　建筑门窗工程检测技术规程

参 考 文 献

[1] 中国建筑工业出版社.现代建筑材料规范大全[M].北京:中国建筑工业出版社,1995.

[2] 纪干生,等.常用建筑材料试验手册[M].北京:中国建筑工业出版社,1986.

[3] 龚洛书.建筑工程材料手册[M].北京:中国建筑工业出版社,1997.

[4] 李业兰.建筑材料[M].北京:中国建筑工业出版社,1995.

[5] 康学政,林世曾,李金海.测量误差[M].北京:中国计量出版社,1990.

[6] JGJ/T 55—2011 普通混凝土配合比设计规程[S].北京:中国建筑工业出版社,2011.

[7] JGJ/T 98—2010 砌筑砂浆配合比设计规程[S].北京:中国建筑工业出版社,2011.

[8] GB/T 14684 —2011 建筑用砂[S].北京:中国标准出版社,2012.

[9] GB/T14685—2011 建设用卵石、碎石 [S].北京:中国标准出版社,2012.

[10] GB 50207—2002 屋面工程技术规范[S].北京:中国建筑工业出版社,2002.

[11] GB 494—2010 建筑石油沥青[S].北京:中国标准出版社,2011.

[12] GB 4507—1999 石油沥青软化点测定法[S].北京:中国标准出版社,2000.

[13] GB 4508—84 石油沥青延度测定法[S].北京:中国标准出版社,1984.

[14] GB 4509—2010 石油沥青针入度测定法[S].北京:中国标准出版社,2011.

[15] GB 267—88 石油产品闪点与燃点测定法[S].北京:中国标准出版社,1989.

[16] GB 11148—2008 石油沥青溶解度测定法[S].北京:中国标准出版社,2008.

[17] GB 5101—2003 烧结普通砖[S].北京:中国标准出版社,2004.

[18] GB 11964—2008 石油沥青蒸发损失测定法[S].北京:中国标准出版社,2008.

[19] GB 50123—1999 土工试验方法标准[S].北京:中国计划出版社,1999.

[20] SL 237—1999 土工试验规程[S].北京:中国电力出版社,1999.

[21] GB/T 4100—2006 陶瓷砖[S].北京:中国建材工业出版社,2006.

[22] 鞍钢钢铁研究所,沈阳钢铁研究所.实用冶金分析—方法基础[M].沈阳:辽宁科学技术出版社,1990.

[23] JGJ/T 70—2009 建筑砂浆基本性能试验方法标准[S].北京:中国建筑工业出版社,2009.

[24] GB/T 9195—2011 建筑卫生陶瓷分类及术语[S].北京:中国标准出版社,2012.

[25] JC/T 456—2005 陶瓷马赛克[S].北京:中国建材工业出版社,2005.